当代杰出青年科学文库

杭州西湖生态修复关键技术及工程应用

吴振斌 等 著

科 学 出 版 社

北 京

内 容 简 介

本书主要是研究团队十余年在杭州西湖生态修复关键技术及工程应用方面的梳理和总结。

本书共 8 章。第 1 章介绍杭州西湖概况、水生态环境保护历程、水环境问题和水生态特点，以及生态修复总体思路与成效；第 2 章介绍杭州西湖入湖营养盐通量及其控制；第 3 章重点阐述杭州西湖内源污染特征及其控制；第 4 章介绍杭州西湖着生藻及其控制技术；第 5 章系统阐述杭州西湖水生植物群落优化与稳定化调控技术；第 6 章重点介绍杭州西湖水生态修复工程应用；第 7 章阐述杭州西湖湖西水生态修复生态环境效应；第 8 章是结语与展望。

本书可供水生态修复、环境科学、环境工程等领域的科研工作者和高等院校学生阅读参考，也可供从事水生态修复工作的人员参考和借鉴。

图书在版编目（CIP）数据

杭州西湖生态修复关键技术及工程应用 / 吴振斌等著. —北京：科学出版社，2023.11

（当代杰出青年科学文库）

ISBN 978-7-03-072978-1

Ⅰ.① 杭… Ⅱ.① 吴… Ⅲ.①西湖-生态恢复-环境工程-研究-杭州 Ⅳ.①X524

中国版本图书馆 CIP 数据核字（2022）第 154639 号

责任编辑：刘　畅/责任校对：胡小洁
责任印制：彭　超/封面设计：陈　敬

科　学　出　版　社 出版

北京东黄城根北街 16 号
邮政编码：100717
http://www.sciencep.com

湖北恒泰印务有限公司印刷
科学出版社发行　各地新华书店经销

*

开本：B5（720×1000）
2023 年 11 月第 一 版　　印张：38 1/2　彩插：5
2023 年 11 月第一次印刷　字数：728 000
定价：288.00 元
（如有印装质量问题，我社负责调换）

本书作者名单

吴振斌　张　义　刘碧云　贺　锋　周巧红　马剑敏

左进城　李　今　夏世斌　徐　栋　吴芝瑛　肖恩荣

刘子森　龚志军　孔令为　陈　琳　饶利华　曾　磊

代志刚　闵奋力　王　来　蔺庆伟　胡胜华　易科浪

姚　远　鄢文皓　白国梁　严　攀　李　涛　武俊梅

张丽萍　王　川　张　璐　陈迪松　孙　健　葛芳杰

刘云利　彭　雪　唐亚东　邱东茹　等

序　一

"十五"期间，国家开始实施水体污染控制与治理科技重大专项（属于国家863计划项目，简称"水专项"），武汉是第一个试点城市，吴振斌是"武汉水专项"中主要课题"受污染城市水体修复技术与示范工程"的负责人。我是国家"水专项"专家组成员，在课题立项、研究、工程示范实施和验收的全过程中进行评估督促指导，五年多时间经常去武汉研究和工程现场，与吴振斌团队有很多接触。他们在武汉"六湖连通"、月湖、莲花湖等水体修复项目中开展了很好的技术研发和工程应用工作，为全国后续立项的十余个"城市水专项"工作提供了示范和借鉴。后来，我多次受邀参加吴振斌等人发起组织的海峡两岸人工湿地研讨会并作主旨报告。他们的科研工程成绩和敬业精神给人留下较好的印象。

杭州西湖是我国最著名的城市湖泊之一，其独特的自然景观和深厚的人文历史闻名世界，其藻型湖泊与草型湖泊生态转换过程也有特殊性和代表性，其研究和生态恢复工程还有特殊的难度，如存在内源污染负荷重、"香灰土"底质、沉水植物匮乏、低等藻类异常增殖、生态系统退化等诸多难题。"十一五"期间，吴振斌团队牵头承担了"水专项"中"湖泊水污染治理与富营养化控制共性关键技术研究"（简称"共性项目"）下设的"典型南方城市景观湖泊水质改善与水生植被构建技术"课题。"十二五"期间西湖科研工作继续进行，吴振斌团队又承担中国科学院科技服务网络计划（STS计划）、地方科研工程等项目。他们从武汉到杭州安营扎寨，在地方政府支持下，将一个仓库改建成西湖工作站。针对影响西湖水体富营养化和水生态退化的关键问题和技术瓶颈，通过长期连续系统研究，协同技术攻关，研发了微生境改善功能材料与沉水植物协同的底质生境修复、生物活性物质长效防控水华藻类、强化生物协同净化的水生态系统重建等技术并进行工程示范。经过持续治理，西湖苏堤以西的广大水域成功恢复沉水植物水生植被，盖度达30%以上，水生态系统自我维持、自我修复能力显著增强，实现了连续十余年沉水植物群落自然更替，四季呈现丰富多样的"水下草甸"景观。西湖的生态修复成果也被列为"水专项"湖泊类标志性成果。

《杭州西湖生态修复关键技术及工程应用》一书是中国科学院水生生物研究

所吴振斌研究员领导的西湖科研团队十多年来对杭州西湖生态修复理论研究、关键技术研发与工程应用的总结。分别就杭州西湖主要水环境问题、入湖营养盐通量研究及控制、内源污染负荷研究及控制、着生藻及其控制、水生植物群落优化与稳定化调控、水生态修复工程应用及生态环境效应等方面进行归纳总结，对沉水植物恢复和湖泊稳态转换的理论和技术问题进行比较系统的探索，为我国富营养化湖泊生态修复的研究和工程应用提供比较系统的理论技术成果和成功实例。

杨志峰

中国工程院院士

2022 年 12 月 1 日

序 二

　　杭州西湖具有独特的湖光山色和人文底蕴，是我国十分著名的城市景观湖泊和世界文化遗产，也是我国水环境保护与治理的成功典范。"十一五"期间，中国科学院水生生物研究所牵头承担了国家水体污染控制与治理科技重大专项"湖泊水污染治理与富营养化控制共性关键技术研究"项目下设的"典型南方城市景观湖泊水质改善与水生植被构建技术"课题，西湖为课题实施地。吴振斌研究员为西湖科研团队的负责人。在当地政府大力支持下，西湖科研团队在杭州建立工作站，安营扎寨，历经"十一五""十二五""十三五"三个五年计划的协同攻关，克服多种困难，发挥专业优势和敬业精神，解决了影响西湖水体富营养化和水生态退化的关键问题和技术瓶颈，突破了内源污染控制、"香灰土"底泥改良、沉水植物逆境恢复和稳态调控、着生藻异常增殖控制等一系列关键技术，增强了水体自净能力和湖泊景观功能，取得了显著的社会、经济和生态环境效益。

　　多年来，在多方努力下，西湖逐步实现了沉水植物群落自然更替，四季呈现丰富多样的"水下森林"景观，生物多样性得到提高，消失多年的多种候鸟再次在西湖出现。西湖的生态修复工程成果为西湖正式列入《世界遗产名录》和杭州成功召开 G20 峰会的水环境保障与水景观美化作出了贡献，也成为"水专项"标志性成果之一。在此基础上，西湖科研团队撰写了《杭州西湖生态修复关键技术及工程应用》一书。该书是西湖科研团队十五年来在西湖生态修复理论研究、关键技术研发及工程应用的凝练、总结和提高，涉及西湖主要水环境问题、入湖营养盐通量研究及控制、内源污染负荷研究及控制、着生藻及其控制、水生植物群落优化与稳定化调控、水生态修复工程应用及生态环境效应等方面的系统理论与工程实践。该书的出版可为我国受污染浅水湖泊的生态修复工程建设和管理提供借鉴与参考。是为序！

吴丰昌

中国工程院院士

中国环境科学研究院环境基准与风险评估国家重点实验室主任

"十三五"国家水体污染控制与治理科技重大专项技术总师

2022 年 12 月 12 日

前　言

　　杭州西湖是我国首个列入《世界遗产名录》的湖泊类文化遗产，是我国城市景观湖泊的典型代表，位于太湖流域杭嘉湖片区东部，为封闭式城中浅水湖泊。杭州西湖以其秀美的山水、璀璨的历史古迹和深厚的文化底蕴而成为国家 5A 级风景名胜区，现有湖泊水域面积 6.5 km²，风景区域面积 59.04 km²。西湖是杭州城市景观和历史文化的珍贵资源，"水光潋滟晴方好，山色空蒙雨亦奇，欲把西湖比西子，淡妆浓抹总相宜。"这首诗是诗人苏轼对西湖的描述，也是国人对西湖的印象。千百年来，杭州西湖以其旖丽的自然风光、丰富的人文景观、深厚的文化积淀，成为人们心中向往的天堂。

　　西湖位于杭州市区，湖周流动人口多，城市的快速发展和旅游业的突飞猛进营造了西湖举世瞩目的人文经济，但同时削弱了湖泊生态系统自组织的自然属性。20 世纪 80 年代，西湖成为严重富营养化的湖泊，周围湿地面积减少，水土流失，城市降尘增多，湖盆淤积速度加快，使得西湖水污染加剧、水环境恶化。

　　经过二十多年持续的综合治理，西湖基本上完成了对点源污染和内源污染的有效控制，水质有了一定好转，富营养化进程初步得到遏制。但是，西湖的富营养化问题依然存在，而且仍然严峻，生态系统非常脆弱。鉴于此，西湖治理急需更上一层楼，步入更高级的生态系统恢复和修复阶段。

　　中国科学院水生生物研究所领衔的西湖科研团队针对西湖水体富营养化问题和水生态退化技术瓶颈，在"十一五"国家水专项课题"典型南方城市景观湖泊水质改善与水生植被构建技术"（2009ZX07106-2）、"十二五"国家水专项课题"城市景观湖泊水环境改善技术研究与工程示范"（2012ZX0710100705）、国家自然科学基金重点项目"水生植物化感作用抑制有害藻类生长的分子机制研究"（31830013）、中国科学院重点部署项目"城市景观生态服务功能提升技术研究与示范推广"（KFZD-SW-302-02）、中国科学院 STS 项目"环湖湿地建设技术与入湖污染控制生态工程示范"（KFJ-STS-ZDTP-038）等项目支持下，历经"十一五""十二五""十三五"等三个五年计划开展协同攻关，发挥团队优势，长期扎根在西湖现场，迎晨曦、披晚霞、战高温、斗寒冬，十数年如一日，为揭示影响西湖水生态退化问题，走遍西湖流域的每一个角落，克服一个又一个困难，取得了生态基底改良、内源污染控制和沉水植物恢复等技术方面的层层突破。构建的多空间层次的沉水植物群落结构控制着生藻类生物量，重建了稳定的沉水植物复合群落，增强了水体自净能力和湖泊景观功能，为西湖水质改善及湖区的生态恢复创造条件，进一步提升了全湖水质和水体景观。研究成果为西湖水体水质改善和水生态系统修复提供了技术支撑，也希望能够为类似湖泊水质改善和生态修复提供示范。

本书相关的研究成果从理论研究、技术研发到应用转化，重建稳定的沉水植物复合群落，形成壮观的"水下森林"景观，使西湖水体透明度有效提升、浮游植物和浮游动物多样性明显提高，生态效应显著。该成果得到国内外专家、当地民众和国内外广大游客的高度评价，为杭州西湖成功申请《世界遗产名录》、G20杭州峰会水环境保障和西湖水体景观美化作出贡献。

本书共8章。第1章介绍杭州西湖流域、西湖形成和变迁概况等，杭州西湖富营养化发展过程和水生态环境治理过程，主要水环境和水生态特点，包括外源污染、内源污染对水环境的影响及西湖水生态特点等，以及生态修复思路和成效；第2章介绍杭州西湖入湖营养盐通量及其控制，包括流域面源污染、多塘/人工湿地脱氮技术、新型阴离子交换纤维脱氮除磷技术等；第3章重点阐述杭州西湖内源污染特征及其控制；第4章介绍杭州西湖着生藻及其控制技术，包括西湖着生藻空间分布及建群过程，丝状绿藻衰亡及其对沉水植物扩繁影响及着生藻控制技术等；第5章系统阐述杭州西湖水生植物群落优化与稳定化调控技术，包括沉水植物恢复的非生物因子边界条件、影响沉水植物生长的主要环境因子、生态基底改良技术、沉水植物优选、定植及扩繁技术、沉水植物群落结构优化技术；第6章重点介绍杭州西湖水生态修复工程应用，包括北里湖水环境改善与生态修复中试试验和示范工程，以及湖西水生植物群落优化示范工程；第7章阐述杭州西湖湖西水生态修复生态环境效应，包括沉水植物对沉积物再悬浮的影响、沉水植物恢复对水质和沉积物的影响、沉水植物恢复对微生物群落结构的影响、沉水植物恢复和收割对浮游生物的影响等；第8章是结语与展望。

本书各章节的作者分别为：第一章，吴振斌、张义、吴芝瑛、饶利华、刘子森等；第二章，吴振斌、贺锋、肖恩荣、徐栋、夏世斌、孔令为等；第三章，张义、刘子森、龚志军、肖恩荣、严攀、白国梁、唐亚东、吴振斌等；第四章，刘碧云、吴振斌、易科浪、张璐、刘云利等；第五章，刘碧云、吴振斌、马剑敏、李今、张义、李涛、鄢文皓、孙健、蔺庆伟、闵奋力等；第六章，张义、吴振斌、贺锋、刘碧云、徐栋、马剑敏、李今、左进城等；第七章，周巧红、吴振斌、王川、白国梁、王来、曾磊、姚远等；第八章，张义、刘子森、吴振斌等。

由于作者水平有限，书中难免存在疏漏之处，敬请专家和读者批评指正。

作　者

2023 年 10 月

目　　录

第1章 绪　　论

1.1　杭州西湖概况

1.1.1　杭州西湖流域

杭州西湖流域面积为 27.25 km^2，汇水面积为 21.22 km^2。西湖各支流向湖汇集成放射状水系，支流的次级水系为羽状，支流较短小，主要有金沙涧、龙泓涧、赤山涧、长桥溪 4 条。

1. 气象

杭州西湖地处亚热带季风气候区，温暖湿润，四季分明，雨量充沛，日照充足，全年平均相对湿度为 80% 左右，年平均降雨量为 1399 mm。全年有两个降雨高峰：5～6 月的梅雨季节和 8～9 月的台风季节。3～4 月清明时节的雨量也比较充足。7～8 月由于受副热带高压的控制，西湖常出现持续晴热天气，秋冬季也常有晴旱天气。西湖流域年平均气温为 16.2℃，7 月的平均气温最高，达 28.6℃，极端最高气温为 42.1℃，一年中平均气温超过 10℃的天数达 131 d，无霜期为250 d 左右。最冷的 1 月平均气温也在 3.8℃以上，极端最低气温为-10.5℃。年日照时数约为 1899 h，7 月和 8 月的日照时间较长，日照率分别达 55% 和 60%。常年地面主导风向为南西南（SSW，占比 12.71%）。由于受温带西风带天气系统与热带东风带天气系统频繁交替作用，冷、热、干、湿的季节变化很大，常造成洪涝、干旱等灾害性天气。

2. 水文

杭州西湖属太湖水系，平均水深为 2.27 m，常水位控制在黄海标高 7.20 m 处，相应蓄水量为 1448.26 万 m^3。泄水主要通过圣塘闸排出。

杭州西湖多年平均径流量为 1.46×10^7 m^3，各支流向湖汇集成放射状水系。其中金沙涧汇水面积、河长、河道坡度分别为 8.82 km^2、6.18 km 和 20.67°；龙泓涧汇水面积、河长、河道坡度分别为 4.65 km^2、4.23 km 和 11.6°；长桥溪汇水面积、河长、河道坡度分别为 2.15 km^2、2.35 km 和 37.5°。三条溪流的合计汇水面积占西湖总汇水面积的 73.6%。赤山涧及环湖零星低丘也有溪水补给。西湖湖底平均高程为 5.0 m（黄海标高），高于市郊广大河网平原地面高程，是杭州附近各水体水位最高的，因此西湖水体不能从其他水系得到自然补给。

3. 地质与土壤

杭州西湖的地质构造属扬子淮地台东南边缘浙西的一部分，以低山丘陵为主，地形复杂。地势总体上西南高东北低，西部低山区山势陡峭，东北部毗邻杭州湾，地势低平。杭州西湖的岩石由第四纪凝灰岩、流纹岩、酸性岩浆岩等的风化体发育而成，成土母质良好，有机质含量较高，营养元素较全，酸碱适中，土壤种类繁多、资源丰富。

4. 植被

杭州西湖流域植被覆盖良好，主要包括丘陵坡地的风景林及公园景点的人工林两种类型，面积分别为 12.63 km^2 和 1.44 km^2，各占流域陆区面积的 59.5%和6.8%，加上宾馆、医院及道路绿地，总覆盖率达 70%以上。植被是西湖最宝贵的资源之一，营造出良好的生态环境，有多方面的环境效益，并且能显著改善径流条件。流域内水土保持良好，大大减轻了西湖的固态营养物负荷量。但坡地腐败落叶又会产生一定的营养物负荷。

1.1.2　杭州西湖形成和变迁概况

1. 地理位置及湖盆基本情况

杭州西湖位于东经 120° 8′30″、北纬 30° 14′45″，是一个亚热带城市小型浅水湖泊，其三面环山，一面紧靠杭州城区。南北长 3.3 km，东西宽 2.8 km，周长约15 km。2003 年之前的湖区面积为 6.03 km^2，但由于岛和堤的存在，实际水域面积只有 5.6 km^2。全湖被白堤和苏堤分隔成 5 个子湖区：外湖（4.40 km^2）、北里湖（0.32 km^2）、西里湖（0.73 km^2）、岳湖（0.06 km^2）和小南湖（0.09 km^2）。2003 年西湖向西扩展之后，增加了若干个子湖，全湖目前共分成外湖、西里湖、北里湖、岳湖、小南湖、金沙醇浓、茅家埠、乌龟潭和浴鹄湾 9 个子湖区，其中外湖为主体湖，水域面积扩大到 6.38 km^2。2001 年疏浚前杭州西湖平均水深为1.65 m，目前平均水深为 2.27 m，西湖的控制水位保持在黄海标高 7.18 m±0.05 m，湖底较为平坦。

2. 西湖的形成和变迁

杭州西湖由潟湖发展而来。约在 2 500 年前，在海水的冲刷下，海湾四周的岩石逐渐变成泥沙沉积，使海湾变浅，同时杭州湾钱塘江的涌潮也带来大量泥沙，沉积在入海口，使沙坎地形升高，陆地面积不断扩大，在吴山和宝石山的山麓间逐渐形成沙嘴，并最终毗连在一起，形成沙洲，堵塞了内海与外海相连的通道，在沙洲的西侧形成一个淡水湖泊——西湖。此后，在溪流挟带的泥沙的堆积下，西湖面积逐渐缩小，湖水变浅，进入了沼泽化阶段。而后经过历代劳动人民的筑塘和浚治，西湖逐渐成为风景湖泊。杭州西湖的形成和演变大致经历了构造湖盆—潟湖—人为治理三个阶段。

1.2 杭州西湖水生态环境保护历程

1.2.1 杭州西湖富营养化发展过程

杭州西湖周边尤其靠近城区一侧是历经千年高度开发的地区，人口密集，交通便利，产业发达，环境负荷极大，成为西湖水体富营养化的宏观背景。

西湖水源主要为天然降雨与山间积蓄的泉水，自净能力低。20 世纪 60～70 年代，流域内兴建了大量公共设施，再加上工农业的发展和旅游业的社会化，使西湖的富营养水平迅速提高。这一时期水体中氮、磷等营养物质浓度显著提高，藻类大量生长。但西湖水源补偿仅靠 4 条溪流的水，入湖溪流水流量较小，湖水一年仅能更换一次，湖泊水体的交换率太低，20 世纪 70 年代后期的西湖几乎是一潭死水。

正是由于人类的活动、过重的旅游负荷及地域经济的迅猛发展，西湖水环境污染问题日益严重，湖泊富营养化过程加速，水质出现恶化趋势，生态系统出现逆行演替，从而导致了 1958 年的"红水"（由蓝纤维藻暴发引起，湖心点密度高达 65×10^8 个/L）和 1981 年的"黑水"（由水华束丝藻暴发引起，占藻类总量的 98%，密度为 6.77×10^8 个/L）现象。

1.2.2 杭州西湖水生态环境治理过程

西湖之美，源自天然，成于人工。西湖的历史，是一部不断进行保护与建设、不断丰富人文与自然景观的历史。两千多年前的秦汉时期，西湖还只是钱塘江江湾的一部分，沙洲堰塞，逐渐形成西湖。据史料记载，从西湖形成之初至今，经历了二三十次大规模的疏浚治理，最著名的莫过于李泌、白居易、苏轼、杨孟瑛、阮元等历代先贤主持的疏浚。新中国成立后尤其是改革开放以来，治理西湖的力度和成效均为史无前例。

1. 淤泥疏浚

1949 年前，西湖虽设有疏浚机构，但因缺乏设备和资金，疏浚工作开展得很少，1945～1949 年仅疏浚底泥 10 232 m³。1949 年 5 月杭州解放时，西湖污泥淤塞，湖床升高，平均水深仅 0.55 m，蓄水量仅 300 余万 m³，湖底遍生水草，大游船只能循航道行驶。湖西南部多呈洼塘沼泽地，杂草丛生，蚊蝇孳聚，一片荒芜。当时杭州百废待举，国家仍将治理西湖列为杭州市重点建设项目。1951 年设立西湖疏浚工程处，于 1952～1959 年共疏浚淤泥 720.88 万 m³，使平均水深达 1.8 m，蓄水量达 1 018.8 万 m³。1976 年国家又拨款 200 万元，重设浚湖工程处，开始第二次疏浚工作。1978～1982 年共疏浚淤泥 18.84 万 m³，由于当时沿湖均已绿化，改为保养性局部疏浚，挖出的淤泥填平了太子湾公园的洼地。1985 年以后每年疏浚约 2 万 m³，主要对码头及沿岸淤积严重的地块进行局部性疏浚。

2. 水体污染治理

杭州市于 20 世纪 80 年代先后投资 5 000 多万元，实施了 10 项治理措施来控制西湖水体的污染：①限期搬迁流域内的污染企业，埋设沿湖污水管道 17 km，平均每天可减少 4 935 m³ 的污水排入西湖；②做好西湖上游绿化，保持水土，减少泥沙带入西湖；③全面整修湖坎，共新修潟湖坎 29 800 m；④控制船只数量，改造以电瓶为动力的游船；⑤专人定时打捞湖面污物，保持湖面洁净；⑥疏浚清淤，维持一定水深；⑦做好水生动植物的养护管理；⑧新建引水工程，引入钱塘江水，提升湖水自净能力；⑨改造沿湖单位的炉灶，消除烟尘，防止烟尘散落湖中；⑩制定和落实防治西湖污染的政策法规。

通过上述措施消除了"红水""黑水"等恶性污染现象，湖水透明度等各项水质指标都有一定程度的改善，但是治理未能完全达到预期目标，水质的好转十分缓慢，湖泊仍处于富营养化状态。

3. 水环境管理运行机制建立

1981 年 7 月，杭州市人民政府批准建立杭州市西湖水域管理处，隶属于杭州市园林管理局，主要负责对西湖水域的水体、水生动植物、湖面卫生和绿化、沿湖设施和船只进行养护和管理。1985 年和 1990 年杭州市人民政府相继颁布《西湖水上船只管理暂行规定》《杭州市西湖水域保护和管理暂行办法》。1998 年 8 月，《杭州市西湖水域保护管理条例》经浙江省第九届人民代表大会常务委员会第七次会议批准实施,西湖从此走上了依法保护和管理之路。

为了强化西湖风景名胜区的保护和管理,2002 年 9 月杭州西湖风景名胜区管理委员会(杭州市园林文物局)成立,西湖的保护从单通道纵向管理模式转换为网格化区域管理模式,杭州西湖风景名胜区管理委员会确定的区域发展原则为"保护第一、生态优先、突出文化、传承文脉、以人为本、还湖于民、科学规划、分步实施"。

杭州西湖水环境的管理运行机制架构为:杭州西湖风景名胜区管理委员会负责对西湖的水域保护管理统一规划、有序部署、保障资金;杭州市西湖水域管理处(杭州西湖风景名胜区环境监测站)承担西湖及其流域水环境的监测、研究,水环境治理和生态修复工程的实施及后续运行维管,对 6.38 km² 西湖水域(含沿湖坎 5 m 内)、上游溪流(含上游水体两侧 10 m 内)的水生动植物、湖面卫生、底泥疏浚、西湖引配水、沿湖设施和船舶进行统一管理和专业养护。

在此机制管理运行下,自新中国成立以来西湖最大规模的水环境综合保护工程得以有序实施。西湖的水质得到了极大改善,西湖的原有生物种群、结构及其功能特征得到了充分保护,西湖的水生态趋于好转,"西湖水下有森林"的景观得以实现。实践证明,杭州西湖现今的水环境管理运行机制科学合理、高效务实、卓有成效,在全国城市湖泊管理领域具有示范和借鉴意义。

4. 西湖综合保护

进入 21 世纪,杭州市人民政府启动了西湖综合保护工程,大规模修复西湖流域生态环境。尤其在"十一五"和"十二五"期间,中国科学院水生生物研究所、中国科学院南京地理与湖泊研究所、上海交通大学、浙江省水利河口研究院等研究机构的水生态修复专业科研团队进驻西湖,依托国家西湖课题,针对制约西湖水质和生态环境进一步提升的难点问题,进行技术攻关和集成,并相应实施了水生态修复示范工程。其设计理念、水体修复方法、综合效益,为我国城市湖泊的水环境治理、水生态修复和水景建设提供了新的思路。

1)控制水土流失

随着西湖流域社会经济的迅速发展,建筑及道路不断增加,流域内植被覆盖率持续下降,引起流域水陆交错带土地结构变化,水土流失严重,溪流不同程度淤积,流域内的大量垃圾和污染物遇暴雨直接冲入西湖,严重污染大片水体。为此,2003 年的西湖综合保护工程大量外迁西湖流域的居民住户,拆除农居的违法建筑,扩大生态环境空间,增加景区绿地。仅杨公堤景区就新增绿地 80 余万 m²,

种植乔木 1.5 万株、灌木 18.6 万株、竹类 6.5 万杆、地被植物 13.6 万 m^2，铺设草坪 16 万 m^2。有效提高了土壤的固着力，控制了西湖流域的水土流失。

2）控制点源污染

从 2002 年开始，政府投入巨资搬迁风景区内的污染企业和其他沿湖单位。累计拆除违法、无保留价值的建筑 70 余万 m^2，拆迁住户 2900 多户，单位近 300 家，迁移景区人口 7700 多人。对环湖地区保留的单位和居住区实行截污纳管，实现了西湖沿湖单位污水"零排放"，一改西湖地区"脏、乱、差"和环境污染严重的状况。严控西湖游船总量并改造游船动力系统。湖内 500 余艘经营性船只全部使用电瓶驱动，将船只对湖水的污染降到最低限度。

3）控制流域污染

西湖上游的金沙涧、长桥溪、赤山涧和龙泓涧是其主要水源，但也是贡献最大的污染源头。为了清源正本，从 2004 年开始，在西湖上游的长桥溪和龙泓涧实施了污染控制与生态修复工程。

利用长桥溪流域的微地貌和水动力作用，因地制宜地设置面源污水收集、处理系统，通过地埋式污水处理系统与地上人工湿地相结合的方法，创造性地将污水处理工艺与园林景观紧密结合，极大地提高了长桥溪的生物多样性，经处理后的入湖水质达到国家地表水 III 类水标准，形成了良好稳定的流域生态系统。彻底改变了长桥溪原来"脏、乱、差"的面貌，使之成为集生态、观赏、休闲、科普和生态修复示范为一体的特色公园。

龙泓涧采用原位生态修复技术，遵循"不改变流域环境和景观现状，避免规模化施工"的原则，利用溪道和梯级水塘，修建以砾石为主要介质的生态截滤沟，降解地表径流中的悬浮物；构建以沉水植物为主、挺水植物为辅的生态前置库，进一步削减入湖营养盐。如今龙泓涧生态系统发挥了良好作用，入湖水质总磷削减率达 30.7%，总氮削减率达 30.1%。

4）控制内源污染

为了减少西湖底泥对水体的污染，1999～2003 年杭州市人民政府又一次实施了大规模的西湖底泥疏浚工程，共疏浚底泥 340 余万 m^3，西湖平均水深由 1.65 m 增加至 2.27 m，大大增加了水体的库容量，提高了水体的缓冲能力，为确保西湖水质向良好态势发展起到了积极的作用。

5）引水控水配水

西湖是一个半封闭湖泊，自然水源不够丰沛，不利于水生态系统的良性发展。为了保证湖水的供给量，1986 年杭州市建成年引水量为 2 400 万 m^3 的西湖引水工程。但由于受钱塘江潮汐及上游流域水土流失的影响，钱塘江水质已逐渐不能满足西湖引水的需求。为此，2003 年杭州市新建了两座日供水量总计 40 万 m^3 的预处理场，采用除加氯以外的全套自来水工艺净化钱塘江江水，清除泥沙，降解总磷，显著提高了入湖水质，在不计总氮含量的条件下使西湖水体达到了国家地表水 IV 类标准。为了解决钱塘江江水总氮浓度偏高导致西湖水体的含氮量也居高不下的问题，2014 年杭州市又新建了日处理 5 万 m^3 的降解原水总氮的处理系统，由此进一步提升入湖水质。"六进九出"工程的西湖年引水量可达 1.2 亿 m^3，按库容量计算，相当于一个月换一次西湖湖水。

（1）优化流场。依据引水模拟试验结果，2003 年在西湖的西南侧分设了 6 个进水口，在湖的东侧、北侧及西北侧分设了 9 个可控出水口。为了消除引水滞流区，杭州市分别于 2009 年和 2012 年在北里湖、外湖实施了每天 2 万 m^3 和 7 万 m^3 的水质性引水工程，通过铺设水下沉管，将水质更优的西里湖水引至滞流区，最大限度地推动整个西湖水体均匀流动。

（2）合理配水。充沛的水量、均匀的流场，大大增加了湖水的自净能力，湖水经出水口直接排入市区河道。不仅实现了西湖流域"蓄、泄、控"，还增加了城市河道的配水量，改善了市区河道的水质，实现了效益最大化。

6）构建湿地系统

西湖的西部山区和溪涧是西湖天然的水源地。2003 年实施的西湖综合保护工程，在杨公堤以西区域恢复了 0.7 km^2 的水域，顺溪流沿水岸以自然植物护坡为主、石驳坎为辅，结合景观按植物群落的分布特性，沿岸种植乔木、灌木及护坡草带，水陆交错带配湿生植物，逐级入水；再种植挺水、浮叶及沉水植物。工程中共种植水生植物 80 个品种计 200 多万株，构建了良好的水陆交错带湿地系统。2011 年起，又着重在北里湖、小南湖及杨公堤以西水域种植了 7 个品种计 18.2 万 m^2 的沉水植物，构建人工湿地生物塘，有效地涵养了水源，增强了水体的自净能力。建设了西湖沉水植物恢复与群落优化调控示范工程，示范工程实施后，在一个多平方公里湖区重建了稳定的沉水植物复合群落，湖西示范区形成了沉水植物群落结构优化、生物多样性高的良性水生态系统格局，抑制了着生藻类的异常增殖，水质明显改善，透明度显著提升。荡舟北里湖及苏堤以西水域，均可见"水下森林"美丽景观。

1.3　杭州西湖水环境问题和水生态特点

1.3.1　杭州西湖水环境问题

1. 外源污染

根据湖泊中污染物的来源,湖泊污染可划分为外源污染和内源污染两种类型。外源污染主要包括点源污染和面源污染。点源污染主要指排放的市政污水和工业废水。面源污染主要来自市区街道、农田和林区的地表径流,以及大气降水、降尘等,最严重的是农村可利用固体废物和农田化肥流失产生的污染。

20世纪60～70年代西湖富营养化程度日益严重,80年代后,为提升西湖水环境质量,西湖周边实施了环湖砌岸、底泥疏浚、截污、引水等一系列综合整治措施,对来自陆源的污染采取了严格的控制措施(如防止农田、园林污水径流入湖,城市污水截污等),经过二十多年坚持不懈的综合治理,西湖基本上完成了周围点源污染的控制。但杭州西湖西部的龙泓涧、金沙涧和西南部的长桥溪的入湖水质问题一直未得到应有的重视。这三条溪流上游有农居、餐馆、农田与茶园,各种污水均流入溪流,最终进入湖中。闵奋力(2018)的调查研究表明,三条溪流是西湖水体营养盐的外源污染重要来源之一。龙泓涧和赤山涧是杭州西湖两个重要的自然水源。龙泓涧溪流包含一条干流和一条支流,分别起源于龙井泉和月桂山,龙泓涧溪流的水源补给于杭州西湖子湖茅家埠的西侧汇入。龙泓涧溪流的流域土地利用类型比较多样,其中混合常绿和落叶阔叶林占总流域面积的70%,20%为龙井茶园,10%为居民区、道路交通区和水域,相比于赤山涧,龙泓涧溪流具有更大的森林和茶园流域面积。然而,乌龟潭和浴鹄湾2个子湖区仅有森林和居民区两部分的流域土地利用类型。龙泓涧溪流的茶园和森林流域的汇水是杭州西湖水体总氮输入的主要来源。杭州西湖的5个子湖的流域类型可以归纳为:混合林地、居民区和大范围茶园区域(茅家埠);混合林地、居民区和小范围茶园区域(浴鹄湾);混合林地和居民区(乌龟潭、西里湖和小南湖)。另外,龙泓涧和赤山涧两条溪流的入湖水体水质也通过流域治理等措施得到提升。龙泓涧水体的总氮(total nitrogen,TN)、硝态氮(nitrate nitrogen,NO$_3^-$-N)和总磷(total phosphorus,TP)质量浓度在2013年和2019年分别为8.10 mg/L、7.25 mg/L、0.11 mg/L和5.60 mg/L、3.70 mg/L、0.08 mg/L。

为解决西湖突出的水环境问题,杭州市人民政府实施了钱塘江引水工程,建成了处理量30万 m^3/d的玉皇山预处理场和10万 m^3/d的赤山埠预处理场,采用混凝沉淀技术将钱塘江引水净化后输入西湖的太子湾、乌龟潭、浴鹄湾等处,以促进湖区水体交换更新,改善和保持西湖水质,保护和强化西湖观光湖泊的景观功能。综合来看,钱塘江引水工程对西湖水质改善起到了重要作用(黄发明,2012)。但是1986年引钱塘江水入湖工程竣工时,钱塘江水质整体好于西湖,通过钱塘江引水可以稀释西湖湖水的营养盐浓度,再通过换水削减西湖营养盐负荷,进而达到改善水质的目的。然而近几十年钱塘江流域经济的快速发展和农业面源污染日趋严重,导致钱塘江水质不断下降,钱塘江水的氮、磷浓度高于西湖水体,尤其是氮浓度明显高于西湖。因此,常年大量引钱塘江水入湖所带入的氮、磷已成为西湖水体主要的外源营养负荷。"十一五"钱塘江引水高效降氮工程实施,部分引水处理后进入西湖,这一问题得到一定缓解(孔令为,2013)。

2. 内源污染

西湖全湖平均表层浮泥深0.05 m,淤泥平均深0.70 m,按西湖面积6.39 km²计算,全湖浮泥与淤泥的泥量约为480万 m³。表层5 cm的浮泥表明各个湖区可能仍存在较大的内源营养盐释放问题。

尽管1999～2003年西湖又一次实施了大规模疏浚,但是底泥淤积量仍很大,表层浮泥松软,"香灰土"底泥的问题仍然存在,特别是在一些没有疏浚或者疏浚不彻底的湖区,如大湖区东北部存在泥深接近2 m的区域,西部靠近苏堤的沿岸泥深也超过了1.6 m。北里湖大部分湖区泥深在0.6～0.8 m,西里湖大部分湖区泥深在0.4～0.8 m。

西湖沉积物的含水率在27%～88%变化。9个子湖区沉积物的含水率不同,其中岳湖和茅家埠沉积物的平均含水率较低,分别为43%和54%,因为这两个区域属"西湖西进"及"印象西湖"工程改造区,茅家埠于2003年成湖,成湖时间较晚,又是引水入口区,水体透明度高,浮游藻类相对少,沉积慢;而岳湖因"印象西湖"工程实施,对底泥进行了疏浚,并进行了部分覆土改造,底质相对较硬。而外湖南、北里湖和西里湖沉积物的平均含水率较高,分别为84%、80%和75%,与这些湖区的有机沉积历史长、淤积厚度大有关。垂直方向上,岳湖和茅家埠两个沉积历史短的区域沉积物含水率随着深度增加快速下降,而其余湖区的下降趋势并不明显,反映了长期沼泽化城市湖泊淤泥深厚的特征。

沉积物中总氮和总磷含量能指示湖泊历史上的富营养化程度。与国内相关富营养化湖泊相比,西湖沉积物的总氮含量非常高,在1064～11921 mg/kg变化,其中:外湖南和西里湖的沉积物总氮含量较高,垂向氮质量分数平均值分别为8 465 mg/kg和6 986 mg/kg;北里湖沉积物总氮含量也比较高,垂向氮质量分数平均值为6 057 mg/kg;岳湖沉积物总氮含量最低,垂向氮质量分数平均值仅为2 036 mg/kg;茅家埠沉积物总氮含量也比较低,垂向氮质量分数平均值为3 256 mg/kg。垂向上,西湖沉积物的总氮含量也并未出现一般湖泊表现出的随深度增加而快速下降的特征，而是总体下降趋势不明显。这一方面表明在 2003 年疏浚之后西湖氮污染浓度有明显下降，另一方面也反映出西湖沉积物氮污染的复杂性，如此大量的氮蓄积在西湖底泥中，对西湖的水质影响必然很大。西湖沉积物总磷平均含量同样处于高水平，为 1 451～2 294 mg/kg，远高于长江中下游湖泊沉积物平均含量（0.56 mg/kg）。西湖各子湖区总磷含量的空间异质性很高，并且均表现出冬季普遍高于其他季节的特点，其中乌龟潭、西里湖、浴鹄湾和小南湖的沉积物总磷含量较高。西湖沉积物中磷的过量累积是影响恢复以沉水植物为核心的水生态系统的重要因素。沉积物的有机质总量高低是内源污染的一个重要指标。西湖沉积物的有机质含量仍较高，总体上有机质质量分数在 28～251 g/kg 变化。

1.3.2　杭州西湖水生态特点

1. 鱼类

对杭州西湖子湖茅家埠、浴鹄湾、乌龟潭和小南湖 4 个湖区鱼类调研发现，茅家埠水域以杂食性鱼类为主，占该水域总物种数的 49.60%；浴鹄湾水域以草食性鱼类为主，占该水域总物种数的 51.31%；乌龟潭水域以草食性鱼类为主，占该水域总物种数的 51.09%；小南湖水域以肉食性鱼类为主，占该水域总物种数的 41.67%。茅家埠、乌龟潭、浴鹄湾和小南湖共有鱼类 13 种，隶属于 3 科 13 属。鲤科鱼类种类最多，有 11 种；其次是鲶科和鳢科，各 1 种（孙健 等，2021）。

2. 沉水植物

20 世纪 50 年代初，西湖中有沉水植物生长，但后来受到人类经济活动的影响，湖中水生植物逐渐遭到破坏。1984 年调查发现除三潭内湖和其他风景区内的小池中生长黑藻、金鱼藻等种类，西湖其他区域未发现沉水植物分布（陈洪达，1984）。2005 年的调查发现除北里湖、岳湖和三潭内湖有少量人工栽培的莲及其他风景区内的小池塘中生长的水鳖、轮叶黑藻及金鱼藻之外，其他区域湖区无任何水生高等植物群落生长（吴芝瑛 等，2005）。2009 年 9 月，对西湖湖西区域的茅家埠、乌龟潭、浴鹄湾和小南湖的水生态调查显示，茅家埠、乌龟潭、浴鹄湾和小南湖等湖区几乎没有沉水植物存在，调查过程中未观察到表面水华，水深约 1.8 m。

3. 浮游植物和浮游动物

20 世纪 40 年代西湖的浮游植物优势种为蓝藻门的静水隐杆藻（*Aphanothece*

atagnina），它是一种清洁水体的指示藻种，占总量的 98%～99%。20 世纪 70 年代后，主体湖中静水隐杆藻已不复存在，蓝藻门藻类大量繁殖，占据绝对优势，并于 1981 年再次暴发蓝藻门的水华束丝藻（*Aphanizomenon flos-aquae*）水华，出现西湖历史上罕见的"黑水"。20 世纪 80～90 年代，西湖浮游植物优势种相对稳定，其中蓝藻门的水华束丝藻、螺旋鞘丝藻（*Lyngbya contorta*）、拉氏拟鱼腥藻（*Anabaenopsis raciborskii*）及曲氏平裂藻（*Merismopedia trolleri*）均为常年优势种，年平均密度达 $1×10^7$ ind/L（生物个体数量/升）。从 20 世纪 90 年代开始，西湖的蓝藻优势种发生明显变化，种类小型化加速。占总量 98% 的水华束丝藻自 1995 年后突然在湖中消失，拉氏拟鱼腥藻和螺旋鞘丝藻优势度也显著下降。颤藻（*Oscillatoria limnetica*）、中华尖头藻（*Raphidiopsis sinensia*）和微小平裂藻（*Merismopedia tenuissima*）的优势度上升，它们的年平均密度为 $1×10^7$～$1×10^8$ ind/L，成为 1999～2000 年的优势种，浮游植物密度从 1980 年的 $6.91×10^7$ ind/L 上升到 2000 年的 $1.55×10^8$ ind/L。

1981 年有关部门对污染严重的西湖水体进行了全面综合治理，治理后的西湖水体浮游动物为 126 种，其中原生动物 60 种，占总种数的 47.6%，轮虫 43 种，占 34.1%；枝角类 20 种，占 15.9%；桡足类 3 种，占 2.4%（魏崇德，1988）。李共国等（2006）在疏浚后的 2003 年调查中发现，西湖 3 个采样站的定量样品中共有 69 种浮游动物，其中原生动物 26 种，轮虫 27 种，枝角类和桡足类各 8 种。1980～2003 年一些优势种类如砂壳纤毛虫（*Tintinnoinea*）、针簇多肢轮虫（*Polyarthra trigla*）和长额象鼻溞（*Bosmina longirostris*）等的丰度和优势度显著增加；而 20 世纪 80 年代的一些优势种如毛板壳虫（*Coleps hirtus*）、螺形龟甲轮虫（*Keratella cochlearis*）和短尾秀体溞（*Diaphanosoma brachyurum*）等失去优势种地位或消失。

1.4　杭州西湖生态修复总体思路与成效

"保护西湖水体，提升西湖水质"，是一项长期而艰巨的任务。在"十一五""十二五"期间，为了积极推进西湖水环境自我修复的良性生态系统的构建，杭州西湖水域管理处组织牵头，联合中国科学院水生生物研究所、上海交通大学、中国科学院南京地理与湖泊研究所、浙江省水利河口研究院等，申报了"西湖生态恢复与水环境改善项目"，被列入"十一五"国家重大科技水专项，"十二五"继续列入滚动实施。2010 年建立了由中国科学院水生生物研究所领衔的"国家水专项西湖课题工作站"，形成了"政府主导，多方联动，科技引领，突出绩效"的科研与应用紧密结合的管理运作模式。历经 10 余年，针对遏制西湖水质提升的难点，进行技术攻关和集成，研发形成了一整套国内领先的湖泊水生态修复的技术成果体系，并在西湖予以实施，成效显著。

1.4.1　总体思路与技术路线

1. 总体目标

经过 15 年的努力，在城市湖泊富营养化研究与防治方面取得重大进展。总体目标有以下几个方面。

（1）研发与集成城市湖泊流域污染源控制与治理的技术和管理策略与方法，在典型湖泊流域示范区获得成功，水环境和水生态得到明显改善，为当地社会经济可持续发展与和谐社会建设服务。

（2）形成通过示范区证明有效、安全、经济可行和系统综合的我国城市湖泊富营养化防治理论与技术体系，提供成套适用城市湖泊水环境治理技术及相关设备设施，为我国众多富营养化城市湖泊的治理提供技术支撑。

（3）建成以现代科技进步和管理理论为基础的典型城市湖泊综合管理体系，以集水环境-水生态-水安全-水文化于一体的指导思想，通过建立水环境-生态观测站和网络控制系统，提出城市湖泊区域性社会经济结构优化调整及监管体制方案，制订相应的湖泊水质改善和达标综合方案，为我国城市湖泊环境污染防治与保护提供政策管理规范与解决途径。

2. 阶段目标

1）2010 年目标

以生态工程技术为主线，研发引水布水排水技术、高效降氮技术、底质改善技术和以沉水植物恢复为核心的水体修复技术，选择钱塘江引水玉皇山预处理场、西湖重污染湖区（北里湖）及西湖湖西区域（茅家埠、浴鹄湾、乌龟潭等）开展相关工程示范，将西湖建设成景观优美、水质良好、生态健康的湖泊，为全国城市景观湖泊治理与生态建设提供技术示范。

2）2015 年目标

突破钱塘江引水高效脱氮规模化（10 万 m^3/d）技术瓶颈，建立西湖生态引水布水排水系统的优化技术；阐明底栖丝状藻类（颤藻、水绵）异常增殖关键诱发因子；揭示面源污染物迁移规律、湖泊底质特征、内源营养盐释放在营养盐输入中的贡献，以及相关控制技术；形成以生态工程为核心的水体修复及稳定化技术；建立生态工程高效长效运管机制；实现西湖水环境进一步改善和生态系统良性循环。

3）2016～2020 年目标

西湖全湖除少数指标外，大部分指标达到国家地表水 III 类水质标准以上，水生态系统达到稳定的能够自我维持的良性循环状态，水体景观效果达到世界一流城市湖泊水平。

3. 技术路线

对西湖 50 年来（特别是近 20 年来）污染治理经验进行总结与分析，并且对西湖流域生态环境问题与西湖富营养化阶段演化的主要问题进行调查与解析，在环境-生态综合诊断的基础上，制订减污调控、源头治理、生态修复、流域管理的技术路线（图 1.1）和实施方案。

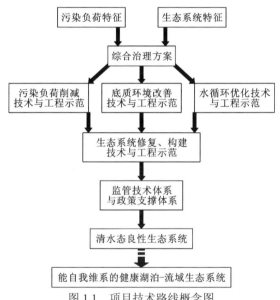

图 1.1 项目技术路线概念图

首先进行全流域（包括湖泊水体）污染物来源与湖泊进出通量的调查。通过流域上污染源的调查，弄清楚污染来源、数量和分布；通过对底泥类型、释放方式、环境影响条件的研究，给出进出西湖的营养盐通量、滞留率和沉积物释放贡献。在此基础上，结合示范工程实施，进行有效且经济的农业面源污染、农村分散居民生活污水、河道沿程的工程及生态拦截技术试验，通过对富含污染物质的初期降水形成的雨洪径流的拦截与净化技术研发及对引水水源地水质时空分布特征的分析，确定生态引水的优化调度方案，有效减少引水入湖的污染物数量，降低湖体营养盐浓度，为全湖生态恢复创造条件。通过西湖生态系统结构与功能及其生境条件的调查研究，揭示西湖生态系统结构、功能及其存在的问题。通过影响水生植物恢复的生境条件（基底条件、透明度、风浪、沉积物悬浮、浮游植物浓度、鱼的群落结构等）改善技术的研究，先在重点水域如内塘水域、边缘湖湾实施湖泊生态系统恢复的示范工程，逐步扩展到全湖范围。最终于2020年实现西湖良性生态系统稳定发展和水质持续改善的目标，并为在全国同类湖泊推广应用提供技术支撑。

1.4.2　技术研发与示范工程

1. 湖西水域水生植物群落优化示范工程

突破高水位条件下的沉水植物定植与繁育技术，以及藻-草-鱼-水-浮游动物互动的水生植物群落结构优化和稳定化技术，对茅家埠、乌龟潭、浴鹄湾、小南湖等湖区的水生植物配置进行整体优化，构建以沉水植物为主、挺水植物为辅的水生植物群落，形成自我良性循环的健康生态系统，实现沉水植物从单一、极少量到群落化的根本性转变。

2. 钱塘江引水高效降氮示范工程

突破大水量、高水力负荷下西湖引水规模化高效降氮的技术瓶颈，在玉皇山引水预处理场内，建设日处理量 $3\,500\ m^3$ 的强化脱氮设施，实现在 30 min 内出水总氮削减率达40%以上，使解决西湖水体总氮偏高的症结成为可能。

3. 北里湖生态修复示范工程

突破北里湖污染底质改良技术和低压输水管网优化技术，在北里湖实施引水布水、底泥有机质改良和沉水植物恢复等措施，使湖区水体更新速度明显加快，换水周期从原来的约 60 d 缩短至 22.5 d，极大地遏制富营养化生成的条件，解决北里湖流场分布不均，水体自净能力差、透明度偏低、盛夏高温蓝绿藻容易急剧增长的问题。

4. 低等植物异常增殖生态控制综合示范工程

突破多种沉水植物重建和扩繁技术，包括斑块镶嵌、耐牧食生境营造、硬底质改造等，有效解决西湖沉水植物结构不合理、低等藻类异常增殖、局部区域沉水植物生长状况不稳定等问题，攻克湖泊生态修复治理中水生态稳态转换难关，优化湖西和小南湖水域沉水植物群落结构，实现沉水植物的稳定扩繁，抑制着生藻类异常增殖，水体景观效果进一步提升。

5. 大规模引水的高效降氮技术示范工程

突破轻质载体单级反硝化生物滤池降氮技术，构建低碳氮比地表水的高效降氮技术系统，建成日处理量 5 万 m^3 的降氮工程。采用新型轻质滤料、新型碳源、水流流向自下而上的创新工艺，实现系统自动挂膜而无须接种，从而降低运行成本、便于运维管养，提高产水率，消除安全风险，真正实现大规模引水的工程化应用。

6. 西湖外湖生态引水示范工程

突破西湖全流场均匀化的湖荡引、布、排水优化技术，在构建零维水质、多维水动力水质数学模型基础上，通过物理模型验证，确定在外湖柳浪闻莺到少年宫一带是水质较差的水流滞缓区，实施日引水 7 万 m^3 的水质优化引布水工程，实现西湖全流场均匀化。

1.4.3　杭州西湖水环境保护与生态修复成效

多年来，各级政府、西湖的管理者和科学工作者一刻也没停止治湖行动，始终坚持"生态优先、严格保护、科技引领、励精图治"的精神，多措并举、全方位推进西湖水质的提升和生态保护。在一个多平方公里湖区重建了稳定的沉水植物复合群落，有效控制了着生藻类异常增殖，使水质明显改善，提升了西湖水体景观。将水体透明度提高 50 cm 以上，水生生物多样性指数提高 60%以上，四季呈现丰富多样的"水下森林"景观，连续 10 年群落自然更替，实现了山水林田湖草的优美和谐共存。水环境的改善，也使西湖的魅力越来越彰显，促进了杭州综合竞争力的提升。

杭州西湖风景名胜区相继获"中国顾客十大满意风景名胜区""全国文明风景旅游区"等称号。2005 年，西湖被《中国国家地理》杂志等全国 30 多家权威新闻媒体评为中国最美的五大湖之一。2008 年，杭州西湖综合保护整治工程获联合国人居署"（迪拜）国际改善人居环境最佳范例奖"；2011 年 6 月杭州西湖文化景观成为世界文化遗产之一；2012 年长桥溪水生态修复公园在联合国人居署"（迪拜）国际改善人居环境最佳范例奖"评选中被评为"全球百佳范例奖"。2014 年《人民日报》对西湖水环境治理做了专题报道，认为其技术成果代表了中国城市景观湖泊生态修复的共性技术，值得总结推广，对国内其他湖泊的环境提升具有示范效应。2016 年西湖作为二十国集团（G20）杭州峰会主会客厅，各国元首泛舟湖上，感受美丽湖光山色，留下了难忘的印象。西湖惊艳了世界！

第 2 章 杭州西湖入湖营养盐通量及其控制

2.1 杭州西湖流域面源输入污染

2.1.1 流域营养盐流失特征

1. 流域概况

杭州西湖地处浙江省杭州市西部，中心地理坐标为北纬 30°14′45″、东经 120°8′30″，地处我国东南丘陵边缘和亚热带北缘，年均太阳总辐射量在 100～110 kcal/cm^2，日照时数为 1 800～2 100 h，光照充足，年均气温 16.2℃，年均无霜期为 250 d 左右。常年四季分明，属于亚热带季风性湿润气候，降水丰富，雨热基本同季，降雨主要集中在 4～9 月。西湖水域面积为 6.38 km^2，流域属丘陵地形，面积为 26.08 km^2，主要包括金沙涧、龙泓涧、赤山涧、长桥溪等入湖溪流（Bai et al.，2020；Liu et al.，2020；Lin et al.，2019），各子流域位置如图 2.1 所示。

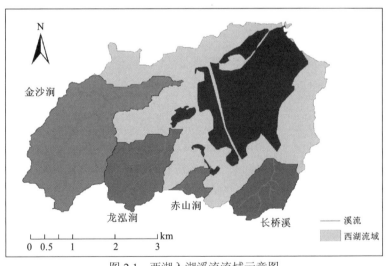

图 2.1 西湖入湖溪流流域示意图

西湖流域主要包括林地、园地（茶园）、住宅用地和水域 4 种一级土地利用类型（Bai et al.，2020；Han et al.，2017），分别占到西湖流域土地面积的 47.47%、25.18%、3.96%和 22.40%。土壤类型主要包括黄泥土、油红泥、石沙土、黄筋泥、潮红土、黄泥沙土和红泥土 7 类，分别占到流域面积的 36.77%、21.67%、8.59%、8.03%、6.98%、6.85%和 4.27%。

2. 研究方法

1）研究对象

以龙泓涧小流域为代表开展研究。该小流域位于西湖流域西部，地势西高东低。基于数字高程模型（digital elevation model，DEM）和实地调查，将该小流域分为里鸡笼山集水区和外鸡笼山集水区。龙泓涧小流域土地利用类型如图 2.2 所示，总面积 2.77 km²，其中林地 2.17 km²，茶园 0.41 km²，住宅用地 0.18 km²，其他 0.01 km²。流域内茶园每年定期施肥两次：第 1 次施肥在 3 月下旬至 5 月下旬，主要为复合肥 1 100 kg/hm²；第 2 次为秋季深耕施肥，于 10～11 月施入有机肥 8 000 kg/hm²。

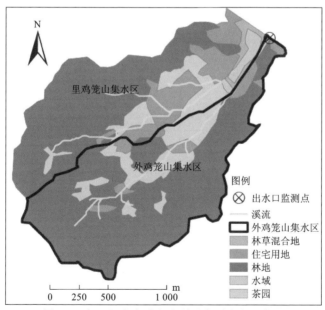

图 2.2　龙泓涧小流域土地利用类型分布示意图

扫描封底二维码看彩图

2）降雨径流

降雨数据采用浙江省水雨情信息展示系统中离研究区域最近的梅家坞监测站（站号 70156450）的实时降雨量数据。外鸡笼山集水区未观察到点源污染，地表径流汇集后从同一出水口流出，因此出水口处的水质状况可以代表该流域的非点源污染状况。在外鸡笼山出水口设置表面经光滑处理的薄壁矩形堰（长 1.5 m、深 0.5 m）以保证对自然水流无较大影响，同时在监测断面放置水位自动监测仪实时记录水位变化，通过计算获得实时径流流量。

经实地调查，林地和茶园两种土地利用类型的面积分布最广泛，在这两种土地利用类型上共布设 3 个径流小区（图 2.3），径流小区用 30 cm 塑料板与周围土地分隔开，在小区的下坡方向底端设置导流槽，将降雨形成的地表径流导入位于小区末端的地表径流收集桶中，塑料桶容积为 200 L。

图 2.3　野外径流小区

各径流小区的面积、坡长、坡度情况见表 2.1。

表 2.1　径流小区规格

土地利用类型	面积/m²	坡长/m	坡度/(°)
茶园	40	11	4
林地 1	40	10	10
林地 2	40	11	19

3）水样采集分析

在流域出水口，降雨开始时的前两个小时每隔 0.5 h 采集瞬时水样一次，其后每隔 1 h 采样直至降雨结束，并根据降雨强度和时长适当调整采样频次。对于径流小区，每场降雨径流发生后记录池中水体积，将池中水搅拌均匀后采样。按标准方法测定总磷（TP）、可溶性磷（dissolve phosphorus，DP）、总氮（TN）、硝态氮（NO_3^--N）和氨氮（ammonia nitrogen，NH_4^+-N）。

4）降雨量和雨强

2014 年 6 月～2015 年 9 月，对能产生明显径流的降雨事件进行降雨-径流过程采样分析，共收集了 25 场降雨的监测资料，各降雨事件基本特征见表 2.2。

表 2.2　25 场降雨的特征值

降雨编号	降雨量/mm	降雨历时/h	最大雨强/（mm/h）	流域径流深/mm	监测次数/次	雨强
2014/6/30	16.0	10	4.0	0.20	19	大雨
2014/7/15	43.5	13	19.5	2.37	22	大雨
2014/8/16	21.5	4	13.0	0.97	13	大雨
2014/8/26	14.5	5	5.5	0.18	10	中雨
2014/9/18	13.0	5	6.0	0.14	10	中雨
2014/9/22	87.5	32	7.0	39.08	44	暴雨
2015/4/6	72.2	19	15.0	23.41	22	暴雨
2015/5/8	10.5	8	4.0	0.12	11	中雨
2015/5/11	6.5	6	1.5	0.09	11	中雨
2015/5/15	10.5	5	8.0	0.11	12	中雨
2015/5/18	23.5	5	14.5	1.09	13	大雨
2015/6/7	141.5	43	16.5	82.33	55	大暴雨
2015/6/18	65.5	14	19.0	19.78	20	暴雨
2015/6/22	33.5	18	8.5	2.04	22	大雨
2015/6/23	29.0	5	11.5	1.01	13	大雨
2015/7/1	46.0	10	15.0	2.42	22	暴雨
2015/7/6	59.5	25	5.0	3.25	27	暴雨
2015/7/11	70.5	25	7.5	14.00	26	暴雨
2015/7/17	24.0	7	7.0	0.49	12	大雨
2015/7/21	20.5	3	15.0	0.73	14	大雨
2015/8/9	40.0	12	9.0	1.55	16	暴雨
2015/8/10	29.5	13	6.5	1.73	17	大雨
2015/8/20	43.0	6	13.0	2.55	10	暴雨
2015/8/22	16.5	11	5.0	0.24	13	大雨
2015/9/14	39.5	25	5.0	1.77	26	大雨

3. 径流氮磷流失特征分析

1）降雨–径流变化

由表 2.2 选取 2014/9/22、2015/4/6 及 2015/6/7 三场暴雨为研究对象，三场暴雨前五日降雨量分别为 53 mm、39 mm、22 mm。其中 2014/9/22 次降雨受 2014 年第 16 号台风"凤凰"的影响，雨量大、历时长；2015/4/6 次降雨为杭州 2015 年进入降雨期的首场暴雨，其降雨比较集中且强度大；2015/6/7 次降雨为春茶结束施肥后的首场大暴雨。图 2.4 显示了这三场不同降雨条件下，龙泓涧降雨强度、径流量等主要降雨特征值的实时变化。

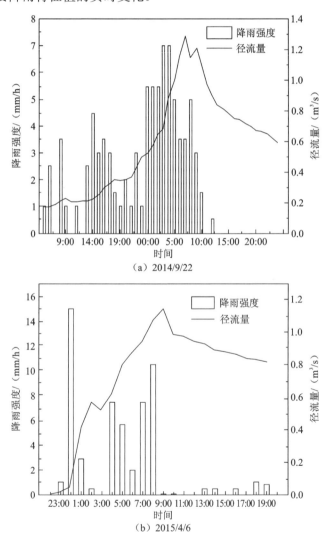

（a）2014/9/22

（b）2015/4/6

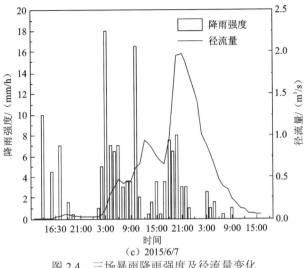

图 2.4　三场暴雨降雨强度及径流量变化

　　龙泓涧径流量的变化主要受降雨特征的影响：①三场降雨事件都有多个降雨强度峰值，显示了降雨强度对径流的决定作用，符合径流的峰值一般出现在最大降雨强度之后的一般规律；②径流峰值延滞于降雨强度峰值的时间与当次雨情密切相关。2014/9/22 次降雨强度呈多峰型缓慢增强，而另两次降雨的强降雨集中在降雨前期，土壤水分迅速饱和，入渗率迅速降低，形成超渗产流，径流量呈现出直线上涨的趋势。

　　2）营养盐流失变化

　　图 2.5 为不同降雨条件下龙泓涧营养盐浓度随径流量的持续变化情况，表明各水质指标值在降雨初期随着暴雨径流对流域内不透水路面和林地、茶园等透水路面的冲刷、浸提等效应影响显著升高（徐丹亭，2013）。

　　2015/6/7 次降雨总氮和硝态氮的浓度在降雨开始后呈波浪形缓慢增长，而另两次降雨总氮和硝态氮在降雨开始后迅速达到浓度峰值，这主要是由于这两次降雨事件前期降雨量大，土壤含水量大，降低了水分的入渗率，通过径流流失的硝态氮就多。进入涨水阶段，总氮和硝态氮浓度呈现出波浪形增长的趋势，主要是由于三场降雨事件雨量较大，降雨的浸提作用和稀释作用交替变化。

　　2015/6/7 次降雨中总磷和氨氮的峰值浓度要明显大于其他两次降雨事件，并且在降雨初期出现了氨氮浓度比硝态氮浓度高的现象。经调查发现这主要是由于龙泓涧小流域的茶园每年会在春茶结束后的 5 月施有机肥，而 2015 年 5 月降雨量又偏少，只有 107.5 mm，因此 2015/6/7 次降雨在降雨初期对氮、磷的浸提作用非常明显，总磷和氨氮的浓度迅速升高，而随后在径流的稀释作用下迅速下降。

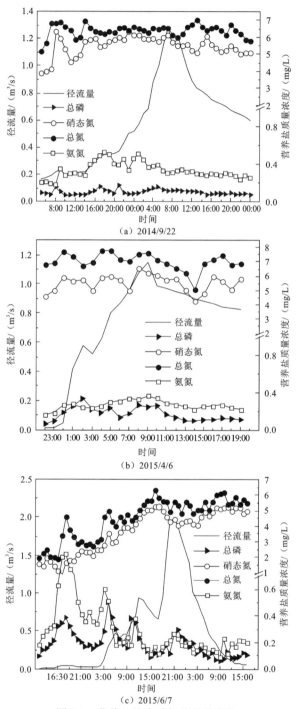

图 2.5 营养盐浓度随径流量的变化

3）氮磷迁移通量分析

三场次降雨径流平均浓度（event mean concentration，EMC）如图 2.6 所示，各污染物浓度指标中总氮的最高值在 2015/4/6 降雨事件中产生，而 2014/9/22 和 2015/4/6 降雨事件的 EMC 则明显较高，主要是由于这两次降雨事件的前期降雨量都比较大，土壤湿润，降雨对土壤中氮的浸提作用比较明显。

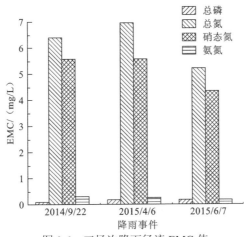

图 2.6　三场次降雨径流 EMC 值

由表 2.3 中各污染物迁移通量可知，总氮和硝态氮的迁移通量都与径流深有很好的相关性。皮尔逊相关分析（Pearson correlation analysis）显示，总氮和硝态氮与径流深的相关系数分别达到了 0.998 和 0.992，而总磷和氨氮与径流深的相关性相对较差，相关系数分别为 0.968 和 0.913，说明不同强度降雨事件中总氮和硝态氮受径流深的影响很大，而总磷和氨氮除受降雨条件的影响外还受前期施肥量和土壤特性的影响。在各种氮素中，可溶性的硝态氮占总氮的比例最高，为 84%。

表 2.3　氮磷迁移通量对比

降雨编号	径流深/mm	迁移通量/（g/hm²）			
		总磷	总氮	硝态氮	氨氮
2014/9/22	16.63	17.51	1 066.18	929.50	56.42
2015/4/6	9.63	17.16	694.94	554.76	28.10
2015/6/7	30.04	67.62	1 825.53	1 535.60	72.62
均值	20.54	34.10	1 195.55	1 006.62	52.38

4）氮磷排放负荷及迁移规律

I. 径流系数分析

径流系数是一个反映降雨和径流之间关系的参数，在时间和空间上都有很大的差别，受到气候、地形、土地利用类型及下垫面的影响。本节分析研究区 25 场有明显径流产生的降雨事件中径流系数随雨量的变化关系。

如图 2.7 所示，降雨量在 6.5～141.5 mm 的降雨事件中，径流系数在 0.01～0.58 变化，并随降雨量的增大而增大，相关系数 R^2 达到了 0.848 2，很好地反映了降雨与径流之间的规律，与其他小流域有着类似的结果，可用于西湖流域降雨产流的计算。

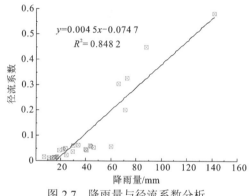

$$y = 0.004\,5x - 0.074\,7$$
$$R^2 = 0.848\,2$$

图 2.7　降雨量与径流系数分析

II. 氮、磷排放负荷分析

研究表明径流量与氮、磷排放负荷之间存在非线性关系。通过对研究区 25 场降雨事件中降雨量与迁移负荷的回归分析，更能直接反映出降雨量与污染物排放负荷之间的关系。如图 2.8 所示，总磷、总氮的迁移通量与降雨量之间存在较好的多项式关系，通过这些回归方程，可以根据流域内某次降雨量的大小，计算出该次降雨总磷、总氮的迁移通量。

III. 雨强对氮、磷迁移的影响

由表 2.4 可知，在同一点位测量的不同雨强下氮、磷的降雨径流平均浓度（site mean concentration，SMC）值存在较大差异，总磷的 SMC 值变化为中雨＞大暴雨＞大雨＞暴雨，总氮的 SMC 值变化为暴雨＞大暴雨＞中雨＞大雨。两种污染物的迁移特征不一样，对于总磷，在中雨条件下初期冲刷效果往往更明显，且中雨事件主要发生在施肥期的 4～5 月，而在大暴雨条件下强降雨过程含有巨大能量的雨滴，对土壤表面反复冲击使得因土壤侵蚀造成的颗粒态养分大量流失，而磷更易黏附在土壤颗粒上，雨强较大时其 EMC 值明显升高，而暴雨和大雨条件下雨滴对土壤冲击不足，因此 SMC 值较低。

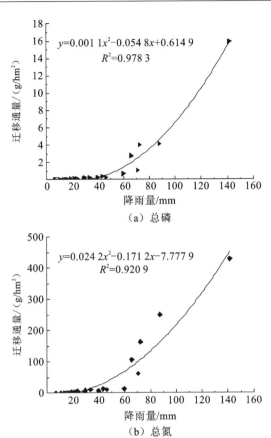

（a）总磷

（b）总氮

图 2.8　总磷、总氮迁移通量与降雨量回归分析

表 2.4　不同雨强下氮、磷 SMC 值与 SMA 值变化

指标	污染物	中雨（$n=5$）	大雨（$n=11$）	暴雨（$n=8$）	大暴雨（$n=1$）
SMC/（mg/L）	总磷	0.24	0.14	0.13	0.19
	总氮	5.04	4.59	5.83	5.21
	硝态氮	3.69	3.84	4.94	4.38
	氨氮	0.94	0.39	0.30	0.21
SMA/（g/hm²）	总磷	0.03	0.22	3.11	15.89
	总氮	0.69	7.45	157.12	429.00
	硝态氮	0.51	6.27	134.14	360.87
	氨氮	0.12	0.56	7.80	17.07

注：SMA 为降雨径流平均迁移量（site mean amounts）；n 为降雨事件数

总氮的 SMC 值在暴雨条件下都要比中雨和大雨条件下大，主要是暴雨级别的降雨对土壤的浸提作用要明显大于中雨和大雨，且在降雨-径流后期往往会产生明显的壤中流，使暴雨级别条件下总氮的 SMC 值普遍较大。

总磷和各形态氮的多场降雨径流平均迁移量（SMA）值均与雨强呈现正相关，如暴雨条件下总磷和总氮 SMA 值分别约为大雨条件下的 14 倍和 21 倍，中雨条件下的 104 倍和 228 倍。因此一定要减少在暴雨频发的 6～8 月对流域内土地进行施肥和翻土（韩莉，2017）。

2.1.2　SWAT 模型基础数据库构建

1. 空间数据库

SWAT（soil and water assessment tool）模型必需的空间数据包括 DEM、土地利用类型图、土壤类型图等，所有数据都要使用同一投影和同一坐标系（Yasir et al.，2021；刘瑶 等，2015）。

1）数字高程模型

数字高程模型（DEM）用于流域边界提取、子流域划分、坡度坡长计算、流域面积计算等。本节所使用的 DEM 是分辨率为 5 m×5 m 的 img 格式数据。在 ArcGIS 支持下，经过投影变换、重分类和边界提取等得到 SWAT 模型模拟所需要的西湖流域 DEM 数据。由图 2.9 可知，研究区域内地势低洼处主要高程集中于 6～411 m，地势西高东低，有 4 个凸显的小流域。

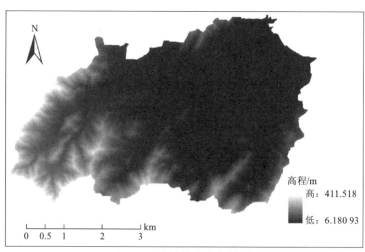

图 2.9　流域数字高程模型

扫描封底二维码看彩图

2）土地利用类型图

土地利用类型影响着降雨-产流过程,对模拟结果有重要影响。SWAT 模型中,有关土地利用类型和植被覆盖的数据通过文件 cprp.dat 进行存储和计算。由表 2.5 可知,土地利用类型图的属性数据只需将土地利用类型栅格图 Value 值与 SWAT landcover/plant 数据库中的相关记录对应即可。

表 2.5　土地利用类型分类与重分类

国内二调分类	含义	SWAT 代码
有林地	指树木郁闭度≥0.2 的乔木林地,包括红树林地和竹林地	FRST
灌木林地	指灌木覆盖度≥40%的林地	FRSE
疏林地	指树木郁闭度≥0.1、<0.2 的林地	FRSD
旱地	指无灌溉设施,主要靠天然降水种植旱生农作物的耕地,包括没有灌溉设施,仅靠引洪淤灌的耕地	AGRL
茶园	指种植茶树的园地	ORCD
农村宅基地	指农村用于生活居住的宅基地	URLD
城镇居住用地	指城镇用于生活居住的各类房屋用地及其附属设施用地,包括普通住宅、公寓、别墅等用地	URBN
其他草地	指树木郁闭度<0.1,表层为土质,生长草本植物为主,不用于畜牧业的草地	HAY
湖泊水面	指天然形成的积水区常水位岸线所围成的水面	WATR

通过重分类后西湖流域土地利用类型图如图 2.10 所示。区域的总面积为 26.08 km², 其中有林地的面积最大, 约占总面积的 42%, 其次是湖泊水面, 约占总面积的 22%。

3）土壤类型图

土壤类型分为 7 类:黄筋泥、红泥土、黄泥土、黄泥沙土、潮红土、油红泥和石沙土。将土壤类型图转化为网格(GRID)格式,得到 SWAT 模型所需要的 GRID 图, 如图 2.11 所示。

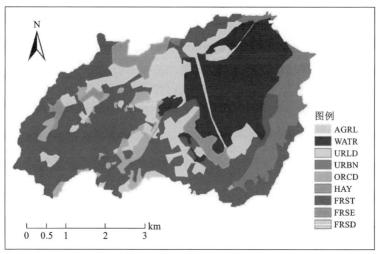

图 2.10　西湖流域土地利用类型图

扫描封底二维码看彩图

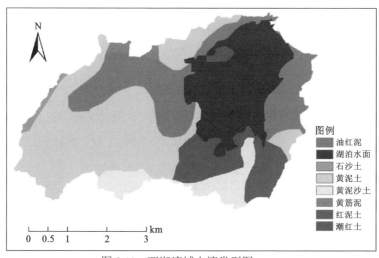

图 2.11　西湖流域土壤类型图

扫描封底二维码看彩图

2. 属性数据库

1）土壤数据

土壤数据主要包括土壤物理属性和化学属性，决定土壤剖面的水、气运动的情况，并且对水文响应单元（hydrologic research units，HRUs）中的水循环起重要作用。SWAT 模型中所需土壤物理参数及说明如表 2.6 所示。

表 2.6　土壤物理属性输入参数

变量名称	模型定义	参数范围
SNAM	土壤名称	—
HLAYERS	土壤分层数	1～10
HYDGRP	土壤水文分组	A、B、C 或 D
SOL_ZMX	土壤剖面最大根系深度/mm	0～3 500
ANION_EXCL	阳离子交换孔隙度	0.5
SOL_CRK	土壤最大可压缩量，以所占总土壤体积分数表示	0～1
TEXTURE	土壤层结构	—
SOL_Z	各土壤层底层到土壤表层的深度/mm	0～3 500
SOL_BD	土壤容重/（mg/cm^3）	1～3
SOL_AWC	有效田间持水量/（mm 水/mm 土）	0～1
SOL_K	饱和水力传导系数/（mm/h）	0～2 000
SOL_CBN	有机碳质量分数/%	0～10
CLAY	黏土占比/%，直径小于 0.002 mm	0～100
SILT	壤土占比/%，直径在 0.002～0.05 mm	0～100
SAND	砂土占比/%，直径在 0.05～2.0 mm	0～100
ROCK	砾石占比/%，直径大于 2.0 mm	0～100
SOL_ALB	土壤反射率	0～1
USLE_K	USLE 土壤侵蚀方程中 K 值	0～1
SOL_EC	电导率/（dS/m）	0～100

研究区的土壤性质数据主要来自《浙江土种志》，土壤物理参数很难满足 SWAT 模型土壤数据库的要求，需要在已有数据的基础上对土壤参数进行转换处理以符合模型的要求。

《SWAT 用户手册》（2012）中对土壤水分分组标准进行了规定，依据土壤饱和导水率大小，将土壤分为 A、B、C、D 四组，同一土壤水文分组是指在相似的降雨和地表覆盖条件下，具有相似的产流能力的土壤，其分类标准如表 2.7 所示。

表 2.7 土壤水文划分标准

分组	土壤分组的水文性质	入渗速率/（mm/h）
A	渗透性很强、土壤内潜在径流量很少，如砂土或砾石土；土壤水分完全饱和时入渗速率仍很高	7.26～11.34
B	渗透性较强，如砂壤土；土壤水分完全饱和时入渗速率较高	3.81～7.26
C	中等透水性土壤，如壤土；土壤水分完全饱和时入渗速率中等	1.27～3.81
D	微弱透水性土壤，如黏土；具有很低的导水能力	0～1.27

从《浙江土种志》中获得的土壤颗粒组成采用的分类标准是国际制，而 SWAT 模型采用的土壤粒径级配标准是美国农业部（United States Department of Agriculture，USDA）的美国制，因此需对土壤质地进行转换。转换后研究区土壤粒径分级见表 2.8。

表 2.8 土壤粒径分类标准

土壤类型	土层厚度/cm	粗沙（0.05～2 mm）	粉土（0.002～0.05 mm）	泥粒（<0.002 mm）
黄筋泥	0～18	30.56	37.71	31.73
	18～66	26.27	37.01	36.72
	66～100	21.92	45.91	32.17
红泥土	0～15	35.5	26.34	38.16
	15～71	28.68	25.03	46.29
	71～100	30.64	28.4	40.96
黄泥土	0～20	39.18	35.73	25.09
	20～70	30.59	36.97	32.44
	70～100	41.56	30.46	27.98
黄泥沙土	0～20	39.18	35.73	25.09
	20～80	29.64	37.92	32.44
	80～120	41.56	30.46	27.98
潮红土	0～20	49.11	31.36	19.53
	20～70	41.36	34.65	23.99
	70～100	51.44	23.81	24.75
油红泥	0～14	18.35	43.84	37.81
	14～71	11.87	45.24	42.89
	71～100	28.69	46.21	25.1
石沙土	0～16	49.26	29.88	20.86
	16～42	52.28	27.58	20.14

采用转换后的土壤粒径组成及有机质含量，利用土壤特性软件 SPAW 中的土壤水分特征（soil water characteristics）模块计算得到土壤容重（SOL_BD）、有效田间持水量（SOL_AWC）及饱和水力传导系数（SOL_K）。SPAW 软件运行界面如图 2.12 所示。

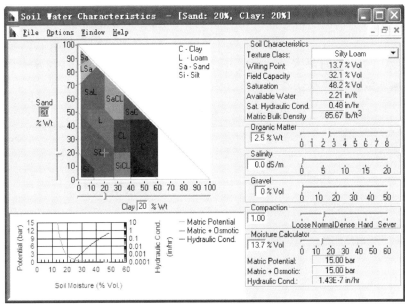

图 2.12 土壤水分特征模块界面

土壤侵蚀因子 K 是表征土壤抵抗径流冲刷能力的一个相对综合参数，与土壤机械组成、有机质含量、土壤结构、土壤渗透性等有密切关系。本节采用《SWAT用户手册》中 1995 年威廉斯（Williams）提出的方程计算得到，其公式为

$$K_{USLE} = f_{csand} \times f_{cl\text{-}si} \times f_{orgc} \times f_{hisand} \qquad (2.1)$$

$$f_{cl\text{-}si} = \left(\frac{si}{si + cl} \right)^{0.3} \qquad (2.2)$$

$$f_{csand} = 0.2 + 0.3 \times e^{\left[-0.025\,6 \times sd \left(1 - \frac{si}{100} \right) \right]} \qquad (2.3)$$

$$f_{orgc} = 1 - \frac{0.25 \times c}{c + e^{(3.72 - 2.95 \times c)}} \qquad (2.4)$$

$$f_{hisand} = 1 - \frac{0.7 \times \left(1 - \dfrac{sd}{100} \right)}{\left(1 - \dfrac{sd}{100} \right) + e^{\left[-5.51 - 22.9 \times \left(1 - \frac{sd}{100} \right) \right]}} \qquad (2.5)$$

式中：f_{csand} 为粗粒砂土含量高的土壤侵蚀因子；$f_{cl\text{-}si}$ 为黏壤土土壤侵蚀因子；f_{orgc} 为有机碳含量高的土壤侵蚀因子；f_{hisand} 为含砂量极高的土壤侵蚀因子；sd 为砂粒质量分数；si 为粉粒质量分数；cl 为黏粒质量分数；c 为有机碳质量分数。

2）气象数据

本书采用中国气象科学数据共享服务网中杭州站 1965～2014 年 50 年的日数据，主要包括平均气压、平均风速、平均气温、日最高气温、日最低气温、平均相对湿度、20～20 时降水量、小型蒸发量、大型蒸发量和日照时数等。天气发生器主要输入数据参数及获取方法如表 2.9 所示。

表 2.9　天气发生器主要输入数据参数及获取方法

参数	计算公式	获取方法
TMPMN（月平均最低气温）/℃	$\mu_{mn_{mon}} = \dfrac{\sum\limits_{d=1}^{N} T_{mn, mon}}{N}$	EXCLE
TMPMX（月平均最高气温）/℃	$\mu_{mx_{mon}} = \dfrac{\sum\limits_{d=1}^{N} T_{mx, mon}}{N}$	EXCLE
TMPSTDMN（最低气温标准偏差）	$\sigma_{mn} = \sqrt{\dfrac{\sum\limits_{d=1}^{N} (T_{mn,mon} - \mu mn_{mon})^2}{N-1}}$	EXCLE
TMPSTDMX（最高气温标准偏差）	$\sigma_{mx} = \sqrt{\dfrac{\sum\limits_{d=1}^{N} (T_{mx,mon} - \mu mx_{mon})^2}{N-1}}$	EXCLE
PCPMM（月平均降雨量）/mm	$\overline{R}_{mon} = \dfrac{\sum\limits_{d=1}^{N} R_{day,mon}}{yrs}$	cpSTAT
PCPD（月平均降雨天数）/天	$\overline{d}_{wet,i} = \dfrac{days_{wet,i}}{yrs}$	cpSTAT
PCPSTD（月内日降雨量标准偏差）	$\sigma_{mon} = \sqrt{\dfrac{\sum\limits_{d=1}^{N} (R_{day} - \overline{R}_{mon})^2}{N-1}}$	cpSTAT
PCPSKW（月内日降雨的偏度系数）	$g_{mon} = \dfrac{N\sum\limits_{d=1}^{N} (R_{day, mon} - \overline{R}_{mon})^3}{(N-1)(N-2)\sigma_{mon}^3}$	cpSTAT
PR_W1（月内晴天后雨天的概率）	$P_i(W/D) = \dfrac{days_{W/D,i}}{days_{day,i}}$	cpSTAT

续表

参数	计算公式	获取方法
PR_W2（月内雨天后雨天的概率）	$P_i(W/W) = \dfrac{\text{days}_{W/W,i}}{\text{days}_{\text{wet},i}}$	cpSTAT
DEWPT（月内日露点温度均值）/℃	$\mu_{\text{dew}_{\text{mon}}} = \dfrac{\displaystyle\sum_{d=1}^{N} T_{\text{dew},\text{mon}}}{N}$	DEW 软件
WNDAV（月平均风速）/（m/s）	$\mu_{\text{rad}_{\text{mon}}} = \dfrac{\displaystyle\sum_{d=1}^{N} \mu_{\text{wnd},\text{mon}}}{N}$	EXCLE

2.1.3　SWAT 模型校准及可视化面源污染模拟

1. 模型运行准备

SWAT 模型运行主要过程为：先基于 DEM 水系提取将整个流域划分成多个子流域；再基于土地利用类型、土壤类型和坡度的定义，进一步将子流域划分为许多具有单一土地利用类型、土壤类型和坡度的水文响应单元（HRUs）；最后将气象数据库读入模型后选择需要的模拟方法进行运行。模型运行过程如图 2.13 所示。

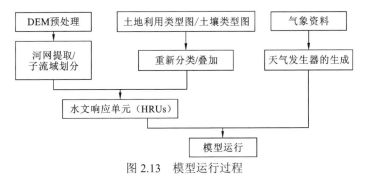

图 2.13　模型运行过程

1）子流域划分

首先进行 SWAT 模型子流域划分，定义河道的集水面积阈值（最小集水面积），然后提取河网，阈值越小，河网越细，子流域数目越多。由于研究区域包括较小的流域，通过多次取值发现，集水区面积为 12 hm^2 时，生成的流域河网和实际水系较相符。SWAT 模型共划分了 42 个子流域，如图 2.14 所示。

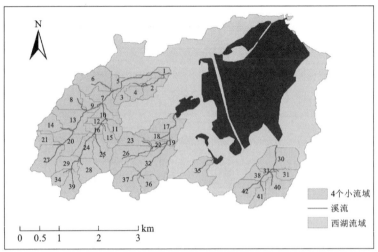

图 2.14　子流域划分

扫描封底二维码看彩图

2）水文响应单元划分

子流域划分完成后，加载土地利用类型图、土壤类型图和坡度图并重新分类后，最终划分为 113 个水文响应单元（HRUs），如表 2.10 所示。在气象站（weather stations）中将天气发生器的数据和实测气象数据输入模型中，在 Run SWAT 模块中选择模拟方式，本节选择按月模拟。

表 2.10　研究区域子流域与 HRUs

子流域	面积/km²	面积占比/%	HRUs 个数	子流域	面积/km²	面积占比/%	HRUs 个数
1	0.08	0.75	3	12	0.08	0.73	3
2	0.21	1.96	4	13	0.45	4.21	3
3	0.14	1.30	8	14	0.22	2.08	2
4	0.14	1.32	3	15	0.15	1.41	1
5	0.32	2.95	4	16	0.11	1.02	2
6	0.50	4.67	2	17	0.35	3.29	4
7	0.28	2.66	6	18	0.19	1.74	3
8	0.34	3.16	3	19	0.04	0.39	2
9	0.15	1.39	4	20	0.37	3.44	2
10	0.17	1.59	4	21	0.17	1.54	1
11	0.13	1.22	1	22	0.07	0.64	2

续表

子流域	面积/km²	面积占比/%	HRUs 个数	子流域	面积/km²	面积占比/%	HRUs 个数
23	0.21	2.00	2	33	0.03	0.25	2
24	0.24	2.25	1	34	0.15	1.40	4
25	0.38	3.52	1	35	0.42	3.92	4
26	0.43	4.04	2	36	0.20	1.85	3
27	0.46	4.31	1	37	0.41	3.85	1
28	0.27	2.55	1	38	0.18	1.65	4
29	0.22	2.01	2	39	0.28	2.62	2
30	0.56	5.22	3	40	0.31	2.91	2
31	0.14	1.32	2	41	0.17	1.63	4
32	0.66	6.17	3	42	0.33	3.07	2

注：因表中面积数值修约，面积占比可能不一致，总和可能不为 100%

2. 参数敏感性分析

SWAT 模型运用了大量的参数来描述流域特征，模型的模拟精度和效率会受到参数的空间差异和参数获取过程中误差等情况的影响，因此需要了解影响模型模拟结果的关键因素，明确参数对模型模拟结果的影响，同时对参数进行筛选和率定，提高模型的运行效率。基于 SWAT-CUP（calibration and uncertainty programs）模型参数分析软件，利用 SUFI2 算法执行 SWAT 模型参数的敏感性分析、校准、验证和不确定性分析。

1）径流参数校准和验证

径流量的准确模拟是模拟非点源污染负荷的基础，通过模型参数的不断调整使模拟值逐渐趋近于实测值。SWAT 模型模拟的径流量为模型输出的河道文件.rch 中的 FLOW_ OUT 字段，单位为 m³/s。将模拟的 32 号子流域流量与龙泓涧流域南沟集水区 2014～2015 年的月流量实测数据进行校准和验证。实测流域径流通量和污染物通量为基流数据与降雨条件下的通量相加而得。

通过分析获得径流模拟值和校准期实测值的绝对误差 $R^2=0.88$、NS=0.69，根据评判标准，评价系数 $R^2 \geqslant 0.6$、NS $\geqslant 0.5$，精度满足模拟的要求。对影响模拟径流过程参数进行敏感性分析后调整结果见表 2.11，可以看出在实测径流作为观测值的情况下，对径流模拟影响敏感度较高的几个参数依次为 GWQMN、SOL_K、ALPHA_BF、CN2 和 CH_N2。

表 2.11　模型参数敏感性分析排序

排序	参数	t 统计量	P	最佳校准值
1	CH_K2	-0.04	0.97	487.629 779
2	ESCO	-0.12	0.91	0.727 723
3	GW_REVAP	0.28	0.78	0.165 248
4	SOL_ALB	-0.43	0.67	0.073 020
5	CANMX	-0.43	0.66	0.797 030
6	CH_N2	0.89	0.24	0.072 772
7	CN2	-0.99	0.12	64.734 108
8	ALPHA_BF	1.15	0.07	0.143 564
9	SOL_K	-2.03	0.05	425.416 992
10	GWQMN	2.37	0.01	3 787.128 906

通过分析获得径流模拟值和验证期实测值的绝对误差 $R^2=0.72$、NS$=0.53$，同样满足评价系数 $R^2 \geqslant 0.7$、NS$\geqslant 0.5$。径流校准期和验证期模拟径流量与实测径流量对比如图 2.15 所示。

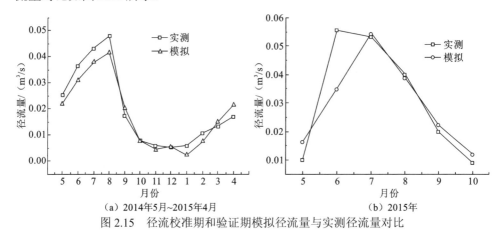

（a）2014年5月~2015年4月　　　　（b）2015年

图 2.15　径流校准期和验证期模拟径流量与实测径流量对比

2）污染物负荷校准与验证

根据实测氮、磷流失的数据对模拟的污染物负荷进行校准与验证，由于径流的校准过程已得到了较好的验证，在对污染物参数的校准时需保持径流校准参数不变，并读入在 SWAT 模型中利用径流校准最佳参数进行的模拟结果来对污染物的影响参数进行校准。

本小节选取总氮和总磷作为污染物校准和验证的对象。如图 2.16 所示，

SWAT_CUP 分析结果中总氮的 $R^2=0.78$、NS=0.62，总磷的 $R^2=0.77$、NS=0.54。根据评判标准，评价系数 $R^2 \geq 0.6$、NS≥ 0.5，硝态氮和总磷在校准期的精度都能满足模拟的要求，模拟的效果较好。

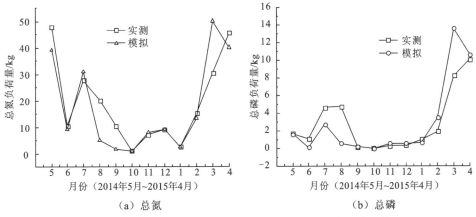

（a）总氮　　　　　　　　　　　　（b）总磷

图 2.16　率定期总氮和总磷负荷量模拟值与实测值比较

　　如图 2.17 所示，将验证期总氮和总磷的模拟值与实测值进行对比，SWAT_CUP 分析结果中总氮的 $R^2=0.65$、NS=0.52，总磷的 $R^2=0.62$、NS=0.50，满足评判标准 $R^2 \geq 0.6$、NS≥ 0.5。

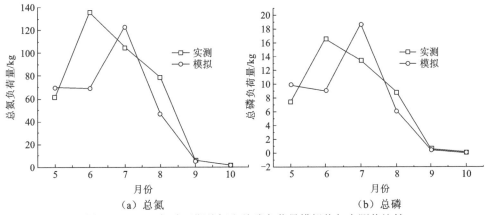

（a）总氮　　　　　　　　　　　　（b）总磷

图 2.17　2015 年验证期总氮和总磷负荷量模拟值与实测值比较

3. 可视化面源污染模拟

　　通过 SWAT 模型参数的校准和验证，保持模型校准后的参数不变，调用整个西湖流域面源污染数据库的数据，能够较好地模拟西湖流域面源污染状况。本小节主要对 2014～2015 年（以月为尺度）西湖流域面源污染状况进行模拟分析。

1）面源污染时间分布特征

根据模拟时段总氮、总磷的年污染物负荷计算结果，分析面源污染的年际变化，统计结果见表 2.12。2015 年的降雨量及其污染物负荷均大于 2014 年，此外总氮和总磷相比，氮的年流失量要明显大于磷的年流失量。

表 2.12　2014～2015 年面源污染负荷模拟统计表

年份	降雨量/mm	总氮通量/（kg/a）	总磷通量/（kg/a）	总氮负荷/（kg/hm²）	总磷负荷/（kg/hm²）
2014	1 457	16 798	2 386	15.68	2.23
2015	1 531	17 517	2 690	16.36	2.51
均值	1 494	17 157.5	2 538	16.02	2.37

西湖流域雨量充沛，多年年均降雨量达 1 425 mm，但是季节之间分布极不均匀。如图 2.18 所示，面源污染主要发生在雨季（5～9 月）。5～9 月的月均降雨量总和超过全年降雨量的 50%，属于全年的丰水期，且降雨多以大到暴雨的形式出现，单次降雨强度较大，对土壤的侵蚀力强，为区域面源污染的发生提供了原始驱动力，是导致该时段面源污染负荷量较大的原因。

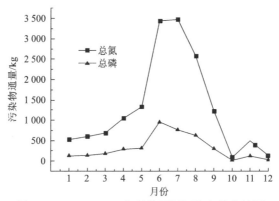

图 2.18　2014～2015 年月均面源污染负荷统计图

在月水平上，从面源污染发生与降雨的关系来看，面源污染负荷量与季节性降雨表现出较为一致的变化规律。2014～2015 年两年的月均总氮输出量最大值为 3478 kg（7 月），月均总磷输出量最大值为 951 kg（6 月），分别占到全年输出量的 20.27% 和 37.47%。

2）面源污染的空间分布特征

在经率定好的 SWAT 模型中，对整个西湖流域进行模拟，根据子流域分布图，利用 ArcGIS 软件，对 4 条入湖溪流所在流域的面源污染开展负荷模拟统计和分

布分析。如表 2.13 所示，从输出通量上来看，由于金沙涧流域面积最大，其总氮
和总磷的输出通量都是最大的，其他小流域总氮依次为龙泓涧＞长桥溪＞赤山涧，
总磷依次为长桥溪＞龙泓涧＞赤山涧。

表 2.13　西湖各小流域污染通量

小流域	面积/km²	总氮通量/（kg/a）	总磷通量/（kg/a）
金沙涧	6	9 417	1 069
龙泓涧	2.57	3 746	707
长桥溪	1.72	3 654	711
赤山涧	0.42	340	50

从单位面积的污染物输出负荷来看，总氮为长桥溪＞金沙涧＞龙泓涧＞赤山
涧（图 2.19），总磷为长桥溪＞龙泓涧＞金沙涧＞赤山涧（图 2.20）。最大值分别
为 21.24 kg/hm² 和 4.13 kg/hm²，都位于长桥溪小流域，这可能是因为该流域主要
为居住地，人口分布密集，人为活动比较频繁。

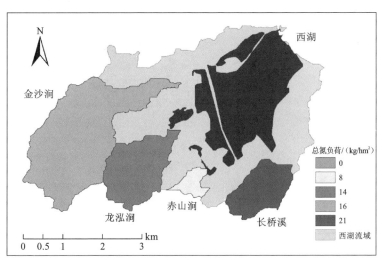

图 2.19　各小流域总氮负荷空间分布
扫描封底二维码看彩图

为识别流域面源污染关键区域，对研究区总氮和总磷进行等级划分，共分 5
级，获得模拟结果，分别如图 2.21 和图 2.22 所示。

不同子流域总氮负荷为 1～37 kg/hm²，总氮负荷较大的子流域是 8、14、30、
33、36、37、38、39、41 和 42，总氮负荷量在 21 kg/hm² 以上。结合 DEM 图，
8、14、36、39 子流域海拔落差较大，地势较陡，在降雨驱动力的作用下，会促
使氮素流失。

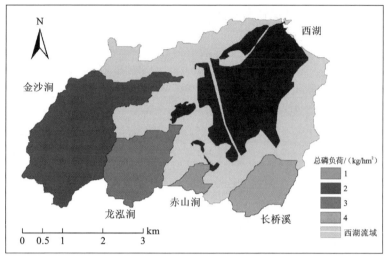

图 2.20　各小流域总磷负荷空间分布
扫描封底二维码看彩图

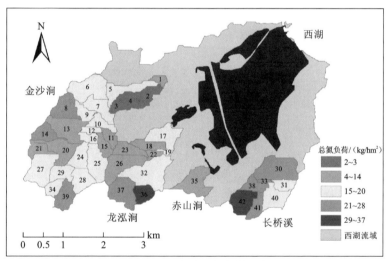

图 2.21　子流域总氮负荷分布
扫描封底二维码看彩图

不同子流域总磷负荷为 0.5~9.0 kg/ hm²，总磷负荷较大的子流域是 8、14、30、31、32、33、36、37、38、39、41 和 42，总磷负荷量在 5 kg/hm² 以上，这 12 个子流域主要集中在人为活动较大的区域和茶园的种植地，其中 32、36 和 37 号子流域位于龙泓涧小流域茶园示范保护区，且茶园围绕龙泓涧溪流种植，该流域土质疏松，茶园过量施肥、肥料利用率低下是导致磷素流失的关键因素。

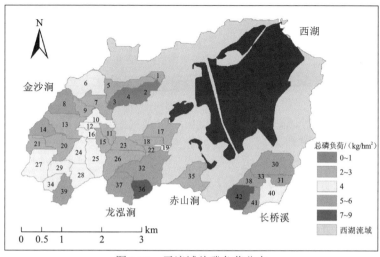

图 2.22　子流域总磷负荷分布
扫描封底二维码看彩图

综合分析，将长桥溪小流域和海拔落差较大区域划定为该区域的总氮输出关键区域。长桥溪小流域和龙泓涧小流域南部划定为该区域的总磷输出关键区域。针对上述问题，亟须研发相应技术对入湖溪流营养盐进行削减和控制。

2.2　多塘/人工湿地脱氮技术

2.2.1　多塘/人工湿地耦合工艺

1. 吸附固定化生物反硝化脱氮试验

随着生物脱氮技术不断的迅速发展，近几年来，人们对好氧反硝化的关注也越来越多（黄祚建 等，2021；支霞辉 等，2009）。好氧反硝化指的是细菌在有氧条件下进行反硝化的过程，通过筛选好氧反硝化细菌，可开发出新的生物脱氮技术，为解决水体氮素污染问题提供新的思路。微生物去除氨氮、硝态氮必须经好氧硝化和厌氧反硝化两个阶段。但是硝化细菌、反硝化细菌的繁殖速度比较慢，如果要提高氮的去除率，反应器就要有较长的固体停留时间（sludge retention time, SRT）与较高的细菌浓度，因此采用固定化微生物法实现快速脱氮。固定化微生物法主要包括共价结合法、包埋法、吸附法、联合固定法。本节中采用吸附固定化微生物法，利用微生物与载体的作用力，将培养好的好氧反硝化细菌固定在作为固体缓释碳源的改性天然纤维填料上。

利用新型天然质生物载体丝瓜纤维（luffa sponge，LS）填料作为好氧反硝化细菌生化反应的碳源，在无外加碳源的条件下，能够保证好氧反硝化细菌生化反应正常进行。经过为期 15 个月的试验，证实了利用天然生物质填料作为好氧反硝化细菌生化反应的碳源的可行性，同时，利用好氧反硝化细菌处理高氮低碳水源，取得了良好的脱氮效果。

试验所采用的丝瓜瓤是一年生攀援植物，果实风干后具有天然密布的网状纤维结构，富含纤维素和木质素，其外微观扫描电子显微镜（scanning electron microscope，SEM）结构图如图 2.23 所示。可以发现植物纤维外观为中空圆柱体形，呈现交织密布的天然网状结构，内部结构纤维规则分布，这种天然植物结构特性有利于生物膜挂膜，同时能有效抵抗水力冲刷。

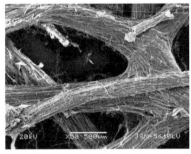

图 2.23　LS 填料微观结构图

试验采用的好氧反硝化反应器如图 2.24 所示。使用培养好的好氧反硝化细菌进行挂膜，挂膜成功后填料固定于反应器内。试验过程中三套装置同时运行：装置 I 中的好氧反硝化反应器内放置 LS 填料，生物膜直接附着在 LS 填料上；装置 II 中的好氧反硝化反应器内放置用海藻酸钠等营养物质改性过的 LS 填料，生物膜

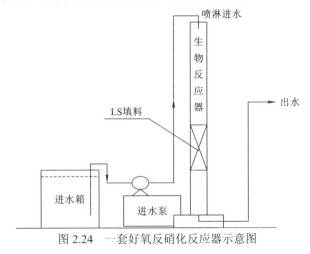

图 2.24　一套好氧反硝化反应器示意图

附着在海藻酸钠上，以海藻酸钠等营养物质作为提供微生物生长所需的碳源；装置 III 中的好氧反硝化反应器内放置用琼脂改性过的 LS 填料，生物膜附着在琼脂上，利用琼脂将生物膜与 LS 填料隔离开来。进水水质平均值见表 2.14。进水箱中的配水由进水泵输送到好氧反硝化反应器进水口，喷淋进水。反应器内装有挂膜成功的填料。进水由上而下流经生物膜，经过处理后的水由下端排出，进入出水池。

表 2.14　玉皇山沉淀池进水水质平均值　　　　（单位：mg/L）

项目	NH_4^+-N	NO_3^--N	NO_2^--N	TN	TP	COD_{Cr}	DO
质量浓度	0.473	1.34	0.07	2.294	0.124	7.44	6.67

在试验过程中观察到两个现象：一是装置 III 的填料上的生物膜在进入运行稳定期后 3 d 开始脱落，5 d 后生物膜完全脱落；二是在装置 I、装置 II 的填料上出现微小气泡。

在水温为 15～20 ℃、水力停留时间（hydraulic retention time，HRT）为 6 h 时进行试验。检测三个装置稳定期的出水水质，得到的平均值见表 2.15，TN 去除率的变化见图 2.25。

表 2.15　HRT 为 6 h 时稳定期内水质的平均值　　　　（单位：mg/L）

质量浓度	NH_4^+-N	NO_3^--N	NO_2^--N	TN	TP	COD_{Cr}	DO
进水	0.481	1.310	0.09	2.315	0.102	7.00	7.8
装置 I 出水	0.004	0.090	0.04	0.022	0.172	4.50	2.1
装置 II 出水	0.003	0.008	0.01	0.014	0.113	5.35	1.9
装置 III 出水	0.389	0.960	0.07	2.294	0.124	3.65	5.3

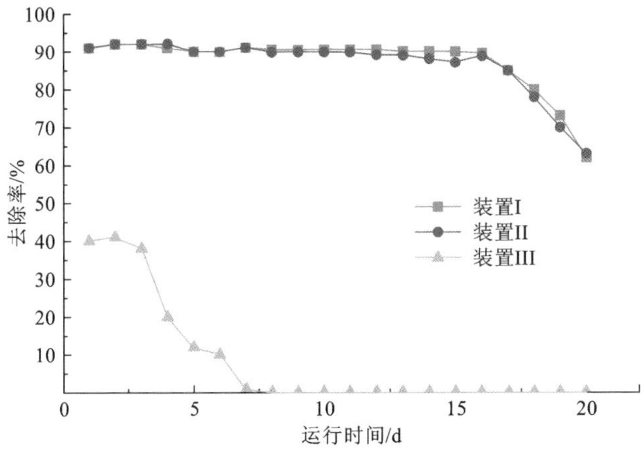

图 2.25　HRT 为 6 h 时 TN 的去除率

在水温为 20～25℃、水力停留时间为 4 h 时进行试验，检测三个装置稳定期的出水水质，得到的平均值见表 2.16，TN 去除率的变化见图 2.26。

表 2.16　HRT 为 4 h 时稳定期内水质的平均值　　　（单位：mg/L）

质量浓度	NH_4^+-N	NO_3^--N	NO_2^--N	TN	TP	COD_{Cr}	DO
进水	0.476	1.28	0.07	2.402	0.097	6.98	7.9
装置 I 出水	0.013	0.35	0.03	0.591	0.099	4.65	3.3
装置 II 出水	0.011	0.31	0.01	0.514	0.102	5.30	2.9
装置 III 出水	0.419	1.02	0.09	2.271	0.093	4.15	6.5

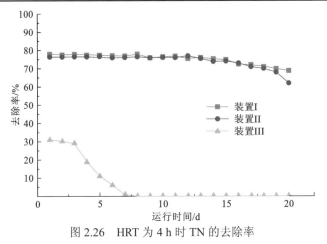

图 2.26　HRT 为 4 h 时 TN 的去除率

在水温为 15～20℃、水力停留时间为 2 h 时进行试验，检测三个装置稳定期的出水水质，得到的平均值见表 2.17，TN 去除率的变化见图 2.27。

表 2.17　HRT 为 2 h 时稳定期内水质的平均值　　　（单位：mg/L）

质量浓度	NH_4^+-N	NO_3^--N	NO_2^--N	TN	TP	COD_{Cr}	DO
进水	0.473	1.27	0.10	2.256	0.111	8.20	8.1
装置 I 出水	0.237	0.68	0.05	1.294	0.109	6.55	4.2
装置 II 出水	0.229	0.63	0.03	1.279	0.108	6.20	3.8
装置 III 出水	0.382	1.08	0.11	2.210	0.117	8.00	7.3

由表 2.15～表 2.17 中数据得出结论，从对各污染物的去除效果上看装置 II>装置 I>装置 III。装置 III 上的好氧反硝化生物膜快速脱落的主要原因是微生物缺少碳源，生物膜很快失去活性。装置 II、装置 I 内生物膜对污染物的去除率接近，LS 填料上的好氧反硝化生物膜的活性与用海藻酸钠等营养物质改性后的 LS 填料

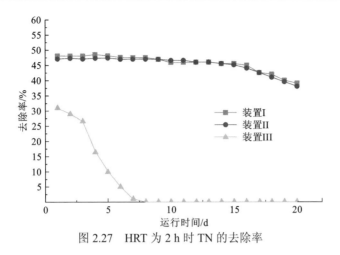

图 2.27　HRT 为 2 h 时 TN 的去除率

上的 LS 生物膜的活性较为接近，由此可以证明 LS 填料可作为好氧反硝化生物膜生化作用所需的碳源。由图 2.25～图 2.27 得出结论，装置 I、装置 II 稳定期的时间大约为 15 d。装置 III 的稳定期为 3 d。图 2.25 中装置 II、装置 I 对 TN 的去除率高达 90%以上，图 2.26 中装置 II、装置 I 对 TN 的去除率高达 75%以上，图 2.27 中装置 II、装置 I 对 TN 的去除率高达 45%以上。综上所述，水力停留时间是影响 TN 去除率的一个主要因素。从不同水力停留时间出水的 DO 来看，水力停留时间不宜过长，否则会造成装置内缺氧，使好氧反硝化生物膜无法正常工作。

　　由于 LS 填料具有适宜的比表面积、孔隙率、形状、填充度及稳定性，其在污水处理领域已得到一定的应用。利用丝瓜瓤作为填料与碳源，用好氧反硝化细菌挂膜组成的水处理工艺在处理高氮低碳水体的应用中取得了良好的效果。但是在应用过程中，如何延长 LS 填料使用寿命和大量培养好氧反硝化细菌来满足生产需求成为今后研究的重点。

2. 生物质载体填料生物膜反应器-人工湿地耦合工艺强化脱氮试验

　　钱塘江引水中 TN 质量浓度为 2 mg/L 左右，相对常规污水处理厂 TN 浓度低得多，因此处理难度相对较大。并且钱塘江引水中碳源较少，COD_{Mn} 约为 4 mg/L，因此在脱氮的过程中可能存在碳源不足的问题。在此背景下，针对低污染地表水生物脱氮系统的关键工艺参数，研究新型生物质载体填料生物膜反应器（biomass biofilm reactor，BBR）与复合垂直流人工湿地（integrated vertical-flow constructed wetland，IVCW）耦合工艺对钱塘江引水的脱氮效果，从生物-生态脱氮的机制出发，针对影响低污染地表水生物脱氮效果的关键因素包括水力负荷、碳氮比、投加固体碳源形式等，通过投加碳源研究不同进水碳氮比条件下的脱氮效果。以生物-生态脱氮技术的工程应用为目标，构建生物-生态联用脱氮小试系统（图 2.28）。

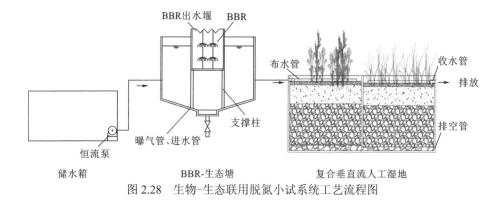

图 2.28　生物-生态联用脱氮小试系统工艺流程图

张召基等（2007）提出将新型天然质生物载体填料生物膜反应器与复合垂直流人工湿地相结合，对钱塘江引水进行强化脱氮处理。BBR 采用天然生物质作为载体填料，该填料具有比表面积大、微生物挂膜速度快、可生物降解的特点。该填料本身就是一种碳源，因而长期浸泡在水中，可能存在一定的碳源释放，从而补给脱氮过程中的碳源。复合垂直流人工湿地在脱氮除磷方面比一般水处理工艺更具优势，且具有基建费用低、运行管理简单、环境美化等特点。二者的组合，不仅可以使处理效果更加稳定，更是将天然生物质填料作为碳源释放者和反硝化反应器，使原水经 BBR 处理后，碳氮比有所提高。

试验采用人工配水的方式模拟钱塘江引水原水，进水水质见表 2.18。

表 2.18　稳定运行各阶段进水水质指标　　（除 COD_{Cr}/TN 外，单位：mg/L）

运行阶段	TN	NO_3^--N	NO_2^--N	NH_4^+-N	TP	COD_{Cr}	COD_{Cr}/TN	备注
I	3.814	3.083	0.055	0.476	0.1165	7.9	2∶1	
II	2.933	2.610	0.023	0.427	0.110	23.8	8∶1	进水预曝气
III	3.829	3.056	0.030	0.474	0.107	23.6	6∶1	
IV	3.828	3.106	0.030	0.472	0.105	15.2	4∶1	

1）模拟小试系统构建

钱塘江引水 BBR 搭建于一圆形水塔（模拟生态塘）中，水塔的主要作用是收集 BBR 的连续出水，间歇性地排入 IVCW 中，以实现 BBR 连续运行，而 IVCW 为间歇运行。原水经恒流泵入 BBR，通过恒流泵的作用，使原水 BBR 实现连续运行，以模拟实际工程中的运行方式。同时由于生物质填料的悬挂需要，在 BBR 底部装有沸石，一方面用作固定生物质填料，另一方面可以吸附污水中的氮，使氮素在微生物的作用下得以去除。

污水经 BBR 反应后，溢流至圆形水塔中，经氧化塘处理后的污水，间歇性地排入复合垂直流人工湿地中，利用人工湿地提供的好氧、缺氧、厌氧微环境进行硝化反硝化反应（王翔 等，2020；张云和蔡彬彬，2017；丁永伟 等，2009）。经过 IVCW 处理后的水排放到环境中。

试验中根据湿地种植植物的不同，将美人蕉-菖蒲人工湿地记为 CW1#人工湿地，将象草人工湿地记为 CW2#人工湿地，将 BBR 与 CW1#人工湿地的组合记为 CW1#系统，将 BBR 与 CW2#人工湿地的组合记为 CW2#系统。

2）系统启动

2010 年 4 月试验装置制作调试完毕，进行挂膜接种。试验从挂膜启动、生物膜的培养驯化到原水试验及参数调节试验，共历时近 5 个月。试验主要分为模拟污水试验期和原水试验期两个试验期，并通过调节进水 C/N 及预曝气将原水试验期分为 4 个阶段，试验阶段分配见图 2.29。试验通过调节进水 C/N 来控制水草塘-人工湿地的运行，主要考察系统对氮的去除效果。

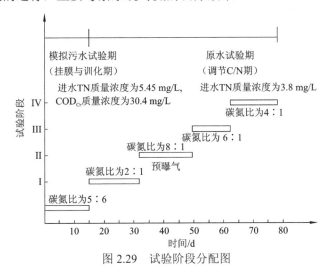

图 2.29　试验阶段分配图

为加速水草塘的挂膜与启动，采用接种活性污泥配制营养液进行闷曝，然后以连续进水的方式进行挂膜。接种活性污泥来源于武汉市某污水处理厂二次沉淀塘的回流污泥，该污泥在实验室中经过一段时间的培养，培养方式主要以厌氧/好氧（anoxic/oxic，A/O）方式进行曝气、停曝循环，因而该污泥具有一定的硝化反硝化能力，污泥中存在部分硝化细菌、反硝化细菌。

该活性污泥混合液中污泥具有很好的絮凝和沉降效果。同时对混合液污泥进行镜检发现，污泥中微生物种类多，有草履虫、累枝虫、钟虫、线虫、蛭形轮虫、寡毛虫等，微生物活性好，部分镜检图片见图 2.30，因而将此污泥作为水草塘挂膜的接种污泥，可提高其挂膜速度和效果。

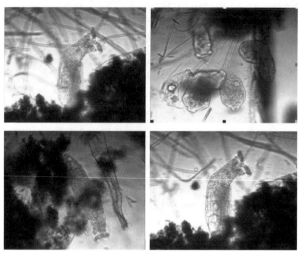

图 2.30　接种污泥的镜检图片（300 倍）

连续进水挂膜的过程中，营养液与污泥培养时保持一致，水力停留时间为 8 h，底部进行微曝气，以保证污泥活性，使污泥更加牢固地附着于填料之上。在进行连续进水的过程中，水草塘中呈悬浮状态的污泥随水流排出塘装置，而活性较好的污泥附着于填料之上而留于装置中。连续进水第一天，出水检测水质有所下降，对 COD_{Cr} 的去除率只有 57.5%，而对氨氮的去除率也只有 65.0%，这与水中悬浮污泥排出系统外有关，因污泥量的减少，其对污染物的去除量也减少，去除率有所下降。连续进水第二天，去除率有所上升。连续进水第三天，对 COD_{Cr} 的去除率达 80.4%，对 NH_4^+-N 的去除率达 85.2%，表明经过三天的连续进水，污泥已稳定生长于改性水草上。同时，在挂膜期间，生态塘对 TP 也有一定的去除效果，说明生态塘中污泥有所增殖，主要是由于微生物的增殖需要吸收水中的磷元素，以供微生物细胞合成。综合进出水水质检测结果和改性水草上生物膜的厚度，可以认为水草塘挂膜成功。

3）稳定条件下反应系统运行效率

生态塘-人工湿地系统在 4 个阶段的 TN 变化情况如图 2.31 所示，对 TN 的去除率变化如图 2.32 所示。

可以看出 4 个阶段，生态塘-人工湿地系统均取得了较好的脱氮效果，且随着进水配水的稳定，改性水草 BBR 出水也逐步稳定，而两组人工湿地系统在 4 个阶段均保持一个较稳定的状态，出水 TN 浓度均维持在较低状态。

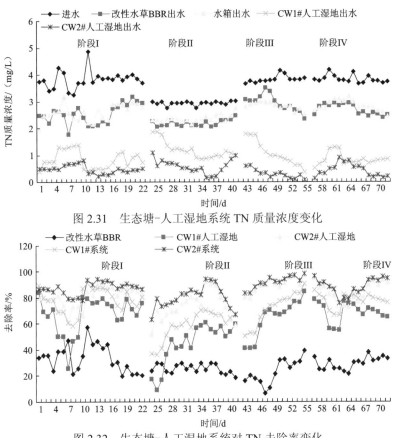

图 2.31　生态塘-人工湿地系统 TN 质量浓度变化

图 2.32　生态塘-人工湿地系统对 TN 去除率变化

　　这 4 个阶段的进水、出水 TN 平均质量浓度及去除率见表 2.19 和表 2.20。4 个阶段中改性水草脱氮效果相差不大，在阶段 I 去除效果最好，平均去除率为 33.6%，而在阶段 III 最差，平均去除率为 23.2%。人工湿地单元则是在后期处理效果要好于前期，CW1#人工湿地在阶段 IV 单元去除率最好，平均去除率达 68.7%，在阶段 II 去除效果最差，平均去除率仅为 44.9%。CW2#人工湿地自稳定运行以来，均取得了较好的脱氮效果，在阶段 III 平均去除率达 90.0%，在阶段 II 最差，但平均去除率也有 73.7%。

表 2.19　不同阶段生态塘-人工湿地各单元进出水 TN 平均质量浓度　　　（单位：mg/L）

阶段	进水	改性水草 BBR 出水	水箱出水	CW1#人工湿地出水	CW2#人工湿地出水
I	3.81	2.52	2.59	0.83	0.48
II	2.93	2.18	2.36	1.20	0.58
III	3.83	2.93	2.82	1.07	0.30
IV	3.83	2.69	2.83	0.84	0.43

表 2.20 不同阶段生态塘-人工湿地各单元 TN 平均去除率 （单位：%）

阶段	改性水草 BBR	CW1#人工湿地	CW2#人工湿地	CW1#系统	CW2#系统
I	33.6	66.8	80.8	77.9	87.3
II	25.6	44.9	73.7	59.2	80.3
III	23.2	64.3	90.0	71.9	92.1
IV	29.7	68.7	84.3	78.0	88.7

两组生态塘-人工湿地组合系统在 4 个阶段整体去除效果都较好，CW1#系统在阶段 I、III、IV 均取得很好的脱氮效果，而在阶段 II，明显差于其他三个阶段。CW2#系统在 4 个阶段均取得很好的脱氮效果，整体明显高于 CW1#系统，特别是阶段 III 的平均去除率达 92.1%。

生态塘-人工湿地在 4 个阶段的 NO_3^--N 质量浓度变化情况如图 2.33 所示，去除率变化如图 2.34 所示。

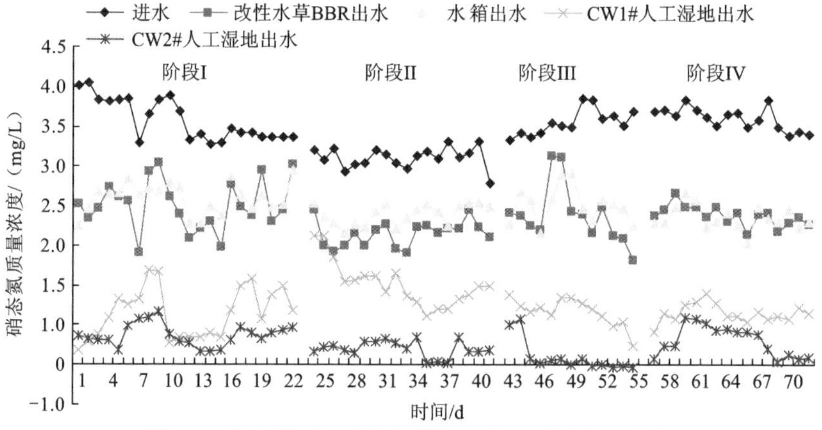

图 2.33 生态塘-人工湿地系统 NO_3^--N 质量浓度变化

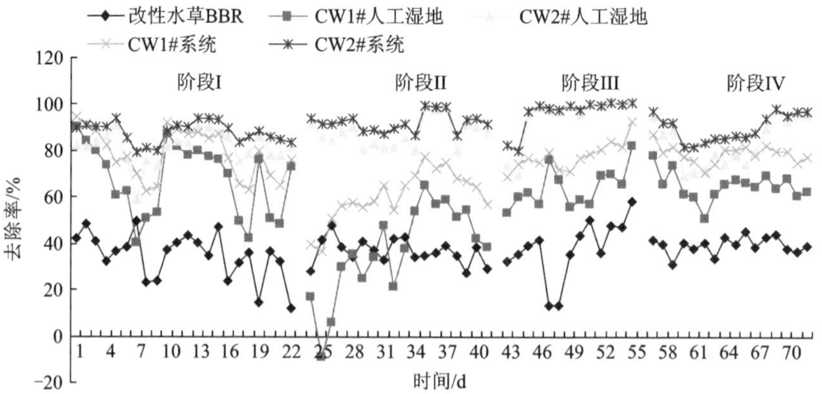

图 2.34 生态塘-人工湿地系统 NO_3^--N 去除率变化

由于进水中 TN 占主导地位，系统对氮的去除主要体现在 NO_3^--N 的去除。由图 2.33 及图 2.34 可见，在 4 个阶段中，改性水草 BBR 对 NO_3^--N 的去除取得了较好的效果，与 TN 变化规律一样，随着进水配水 NO_3^--N 的稳定，改性水草 BBR 出水也逐步稳定。CW1#人工湿地从第二阶段开始，对 NO_3^--N 的去除效果逐渐平稳地变好，而在阶段 I，出水有两个波动阶段。CW2#人工湿地在 4 个阶段均有很好的效果，特别是在阶段 II、III，出水 NO_3^--N 浓度较低，且变化较平稳。

这 4 个阶段的进出水 NO_3^--N 平均质量浓度及平均去除率见表 2.21 和表 2.22。4 个阶段中改性水草 BBR 对 NO_3^--N 的去除率逐步平稳地升高，平均去除率从阶段 I 的 34.9%逐渐升至阶段 IV 的 39.6%，可以认为，随着时间的推移，改性水草生物膜反应器中生物膜逐步成熟与稳定。

表 2.21　不同阶段生态塘-人工湿地各单元进出水 NO_3^--N 平均质量浓度　　（单位：mg/L）

阶段	进水	改性水草 BBR 出水	水箱出水	CW1#人工湿地出水	CW2#人工湿地出水
I	3.08	2.00	2.10	0.65	0.37
II	2.61	1.65	1.89	1.02	0.20
III	3.06	1.88	2.01	0.67	0.10
IV	3.11	1.88	1.85	0.65	0.31

表 2.22　不同阶段生态塘-人工湿地各单元 NO_{-3}-N 平均去除率　　（单位：%）

阶段	改性水草 BBR	CW1#人工湿地	CW2#人工湿地	CW1#系统	CW2#系统
I	34.9	67.7	81.4	78.7	88.0
II	36.8	37.0	87.6	60.6	92.3
III	38.1	64.3	94.9	77.9	96.5
IV	39.6	65.1	83.8	78.9	90.2

CW1#人工湿地单元在 4 个阶段中，除阶段 II 外，均取得较好的脱氮效果，平均去除率在 64.3%～67.7%，而在阶段 II 单元去除率明显低于其他三个阶段，平均去除率仅为 37.0%。CW2#人工湿地单元在 4 个阶段对 NO_3^--N 均有较好的去除效果，特别是在阶段 III，平均去除率达 94.9%。

同 TN 的去除效果一样，两组生态塘-人工湿地系统对 NO_3^--N 的去除效果都较好。CW1#系统在阶段 I、III、IV 均取得很好的脱氮效果，而在阶段 II NO_3^--N 的去除率为 60.6%，低于其他三个阶段。CW2#系统在 4 个阶段均取得很好的效果，特别是阶段 III NO_3^--N 的平均去除率达 96.5%，明显高于 CW1#系统。

生态塘-人工湿地在 4 个阶段的 COD_{Cr} 变化情况如图 2.35 所示，去除率变化如图 2.36 所示。

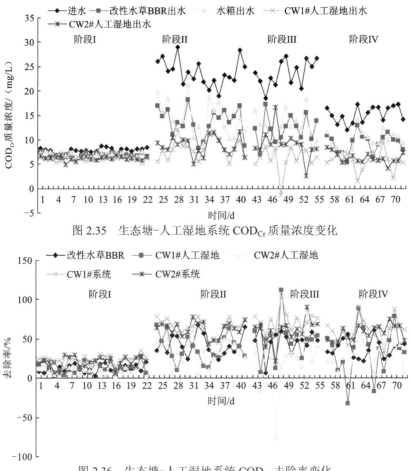

图 2.35 生态塘-人工湿地系统 COD_{Cr} 质量浓度变化

图 2.36 生态塘-人工湿地系统 COD_{Cr} 去除率变化

试验主要是改变进水碳氮比，即改变进水 COD_{Cr}，来考察生态塘-人工湿地系统的脱氮效果。试验设计了 4 组碳氮比，分别为 2∶1、4∶1、6∶1、8∶1，其中在阶段 II、III 的碳源投加量相同，而改变了进水氮的含量。各阶段进水 COD_{Cr} 浓度见表 2.23。

表 2.23　不同阶段生态塘-人工湿地各单元进出水 COD_{Cr} 平均质量浓度　（单位：mg/L）

阶段	进水	改性水草 BBR 出水	水箱出水	CW1#人工湿地出水	CW2#人工湿地出水
I	7.88	6.94	7.02	5.95	6.22
II	23.84	13.72	14.40	8.19	8.79
III	23.59	12.25	12.59	6.11	9.10
IV	15.19	9.38	10.06	5.65	6.28

由图 2.35 及图 2.36 可知，由于各阶段进水 COD_{Cr} 的不同，以及各阶段反硝化脱氮对碳源需求量的不同，各单元在各阶段出水 COD_{Cr} 浓度均有一定的差异。不同阶段系统各单元对 COD_{Cr} 的去除率见表 2.24。

表 2.24　不同阶段生态塘-人工湿地各单元 COD_{Cr} 平均去除率　　（单位：%）

阶段	改性水草 BBR	CW1#人工湿地	CW2#人工湿地	CW1#系统	CW2#系统
I	11.8	14.0	10.1	24.3	20.8
II	41.8	38.4	34.2	65.1	62.6
III	47.3	48.5	20.5	73.1	60.2
IV	38.2	34.5	29.7	61.8	58.1

由图 2.36 可知，随着碳氮比的升高，系统进水和改性水草 BBR 出水的 COD_{Cr} 浓度之间的差距拉大，这可能是由于在低浓度条件下改性水草的碳源释放效应更加明显，而在 COD_{Cr} 浓度较高的条件下，微生物可利用的碳源增多，微生物优先利用水中的碳源进行反硝化作用。

由表 2.23、表 2.24 可知，4 个阶段中 CW1#人工湿地出水 COD_{Cr} 的平均质量浓度均要略低于 CW2#人工湿地，CW1#人工湿地 COD_{Cr} 去除率均略高于 CW2#人工湿地，这可能是 CW1#人工湿地在脱氮过程中所需碳源要少于 CW2#人工湿地。

生态塘-人工湿地系统在 4 个阶段均取得较好的脱氮效果，由于进水主要以 $NO_3^- \text{-}N$ 为主，系统对氮的去除主要体现为对 $NO_3^- \text{-}N$ 的去除。各种形态的氮在生态塘-人工湿地系统中的变化情况见图 2.37。

可以看到在各个反应单元，主要是以 $NO_3^- \text{-}N$ 为主，单元间连线的斜率也是最大的，也就是说与 $NO_2^- \text{-}N$、$NH_4^+ \text{-}N$ 比较，其相对去除率要远高于 $NO_2^- \text{-}N$、$NH_4^+ \text{-}N$。TN、$NO_2^- \text{-}N$、$NH_4^+ \text{-}N$ 经过改性水草 BBR 和人工湿地浓度依次降低，而 $NO_2^- \text{-}N$ 则在改性水草 BBR 中出现积累，经过人工湿地后得到去除，特别以后两个阶段尤为明显。$NO_2^- \text{-}N$ 的积累主要原因是在改性水草 BBR 厌氧反硝化过程中，$NO_3^- \text{-}N$ 有部分先是转化成 $NO_2^- \text{-}N$，再通过 $NO_2^- \text{-}N$ 的反硝化作用而得以去除，同时因碳源相对不足，导致 $NO_2^- \text{-}N$ 反硝化反应受到抑制。因此可以认为，生态塘-人工湿地系统脱氮作用主要体现为 $NO_3^- \text{-}N$ 反硝化反应，同时有部分 $NO_2^- \text{-}N$ 的反硝化将氮去除。因此，在生物反应器中，生物膜上可能同时存在好氧反硝化细菌和厌氧反硝化细菌，两者的共同作用使水中的氮得以去除。

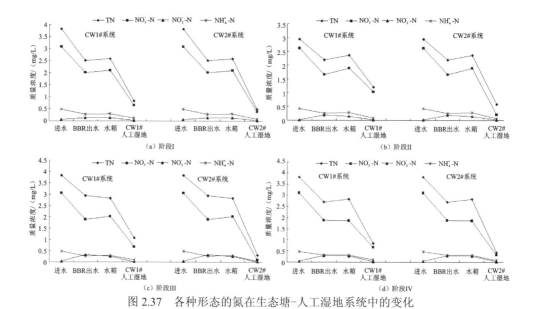

图 2.37　各种形态的氮在生态塘-人工湿地系统中的变化

　　水箱作为改性水草 BBR 出水的收集调节池，其水质与改性水草 BBR 出水水质基本上差不多，各种形态的氮浓度一般略高于改性水草 BBR 出水，但情况各不相同。水箱中 TN 分别在阶段 I、II、IV 略高于改性水草 BBR 出水 TN，而在阶段 III 略低于改性水草 BBR 出水 TN。水箱中 NO_3^--N 分别在阶段 I、II、III 略高于改性水草 BBR 出水 NO_3^--N，而在阶段 IV 略低于改性水草 BBR 出水 NO_3^--N。水箱中 NH_4^+-N 在各阶段差异性不大，一般是水箱中略低于改性水草 BBR 出水，这可能是由于改性水草 BBR 出水采用穿孔均匀出水，出水滴流进入水箱，相当于跌水曝氮的作用，从而有部分 NH_4^+-N 通过挥发而得以去除。水箱中 NO_2^--N 在 4 个阶段均略高于改性水草 BBR 出水 NO_2^--N。水箱作为改性水草 BBR 的出水调节池，其水质为改性水草连续 12 h 出水的混合水质，反映改性水草在一个周期内出水波动性大小，相差越大，表明改性水草 BBR 在一个周期内稳定性越差。

　　碳源作为反硝化过程中的电子供体和能量来源，对反硝化反应的进行起着至关重要的作用，碳源不足会导致反硝化过程受到抑制，但研究表明，碳氮比过高也会阻碍反硝化反应的进行，因而在对低碳氮比的水质进行反硝化脱氮的过程中，往往需要投加碳源，以保证反硝化过程中所需的碳源。研究如何控制合理的投加量，使反硝化反应高效进行，同时减少碳源的浪费，具有重要意义。钱塘江引水属于低碳氮比的微污染水，其中氮源主要以 NO_3^--N 为主，在进行反硝化脱氮的过程中，存在碳源不足的情况，因而在试验中通过调节碳氮比，寻找合适的碳源投加量，使反硝化过程高效地进行。试验设计 4 组碳氮比，考察不同碳氮比条件下的反硝化脱氮效果。

试验在各阶段取得了较好的脱氮效果，但不同碳氮比条件下，脱氮效果有所不同。CW1#系统在 4 个阶段按 C/N=8:1、C/N=6:1、C/N=2:1、C/N=4:1 整体去除率依次升高。CW2#系统在 4 个阶段按 C/N=8:1、C/N=2:1、C/N=4:1、C/N=6:1 整体去除率依次升高。两组生态塘-人工湿地系统都在 C/N=8:1 时效果最差，可能是存在三方面的原因：①该条件下碳源过于充足，抑制了反硝化反应的进行；②该条件下开始试验时，对湿地植物进行了一部分的收割，导致湿地的处理效果下降；③该条件下对进水进行了预曝气，导致水中溶解氧浓度较高，抑制了厌氧反硝化作用。

由图 2.38 可知，CW1#系统在 C/N=2:1 条件下同样取得了相对其他 C/N 条件较好的脱氮效果，这归结于三方面的原因：①处于稳定运行阶段的最开始，改性水草 BBR 生物膜活性最高，同时改性水草填料也是刚换的，碳源释放作用最强，弥补了碳源的不足，使得改性水草 BBR 有较好的脱氮效果；②该 C/N 条件下湿地植物处于收割前生长最茂盛的时期，使得湿地的单元去除率较高；③由于该 C/N 条件下碳源最少，可能改性水草 BBR 与人工湿地系统中存在不需要碳源的厌氧氨化氧化反应，使得脱氮效果没有降低。

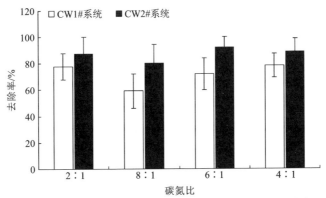

图 2.38　不同碳氮比条件下生态塘-人工湿地系统氮去除率

CW2#系统在 4 个 C/N 条件下都取得较好的处理效果，在 C/N=8:1 时氮去除率最低，但也有 80.3%，而在 C/N=2:1 时次之，CW2#人工湿地脱氮效果也是稍差些，可能在此阶段植物生长最为茂盛，而水草根系发达，植物根系泌氧作用较强，造成湿地内部溶解氧浓度维持在一个较高水平，抑制了反硝化反应的进行。CW2#系统在 C/N=6:1 时总去除率最高，达 92.1%，此时改性水草 BBR 脱氮效果最差，但 CW2#人工湿地仍取得了最好的效果，这可能归结于 CW2#人工湿地的进水，即改性水草 BBR 出水 C/N 最适合人工湿地反硝化脱氮。

　　各阶段CW1#人工湿地与CW2#人工湿地的TN和COD去除率比较见图2.39。由图2.39可知，在4个阶段中CW2#系统的脱氮效果均要好于CW1#系统，这是由于CW2#人工湿地在各阶段的脱氮效果都要好于CW1#人工湿地。各阶段CW2#人工湿地的TN去除率均要高于CW1#人工湿地，以阶段Ⅱ、Ⅲ尤为明显，但CW2#人工湿地对COD的去除率在4个阶段均要低于CW1#人工湿地，这表明人工湿地单元对氮的去除与对有机碳源的需求并不呈正相关，这可能是在低浓度TN与COD条件下，人工湿地对氮的去除很大一部分靠湿地植物吸收，这与在高浓度TN与COD条件下，湿地植物对氮的去除中植物作用只占小部分的研究结果不同，但也有部分学者认为植物吸收作用是氮去除的主要机制。造成这两种不同观点的原因在于污水水质、进水负荷及研究条件的不同。在生态塘-人工湿地强化引水脱氮的试验中，进水属于高氮低碳微污染水，TN、COD浓度等较常规污水处理系统中低得多，而湿地植物却生长茂盛，植物生长过程中所需氮素占进水氮素比例自然要大于一般人工湿地污水处理系统。

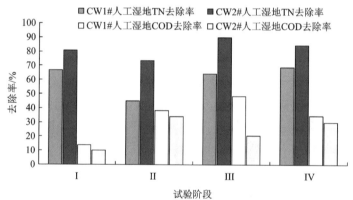

图2.39　各阶段CW1#人工湿地与CW2#人工湿地的TN和COD去除率

　　在试验阶段Ⅱ、Ⅲ，进水COD基本相同，碳氮比不同，同时对进水进行了预处理，由图2.38及图2.39可知，阶段Ⅱ与阶段Ⅲ相比系统整体去除率要低一些，说明了预曝气对提高系统的脱氮效果并未起到作用，反而在预曝气阶段，湿地的处理效果要差一些。但在进水预曝气后，改性水草BBR的脱氮效果要比未进行预曝气好，原因可能是预曝气使进水溶解氧浓度升高，改性水草BBR中生物膜好氧反硝化作用、厌氧反硝化作用得到了更充分的发挥。

　　从改性水草BBR与人工湿地在脱氮作用中的贡献来看，在4个阶段中改性水草BBR都有贡献，但一般是人工湿地在脱氮过程中占主要作用。改性水草BBR与人工湿地在脱氮中贡献率分别见图2.40和图2.41。

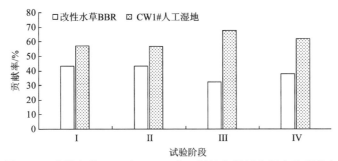

图 2.40　改性水草 BBR 与 CW1#人工湿地在脱氮作用中的贡献率

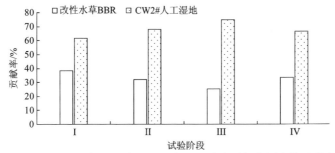

图 2.41　改性水草 BBR 与 CW2#人工湿地在脱氮作用中的贡献率

由图 2.40 及图 2.41 可知，CW1#人工湿地和 CW2#人工湿地在脱氮中均占主导作用，但改性水草 BBR 在脱氮中的贡献也不可忽略，在两组系统中，均是在阶段 I、IV 改性水草 BBR 的贡献率高于阶段 II、III，而在前三阶段依次减小。两组人工湿地均在阶段 III 贡献率最高。在不同碳氮比条件下，改性水草 BBR 与人工湿地对氮的去除贡献率不同，但差别不是很大。而由图 2.40 和图 2.41 比较可知，在系统脱氮过程中，CW2#人工湿地对氮的去除贡献率要大于 CW1#人工湿地。

4）小结

生态塘-人工湿地组合工艺从挂膜启动的初步运行，到通过调节进水碳氮比的稳定运行，历时近 5 个月，其中调节进水碳氮比运行历时两个多月。在稳定运行阶段，共设置了 4 组碳氮比条件，考察了生态塘-人工湿地组合工艺在原水水质及不同碳源投加量情况下的脱氮效果，各种形态的氮在改性水草 BBR 和 IVCW 中的变化，以及不同湿地植物人工湿地对氮的去除效果。试验得出以下主要结论。

（1）改性水草 BBR 使用天然改性生物质作为载体填料，由于该填料具有较强的亲生物性，加以接种具有一定硝化反硝化能力的活性污泥进行挂膜，挂膜速度快，5 天就完成了挂膜，与传统高分子有机合成材料相比，挂膜时间大大缩短。

（2）生态塘-人工湿地组合系统在初步启动阶段就取得了较好的脱氮效果。改性水草 BBR 对 TN 的平均去除率达 41.5%，CW1#人工湿地对 TN 的平均去除率达 50.1%，CW1#系统对 TN 的平均去除率达 71.1%，CW2#人工湿地对 TN 的平均去除率达 51.4%，CW2#系统对 TN 的平均去除率达 71.8%。

（3）生态塘-人工湿地组合系统在 C/N=2:1 的条件下取得了较好的处理效果，改性水草 BBR 对 TN 的平均去除率达 33.6%，CW1#人工湿地对 TN 的平均去除率达 66.8%，CW1#系统对 TN 的平均去除率达 80.8%，CW2#人工湿地对 TN 的平均去除率达 77.9%，CW2#系统对 TN 的平均去除率达 87.3%。其可能原因为改性水草存在碳源释放，弥补了进水碳源的不足。但后期出现生物膜的脱落，表明改性水草释放碳源主要发生在前 20 天。

（4）在进行投加碳源调节碳氮比的过程中，生态塘-人工湿地组合系统在 4 个阶段都取得了很好的脱氮效果，按对 TN 的去除率由低到高排列，CW1#系统依次为 C/N=8:1、C/N=6:1、C/N=4:1，CW2#系统依次为 C/N=8:1、C/N=4:1、C/N=6:1。而与 C/N=2:1 时相比，两组人工湿地系统均在 C/N=8:1 时效果最差，CW1#系统与 CW2#系统对 TN 的去除率分别为 79.2%、80.3%。

（5）生态塘-人工湿地组合系统对 TN 的去除主要体现在对 NO_3^--N 的去除，主要表现为 NO_3^--N 的反硝化反应，且在生态塘-人工湿地系统中可能同时存在好氧反硝化与厌氧反硝化。改性水草 BBR 反硝化过程中存在 NO_2^--N 的积累现象，反硝化中存在 NO_3^--N 转化为 NO_2^--N 后再通过 NO_2^--N 反硝化的途径，而且随着时间的推移，NO_2^--N 的积累量增加。

（6）生态塘-人工湿地组合系统在对氮的去除过程中，人工湿地单元占主导地位，其贡献率都高于改性水草 BBR，但改性水草 BBR 也有相当比例的贡献率。且湿地植物对氮的吸收在人工湿地对氮的去除作用中可能也占有较大的比例。进水预曝可提高改性水草 BBR 的脱氮效果，但人工湿地单元的脱氮效果会有所下降，从而降低整体的脱氮效果。

3. 多塘-人工湿地系统水力学条件优化控制颗粒物

塘和人工湿地系统退化和堵塞问题一直是限制这两种技术推广的因素，其中颗粒物是其堵塞的主要原因。在小流域面源污染控制过程中，颗粒态污染物是流域面源污染物的主要形态，减少面源污染中颗粒物的措施主要包括从源头上削减径流中颗粒物的浓度和在迁移途径前端修建预处理装置。预处理装置主要包括格栅、滞留塘和沉淀塘等，对多塘-人工湿地而言，人工湿地防止堵塞主要的措施有两方面：一方面是通过加强预处理，尽可能去除进入湿地系统的污水中的悬浮物，减少湿地所受到的堵塞威胁；另一方面是改善基质层结构，采用反级配基质，将孔隙较大、抗堵塞能力强的材料置于表层，而将孔隙较小、抗堵塞能力弱的材料置于底层，以充分发挥整个基质层的纳污能力。

1）概述

本节以沉淀塘为研究对象，研究通过沉淀对污水水质的改善，讨论总悬浮物（total suspended substance，TSS）和颗粒物在沉淀过程中的行为及预防人工湿地堵塞的措施。

污水中的悬浮物颗粒大小与数量对 IVCW 基质堵塞十分重要，颗粒粒径大、数量多，则容易沉积在 IVCW 中形成堵塞，反之，颗粒粒径小、数量少，则容易穿透基质深层或随水流流出系统，不容易形成堵塞。对沉淀塘进出水中的颗粒物采用 Abakus 粒子测量仪实时监测。测量中设定该仪器每隔 15 min 自动采样一次，按照颗粒粒径分别为 1 μm、2 μm、5 μm、10 μm、15 μm、25 μm、50 μm 和 100 μm 的顺序自动计数并储存数据。

2）结果与分析

I. 沉淀前后污水中 TSS 变化

污水中的悬浮物在重力的作用下可以通过沉淀去除。根据悬浮物的性质、浓度及是否具有絮凝性能，沉淀可以分为自由沉淀、絮凝沉淀、成层沉淀和压缩沉淀 4 种类型。

沉淀塘的主要功能是去除污水中的悬浮物，降低污水的悬浮物浓度，从而减少悬浮物在 IVCW 中的积累。测量结果如图 2.42 所示。

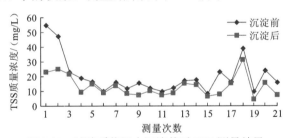

图 2.42　试验系统污水沉淀前后 TSS 测量结果

污水沉淀前平均 TSS 质量浓度为 19.89 mg/L，经过沉淀后出水平均 TSS 质量浓度降为 13.07 mg/L，平均去除率为 34.3%（图 2.43）。可见通过沉淀可以明显去除污水中的悬浮物。但是，与常见的平流沉淀塘相比，试验系统沉淀效率并不高，这主要是由于试验系统采用微污染地表水原水作为系统进水，微污染地表水水体面积大，污水流动缓慢，在进入试验系统之前已经经过较长时间的沉淀，一些容易沉淀的物质（如砂粒等）已经在微污染地表水中沉淀，随污水进入系统的主要是颗粒较小、密度接近于水的物质。当进水悬浮物浓度高时，其去除率可以高达66.1%，而且沉淀之后的出水进入 IVCW 之前，其 TSS 质量浓度绝对值都很低，最高不超过 30 mg/L，说明沉淀可以充分保障进入 IVCW 的污水悬浮物浓度低，从而保证湿地系统长期安全运行。

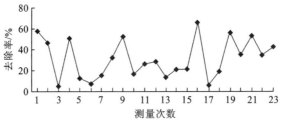

图 2.43　试验系统污水沉淀对 TSS 的去除率

II. 沉淀前后污水中颗粒物变化

受污染地表水中的悬浮颗粒可以分为两大类，一类为离散颗粒，另一类为絮凝颗粒。悬浮颗粒的性质及沉降性能与颗粒粒径有直接关系。为了探讨沉淀对悬浮物的去除效果，按照上述方法对沉淀前后污水中颗粒物的分布进行测量，并将测量结果列于对数图中形成颗粒物的分布图。图 2.44 所示为沉淀前污水中不同粒径的颗粒物分布情况。

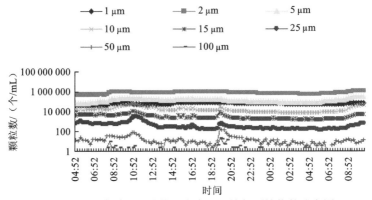

图 2.44　试验系统沉淀前污水中不同粒径颗粒物的分布图

由图 2.44 可知，从数量上看，沉淀前的污水中含量最多的是粒径为 2 μm 的颗粒，平均颗粒数目为 716 422.9 个/mL，其次为粒径 5 μm 的颗粒，平均颗粒数目为 127 166.4 个/mL。说明污水中颗粒物主要集中在粒径 2～5 μm，而粒径小于 1 μm 的颗粒平均仅有 54 956.0 个/mL，粒径较大的颗粒也很少，大于 50 μm 的颗粒平均每毫升不足 20 个。

经过沉淀 2～8 h 后，污水中大部分的悬浮颗粒被去除。由图 2.45 可知，沉淀后的悬浮颗粒数量比沉淀前少了许多。但是含量最多的仍然是粒径为 2 μm 的颗粒，平均颗粒数为 196 935.1 个/mL，而粒径为 5 μm 的颗粒和粒径为 1 μm 的颗粒非常接近，平均颗粒数分别为 24 556.2 个/mL 和 21 845.7 个/mL。说明经过沉淀后，粒径为 2～5 μm 的颗粒去除率最高，去除率高达 80.7%。沉淀前后的污水中不同粒径的颗粒分布比较如图 2.46 所示。

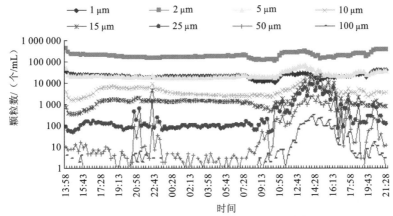

图 2.45　实验系统沉淀后污水中不同粒径的颗粒物分布图

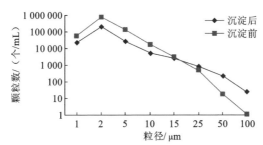

图 2.46　沉淀前后污水中不同粒径的颗粒物分布比较图

沉淀前后污水中最多的是粒径为 2 μm 的颗粒。经过沉淀后，粒径为 1 μm、2 μm、5 μm、10 μm 的颗粒明显减少，粒径为 15 μm 的颗粒稍许减少，而粒径大于 15 μm 的颗粒不仅没有减少反而增加了。这是因为一部分颗粒在沉降过程中相互碰撞结合而形成了较大的颗粒。由于粒径大的颗粒绝对数量远远小于粒径小的颗粒，虽然大颗粒有所增加，但是平均颗粒总数仍由沉淀之前的 917 972.8 个/mL 降至 251 658.9 个/mL。

颗粒自由沉淀速度可以由斯托克斯公式加以描述：

$$u = \frac{\rho_g - \rho_y}{18\mu} g d^2 \tag{2.6}$$

式中：u 为颗粒沉淀速度，m/s；ρ_g 为颗粒的密度，g/cm^3；ρ_y 为污水的密度，g/cm^3；μ 为污水的黏滞度，$N·S/m^2$；g 为重力加速度，m/s^2；d 为颗粒的粒径，m。

颗粒的沉淀速度与粒径的平方呈正比，粒径越大沉淀速度越快，粒径越小沉淀速度越慢。沉淀一方面减少了颗粒数量，另一方面增大了颗粒粒径有助于颗粒物的去除。然而，自由沉淀主要去除粒径大于 100 μm 的颗粒，当粒径小于 10 μm 时，往往需要通过投加絮凝剂后反应形成较大颗粒絮体才能去除。试验系统采用受微污染地表水作为系统进水，由于大颗粒物质已经沉淀，进入预处理系统的主要是粒径小于 10 μm 的颗粒。因此，采用混凝沉淀的方法可以进一步提高预处理对颗粒物的去除效果，保证人工湿地系统的安全运行。

2.2.2 一体式生物电化学-人工湿地

近年来，非点源污染、受污染城市水体等低 COD/N 污水越来越多，同时国内污水受纳水体的富营养化程度也在不断加剧，如何解决低 COD/N 污水因自身有机碳源不足而导致的脱氮效率低、系统出水硝态氮含量普遍偏高的问题，已成为国内外研究的热点与难点。人工湿地处理技术作为污水脱氮处理的关键技术之一，利用基质、植物和微生物三者的联合作用，通过物理、化学、生物反应共同降解污水中的含氮污染物，具备成本低、易维护、效果好等优势。然而，对于低 COD/N 污水的处理，采用单一的人工湿地技术难以同时兼顾成本和效果。因此，发展一种更高效的人工湿地耦合脱氮工艺势在必行。

生物电化学技术是指利用微生物的胞外电子传递能力催化电化学系统氧化还原反应，涉及环境微生物学和电化学等多门学科。近二十年来，随着生物电化学系统（bio-electrochemical system，BES）的快速发展，涌现了多种基于生物电化学原理构建而成的 BES 技术，其中也包括了以生物膜电极反应器（biofilm electrode reactor，BER）和微生物燃料电池（microbial fuel cell，MFC）为主的污水自养脱氮技术。MFC 脱氮技术的出现使得降解有机污染物和氮素的同时获得电能成为可能，即使在进水不含有机碳源的条件下，BER 脱氮技术仍然可以通过施加微弱电流维持高效的反硝化脱氮性能。然而，单独的 BER 或 MFC 单元构筑成本较高，若能将其与现有的污水处理技术相结合，将极大地推动 BER 或 MFC 的规模化应用。

由于氧化还原电位梯度在人工湿地不同深度填料层中可自然形成，具备在湿地系统内部嵌入 MFC 单元的先天条件，而 BER 阳极和阴极均为厌氧状态，所以可直接嵌入人工湿地系统的中下层厌氧区域。同时，湿地填料作为阳极和阴极区域的天然屏障，省去了膜材料的使用，大大降低了 MFC 或 BER 的构筑成本。此外，由于 MFC 产电和反硝化功能依赖于阳极底物的氧化，较适宜处理低 COD/N 生活污水、农业径流等低碳高氮污水。而 BER 反硝化虽然会消耗一定量的电能，但反应过程不需有机碳源，因此较适宜作为深度处理单元来净化寡碳高氮污水，例如地下水、二级污水厂出水等。本小节针对不同程度的低 COD/N 污水的处理或回用要求，按照原理融合、技术互补的原则，通过优化组合，将人工湿地与 BER 或 MFC 脱氮技术集成一体式耦合系统，充分发挥各自的优势，不仅可以大幅度降低成本，而且可以提高出水水质和系统运行的稳定性。

1. 潮汐流 CW-MFC 同步脱氮产电性能

潮汐流人工湿地（tide flow constructed wetland，TFCW）被认为是提高湿地内部复氧的最为经济、有效的方式，它是一种特殊的间歇式进水的新型人工湿地，其工作原理是按时间序列周期性地进水和排水，使湿地系统内部形成好氧和厌氧交替过程，从而实现并强化氮素去除的目的。将人工湿地耦合微生物燃料电池（constructed wetland-microbial fuel cell，CW-MFC）在潮汐流模式下运行也许可以同时解决电能回收和硝化过程受抑制的问题。然而，MFC 阳极通常需要放置于厌氧或缺氧的环境中才能发挥其产电功能，若湿地系统内部溶解氧浓度过高可能会抑制 MFC 的产电功能。因此，人工湿地内部的复氧程度需要通过控制干湿比进行精确控制，以实现最大程度优化氮的迁移转化和电能回收过程。

为了精确、全面地分析潮汐流 CW-MFC（tide flow CW-MFC，TFCW-MFC）同步脱氮产能的运行机制和影响因素，本小节的具体内容包括：①考察不同干湿比对 TFCW-MFC 产电性能的影响；②考察不同干湿比对 TFCW-MFC 脱氮除碳性能的影响；③利用 MiSeq 高通量测序技术分析 TFCW-MFC 的电极微生物群落结构特征。

1）试验材料与方法

I. 试验装置

图 2.47 为 TFCW-MFC 反应器的结构示意图，共设置三个平行。反应器由上部进水，底部出水，在其底部出水口处装有电磁阀实现自动出水，进水则由电磁隔膜计量泵（型号为 20L/H，购于康浦环保设备有限公司）和定时器控制。

反应器中填充的砾石颗粒粒径均为 4～8 mm。颗粒活性炭（granular activated carbon，GAC，粒径为 3～5 mm，比表面积为 500～900 m^2/g，填充密度为 0.45～0.55 g/cm^3）作为 TFCW-MFC 系统的阳极填料。此外，工作面积为 493 cm^2 的石墨毡（graphite felt，GF，外径 140 mm、内径 70 mm、厚度 6 mm）作为阴极材料。将 GAC 作为电极材料时，采用长 200 mm、宽 100 mm 的石墨毡作为电流收集器卷成圆筒状埋在阳极或阴极填料中，如图 2.48 所示。

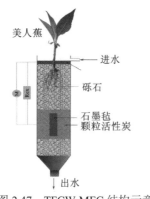

图 2.47　TFCW-MFC 结构示意图

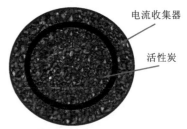

图 2.48　电极区域的俯视图

II. 试验方法

（1）反应器的启动。试验用水采用自来水、乙酸钠（CH₃COONa）和氯化铵（NH₄Cl）及微生物所需的其他矿质元素和微量元素配制成 COD 质量浓度为 150 mg/L、氨氮质量浓度为 30 mg/L 的污水。主要成分（每 1 L 溶液）：0.197 g CH₃COONa、2.307 g Na₂HPO₄·12H₂O、0.554 g NaH₂PO₄·2H₂O、0.191 g NH₄Cl、0.5 g NaCl、0.006 8 g CaCl₂·6H₂O、0.1 g MgSO₄·7H₂O、1 g NaHCO₃ 及 0.1 mL 微量元素。微量元素营养液的主要成分（每 1 L 溶液）：1.5 g FeCl₃·6H₂O、0.15 g H₃BO₃、0.03 g CuSO₄·5H₂O、0.18 g KI、0.12 g MnCl₂·4H₂O、0.06 g Na₂MoO₄·2H₂O、0.12 g ZnSO₄·7H₂O、0.15 g CoCl₂·6H₂O 及 10 g 乙二胺四乙酸（ethylenediaminetetraacetic acid，EDTA）。所有 TFCW-MFC 反应器接种来自汤逊湖污水处理厂的厌氧和好氧活性污泥（体积比为 1∶1）。首先将取回的活性污泥厌氧培养一周，然后按 30%（体积分数）与配置的试验进水充分混合后加入 TFCW-MFC 反应器中进行挂膜。空气阴极先浸泡在好氧活性污泥中 48 h 进行微生物挂膜后再放入反应器的最上层。试验运行的整个周期内，TFCW-MFC 放置于温度为 25～30 ℃的室内。接种 4 周后不再接种污泥，TFCW-MFC 反应器开始进行潮汐流试验，HRT 为 1 d。

（2）不同干湿比对 TFCW-MFC 脱氮的影响。为解决 TFCW-MFC 反应器硝化抑制的问题，构建 TFCW-MFC 反应器，并研究不同干湿比（0∶1，1∶1，1∶2，1∶3，1∶5，1∶7，1∶11）对反应器脱氮和产能的影响。其中，干湿比为 0∶1 时相当于间歇流运行。每个干湿比条件运行一周以保证实验结果的稳定性。

（3）TFCW-MFC 电极生物膜群落结构解析。在 TFCW-MFC 的试验全部结束后，取出反应器内的阴极石墨毡，部分阳极活性炭及阳极石墨毡置于聚丙烯塑料样品袋中，存放在冰箱中于-80 ℃保存，用于后续微生物分析。

Ⅲ. 常规测试项目与方法

水质测定方法参考前文，电化学指标分析与计算如下。

（1）电压采集。CW-MFC 输出电压通过数据采集器每 5 min 记录一次。电流密度（J）由欧姆定律计算：

$$J = U/R_{ex}S$$

式中：U 为电池阳、阴两极的电压差，mV；R_{ex} 为外电阻阻值，Ω；S 为电极面积，cm^2。

（2）极化曲线与功率密度曲线。极化曲线常用于分析和描述 MFC 产电性能，它表征的是 MFC 电压与电流密度的关系曲线。理论上，MFC 的总电压应为阴、阳极电位之差，但因为实际运行过程中 MFC 存在极化现象，即电极电位偏离平衡电位，所以实际得到的电压数值往往要比理论值低得多。本小节采用手动改变外电阻的方式测定 CW-MFC 的极化曲线，调节外电阻从 50 000 Ω 到 5 Ω，每个阻值下稳定 15 min，并记录电阻两端的电压。CW-MFC 的总内阻则是通过计算极化曲线中线性区域的直线斜率求得。

基于欧姆定律 $P = UI$（P 为电功率，I 为电流），可以得到不同电流密度下相对应的功率密度，因此可以根据极化曲线计算得到功率密度曲线（P-I）。同样根据欧姆定律，功率密度为最大时，即在功率密度曲线的顶点系统内阻与外阻相等，由此也可得到系统的总内阻。

（3）库仑效率。MFC 中只有一小部分有机物通过产电微生物的代谢转化生成电流，其他大部分底物都是被发酵菌等非产电微生物所利用，在 MFC 中被认为是底物损失。库仑效率（Coulombic efficiency，CE）是指通过阳极有机物氧化转化所得到的实际电量与理论电量的比值，它反映了实际运行过程中有机物氧化转化为电能的效率，是评价阳极电子回收效率的关键指标，计算公式为

$$CE = \frac{MI}{Fqb\Delta COD}$$

式中：CE 为库仑效率，%；M 为氧气的分子量，32 g O_2/mol；I 为电流，mA；F 为法拉第常数，94 685 C/mol；q 为进水流速，L/s；b 为每摩尔氧气产生的电子数，4 e^-/(mol·O_2)；ΔCOD 为进水 COD 与出水 COD 之间的差值，mg/L。

Ⅳ. 基于 MiSeq 平台的微生物群落分析

本节共有 3 个电极样品，具体的样品信息和取样条件见表 2.25。

表 2.25　样品信息和取样条件

样品编号	样品类型	反应器	取样位置	运行策略
TF_a1	颗粒活性炭	TFCW-MFC	阳极区域	潮汐流, 1 000 Ω, 25~30 ℃
TF_a2	石墨毡	TFCW-MFC	阳极区域	潮汐流, 1 000 Ω, 25~30 ℃
TF_c	石墨毡	TFCW-MFC	阴极区域	潮汐流, 1 000 Ω, 25~30 ℃

2）干湿比对 TFCW-MFC 同步脱氮产能的影响

I. 对产电性能的影响

图 2.49 为 TFCW-MFC 整个同步脱氮产能试验运行过程中的电压变化情况。前 28 天为接种阶段, HRT 为 7 d, 在整个接种周期内, 电压逐渐升高并稳定在 315 mV 左右。在第一个周期内, 电压逐渐从–20 mV 缓慢升至 120 多 mV 后又降至 90 mV, 第二个周期开始最大电压升至 225 mV, 从第三个周期开始, 电压开始趋于稳定, 维持在 315 mV 左右。从第 29 天开始, 反应器不再接种污泥, HRT 改为 1 d, 干湿比分别设置为 0：1、1：1、1：2、1：3、1：5 和 1：11, 每个干湿比下运行 7 d。当干湿比为 0：1 时, 干床时间为 0 h, 相当于反应器以间歇流形式运行。与接种阶段相比, 反应器最大输出电压有所提升, 接近 400 mV, 这说明缩短水力停留时间更有利于产电菌的生长。当干湿比为 1：1 时, 反应器的干床和湿床时间均为 12 h, 输出电压有较大幅度降低, 最小值为–387 mV, 最大值为 +295 mV。当干湿比为 1：2 时, 反应器的干床时间和湿床时间分别为 8 h 和 16 h, 输出电压进一步降低, 其最大值接近+250 mV, 最小值在–100 mV 左右。从干湿比 1：1 开始, TFCW-MFC 反应器电压逐渐由正转负, 最大正电压仅为+200 mV 左右, 但最大负电压却在–550 mV 左右。根据上述结果可知, 潮汐流运行阶段 TFCW-MFC

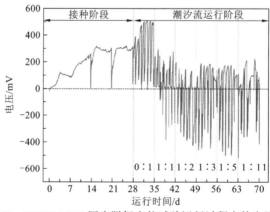

图 2.49　TFCW-MFC 同步脱氮产能试验运行过程中的电压变化

产电与干湿比没有明显的正比例关系，但是其产电也表现出一定的规律性。除间歇流（干湿比为 0∶1）外，TFCW-MFC 反应器在一个完整的产电周期内的输出电压普遍表现出先负后正的变化情况，并且负电压的绝对值大于正电压。这说明随着湿地饱水时间的延长，反应器内的溶解氧逐渐被消耗，阳极电势逐渐减小导致其输出电压逐渐增大。

TFCW-MFC 反应器在 HRT 为 24 h 的条件下，按时间序列周期性地充水和排干，使湿地内部形成好氧-厌氧交替过程。根据人工湿地潮汐流运行的工作原理可知：当 CW 处于干床状态时，基质孔隙中的氧浓度等于大气氧浓度，此时湿地内外不发生大气扩散输氧作用；但是当污水流入 CW 后，基质孔隙中的氧由于大气扩散作用进入污水中并被好氧细菌消耗利用，导致基质孔隙中含氧量减少，人工湿地内外形成氧浓度梯度，从而使大气中的氧进入基质孔隙以补充湿地孔隙含氧量。因此，CW 干床和湿床的运行时间是影响潮汐流 CW 脱氮性能的关键因素。在 HRT 固定的情况下，湿床运行时间延长可以增加微生物与污染物的接触时间从而提高污染物去除率，但是干床运行时间的减少会导致湿地内部氧浓度的降低。由图 2.50 可知，随着干床运行时间的延长，TFCW-MFC 反应器的出水 DO 质量浓度也随之升高，从 1.46 mg/L±0.26 mg/L 升至 3.25 mg/L±0.28 mg/L。因此，TFCW-MFC 反应器内 DO 质量浓度的升高可能是导致其电压由正转负的主要原因。无论干湿比的大小，TFCW-MFC 反应器的出水 pH 都变化不大，维持在 7.50 左右。

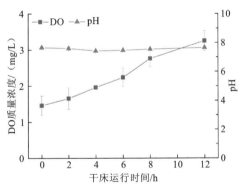

图 2.50　不同干床运行时间下反应器的出水 pH 和 DO 质量浓度变化

II. 对脱氮性能的影响

由图 2.51 可知，TFCW-MFC 反应器的氨氮去除率与干湿比呈正相关。当干湿比为 0∶1 时，反应器相当于间歇运行的 CW-MFC，其出水 NH_4^+-N 的平均质量浓度为 22.06 mg/L±0.86 mg/L，对应的去除率为 26.48%±8.96%。当干湿比提高至 1∶1 时，反应器平均出水 NH_4^+-N 质量浓度迅速降低至 6.07 mg/L±0.66 mg/L，去除率也相应升至 79.75%±2.21%。干湿比为 1∶2 时，虽然干床运行时间缩短了

4 h，但其 NH_4^+-N 去除率并未降低，这说明在此干湿比条件下，DO 浓度不是限制 NH_4^+-N 去除的主要因素。当干湿比进一步降低，即干床运行时间进一步缩短，TFCW-MFC 反应器出水 NH_4^+-N 的去除率逐渐降低。当干湿比为 1：11 时，TFCW-MFC 反应器出水的平均 NH_4^+-N 质量浓度为 15.15 mg/L±0.99 mg/L，平均去除率为 49.52%±3.29%，仅高于干床运行时间为 0 h 时的 NH_4^+-N 去除率。

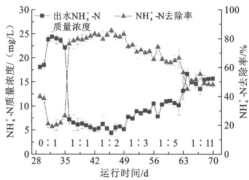

图 2.51　潮汐流运行过程中出水 NH_4^+-N 浓度及其去除率

图 2.52 所示为 TFCW-MFC 反应器的出水 TN 浓度及其去除率。TFCW-MFC 的 TN 去除率随着干湿比的增大呈现先升高后降低的趋势。当干湿比为 0：1 和 1：1 时，反应器出水 TN 的平均质量浓度较为接近，分别为 21.50 mg/L±0.86 mg/L 和 21.27 mg/L±0.82 mg/L，平均去除率分别为 28.35%±2.86% 和 29.10%±2.74%。虽然干床运行时间从 0 h 提高至 12 h，极大地促进了 NH_4^+-N 的去除，但并未提高 TN 去除率，可能是因为湿地内部 DO 浓度过高抑制了反硝化脱氮过程。由图 2.52 可知，当干湿比为 1：5，即干床运行时间为 4 h 时，TFCW-MFC 反应器的 TN 去除率最大，为 52.89%±3.16%。干床运行时间低于或者高于 4 h，均会造成反应器出水 TN 去除率降低，说明湿地内的 DO 浓度必须维持在一个合适的范围，即干湿

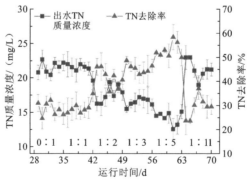

图 2.52　潮汐流运行过程中出水 TN 浓度及其去除率

比必须在一个合适的值，才既能保证硝化反应所需的好氧环境，又能保证反硝化反应不受抑制。吴树彪等（2010）通过对不同干湿比条件下系统供氧和理论污染物降解需氧的恒量计算发现，在忽略植物根系泌氧和大气扩散输氧的前提下，排空时间 3 h 均满足湿地系统污染物降解理论所需的氧量，与本章的最佳干床运行时间 4 h 较为接近。

图 2.53 为 TFCW-MFC 出水 COD 浓度及其去除率。TFCW-MFC 反应器的 COD 去除率随着干床运行时间的延长而增大，这与 NH_4^+-N 的去除较为类似，均与湿地系统内部 DO 浓度的升高有关。在整个运行过程中，COD 去除率都大于 85%，说明 TFCW-MFC 反应器对 COD 的去除性能较好。此外，虽然进水 COD 浓度较低导致 TFCW-MFC 的 TN 去除率总体不是很高，但与间歇流运行的 CW-MFC 相比，总氮去除率可提高大约 25%，这可能源自两个方面的助力：一方面潮汐流运行使得 CW-MFC 在连续流运行下的硝化限制问题不复存在；另一方面 MFC 的嵌入使得生成的硝酸盐氮能够在有机碳源缺乏的条件下高效完成反硝化过程。

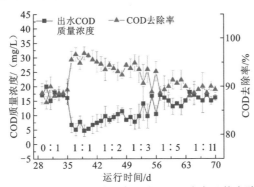

图 2.53　潮汐流运行过程中出水 COD 浓度及其去除率

3）TFCW-MFC 的电极生物膜群落结构解析

I. 种群丰度与多样性分析

3 个样品共产生 206 119 个有效序列，平均序列长度为 457 bp。每个样品平均都产生了超过 68 706 个序列用于后续的分析。样品的序列信息和微生物多样性指数见表 2.26。在 97% 的相似水平下，3 个样品总共有 6 104 个运算分类单元（operational taxonomic units，OTUs）。每个样品的 OTUs 数量为 1 885～2 206，说明微生物种类丰富。由表 2.26 可知，Good's coverage 指数=0.99，说明每个微生物样品的 OTUs 都具有代表性，可以很好地反映微生物样品信息。取自 TFCW-MFC 阳极区域的 TF_a1 和 TF_a2 样品的 Chao 1 指数明显大于取自阴极区域的微生物样品 TF_c，说明阳极区域的微生物丰度高于阴极区域。通过比较各样品的 Shannon

指数发现，样品 TF_a1 和 TF_a2 的 Shannon 指数也同样大于样品 TF_c，说明 TFCW-MFC 阳极区域的微生物多样性大于阴极区域。此外，样品 TF_a2 的 Chao1 指数和 Shannon 指数均大于样品 TF_a1，说明 GF 上富集的微生物多样性和均匀性都大于 GAC。

表 2.26　TFCW-MFC 系统微生物群落的丰度和多样性指数

样品编号	有效序列数量	平均序列长度/bp	OTUs 数量	Shannon 指数	Chao 1 指数	Good's coverage 指数
TF_a1	69 917	458	2 013	5.18	2 673	0.99
TF_a2	61 182	458	2 206	5.74	2 934	0.99
TF_c	75 020	461	1 885	4.97	2 386	0.99

　　稀疏曲线通常用来检验测序结果是否可以完全代表该环境中的所有物种信息。由图 2.54 可知，当相似水平为 97%、序列超过 50 000 时，样品 TF_a1、TF_a2 和 TF_c 的 OTUs 数量增加逐渐趋缓，这说明继续增加取样量，OTUs 数量也不再大幅增加，取样情况能较好地说明样品中所涵盖的所有菌群，保证了分析结果的合理性和准确性。

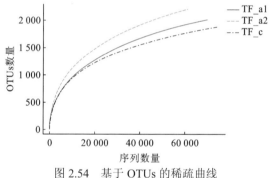

图 2.54　基于 OTUs 的稀疏曲线

II. 群落差异性分析

　　维恩（Venn）图可以反映不同样品的微生物群落结构的差异。由图 2.55 可知，对于 OTUs 组成，阳极微生物样品 TF_a1、TF_a2 与阴极微生物样品 TF_c 之间既有共同的微生物类群，又存在不同的微生物类群。例如，样品 TF_a1、TF_a2 及 TF_c 的共有 OTUs 数量分别占各自总 OTUs 数量的 44%、41% 和 47%，说明这三个样品的微生物组成有非常高的相似性。进一步分析两两样品的相似性可知：同为阳极区域样品的 TF_a1 和 TF_a2 的相似度较高，两者共有的 OTUs 数量分别占各自总 OTUs 数量的 70% 和 64%；而阳极与阴极样品的相似度略低，其中 TF_a1 和 TF_c 之间的共有 OTUs 数量分别占各自总 OTUs 数量的 53% 和 57%，TF_a2 和 TF_c 之间的共有 OTUs 数量分别占各自总 OTUs 数量的 52% 和 61%。

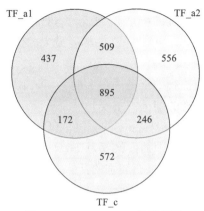

图 2.55　TFCW-MFC 的维恩图

III. 群落组成分析

（1）门水平微生物组成及相对丰度。采用高通量测序得到的序列划分 OTUs 后进行分类学分析,获得各电极样品中门水平的微生物组成和相对丰度,如图 2.56 所示。三个电极生物膜群落都表现出了极高的生物多样性,在 TF_a1、TF_a2 和 TF_c 群落中分别发现了 23 个、25 个和 20 个细菌门类,共计有 26 个不同的细菌门类。可以明显看出,阳极与阴极生物膜群落结构存在显著差异。

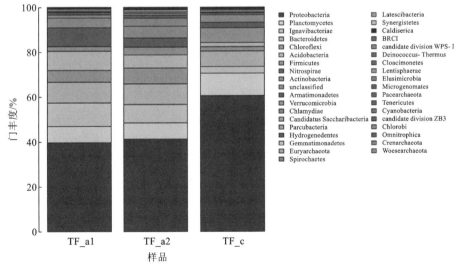

图 2.56　门水平所有样本群落结构分布图

扫描封底二维码看彩图

变形菌门（Proteobacteria）、浮霉菌门（Planctomycetes）、拟杆菌门（Bacteroidetes）和厚壁菌门（Firmicutes）是阴极样品 TF_c 中丰度最大的前 4 个

菌门，相对丰度分别为 60.54%、10.02%、7% 和 6.58%，四者之和占比高达 84.14%。变形菌门同时也是样品 TF_a1 和 TF_a2 中丰度最大的优势菌门，但其在阳极样品中的丰度远低于阴极样品，在样品 TF_a1 和 TF_a2 中占比分别为 39.72% 和 41.28%。变形菌门是目前已知的细菌中最大的一门，其中所有的细菌都是革兰氏阴性菌，包含多种代谢种类的细菌，主要功能是去除废水中有机物。除变形菌门外，浮霉菌门和厚壁菌门在阳极样品中的丰度也低于阴极样品，尤其是厚壁菌门，它在阳极样品 TF_a1 和 TF_a2 中的占比仅为 2.02% 和 3.52%。很多厚壁菌门细菌可产生内生孢子，对脱水和极端环境有较强的抵抗力，在人工湿地系统中常为优势菌门。浮霉菌门广泛存在于淡水水体、海洋沉积物、污水处理系统及土壤中，其中包含一类专性厌氧的无机自养细菌，即 Anammox 细菌，该细菌可将氨氮和亚硝酸盐氮转化为氮气，对含氮污染物的去除有着重要的作用。拟杆菌门在样品 TF_a1 和 TF_a2 中的占比较 TF_c 略高一点，该菌门在分解大分子有机物、促进含氮物质利用等方面具有重要意义。此外，绿菌门（Ignavibacteriae）、酸杆菌门（Acidobacteria）、硝化螺菌门（Nitrospirae）和绿弯菌门（Chloroflexi）也是阳极样品的优势菌门，它们在阳极样品中的丰度均高于阴极样品。例如，绿菌门在样品 TF_a1、TF_a2 和 TF_c 中的丰度分别为 10.44%、8.16% 和 2.91%，酸杆菌在样品 TF_a1、TF_a2 和 TF_c 中的丰度分别为 8.57%、5.84% 和 1.83%，绿弯菌门在样品 TF_a1、TF_a2 和 TF_c 中的丰度分别为 5.31%、7.07% 和 1.89%。硝化螺菌门可能与硝化过程紧密相关，而该菌门在样品 TF_a1、TF_a2 和 TF_c 中的丰度分别为 8.37%、4.01% 和 2.42%，这是因为 TFCW-MFC 反应器的阳极区域 DO 浓度较高，并且由于 GAC 表面多孔的特征，其表面的生物膜附近 DO 浓度可能高于 GF 表面的 DO 浓度。

（2）纲水平微生物组成及相对丰度。采用高通量测序获得各样品中纲水平的微生物组成和相对丰度，如图 2.57 所示。α-变形菌纲（α-Proteobacteria）、γ-变形菌纲（γ-Proteobacteria）和 β-变形菌纲（β-Proteobacteria）属于变形菌门，是三个样品中的优势菌纲。其中，γ-变形菌纲的相对丰度在所有样品中最大，分别占比 15.26%、14.32% 和 30.19%。大多数 γ-变形菌纲属于既能进行呼吸代谢又能进行发酵代谢的兼性异氧菌，对污水中有机物的降解有重要作用，此外，有些反硝化细菌就属于此纲，如假单胞菌属等，在污水生物脱氮中有重要意义。α-变形菌纲在自然界中分布广泛，包括光能自养菌、化能自养菌及一些与动植物有关的细菌，它在样品 TF_a1、TF_a2 和 TF_c 中的丰度分别为 12.65%、12.14% 和 15.2%。β-变形菌纲包括多种好氧或兼性细菌和一些无机化能细菌，对污水中的有机物去除起着重要的作用，它在样品 TF_a1、TF_a2 和 TF_c 中的丰度分别为 10.36%、12.95% 和 13.93%。浮霉状菌纲（Planctomycetia）也是电极样品中的优势菌纲，在样品 TF_a1、TF_a2 和 TF_c 中的丰度分别为 7.03%、7.02% 和 9.68%。部分菌纲在阳极样品中占比较高，但在阴极样品中占比较低。例如，绿菌纲（Ignavibacteria）是阳极样品 TF_a1 和 TF_a2 的优势菌纲，丰度分别为 10.44%和 8.16%，但其在阴极样品 TF_c 中的丰度相对较低，仅为 2.91%。除绿菌纲外，硝化螺旋菌纲（Nitrospira）、鞘氨醇杆菌纲（Sphingobacteria）、酸杆菌纲_GP4（Acidobacteria_Gp4）和厌氧绳菌纲（Anaerolineae）也存在类似的分布特征。

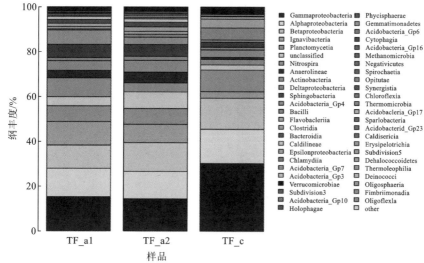

图 2.57　纲水平所有样本群落结构分布图

扫描封底二维码看彩图

（3）属水平微生物组成。采用高通量测序获得各样品属水平的物种丰度聚类热图（图 2.58）。由图 2.58 的样品聚类分析可知，样品 TF_a1 和 TF_a2 聚在一起，表明两者的微生物群落相似度较高，并且与阴极区域样品 TF_c 区分开来，说明阳极和阴极区域的电极生物膜群落结构存在明显差异。由图 2.58 可知，*Acinetobacter*（21.67%），*Zavarzinella*（4.11%）、*Exiguobacterium*（3.76%）和 *Flavobacterium*（2.61%）在阴极样品 TF_c 中的相对丰度显著高于阳极样品。虽然阳极样品 TF_a1 和 TF_a2 的物种相似度较高，但优势菌属的相对丰度有所不同。例如，阳极样品 TF_a1 中的优势菌属依次为 *Nitrospira*（8.37%）、*Dokdonella*（6.66%）、*Melioribacter*（6.57%）和 *Aridibacter*（6.08%），而样品 TF_a2 中的优势菌属依次为 *Melioribacter*（4.2%）、*Nitrospira*（4.01%）、*Acinetobacter*（3.60%）和 *Aridibacter*（3.02%）。

IV. 产电和脱氮功能菌属

（1）产电功能菌属。由表 2.27 可知，TFCW-MFC 反应器中未发现研究较多

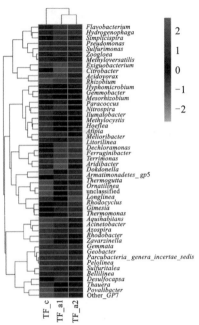

图 2.58　属水平下的物种丰度聚类热图

仅显示丰度靠前的 50 个属；扫描封底二维码看彩图

的典型产电菌 *Geobacter* 和 *Shewanella*，但近几年 *Citrobacter* 的电化学活性陆续
被报道，包括 *Citrobacter* sp. SX-1，*Citrobacter freundii* Z7，*Citrobacter* sp. LAR-1
等。*Citrobacter* 为兼性厌氧菌，有呼吸和发酵两种代谢类型，常被发现于好氧活
性污泥中。*Citrobacter* 在 TFCW-MFC 反应器中的富集，可能与潮汐流运行方式
密切相关。TFCW-MFC 在潮汐流运行过程中带入大量氧气到反应器内部，阳极
区域难以维持厌氧状态，根据 TFCW-MFC 电压为负值和出水 DO 浓度推测它的
阳极区域很可能是好氧环境。Huang 等（2017）从接种了好氧活性污泥的 MFC
阳极生物膜中分离出 *Citrobacter freundii* Z7，并通过循环伏安法验证了其具有较
强的电化学活性，同时在以纯菌 *Citrobacter freundii* Z7 为接种物及柠檬酸盐为
底物的 MFC 反应器中获得的最大功率密度高达 204.5 mW/m^2。目前分离出的产
电菌非常少，加上 TFCW-MFC 反应器特殊的运行方式，因此可能还存在其他未
被验证的产电菌属。例如，*Dechloromonas* 和 *Ferruginibacter* 属的细菌在某些
MFC 研究中也被发现存在大量富集的现象（Wang et al.，2016a），可能是潜在的
产电菌属。此外，由于 TFCW-MFC 内部环境与常规 CW-MFC 或 MFC 差异较大，
可能存在新型的产电菌属有待分离鉴定。

表 2.27　**TFCW-MFC 中潜在的产电菌类型及相对丰度**　　（单位：%）

门	属	TF_a1	TF_a2	TF_c
Proteobacteria	*Citrobacter*	0.21	0.55	1.19
	Dechloromonas	2.40	2.34	1.38
Firmicutes	*Ferruginibacter*	2.89	2.24	1.05
	总相对丰度	5.50	5.13	3.62

注：仅列出至少一组丰度大于 1%的属

　　（2）脱氮功能菌属。为了进一步揭示短路和常规外阻条件下脱氮功能的微生物群落结构，对分类 OTUs 的相对丰度在菌属层面进行分析，选取相对丰度大于 2%的潜在硝化和反硝化菌属列于表 2.28 中。硝化细菌是一类好氧化能无机自养菌，它包括将氨氮转化为亚硝酸盐的氨氧化细菌（ammonia-oxidizing bacteria，AOB）和将亚硝酸盐氧化为硝酸盐的亚硝酸盐氧化细菌（nitrite-oxidizing bacteria，NOB）。*Nitrospira* 是主要的 NOB 菌类，广泛存在于活性污泥、土壤和海洋等环境中，它在好氧环境中可以丙酮酸为碳源完成硝化过程，或通过固定 CO_2 的方式自养生长。DO 浓度通常对这类微生物具有重要影响。研究表明低 DO 环境（DO 质量浓度低于 2 mg/L 或 4 mg/L）有利于 NOB 菌中的 *Nitrospira* 的生长繁殖（Liu et al.，2017；Huang et al.，2011）。*Nitrospira* 在阳极样品 TF_a1 和 TF_a2 中的丰度分别为 8.37%和 4.01%，均高于其在阴极样品 TF_c 中的丰度（2.42%），这说明阳极生物膜存在 *Nitrospira* 的大量富集，其生物膜表面可能表现为微好氧环境。Sun 等（2009）从好氧反硝化环境中分离出了 *Dokdonella* 菌属的细菌，因此，该菌属在阳极生物膜上的大量富集可能与其好氧反硝化脱氮性能有关。*Dechloromonas* 在阳极样品中的相对丰度也略高于阴极样品。*Dechloromonas* 是重要的反硝化聚磷菌，能够在厌氧环境中利用硝酸根和亚硝酸根降解有机物，具有反硝化脱氮功能。*Acinetobacter* 在阴极生物膜大量富集，其相对丰度高达 21.67%，而在阳极样品中却丰度较低。*Acinetobacter* 是革兰氏染色阴性菌，它的大量存在有利于生物膜的形成和稳定。由于 *Acinetobacter* 可以在好氧环境中利用有机物完成反硝化，*Acinetobacter* 在阴极生物膜大量富集说明阴极发生了高效的异养好氧反硝化过程。之前的研究表明 *Rhizobium* 菌属的许多细菌具有还原硝酸盐氮的能力。此外，*Hyphomicrobium*、*Citrobacter*、*Azospira* 和 *Rhodobacter* 均属于反硝化细菌，它们在阴极生物膜样品中大量富集说明这些菌属对阴极区域的有机污染物的降解和氮的去除有着重要作用。

表 2.28　**TFCW-MFC 中潜在的硝化和反硝化细菌及相对丰度**　　（单位：%）

门	属	TF_a1	TF_a2	TF_c
Proteobacteria	*Acinetobacter*	0.34	3.60	21.67
	Dokdonella	6.66	2.12	0.75
	Rhizobium	0.04	0.24	2.09
	Dechloromonas	2.40	2.34	1.38
	Azospira	0.41	0.61	2.32
	Rhodobacter	0	0.02	1.80
	Citrobacter	0.21	0.55	1.19
	Hyphomicrobium	1.31	0.92	1.64
Firmicutes	*Exiguobacterium*	0.36	0.97	3.76
	Ferruginibacter	2.89	2.24	1.05
Nitrospirae	*Nitrospira*	8.37	4.01	2.42
总相对丰度		22.99	17.62	40.07

注：仅列出至少一组丰度大于 2%的属

4）小结

（1）在一个完整的产电周期内，TFCW-MFC 的输出电压普遍表现为先负后正的变化规律。潮汐流运行过程中，TFCW-MFC 的最大负电压在-200～-550 mV，最大正电压则在 100～300 mV；而间歇模式（即干湿比为 0∶1）运行时，TFCW-MFC 的最大输出电压在 400 mV 左右。

（2）随着干湿比增大，反应器内 DO 浓度不断升高，TFCW-MFC 反应器的氨氮去除性能也随之增大直至干湿比为 1∶2 时趋于稳定，去除率维持在 80%左右。随着干湿比的增大总氮去除率呈现先增大后减小的趋势。在干湿比 1∶5，即干床运行时间为 4 h 时，TFCW-MFC 反应器的总氮去除率达到最大值，为 52.89%±3.16%。与间歇流运行的 CW-MFC 相比，总氮去除率提高了约 25%。

（3）TFCW-MFC 阳极和阴极生物膜上未发现典型的产电菌属，但存在硝化细菌 *Nitrospira* 的大量富集，在 TF_a1、TF_a2 和 TF_c 中的相对丰度分别为 8.37%、4.01%和 2.42%。*Acinetobacter* 是阴极生物膜上最主要的反硝化菌属，相对丰度高达 21.67%。阳极生物膜 TF_a1 和 TF_a2 的优势反硝化菌属有所不同。样品 TF_a1 上的优势反硝化菌属依次为 *Dokdonella*（6.66%）、*Ferruginibacter*（2.89%）、*Dechloromonas*（2.40%）和 *Hyphomicrobium*（1.31%），而样品 TF_a2 上的优势反硝化菌属则依次为 *Acinetobacter*（3.60%）、*Dechloromonas*（2.34%）、*Ferruginibacter*

（2.24%）和 *Dokdonella*（2.12%）。

2. BECW 自养反硝化脱氮性能

1）试验材料与方法

I. 试验装置

图 2.59 为生物膜电极耦合人工湿地（bioelectrochemically assisted constructed wetland，BECW）实验装置的示意图。在 BECW 反应器中，从底部往上依次填充：100 mm 厚度的砾石层、100 mm 厚度的阳极层、100 mm 厚度的砾石层、100 mm 厚度的阴极层及 200 mm 厚度的砾石层，并且砾石层中种有美人蕉。本小节共设置两组反应器，一组为闭路运行的 BECW 反应器，简称 BECW-C，另一组为开路运行的 BECW 反应器，简称 BECW-O。闭路运行时，阳极、阴极的电流传输器分别通过直径 1 mm 的钛丝与直流电源的正极、负极连接形成闭合回路，并且直流电源持续给 BECW-C 反应器提供电流。设置这两组反应器的目的是比较开路与闭路状态下 BECW 的脱氮性能及微生物群落结构的差异。此外，为了研究水质在反应器内的沿程变化情况，从反应器底端开始每隔 100 mm 设置一个出水口，同时为了取反应器内的基质用于微生物群落结构分析，在反应器的另一侧距离底部150 mm 处设置基质取样口，并以此取样口为基准往上每隔 100 mm 设置一个基质取样口，这样设置的目的是尽量使基质取样口刚好位于阳极区域、阴极区域和根系区域的中间位置。

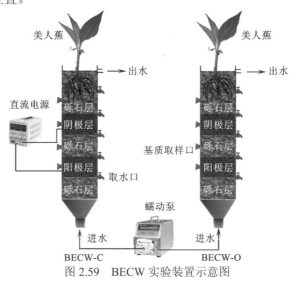

图 2.59　BECW 实验装置示意图

II. 试验仪器与材料

试验过程中所用到的直流电源购于深圳市龙威电源有限公司，型号为PS305DM。

III. 试验方法

（1）反应器的启动。试验用水采用人工配制的硝酸盐污水，用自来水、碳酸氢钠（NaHCO$_3$）、硝酸钠（NaNO$_3$）及微生物所需的其他矿质元素和微量元素配制而成，主要成分（每 1 L 溶液）包括：0.182 g NaNO$_3$、0.045 g Na$_2$HPO$_4$、0.5 g NaCl、0.006 8 g CaCl$_2$·6H$_2$O、0.1 g MgSO$_4$·7H$_2$O、0.45 g NaHCO$_3$ 及 0.1 mL 微量元素。微量元素营养液的主要成分同本节"潮汐流 CW-MFC 同步脱氮产电性能及其微生物群落解析"所用微量营养液。进水 pH 用 1 mol/L HCl 调节到 7.30～7.40。

BECW 接种来自沙湖污水处理厂的厌氧活性污泥。首先将取回的活性污泥厌氧培养一周，然后按 30%（体积分数）与配置的试验进水充分混合后加入 BECW 反应器中进行挂膜。整个接种过程持续约 1 个月，每周更换反应器内接种液。每次更换接种液时，先将反应完的溶液从底部全部放出，再将新鲜的接种液注入反应器中，整个过程 BECW 采用间歇式运行方式。接种阶段，直流电源输出的电流为 5 mA。接种完成后，进水模式改为用蠕动泵连续进水，HRT 为 2 d，对应的流量为 1.493 mL/min。

（2）电流对 BECW 脱氮的影响。为研究电流对 BECW 脱氮的影响，设置 BECW-O 和 BECW-C 反应器，在无外加有机碳源、进水硝态氮质量浓度为 30 mg/L、HRT 为 2 d 的条件下，设置两个电流梯度分别为 10 mA 和 15 mA，该阶段总共运行 41 d。

在外加电流 10 mA 运行的第 18 天和外加电流 15 mA 运行的第 23 天，分别从 BECW-C 和 BECW-O 垂向的三个重要区域（阳极、阴极和根系区域）取出约 30 g 的颗粒活性炭用于高通量测序分析。由于 BECW-O 无外加电流，两次取样时的运行条件一致，只将第一次取样的基质用于高通量测序分析。

（3）温度对 BECW 脱氮的影响。针对温度对 BECW 脱氮的影响，在无外加有机碳源、进水硝态氮质量浓度为 30 mg/L、HRT 为 2 d 的条件下，分别选取平均温度为 29℃±1℃（总共 13 d）和 18℃±1℃（总共 17 d）的两个阶段比较 BECW 脱氮效果的差异。

（4）常规测试项目与方法。从 BECW 反应器沿程的取样口取出污水后立即进行水质分析。

（5）基于 MiSeq 平台的微生物群落分析。本小节共有 9 个基质样品，具体的样品信息和取样条件见表 2.29。具体的微生物群落分析方法见本小节"BECW 微生物群落结构解析"。

表 2.29 样品信息和取样条件

样品编号	样品类型	反应器	取样位置	运行策略
Oa	活性炭	BECW	阳极区域	无外加电流，25～30 ℃
Oc	活性炭	BECW	阴极区域	无外加电流，25～30 ℃
Or	活性炭	BECW	根系区域	无外加电流，25～30 ℃
Ca_10	活性炭	BECW	阳极区域	10 mA，25～30 ℃
Cc_10	活性炭	BECW	阴极区域	10 mA，25～30 ℃
Cr_10	活性炭	BECW	根系区域	10 mA，25～30 ℃
Ca_15	活性炭	BECW	阳极区域	15 mA，25～30 ℃
Cc_15	活性炭	BECW	阴极区域	15 mA，25～30 ℃
Cr_15	活性炭	BECW	根系区域	15 mA，25～30 ℃

2）电流对 BECW 自养反硝化的影响

I. 对出水氮和 pH 的影响

图 2.60 显示的是外加电流为 10 mA 和 15 mA 时 BECW 的反硝化脱氮性能和出水 pH。试验初始，给 BECW 反应器施加 5 mA 的外加电流，但其反硝化性能未有显著提升，因此将电流提升至 10 mA 后开始正式试验。BECW 反应器在电流为 10 mA 条件下运行了 18 d（第一阶段：第 1～18 天），从第 9 天开始脱氮性能趋于稳定；在电流为 15 mA 条件下运行了 23 d（第二阶段：第 19～41 天），从第 29 天开始脱氮性能趋于稳定。系统脱氮性能是根据每个阶段稳定后的进出水氮浓度计算而得。

由图 2.60（a）可知，第一阶段 BECW-C 和 BECW-O 反应器出水平均 $NO_3^- $-N 质量浓度分别为 15.88 mg/L±0.46 mg/L 和 25.86 mg/L±0.69 mg/L，相对应的 $NO_3^- $-N 平均去除率分别为 44.71%±2.56%和 9.95%±4.45%。根据之前的反硝化 BER 研究，将可能发生的电化学和生物反应列于表 2.30 中。由于水的电解反应，阳极产生氧气和 H^+，而阴极产生的氢气作为电子供体将硝酸盐氮还换成氮气。此外，从阳极区域扩散到上层阴极区域的 H^+ 也可能参与氢自养型反硝化过程。因此，在阴极产氢气及电极表面自养反硝化细菌（autotrophic denitrifiers bacteria，ADB）的作用下，BECW-C 反应器比 BECW-O 具有更高的反硝化效率。当外加电流从 10 mA 提高至 15 mA，BECW-C 出水平均 $NO_3^- $-N 质量浓度降至 6.32 mg/L±0.86 mg/L，相当于 78.92%±3.12%的硝酸盐去除率。在传统的 BER 反应器中，电子供体（H_2）

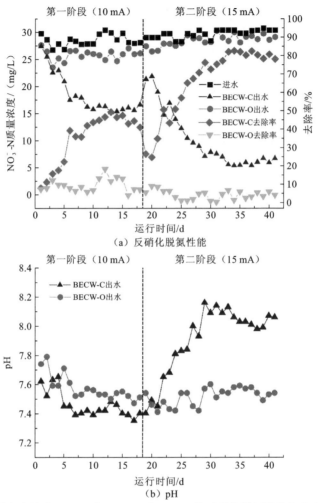

图 2.60　外加电流为 10 mA 和 15 mA 时 BECW 的反硝化脱氮性能和出水 pH 变化

HRT 为 2 d，T 为 25～30 ℃

取决于电流密度，而 H_2 的量又与氢自养型反硝化速率密切相关。Huang 等（2017）发现将外加电流强度从 5 mA 提高到 25 mA 有利于信号分子的释放和胞外聚合物的分泌，进而促进生物膜的形成。因此，在一定范围内，加大电流密度可以提高生物电化学反硝化过程中硝酸盐的去除率，这与本小节所得到的结论一致。然而，第二阶段 BECW-O 的 NO_3^--N 去除率（3.71%±2.06%）低于第一阶段，这可能是第一阶段结束后取基质样品时底部微生物及其产物流失所致。BECW 的出水 NO_2^--N 质量浓度变化如图 2.61 所示。

表 2.30　BECW 中可能发生的生物和电化学反应

反应区域	反应过程	反应式
阳极	水电解产生 O_2 和 H^+	$2H_2O \longrightarrow O_2 + 4H^+ + 4e^-$
阴极	水电解和 H^+ 扩散产生 H_2	$2H_2O + 2e^- \longrightarrow H_2 + 2OH^-$
		$2H^+ + 2e^- \longrightarrow H_2$
	NO_3^- 还原	$NO_3^- + H_2 \longrightarrow NO_2^- + H_2O$
	NO_2^- 还原	$2NO_2^- + H_2 + 2H^+ \longrightarrow 2NO + 2H_2O$
	NO 还原	$2NO + H_2 \longrightarrow N_2O + H_2O$
	N_2O 还原	$N_2O + H_2 \longrightarrow N_2 + H_2O$
总反应式		$2NO_3^- + 10e^- + 6H_2O \longrightarrow N_2 + 12OH^-$

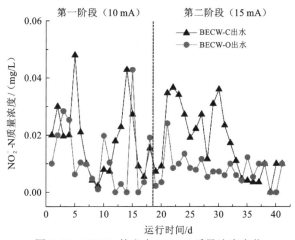

图 2.61　BECW 的出水 NO_2^--N 质量浓度变化

HRT 为 2 d，T 为 25～30℃

pH 是反硝化过程中的重要影响因素。自养反硝化过程一般与 pH 呈正相关，最佳 pH 为 7.7～8.6，pH 过高或者过低都可能导致 NO_3^--N 去除率的降低及 NO_2^--N 的积累。如图 2.60（b）所示，外加电流为 10 mA 时 BECW-C 的出水 pH 为 7.35～7.48，当外加电流提高至 15 mA 时 BECW-C 的出水 pH 为 7.98～8.16，而 BECW-O 的出水 pH 一直维持在 7.50 左右。生物电解过程中阴极区域大量的 H_2 和 OH^- 的产生可能是导致 BECW-C 第二阶段（15 mA）出水 pH 高于第一阶段（10 mA）的主要原因。

II. 垂向沿程各形态氮素变化

图 2.62 是外加电流为 10 mA 和 15 mA 时垂向沿程各形态氮素浓度变化情况。由图 2.62（a）可见，BECW-C 反应器内 NO_3^--N 的去除主要集中在 20～40 cm 基

质层内，该段基质层在外加电流为 10 mA 和 15 mA 时 NO_3^--N 的去除率分别为 47.3%和 71.9%处。阴极层位于反应器 30～40 cm 高度处，但由于颗粒活性炭粒径较小，而下层砾石粒径较大，在饱水后颗粒活性炭存在下渗的情况，从基质取样口可以清楚地看到颗粒活性炭下渗 3 cm 左右。因此，可以推测 20～40 cm 填料层内 NO_3^--N 的去除主要是由阴极自养反硝化脱氮导致的。在外加电流为 10 mA 和 15 mA 时，BECW-O 反应器内 20～40 cm 填料层对 NO_3^--N 去除率分别为 9.8%和 0.3%。由图 2.62（b）可见，BECW-O 反应器内沿程 NO_2^--N 质量浓度一直维持在较低的水平（小于或等于 0.05 mg/L）。在外加电流为 15 mA 的条件下，BECW-C 反应器在 40 cm 处 NO_2^--N 质量浓度达到最高，为 0.13 mg/L±0.02 mg/L。

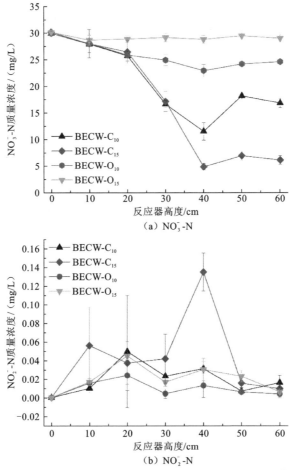

（a）NO_3^--N

（b）NO_2^--N

图 2.62　外加电流为 10 mA 和 15 mA 时 BECW 的 NO_3^--N 和 NO_2^--N 质量浓度沿程变化

HRT 为 2 d，T 为 25～30℃

III. 垂向沿程 pH 及 DO 变化

图 2.63 是外加电流为 10 mA 和 15 mA 时 BECW 的 pH 和 DO 质量浓度沿程变化。由图 2.63（a）可见，当外加电流为 10 mA 时，BECW-C 反应器的阳极出水 pH 低于 7，而阴极出水 pH 高于 8。当外加电流提高至 15 mA 时，BECW-C 反应器的阳极出水 pH 更低（5.85±0.04），而阴极出水 pH 更高（9.10±0.06）。该结果可以基于表 2.30 所列的反应式来解释。阳极 pH 降低是因为水电解产生 H^+，而阴极 pH 升高则是因为阴极反硝化和水电解过程产生 OH^-。BECW-C 的 pH 沿程变化进一步说明了微生物电解过程中阴极区域大量 H_2 和 OH^- 的产生是导致 BECW-C 出水 pH 比 BECW-O 高的主要原因。另外，由于根系分泌物和死亡的植

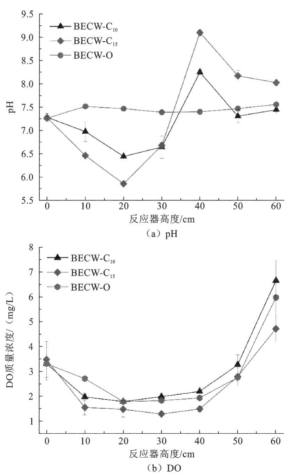

（a）pH

（b）DO

图 2.63　外加电流为 10 mA 和 15 mA 时 BECW 的 pH 和 DO 质量浓度沿程变化

HRT 为 2 d，T 为 25～30℃

物消耗了部分碱，BECW-C 阳极出水 pH 比阴极出水有所降低。BECW-O 沿程 pH 变化不大，一直维持在 7.50 左右。

由图 2.63（b）可知，在外加电流为 10 mA 和 15 mA 的条件下，BECW-C 和 BECW-O 反应器内 DO 浓度沿程变化呈现类似的趋势（先降低后升高），这与大多数上行流人工湿地的 DO 沿程变化类似。污水从反应器的底部流入后，由于有机物氧化消耗了部分氧气，反应器内 DO 浓度逐渐降低，随着污水流入根系和靠近出水口的位置，在根系泌氧和大气复氧的作用下，DO 浓度又迅速提升。

3）温度对 BECW 自养反硝化的影响

I. 对出水氮的影响

温度对 BECW 自养反硝化脱氮性能的影响研究是在 HRT 为 2 d 且外加电流为 15 mA 的条件下进行的。图 2.64 为 29 ℃±1 ℃和 18 ℃±1 ℃时 BECW 的 TN 和 NO_3^--N 去除率。表 2.31 是温度为 29 ℃±1 ℃和 18 ℃±1 ℃时的 BECW 出水水质情况。由图 2.64 可见，BECW 在温度为 29 ℃±1 ℃的条件下反硝化脱氮性能要优于温度为 18 ℃±1 ℃的条件，这与大多数生物反硝化脱氮的结果一致。温度为 29 ℃±1 ℃时，BECW 出水的 TN 浓度为 7.14 mg/L±1.53 mg/L，TN 去除率达到 76.2%±5.1%，比温度为 18 ℃±1 ℃时的 TN 去除率 45.0%±4.7%高得多。一般来说，温度升高有助于促进微生物的生长速率和活性，从而提高微生物的反硝化性能（Beutel et al.，2008；Sirivedhin and Gray，2006）。Sirivedhin 和 Gray（2006）发现夏天湿地系统整体的硝酸盐去除速率显著高于冬天。Beutel 等（2008）也发现硝酸盐损失速率与水温呈现显著正相关关系。此外，从图 2.64 和表 2.31 也可以清楚地看到，NO_3^--N 的去除率要略高于 TN，并且在低温时更为显著，这是因为 BECW 反应器出水中伴有 NO_2^--N 和 NH_4^+-N 的生成，并且低温条件下 NO_2^--N 和 NH_4^+-N 的生成量显著高于高温条件。温度为 18 ℃±1 ℃时 BECW 反应器出水中 NO_2^--N 和 NH_4^+-N 的质量浓度分别为 0.40 mg/L±0.11 mg/L 和 0.50 mg/L± 0.42 mg/L，比温度为 29 ℃±1 ℃时系统出水的 NO_2^--N 和 NH_4^+-N 的质量浓度高一个数量级。温度为 29 ℃±1 ℃时反应器出水 pH 为 8.03±0.06，高于温度为 18 ℃±1 ℃时的 7.65±0.08，这可能是因为高温条件下 BECW 系统反硝化脱氮效率更高，反硝化过程产生的碱度也更高。通常来说，温度越低，DO 浓度越高，因此低温条件下 BECW 系统的出水 DO 浓度（6.67 mg/L±0.27 mg/L）要略高于高温条件（4.70 mg/L±0.53 mg/L）。

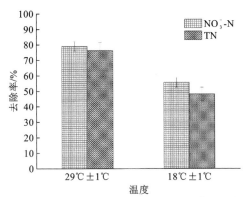

图 2.64　温度为 29 ℃±1 ℃和 18 ℃±1 ℃下 BECW 的 TN 和 NO$_3^-$-N 去除率

HRT 为 2 d，外加电流为 15 mA

表 2.31　温度为 29 ℃±1 ℃和 18 ℃±1 ℃时 BECW 的出水水质情况

温度/℃	TN 质量浓度 /（mg/L）	NO$_3^-$-N 质量浓度 /（mg/L）	NO$_2^-$-N 质量浓度 /（mg/L）	NH$_4^+$-N 质量浓度 /（mg/L）	pH	DO 质量浓度 /（mg/L）
29±1	7.14±1.53	6.12±0.80	0.01±0.01	0.02±0.01	8.03±0.06	4.70±0.53
18±1	16.49±1.40	14.09±0.99	0.40±0.11	0.50±0.42	7.65±0.08	6.67±0.27

注：HRT 为 2 d，外加电流为 15 mA

Ⅱ. 垂向沿程各形态氮素变化

为了分析造成 BECW 不同温度脱氮性能差异的原因，本小节进一步研究反应器沿程氮素形态和浓度的变化（图 2.65）。如图 2.65（a）所示，两种温度条件下 TN 沿程浓度变化较为相似。当温度为 29 ℃±1 ℃时，TN 质量浓度从底部进水口（30.13 mg/L±0.31 mg/L）开始缓慢降低至高度 20 cm 处（27.69 mg/L±2.19 mg/L），接着 TN 质量浓度开始急剧下降，在 40 cm 处达到最低值（5.93 mg/L±0.14 mg/L），然而 50 cm 处 TN 质量浓度又回升至 7.45 mg/L±1.05 mg/L，最后在 60 cm 出水口处 TN 质量浓度为 7.14 mg/L±1.53 mg/L。温度为 18 ℃±1 ℃条件下的 TN 沿程总体变化趋势与 29 ℃±1 ℃时类似，但在 40～50 cm 处低温条件下 TN 质量浓度回升更多。

由图 2.65（b）～（d）可知，沿程 NO$_2^-$-N 和 NH$_4^+$-N 浓度在 29 ℃±1 ℃运行时可以忽略不计，并且该温度下 NO$_3^-$-N 沿程变化趋势与 TN 十分相似，因此可以推断在 29 ℃±1 ℃条件下，反应器沿程氮形态中 NO$_3^-$-N 占据绝对优势，整个反应器主要发生的是自养反硝化脱氮过程。然而，沿程 NO$_3^-$-N、NO$_2^-$-N 和 NH$_4^+$-N 浓度在 18 ℃±1 ℃条件下变化趋势与 29 ℃±1 ℃条件下截然不同。一方面，18 ℃±1 ℃

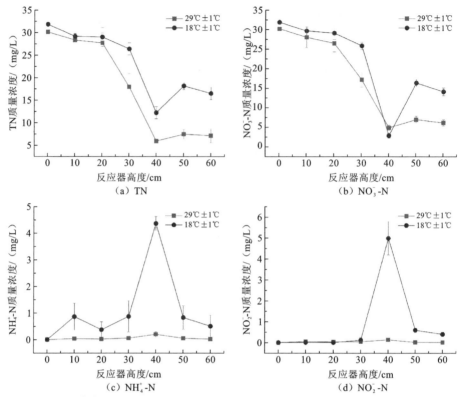

图 2.65　温度为 29 ℃±1 ℃和 18 ℃±1 ℃下反应器垂向沿程的 TN、NO_3^--N、NH_4^+-N 和 NO_2^--N 变化

HRT 为 2 d，I 为 15 mA

条件下 NO_3^--N 在阴极区域的反硝化效果优于 29 ℃±1 ℃，40 cm 处 NO_3^--N 浓度达到最低值 2.83 mg/L±0.62 mg/L；另一方面，18 ℃±1 ℃条件下 NH_4^+-N 和 NO_2^--N 浓度在 30～40 cm 填料层内急剧上升至最大值，分别为 4.37 mg/L±0.26 mg/L 和 4.98 mg/L±0.80 mg/L，随后两者浓度又在 40～50 cm 填料层内急剧下降。上述结果说明低温运行造成 BECW 反应器内阴极区域的异化硝酸盐还原过程及反硝化中间产物亚硝酸盐氮的累积。Vymazal 和 Kröpfelová（2011）在一个水平潜流人工湿地中观察到了异化硝酸盐还原现象，即亚硝酸盐氮和硝酸盐氮转化为氨氮。由于异化硝酸盐氮还原过程需要更多的电子供体，该过程通常发生于有机碳源充足而硝酸盐氮缺乏的环境中。此外，值得注意的是，尽管 18 ℃±1 ℃时在 40～60 cm 填料层大气复氧和根系泌氧的作用使 NH_4^+-N 和 NO_2^--N 浓度大幅降低，但其出水浓度仍然高于 29 ℃±1 ℃。这说明低温环境可能促进了 BECW 反应器阴极区域的异化硝酸盐还原菌的生长，同时限制了亚硝酸盐还原菌的生长。

III. 垂向沿程 pH 及 DO 变化

图 2.66 是温度为 29 ℃±1 ℃和 18 ℃±1 ℃下反应器垂向沿程的 pH 和 DO 质量浓度变化。两种温度条件下的沿程 pH 变化趋势均为先降低后升高。阳极区域在电解水产生 H^+ 的作用下呈现强酸性，因此污水 pH 从底部进水口到 20 cm 高度处呈现逐渐降低的变化趋势；当污水到达阴极区域时（高度为 30~40 cm），由阴极反硝化和水电解产生的 OH^- 导致污水 pH 逐渐升高至最大值。29 ℃±1 ℃和 18 ℃±1 ℃下的 pH 最小值均出现在阳极区域，分别为 5.85±0.04 和 5.95±0.05，而两种温度下的 pH 最大值均出现在阴极区域，分别为 9.10±0.06 和 10.02±0.02。此外，在 29 ℃±1 ℃条件下污水在离开阴极区域后，pH 又再度持续降低，而

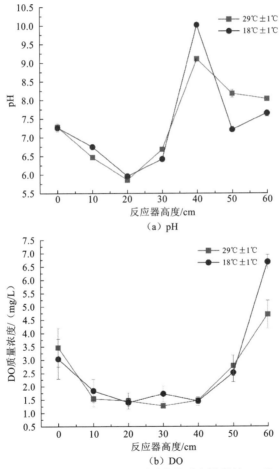

（a）pH

（b）DO

图 2.66　温度为 29 ℃±1 ℃和 18 ℃±1 ℃下反应器垂向沿程的 pH 和 DO 质量浓度变化

HRT 为 2 d，外加电流为 15 mA

18℃±1℃下的污水 pH 在相同位置却呈现先急剧降低后回升的变化趋势。29℃±1℃和 18℃±1℃下反应器出水 pH 分别为 8.03±0.06 和 7.65±0.08。在反应器高度 40～50 cm 处，pH 均出现急剧下降，这可能是因为根系分泌物和死亡的植物消耗了部分碱。

DO 浓度是表征反应器内部氧化（好氧）和还原（厌氧）状态的重要指标。如图 2.66 所示，两种温度条件下反应器内 DO 浓度沿程变化均呈现类似的趋势，都是先降低后升高，这与大多数上行流人工湿地的 DO 浓度沿程变化类似。此外，低温条件的出水 DO 浓度要高于高温条件，这主要是因为温度降低导致溶解氧在水体中的溶解度升高。

4）BECW 微生物群落结构解析

I. 种群丰度与多样性分析

分别从 BECW-O 和 BECW-C（10 mA 和 15 mA）的阳极、阴极和根系区域取出颗粒活性炭基质用于高通量测序分析。这 9 个样品各自获得的序列和 OTUs 数目、序列的平均长度、样品覆盖率和多样性指数见表 2.32，稀疏曲线如图 2.67 所示。从 9 个样品的序列数量可以看出，9 个样品总共获得了 605 922 个原始序列及 599 149 条有效序列，序列平均长度为 422 bp。平均每个样品获得了超过 45 000 条序列，覆盖率均在 96%以上，具有足够的测序深度。这些序列总共产生了 34 819 个 OTUs 用于后续的分析，单个样品的 OTUs 数量在 2 385～4 912，说明系统的微生物群落丰富。

表 2.32　BECW 系统微生物群落的丰度和多样性指数

样品编号	有效序列数量	序列平均长度/bp	OTUs 数量	Shannon 指数	Chao 1 指数	Good's coverage 指数
Oa	70 511	424	4 052	5.99	9 435	0.96
Ca_10	63 176	419	3 946	5.92	8 847	0.97
Ca_15	58 332	419	3 145	5.78	7 405	0.96
Oc	61 992	428	2 385	3.15	7 842	0.97
Cc_10	45 795	420	4 374	5.77	11 286	0.97
Cc_15	76 147	418	4 219	4.80	11 465	0.96
Or	70 500	426	3 487	4.37	9 327	0.97
Cr_10	76 205	422	4 299	5.85	11 961	0.97
Cr_15	76 491	421	4 912	6.15	12 267	0.96

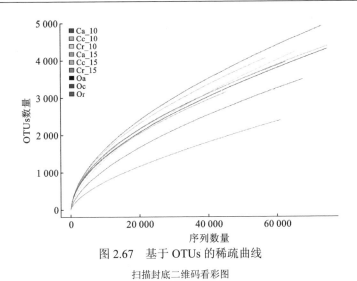

图 2.67　基于 OTUs 的稀疏曲线

扫描封底二维码看彩图

由图 2.67 可知，在各样品中，当相似水平为 97%、序列数量超过 60 000 时，OTUs 数量增加逐渐趋缓，但曲线仍未饱和。通过比较各样品的 Chao 1 指数发现，根系区域的样品丰度最大，其次是阴极区域和阳极区域。此外，对同一取样位置而言，来自 BECW-C 的样品丰度要大于来自 BECW-O 的样品，这说明外加电流提高了微生物群落的丰度。Shannon 指数表明对同一反应器而言，来自阳极区域和根系区域的样品的微生物群落多样性高于来自阴极区域的样品。并且，开路和闭路条件下阳极区域的样品微生物群落多样性较为接近，但闭路条件下阴极区域和根系区域的样品微生物群落多样性高于开路条件下。这个结果说明外加电流对阳极区域微生物群落多样性影响不大，但可以增大阴极区域和根系区域的微生物群落多样性。

II. 种群差异性分析

聚类树图可以通过树枝结构直观地反映多个样品间的相似性和差异关系。按照相似度 97% 划分 OTUs 后，对以上样品分别进行聚类分析，结果如图 2.68 所示。由图 2.68 可知，群落主要分为两个大的分支，来自根系区域的样品聚在一起，而来自阳极区域和阴极区域的样品聚在一起，这说明根系区域和电极区域的微生物群落存在显著性差异。一般来说，由于根系区域不仅有基质还有植物根系，其微生物群落复杂度较高，使其有别于人工湿地其他区域。此外，样品 Cc_10 和 Cc_15 聚在一起，与样品 Ca_10、Ca_15、Oa 和 Oc 分隔开来，这可能是由闭路条件下阳极区域和阴极区域氧化还原电位和 pH 的差异所致。样品 Oa 和 Oc 聚在一起也在侧面验证了外加电流是导致闭路条件下阴极区域和阳极区域差异的最主要因素。根系区域的样品 Or 和 Cr_10 聚在一起，与 Cr_15 分隔开来，这可能是由根系区域 pH 导致的。根系区域的 pH 在外加电流为 10 mA 和开路条件下都在 7.50 左右，而外加电流为 15 mA 时根系区域 pH 升高至 8.17±0.11。

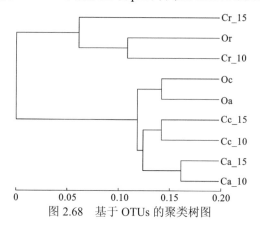

图 2.68　基于 OTUs 的聚类树图

主坐标分析（principal co-ordinates analysis，PCoA）是一种研究数据相似性或差异性的可视化方法，通过 PCoA 可以观察个体或群体间的差异。如图 2.69 所示，在 PCoA 中，主成分 1（P1）和主成分 3（P3）分别解释了 73.3% 和 6.5% 群落变量信息，根系区域的样品群落聚到了一起（虽然有一定差异性），与电极区域的群落有较大差异。此外，在电极区域的样品中，虽然有一定的差异性，但开路和闭路条件下阳极区域的群落聚到了一起，与闭路条件下阴极区域的样品分隔开来。以上结果表明，外加电流对阴极区域群落结构产生了一定的影响，使某些特殊的微生物选择性地富集到阴极区域。

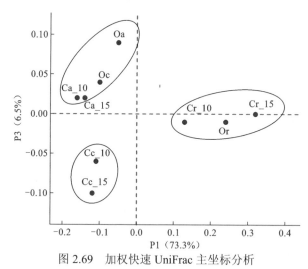

图 2.69　加权快速 UniFrac 主坐标分析

图 2.70 为 BECW 阳极区域、阴极区域和根系区域各样品的维恩图。由图 2.70 (a) 可知，来自阳极区域的三个群落中观察到的总 OTUs 数为 7665，但是仅有 1 214 个 OTUs（占阳极区域总 OTUs 数的 15.8%）为三者所共有。来自阴极区域的样品之间和根系区域的样品之间共有的 OTUs 数分别为 1376 和 733，分别占各自区域总 OTUs 数的 15.2% 和 9.9%。以上结果说明外加电流及其大小对阳极、阴极及根系区域的微生物群落产生了显著影响。

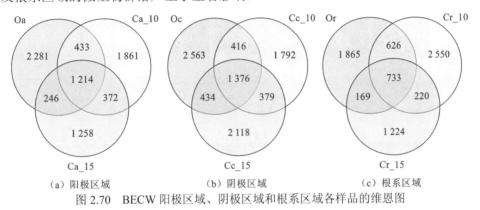

(a) 阳极区域　　　　　　(b) 阴极区域　　　　　　(c) 根系区域

图 2.70　BECW 阳极区域、阴极区域和根系区域各样品的维恩图

III. 群落组成分析

（1）门水平微生物组成及相对丰度。采用高通量测序得到的序列划分 OTUs 后，在数据库中进行序列比对，获得各样品中门水平的微生物组成和相对丰度，如图 2.71 所示。由图可知，变形菌门（Proteobacteria）是所有样品中最主要的细菌门类，根系区域的门水平的微生物组成和相对丰度与阳极区域、阴极区域有显著性差异。例如，变形菌门在根系样品中的相对丰度为 80.2%～88.8%，远高于来自阳极区域样品的丰度（45.6%～59.7%）和阴极区域样品的丰度（52.2%～56.7%）。但无论在开路还是闭路条件下，根系样品中拟杆菌门（Bacteroidetes）和厚壁菌门（Firmicutes）的相对丰度都低于电极区域样品。基质类型和湿地深度可能是导致电极区域和根系区域微生物丰度差异的两个原因。电极区域样品的最主要细菌门类相同，但其相对含量不同，尤其是厚壁菌门。厚壁菌门受外加电流的影响较大，闭路条件下电极区域的厚壁菌门的相对丰度为 8.9%～10.8%，高于开路条件下（3.7%～4.7%）。这说明厚壁菌门可以在外加电流的条件下生存并且可能参与氢自养型反硝化过程。厚壁菌门表现为球状或者杆状，为 G+C 含量较低的革兰氏阳性细菌。厚壁菌门中的芽孢杆菌属是好氧或兼性厌氧菌，能产生多种酶，分解污水中有机物。很多厚壁菌门细菌都可以产生芽孢，以抵抗外部极端环境，因此广泛存在于环境中。在污水处理系统中，厚壁菌门常为优势菌门。厚壁菌门也在许多生物电化学或氢自养反硝化体系中被证实具有反硝化脱氮的能力。

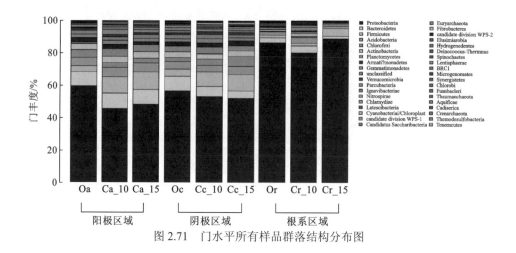

图 2.71　门水平所有样品群落结构分布图

（2）纲水平微生物组成及相对丰度。采用高通量测序获得各样品中纲水平的微生物组成和相对丰度，如图 2.72 所示。高通量测序的结果表明：从纲水平看，隶属于变形菌门的有 γ-变形菌纲（γ-Proteobacteria）、β-变形菌纲（β-Proteobacteria）、α-变形菌纲（α-Proteobacteria）、δ-变形菌纲（δ-Proteobacteria）和少量未鉴别的变形菌纲，其中 γ-变形菌纲是相对丰度最大的细菌纲类。在开路条件下，来自阳极和阴极区域样品的纲水平微生物组成和相对丰度较为相似。例如，在样品 Oa 和 Oc 中，α-变形菌纲的相对丰度分别为 12.2%和 15.4%，β-变形菌纲的相对丰度分别为 14.9%和 17.3%，δ-变形菌纲的相对丰度分别为 22.3%和 27.0%。然而，在外加电流为 10 mA 的条件下电极区域的梭菌纲（Clostridia）的相对丰度要高于开

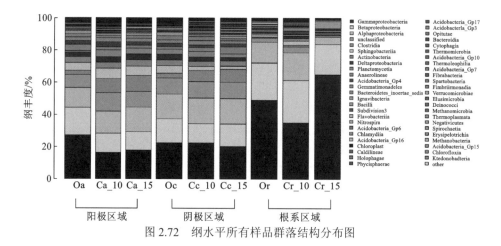

图 2.72　纲水平所有样品群落结构分布图

路条件。此外，电极区域梭菌纲的相对丰度随着外加电流的增大而增大。当外加电流从 10 mA 增大到 15 mA 时，阳极区域梭菌纲的相对丰度从 8.7%增大到 9.9%，阴极区域梭菌纲的相对丰度从 6.9%增大到 8.0%。该结果进一步证实了外加电流是造成电极区域梭菌纲相对丰度差异的原因。

梭菌纲广泛存在于土壤、沉积物、淡水等不同厌氧环境中，并且一部分梭菌纲中的菌属被发现具有硝酸盐还原活性。此外，梭菌纲也经常在 BER 脱氮系统中被发现为优势菌纲。Chen 等（2017）发现厚壁菌门和梭菌纲是 BER 系统中最主要的反硝化菌门和纲。Lee 等（2013）利用 454 焦磷酸测序技术发现 BER 阴极反硝化生物膜中富集了大量的梭菌纲。Wang 等（2018）在研究氢自养反硝化作用中也发现梭菌纲在系统中丰度最高。由此可见，梭菌纲可能是 BECW 反应器中主要的反硝化菌纲之一。

（3）属水平微生物组成及相对丰度。阴极区域的属水平的微生物群落特征可以进一步解释外加电流促进的人工湿地自养反硝化机理。采用高通量测序获得阴极区域样品中属水平的微生物主要组成和相对丰度，如图 2.73 所示。由图 2.73 可知，外加电流提高了 *Thiohalophilus*（属于 γ-变形菌纲）和 *Clostridium sensu stricto*（属于梭菌纲）的相对丰度。并且，*Clostridium sensu stricto* 是外加电流为 10 mA 时阴极区域相对丰度最大的菌属，而 *Thiohalophilus* 则是外加电流为 15 mA 时阴极区域相对丰度最大的菌属。

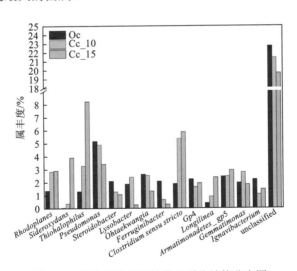

图 2.73　属水平阴极区域样品群落结构分布图

数据库中无法鉴别的属称之为 "unclassified"；仅列出相对丰度大于 2%的属；扫描封底二维码看彩图

　　反硝化细菌多数为异养兼性厌氧菌，它们以有机物为碳源和能源，并将其作为电子供体，以硝酸盐或亚硝酸盐为最终电子受体，将硝酸盐还原为 N_2 或 N_2O。也有少数反硝化细菌是自养菌，它们以无机碳（CO_2、CO_3^{2-} 或 HCO_3^-）为碳源，通过氧化硫或氢获得能量，将硝酸盐还原为 N_2。大多数反硝化细菌属于变形菌门。*Thiohalophilus* 是一种常见的反硝化细菌属。例如，*Thiohalophilus thiocyanoxidans* 可以利用氮氧化物作为电子受体发生自养反硝化过程。尽管大多数的 *Clostridium sensu stricto* 被认为参与厌氧发酵过程，但之前的研究也发现梭菌属参与了自养反硝化过程。*Clostridium* sp.在以氢气为电子供体的反硝化微生物群落组成中占有显著优势。另外，还有学者在生物电化学反硝化系统的生物阴极中发现大量的梭菌纲细菌（Lee et al.，2013）。*Thiohalophilus* 和 *Clostridium sensu stricto* 在闭路条件下高的相对丰度说明了这两种菌属可能在 BECW 自养反硝化脱氮过程中发挥重要作用。同时也暗示着阴极区域的这两种菌属可以利用硝酸盐作为氮源，在厌氧条件下利用无机碳源生长，并且可以利用氢气作为电子供体将硝酸盐氮还原成氮气。*Rhodoplanes*（属于 α-变形菌纲）、*Longilinea*（属于厌氧绳菌纲）和 *Sideroxydans*（属于 β-变形菌纲）在外加电流的刺激下相对丰度也有所增加。有学者在之前的氢自养型反应器中分离得到了 *Rhodoplanes*，并且验证了该菌属自养去除硝酸盐氮的能力。

　　5）小结

　　（1）外加电流为 10 mA、HRT 为 48 h 且温度为 25～30℃的条件下，BECW 反应器的 NO_3^--N 去除率为 44.71%±2.56%，当电流提高至 15 mA，BECW 反应器的 NO_3^--N 去除率也提高至 78.92%±3.12%，并且在施加电流的整个过程中反应器出水未出现 NO_2^--N 和 NH_4^+-N 累积，出水 pH 为 7.5～8.5。

　　（2）当 HRT 为 48 h 时，BECW 反应器在较高温（29℃±1℃）条件下运行的反硝化脱氮性能优于较低温（18℃±1℃）条件。29℃±1℃条件下反应器的 TN 去除率为 76.30%±5.08%，而 18℃±1℃ 条件下反应器的 TN 去除率为 48.18%±4.40%。

　　（3）有无电流及电流大小对 BECW 的微生物群落结构有着不同程度的影响。在门水平上，厚壁菌门（Firmicutes）受外加电流的影响较大，闭路条件下电极区域的厚壁菌门的相对丰度为 8.9%～10.8%，高于开路条件下（3.7%～4.7%）；在纲水平上，电极区域的梭菌纲（Clostridia）的相对丰度随着外加电流的增大而增大；在属水平上，*Thiohalophilus*（属于 γ-变形菌纲）和 *Clostridium sensu stricto*（属于梭菌纲）是阴极区域主要的自养反硝化菌属，并且外加电流为 10 mA 时 *Clostridium sensu stricto* 的相对丰度高于 *Thiohalophilus*，而外加电流为 15 mA 时 *Thiohalophilus* 的相对丰度高于 *Clostridium sensu stricto*。

3. BECW 自养-异养协同反硝化效能及其微生物群落解析

根据上一小节的研究结果可知，人工湿地耦合生物膜电极（BECW）反应器在进水无有机碳源的条件下实现了高效的完全自养反硝化脱氮过程。然而，当水体中存在有机碳源的情况下，BECW 反应器内的微生物除了自养反硝化细菌，可能还存在异养反硝化细菌。异养反硝化细菌利用有机碳作为生长所需的碳源和电子供体，夺取硝酸根中的氧，将其还原为 N_2；而自养反硝化细菌则以碳酸氢钠为碳源、氢气为电子供体将水中的硝态氮还原成 N_2。在已报道的二维或三维 BER 研究中，大多数都是关于反应器结构和运行参数优化设计的研究，涉及电极微生物群落结构的研究较少，尤其是在三维 BER 的研究中，缺少对二维和三维电极生物膜的系统性研究。因此，本小节主要考察不同进水 COD/N 条件下 BECW 反应器的反硝化效能，并研究 BECW 反应器阴极区域内二维和三维电极的微生物群落特征，以此揭示自养与异养微生物在反硝化脱氮过程中的重要作用，具体研究内容包括：①考察不同进水 COD/N（1、2、3、5）对 BECW 反应器同步脱氮除碳的影响；②利用 MiSeq 高通量测序技术对 BECW 反应器同步脱氮除碳过程中阴极区域的颗粒活性炭和石墨毡的电极微生物群落结构进行分析。

1）试验材料与方法

I. 试验装置

本小节的试验装置使用 BECW-C 反应器，构造见图 2.59。

II. 试验方法

本试验整个阶段的温度为 15～20℃，外加电流为 15 mA，HRT 为 1 d。为研究 COD/N 对 BECW 反应器同步脱氮除碳的影响，逐步提高进水中的 COD 浓度，使其 COD/N 值依次为 1、2、3、5，每个 COD/N 下运行 7 d，总共运行 28 d。试验用水采用人工配制，用自来水、乙酸钠（CH_3COONa）、硝酸钠（$NaNO_3$）及微生物所需的其他矿质元素和微量元素配制而成。维持进水硝态氮浓度（30 mg/L）不变，依次调节乙酸钠的浓度使试验用水的进水 COD/N 符合试验要求。进水 pH 用 1 mol/L HCl 调节到 7.3～7.4。

为了进一步分析 BECW 反应器同步脱氮除碳过程中阴极区域的微生物群落结构特征，在进水 COD/N 值为 5 的条件下运行结束后，拆除 BECW 反应器，将阴极区域颗粒活性炭（GAC）和石墨毡（GF）全部倒出进行高通量测序分析。其中，GAC 样品取自阴极区域 GAC 的混合样。

III. 基于 MiSeq 平台的微生物群落分析

本节共有 2 个电极样品，均取自 BECW 反应器的阴极，其中 GAC 样品记为 GACc，石墨毡样品记为 GFc。

2）有机物对 BECW 自养反硝化的影响

I. 对出水氮浓度的影响

在自养反硝化过程中，水电解产生的氢气作为电子供体，硝酸盐氮作为电子受体；然而当有机物存在时，有机物也可以作为电子供体还原硝酸盐氮，这一过程称为异养反硝化过程。BECW 反应器可以在无有机碳源的条件下完成高效的自养反硝化过程，然而，许多低 COD/N 污水中仍然含有小部分有机碳源，这部分有机碳源可能会导致系统内部自养与异养反硝化细菌的共生。因此，为了研究有机物的量对 BECW 反应器反硝化脱氮性能的影响，4 种不同有机物浓度的合成污水（对应 COD/N 值为 1、2、3、5）分别用作 BECW 反应器进水，运行条件：恒电流为 15 mA，HRT 为 24 h，环境温度为 15～20 ℃。

图 2.74 为出水氮浓度随进水 COD/N 的变化情况。由图 2.74 可知，在进水 COD/N 值为 1 时，总氮和硝酸盐氮的去除并不明显，分别为 23.80%±1.33%和 30.40%±3.86%。在上一小节中，BECW 反应器在进水不含有机碳源、HRT 为 48 h 且温度接近 30 ℃的条件下，最大硝酸盐氮去除率可达 78.92%±3.12%。除 HRT 缩短和温度降低外，有机物对自养反硝化过程的抑制作用也可能是导致反应器脱氮效率低的原因之一。此外，这也说明 BECW 反应器在进水 COD/N 值为 1 的情况下无法实现高效的脱氮过程。随着 COD/N 的增大，硝酸盐氮和总氮去除率明显呈现升高的趋势。异养反硝化与有机物的氧化过程密切相关，理论上讲，由于氧气及微生物细胞合成作用的存在，一般去除 1 g NO_3-N 需要 3.0 g CO。微生物的异养反硝化过程是许多传统人工湿地中氮去除的最主要途径，许多研究表明人工湿地在进水 COD/N 值为 5～12 时可以获得较好的脱氮效果。因此，硝酸盐氮和总氮的去除率随着 COD/N 的增大而增大可能是由于充足的碳源供应加速了反应器内异养反硝化细菌的生长，从而促进了整体的反硝化速率。当 COD/N 值从 2 提高至 5 时，出水总氮质量浓度从 20.43 mg/L±2.10 mg/L 降低至 9.35 mg/L±2.36 mg/L，相应的去除率也从 31.89%±6.98%升高至 68.83%±7.87%，然而出水硝酸盐氮浓度降低幅度显著高于总氮，出水硝酸盐氮质量浓度从 12.32 mg/L±2.45 mg/L 降低至 2.62 mg/L±2.15 mg/L，相应的去除率也从 58.94%±8.15%升高至 91.27%±7.16%。可以明显看出，硝酸盐氮去除率高于总氮去除率，尤其是当 COD/N 相对较高时，两者的差异更为显著。随着进水 COD/N 的增大，去除的硝酸盐氮逐渐转化为氨氮和亚硝酸盐氮，因此降低了总氮和硝酸盐氮的去除率。造成反应器内氨氮的积累可能有两个原因：①阴极硝酸盐氮电化学还原成氨氮；②异化硝酸盐还原作用。出水氨氮浓度随着 COD/N 的增大而增大，这说明异化硝酸盐还原作用可能

是 BECW 反应器在自养与异养共存环境下电子损失的主要原因。此外，在以往的生物电化学反应器的阴极中也观察到了异化硝酸盐还原现象，这说明微生物可以利用电极作为电子供体发生异化硝酸盐还原和反硝化反应。硝酸盐氮氧化速率快于亚硝酸盐氮可能是亚硝酸盐氮在反应器内积累的主要原因。然而，亚硝酸盐氮的积累规律与氨氮相差较大。随着 COD/N 值从 1 提高到 4，出水亚硝酸盐氮质量浓度从 0.48 mg/L±0.08 mg/L 提高到 4.48 mg/L±1.40 mg/L，但是在 COD/N 值为 5 时降低至 1.01 mg/L±1.70 mg/L。COD/N 及 pH 变化可能与亚硝酸盐氮积累有关。

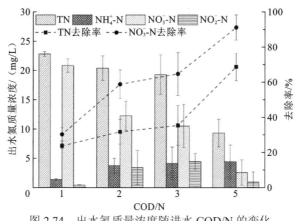

图 2.74 出水氮质量浓度随进水 COD/N 的变化

HRT=1 d，I=15 mA 和 T=15～20 ℃

II. 对出水 COD 浓度的影响

由图 2.75 可知，COD 去除效率与进水 COD/N 呈正比例关系。当 COD/N 值从 1 逐渐提高至 5 时，COD 去除率也从 33.3%±16.7%提高至 89.7%±8.0%，这说明有机负荷的增加促进了 COD 去除，同时也反映 BECW 反应器的处理负荷还未饱和。有机物氧化通常与异养反硝化过程密切相关。在实际运行过程中，通常认为 COD/N 值大于 5 才能实现完全反硝化（Song et al.，2017a；Fan et al.，2015）。由图 2.76 可知，系统实际去除的 COD 量（ΔCOD）与实际去除的 TN 量（ΔN）的比值与异养反硝化的理论值存在显著差异。当进水 COD/N 值小于 2 时，ΔCOD/ΔN 值小于理论值，说明 BECW 反应器可能以自养、异养反硝化为主。随着 COD/N 值的不断增大，ΔCOD/ΔN 值也逐渐增大，当 COD/N 值大于 3 时，ΔCOD/ΔN 值为 6 左右，并且趋于稳定。以上结果说明，提高进水有机物浓度可能影响了 BECW 反应器内氢自养反硝化细菌和异养反硝化细菌的生长。当进水 COD/N 逐渐升高时，自养反硝化细菌可能会逐渐转变为异养反硝化细菌，因此反应器内的微生物环境可能存在的演替过程为：由自养反硝化为主转变为自养-异养协同反硝化，最终转变为以异养反硝化菌为主导的微生物环境。

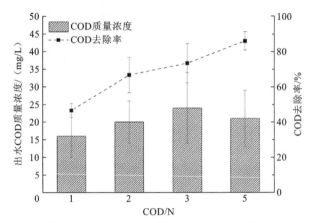

图 2.75　COD 去除率随进水 COD/N 的变化

HRT=1 d，I=15 mA 和 T=15～20℃

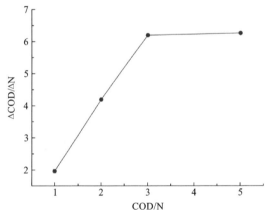

图 2.76　实际去除的 COD 量（ΔCOD）与实际去除的

TN 量（ΔN）的比值随进水 COD/N 的变化

HRT=1 d，I=15 mA 和 T=15～20℃

III. 对出水 pH 的影响

图 2.77 为出水 pH 随进水 COD/N 的变化情况。由图 2.77 可知，BECW 反应器出水 pH 随着 COD/N 的增大变化幅度并不大，从 7.03±0.10 到 7.48±0.35。COD/N 的提高导致 pH 略有升高，其原因可能是反硝化脱氮效率提高导致碱度增大。

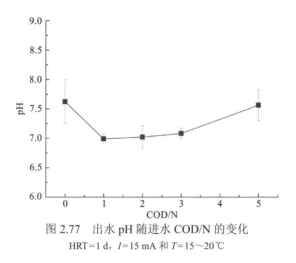

图 2.77　出水 pH 随进水 COD/N 的变化

HRT＝1 d，I＝15 mA 和 T＝15～20 ℃

3）有机物对微生物群落结构的影响

I. 种群丰度与多样性分析

本小节对阴极区域的两个样品进行高通量测序，获得的序列和 OTUs 数量、序列的平均长度和多样性指数见表 2.33，稀疏曲线如图 2.78 所示。

表 2.33　微生物群落的丰度和多样性指数

样品	有效序列数量	序列的平均长度/bp	OTUs 数量	Shannon 指数	Chao 1 指数	Good's coverage 指数
GACc	30 174	423	1 275	4.47	1 624	0.99
GFc	29 565	424	897	3.10	1 311	0.99

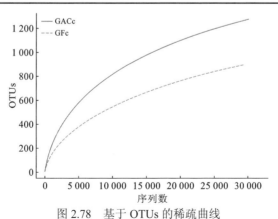

图 2.78　基于 OTUs 的稀疏曲线

从两个样品的序列数量可以看出，两个样品总共获得了 59 739 条有效序列，序列平均长度为 423.5 bp。阴极颗粒活性炭样品（GACc）和石墨毡样品（GFc）

分别获得了 30 174 条和 29 565 条有效序列，覆盖率均在 99%以上，具有足够的测序深度。这些序列总共产生了 2 172 个 OTUs 用于后续的分析，GACc 和 GFc 的 OTUs 数量分别为 1 275 和 897，说明 BECW 反应器阴极区域的微生物群落结构十分丰富，并且 GAC 富集的微生物种类比 GF 更为丰富。

从图 2.78 可以看出，在各样品中，当相似水平为 97%、序列数量超过 25 000 时，OTUs 数量增加逐渐趋缓，但曲线仍未饱和。Chao 1 指数反映微生物种群丰度，其数值越大说明样品中的种群越丰富；而 Shannon 指数则是反映微生物多样性的指数，其数值越大说明样品中的种群多样性越高。通过比较两个样品的 Chao 1 指数和 Shannon 指数发现，样品 GACc 的 Chao 1 指数和 Shannon 指数均大于样品 GFc，这说明阴极颗粒活性炭上的微生物的多样性和丰度均高于石墨毡上的微生物。

II. 种群差异性分析

图 2.79 为 GACc 和 GFc 样品中得到的 OTUs 的维恩图。由图 2.79 可知，GACc 和 GFc 样品共有的 OTUs 数目为 652，分别占各自总 OTUs 数的 51.1%和 72.7%。以上结果说明 GACc 和 GFc 样品中微生物群落结构存在差异，但相同的种类占大多数。网络（network）图也证明这一观点。网络图可以形象地比较不同样本或组之间物种的丰度。如图 2.80 所示，虽然两个样品存在一些不同的 OTUs，但大多数共有的 OTUs 的丰度都较高，此外许多共有的 OTUs 在这两个样本中丰度也存在显著差异，如 OTU0、OTU5、OTU11 等。

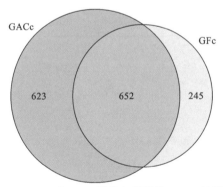

图 2.79　GACc 和 GFc 样品中得到的 OTUs 的维恩图

III. 种群组成分析

（1）门水平微生物组成及相对丰度。在门的生物学分类水平上将两个样品序列进行分类。样品 GACc 和 GFc 中变形菌门（Proteobacteria）、厚壁菌门（Firmicutes）和拟杆菌门（Bacteroidetes）为优势菌门。两个样品中的优势菌种类型一致，但相对丰度略有不同。在样品 GACc 中，变形菌门占细菌总数的 74.96%，

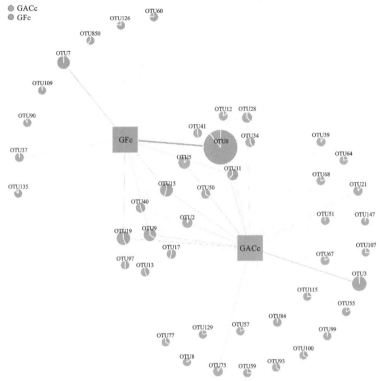

图 2.80　基于 OTUs 的网络图

相对丰度大于 1%

为最优势菌门，厚壁菌门和拟杆菌门分别占细菌总数的 11.32%和 2.67%，三种菌门总和占细菌总数的 88.95%。在样品 GFc 中，最优势菌门也是变形菌门，占细菌总数的 87.67%，厚壁菌门和拟杆菌门分别占细菌总数的 4.03%和 3.23%，三者之和占细菌总数的 94.93%。可以看出，作为电流输送器的 GF 电极上的变形菌门要大于 GAC 电极。

（2）纲水平微生物组成及相对丰度。图 2.81 为 GACc 和 GFc 样品纲水平的群落结构分布图。可以看出，GACc 样品中相对丰度大于 2%的菌纲依次为 γ-变形菌纲（33.76%）、β-变形菌纲（21.25%）、α-变形菌纲（13.41%）、杆菌纲（Bacilli，6.81%）、δ-变形菌纲（5.61%）、放线菌纲（Actinobacteria，3.01%）和梭菌纲（Clostridia，2.87%）；而 GFc 样品中相对丰度大于 2%的菌纲依次为 β-变形菌纲（61.99%）、α-变形菌纲（12.02%）和 δ-变形菌纲（4.66%）。可以看出，样品 GFc 的优势菌属相对样品 GACc 较为集中，并且 GF 电极十分有利于 β-变形菌纲的富集，而 GAC 电极则有利于 γ-变形菌纲、杆菌纲和放线菌纲的生长。

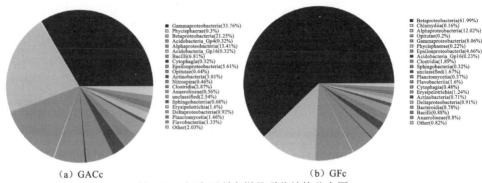

（a）GACc　　　　　　　　　　　（b）GFc

图 2.81　纲水平所有样品群落结构分布图

扫描封底二维码看彩图

（3）属水平微生物组成及相对丰度。图 2.82 为样品 GACc 和 GFc 属水平的物种丰度聚类热图。可以看出，虽然样品 GACc 和 GFc 都取自 BECW 阴极区域，但其优势菌属存在明显差异。由图 2.83 可知，*Pseudomonas*、*Exiguobacterium* 和 *Citrobacter* 是丰度相差最大的三类微生物，这三类微生物在样品 GFc 中的丰度仅为 2.12%、0.73% 和 0.38%，而样品 GACc 中的平均丰度分别达到了 17.29%、6.26% 和 4.06%。然而，GFc 样品上的 *Thiobacillus* 和 *Gallionella* 的丰度却远远大于 GAC 上的丰度。*Thiobacillus* 和 *Gallionella* 在样品 GFc 中的丰度分别为 43.94% 和 8.59%，而在样品 GACc 中的丰度却仅为 5.24% 和 0.1%。此外，*Pseudomonas* 和 *Thiobacillus* 分别为 GACc 和 GFc 的最优势菌属。样品 GACc 和 GFc 虽然取自同一反应器的同一区域，但其表面富集的微生物丰度差异较大。

Ⅳ. 反硝化功能菌属分析

为了进一步分析 BECW 阴极区域的反硝化菌群，选取相对丰度大于 2% 的反硝化菌属列于表 2.34。总体而言，样品 GFc 上富集的总反硝化菌丰度略大于 GACc，并且两个样品的反硝化细菌大多数隶属于变形菌门，少数为厚壁菌门，而变形菌门中又以 β-Proteobacteria 为主。*Pseudomonas* 广泛存在于环境样品中，以往的研究认为该属的许多细菌均具有异养反硝化潜能，在硝酸盐转换过程中需要有机碳作为碳源，例如 *Pseudomonas aureofaciens*。此外，一些属于 *Pseudomonas* 的菌属也被报道在混养模式下具有同时自养和异养的反硝化潜能，它们可以利用有机碳源和无机电子供体（如 H_2 和还原性的硫化合物）进行协同反硝化脱氮，例如 *Pseudomonas stutzeri* 和 *Pseudomonas* sp. *C27* 等。一般而言，自养反硝化细菌的生长速率远低于异养反硝化细菌。当系统内的 COD/N 逐渐增大时，自养反硝化细菌可能会逐渐转变为异养反硝化细菌。综上，*Pseudomonas* 在样品 GACc 上的高丰度说明富集在 GAC 电极上的 *Pseudomonas* 属的细菌可以在有机物和外加电流的条件下发生自养和异养反硝化脱氮过程。此外，以往的研究发现 *Exiguobacterium* 在硫自养反硝化系统和生物电化学反应器中大量富集。因此，GAC 电极上较高丰度的 *Exiguobacterium* 可能与 BECW 反应器的反硝化过程有关。

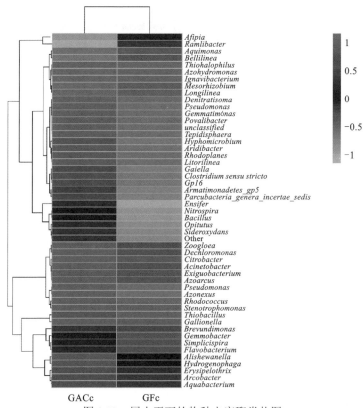

图 2.82 属水平下的物种丰度聚类热图

仅显示丰度靠前的 50 个属；扫描封底二维码看彩图

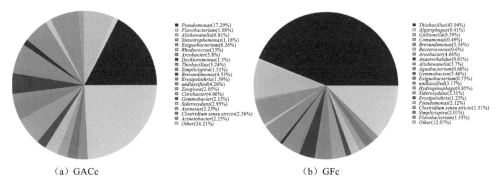

（a）GACc　　　　　　　　（b）GFc

图 2.83 属水平所有样品群落结构分布图

扫描封底二维码看彩图

表 2.34　GF 和 GAC 样品中相对丰度大于 2%的反硝化菌属　　（单位：%）

门	纲	属	GACc	GFc
Proteobacteria	α-proteobacteria	*Brevundimonas*	4.53	5.34
	α-proteobacteria	*Gemmobacter*	2.13	3.46
	β-Proteobacteria	*Thiobacillus*	5.24	43.94
	β-Proteobacteria	*Azonexus*	2.23	0.34
	β-Proteobacteria	*Sideroxydans*	2.95	2.31
	β-Proteobacteria	*Zoogloea*	2.05	0.38
	β-Proteobacteria	*Simplicispira*	1.31	2.01
	γ-Proteobacteria	*Pseudomonas*	17.29	2.12
	γ-Proteobacteria	*Alishewanella*	6.81	3.70
	γ-Proteobacteria	*Acinetobacter*	2.25	0.30
	γ-proteobacteria	*Citrobacter*	4.06	0.38
	ε-Proteobacteria	*Arcobacter*	5.6	4.66
Firmicutes	Bacilli	*Exiguobacterium*	6.26	0.73
	Clostridia	*Clostridium sensu stricto*	2.36	1.51
	总相对丰度		65.07	71.18

　　与 GAC 电极不同的是，*Thiobacillus* 和 *Gallionella* 是 GF 电极上丰度最高的两个菌属。*Thiobacillus* 一般为专性化能自养型微生物，该菌属在厌氧条件下可利用还原态硫为电子供体进行反硝化脱氮。在一些生物电化学脱氮体系的微生物群落结构研究中也发现该菌属存在且占据较大比例。Chen 等（2017）利用高通量测序技术对 BER 脱氮反应器的阴极石墨颗粒进行分析，发现 *Thiobacillus* 和 *Sulfurimonas* 是阴极最主要的菌属。柳栋升等（2012）采用分子生物学手段聚合酶链式反应-变性梯度凝胶电泳（polymerase chain reaction-denatured gradient gel electrophoresis，PCR-DGGE）技术对亚硝化-电化学生物反硝化全自养脱氮工艺中微生物的多样性进行研究，结果表明系统填料生物膜中存在大量 *Thiobacillus* 属的菌。然而，近些年，一些研究也显示 *Thiobacillus* 在生物电化学阴极的硝酸盐去除过程中也发挥了重要作用。此外，Yu 等（2015）的研究还显示 *Thiobacillus denitrificans* 可以直接利用来自电极的电子还原硝酸盐氮。最近，在一个 BER 和 CW 的耦合系统的阴极（石墨毡）也发现了大量的 *Thiobacillus*（59.81%）菌属，这与本小节 GF 电极的测序结果一致。*Gallionella* 菌属的细菌曾经被报道具有自养反硝化脱氮功能，因此，它在 GF 电极上的大量富集说明其在阴极自养反硝化脱氮过程中可能也发挥了一定作用。

综上所述，在 GAC 和 GF 电极上富集了不同的反硝化菌类型，并且这些菌属的脱氮机制也不尽相同，BECW 反应器正是在自养和异养反硝化细菌的协同作用下实现了高效的脱氮过程。在有机物和外加电流同时存在的条件下，BECW 阴极区域既可以利用电极发生自养反硝化反应，也可以利用有机物进行异养反硝化反应，并且作为阴极区域与外部电流直接接触的电流分配器（石墨毡），其表面生长和富集的主要是以自养反硝化细菌 *Thiobacillus* 为主的微生物菌群，而作为阴极填料的导电材料 GAC 的表面则富集了大量的异养反硝化细菌 *Pseudomonas* 为主的微生物菌群（图 2.84）。

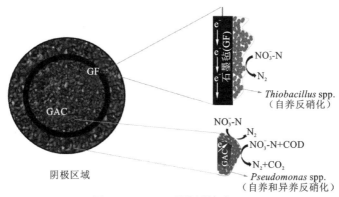

图 2.84　BECW 阴极脱氮机理

4）小结

本小节研究了不同进水 COD/N 对 BECW 脱氮效能的影响，并通过分析反应器阴极区域内三维和二维电极的微生物群落分布特征来揭示混养条件下 BECW 的脱氮机理，结果如下。

（1）当外加电流为 15 mA、HRT 为 24 h 且温度为 15～20℃时，BECW 的总氮去除率随着进水 COD/N 的增大而增大。当 COD/N 值从 1 提高至 5 时，总氮去除率也从 23.80%±1.33%提高至 68.83%±7.87%。进水 COD/N 逐渐升高导致反应器内部分自养反硝化细菌逐渐转变为异养反硝化细菌，因此反应器的氮去除过程是在自养和异养反硝化细菌协同作用下完成的。

（2）在有机物和外加电流同时存在的条件下，BECW 阴极区域存在自养反硝化细菌和异养反硝化细菌共存的生态环境，并且阴极区域 GAC 和 GF 电极表面微生物群落结构存在显著差异。在门水平上，作为电流输送器的 GF 电极上的变形菌门（Proteobacteria）占比小于 GAC 电极；在纲水平上，GF 样品的优势菌属相对 GAC 样品更为集中，并且 β-变形菌纲（β-Proteobacteria）在 GF 样品中的相对丰度占绝对优势，相对丰度为 61.99%；在属水平上，作为阴极区域与外部电流直接接触的电流分配器（GF 电极），其表面生长和富集的主要是以自养反硝化细菌 *Thiobacillus* 为主的微生物菌群，而作为阴极填料的导电材料 GAC 电极的表面则富集了以异养反硝化细菌 *Pseudomonas* 为主的微生物菌群。

杭州西湖区域 32 个子流域总氮负荷为 1～37 kg/（hm²·a），其中有 10 个子流域的总氮负荷在 21 kg/（hm²·a）以上。针对杭州西湖较高的总氮负荷，本节开发了两种基于生物电化学技术的人工湿地耦合系统，进一步强化脱氮，实现入湖氮营养盐的控制。一种是将微生物燃料电池与人工湿地相结合的耦合系统（CW-MFC），用于处理低 COD/N 污水，实现"强化脱氮-回收电能"的双重功效，其中 TFCW-MFC 对氨氮的去除率在 80% 左右，对总氮的去除率在 53% 左右，相较间歇流 CW-MFC，总氮去除率提高了大约 25%。另一种是将生物膜电极引入人工湿地（BECW），解决污水在寡碳或不含有机碳源条件下的反硝化脱氮，BECW脱氮效率在 79% 左右。试验结果说明两类一体式生物电化学-人工湿地均能针对不同性质水体实现高效脱氮，在杭州西湖入湖氮营养盐控制中具有很好的应用潜力。

2.3　新型阴离子交换纤维脱氮除磷技术

2.3.1　新型阴离子交换纤维合成

确定以 10% 的 NaOH 水溶液作为碱处理试剂，反应溶剂为 N, N-二甲基酰胺（N, N-Dimethylformamide，DMF），反应溶质为环氧氯丙烷，交联剂为乙二胺，接枝基团为三乙胺。合成机理见图 2.85。第一步，环氧氯丙烷与纤维素接触，接着与纤维素上伯羟基反应生成环氧纤维素醚。第二步，环氧基水解开环与乙二胺交联。第三步，三乙胺与其他环氧氯丙烷反应成链，该环氧基水解开环与乙二胺的另外一端相连，继而将季胺基团接枝到纤维素上。

1. 正交试验条件的确定

现设计一个 11 因素 3 水平的正交试验。因素分别为：新型阴离子交换纤维投加量、DMF 剂量、环氧氯丙烷剂量、第一阶段反应温度、第一阶段反应时间、乙二胺剂量、第二阶段反应温度、第二阶段反应时间、三乙胺剂量、第三阶段反应温度、第三阶段反应时间。以产率和硝态氮去除率为评价指标。

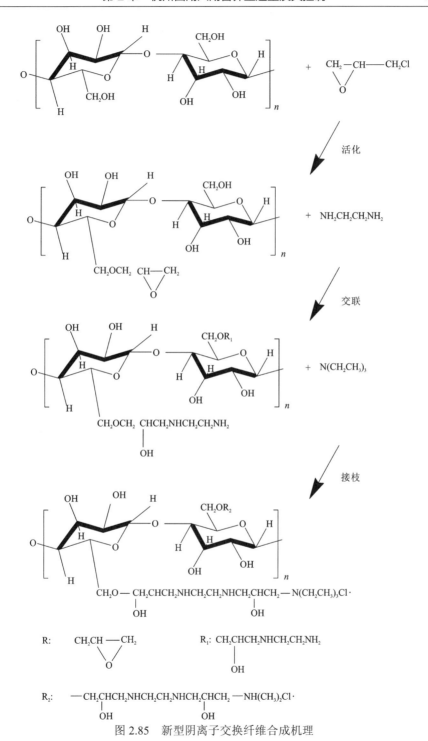

图 2.85　新型阴离子交换纤维合成机理

1）因素：新型阴离子交换纤维投加量、DMF 剂量及环氧氯丙烷剂量的确定

新型阴离子交换纤维投加量水平确定的原则是溶液能够充分浸泡，使新型阴离子交换纤维小块混合均匀。根据试验可知，整个有机合成反应中 DMF 剂量和环氧氯丙烷的剂量最大。通过前期的预试验，为保证新型阴离子交换纤维小块能够与溶液充分接触，当新型阴离子交换纤维投加量为 1 g、2 g、3 g 时，DMF 剂量可以确定为 80 mL、100 mL、120 mL，环氧氯丙烷的剂量可以确定为 60 mL、80 mL、100 mL。

2）因素：三个阶段反应温度及时间的确定

半纤维素在 200～260℃降解，纤维素在 240～350℃降解，木质素在 280～500℃降解。关键的是在 100～250℃木质纤维素会降解为褐色的物质。经过试验，当反应温度接近 100℃时，产品容易带红褐色，且新型阴离子交换纤维单丝易脆，因此三个阶段的反应温度均应低于 100℃。另外，由于三乙胺的沸点在 89.5℃，反应温度应该低于此温度。三个阶段的反应温度均可设置为 55℃、70℃、85℃。参考最佳制备工艺结论及预试验，可将第一阶段反应时间设置为 30 min、60 min、90 min，第二阶段反应时间设置为 45 min、60 min、75 min，第三阶段反应时间设置为 60 min、90 min、120 min。第一阶段反应时间不宜设置太长，因为反应时间过长容易导致环氧氯丙烷提前开环水解，从而影响后续的交联和接枝反应。第二阶段是乙二胺加入的交联阶段，由于乙二胺反应迅速并且剧烈，反应应该设置更加紧凑且时长不宜过长。第三阶段反应时间超过 2 h 后，接枝效率下降，容易产生其他副产物。因此，第三阶段反应时间不宜超过 120 min。

3）因素：乙二胺剂量和三乙胺剂量的确定

以环氧氯丙烷和二甲胺为原料，乙二胺为交联剂，进行合成季铵盐聚环氧氯丙烷胺的反应。在反应中乙二胺用量增加会提高聚合反应的速率，然而过量的乙二胺会使反应非常迅速，导致过程凝胶化，使反应提前终止。

根据该结论尝试以乙二胺为因素进行单因素试验，以二甲胺为接枝基团，分析乙二胺剂量对反应和产品效果的影响，如图 2.86 所示。由图可知，当投加量为 5 mL 时，产品对硝态氮无明显吸附效果。当投加量为 9 mL 时，产品吸附率为 85%，此时吸附率达到最大。当投加量为 11 mL 时，产品吸附效果急剧下降为 23%，由于乙二胺反应剧烈，此时产品已经部分凝胶化。当投加量为 15 mL 时，也无明显吸附效果，这是由于乙二胺加入过量，反应非常剧烈，产品迅速凝胶化，反应被迫终止。综上可以将乙二胺剂量设置为 7 mL、8 mL、9 mL。由于本试验将用三乙胺（99%）代替二甲胺（33%）水溶液作为接枝基团。根据二甲胺剂量可以将

三乙胺剂量设置为 10 mL、20 mL、30 mL。

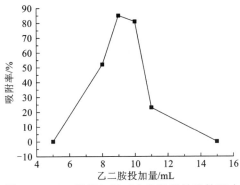

图 2.86　乙二胺投加量对产品吸附效果的影响

2. 正交试验

采用 L_{27}（3^{11}）正交表进行试验，整个正交试验采用 IBM SPSS Statistics 19 软件设计并分析。评价指标为产率和硝态氮去除率。表 2.35 为正交试验因素水平表，表 2.36 为用 SPSS 软件设计的正交试验表。表 2.37 和表 2.38 分别为以去除率和产率为指标的正交试验直观分析表。

表 2.35　正交试验因素水平表

因素	水平		
	1	2	3
新型阴离子交换纤维投加量/g	1	2	3
DMF 剂量/mL	80	100	120
环氧氯丙烷剂量/mL	60	80	100
第一阶段反应温度/℃	55	70	85
第一阶段反应时间/min	30	60	90
乙二胺剂量/mL	7	8	9
第二阶段反应温度/℃	55	70	85
第二阶段反应时间/min	45	60	75
三乙胺剂量/mL	10	20	30
第三阶段反应温度/℃	55	70	85
第三阶段反应时间/min	60	90	120

表 2.36 正交试验表

试验组号	新型阴离子交换纤维投加量/g	DMF剂量/mL	环氧氯丙烷剂量/mL	第一阶段反应温度/℃	第一阶段反应时间/min	乙二胺剂量/mL	第二阶段反应温度/℃	第二阶段反应时间/min	三乙胺剂量/mL	第三阶段反应温度/℃	第三阶段反应时间/min	空列1	空列2	产率/%	硝态氮去除率/%
1	1	80	60	85	60	9	85	75	30	70	60	1	1	149.0	87.5
2	3	100	60	70	90	9	70	45	30	55	120	3	2	117.1	84.9
3	2	80	80	55	60	8	70	45	30	85	120	2	3	141.6	91
4	2	100	100	85	30	9	70	60	20	55	60	3	1	106.2	52.9
5	3	80	100	70	60	7	55	60	30	55	90	1	3	108.4	7.5
6	1	120	100	70	60	9	55	75	20	85	120	2	2	115.5	63.5
7	3	100	80	55	60	9	70	75	10	55	90	3	3	109.7	67.9
8	3	120	80	55	60	7	70	60	20	70	60	2	1	103.2	42.9
9	1	80	60	70	90	8	70	60	20	85	60	3	3	146.6	89.3
10	2	80	80	85	90	7	55	75	20	55	120	1	2	101.3	28
11	3	100	60	85	60	7	85	60	10	85	120	2	1	156.2	97.6
12	3	120	80	70	30	8	85	75	30	55	60	3	2	125.1	83.8
13	3	80	100	55	90	9	85	45	20	70	90	1	3	120.0	82.5

续表

试验组号	新型阴离子交换纤维投加量/g	DMF剂量/mL	环氧氯丙烷剂量/mL	第一阶段反应温度/℃	第一阶段反应时间/min	乙二胺剂量/mL	第二阶段反应温度/℃	第二阶段反应时间/min	三乙胺剂量/mL	第三阶段反应温度/℃	第三阶段反应时间/min	空列1	空列2	产率/%	硝态氮去除率/%
14	1	80	60	55	30	7	55	45	10	55	60	2	1	89.7	1.4
15	1	100	80	70	30	7	85	45	20	85	90	2	2	139.4	89.4
16	1	100	80	85	90	8	55	60	30	70	90	2	2	108.1	45.6
17	3	120	80	85	90	9	55	45	10	85	60	1	3	110.1	58.9
18	2	120	60	85	60	8	85	45	20	55	90	1	2	119.6	83.1
19	2	80	80	70	30	9	85	60	10	70	120	2	3	127.7	88.8
20	2	120	60	55	30	9	55	60	30	85	90	3	1	107.1	48.5
21	1	120	100	85	30	7	70	45	30	70	120	3	3	109.3	51.3
22	1	120	100	55	90	8	85	60	10	55	120	1	1	124.9	90.8
23	2	120	60	70	90	7	70	75	10	70	90	3	1	108.0	62.3
24	2	100	100	70	60	8	55	45	10	70	60	1	2	108.2	64.3
25	2	100	100	55	90	7	85	75	30	85	60	1	3	150.4	91.8
26	3	80	100	85	30	8	70	75	10	85	90	2	1	137.0	88.4
27	3	100	60	55	30	8	55	75	20	70	120	3	2	101.9	20.8

表 2.37 正交试验直观分析表（以硝态氮去除率为指标）

项目	新型阴离子交换纤维投加量/g	DMF剂量/mL	环氧氯丙烷剂量/mL	第一阶段反应温度/℃	第一阶段反应时间/min	乙二胺剂量/mL	第二阶段反应温度/℃	第二阶段反应时间/min	三乙胺剂量/mL	第三阶段反应温度/℃	第三阶段反应时间/min	空列1	空列2
均值1	65.19	62.71	63.93	59.73	58.37	52.47	37.61	67.42	68.93	55.59	63.64	66.04	63.59
均值2	67.86	68.36	66.26	70.42	67.26	73.01	64.22	62.66	61.38	60.67	63.91	67.62	62.60
均值3	63.03	65.01	65.89	65.92	70.46	70.60	88.37	66.00	65.77	79.82	68.52	62.41	70.81
极差	4.82	5.64	2.32	10.69	12.09	20.54	50.76	4.77	7.56	24.23	4.88	5.21	8.21
影响程度	9	7	11	5	4	3	1	10	6	2	8		

表 2.38 正交试验直观分析表（以产率为指标）

项目	新型阴离子交换纤维投加量/g	DMF剂量/mL	环氧氯丙烷剂量/mL	第一阶段反应温度/℃	第一阶段反应时间/min	乙二胺剂量/mL	第二阶段反应温度/℃	第二阶段反应时间/min	三乙胺剂量/mL	第三阶段反应温度/℃	第三阶段反应时间/min	空列1	空列2
均值1	121.34	124.58	121.69	116.48	115.93	118.42	105.58	117.22	119.05	111.34	120.94	121.32	120.13
均值2	118.91	121.91	118.45	121.79	123.48	123.65	108.03	120.93	117.08	115.03	117.46	124.26	115.14
均值3	119.87	113.63	119.98	121.86	120.71	118.05	134.71	121.98	124.00	133.76	121.73	114.55	125.92
极差	2.42	10.94	3.23	5.38	7.56	5.61	29.12	4.76	6.92	22.42	4.26	9.71	10.77
影响程度	11	3	10	7	4	6	1	8	5	2	9		

3. 最优工艺的确定

评价指标有两个：硝态氮去除率和产率。对多指标的正交试验分析可以采用综合平衡法。

综合平衡法就是对测得的各个指标，先逐一分别按单指标计算分析，找出其因素水平的最优组合，再根据各项指标重要性及其各项指标中因素主次、水平优劣等进行综合平衡，最后确定整体最优组合。

按单指标计算分析得出的因素影响程度顺序为：第二阶段反应温度＞第三阶段反应温度＞乙二胺剂量。相应的最优水平为：第二阶段反应温度（85℃）＞第三阶段反应温度（85℃）＞乙二胺剂量（8 mL）。

按各项指标重要性分析得出的因素影响程度顺序为：第二阶段反应温度＞第三阶段反应温度。相应的最优水平为：第二阶段反应温度（85℃）＞第三阶段反应温度（85℃）。

根据综合平衡法的原则，两种综合考量之后的最优水平及因素影响程度顺序为：第二阶段反应温度（85℃）＞第三阶段反应温度（85℃）＞乙二胺剂量（8 mL）。

通过 SPSS 软件的方差分析得出的因素显著性与直观分析结论一致，另外通过 SPSS 软件估算边际均值，得出边际均值-因素图。根据各个因素图的曲线趋势，可以分析得到除第一阶段反应时间、第二阶段反应温度、第三阶段反应温度及第三阶段反应时间 4 个因素外，其他因素图均出现最高点或最低点。而第二阶段反应温度和第三阶段反应温度均因温度不能高于 89.5℃而受到限制。这表明之前确定各因素的水平范围还是比较合理的。

选择最优工艺条件时根据因素影响程度选择均值大的，因素无显著影响的以节约成本、方便操作为原则进行选取。根据各边际均值图可以得出的理论最佳工艺条件为：3 g 碱处理新型阴离子交换纤维小块、80 mL DMF、60 mL 环氧氯丙烷；第一阶段反应温度 55℃、反应时间 30 min、乙二胺剂量 8 mL；第二阶段反应温度 85℃、反应时间 45 min、三乙胺剂量 10 mL；第三阶段反应温度 85℃、反应时间 60 min。

如表 2.39 所示，以理论最佳工艺条件（理论最佳 1 组）制备产品，其产率和硝态氮去除率分别为 140%和 91%。这两个指标均低于正交试验表中最佳试验组 11 组的产率（156.2%）和硝态氮去除率（97.6%）。接着，选取各因素边际均值图中最大值点为最优水平（理论最佳 2 组）再次进行产品制备试验，得到的产品产率和硝态氮去除率分别为 146%和 91%，也低于最佳试验组 11 组的产率和硝态氮去除率。

表 2.39　各拟最优工艺评价指标对比　　　　　　　　　　（单位：%）

制备工艺	产率	硝态氮去除率
正交试验第 11 组	156.2	97.6
理论最佳 1 组	140	91
理论最佳 2 组	146	91
实际最佳工艺条件	150	97

随后经过多次尝试并结合第 11 组试验的条件，最后确定实际最佳的工艺条件：3 g 碱处理新型阴离子交换纤维小块、120 mL DMF、60 mL 环氧氯丙烷；第一阶段反应温度 85℃、反应时间 60 min、乙二胺剂量 8 mL；第二阶段反应温度 85℃、反应时间 60 min、三乙胺剂量 10 mL；第三阶段反应温度 85℃、反应时间 60 min。

通过实际最佳工艺条件制备的产品产率和硝态氮去除率分别为150%和97%。其值虽然也低于最佳试验组 11 组，但是该制备工艺较稳定。而以 11 组的工艺条件制备产品再也没有达到过正交试验表中的数据。这可能是因为在进行第 11 组试验时，所使用的水浴锅已经老化，虽然是数显控温，但是用温度计实测水温要高于数显温度。第二阶段反应温度和第三阶段反应温度均超过 85℃，根据因素边际均值图中的趋势，在该温度以上均值呈上升态势，所以当时测定的产品效果要好于现在测定的产品。

确定的最佳制备工艺包括以下几个阶段。

（1）预处理阶段。将购回的致密新型阴离子交换纤维原料（大多为长条扁平状）用自来水浸泡，充分吸水后膨胀为长条圆柱状。然后沥掉水，置于烘箱 60～65℃烘干。将烘干的原料裁剪成长×宽×高约为 0.5 cm×0.5 cm×0.5 cm 的立方体小块。将剪好的新型阴离子交换纤维小块浸泡在 10%的 NaOH 水溶液中 10 h，然后用纯水将碱性新型阴离子交换纤维清洗至呈中性，接着放于烘箱烘干待用。

（2）有机合成阶段。

活化：称取 3 g 经预处理的新型阴离子交换纤维小块投入 1 L 的三口烧瓶，待水浴锅温度达到 85℃时，从侧口加入 120 mL DMF 和 60 mL 环氧氯丙烷，该阶段反应时长 60 min，电动搅拌器以一定转速搅拌直到整个有机合成反应结束。

交联：待活化阶段反应完毕，水浴锅温度仍然保持 85℃，从侧口加入 8 mL 乙二胺，该阶段反应时长 60 min。

接枝：待交联阶段反应完毕，水浴锅温度仍然保持 85℃，从侧口加入 10 mL 三乙胺，该阶段反应时长 60 min，待反应完毕后停止搅拌。

（3）清洗阶段。将反应完毕的产品过滤并用 50～80℃热纯水清洗辅以电动搅拌器搅拌至产品无明显残渣，然后移至烘箱烘干。

4. 扫描电镜分析

图 2.87 为新型阴离子交换纤维原料、碱处理后的新型阴离子交换纤维及改性新型阴离子交换纤维的 1 000 倍 SEM 图。图 2.87（a）中新型阴离子交换纤维单丝表面比较粗糙，附有大量杂质颗粒，主要为果胶、蜡状物质和灰分等。图 2.87（b）碱预处理改性就是为了溶解去除低分子杂质并使新型阴离子交换纤维的微纤旋转角减小，纤维表面变得粗糙，形成许多空腔，并使纤维表面的活性点增加，提高其他改性试剂与其反应的能力；同时也使纤维原纤化，即纤维束变小，长径比增大，与改性剂有效接触面积增大。碱的预处理溶解了新型阴离子交换纤维中的部分半纤维素、木质素及果胶等，这些伴生物均为无定形，生长过程中镶嵌在晶区之间，使纤维材料的结晶不完善。图 2.87（b）中新型阴离子交换纤维原料经过碱液浸泡，单丝表面变得光滑有序，这是因为碱预处理能够去除新型阴离子交换纤维表面的果胶等杂质，让纤维更好地暴露出来。图 2.87（c）中小试改性新型阴离子交换纤维单丝表面出现大量大小不一的孔洞，这可能是因为在产品制备过程中，当投加乙二胺时，溶液中剧烈反应，产生大量气泡，高温和剧烈反应侵蚀新型阴离子交换纤维表面，在其表面形成了这些孔洞。同样，这些孔洞的形成增大了单丝表面积，使接枝反应能够更加顺利地进行。图 2.87（d）中中试改性新型阴离子交换纤维表面较粗糙且有散乱、不规则的褶皱，表面含有一些附着物，使其具有

（a）新型阴离子交换纤维原料（1 000倍）　　（b）碱预处理新型阴离子交换纤维（1 000倍）

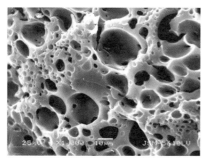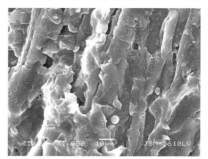

（c）小试改性新型阴离子交换纤维（1 000倍）　　（d）中试改性新型阴离子交换纤维（1 000倍）

图 2.87　原料及碱预处理、小试、中试的 SEM 图

较大的吸附表面。因此，改性新型阴离子交换纤维在物化性质方面已经与未改性新型阴离子交换纤维产生了较大区别。但同时也可看出对新型阴离子交换纤维原料的改性还不够彻底，在图 2.87（d）的边角处出现了未反应的区域，这可能是因为新型阴离子交换纤维原料内部与溶液未完全接触，反应不完全。

5. 比表面积分析

对新型阴离子交换纤维原料和改性新型阴离子交换纤维分别测定其 BET 比表面积。测试结果表明新型阴离子交换纤维原料、小试改性新型阴离子交换纤维、中试改性新型阴离子交换纤维的 BET 比表面积分别为 $0.459\,4\ m^2/g$、$0.254\,5\ m^2/g$、$0.373\,4\ m^2/g$。改性后其比表面积减少可能是由经过碱预处理和改性后新型阴离子交换纤维单丝表面杂质被清除造成的。另外，三者的比表面积偏小，其值远远低于一般活性炭的比表面积（$>500\ m^2/g$），所以改性新型阴离子交换纤维的吸附机制应该不属于孔隙吸附。

6. 元素分析

由表 2.40 可知，新型阴离子交换纤维原料 C、H、N 质量分数分别为 45.06%、6.156%、0.58%。新型阴离子交换纤维原料与碱预处理新型阴离子交换纤维及改性新型阴离子交换纤维的 C、H 元素的含量没有发生很明显的变化，变化较大的是 N 元素。碱性新型阴离子交换纤维的 N 元素比原料略有减少，这可能是因为碱预处理去除了原料表面的果胶、杂质等覆盖物；改性新型阴离子交换纤维 C、H、N 质量分数分别为 44.55%、7.186%、4.56%，N 元素质量分数由碱预处理中的 0.14% 升高到改性后的 4.56%，提高了 31 倍，远高于新型阴离子交换纤维原料。这表明改性之后经过自由基聚合反应，成功地引入了更多的含 N 基团。

表 2.40　新型阴离子交换纤维改性前后及碱预处理各元素质量分数变化　（单位：%）

新型阴离子交换纤维	C	H	N
新型阴离子交换纤维原料	45.06	6.156	0.58
碱预处理新型阴离子交换纤维	44.74	6.312	0.14
改性新型阴离子交换纤维	44.55	7.186	4.56

7. 热重法

热重法（thermogravimetry，TG）是表征高分子材料的基本方法之一，通过研究材料质量与温度变化的关系，得出高聚物的结构变化、熔融及结晶的物理变化和化学变化。新型阴离子交换纤维热解时的 TG-DTG[①] 曲线见图 2.88。

---

① DTG 为微商热重法（derivative thermogravimetry）

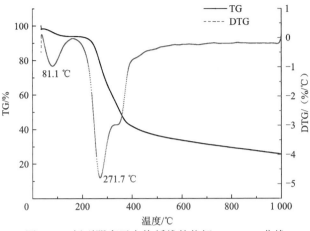

图 2.88　新型阴离子交换纤维的热解 TG-DTG 曲线

由图 2.88 可知，新型阴离子交换纤维在热解温度达到 35.8 ℃时，质量就开始减少，第一个失重阶段为 35.8～154.8 ℃，失重量为 4.31%，热稳定性较好，失重速率峰值温度为 81.1 ℃，失重速率为 1.02%，失重的原因有可能是样品中含有少量的物理吸附水或者残留的溶剂。第二个失重阶段是 154.8～587.8 ℃，这一阶段样品的失重量为 60.13%，累计总失重量为 64.44%，是失重发生的主要区域，此时样品热稳定性较差，该阶段的失重速率峰值温度为 271.7 ℃，失重速率为 4.81%，失重的原因有可能是样品中所含纤维素的裂解并生成各种挥发分，或者是制备过程添加的交联剂的作用。第三个失重阶段是 587.8 ℃以后，样品的失重量为 8.03%，随着温度的继续升高，热解残留物逐渐缓慢分解，挥发分挥发，最后剩余残渣为 27.52%。可以看出，新型阴离子交换纤维在低温时热稳定性好，适合用于西湖入湖溪流的脱氮除磷技术示范系统。

8. 红外光谱分析

在 1600 cm^{-1} 以上区域内，谱带有比较明确的基团和频率的对应关系且谱带分布稀疏，容易辨认，可以准确地提供某官能团存在的信息。由图 2.89 可知，新型阴离子交换纤维原料和改性新型阴离子交换纤维均在 2914 cm^{-1} 和 3406 cm^{-1} 处有较强吸收峰。由于 2800～3300 cm^{-1} 区域为 C—H 伸缩振动吸收；以 3000 cm^{-1} 为界：高于 3000 cm^{-1} 为不饱和 C—H 伸缩振动吸收，而低于 3000 cm^{-1} 一般为饱和 C—H 伸缩振动吸收，可知 2914 cm^{-1} 为饱和 C—H 伸缩振动。另外，分子间 O—H 伸缩振动范围在 3200～3500 cm^{-1}，为宽的吸收峰。3406 cm^{-1} 处的吸收峰应该为分子间 O—H 伸缩振动。由于 1590～1655 cm^{-1} 处为 N—H 弯曲振动，在 1400～1420 cm^{-1} 处为 C—N 伸缩振动，改性新型阴离子交换纤维的图谱上

1 632 cm^{-1}和1 401 cm^{-1}处吸收峰应该分别为 N—H 弯曲振动和 C—N 伸缩振动，所以可以推断乙二胺和三乙胺应该成功接枝到了纤维素上。

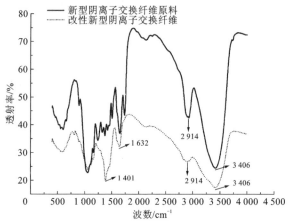

图 2.89　新型阴离子交换纤维改性前后的 FTIR 图谱

FTIR 为傅里叶变换红外光谱（Fourier transform infrared spectrum）

9. X 射线衍射分析

图 2.90 为三种新型阴离子交换纤维的 XRD 图谱。可见在 2θ 为 15.1°、16.4°、22.8°、34.1°处有峰。新型阴离子交换纤维原料、碱预处理原料及改性新型阴离子交换纤维均属于非晶态物质，这类非晶态物质的衍射图由少数漫散射峰组成。当非晶态物质中出现部分晶态物质时，就会在漫散射峰上叠加尖锐的结晶峰。相比碱预处理新型阴离子交换纤维，新型阴离子交换纤维原料在 15.1°和 16.4°的峰模糊不清，很难辨析，其原因可能是一般非晶体成分（例如半纤维素、木质素等）占比很高的样品中这两处峰很容易被混淆。同时在 2θ 为 10°～30° 时，形成一个很宽的衍射峰，表明结构中存在木质素、无定形纤维素和半纤维素。由图 2.90 可见，衍射角 2θ 为 15.1°和 16.4°时，碱预处理新型阴离子交换纤维的衍射峰强度比新型阴离子交换纤维原料强，这是因为碱预处理过程中去除了新型阴离子交换纤维素表面的杂质、木质素及半纤维素等非晶态物质，使其结晶度提高。2θ 为 22.8°处则代表纤维素高度有序的晶体结构，峰强度越强表面结晶度越高，这也是碱预处理原料在该处的强度大大高于新型阴离子交换纤维原料的原因。三种新型阴离子交换纤维的衍射峰的特征峰位置基本一致，说明改性后晶型没有发生变化，然而可以发现改性新型阴离子交换纤维在 2θ 为 22.8°处的峰强度则低于碱预处理原料和新型阴离子交换纤维原料，原因在于新型阴离子交换纤维改性之后纤维素上羟基减少，继而减轻了分子间的氢键作用。同时，由于新型阴离子交换纤维改性之后支链变长，其排列也不规整，最终导致结晶度减少，反映在图中就表现为该处峰强度最低。

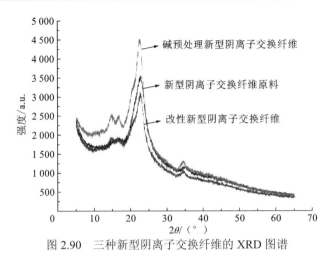

图 2.90　三种新型阴离子交换纤维的 XRD 图谱

10. X 射线光电子能谱分析

新型阴离子交换纤维原料及 LSIEF-II 型生物质离子交换纤维 XPS 谱图见图 2.91。

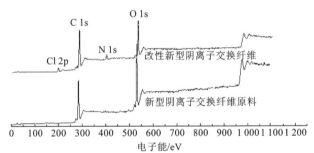

图 2.91　新型阴离子交换纤维原料、LSIEF-II 型生物质离子交换纤维 XPS 谱图

由图 2.91 可知，改性新型阴离子交换纤维含氮量急剧增加，同时，在 197 eV 处出现了 Cl 的特征峰。采用拟合分峰软件对 XPS 的高分辨率 N 1s 谱图进行拟合分峰，结果见图 2.92。根据 XPS 分峰谱图可以将改性新型阴离子交换纤维中 N 原子的结构区分开来，进而可以确定改性新型阴离子交换纤维中含氮基团的组成情况。由图 2.92 可知，402.0 eV 为—N$^+$的季胺基氮峰，399.0 eV 为—NH 的叔胺基氮峰，其—N$^+$/—NH 为 0.6，说明已经引入季胺基团，结合图 2.92 分析可知 LSIEF-II 型生物质离子交换纤维形成了—NH(CH$_3$)Cl$^-$结构。

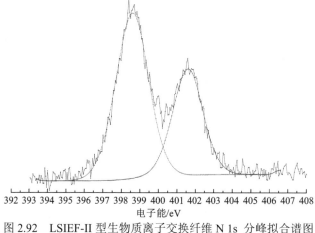

图 2.92　LSIEF-II 型生物质离子交换纤维 N 1s 分峰拟合谱图

2.3.2　新型阴离子交换纤维除磷

1. 入湖溪水除磷效果

前期的研究工作，采用静态吸附试验研究了对水体中氮的去除效果。分别考察了吸附剂的投加量、溶液的 pH、磷酸根溶液的初始浓度及不同的吸附温度对产品磷酸根去除效果的影响，并根据不同温度下的去除率拟合出吸附等温模型，进而得出相关的热力学参数。同时研究其各种吸附动力学模式，计算出相应的动力学参数，如速率常数和反应级数，研究其吸附动力学和热力学性能。通过上述研究，可为以后的吸附柱动态吸附试验奠定基础，并为该吸附剂应用于水体污染治理，特别是微污染水的脱氮除磷提供一定的技术资料。

1）溶液 pH 对 PO_4^{3-} 吸附效果的影响

准确称量 2 mg/L 的 KH_2PO_4 溶液 50 mL 置于锥形瓶中，用 pH 计分别将其 pH 调至 2、3、4、5、6、7、8、9、10、11，取一定质量的吸附剂进行静态吸附试验，用紫外分光光度计测定吸附后的吸光度，从而求得该吸附剂在不同 pH 条件下对 PO_4^{3-} 的去除率，如图 2.93 所示。

由图 2.93 可知，溶液的 pH 从 2 上升至 5 时，PO_4^{3-} 的去除率由 36% 急剧增大到 90%；pH 在 5~9 时，去除率都在 95% 左右，基本没有太大变化。pH 大于 9 时，其去除率急剧下降，降到 75%。这是因为在不同 pH 条件下，PO_4^{3-} 的形态分布不同：pH<5 时，PO_4^{3-} 主要以 H_3PO_4 的形式存在；5<pH<9 时，PO_4^{3-} 主要以 $H_2PO_4^-$ 和 HPO_4^{2-} 的形式存在；pH>9 时，主要以 PO_4^{3-} 的形式存在，但此时水溶液

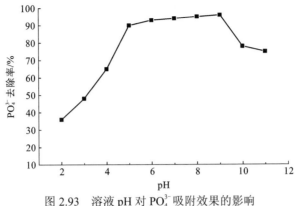

图 2.93　溶液 pH 对 PO_4^{3-} 吸附效果的影响

振荡速度为 120 r/min，振荡时间为 60 min，反应温度为 25 ℃

中含有大量的 OH^-。因此当 pH＜5 时，溶液中存在大量的 H_3PO_4，呈电中性，而离子交换纤维的吸附位点呈正电性，不利于吸附，导致吸附效果很差；当 pH＞9 时，溶液中存在大量的 PO_4^{3-} 和 OH^-，两者存在竞争吸附作用，OH^- 占据活性吸附位点，从而影响离子交换纤维对 PO_4^{3-} 的吸附，导致吸附效果下降，吸附效率降低。

2）吸附剂投加量对 PO_4^{3-} 吸附效果的影响

阴离子交换吸附剂的投加量是一个非常重要的参数，据其可以得出该吸附剂对已知浓度磷酸根溶液的吸附容量。为了确定其最佳的投加量，为以后的实际工程应用奠定基础，试验研究不同投加量时，阴离子交换吸附剂对 PO_4^{3-} 去除率的影响。在 pH=7 的条件下，分别选取吸附剂投加量为 0.025 g、0.075 g、0.1 g、0.2 g、0.3 g、0.4 g、0.8 g，对 50 mL 浓度为 2 mg/L（以 PO_4^{3-} 计）的 KH_2PO_4 水溶液进行静态吸附研究。图 2.94 显示的是新型阴离子交换纤维（吸附剂）投加量对 PO_4^{3-} 去除率和吸附容量的影响。

由图 2.94 可知，当吸附剂投加量从 0 g 增加到 0.2 g 时，其对 PO_4^{3-} 的去除率从 0%升至 76.64%；当投加量从 0.2 g 增加到 0.3 g 时，去除率由 76.64%升至 96.14%，然后随着投加量的继续增加，吸附剂对 PO_4^{3-} 的去除率提升相当缓慢。这是因为随着吸附剂投加量的增加，吸附剂的总表面积增加，表面上的吸附官能团及吸附位点也增加，可以相应提高 PO_4^{3-} 的去除效果；当投加量达到最佳量的临界值时，PO_4^{3-} 去除率变化不大，可能是因为过多离子交换纤维的重叠和聚合，使吸附剂表面能够利用的表面积和有效吸附活性位点相应减少。新型阴离子交换纤维的投加量为 3 g/mg（P）时，PO_4^{3-} 去除率就已经达到了 96%左右，已达到水处理过程对 P 的去除标准，因此选取 3 g/mg（P）作为该吸附剂的最佳投加量。

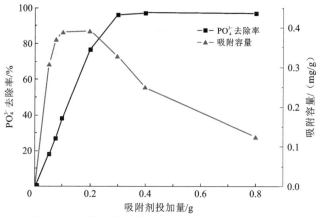

图 2.94　吸附剂投加量对 PO_4^{3-} 吸附效果的影响

振荡速度 120 r/min，振荡时间 60 min，反应温度 25℃，pH＝7

3）初始浓度及时间对 PO_4^{3-} 吸附效果影响

通过吸附速率可以看出某吸附过程的快慢及饱和时间，掌握吸附饱和时间点，为判断以后的静态及动态吸附平衡奠定基础，为今后的实际应用提供指导。

试验所取溶液的初始浓度分别为 1 mg/L、2 mg/L、4 mg/L，取 0.3 g 的新型阴离子交换纤维置于上述溶液中，分别在 2 min、5 min、10 min、20 min、30 min、40 min、60 min、80 min 的时间节点（t）取样，测定磷酸根的吸光度，从而得出去除率及吸附容量（q_t）。以 t 为横坐标，q_t 为纵坐标作图，得到吸附动力学曲线（图 2.95），曲线上每一点的斜率表示该点的瞬时吸附速率，其随初始浓度及时间的变化关系如图 2.96 所示。

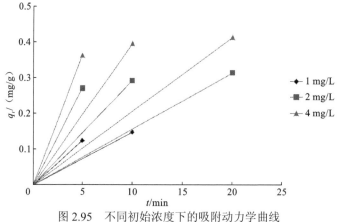

图 2.95　不同初始浓度下的吸附动力学曲线

振荡速度为 120 r/min，反应温度为 25℃，固液比为 2 g/L

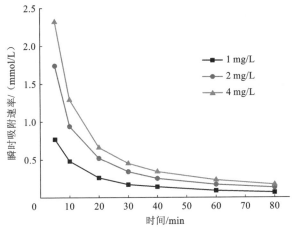

图 2.96　初始浓度对磷酸根吸附速率的影响

振荡速度为 120 r/min，反应温度为 25℃，固液比为 2 g/L

由图 2.95 可见，这几条吸附动力学曲线呈现的趋势是大致一样的，即随着时间的延长，吸附容量先上升然后趋于平缓。具体特点有以下几方面。

（1）吸附时间在 0～10 min 时，吸附容量随着吸附时间的延长急剧增加，几乎达到平衡容量的 90%以上，该过程主要是范德瓦耳斯力在起作用，是物理吸附。

（2）吸附时间在 10～20 min 时，吸附容量随着吸附时间的延长增长缓慢，快接近吸附平衡。

（3）吸附时间在 30 min 以后，吸附容量随着时间的延长不再变化，趋于稳定，表明该吸附过程已达到吸附平衡，所以选最佳吸附时间为 30 min。

由图 2.96 可见，吸附速率随着溶液初始浓度的增大而增大，随着吸附时间的延长而减小。这是因为在吸附初期新型阴离子交换纤维上的活性吸附位点比较多，所以吸附速率比较快，随着时间的延长，活性吸附位点不断被占据，导致吸附速率下降。

2. 吸附热力学分析

为研究一定温度下吸附剂和吸附质之间的关系，通常采用吸附等温模型，吸附等温模型主要有 Langmuir、Freundlich 和 Temkin 三种。

Langmuir 吸附等温方程见式（2.7）、式（2.8），描述的是单分子层吸附的情况。

$$q_e = \frac{QbC_e}{1 + bC_e} \qquad (2.7)$$

为方便作图，将其换算成线性方程为

$$\frac{C_e}{q_e} = \frac{C_e}{Q} + \frac{1}{Qb} \qquad (2.8)$$

式中：C_e 为吸附平衡时吸附质的浓度，mg/L；q_e 为吸附平衡时吸附质的吸附量，mg/L；Q 为最大吸附量，mg/g 或 mmol/L；b 为吸附结合能，L/mg 或 L/mol。

Temkin 吸附等温方程见式（2.9），其与 Langmuir 吸附等温式一样，也是描述单分子层吸附情况，但是适用于吸附剂固体表面活性位点遮盖率低的情况。

$$q_e = \frac{RT}{b_r} \ln A_r + \frac{RT}{b_r} \ln C_e \qquad (2.9)$$

式中：R 为理想气体常数，8.314 J/（mol·K）；A_r 和 b_r 均为 Temkin 常数，L/mg，J/mol；T 为热力学温度，K。

Freundlich 吸附等温方程见式（2.10），它主要描述吸附剂表面不均匀的多分子层吸附，是一个典型的多分子层吸附模型。

$$q_e = K C_e^{1/n} \qquad (2.10)$$

为方便作图，将其换算成线性方程为

$$\ln q_e = \ln K + \frac{1}{n} \ln C_e \qquad (2.11)$$

式中：K 为 Freundlich 型参数（表征最大吸附量）；n 为浓度指数。

为研究该吸附剂在不同温度条件下对磷酸根的吸附效果，试验分别在 25℃、30℃、35℃下测定其对磷酸根的吸附等温线。取磷酸根溶液的初始质量浓度分别为 2 mg/L、10 mg/L、20 mg/L、50 mg/L、100 mg/L、150 mg/L、200 mg/L，绘制不同温度下的吸附等温线，见图 2.97。本节利用 Langmuir、Freundlich 及 Temkin 等温线对图中数据进行拟合，拟合结果见表 2.41～表 2.43。

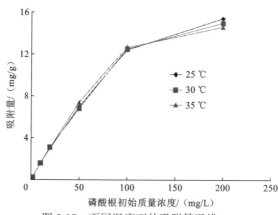

图 2.97　不同温度下的吸附等温线

振荡速度为 120 r/min，振荡时间为 60 min

表 2.41　Langmuir 吸附等温方程拟合参数

$T/℃$	方程	$Q/$（mmol/g）	$b/$（L/mg）	R^2
25	$C_e/q_e=0.063\,7C_e+0.096\,8$	0.506	0.658	0.998
30	$C_e/q_e=0.065\,6C_e+0.091\,7$	0.492	0.715	0.997
35	$C_e/q_e=0.067\,8C_e+0.045\,3$	0.476	1.497	0.999

表 2.42　Freundlich 吸附等温方程拟合参数

$T/℃$	方程	K	n	R^2
25	$\ln q_e=0.312\ln C_e+1.513$	4.54	3.205	0.691
30	$\ln q_e=0.275\ln C_e+1.581$	4.86	3.636	0.659
35	$\ln q_e=0.298\ln C_e+1.649$	5.20	3.356	0.727

表 2.43　Temkin 吸附等温方程拟合参数

$T/℃$	方程	$A_r/$（L/mg）	$b_r/$（J/mol）	R^2
25	$q_e=1.506\,42\ln C_e+7.844\,75$	183.1	1\,644.7	0.903
30	$q_e=1.323\,01\ln C_e+8.090\,72$	458.3	1\,970.9	0.864
35	$q_e=1.401\,89\ln C_e+8.380\,9$	395.44	1\,826.61	0.954

由图 2.97 可知，在低浓度范围内（小于 100 mg/L），不同温度下吸附等温线的吸附量都随温度的升高而急速增加，但超过 150 mg/L 时，吸附量增加相对缓慢。这说明新型阴离子交换纤维在吸附磷酸根时，主要是发生单分子层吸附。当溶液磷酸根质量浓度在 100 mg/L 以下时，不同温度条件下的三条吸附等温线的吸附量基本相同，表明在此浓度范围内，吸附剂对磷酸根的吸附效果基本不受温度的影响，在实际水处理过程中受温度和季节变换的影响较小，具有很高的应用前景，可以用于技术示范及工业推广。磷酸根质量浓度超过 150 mg/L 时，不同温度条件下的三条吸附等温线的吸附量开始有差异，即受温度影响较大。温度越低越有利于该离子交换纤维对磷酸根的吸附，这也进一步表明该过程是放热过程。

由表 2.41 可见，Langmuir 吸附等温方程的线性相关性很高，均大于 0.99；最大饱和吸附量为 0.506 mmol/g，随着温度的升高，饱和吸附容量逐渐减小。由表 2.42 可见，三条吸附等温线的 Freundlich 拟合参数中，n 值均大于 1，说明有良好的吸附性能，属于优惠吸附，即在较低的浓度下也能有较大的吸附量，这也就证明该吸附剂特别适合对低浓度的硝酸根离子的去除。比较线性相关系数可知，Freundlich 及 Temkin 吸附等温方程的 R^2 较低，说明离子交换纤维对磷酸根的吸附更符合 Langmuir 吸附等温模型，属于单分子层吸附。

3. 吸附动力学及颗粒内扩散分析

为进一步研究新型阴离子交换纤维对 PO_4^{3-} 的吸附过程，探讨其吸附动力学规律，本试验拟分别采用伪一级动力学方程、伪二级动力学方程、颗粒内扩散方程对数据进行拟合。

1）伪一级动力学方程拟合

伪一级动力学方程为

$$\ln(q_e - q_t) = \ln q_e - k_1 t \qquad (2.12)$$

式中：q_e 和 q_t 分别为平衡时和 t 时刻新型阴离子交换纤维对吸附质的吸附量，mg/g；k_1 为伪一级吸附速率常数，min^{-1}。

该模型认为吸附速率与吸附推动力 $q_e - q_t$ 呈正比，且吸附速率只受新型阴离子交换纤维上的活性吸附位点数量或者吸附质的浓度限制。通过该模型对图 2.95 中的数据进行拟合，拟合结果见图 2.98 及表 2.44。由图 2.98 可以看出，吸附的初期阶段（0～30 min），伪一级动力学方程呈现较好的线性关系，但是随着吸附时间的延长，数据严重偏离伪一级动力学方程的拟合曲线（图中未列出），这可能是因为在吸附初期新型阴离子交换纤维上的活性吸附位点比较多，此时吸附过程主要受吸附质浓度的控制，但是随着时间的延长，活性吸附位点不断被吸附质占据，数量减少，此时吸附过程不但受吸附质浓度的控制，还受其他因素的影响，所以后期呈现非线性关系，该模型不能很好地描述新型阴离子交换纤维的吸附动力学过程。

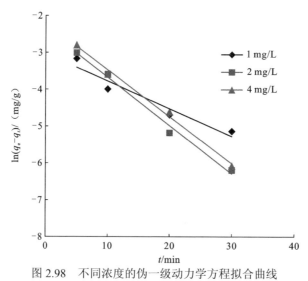

图 2.98　不同浓度的伪一级动力学方程拟合曲线

表 2.44 不同动力学方程的拟合及参数

C_0/（mg/L）	伪一级动力学方程		伪二级动力学方程		颗粒内扩散方程	
	k_1/min^{-1}	R^2	k_2/[g/（mg·min）]	R^2	k_p/[mg/（g·min）]	R^2
1	0.074	0.932 0	3.385 3	0.999 8	0.010	0.843 5
2	0.130	0.991 2	3.271 6	0.999 9	0.014	0.932 8
4	0.127	0.993 2	2.440 2	0.999 9	0.017	0.902 0

2）伪二级动力学方程拟合

伪二级动力学方程为

$$\frac{t}{q_t} = \frac{1}{k_2 q_e^2} + \frac{t}{q_e}$$ （2.13）

式中：k_2 为伪二级吸附速率常数，g/（mg·min）。

通过该模型对图 2.95 中的数据进行拟合，拟合结果见图 2.99 及表 2.44。由图 2.99 可以看出，在整个吸附过程中（0～80 min），伪二级动力学方程都呈现很好的线性拟合关系，相关系数 R^2 可达 0.998～0.999，其速率常数随着溶液初始浓度的升高而减小，这表明与伪一级动力学方程相比，伪二级动力学方程能更好地描述新型阴离子交换纤维的整个吸附过程，说明该吸附过程受活性吸附位点数量和吸附质浓度两个因素影响。

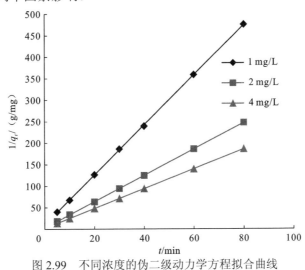

图 2.99 不同浓度的伪二级动力学方程拟合曲线

3）颗粒内扩散方程拟合

吸附过程可以分为三个阶段：第一阶段是吸附质从溶液中扩散到吸附剂表面；

第二阶段是吸附剂吸附吸附质；第三阶段是吸附平衡阶段。其颗粒内扩散方程为

$$q_t = k_p t^{0.5} \tag{2.14}$$

式中：k_p 为颗粒内扩散吸附速率常数，mg/（g·min）。

该模型认为吸附速率主要受吸附过程中颗粒内部的扩散控制。通过该模型对图 2.96 中的数据进行拟合，拟合结果见图 2.100 及表 2.44。由图 2.100 可以看出，在吸附过程的初期阶段（0～30 min），颗粒内扩散方程能呈现较好的线性拟合关系，这是吸附质从溶液中扩散到吸附剂表面的过程，在吸附及吸附平衡过程中，颗粒内扩散方程没有较好的线性拟合关系，这说明该模型不能很好地描述新型阴离子交换纤维的吸附动力学过程。

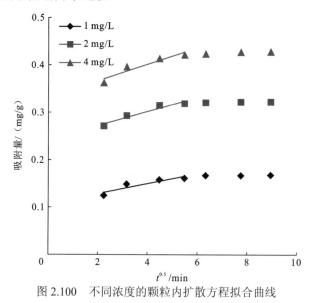

图 2.100　不同浓度的颗粒内扩散方程拟合曲线

2.3.3　新型阴离子交换纤维脱氮

通过动态吸附试验，研究新型阴离子交换纤维对西湖入湖溪流水中氮的脱除效果，并建立动态吸附的穿透曲线模型；同时进行新型阴离子交换纤维的再生试验。

穿透曲线是分析研究吸附剂对吸附质进行吸附的重要曲线，是操作、设计吸附过程的重要依据。该曲线主要反映了动态条件下，吸附质与吸附剂之间动力学、传质及吸附平衡关系。根据吸附柱穿透曲线可以很好地研究吸附设备和吸附剂的吸附效能，尤其在工艺放大的时候显得尤为重要。通过动态吸附试验，可以绘制

出吸附过程的穿透曲线，得出穿透时间和饱和时间，更好地描述吸附过程的动态吸附效果，指导工艺放大设计，为以后的中试试验及工程应用奠定技术基础。

试验主要研究新吸附剂动态吸附效果及其再生工艺，讨论吸附柱的柱高及湖水的流速对新型阴离子交换纤维脱氮效果的影响，并通过 Logistic 模型对动态吸附实验数据进行拟合，得到相关的吸附动力学参数。

试验所用水样为西湖入湖溪流水，所测得的水质指标见表 2.45。

表 2.45　西湖入湖溪流水水样的水质指标　　　　（单位：mg/L）

指标	质量浓度
NO_3^-	3.917
NH_4^+-N	0.104
TN	5.887
TP	0.094

1. 动态吸附试验

试验采用荷兰生物学家 Verhulst 提出的 Logistic 模型，湖水任一时刻 NO_3^-N、NH_4^+-N 和 TN 的出水浓度都可以根据式（2.15）算出。

$$C_t = \frac{A_1 - A_2}{1 + (t - t_0)^p} + A_2 \tag{2.15}$$

式中：C_t 为 t 时刻溶液的透出浓度，mg/L；A_1 为溶液的初始浓度，mg/L；A_2 为溶液的最终测定浓度，mg/L；t 为任意时刻，h；t_0 为饱和穿透时间，h。试验在室温条件下进行，取出水浓度 C 与进水浓度 C_0 比值为 0.1 时，作为穿透点；出水浓度 C 与进水浓度 C_0 比值为 0.9 时，作为吸附终点，认为吸附已达到平衡，新型阴离子交换纤维失去吸附能力。

2. 填料高度对吸附性能的影响

试验填料为实验室自制改性离子交换纤维，控制水样流速为 10 mL/min，保持湖水原有的 pH，改变吸附柱的填料高度分别为 10 cm、15 cm、20 cm，测定不同填料高度对新型阴离子交换纤维吸附性能的影响，并绘制 NH_4^+-N、NO_3^- 和 TN 的穿透曲线，采用 Logistic 模型对试验数据进行拟合。

1）不同填料高度 NH_4^+-N 的穿透曲线

在流速为 10 mL/min 的条件下，吸附柱的填料高度分别为 10 cm、15 cm、20 cm，绘制不同填料高度下 NH_4^+-N 的穿透曲线，如图 2.101 所示。采用 Logistic 模型对试验数据进行拟合，回归参数见表 2.46。

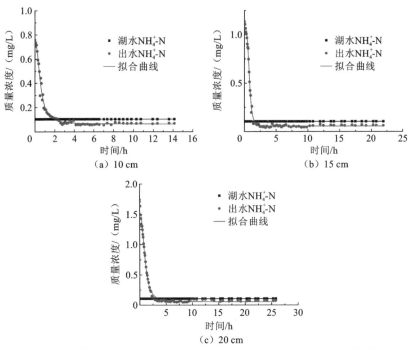

图 2.101　过柱流速为 10 mL/min，不同填料高度时 NH_4^+-N 的穿透曲线

表 2.46　Logistic 拟合不同填料高度时 NH_4^+-N 穿透曲线参数值

填料高度/cm	A_1/（mg/L）	A_2/（mg/L）	t_0/h	p	R^2
10	0.756	0.063	0.538	2.223	0.983 3
15	0.992	0.043	0.741	3.024	0.991 7
20	1.544	0.045	0.941	2.376	0.991 6

由图 2.101 可知，不同填料高度时 NH_4^+-N 的动态吸附穿透曲线形状变化不大，浓度变化趋势接近一致。在动态吸附初期，水样中的 NH_4^+-N 浓度迅速增大到一定数值，而后随着吸附时间的延长，NH_4^+-N 浓度在一定时间内降低到某数值后趋于平稳。但是随着吸附柱填料高度的改变，新型阴离子交换纤维吸附湖水中 NH_4^+-N 的穿透时间与饱和时间都发生了改变。当吸附柱的填料高度不同时，其穿透时间分别为 0.538 h、0.741 h、0.941 h，饱和时间分别为 4 h、4.2 h、5 h，吸附平衡浓度分别为 0.057 mg/L、0.043 mg/L、0.046 mg/L。

根据分析可得，改性新型阴离子交换纤维在动态吸附过程的初始阶段会释放 NH_4^+-N，导致出水 NH_4^+-N 浓度很高，这可能是因为在制备产品的过程中使用了大量的含氮试剂，产品没清洗干净。但随着吸附过程的进行，NH_4^+-N 逐渐被吸附直至低于原水样浓度后趋于平衡。新型阴离子交换纤维去除 NH_4^+-N 主要的作用可能是孔隙吸附，是因为其表面有大量的孔隙结构。

2）不同填料高度 NO_3^--N 的穿透曲线

在流速为 10 mL/min 的条件下，吸附柱的填料高度分别为 10 cm、15 cm、20 cm，绘制不同填料高度下 NO_3^--N 的穿透曲线，如图 2.102 所示。采用 Logistic 模型对试验数据进行拟合，回归参数见表 2.47。

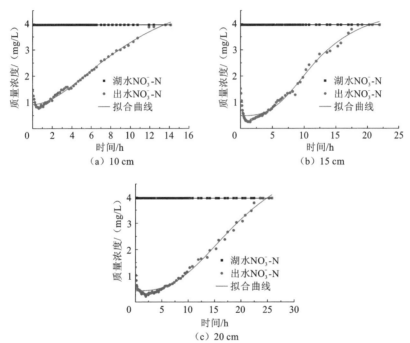

图 2.102   过柱流速为 10 mL/min，不同填料高度时 NO_3^--N 的穿透曲线

表 2.47   Logistic 拟合不同填料高度时 NO_3^--N 穿透曲线参数值

填料高度/cm	A_1/（mg/L）	A_2/（mg/L）	t_0/h	p	R^2
10	0.919	5.855	10.466	1.858	0.983 7
15	0.504	4.908	11.728	3.371	0.953 3
20	0.431	4.819	15.067	3.629	0.978 9

由图 2.102 可知，不同填料高度时 NO_3^--N 的动态吸附穿透曲线形状变化不大，浓度变化趋势接近一致。但是在只改变吸附柱中填料高度而其他条件不变的情况

下，新型阴离子交换纤维吸附湖水中 NO_3^--N 的穿透时间及吸附饱和时间也随之发生了改变。不同吸附柱高的穿透时间分别为 10.466 h、11.728 h、15.067 h，饱和时间分别为 13.6 h、18.3 h、23.4 h，其去除率达到 20% 的时间分别为 9.8 h、15.3 h、20.3 h。这是因为穿透时间及饱和时间与吸附柱的有效吸附时间有关，当吸附柱中填料的高度增加时，该吸附柱的吸附带延长，溶液中的吸附质与吸附剂的接触时间也延长，使得有效吸附时间延长，从而改善吸附效果。因此随着该吸附柱中新型阴离子交换纤维的高度增加，湖水与吸附柱中吸附剂的接触时间越充分，可以使新型阴离子交换纤维对湖水中的 NO_3^--N 进行有效的吸附去除。

3）不同填料高度 TN 的穿透曲线

在流速为 10 mL/min 的条件下，吸附柱的填料高度分别为 10 cm、15 cm、20 cm，绘制不同填料高度下 TN 的穿透曲线，如图 2.103 所示。采用 Logistic 模型对试验数据进行拟合，回归参数见表 2.48。

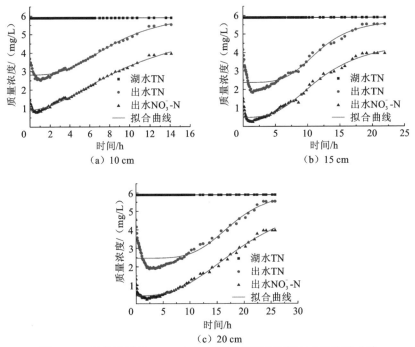

图 2.103　过柱流速为 10 mL/min，不同填料高度时 TN 的穿透曲线

表 2.48　Logistic 拟合不同填料高度时 TN 穿透曲线参数值

填料高度/cm	A_1/（mg/L）	A_2/（mg/L）	t_0/h	p	R^2
10	2.812	6.255	8.593	2.804	0.944 3
15	2.382	5.776	11.761	4.253	0.839 5
20	2.465	6.221	18.029	4.581	0.736 7

由图 2.103 可知，不同填料高度时 TN 的动态吸附穿透曲线形状变化不大，浓度变化趋势接近一致。还可以看出，TN 的去除跟 NO_3^--N 有密切的关系，吸附柱对湖水中 TN 的去除主要是通过对 NO_3^--N 的去除来实现的。但是在只改变吸附柱中填料高度而其他条件不变的情况下，新型阴离子交换纤维吸附湖水中 TN 的穿透时间及吸附饱和时间也发生了改变。不同柱高时的穿透时间分别为 8.593 h、11.761 h、18.029 h，饱和时间分别为 14.4 h、9.4 h、6.9 h，其去除率达到 20% 的时间分别为 9.8 h、15.3 h、20.3 h。随着吸附柱中新型阴离子交换纤维的高度增加，湖水与吸附柱中吸附剂的接触时间越充分，可以使新型阴离子交换纤维对湖水中的 TN 进行有效的吸附去除。

3. 过柱流速对动态吸附的影响

控制填料高度为 10 cm，保持湖水原有的 pH，改变吸附柱的过柱流速分别为 10 mL/min、15 mL/min、20 mL/min，绘制不同过柱流速下对新型阴离子交换纤维吸附 NH_4^+-N、NO_3^--N 和 TN 的穿透曲线，并采用 Logistic 模型对试验数据进行拟合，得出动态吸附过程的各个参数。

1）不同过柱流速下 NH_4^+-N 的穿透曲线

在填料高度为 10 cm 的条件下，吸附柱的过柱流速分别为 10 mL/min、15 mL/min、20 mL/min，绘制 NH_4^+-N 的穿透曲线，如图 2.104 所示。采用 Logistic 模型对试验数据进行拟合，回归参数见表 2.49。

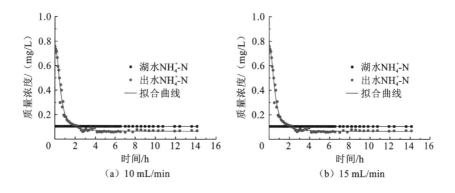

（a）10 mL/min　　　　　　　　（b）15 mL/min

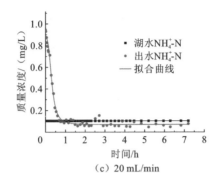

（c）20 mL/min

图 2.104　填料高度为 10 cm，不同过柱流速时 NH_4^+-N 的穿透曲线

表 2.49　Logistic 拟合不同过柱流速时 NH_4^+-N 穿透曲线参数值

过柱流速/（mL/min）	A_1/（mg/L）	A_2/（mg/L）	t_0/h	p	R^2
10	0.756	0.063	0.538	2.223	0.983 3
15	1.173	0.056	0.265	1.988	0.994 9
20	0.873	0.069	0.308	2.941	0.987 3

由图 2.104 可知，不同过柱流速时 NH_4^+-N 的动态吸附穿透曲线形状变化不大，浓度变化趋势接近一致。在动态吸附初期，水样中的 NH_4^+-N 浓度迅速升高到一定数值，而后随着吸附时间的延长，NH_4^+-N 浓度在一定时间内降低到某数值后趋于平稳。但是随着过柱流速的改变，新型阴离子交换纤维吸附湖水 NH_4^+-N 的穿透时间及吸附饱和时间都发生了变化。过柱流速为 10 mL/min、15 mL/min、20 mL/min 时，其穿透时间分别为 0.538 h、0.265 h、0.308 h，吸附饱和时间分别为 4 h、3 h、2.3 h，而其吸附平衡浓度分别为 0.057 mg/L、0.05 mg/L、0.05 mg/L。

2）不同过柱流速下 NO_3^--N 的穿透曲线

在填料高度为 10 cm 的条件下，吸附柱的过柱流速为 10 mL/min、15 mL/min、20 mL/min，绘制 NO_3^--N 的穿透曲线，如图 2.105 所示。采用 Logistic 模型对试验数据进行拟合，回归参数见表 2.50。

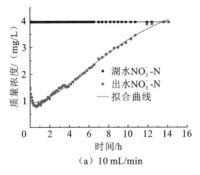

（a）10 mL/min

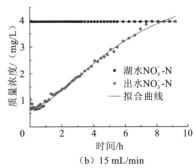

（b）15 mL/min

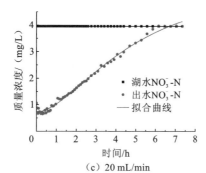

（c）20 mL/min

图 2.105　填料高度为 10 cm，不同过柱流速时 NO_3^--N 的穿透曲线

表 2.50　Logistic 拟合不同过柱流速时 NO_3^--N 穿透曲线参数值

过柱流速/（mL/min）	A_1/（mg/L）	A_2/（mg/L）	t_0/h	p	R^2
10	0.919	5.855	10.466	1.858	0.983 7
15	0.721	0.566	5.935	0.744	0.993 2
20	0.799	4.557	2.291	2.163	0.993 4

由图 2.105 可知，不同过柱流速时 NO_3^--N 的动态吸附穿透曲线图形状变化不大，浓度变化趋势接近一致。但是在只改变吸附柱的过柱流速而其他条件不变的情况下，新型阴离子交换纤维吸附湖水中 NO_3^--N 的穿透时间及吸附饱和时间也随之发生了改变。当过柱流速分别为 10 mL/min、15 mL/min、20 mL/min 时，吸附柱的穿透时间分别为 10.466 h、5.935 h、2.291 h，饱和时间分别为 14.4 h、9.2 h、6.3 h，其去除率达到 20%的时间分别为 9.8 h、5.5 h、3.3 h。这是因为随着溶液流速的不断增大，吸附质由于流速过大而在填料中的有效停留时间减少，使得吸附质与填料之间不能进行充分的物理吸附和离子交换，有效吸附时间减少，加快了其穿透和吸附饱和。即流速不断增大时，吸附柱中的吸附带变短，有效吸附时间减少，吸附效果降低，即增大吸附过柱流速不利于硝酸盐氮的去除。

3）不同过柱流速下 TN 的穿透曲线

在填料高度为 10 cm 的条件下，使吸附柱的过柱流速为 10 mL/min、15 mL/min、20 mL/min，绘制 TN 的穿透曲线，如图 2.106 所示。采用 Logistic 模型对试验数据进行拟合，回归参数见表 2.51。

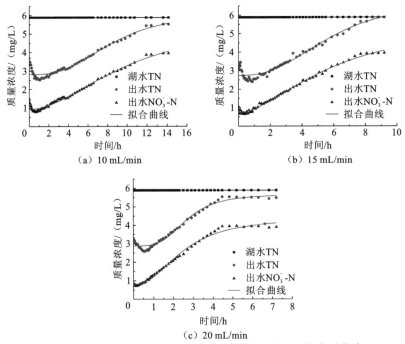

图 2.106　填料高度为 10 cm，不同过柱流速时 TN 的穿透曲线

表 2.51　Logistic 拟合不同过柱流速时 TN 穿透曲线参数值

过柱流速/（mL/min）	A_1/（mg/L）	A_2/（mg/L）	t_0/h	p	R^2
10	2.812	6.255	8.593	2.804	0.944 3
15	2.742	6.997	5.972	2.538	0.560 0
20	2.878	5.704	2.675	3.512	0.976 4

　　由图 2.106 可知，不同过柱流速时 TN 的动态吸附穿透曲线图形状变化不大，浓度变化趋势接近一致。当过柱流速为 10 mL/min、15 mL/min、20 mL/min 时，穿透时间分别为 8.593 h、5.972 h、2.675 h，饱和时间分别为 14.4 h、9.4 h、6.9 h，其去除率达到 20% 的时间分别为 9.8 h、5.5 h、3.3 h，但是曲线形状变化不大也就是说当吸附柱的流速不断增大时，吸附柱中的吸附带变短，有效吸附时间减少，湖水中的吸附质不能很好地与新型阴离子交换纤维进行充分的接触，吸附效果降低，即增大吸附过柱流速不利于 TN 的去除。

2.3.4　新型阴离子交换纤维再生

　　吸附剂在运行一段时间后，由于不断吸附水中的污染物，吸附剂表面的活性位点逐渐减少，吸附性能下降，最终达到饱和，从而失去吸附能力。因此需要对达到吸附饱和的吸附剂进行再生，以恢复其吸附能力。再生的方法有很多种，如酸碱洗脱、热法再生、蒸汽吹脱、置换再生等（冯长根 等，2005）。

1. 再生试验方法

用新型阴离子交换纤维吸附湖水，待吸附饱和后，取 0.1 g 饱和的吸附剂分别置于浓度均为 0.1 mol/L 的 HCl、NaOH、NaCl 溶液中，然后在恒温振荡器中振荡 1 h，过滤后测定滤液中硝态氮的吸光度。将再生后的新型阴离子交换纤维用蒸馏水清洗干净，重复上述步骤进行吸附再生试验，根据去除率和解吸率选出最佳的再生剂。按照上述步骤，将吸附饱和的新型阴离子交换纤维分别置于浓度为 0.01 mol/L、0.1 mol/L、1 mol/L 的再生剂溶液中，得出最佳的再生剂浓度。解吸率计算公式为

$$解吸率 = \frac{硝态氮的去除量}{硝态氮的吸附量} \times 100\% \qquad (2.16)$$

2. 再生试验结果与讨论

1）再生剂的选择

试验选取浓度为 0.1 mol/L 的 HCl、NaOH、NaCl 水溶液作为再生剂，分别对 0.1 g 吸附饱和的新型阴离子交换纤维再生 60 min，再生效果见图 2.107，解吸率见表 2.52。

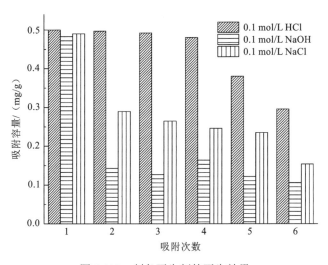

图 2.107　制备再生剂的再生效果

表 2.52　不同再生剂的解吸率

再生剂种类	解吸率/%
HCl	84.71
NaOH	81.85
NaCl	70.30

从图 2.107 和表 2.52 可以看出，与 NaOH、NaCl 水溶液相比，HCl 水溶液对吸附饱和新型阴离子交换纤维的解吸率最高，可达 84.71%；吸附饱和的离子交换纤维经 0.1 mol/L 的 HCl 水溶液再生 4 次后，吸附容量变化不大，再生 5 次后，吸附剂的吸附容量减小，但仍能达到原吸附量的 65%左右，可见以 HCl 水溶液作为再生剂是可行的。

2）再生剂浓度的选择

试验选取浓度为 0.01 mol/L、0.1 mol/L、1 mol/L 的 HCl 水溶液作为再生剂，分别对 0.1 g 吸附饱和的新型阴离子交换纤维再生 60 min，以确定再生剂的最佳浓度。再生效果见图 2.108，解吸率见表 2.53。

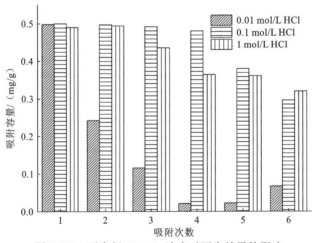

图 2.108　再生剂（HCl）浓度对再生效果的影响

表 2.53　不同浓度再生剂（HCl）的解吸率

再生剂浓度/（mol/L）	解吸率/%
0.01	60.40
0.1	84.71
1.0	74.30

由图 2.108 和表 2.53 可知，与 0.01 mol/L 和 1 mol/L 的 HCl 水溶液相比，

0.1 mol/L HCl 水溶液对吸附饱和新型阴离子交换纤维的解吸率最高,可达84.71%,这是因为再生剂浓度太低时, 不能将吸附剂中吸附的 NO_3^- 完全地释放出来;吸附饱和的新型阴离子交换纤维经 0.1 mol/L HCl 水溶液再生 4 次后,吸附容量变化不大,再生 5 次后,吸附剂的吸附容量减小,但仍能达到原吸附量的65%左右,1 mol/L HCl 水溶液的再生效果也很好,但浓度过高会造成资源的浪费。因此,以 0.1 mol/L 作为 HCl 水溶液再生剂的最佳再生浓度。

2.3.5   工业性产品的制备及技术示范

1. 新型阴离子交换纤维的工业性产品制备

新型阴离子交换纤维的工业性产品制备装置见图 2.109。

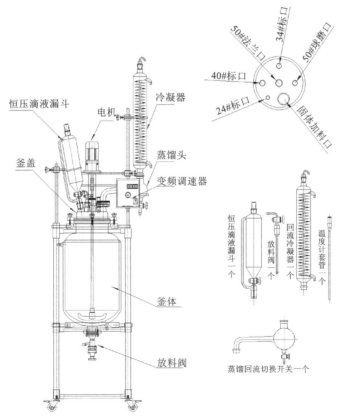

图 2.109   产品制备装置示意图

确定的最佳制备工艺包括以下三个阶段。

（1）预处理阶段。将购回的致密新型阴离子交换纤维原料（大多为长条扁平状）用自来水浸泡，充分吸水后膨胀为长条圆柱状。然后沥掉水，置于烘箱以 60～65℃烘干。将烘干的原料裁剪成长×宽约为 8 cm×5 cm 的块状新型阴离子交换纤维。将剪好的新型阴离子交换纤维小块浸泡在10%的 NaOH 水溶液中 10 h，然后用纯水将碱性新型阴离子交换纤维清洗至呈中性，接着放于烘箱烘干待用。

（2）有机合成阶段。

活化：称取经预处理的新型阴离子交换纤维投入 20 L 的双层玻璃反应釜中，待水浴锅温度达到 85℃时，从顶口加入 DMF 和环氧氯丙烷，该阶段反应时长 60 min，电动搅拌器以一定转速搅拌直到整个有机合成反应结束。

交联：待活化阶段反应完毕，水浴锅仍然保持85℃，从顶口加入乙二胺，该阶段反应时长 60 min。

接枝：待交联阶段反应完毕，水浴锅仍然保持85℃，从顶口加入三乙胺，该阶段反应时长 60 min，待反应完毕后停止搅拌。

（3）清洗阶段。将反应完毕的产品过滤并用 50～80℃纯水清洗辅以电动搅拌器搅拌至产品无明显残渣，然后移至烘箱烘干即得到改性新型阴离子交换纤维。

制备工艺流程图见图 2.110。

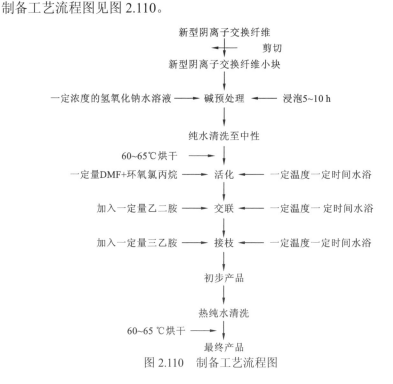

图 2.110　制备工艺流程图

　　制备离子交换纤维工业性产品，块状新型阴离子交换纤维产品见图 2.111，柱状离子交换纤维产品见图 2.112。西湖水静态吸附试验验证表明，选最优固液比 6 g/L，100 mL 西湖入湖溪流水，0.6 g 新型阴离子交换纤维，振荡速度 120 r/min，振荡时间 60 min，反应温度 20 ℃条件下，该新型阴离子交换纤维对西湖水具有较好的除磷效果，去除率达到 52.7%，对西湖水具有较好的脱氮效果，总氮去除率达到 38.3%，硝态氮去除率为 40.6%，氨氮去除率为 31.0%。

图 2.111　块状新型阴离子交换纤维产品

图 2.112　柱状新型阴离子交换纤维产品

2. 技术示范

　　技术示范方面，在玉皇山预处理场现有占地条件下，建设规模为 10 m³/d 的西湖入湖溪流生态塘-沟渠-人工湿地水质净化技术装置系统一套，系统现场装置图见图 2.113，净化装置结构图、工艺流程图分别见图 2.114 和图 2.115。水力停留时间 1 h，温度 20 ℃，该新型阴离子交换纤维对入湖溪流具有较好的除磷效果，TN、TP 去除率分别为 24.1%和 20.7%，均达到了目标要求，结果见表 2.54。

图 2.113　入湖溪流生态塘-沟渠-人工湿地水质净化系统现场装置图

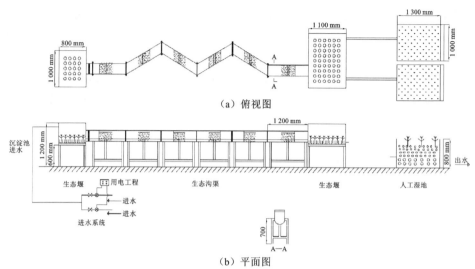

（a）俯视图

（b）平面图

图 2.114　入湖溪流生态塘-沟渠-人工湿地水质净化装置结构图

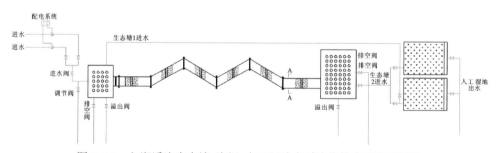

图 2.115　入湖溪流生态塘-沟渠-人工湿地水质净化技术工艺流程图

表 2.54　技术性示范装置水质及处理效果

指标	TN	NO_3^--N	NH_4^+-N	TP
金沙涧水质/（mg/L）	5.887	3.952	0.104	0.094
进水水质/（mg/L）	5.384	4.097	0.088	0.087
出水水质/（mg/L）	4.086	3.063	0.070	0.069
去除率/%	24.1	25.2	20.5	20.7

第3章 杭州西湖内源污染特征及其控制

沉积物内源污染是导致水体富营养化的重要因素。目前，沉积物氮磷污染控制技术主要包括原位处理技术和异位处理技术。原位处理技术是通过向沉积物表面原位添加处理材料，以固化沉积物中的污染物，进而阻隔沉积物营养盐再次释放至上覆水中（寇丹丹 等，2012）。异位处理技术是采用机械的方式将污染的沉积物挖掘出来，运到合适的场所进行专业处理或资源化。相比于异位处理技术，原位处理技术可避免底泥再悬浮引起大量营养盐向水体释放，减少二次污染，且处理成本较低。例如，活性炭、铁盐、钙盐、铝盐及镧系金属改良黏土材料等一系列的强效物理化学吸附剂被用于沉积物内源磷原位处理，能够提高沉积物对磷的结合能力，从而减少沉积物中内源磷向湖泊水体的释放（范成新 等，2021）。Lin 等（2019）将合成的锆改性膨润土作为磷污染沉积物覆盖材料，使上覆水中可溶性磷含量显著降低，这是因为锆改性膨润土覆盖后表层沉积物中的磷形成了静止和活动分层现象，使磷形态由易释放态向相对稳定态或极稳定态转变。Kong 等（2020）分析了镧改性膨润土作为覆盖材料为何有极好的控磷效果，是因为它除了对有机磷和焦磷酸盐（葡萄糖-6-磷酸酯）具有良好的吸附性，还对溶磷菌有很好的抑制作用。Zhao 等（2020）合成了一种含有腐植酸和 $La(OH)_3$ 的纳米棒复合物载体的沸石，利用 La^{3+} 和胡敏酸对有机磷的保护作用，通过投加改性沸石实现对沉积物中磷的固定化，形成的改性沸石成本仅约为市场同类产品价格的1/3。Yin 等（2016）研究发现，天然富钙的海泡石和凹凸棒石可有效钝化沉积物中的活性磷，并降低包括 Cd 和 Pb 在内的大部分金属在沉积物中的移动性。与国外同类产品相比，活性磷钝化材料不仅固磷能力和抗风浪性更强，成本也可节约50%以上。天然矿物功能材料修复技术采用天然黏土矿物材料作为吸附剂和覆盖物，具有储备量高、价格低廉及对环境无二次污染等优点，且可联合水生植物修复富营养化水体重污染性底泥，是被证实可用于富营养化水体生态修复的有效措施（Liu et al.，2020）。

3.1　沉积物内源污染

3.1.1　沉积物污染特征

1. 测定方法

课题组在西湖的子湖（大湖区、北里湖、西里湖、茅家埠、小南湖、岳湖等）进行底泥泥深的测定，采用浅地层剖面仪，每隔 200 m 设置一条测定线，测定西湖浮泥与淤泥深度。西湖底泥泥深测定线如图 3.1 所示。每条测定线上间隔 10 m 取一个泥深值，全湖共得到 5086 个泥深值，在 ArcGIS 中进行插值，获得西湖淤泥和浮泥的深度分布。

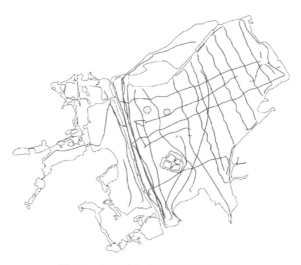

图 3.1　西湖底泥泥深测定线示意图

2. 测定结果

西湖浮泥与淤泥深度的分布如图 3.2 所示。全湖表层浮泥平均深度为 0.05 m，淤泥平均深度为 0.70 m，平均总泥深为 0.75 m，按西湖面积 6.39 km^2 计算，全湖浮泥与淤泥的泥量约为 480 万 m^3。

3. 样品采集

在西湖不同湖区选定 8 个采样点，分别为小南湖（XH1）、茅家埠（XH3）、西里湖（XH4）、外湖南（XH5）、外湖中（XH6）、外湖北（XH7）、北里湖（XH8）、

图 3.2　西湖浮泥与淤泥深度的分布示意图
扫描封底二维码看彩图

岳湖（XH9）。各点情况为：①小南湖（XH1）代表西湖引水工程首要影响区及水质相对优良湖区，因调水入湖，换水很快，湖湾面积约 0.20 km²；②茅家埠（XH3）代表西湖西进等西部湾区，受西湖引水工程的影响比较大，水质相对优良，湖湾面积约 0.33 km²；③西里湖（XH4）代表有机质沉积历史长、水域相对封闭的西部湖区，水质一般，湖湾面积约 0.78 km²；④外湖南（XH5）代表旅游活动频繁、"香灰土"清淤不彻底的开敞湖区，水质较差，代表区域面积约 0.90 km²；⑤外湖中（XH6）代表西湖最为开阔的外湖主体部分，也是 1999～2002 年疏浚重点区域，水质一般，代表区域面积约 2.23 km²；⑥外湖北（XH7）代表外湖传统的下游，"香灰土"清淤较彻底，水质一般，代表区域面积约 1.33 km²；⑦北里湖（XH8）代表西湖北部相对封闭、旅游活动强、1999～2002 年疏浚工程中没有实施疏浚的区域，水质较差，湖湾面积约 0.35 km²；⑧岳湖（XH9）代表西湖西北角相对封闭区域，水浅，也有引水工程入口，水质一般，湖湾面积约 0.11 km²。

4. 西湖沉积物性质

西湖 8 个湖区沉积物的含水率如图 3.3 所示。由图 3.3 可知，沉积物的含水率在 27%～88%变化。8 个不同湖区沉积物的含水率不同，其中岳湖和茅家埠沉积物的平均含水率较低，分别为 43%和 54%。而外湖南、北里湖和西里湖沉积物的平均含水率较高，分别为 84%、80%和 79%。

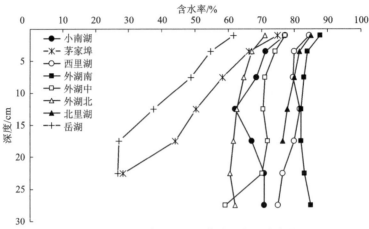

图 3.3　西湖 8 个湖区沉积物含水率垂直变化

　　沉积物中总氮和总磷含量能指示湖泊历史上的富营养化程度。西湖沉积物的总氮质量分数在 1 064～11 921 mg/kg 变化（图 3.4），其中：外湖南和西里湖的沉积物总氮质量分数较高，垂向平均值分别为 8 465 mg/kg 和 6 986 mg/kg；北里湖沉积物总氮质量分数也比较高，垂向平均值为 6 057 mg/kg；岳湖沉积物总氮质量分数最低，垂向平均值仅为 2 036 mg/kg；茅家埠沉积物氮污染相对较轻，垂向平均值为 3 256 mg/kg。

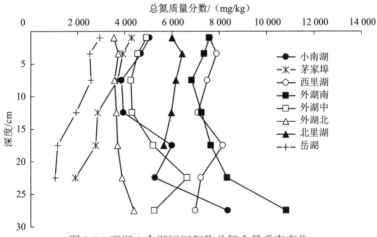

图 3.4　西湖 8 个湖区沉积物总氮含量垂直变化

　　西湖 8 个样点 55 个分层沉积物样品的平均总磷质量分数为 630 mg/kg。与之相比，长江中下游地区 22 个湖泊沉积物样品平均总磷质量分数为 885 mg/kg。西湖沉积物总磷质量分数的最大值为 1 641 mg/kg，来自小南湖次表层沉积物；最小值为 267 mg/kg，来自西里湖最底层沉积物。从泥柱平均总磷质量分数（图 3.5）来看，由高到低的顺序为小南湖（1033 mg/kg）、茅家埠（848 mg/kg）、岳湖（724　mg/kg）、外湖南（660 mg/kg）、外湖中（538 mg/kg）、西里湖（507 mg/kg）、外湖北（456 mg/kg）、北里湖（401 mg/kg）。

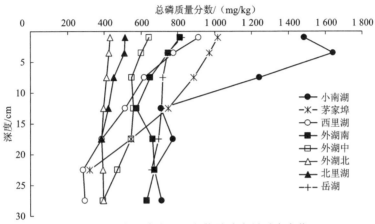

图 3.5　西湖 8 个湖区沉积物总磷含量垂直变化

　　水质较差的北里湖、外湖北的沉积物总磷含量反而较低，而水质最好的小南湖表层沉积物的磷含量却是最高。小南湖沉积物平均总磷质量分数为 1 033 mg/kg，最大值出现在泥深 3～5 cm 处，为 1 641 mg/kg。北里湖、外湖北、外湖中等点位的磷含量低，说明西湖的水体透明度、营养盐含量等并不完全受底泥因素的影响，还可能受换水状况、扰动状况、渔业状况、水生植被状况等的影响。小南湖表层磷的高含量非常值得关注，可能该区域存在一定强度的磷污染源，如周边的园林绿化或者观赏鱼区污染等。小南湖换水周期很快，周边既有大量的园林绿地，也有"花港观鱼"水系大量的鲤鱼，都可能对表层底泥磷富集产生影响。而茅家埠是换水量仅次于小南湖的湖区，周边也有大量园林绿地。

　　沉积物的有机质含量是表征内源污染的一个重要指标。西湖 8 个湖区沉积物有机质含量垂直变化如图 3.6 所示。与过去调查反映的情况一样，西湖沉积物的有机质含量仍较高，总体上有机质质量分数为 28～251 g/kg，8 个湖区沉积物泥柱平均有机质含量由高到低依次为外湖南（251 g/kg）、西里湖（215 g/kg）、北里湖（144 g/kg）、外湖中（132 g/kg）、小南湖（117 g/kg）、外湖北（87 g/kg）、茅家埠（58 g/kg）、岳湖（28 g/kg）。

　　与一般湖泊沉积物有机质表层含量高、下层含量低的规律不同的是，西湖沉积物普遍存在有机质含量随深度增加而升高的现象，如小南湖、北里湖、外湖南、外湖中、外湖北和西里湖（图3.6）。这种规律可能与西湖沉积物大量有机质积累时间长、多次疏浚的情况有关。特别是1999～2003年的再次疏浚，使表层有机质含量明显降低，但对历史遗存的高有机质含量底泥并未彻底清除。这也说明大规模疏浚也很难改变西湖长期有机质淤积形成高腐殖质底质的状况。小南湖、西里湖的有机污染甚至还有所加剧，表明西湖底泥有机污染控制的难度很大。

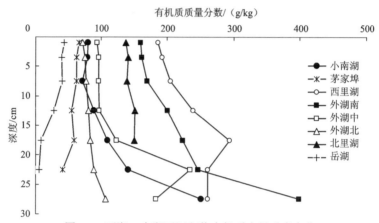

图3.6　西湖8个湖区沉积物有机质含量垂直变化

　　无论是轻组有机质（light fraction organic matter，LFOM）还是重组有机质（heavy fraction organic matter，HFOM），均与沉积物总氮含量关系密切（图3.7）。这说明沉积物中的有机质积累与氮的积累密切关联，有机氮是沉积物中总氮的主要成分。相比较而言，HFOM 与总氮的相关性更好，皮尔逊相关系数为 0.89（$P<0.001$，$n=24$），而 LFOM 与总氮的相关系数为 0.64（$P=0.001$，$n=24$）。这表明重组有机质可能含有较多的有机氮，是沉积物氮的一种主要存在形式。

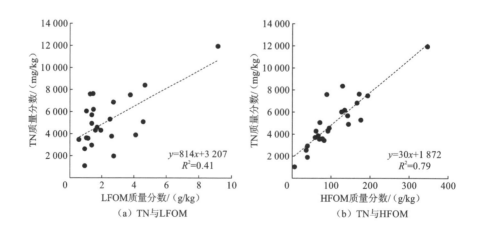

（a）TN与LFOM　　　　　　　　　　（b）TN与HFOM

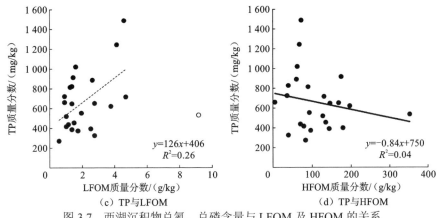

（c）TP与LFOM　　　　　　　　　　　（d）TP与HFOM
图 3.7　西湖沉积物总氮、总磷含量与 LFOM 及 HFOM 的关系

　　总磷与 LFOM 及 HFOM 的关系明显较总氮与两者的关系差，表明沉积物中磷的积累受到的影响因素更多，有机质吸附态或有机磷只是底泥蓄积磷中的一部分。与总氮不同，总磷与 LFOM 的相关关系明显好于总磷与 HFOM［图 3.7（c）和（d）］，说明有机质对沉积物中总磷的控制主要体现于轻组有机质。

　　湖泊沉积物总有机碳（toal organic carbon，TOC）是表征湖泊中有机质多少的一项基本参数，是区域碳循环研究的重要化学指标，湖泊沉积物中有机质的含量、种类和来源不仅反映湖泊初始生产力和流域植被生长情况，也反映有机质随沉积物沉积后的保存状况。在西湖西进区域茅家埠、乌龟潭和浴鹄湾各设置两个采样点，小南湖设置两个采样点，西里湖湖心、北里湖湖心、西湖湖心、西湖湖湾和岳湖分别设置一个采样点，共设置 13 个采样点。分别于 2013 年 12 月（冬）、2014 年 4 月（春）、2014 年 6 月（夏）、2014 年 10 月（秋）用彼得森采泥器采集 0～10 cm 表层沉积物。

　　结果表明，西湖不同湖区沉积物的 TOC 质量分数具有显著性差异（$P=0.001<0.01$）。西湖表层沉积物 TOC 质量分数为 2.34%～12.91%，平均值为 5.92%，大湖区 TOC 含量均高于西湖西进区域三个湖区且差异性显著（$P=0.001<0.01$），西湖西进区域的沉水植被恢复区 TOC 质量分数均高于匮乏区（$P=0.032<0.05$），但是差异性不显著（$P=0.194>0.05$）。

5. 与其他湖泊的对比

　　与江苏、浙江的其他湖泊、水库相比，西湖沉积物的有机质含量和总氮含量较高，总磷含量也较高。与长江中下游湖泊（如太湖、鄱阳湖、洪泽湖、洞庭湖、玄武湖）、洱海、白洋淀、南四湖及西辽河沉积物的轻重组有机质含量相比，西湖的 HFOM 含量及其占总有机质的比例都很高（图 3.8）。HFOM 代表了有机质中的主要部分，其含量特征与有机质一致。水体的水力停留时间等水文交换能力对沉积物有机质含量有很强的控制能力，过水型湖泊沉积物有机质含量都比较低，相对缺水地区湖泊沉积物的有机质含量偏高，沼泽化的可能性较大。玄武湖、月湖、西湖等城市湖泊沉积物的有机质含量更高，这种高 LFOM 底泥具有更强的氮磷释放潜力，对湖泊富营养化生态修复的阻碍作用更强。

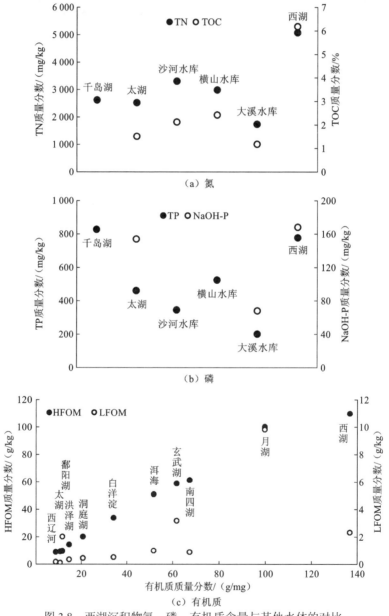

图 3.8　西湖沉积物氮、磷、有机质含量与其他水体的对比

3.1.2　沉积物内源释放通量

在春、夏、冬三个季节，在选定的 8 个采样点利用柱状采样器采集沉积物柱状样 3 根，高度控制在 20 cm 左右，保持竖直，无扰动，带回实验室进行磷、氮释放通量测定培养。静置后分别于 0 d、1 d、2 d、3 d、5 d、7 d、9 d、11 d、13 d 采集上覆水水样，测定磷酸盐、氨氮浓度。根据营养盐随时间变化的曲线拟合，取斜率和上覆水体积、泥柱表面积，计算得到内源磷、氮释放速率。

1. 西湖沉积物磷释放速率

春、夏、冬三季 8 个采样点磷的释放速率如图 3.9 所示，夏季的释放速率显著高于冬季、春季。夏季 8 个采样点磷的平均释放速率为 3.29 mg/（m²·d），而春季为 0.29 mg/（m²·d），冬季为 0.13 mg/（m²·d），从季节上比较，释放速率为夏季>>春季>冬季，夏季是冬季、春季的 10 倍以上。夏季磷的释放速率显著升高的主要影响因素可能是温度，而与春、冬两季差异如此之大，则可能与西湖沉积物高有机质含量的“香灰土”特征有关。

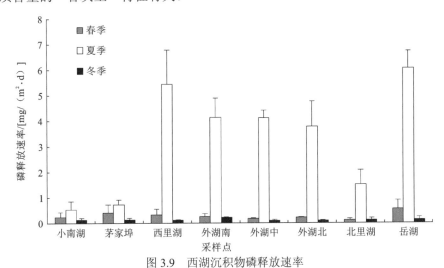

图 3.9　西湖沉积物磷释放速率

从不同点位的差异来看，不同湖区沉积物磷的释放速率差异也很大。夏季 8 个采样点的磷释放速率最小值为 0.54 mg/（m²·d），来自小南湖；最大值为 6.06 mg/（m²·d），来自岳湖，两者相差 10 倍以上。

对照西湖沉积物污染状况可以看出，磷的释放强度与沉积物磷含量、有效态磷含量的关系并不密切，反而与沉积物有机质含量关系更大，说明西湖磷释放的空间差异受沉积物有机质分解强度的影响。有机质污染越重，高温期间分解耗氧的情况也越严重，促进了蓄积在沉积物中的磷的释放。这也说明西湖沉积物磷的污染控制与有机质污染控制密切联系。岳湖采样点的情况比较特殊，有机质含量不是很高，但磷释放强度很高，这可能与岳湖面积很小、而周边人类活动强度特别大有关。

引水工程输入的残留铝盐能间接对沉积物 pH 产生影响，进而影响沉积物对磷的吸附能力。当沉积物 pH 升高时，沉积物内 OH^- 的含量增加，会与沉积物中 Al^{3+}、Fe^{3+} 等结合，占据磷的吸附位点，降低沉积物对磷的吸附能力。杭州西湖沉积物磷释放风险指数（eutrophication risk index，ERI）为 11.13%～40.88%，最大值出现在北里湖采样点，最小值出现在小南湖采样点。杭州西湖沉积物磷均处在中度释放风险及以上，具有引起富营养化的潜力，尤其是在北里湖和外湖。

2. 西湖沉积物氮释放速率

春、夏、冬三季 8 个采样点氮的释放速率如图 3.10 所示，夏季的释放速率显著高于春季，春季高于冬季：夏季 8 个采样点氮的平均释放速率为 42.5 mg/（$m^2\cdot d$），而春季为 10.8 mg/（$m^2\cdot d$），冬季仅为 3.6 mg/（$m^2\cdot d$），从季节上比较，释放速率为夏季>春季>冬季。与磷类似，夏季氮释放速率显著升高的主要影响因素仍然是温度。不同采样点氮释放速率的差异没有磷那么显著，夏季氮释放速率除岳湖较高达到 99.6 mg/（$m^2\cdot d$）外，其余采样点氮释放速率较为接近。

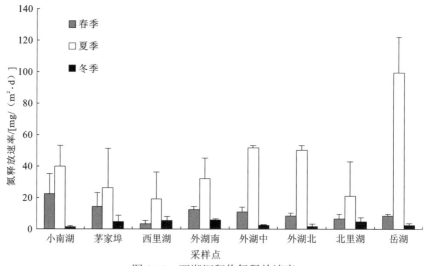

图 3.10　西湖沉积物氮释放速率

3. 西湖沉积物磷、氮释放通量

基于西湖 8 个采样点沉积物磷、氮释放速率，结合 8 个采样点所代表湖区的面积，按照春（秋）季 183 d、夏季 92 d、冬季 90 d 计，估算得到西湖沉积物磷、氮的年释放通量，见表 3.1 和表 3.2。

表 3.1　西湖沉积物磷的内源释放通量估算值

项目	小南湖	茅家埠	西里湖	外湖南	外湖中	外湖北	北里湖	岳湖
代表面积/km²	0.20	0.33	0.78	0.90	2.23	1.33	0.35	0.11
春季释放速率/[mg/（m²·d）]	0.24	0.42	0.33	0.26	0.17	0.21	0.12	0.56
春季释放通量/（kg/d）	0.048	0.139	0.257	0.234	0.379	0.279	0.042	0.062
夏季释放速率/[mg/（m²·d）]	0.54	0.73	5.45	4.14	4.11	3.77	1.50	6.06
夏季释放通量/（kg/d）	0.108	0.241	4.251	3.726	9.165	5.014	0.525	0.667
冬季释放速率/[mg/（m²·d）]	0.13	0.13	0.11	0.21	0.10	0.10	0.12	0.13
冬季释放通量/（kg/d）	0.026	0.043	0.086	0.189	0.223	0.133	0.042	0.014
年负荷/kg	21	51	446	403	933	524	60	74
全湖年负荷/t	2.512							

表 3.2　西湖沉积物氮的内源释放通量估算值

项目	小南湖	茅家埠	西里湖	外湖南	外湖中	外湖北	北里湖	岳湖
代表面积/km²	0.20	0.33	0.78	0.90	2.23	1.33	0.35	0.11
春季释放速率/[mg/（m²·d）]	22.32	14.37	3.14	12.29	10.92	8.34	6.67	8.42
春季释放通量/（kg/d）	4.46	4.74	2.45	11.06	24.35	11.09	2.33	0.93
夏季释放速率/[mg/（m²·d）]	39.90	26.03	19.21	31.92	51.65	50.28	20.99	99.59
夏季释放通量/（kg/d）	7.98	8.59	14.98	28.73	115.18	66.87	7.35	10.95
冬季释放速率/[mg/（m²·d）]	1.53	4.55	5.34	5.66	2.48	1.83	4.85	2.33
冬季释放通量/（kg/d）	0.31	1.50	4.17	5.09	5.53	2.43	1.70	0.26
年负荷/kg	1 579	1 793	2 202	5 125	15 551	8 401	1 256	1 200
全湖年负荷/t	37.107							

目前西湖每年全湖磷的内源负荷约为 2.5 t，氮的内源负荷约为 37 t。内源磷负荷与在 1995 年西湖底泥疏浚前估算的 7.22 t 相比下降了 65%，但仍然很高。夏

季底泥静态培养 13 d 后上覆水磷浓度提高将近 10 倍。按照西湖水量 1 030 万 m³ 计算，每天的底泥磷释放量相当于可提高湖水磷质量浓度 0.002 mg/L；整个夏天可提高湖水磷质量浓度 0.212 mg/L，全年可提高 0.244 mg/L。对氮而言，每天的底泥释放量相当于可提高湖水氮质量浓度 0.025 mg/L；整个夏天可提高湖水氮质量浓度 2.33 mg/L，全年可提高湖水氮质量浓度 3.6 mg/L。由于底泥氮、磷释放状况在空间上的不均，局部湖湾的释放更加严重。因此，西湖底泥营养盐释放的进一步控制还是很有必要的。

3.1.3　环境因子对沉积物磷释放的影响

1. 沉积物磷形态分析

小南湖湖区位于西湖的南部，与苏堤和杨公堤相邻，平均深度为 1.8 m，最大深度为 2.75 m，面积为 0.085 km²。小南湖湖水主要来自钱塘江引水工程，即将钱塘江的水经过絮凝沉淀等工艺引入小南湖，另外湖水还来自与小南湖相连接的西湖外湖和浴鹄湾。试验采样点位于小南湖湖心（120° 8'16"E；30° 13'54"N），如图 3.11 所示。沉积物上覆水理化性质见表 3.3。

图 3.11　采样点位置示意图

表 3.3　沉积物上覆水理化性质

指标	数值	指标	数值
水温/℃	20.6	亚硝态氮质量浓度/（mg/L）	0.114
氧化还原电位/mV	59.8	硝态氮质量浓度/（mg/L）	3.248
pH	8	总氮质量浓度/（mg/L）	3.57
DO 质量浓度/（mg/L）	5.7	总磷质量浓度/（mg/L）	0.056
COD_{Cr}/（mg/L）	10	叶绿素 a 质量浓度/（mg/L）	0.667
氨氮质量浓度/（mg/L）	0.147	TSS 质量浓度/（mg/L）	13.333

　　湖泊沉积物按粒径主要分为黏土（<1 μm）、粉沙（1～10 μm）和沙（>10～2 000 μm），较细的黏土和粉沙再悬浮能力相对较强，同时对污染物的吸附能力也相对较强。因此认为黏土和粉沙所占比例较高的沉积物，对应的污染程度较高。颗粒粒度分析仪的分析结果见图 3.12，黏土、粉沙、沙所占比例分别为 5.91%、30.74%、63.35%。黏土和粉沙之和所占比例为 36.65%，与其他文献研究结果相比，该比例较大，同时与小南湖对应的污染程度也是一致的。

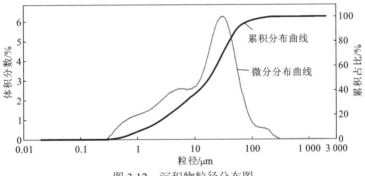

图 3.12　沉积物粒径分布图

　　对沉积物采用 SMT 法①测试各形态磷，结果见表 3.4，同时表中还列出 X 射线荧光光谱仪分析结果中占比较大的组分。由表 3.4 可知，SiO_2、Al_2O_3、Fe_2O_3、CaO 是沉积物中的主要组成部分，总占比为 78.74%。有研究表明，沉积物中的 Al 和无机磷（inorganic phosphorus，IP）、Ca-P 存在显著性正相关，和 Fe/Al-P 之间存在正相关关系，但不显著，而与有机磷（organic phosphorus，OP）存在显著负相关。本试验的沉积物中的磷形态主要以 IP 为主，OP 含量相对较少，IP、OP 分别占 TP 的 80.49%和 19.51%，IP 中 Ca-P 与 Fe/Al-P 的含量基本相当，其比

---

① 欧洲标准化委员会于 2001 年颁布了标准、测量、测试（standard，test，measurement，SMT）协议，作为淡水湖泊沉积物磷形态分析的参考，简称 SMT 法

值为 1.04。由此可见，该区域沉积物污染状况严重，且存在较大的释放潜力。

表 3.4　沉积物基本理化性质

指标（质量分数）/%	数值	指标	数值	指标（质量分数）/（mg/kg）	数值
SiO_2	54.68	总氮质量浓度/（mg/kg）	2 151.23	TP	1 423.67
Al_2O_3	15.15	有机质占比/%	9.15	Ca-P	580.52
Fe_2O_3	3.96	pH	8.09	Fe/Al-P	557.99
CaO	4.95	氧化还原电位/mV	363.5	IP	1 145.87
				OP	277.797

2. 避光条件下沉积物磷的释放情况及释放平衡时间

在 20℃±1℃、避光条件下，以蒸馏水为上覆水进行沉积物释放试验，试验结果如图 3.13 所示。沉积物磷的释放量随时间的延长逐渐增加，至 12 d 的时候基本趋于平衡，因此将 12 d 作为沉积物磷释放的平衡时间。沉积物释放达到平衡状态时，TP、OP、IP、Fe/Al-P、Ca-P 的释放量分别为 131.15 mg/kg、18.85 mg/kg、107.48 mg/kg、90.40 mg/kg、11.51 mg/kg；TP、OP、IP、Fe/Al-P、Ca-P 的释放率分别为 9.21%、6.79%、9.38%、16.20%、1.98%。由此可知，释放的沉积物磷以IP 为主，并且又以 IP 中的 Fe/Al-P 占的比例最大，其占到 TP 的 68.93%。

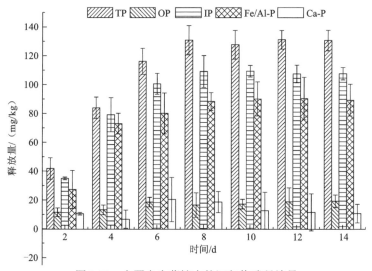

图 3.13　上覆水为蒸馏水的沉积物磷释放量

3. 上覆水不同对沉积物磷释放的影响

在 20℃±1℃、避光条件下，以真实湖水为上覆水进行沉积物释放试验，试验结果如图 3.14 所示。沉积物磷的释放量随时间的延长逐渐增加，并于 10 d 趋于平衡状态，因此认为在此条件下，10 d 为其释放平衡时间。沉积物释放达到平衡状态时，TP、OP、IP、Fe/Al-P、Ca-P 的释放量分别为 114.15 mg/kg、17.75 mg/kg、99.39 mg/kg、82.67 mg/kg、12.73 mg/kg。其中释放形态以 IP 为主，IP 的释放以 Fe/Al-P 尤为明显，为总磷的 72.42%。

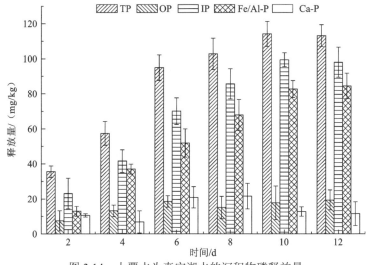

图 3.14　上覆水为真实湖水的沉积物磷释放量

将此释放过程与上覆水为蒸馏水的沉积物释放过程进行对比发现：一方面，上覆水为真实湖水时的平衡状态下沉积物磷释放量要少一些；另一方面，不论何种释放条件，Fe/Al-P 释放量在沉积物 TP 释放量中所占比例比沉积物原土中 Fe/Al-P 在 TP 中所占比例（39.19%）要高得多。因此认为该沉积物样品中各形态磷的释放容易程度不同，并且 Fe/Al-P 是该沉积物中比较容易释放的磷形态，同时上覆水磷浓度对沉积物磷释放过程的影响较为明显。沉积物-上覆水系统中磷的地球化学行为被其各类化合物在水体中的阈值（即饱和度）所控制，表现为沉积物磷的释放过程与沉积物对上覆水磷的吸附过程。当水体中磷浓度高于阈值，表现为吸附，反之表现为释放。由于沉积物各形态的磷释放程度有所差异，推测各形态磷与上覆水各类含磷化合物浓度之间都有一个平衡状态，此外由于上覆水是相同的，为满足各自的平衡，都须进行对应的释放与吸附过程。另外推测，某时间沉积物磷的释放或吸附速率，由即时的各形态磷-上覆水各类含磷化合物的平衡综合作用所决定，即表现为各形态磷释放的难易程度不同。

4. 上覆水 pH 对沉积物磷释放的影响

在 20 ℃±1 ℃条件下，将上覆水 pH 分别调节为 2.0、4.0、6.0、7.0、8.0、10.0、12.0 进行沉积物磷释放试验，结果如图 3.15 所示。由图 3.15 可知，对于沉积物 TP、OP，pH 为 8.0 左右时，磷释放量是最小的，pH 升高会使磷释放量增加，而当 pH 降低时，沉积物磷的 TP、OP 释放量增加得尤为明显。这两种形态磷释放量随 pH 升高呈先减小后增大的趋势。pH=2.0 时 TP、OP 释放量分别为 151.59 mg/kg、83.81 mg/kg，释放率分别为 10.65%、30.17%。与 pH=8.0 时的 TP、OP 释放量相比，释放量分别增加了 71.18 mg/kg、73.90 mg/kg。pH=12.0 时 TP、OP 释放量分别为 123.32 mg/kg、50.25 mg/kg，释放率分别为 8.66%、18.09%。与 pH=8.0 时的 TP、OP 释放量相比，释放量分别增加了 42.91 mg/kg、40.34 mg/kg。沉积物 Fe/Al-P 在上覆水 pH 处于较高水平时释放量较大，也就是说酸性条件会抑制 Fe/Al-P 的释放过程。沉积物 Fe/Al-P 在上覆水 pH=2.0 时表现为吸附作用，其吸附量和吸附率分别为 19.66 mg/kg、3.52%；底泥 Fe/Al-P 在上覆水 pH=12.0 时的释放量比 pH=2.0 时增加 73.83 mg/kg。沉积物 Ca-P 在酸性条件下释放量最大，碱性条件会抑制 Ca-P 的释放。Ca-P 在上覆水 pH=12.0 时释放量和释放率分别为 15.79 mg/kg、2.72%；Cal-P 在上覆水 pH=2.0 时的释放量比 pH=12.0 时增加 62.88 mg/kg。IP 在酸性环境和碱性环境中释放量的差异并不明显，IP 在 pH=2.0 时释放量和释放率分别为 61.69 mg/kg、5.38%，在 pH=12.0 时的释放量和释放率分别为 68.11 mg/kg、5.94%，释放量仅比 pH=2.0 时多了 6.42 mg/kg。

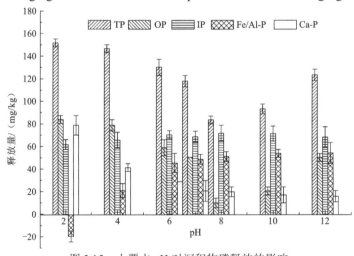

图 3.15　上覆水 pH 对沉积物磷释放的影响

众所周知，pH 是衡量水体酸碱状态的指标，其对水体的各种反应皆有着重要的影响。在富营养化水体中，由于大量藻类进行光合作用会吸收水中的 CO_2，水体 pH 会升高。同时微生物的代谢分泌物中有部分呈酸性，从这一角度而言，微生物的活动又会使水体的 pH 降低。由图 3.15 可知，上覆水 pH 的变化影响着 IP 中各种磷形态的稳定性。在中性水体中，磷离子主要以正磷酸盐形式存在，易与金属离子结合生成沉淀；在酸性水体中，Ca-P 比较容易溶解，而释放出磷；若 pH 因各种环境因素而升高，水体中 OH⁻浓度升高，OH⁻可与 Fe/Al-P 发生阴离子交换作用从而释放出磷。另外 OP 的释放量与 pH 的变化呈先减少后增加的趋势，结合其他形态磷的变化趋势，推测原因可能有两个方面：①沉积物中的磷在释放过程中可能由有机物的矿化作用导致 OP 向 IP 转化；②在释放试验过程中，沉积物中部分小分子有机物溶解到上覆水中，导致与该部分有机物结合的磷也被释放到上覆水中。

　　总而言之，沉积物磷释放量随 pH 的变化呈先减少再增加的趋势，可解释为上覆水 pH 的变化影响磷与沉积物的离子交换和吸附作用。①上覆水呈酸性时，沉积物 Ca-P 会朝着溶解的方向进行，使与钙结合的磷释放；②上覆水呈中性时，水体中磷元素主要以 HPO_4^{2-} 和 $H_2PO_4^-$ 形态存在，容易与沉积物中的金属离子结合，从而被沉积物吸附，因此磷释放量相对较小；③上覆水呈碱性时，沉积物磷释放过程主要以离子交换为主，上覆水中 OH⁻与沉积物 Fe/Al-P 中的磷酸盐发生交换，从而促进了沉积物释磷过程，使沉积物磷释放量增加。

5. 光照对沉积物磷释放的影响

　　在 20℃±1℃、有光照的条件下，进行光照对沉积物磷释放过程影响的试验，光源为恒温培养箱光源，光照与黑暗时间比为 1∶1，试验结果见图 3.16。由图 3.16 可知，沉积物总磷的释放呈现出先增加后减少再趋于平衡的趋势。在 6 d 的时候出现了总磷释放量减少、沉积物 OP 含量增加、Fe/Al-P 释放量增加的现象，同时由于 Ca-P 含量变化不大，推测在 4～6 d 存在 Fe/Al-P 转化为 OP 的现象。在光照条件下，沉积物磷的释放于 10 d 左右趋于平衡，沉积物 TP、OP、IP、Fe/Al-P、Ca-P 释放量分别为 96.85 mg/kg、11.03 mg/kg、93.95 mg/kg、71.87 mg/kg、25.88 mg/kg。比较图 3.16 与图 3.13 可以得出，光照对底泥磷的释放过程有抑制的作用，这主要表现为两方面：①光照条件下，底泥释磷过程达到平衡状态的时间为 10 d，比避光条件下的平衡时间 12 d 要少；②比较平衡状态下的底泥 TP 释放量，有光照条件下的释放量比避光条件下的要少 34.30 mg/kg。

　　光照可以刺激沉积物中生物体的生长，生物体的生命活动可以影响沉积物磷释放的能力。沉积物中微生物的作用以细菌为主，细菌对沉积物中磷的释放影响包括：①分解有机磷的化合物生成无机磷，即矿化作用；②细菌的生长和活动需要消耗氧，从而降低水体氧化还原电位，促进 Fe/Al-P 的释放。沉积物中受光照影响比较明显的是藻类，由于上覆水采用的是蒸馏水，上覆水的磷等营养盐浓度

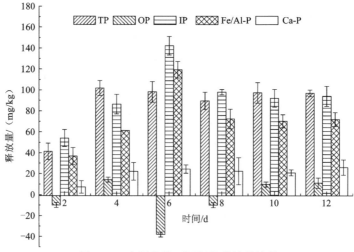

图 3.16　光照条件下沉积物磷的释放量

非常低，会促进沉积物向上覆水释放磷等营养盐，再加上光照的作用，从而形成一个非常利于藻类生长的系统。由于释放初期，藻类有较大的生长空间，在沉积物-上覆水系统中藻类的同化作用成为主导，这也就解释了 0～6 d 出现的沉积物 OP 含量不降反升的现象。当藻类生长到一定程度的时候，有限的系统空间成为限制藻类进一步生长繁殖的条件，系统的主导作用逐渐由藻类的同化作用转变为微生物细菌的矿化作用，因此在随后的过程中，沉积物 OP 含量逐渐降低，Fe/Al-P 的含量逐渐升高（表现为 Fe/Al-P 释放量逐渐减少）。即使如此，由于底栖藻类、微生物细菌等在沉积物磷释放过程中起到的"屏障作用"，有光照条件下沉积物磷平衡状态下的释放量要少于避光条件。

6. 温度对沉积物磷释放的影响

分别在 10 ℃、20 ℃、30 ℃的避光条件下进行沉积物磷的释放试验，结果如图 3.17 所示。由图 3.17 可知，20 ℃的总磷释放量为这 3 个温度中最小的，10 ℃ 时次之，释放量最大的为 30 ℃。30 ℃时沉积物 TP、OP、IP、Fe/Al-P、Ca-P 的释放量分别为 191.20 mg/kg、23.06 mg/kg、175.74 mg/kg、174.75 mg/kg、7.04 mg/kg，释放率分别为 13.43%、6.14%、15.51%、31.32%、1.21%。10 ℃、20 ℃的 TP 释放量变化不大，但是沉积物中各形态磷的差别却非常显著。20 ℃与 10 ℃相比，Fe/Al-P 减少了 74.50 mg/kg、Ca-P 释放量增加了 59.84 mg/kg，由于 TP、IP 变化不大，推断在 10 ℃时有部分 Fe/Al-P 转化为 Ca-P。30 ℃时沉积物磷的释放量最大，可以解释为，温度在这个范围内的升高使微生物的活性增强，有机质分解速度加快，一方面导致有机磷的释放量增加，另一方面使氧气的损耗增加，氧化还原电位降低，沉积物中部分 Fe^{3+} 被还原为 Fe^{2+}，部分铁结合态磷释放到水体中。

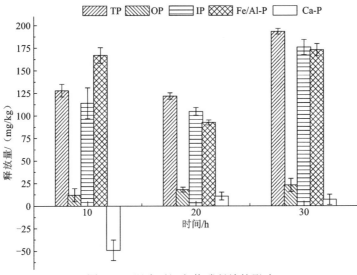

图 3.17 温度对沉积物磷释放的影响

7. 磷动态释放平衡时间

在避光、温度 20 ℃±1 ℃、蒸馏水为上覆水的条件下进行沉积物动态释放试验，试验结果见图 3.18。由图 3.18 可知，沉积物各形态磷的释放量在起始的 15 h 内处于波动的状态，在 15 h 后逐渐趋于平衡，故认为在此条件下 15 h 为沉积物磷释放的平衡时间。15 h 时沉积物 TP、OP、IP、Fe/Al-P、Ca-P 的释放量分别为 210.59 mg/kg、19.50 mg/kg、191.27 mg/kg、178.99 mg/kg、14.64 mg/kg，释放率分别为 14.79%、7.02%、16.69%、32.36%、2.52%。将图 3.18 与图 3.14 比较发现，

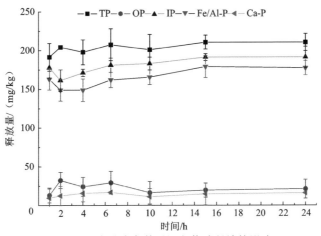

图 3.18 水动力条件对沉积物磷释放的影响

动态释放的平衡时间比静态释放的平衡时间短得多；平衡状态下沉积物 TP、OP、IP、Fe/Al-P、Ca-P 的释放率比静态释放平衡状态分别高 5.58、0.23、7.31、16.16、0.54 个百分点，动态达到平衡时总磷释放量是静态释放平衡状态的 1.61 倍，差异明显。

　　扰动状态下沉积物磷释放量明显大于静态下沉积物磷释放量。这主要是由于扰动条件下表层沉积物再悬浮，增加了沉积物-水界面的磷交换，另外，扰动还可以使孔隙水中的高浓度溶解性磷快速扩散至上覆水中。

3.2　沉积物内源污染控制技术

3.2.1　黏土矿物对沉积物各形态磷的吸附性能

　　天然矿物改良修复技术是一类以天然硅酸盐矿物及其改性材料为主要组成，用以覆盖重污染水体沉积物，控制内源污染物释放，并促进沉水植物定植和生长的新型处理技术。该技术人为将改良功能材料覆盖在沉积物表面，一方面形成一层物理隔离层，稳固表层沉积物、抑制底泥再悬浮引起的内源磷释放，另一方面改良材料通过物理化学吸附作用吸附沉积物中的磷，同时改良材料的引入改变了表层沉积物的理化性质，促使不稳定的磷转化为较稳定的氢氧化物磷（Liu et al.，2020）。

1. 环保陶瓷滤球对沉积物磷的吸附性能

　　5 g 沉积物中添加 8 g 环保陶瓷滤球，在以 250 mL 0.02 mol/L KCl 溶液为上覆水、转速 200 r/min 的条件下进行动态吸附平衡的实验，动态吸附平衡时间分别为 2 h、4 h、6 h、8 h、10 h、12 h、15 h，吸附结束后将沉积物样品于 50 ℃条件下烘干，并测定各形态磷的吸附量，如图 3.19 所示。动态吸附过程的初期 2 h，环保陶瓷滤球对 TP、OP、IP、Fe/Al-P、Ca-P 各形态磷吸附量分别为 127.31 mg/kg、12.44 mg/kg、112.42 mg/kg、69.75 mg/kg、35.20 mg/kg。当吸附 4 h，吸附过程达到了次高峰，此时 TP、OP、IP、Fe/Al-P、Ca-P 各形态磷吸附量分别为 174.99 mg/kg、35.49 mg/kg、135.17 mg/kg、73.40 mg/kg、61.20 mg/kg。随后吸附量逐渐减小，在 10 h 附近达到谷底，此时 TP、OP、IP、Fe/Al-P、Ca-P 各形态磷吸附量分别为 132.94 mg/kg、14.62 mg/kg、136.43 mg/kg、110.69 mg/kg、21.70 mg/kg。之后在 12 h 吸附量基本稳定，此时 TP、OP、IP、Fe/Al-P、Ca-P 各形态磷吸附量分别为 176.39 mg/kg、32.80 mg/kg、144.05 mg/kg、124.34 mg/kg、20.83 mg/kg。在沉积物磷的动态吸附过程中，Ca-P 的吸附量呈现先增后减再逐渐趋于平衡的趋势，TP、

OP 的吸附量呈现出先增加、再减少、又增加并在 12 h 附近趋于平衡。因此将 12 h 设定为试验的吸附平衡时间。

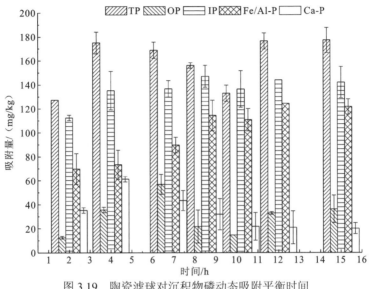

图 3.19　陶瓷滤球对沉积物磷动态吸附平衡时间

1）陶瓷滤球投加量对沉积物磷吸附的影响

在温度 20℃±1℃、0.02 mol/L KCl 溶液为上覆水、转速 200 r/min、吸附时间 12 h 的条件下进行动态吸附试验，试验过程中陶瓷滤球投加量分别为 1 g、2 g、3 g、4 g、5 g、6 g、7 g、8 g、9 g、10 g，吸附结束后将沉积物样品 50℃条件下烘干，并测定各形态磷的吸附量如图 3.20 所示。多孔陶瓷滤球对底泥磷的动态吸附过程中，当投加量为 1 g 时，陶瓷滤球对 TP、OP、IP、Fe/Al-P、Ca-P 各形态磷的吸附量分别为 90.51 mg/kg、24.37 mg/kg、60.11 mg/kg、31.84 mg/kg、24.37 mg/kg。之后随着投加量的增加，陶瓷滤球对各形态磷的吸附量逐渐降低，在 4 g 时达到最低点，此时 TP、OP、IP、Fe/Al-P、Ca-P 各形态磷的吸附量分别为 12.77 mg/kg、3.25 mg/kg、5.42 mg/kg、30.94 mg/kg、−22.23 mg/kg。自此，随着陶瓷滤球投加量的增加，沉积物磷的吸附量越来越大，当投加量为 8 g 时，陶瓷滤球对 TP、OP、IP、Fe/Al-P、Ca-P 各形态磷的吸附量分别为 171.6 mg/kg、40.61 mg/kg、128.59 mg/kg、76.86 mg/kg、51.83 mg/kg。陶瓷滤球投加量为 8～10 g 时，对沉积物磷的吸附量变化不大，当投加量为 10 g 时，对 TP、OP、IP、Fe/Al-P、Ca-P 各形态磷的吸附量仅比投加量 8 g 时分别增加 4.81 mg/kg、−6.49 mg/kg、4.63 mg/kg、−2.27 mg/kg、3.38 mg/kg，因此试验将 8 g 作为陶瓷滤球的最佳投加量。起初，随

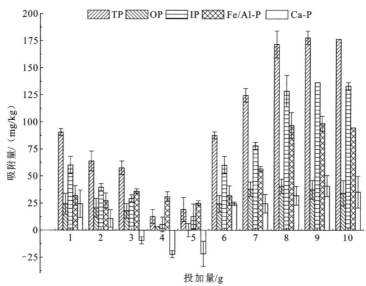

图 3.20　陶瓷滤球投加量对各形态磷吸附的影响

着投加量的增加，吸附量反而降低的原因：①根据以上覆水 pH 为影响因素的底泥释放试验结果可知，沉积物磷释放量最小时的上覆水 pH 为 8，而陶瓷滤球的 pH 为 7.41，因此陶瓷滤球的加入为抑制沉积物磷的释放提供了一个较适宜的环境；②由于陶瓷滤球 Fe（7.924%）、Al（8.1035%）含量比较高，有可能带入了部分金属离子至沉积物中，进一步减少了 Fe/Al-P 在此条件下的释放作用。

2）温度对陶瓷滤球吸附沉积物磷的影响

在多孔陶瓷滤球投加量 8 g、0.02 mol/L KCl 溶液为上覆水、转速 200 r/min、吸附时间 12 h 的条件下进行动态吸附试验，试验过程中温度分别设置为 10 ℃、20 ℃、30 ℃、40 ℃、50 ℃、60 ℃、70 ℃，吸附结束后将沉积物样品于 50 ℃条件下烘干，并测定各形态磷的吸附量，如图 3.21 所示。多孔陶瓷滤球对沉积物磷的动态吸附过程中，当温度为 10 ℃时，对 TP、OP、IP、Fe/Al-P、Ca-P 各形态磷的吸附量分别为 157.73 mg/kg、23.75 mg/kg、131.06 mg/kg、147.46 mg/kg、7.26 mg/kg。随着温度的逐渐升高，各形态磷的吸附量也随之逐渐增大，在 30 ℃时各形态磷的吸附量趋于阶段性平缓，此时对 TP、OP、IP、Fe/Al-P、Ca-P 各形态磷的吸附量分别为 196.47 mg/kg、37.62 mg/kg、131.06 mg/kg、147.46 mg/kg、7.26 mg/kg。随着温度的进一步升高，在 50 ℃时达到最大，对 TP、OP、IP、Fe/Al-P、Ca-P 各形态磷的吸附量分别为 204.99 mg/kg、35.62 mg/kg、171.22 mg/kg、222.52 mg/kg、63.63 mg/kg。当温度由 50 ℃逐渐上升至 70 ℃时，总磷吸附量反而越来越少，在 70 ℃时对 TP、OP、IP、Fe/Al-P、Ca-P 各形态磷的吸附量分别为 170.51 mg/kg、

9.12 mg/kg、171.22 mg/kg、150.87 mg/kg、19.48 mg/kg。由图 3.21 可知，温度因素对多孔环保陶瓷滤球去除底泥磷过程有一定的作用。10～50 ℃时温度逐渐升高，TP 的吸附量也越来越大；50～70 ℃时温度继续升高，TP 的吸附量却越来越小。虽然温度的升高对陶瓷滤球吸附沉积物磷过程有促进作用，但是温度过高时吸附过程反而会受限。50 ℃时 Fe/Al-P 的吸附量陡增至 222.52 mg/kg，同时沉积物中 Ca-P 质量分数增加了 63.63 mg/kg，因此推测此阶段存在 Fe/Al-P 向 Ca-P 形态的转移。

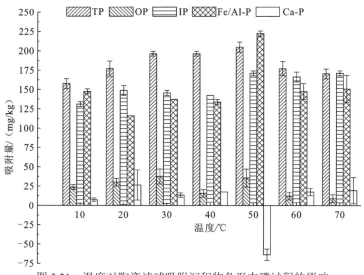

图 3.21　温度对陶瓷滤球吸附沉积物各形态磷过程的影响

3）上覆水 pH 对陶瓷滤球吸附沉积物磷的影响

在温度 20 ℃±1 ℃、陶瓷滤球投加量 8 g、吸附时间 12 h、转速 200 r/min、0.02 mol/L KCl 溶液为上覆水并用 1 mol/L HCl 和 1 mol/L NaOH 调节上覆水的起始 pH，分别在 pH 为 2.0、4.0、6.0、8.0、10.0、12.0 的条件下进行动态吸附试验，吸附结束后将沉积物样品于 50 ℃下烘干，并测定各形态磷的吸附量，如图 3.22 所示。多孔陶瓷滤球对底泥磷的动态吸附过程中，当 pH=2 时，对 TP、OP、IP、Fe/Al-P、Ca-P 各形态磷的吸附量分别为 253.95 mg/kg、20.62 mg/kg、241.22 mg/kg、133.81 mg/kg、99.64 mg/kg。当上覆水的 pH 逐渐升高时，底泥磷的吸附量逐渐降低，当 pH=8 时，沉积物磷的吸附量达到最小值，此时 TP、OP、IP、Fe/Al-P、Ca-P 各形态磷的吸附量分别为 192.02 mg/kg、24.37 mg/kg、170.32 mg/kg、150.87 mg/kg、26.54 mg/kg。之后，pH 进一步升高，底泥磷的吸附量也逐渐升高，当 pH=12 时达到最大吸附量，此时 TP、OP、IP、Fe/Al-P、Ca-P 各形态磷的吸附量分别为

373.62 mg/kg、32.49 mg/kg、351.50 mg/kg、331.92 mg/kg、26.54 mg/kg，此时 TP、OP、IP、Fe/Al-P、Ca-P 各形态磷的吸附率分别为 26.24%、11.70%、36.68%、59.48%、4.57%。TP、IP 的吸附量随着 pH 的升高先减少再增加，Fe/Al-P 吸附量随 pH 的升高逐渐增加；Ca-P 吸附量随 pH 的降低逐渐增加，并于 pH 为 2～4 时陡增。与沉积物磷的释放实验结果相比，都是在 pH=8 时去除量为最低，而从各形态磷吸附量来看，加入陶瓷滤球后各形态磷的吸附量明显增加。3.1 节有关上覆水 pH 对沉积物磷释放影响部分讨论过，上覆水 pH 的变化会影响无机磷中各种磷形态的稳定性，导致这种现象的原因有可能是在 pH 的影响下，沉积物磷释放到孔隙水中后迅速被陶瓷滤球吸附，从而降低了孔隙水的磷浓度，浓度差增大，又进一步促进磷从沉积物中释放出来。

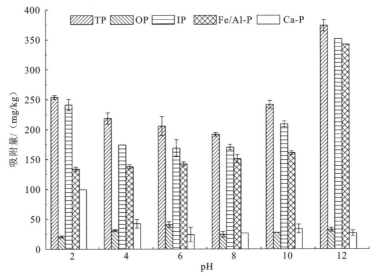

图 3.22　上覆水 pH 对陶瓷滤球吸附沉积物各形态磷的影响

4）静态吸附平衡时间

在温度 20℃±1℃、上覆水为 250 mL 0.02 mol/L KCl 溶液、5 g 沉积物、陶瓷滤球投加量 8 g、转速 200 r/min 的条件下，吸附平衡时间分别为 2 d、4 d、6 d、8 d、10 d、12 d、14 d，吸附结束后将沉积物样品于 50℃下烘干，并测定各形态磷的吸附量，如图 3.23 所示。环保陶瓷滤球对沉积物磷的静态吸附过程中，当释放时间为 2 d 时吸附量最大，此时 TP、OP、IP、Fe/Al-P、Ca-P 各形态磷的吸附量分别为 312.95 mg/kg、92.60 mg/kg、222.31 mg/kg、229.34 mg/kg、5.14 mg/kg。随着释放时间的延长，在 4 d 时吸附量下降，随后在 8 d 时出现次高峰，此时 TP、

OP、IP、Fe/Al-P、Ca-P 各形态磷的吸附量分别为 281.01 mg/kg、90.98 mg/kg、180.80 mg/kg、208.87 mg/kg、31.95 mg/kg。随着释放时间进一步的延长，在 12 d 左右各形态磷吸附量基本趋于平衡，此时 TP、OP、IP、Fe/Al-P、Ca-P 各形态磷的吸附量分别为 245.89 mg/kg、69.86 mg/kg、155.25 mg/kg、195.22 mg/kg、−49.01 mg/kg。将该结果与 3.1.3 小节沉积物磷的静态释放达到平衡状态时的试验结果（TP、OP、IP、Fe/Al-P、Ca-P 的释放量分别为 131.15 mg/kg、18.85 mg/kg、107.48 mg/kg、90.40 mg/kg、11.51 mg/kg）进行对比发现：吸附过程的吸附量比释放过程的释放量要多，吸附过程对释放过程 TP、OP、IP、Fe/Al-P、Ca-P 各形态磷的吸附量倍数关系分别为 1.87 倍、3.71 倍、1.44 倍、2.13 倍、2.13 倍。由此可以看出：①陶瓷滤球的投加使沉积物减少量明显增加；②陶瓷滤球的投加使沉积物 Ca-P 含量升高。

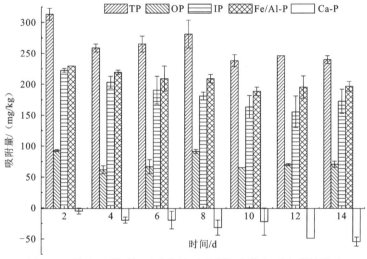

图 3.23　静态吸附时间对陶瓷滤球吸附沉积物各形态磷的影响

2. 改性膨润土对沉积物各形态磷的吸附性能

1）膨润土最优改性

膨润土原土颗粒（raw bentonite granule，RBG，粒径为 3～5 mm）采购于山东泗水恭发有限公司。为了提高膨润土的吸附性能，对 RBG 进行酸改性、盐改性、高温焙烧改性和复合改性处理，通过对不同改性膨润土颗粒对沉积物各形态磷吸附性能的研究，确定最佳改性方法。不同改性膨润土颗粒的制备方法如表 3.5 所示。

表 3.5　不同改性膨润土颗粒的制备方法

改性方法	制备方法
酸改性	浸入盐酸溶液（质量分数 5%或 10%），水浴加热搅拌 2 h（70 ℃），用蒸馏水洗至中性，于 150 ℃下烘干
盐改性	浸入 10%的碳酸钠溶液，水浴加热搅拌 2 h（70 ℃），用蒸馏水洗至中性，于 150 ℃下烘干
高温焙烧改性	马弗炉中 450 ℃焙烧 2 h
复合改性	将经 5%盐酸或 10%盐酸或 10%碳酸钠改性的膨润土颗粒放入马弗炉，450 ℃焙烧 2 h

在环境温度为 20 ℃±2 ℃、pH 为 7±0.2、反应时间为 8 h 的条件下，不同改性膨润土颗粒对沉积物 TP 的吸附效果如图 3.24 所示。由图 3.24 可知，不同改性膨润土颗粒对沉积物 TP 的吸附效果不同。其中，10%碳酸钠改性+450 ℃焙烧复合改性膨润土对沉积物 TP 的吸附效果最好，吸附率为 29.76%，是 RBG 对沉积物 TP 吸附率（18.3%）的 1.63 倍。因此本小节选择 10%碳酸钠改性+450 ℃焙烧复合改性为膨润土颗粒的最佳改性方法，由该法制成复合改性膨润土颗粒（modified bentonite granule，MBG）。

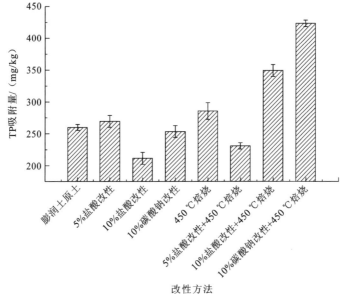

图 3.24　改性膨润土对沉积物 TP 吸附的影响

2）改性膨润土颗粒最优条件

（1）膨润土投加量对其吸附沉积物磷的影响。膨润土投加量对沉积物各形态磷的吸附结果如图 3.25 所示。由图 3.25 可知，膨润土对沉积物磷的吸附量随着投加量的增加呈先增大后减小最后趋于平稳的趋势。MBG 对沉积物 TP、Fe/Al-P 和 Ca-P 的吸附效果显著高于对照组的 RBG（$P<0.05$），RBG 和 MGB 的投加量对沉积物各形态磷吸附量差异性均不显著（$P>0.05$）。RBG 的投加量为 4 g 时[图 3.25（a）]，对沉积物磷的吸附效果最好，RBG 对沉积物 TP、IP、OP、Fe/Al-P 和 Ca-P 的吸附量分别为 314.1 mg/kg、262.6 mg/kg、48.8 mg/kg、174.9 mg/kg 和 59.1 mg/kg，它们的吸附率分别为 22.1%、22.9%、18.3%、31.3%和 10.2%。MBG 投加量为 2 g 时[图 3.25（b）]，对沉积物磷的吸附效果最好，MBG 对沉积物 TP、IP、OP、Fe/Al-P 和 Ca-P 的吸附量分别为 367.1 mg/kg、253 mg/kg、107 mg/kg、323.3 mg/kg 和-99.9 mg/kg，它们的吸附率分别为 25.8%、22.1%、39.9%、57.9%和-17.2%。4 g 和 2 g 分别为 RBG 和 MBG 的最佳投加量。在最佳投加量的条件下，MBG 对沉积物 TP 的吸附率约是 RBG 的 1.17 倍。由图 3.25（b）可知，IP 和 Fe/Al-P 的变化趋势几乎与 TP 的变化趋势一致，说明它们与 TP 呈正相关性。由于膨润土颗粒中的 Fe、Al 质量分数较高，有可能带入了部分金属离子至沉积物中，进一步抑制了 Fe/Al-P 在此条件下的释放作用（Zhang et al.，2012）。MBG 对沉积物 Ca-P 的吸附量出现了负值，推测在 MBG 对沉积物磷的吸附过程中存在 Ca-P 向其他形态磷的转化，说明 MBG 投加量增加可促进 Ca-P 向其他形态磷的转化，并在 RBG 对沉积物磷的吸附结果中得到了进一步的验证。

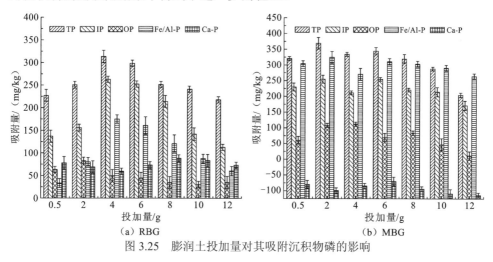

图 3.25　膨润土投加量对其吸附沉积物磷的影响

（2）吸附时间对膨润土吸附沉积物各形态磷的影响。吸附时间对沉积物各形态磷吸附的影响如图 3.26 所示。在吸附过程中，MBG 和 RBG 对沉积物各形态磷的吸附效果差异性均不显著（$P>0.05$）。当吸附时间为 8 h 时[图 3.26（a）]，RBG 对沉积物磷的吸附效果最好，对沉积物 TP、IP、OP、Fe/Al-P 和 Ca-P 的吸附率分别为 24.2%、13.1%、52.2%、25.9%和 2.1%。当吸附时间为 10 h 时［图 3.26（b）］，MBG 对沉积物磷的吸附效果最好，对沉积物 TP、IP、OP、Fe/Al-P 和 Ca-P 的吸附率分别为 25.9%、18.7%、54.0%、21.0%和 14.1%。随着吸附时间的延长，沉积物磷的吸附量呈先急剧增加后逐渐减少的趋势，可能是因为最开始阶段间隙水和沉积物表层磷被快速吸附，之后有部分磷发生解吸，直至平衡（Özkundakci et al.，2011）。因此 8 h 和 10 h 分别为 RBG 和 MBG 的最佳吸附时间。

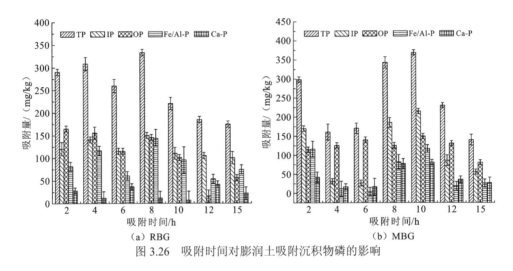

图 3.26　吸附时间对膨润土吸附沉积物磷的影响

（3）上覆水体 pH 对膨润土吸附沉积物各形态磷的影响。上覆水体 pH 是影响吸附的主要因素之一。上覆水体 pH 对沉积物 Fe/Al-P 和 Ca-P 的吸附效果均呈显著性差异（$P<0.05$）。上覆水体 pH 对沉积物各形态磷吸附的影响如图 3.27 所示。由图 3.27（a）可知，pH 为（2.0～6.0）±0.2 时，RBG 对沉积物磷的吸附量呈逐渐增大趋势；pH 为（6.0～8.0）±0.2 时，磷吸附量逐渐减小；pH 大于 8.0±0.2 时，磷吸附量呈逐渐增大趋势。当 pH 为 6.0±0.2 时，RBG 对沉积物磷的吸附量最大，其对沉积物 TP、IP、OP、Fe/Al-P 和 Ca-P 的吸附量分别为 459.3 mg/kg、312.5 mg/kg、125.5 mg/kg、151.4 mg/kg 和 144.1 mg/kg，它们的吸附率分别为 32.3%、27.3%、47.0%、27.1%和 24.8%。由图 3.27（b）可知，MBG 对沉积物磷吸附的影响与 RBG 相似。当 pH 为 10.0±0.2 时，MBG 对沉积物磷的吸附效果最好，对沉积物 TP、IP、OP、Fe/Al-P 和 Ca-P 的吸附量分别为 487.6 mg/kg、319.6 mg/kg、27.9 mg/kg、151.4 mg/kg 和 139.1 mg/kg，它们的吸附率分别为 34.2%、18.8%、58.2%、27.1%和 23.9%。综上所述，在 pH 逐渐增大时（pH 为 2.0～12.0±0.2），沉积物 TP、IP、OP 和 Ca-P 的吸附量都有不同程度的减小，但 Fe/Al-P 的吸附量呈逐渐增大趋势，说明碱性条件下更易于对沉积物 Fe/Al-P 的吸附。这

可能是因为上覆水体 pH 的变化会影响无机磷中各形态磷的稳定性（Zhang et al.，2015）。在 pH 的影响下，沉积物磷释放到间隙水中后迅速被膨润土颗粒吸收，从而降低间隙水中磷浓度，浓度差增大，促进沉积物磷释放（Zhang et al.，2015；Li et al.，2006）。

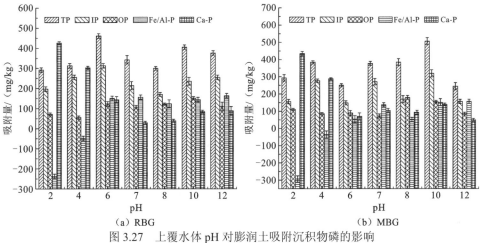

图 3.27　上覆水体 pH 对膨润土吸附沉积物磷的影响

（4）环境温度对膨润土吸附沉积物各形态磷的影响。环境温度对沉积物各形态磷吸附的影响如图 3.28 所示。环境温度对沉积物 OP 的吸附效果显著（$P<0.05$），且 MBG 对沉积物 OP 的吸附效果显著高于对照组 RBG（$P<0.05$）。当环境温度为 5～20 ℃时，RBG 和 MBG 对沉积物磷的吸附量均呈逐渐增大趋势。当温度为 20 ℃时，RBG 对沉积物 TP、IP、OP、Fe/Al-P 和 Ca-P 的吸附量分别为 462.8 mg/kg、291.2 mg/kg、140.4 mg/kg、193.1 mg/kg 和 72.1 mg/kg，它们的吸附率分别为 32.5%、25.4%、52.6%、34.6%和 12.4%［图 3.28（a）］。当温度为 20 ℃时，MBG 对沉积物 TP、IP、OP、Fe/Al-P 和 Ca-P 的吸附量分别为 505.4 mg/kg、333.8 mg/kg、145.4 mg/kg、248.7 mg/kg 和 62.1 mg/kg，它们的吸附率分别为 35.5%、29.1%、54.5%、44.6%和 10.7%［图 3.28（b）］。当温度大于 20 ℃时，RBG 和 MBG 对沉积物磷的吸附量均有不同的减小。由此可得，在一定范围内升高温度有助于吸附反应的进行，但温度过高会因布朗运动的加剧而抑制吸附反应，且会促使已吸附于 RBG 和 MBG 上的磷发生解吸反应（Huang et al.，2011）。

（5）静态吸附平衡时间。静态吸附条件下 RBG 和 MBG 对沉积物各形态磷的吸附影响如图 3.29 所示。由图 3.29 可知，随着静置时间的增加，MBG 对沉积物 TP、IP、OP 和 Ca-P 的吸附量呈先急剧增大后增加缓慢最后达到吸附平衡的趋势，与对照组相比呈显著性差异（$P<0.05$）。静态吸附时间对沉积物各形态磷的吸附

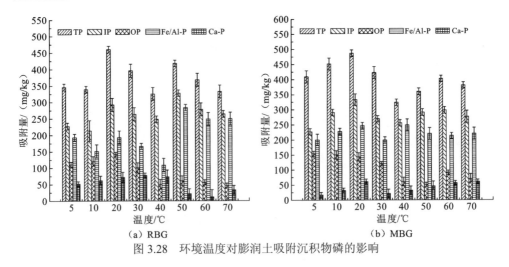

（a）RBG　　　　　　　（b）MBG

图3.28　环境温度对膨润土吸附沉积物磷的影响

效果均呈显著性差异（$P<0.05$）。当静态吸附时间为 28 d 时［图 3.29（a）］，RBG 对沉积物 TP、IP、OP、Fe/Al-P 和 Ca-P 的吸附量分别为 828.2 mg/kg、631.8 mg/kg、190.1 mg/kg、346.1 mg/kg 和 255.8 mg/kg，它们的吸附率分别为 58.2%、55.1%、71.2%、62.0%和 44.0%。当静态吸附时间为 28 d 时［图 3.29（b）］，MBG 颗粒对沉积物 TP、IP、OP、Fe/Al-P 和 Ca-P 的吸附量分别为 977.2 mg/kg、695.6 mg/kg、254.7 mg/kg、478.2 mg/kg 和 196.2 mg/kg，它们的吸附率分别为 68.6%、60.7%、95.4%、85.7%

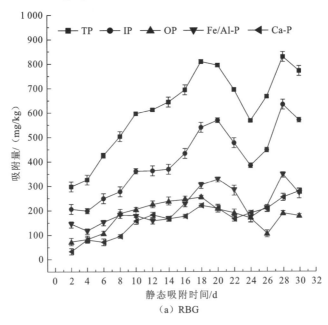

（a）RBG

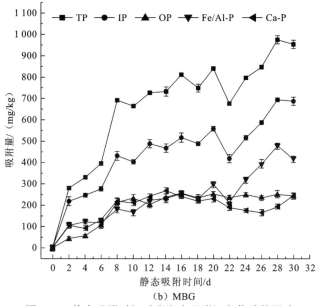

图 3.29　静态吸附时间对膨润土吸附沉积物磷的影响

和 33.8%。MBG 对沉积物磷的吸附性能要优于 RBG。当静态吸附时间为 28 d 时，RBG 及 MBG 对沉积物磷的吸附量最大，因此 28 d 为最佳静态吸附时间。Zhang 等（2014）模拟了自然静态湖泊水体中环保陶瓷滤球（porous ceramic filter material，PCFM）对沉积物各形态磷的吸附性能，结果表明在静态时间 24 d 左右各形态磷的吸附量接近或达到吸附平衡，与 MBG 对沉积物各形态磷的吸附性能相似。

3）改性膨润土颗粒表征分析

经改性处理后，MBG 较 RBG 的 SiO_2、Al_2O_3、CaO、MgO、TiO_2、P_2O_5 含量降低，Na_2O 含量急剧升高（表 3.6），说明 Na^+ 通过离子交换作用进入膨润土蒙脱石结构中。在改性过程中，Na^+ 首先置换层间域中的 Ca^{2+}、Mg^{2+} 和 Al^{3+} 等阳离子。改性后膨润土的基本矿物组成未发生变化，主要矿物成分为蒙脱石、钠长石、方石英等（图 3.30）。经改性处理后，膨润土的孔径增大，层间距也增大（表 3.7）。Na^+ 在与膨润土的相互作用中会导致部分 Al^{3+}、Mg^{2+}、Fe^{2+} 等溶出，使 MBG 的表面负电荷增加（干方群 等，2013；梁启斌 等，2011）。而且经过离子交换等作用，膨润土中的杂质及无定性相被置换出来，造成了 MBG 上的裂缝及孔隙，变得更加粗糙多孔（图 3.31），这与表 3.7 的结果一致。

表 3.6　改性前后膨润土的主要化学组成　　　　　（单位：%）

材料	SiO₂	Al₂O₃	CaO	Fe₂O₃	K₂O	MgO	TiO₂	Na₂O	P₂O₅	烧失量
RBG	52.96	19.26	11.38	8.61	2.12	1.56	0.93	0.57	0.33	1.84
MBG	52.37	19.01	10.96	8.88	2.16	1.53	0.82	1.12	0.31	2.40

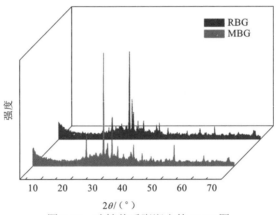

图 3.30　改性前后膨润土的 XRD 图

表 3.7　改性前后膨润土的比表面积及孔径分布

样品	$S_{BET}/(m^2/g)$	$V_t/(cm^3/g)$	$V_{mikro}/(cm^3/g)$	$S_{external}/(m^2/g)$	D_p/nm
RBG	36.5	0.071	0.004	23.8	7.8
MBG	61.2	0.131	0.008	42.7	8.6

注：S_{BET} 为 BET 比表面积；V_t 为总孔隙容积；V_{mikro} 为微孔容积；$S_{external}$ 为外部表面积；D_p 为平均孔径

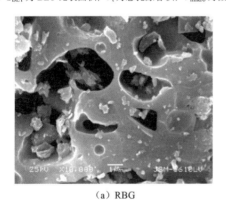
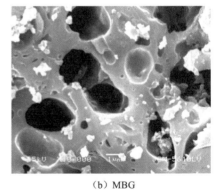

（a）RBG　　　　　　　　　　　　（b）MBG

图 3.31　改性前后膨润土的 SEM 图

3. 改性麦饭石对沉积物各形态磷的吸附性能

1）麦饭石最优改性

在温度 20 ℃±2 ℃、pH=7.1、吸附时间 12 h 的条件下，分别投加 8 g 不同浓度的硫酸改性麦饭石（2.5 mol/L 硫酸改性+400 ℃高温焙烧改性麦饭石）、氢氧化钠改性麦饭石（3.0 mol/L 氢氧化钠改性+400 ℃高温焙烧改性麦饭石）、氯化镧改性麦饭石（5.0%氯化镧改性+400 ℃高温焙烧改性麦饭石）、不同温度焙烧的热改性麦饭石和复合改性麦饭石，通过测定不同麦饭石颗粒对沉积物 TP 的吸附量，确定原始麦饭石（raw maifan stone，RMF）的最佳改性方法。不同改性麦饭石（modified maifan stone，MMF）对沉积物 TP 的吸附效果如图 3.32 所示。由图 3.32 可知，各 MMF 对沉积物 TP 的吸附效果比 RMF 对沉积物 TP 的吸附效果好，其中，MMF-H2.5、MMF-OH3.0、MMF-La5.0、CMMF-400 分别是不同浓度的硫酸改性麦饭石、氢氧化钠改性麦饭石、氯化镧改性麦饭石和不同温度焙烧的热改性麦饭石中的最佳改性麦饭石，其对沉积物 TP 的吸附量分别为 318.35 mg/kg、308.29 mg/kg、311.644 mg/kg 和 304.94 mg/kg，相应的吸附率分别为 19.27%、18.66%、18.86%和 18.46%。基于以上研究结果，分别将 MMF-H2.5、MMF-OH3.0 和 MMF-La5.0 颗粒置于马弗炉中 400 ℃焙烧 2 h，制备得到 CMMF-H2.5-400、CMMF-OH3.0-400 和 CMMF-La5.0-400 复合改性麦饭石颗粒。由图 3.32 可知，

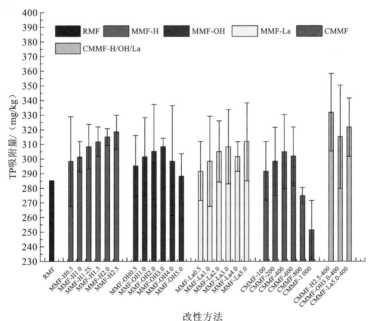

图 3.32　不同改性麦饭石对沉积物 TP 吸附量的影响

CMMF-H2.5-400、CMMF-OH3.0-400 和 CMMF-La5.0-400 对沉积物 TP 的吸附量分别为 331.75 mg/kg、314.99 mg/kg 和 321.7 mg/kg,相应的吸附率分别为 20.08%、19.06%和 19.45%。其中,CMMF-H2.5-400 对沉积物 TP 的吸附效果最好,因此本次试验选择 2.5 mol/L 硫酸改性+400 ℃焙烧复合改性为 RMF 的最佳改性方法,由该法制得的复合改性麦饭石(CMMF-H2.5-400)为后续研究所用。

2)改性麦饭石颗粒最优条件

(1)麦饭石颗粒投加量对吸附沉积物磷的影响。改性前后麦饭石颗粒投加量对沉积物各形态磷的吸附结果如图 3.33 所示。MMF 对沉积物磷的吸附性能高于 RMF。与 RMF 相比,MMF 的微孔结构更小,比表面积更大,因此,MMF 的微孔吸附能力及离子交换能力更强(Liu et al.,2017)。如图 3.33(a)所示,随着 RMF 投加量的增加,RMF 对沉积物磷吸附量越来越大。随着吸附剂的增加,吸附位点的数量增加,吸附能力增强(El-Korashy et al.,2016;Farzana and Meenakshi,2015)。MMF 对沉积物磷的吸附量随着投加量的增加呈先增大后减小最后趋于平稳的趋势[图 3.33(b)]。当 MMF 的投加量大于 4 g 时,沉积物磷的吸附量基本趋于稳定,这可能是由于 MMF 对沉积物磷的吸附达到饱和(Gopalakannan et al.,2016)。当 MMF 的投加量为 2 g 时,其对沉积物磷的吸附效果最好,MMF 对沉积物 Ca-P、Fe/Al-P、OP、IP 和 TP 的吸附量分别为 131.53 mg/kg、195.87 mg/kg、100.56 mg/kg、343.44 mg/kg 和 444.01 mg/kg,相应的吸附率分别为 26.32%、39.61%、15.96%、33.60%和 26.87%。当 RMF 的投加量为 12 g 时,其对沉积物磷的吸附效果最好,RMF 对沉积物 Ca-P、Fe/Al-P、OP、IP 和 TP 的吸附量分别为 100.53 mg/kg、185.31 mg/kg、70.41 mg/kg、289.83 mg/kg 和 360.23 mg/kg,相应的吸附率分别为

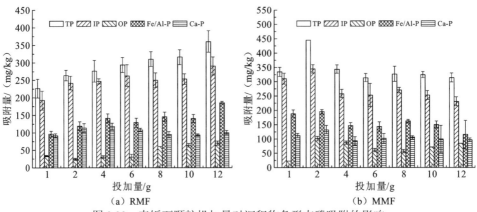

图 3.33　麦饭石颗粒投加量对沉积物各形态磷吸附的影响

20.12%、37.48%、11.18%、28.35%和21.80%。因此,将 2 g 和 12 g 分别选为 MMF 和 RMF 的最佳投加量,并分别在 MMF 和 RMF 最佳投加量的条件下,分析吸附时间、上覆水体 pH 和环境温度等因素对麦饭石颗粒吸附沉积物磷的影响。

(2)吸附时间对麦饭石吸附沉积物磷的影响。吸附时间对改性前后麦饭石颗粒吸附沉积物各形态磷的影响如图 3.34 所示。随着吸附时间的延长,麦饭石颗粒对沉积物磷的吸附量呈先急剧增大后逐渐减小的趋势。当吸附时间为 2~4 h 时,RMF 和 MMF 对沉积物磷的吸附量随着时间的延长逐渐增大;但当吸附时间大于 4 h 后,其对沉积物磷的吸附量逐渐减小。这可能是因为最开始阶段孔隙水和沉积物表层磷被快速吸附,之后出现部分解吸,直至达到吸附平衡(刘子森 等,2018a)。由图 3.34 可知,当吸附时间为 4 h 时:MMF 对沉积物 Ca-P、Fe/Al-P、OP、IP 和 TP 的吸附量分别为 152.47 mg/kg、235.74 mg/kg、113.97 mg/kg、417.17 mg/kg 和 531.13 mg/kg,相应的吸附率分别为 30.51%、47.68%、18.09%、40.81%和 31.64%;RMF 对沉积物 Ca-P、Fe/Al-P、OP、IP 和 TP 的吸附量分别为 118.12 mg/kg、186.48 mg/kg、77.11 mg/kg、316.64 mg/kg 和 393.74 mg/kg,相应的吸附率分别为 23.64%、37.72%、12.24%、30.97%和 23.73%。因此,RMF 和 MMF 的最佳吸附时间均为 4 h。由图 3.34 可知,随着时间的延长,麦饭石颗粒对 IP 和 Fe/Al-P 吸附量的变化趋势几乎与对 TP 吸附量的变化趋势一致,说明麦饭石颗粒对 IP、Fe/Al-P 与 TP 吸附量均呈正相关($P<0.05$)。

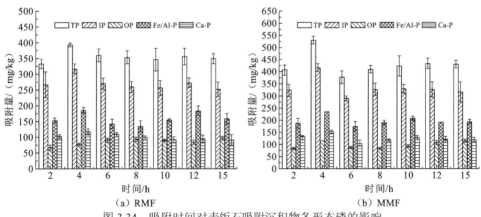

图 3.34 吸附时间对麦饭石吸附沉积物各形态磷的影响

(3)上覆水体 pH 对麦饭石吸附沉积物磷的影响。湖泊中上覆水体 pH 是影响沉积物各形态磷吸附的主要因素之一(Zhang et al.,2016b)。在吸附过程中,溶液酸碱性会对吸附剂的表面特性产生一定的影响,如会影响吸附剂的表面电荷与表面轻基质子的解离等。除此之外,溶液的 pH 可通过影响吸附剂的量而在一定程度上影响吸附过程。一般情况下,较酸性的环境可能会使吸附剂在溶液中发生溶解作用（田蕾，2010）。对沉积物而言，上覆水体 pH 还会对沉积物磷的释放强度产生一定的影响，进而对沉积物孔隙水中的磷向吸附剂中的扩散产生一定的影响（刘子森 等，2017）。

上覆水体 pH 对麦饭石颗粒吸附沉积物磷的影响结果如图 3.35 所示。由图 3.35（a）可知，在 pH 为 2～6 时，RMF 对沉积物磷的吸附量呈逐渐增大趋势，当 pH>6 时，RMF 对沉积物磷的吸附量逐渐减小（$P<0.05$）。当 pH 为 6 时，RMF 对沉积物 Ca-P、Fe/Al-P、OP、IP 和 TP 的吸附量分别为 161.69 mg/kg、188.83 mg/kg、140.78 mg/kg、373.60 mg/kg 和 514.38 mg/kg，相应的吸附率分别为 32.35%、38.19%、22.35%、36.55%和 31.13%。当 pH 为 7 时，RMF 对沉积物 Ca-P、Fe/Al-P、OP、IP 和 TP 的吸附量分别为 128.18 mg/kg、194.69 mg/kg、70.41 mg/kg、326.69 mg/kg 和 397.09 mg/kg，相应的吸附率分别为 25.65%、39.38%、11.18%、31.96%和 24.03%。如图 3.35（b）所示，当 pH 为 2 时，MMF 对沉积物 TP 的吸附量最大；当 pH>2 时，MMF 对沉积物磷的吸附量随着 pH 的增大而逐渐减小。当 pH 为 2 时，MMF 对沉积物 Ca-P、Fe/Al-P、OP、IP 和 TP 的吸附量分别为 290.70 mg/kg、126.67 mg/kg、164.23 mg/kg、440.62 mg/kg 和 604.86 mg/kg，相应的吸附率分别为 58.16%、25.62%、26.07%、43.10%和 36.61%。当 pH 为 7 时，MMF 对沉积物 Ca-P、Fe/Al-P、OP、IP 和 TP 的吸附量分别为 157.50 mg/kg、252.16 mg/kg、120.67 mg/kg、423.87 mg/kg 和 521.08 mg/kg，相应的吸附率分别为 31.51%、50.99%、19.53%、41.46%和 31.54%。由图 3.35 可知，随着 pH 的升高，RMF 和 MMF 对沉积物 Ca-P 的吸附量逐渐减小（$P<0.05$），但对 Fe/Al-P 的吸附量逐渐增大（$P<0.05$），即酸性条件有利于麦饭石颗粒对沉积物 Ca-P 的吸附，但碱性条件有利于麦饭石颗粒对 Fe/Al-P 的吸附。这与前人的研究结论（Liu et al.，2017；Li et al.，2006）基本一致。不同 pH 条件下，磷的吸附可能是通过化学作用、配体交换吸附、静电吸引/排斥及凝聚/沉淀等完成（Wang et al.，2016b）。

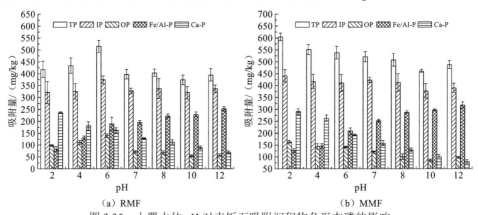

（a）RMF　　　　　　　　　　（b）MMF

图 3.35　上覆水体 pH 对麦饭石吸附沉积物各形态磷的影响

（4）环境温度对麦饭石吸附沉积物磷的影响。环境温度是影响沉积物磷吸附的重要影响因素，其可以显著影响沉积物磷的释放（Sugiyama and Hama，2013；Huang et al.，2011）。浅水湖泊通常是等温的，环境温度的变化往往会对沉积物磷的释放产生一定的影响。因此，环境温度对浅水湖泊沉积物磷的吸附影响较大（Jin et al.，2005）。

环境温度对麦饭石颗粒吸附沉积物磷的影响如图 3.36 所示。由图 3.36 可知，当温度从 5 ℃升高至 20 ℃时，RMF 和 MMF 对沉积物磷的吸附量随着温度的升高逐渐增大（$P<0.05$）。高温促进了沉积物磷的吸附过程，说明 RMF 和 MMF 对沉积物磷的吸附是吸热反应，该研究结论与前人的研究结论（Mezenner and Bensmaili，2009；Jin et al.，2005）一致。当环境温度为 5 ℃时：RMF 对沉积物 Ca-P、Fe/Al-P、OP、IP 和 TP 的吸附量分别为 236.25 mg/kg、102.63 mg/kg、67.05 mg/kg、326.69 mg/kg 和 393.74 mg/kg，相应的吸附率分别为 47.27%、20.76%、10.64%、31.96%和 23.83%；MMF 对沉积物 Ca-P、Fe/Al-P、OP、IP 和 TP 的吸附量分别为 192.68 mg/kg、148.95 mg/kg、103.92 mg/kg、366.90 mg/kg 和 470.82 mg/kg，相应的吸附率分别为 38.55%、30.12%、16.49%、35.89%和 28.49%。当环境温度为 20 ℃时：RMF 对沉积物 Ca-P、Fe/Al-P、OP、IP 和 TP 的吸附量分别为 175.93 mg/kg、194.69 mg/kg、130.72 mg/kg、390.36 mg/kg 和 521.08 mg/kg，相应的吸附率分别为 35.20%、39.38%、20.75%、38.18%和 31.54%［图 3.36（a）］；MMF 对沉积物 Ca-P、Fe/Al-P、OP、IP 和 TP 的吸附量分别为 301.59 mg/kg、129.01 mg/kg、160.88 mg/kg、454.03 mg/kg 和 614.91 mg/kg，相应的吸附率分别为 60.34%、26.09%、25.54%、44.41%和 37.22%［图 3.36（b）］。当环境温度为 20～60 ℃时，随着环境温度的升高，RMF 和 MMF 对沉积物磷的吸附量逐渐减小。在一定温度范围内，温度升高可以促进吸附反应的发生，但温度过高则会由于布朗运动的加剧而对吸附反应产生抑制作用，同时也会促使已吸附于 RMF 和 MMF 颗粒上的磷发生解吸反应（Sugiyama and Hama，2013；Huang et al.，2011）。

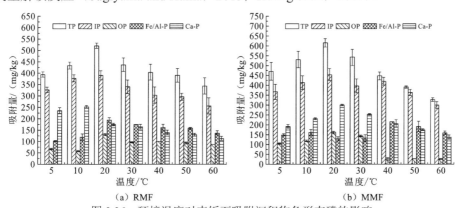

（a）RMF　　　　　　　　　　（b）MMF

图 3.36　环境温度对麦饭石吸附沉积物各形态磷的影响

（5）静态吸附平衡时间。静态吸附条件下麦饭石颗粒对沉积物各形态磷的吸附性能如图 3.37 所示。由图 3.37（a）可知，RMF 对沉积物磷的吸附量呈先增大（0～20 d）后缓慢减小最后达到吸附平衡的趋势（$P<0.05$）。当静态吸附时间为 20 d 时，RMF 对沉积物磷的吸附量最大。此时 RMF 对沉积物 Ca-P、Fe/Al-P、OP、IP 和 TP 的吸附量分别为 68.70 mg/kg、224.01 mg/kg、147.48 mg/kg、296.53 mg/kg 和 457.41 mg/kg，相应的吸附率分别为 13.75%、45.31%、23.41%、29.01%和 27.68%。由图 3.37（b）可知，随着吸附时间的延长，MMF 对沉积物磷的吸附量呈先急剧增大（0～10 d）后增加缓慢（10～18 d）最后达到吸附平衡的趋势（$P<0.05$）。当静态吸附时间为 18 d 时，MMF 对沉积物磷的吸附量最大，此时 MMF 对沉积物 Ca-P、Fe/Al-P、OP、IP 和 TP 的吸附量分别为 85.45 mg/kg、341.30 mg/kg、134.07 mg/kg、433.92 mg/kg 和 568 mg/kg，相应的吸附率分别为 17.10%、69.03%、21.28%、42.45%和 34.38%。如图 3.37 所示，MMF 对沉积物磷的吸附作用优于 RMF，即改性处理可以提高麦饭石颗粒的吸附性能，这一结论与 Liu 等（2017）的研究结果一致。

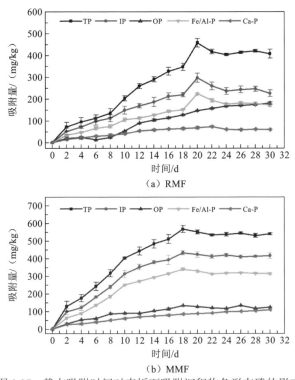

（a）RMF

（b）MMF

图 3.37　静态吸附时间对麦饭石吸附沉积物各形态磷的影响

3）改性麦饭石颗粒表征分析

（1）X 射线荧光分析。RMF 和各 MMF 的主要化学组成见表 3.8。由表 3.8 可知，RMF 和各 MMF 的主要化学成分存在显著差异，它们均主要由 SiO_2、Al_2O_3、Na_2O、CaO 和 Fe_2O_3 等组成。改性处理使各 MMF 中的 SiO_2 含量明显增加，但 MgO 和 P_2O_5 含量明显减少。SiO_2 和 Al_2O_3 是 RMF 和各 MMF 的主要化学组成成分。与 RMF 相比，MMF-OH3.0 中的 Na_2O 含量增加，表明经 3.0 mol/L NaOH 改性处理后，Na^+ 通过离子交换作用进入麦饭石结构中。在改性过程中，Na^+ 首先置换层间域中的 Ca^{2+}、Mg^{2+} 及 Al^{3+} 等阳离子。Na^+ 在与麦饭石的相互作用中会导致部分 Al^{3+}、Mg^{2+} 和 Fe^{2+} 等的溶出。此外，离子交换等作用去除了麦饭石颗粒中的部分杂质，减少了其中的无定形相，形成 MMF 上的裂缝及孔隙，使其变得更加粗糙。

表 3.8　改性前后麦饭石的主要化学组成　　　　　（单位：%）

样本	主要化学组成									烧失量
	SiO_2	Al_2O_3	Na_2O	CaO	Fe_2O_3	MgO	K_2O	TiO_2	P_2O_5	
a	61.38	15.84	5.16	5.08	3.18	1.82	1.74	0.36	0.22	5.22
b	61.98	15.35	5.01	4.79	3.07	1.48	1.88	0.35	0.18	4.48
c	61.78	15.92	5.79	4.73	3.41	1.72	1.81	0.37	0.20	3.83
d	63.51	15.74	5.08	4.25	3.10	1.26	1.91	0.31	0.20	3.58
e	61.64	16.31	5.31	5.90	3.08	1.79	1.77	0.30	0.19	3.40
f	62.44	15.47	5.31	4.41	2.88	1.54	1.80	0.39	0.17	4.52

注：a 为 RMF；b 为 MMF-H2.5；c 为 MMF-OH3.0；d 为 MMF-La5.0；e 为 CMMF-400；f 为 CMMF-H2.5-400。按照所用仪器的特性，材料化学成分的存在形态均以氧化物的形式表示，据此测定其质量分数；其他成分由于含量相对较低，测定结果中未予体现

（2）傅里叶红外光谱分析。傅里叶红外光谱主要通过测量分子的振动和转动光谱来研究分子的结构和性能，是区分材料的特征官能团的辅助工具（Hu et al.，2016）。RMF 和各 MMF 的 FTIR 光谱图如图 3.38 所示。由图 3.38 可知，RMF 颗粒 3 430 cm^{-1} 处的吸收峰是由 O—H 和 N—H 基团的伸缩振动引起的（Hu et al.，2016）。经过改性处理后，RMF 颗粒在 3 430 cm^{-1} 处的吸收峰分别移至 3 423 cm^{-1}（MMF-H2.5）、3 435 cm^{-1}（MMF-OH3.0）、3 413 cm^{-1}（MMF-La5.0）、3 435 cm^{-1}（MMF-400）和 3 432 cm^{-1}（CMMF-H2.5-400）处，这说明改性剂与麦饭石表面发生相互作用，使 RMF 中的某些吸收峰发生位移。在各 MMF 的 FTIR 光谱中，1 035 cm^{-1} 处的吸收峰与 PO_4^{3-} 的延伸相关（Gogoi et al.，2015）。777 cm^{-1}

处的吸收峰可能是 Mg—Fe—OH 基团的振动峰（Chinoune et al.，2016），经改性处理后，该处的吸收峰未发生明显变化。在各 MMF 颗粒中，589 cm⁻¹ 处的吸收峰可能是 Fe—O 基团的振动峰（Tsai et al.，2007）。

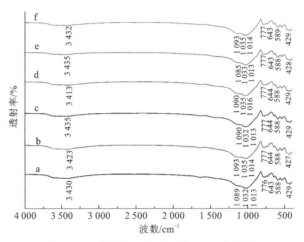

图 3.38　改性前后麦饭石的 FTIR 光谱图

a、b、c、d、e、f 分别代表 RMF、MMF-H2.5、MMF-OH3.0、MMF-La5.0、CMMF-400 和 CMMF-H2.5-400

（3）X 射线衍射分析。采用 X 射线衍射仪对 RMF 和各 MMF 进行分析，探讨麦饭石的晶体结构和特征（图 3.39）。由图 3.39 可知，RMF 和各 MMF 的主要矿物组成均为石英（SiO_2）和珍珠云母（$CaAl_2(Si_2Al_2)O_{10}(OH)_2$），改性前后麦饭石的峰形相似，各 MMF 的杂质峰明显较 RMF 的杂质峰减少。此外，经过改性处

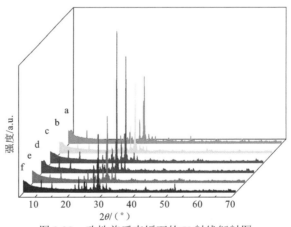

图 3.39　改性前后麦饭石的 X 射线衍射图

a、b、c、d、e、f 分别代表 RMF、MMF-H2.5、MMF-OH3.0、MMF-La5.0、CMMF-400 和 CMMF-H2.5-400

理后，各 MMF 的层间距 d_{001} 均比 RMF 大，这与 Yan 等（2010）研究的结论一致。在 RMF 和各 MMF 的 XRD 图谱中未发现明显的金属氧化物峰，说明改性处理未能改变麦饭石颗粒的结构，其金属氧化物在其表面分布良好（Ni et al.，2011）。比较图 3.39a、e 和 f 可知，对 RMF 进行 400℃高温焙烧处理，未改变其主要矿物结构，也进一步说明选择 400℃为改性处理过程中的焙烧温度是合理的。Yang 等（2011）曾报道过麦饭石经 500℃高温焙烧处理未改变其主要矿物的特征峰，本节结论与其研究结论一致。此外，由图 3.39 可知，经改性处理后，麦饭石中有一些峰减弱或消失，分析原因可能为改性处理可以减少麦饭石中的部分杂质。该结果与 BET 和 FTIR 的分析结果一致。

（4）X 射线光电子能谱分析。图 3.40 为 RMF 和各 MMF 的 XPS 光谱图。分析 Fe 谱图可知，RMF 的 Fe 元素的存在形式为+2 价和+3 价，其中，Fe_2O_3 占 11.3%，但经改性处理后，MMF-H2.5、MMF-OH3.0、MMF-La5.0、CMMF-400 和 CMMF-H2.5-400 中的 Fe 元素均为+3 价，存在形式均为 Fe_2O_3，这证实在改性处理过程中麦饭石中的 Fe^{2+} 可被氧化成 Fe^{3+}。在沉积物中铁和磷可以相互结合，以可溶性或难溶性的铁和磷结合态存在。沉积物中还原态的铁主要是以无定形的铁锰氧化物和水化氧化物结合的形态存在，一方面可通过化学键形式与磷酸根在表面吸附位点键合，形成单基配位或双基配位，降低磷的活性，另一方面该形态也易受环境条件变化的影响，当 pH 或氧化还原条件发生改变时，就会导致 Fe(III) 氢氧化物的还原溶解和 Fe-P 的释放，即 Fe^{3+} 与磷结合后更稳定（Smolders et al.，2017；Wang et al.，2017a；王超 等，2008）。比较 RMF 和各 MMF 的 Al 元素的 XPS

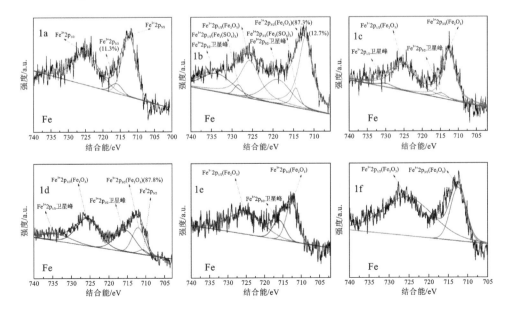

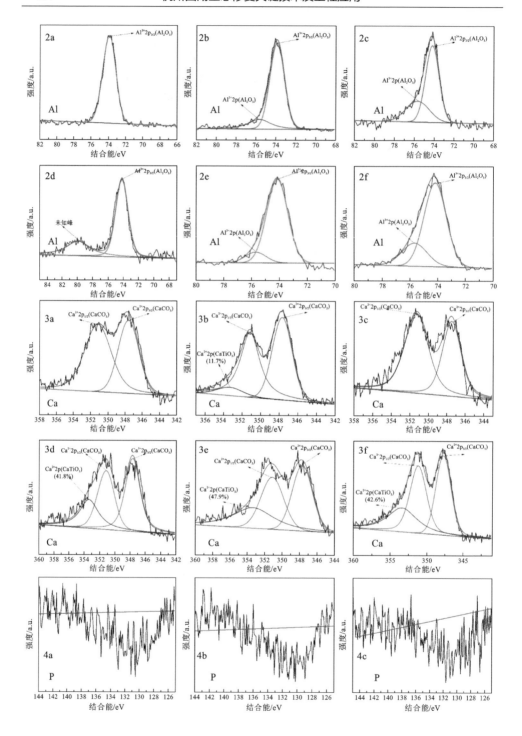

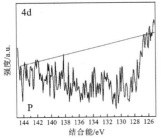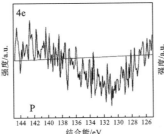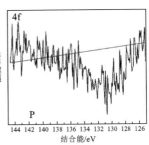

图 3.40　改性前后麦饭石颗粒的 X 射线光电子能谱图

a、b、c、d、e、f 分别代表 RMF、MMF-H2.5、MMF-OH3.0、MMF-La5.0、CMMF-400 和 CMMF-H2.5-400

光谱可知，与 RMF 相比，MMF-H2.5、MMF-OH3.0、MMF-La5.0 和 CMMF-H2.5-400 的图谱中出现了 $Al^{3+}2p$ 峰，这说明经改性处理后，MMF-H2.5、MMF-OH3.0、MMF-La5.0 和 CMMF-H2.5-400 表面的 Al 元素的结合形式增加（Yin et al.，2018；Li et al.，2013）。分析 RMF 和各 MMF 的 Ca 元素光谱图可知，经改性处理后，MMF-H2.5、MMF-La5.0、CMMF-400 和 CMMF-H2.5-400 中除 $CaCO_3$ 以外，还存在 $CaTiO_3$。$CaTiO_3$ 在 MMF-H2.5、MMF-La5.0、CMMF-400 和 CMMF-H2.5-400 中分别占 Ca 元素化合物的 11.7%、41.8%、47.9% 和 42.6%。比较 RMF 和各 MMF 的 P 元素光谱图发现，RMF 和各 MMF 中的 P 含量均过低，没有出现明显的 XPS 包峰。

（5）扫描电镜分析。运用 SEM 对 RMF 和各 MMF 进行表面形态分析。RMF 和各 MMF 的表面形貌如图 3.41 所示。经改性处理后，各 MMF 的表面形态发生了明显变化。由图 3.41（a）可知，RMF 的表面较平整，气孔较少。与 RMF 相比，经改性处理后，由于 H^+、Na^+ 和 La^{3+} 的加入，置换出了麦饭石孔道中原有的半径较大的阳离子，使麦饭石中的杂质及无定形相被置换，形成了 MMF-H2.5、MMF-OH3.0、MMF-La5.0 及 CMMF-H2.5-400 的裂缝及孔隙，使其表面更加粗糙和松散，且有很多片状结构出现（Yang et al.，2011；Huang et al.，2008）。此外，在高温焙烧条件下可以脱除麦饭石的表面水、结合水及水化水，使麦饭石产生微孔（Yin et al.，2016；Liu et al.，2007）。由图 3.41（e）和（f）可知，经焙烧改性处理后，麦饭石的表面结构得到改善，其良好的孔隙分布可为磷酸根的吸附提供较多的吸附位点。

（6）表面分析。布鲁诺尔-埃米特-特勒（Brunauer-Emmett-Teller，BET）理论可用于解释气体分子在固体表面的物理吸附，是一种重要的分析技术，可得到材料具体的比表面积、孔道、孔容和孔径分布等参数（Tsai et al.，2007）。RMF 和各改性麦饭石的 pH_{PZC}、阳离子交换量（cation exchange capacity，CEC）、d_{001}、比表面积（S_{BET}）、总孔隙容积（the total pore volume，V_t）、微孔容积（V_{mikro}）、

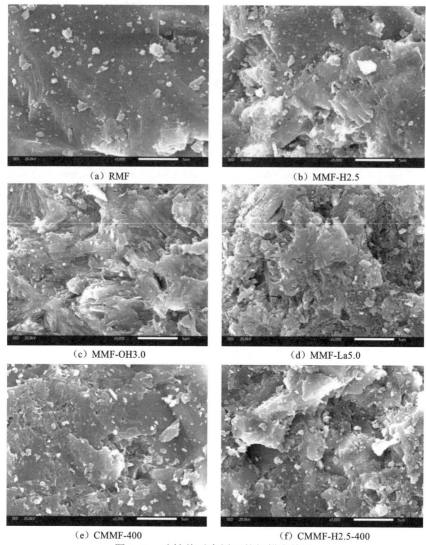

(a) RMF　　　　　　　　　　　　（b）MMF-H2.5

(c) MMF-OH3.0　　　　　　　　　　（d）MMF-La5.0

(e) CMMF-400　　　　　　　　　　（f）CMMF-H2.5-400

图 3.41　改性前后麦饭石的扫描电镜图

外部表面积（$S_{external}$）和平均孔径（D_p）见表 3.9。由表 3.9 可知，改性处理可以使麦饭石的结构发生瓦解，麦饭石的比表面积增大，平均孔径减小，为吸附反应提供更多的吸附位点，从而使麦饭石更容易吸附沉积物磷。以上分析与 SEM 的分析基本一致。吸附剂的 pH_{PZC} 受多种因素的影响，包括电解质的结晶度、硅铝比、操作温度、吸附剂的吸附容量、杂质含量、H^+ 及 OH^- 吸附程度等。因此，不同吸附剂的 pH_{PZC} 差异较大。Chutia 等（2009）研究发现，pH_{PZC} 对天然沸石吸附 As(V) 有显著影响，这是因为当 pH 小于 pH_{PZC} 时，多价阳离子的吸附是有效的。

与 RMF 相比，MMF-H2.5、MMF-OH3.0、MMF-La5.0、CMMF-400 和 CMMF-H2.5-400 的 pHPZC 均发生不同程度的升高。经过改性处理后，各 MMF 的 pHPZC 比 RMF 的 pHPZC 大，且 CMMF-H2.5-400 的 pHPZC 最大。因此，改性处理可以提高麦饭石对沉积物磷的吸附性能。

表 3.9　改性前后麦饭石的 pH_{PZC}、CEC、d_{001}、表面及孔隙参数

样品	pH_{PZC}	CEC / （meq/100g）	d_{001} /nm	S_{BET} / （m²/g）	$S_{external}$ / （m²/g）	V_t / （cm³/g）	V_{mikro} / （cm³/g）	D_p /nm
a	5.26	9.89	3.07	3.57	3.57	0.008	—	8.96
b	7.18	18.74	3.43	20.14	15.34	0.023	0.001 8	4.57
c	7.59	20.12	3.28	18.37	12.67	0.025	0.002 0	5.44
d	7.89	26.38	3.57	20.26	16.31	0.021	0.001 9	4.15
e	6.31	16.74	3.21	17.13	13.42	0.027	0.002 3	6.31
f	8.24	37.26	3.73	42.61	35.03	0.019	0.001 6	1.78

注：a、b、c、d、e、f 分别代表 RMF、MMF-H2.5、MMF-OH3.0、MMF-La5.0、CMMF-400 和 CMMF-H2.5-400

3.2.2　吸附-生物修复联合技术处理沉积物磷

1. 环保陶瓷滤球和沉水植物联合作用对沉积物磷的去除

1）厚度 1 cm PCFM+苦草联合处理沉积物磷

1 cm PCFM+苦草对沉积物各形态磷的去除效果如图 3.42 所示，由图 3.42 可知，苦草与沉积物作用过程中，实验 30 d 时，TP、OP、IP、Fe/Al-P、Ca-P 各形态磷的去除量分别为 135.64 mg/kg、122.41 mg/kg、10.74 mg/kg、24.81 mg/kg、13.13 mg/kg。去除量随着时间的延长而增大，在 90 d 左右增速变缓，此时 TP、OP、IP、Fe/Al-P、Ca-P 各形态磷的去除量分别为 332.65 mg/kg、207.95 mg/kg、114.41 mg/kg、174.08 mg/kg、61.81 mg/kg。虽然 90～150 d 的去除量增长速率变缓，但还是有一定量，并在 150 d 时去除量达到最大值，此时 TP、OP、IP、Fe/Al-P、Ca-P 各形态磷的去除量分别为 402.36 mg/kg、225.82 mg/kg、157.05 mg/kg、219.10 mg/kg、63.63 mg/kg，此时各形态磷的去除率分别为 28.26%、81.29%、13.71%、39.27%、10.96%。

2）厚度 3 cm PCFM+苦草联合处理沉积物磷

3 cm PCFM+苦草对沉积物各形态磷的去除效果如图 3.43 所示。由图 3.43 可知，试验 30 d 时，TP、OP、IP、Fe/Al-P、Ca-P 各形态磷的去除量分别为 181.07 mg/kg、

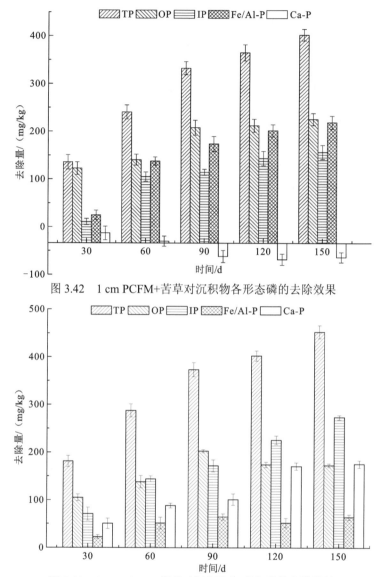

图 3.42　1 cm PCFM+苦草对沉积物各形态磷的去除效果

图 3.43　3 cm PCFM+苦草对沉积物各形态磷的去除效果

104.99 mg/kg、70.82 mg/kg、22.66 mg/kg、50.55 mg/kg。去除量随着时间的延长而增大，在 90 d 左右增速逐渐变缓，此时 TP、OP、IP、Fe/Al-P、Ca-P 各形态磷的去除量分别为 373.41 mg/kg、202.33 mg/kg、171.77 mg/kg、64.50 mg/kg、101.29 mg/kg。随着作用时间的延长，去除量也持续增加，并在 150 d 时去除量达到最大值，此时 TP、OP、IP、Fe/Al-P、Ca-P 各形态磷的去除量分别为 422.70 mg/kg、172.65 mg/kg、246.46 mg/kg、63.97 mg/kg、175.41 mg/kg，此时各形态磷的去除

率分别为 29.69%、62.15%、21.51%、11.46%、30.22%。由此可知，3 cm PCFM+苦草对沉积物磷的去除有一定效果，与 1 cm PCFM+苦草对沉积物磷的去除效果相比，3 cm PCFM+苦草对 Ca-P 的去除效果明显更好。

3）厚度 5 cm PCFM+苦草联合处理沉积物磷

5 cm PCFM（无苦草组）对沉积物各形态磷的去除结果如图 3.44 所示。试验 30 d 时，TP、OP、IP、Fe/Al-P、Ca-P 各形态磷的去除量分别为 72.05 mg/kg、19.78 mg/kg、50.91 mg/kg、43.31 mg/kg、5.10 mg/kg。90～120 d 增速变缓，但在 120～150 d 增速又变大，并在 150 d 时沉积物磷的去除量达到最大值，此时 TP、OP、IP、Fe/Al-P、Ca-P 各形态磷的去除量分别为 230.02 mg/kg、57.93 mg/kg、170.72 mg/kg、134.40 mg/kg、31.38 mg/kg，此时各形态磷的去除率分别为 16.16%、20.85%、14.90%、24.09%、5.41%。因此，5 cm PCFM 对底泥各形态磷都有一定的去除效果，其中对 OP、Fe/Al-P 的去除效果更加显著，对 Ca-P 的去除效果相对较差。

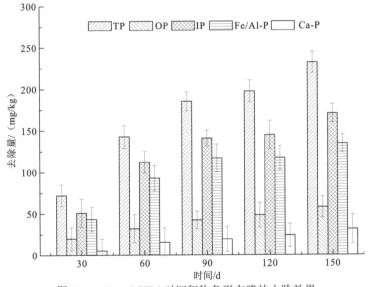

图 3.44　5 cm PCFM 对沉积物各形态磷的去除效果

5 cm PCFM+苦草对沉积物各形态磷的去除效果如图 3.45 所示。由图 3.45 可见，5 cm PCFM+苦草组的总磷去除量随时间的推移呈近乎直线上升的趋势，试验 30 d 时，TP、OP、IP、Fe/Al-P、Ca-P 各形态磷的去除量分别为 218.14 mg/kg、105.20 mg/kg、115.27 mg/kg、75.08 mg/kg、33.30 mg/kg。去除量随着时间的延长而增大，在 90 d 附近增速逐渐变缓，此时 TP、OP、IP、Fe/Al-P、Ca-P 各形态磷的去除量分别为 574.80 mg/kg、253.44 mg/kg、309.76 mg/kg、246.40 mg/kg、60.65 mg/kg。随着作

用时间的延长，去除量也逐渐增加，并在 150 d 时去除量达到最大值，此时 TP、OP、IP、Fe/Al-P、Ca-P 各形态磷的去除量分别为 652.61 mg/kg、249.12 mg/kg、396.40 mg/kg、314.38 mg/kg、72.11 mg/kg，此时各形态磷的去除率分别为 45.83%、89.68%、34.59%、56.34%、12.42%。将本试验的结果与其他组合进行对比，发现联合组（1 cm PCFM+苦草组、3 cm PCFM+苦草组、5 cm PCFM+苦草组）中，5 cm PCFM+苦草组去除效果是最好的，与 3 cm PCFM+苦草组相比，TP、OP、IP、Fe/Al-P、Ca-P 各形态磷的去除率分别增加了 16.14%、27.53%、13.08%、44.88%、17.80%。另外，若将苦草组与 5 cm PCFM 组对沉积物磷的去除率进行简单相加，5 cm PCFM+苦草组对 TP、OP、IP、Fe/Al-P、Ca-P 各形态磷的去除率是它们之和的去除率的 2.32 倍、3.36 倍、1.93 倍、1.74 倍、4.39 倍，可见苦草与陶瓷滤球在对沉积物磷的去除过程中，可能存在有利于去除沉积物磷的协同作用。

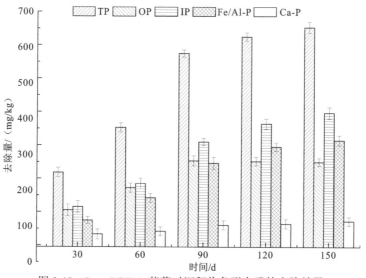

图 3.45　5 cm PCFM+苦草对沉积物各形态磷的去除效果

造成以上的现象可能有 4 点原因：①苦草与藻类的光合作用会吸收水体中的 CO_2，从而使水体的 pH 上升，根据前文关于陶瓷滤球吸附特性的相关内容显示，pH 升高会使陶瓷滤球对沉积物磷的吸附量增加；②陶瓷滤球含有某些微量元素，可促进植物生长，从而进一步加强对磷的吸收；③多孔状表面粗糙度不同的陶瓷滤球，可附着大量微生物，滤球表面微生物和植物根系微生物同时作用，对沉积物磷进行矿化作用；④沉水植物也在进行吸收和矿化作用，使难以吸附的有机磷等转化成易被吸附的无机磷。

2. 改性膨润土和沉水植物联合作用对沉积物磷的去除

1）苦草对沉积物各形态磷的去除情况

试验过程中苦草对沉积物各形态磷的去除效果如图 3.46 所示，由图可知，试验运行 30 d 时，TP、IP、OP、Fe/Al-P 和 Ca-P 各形态磷的去除量分别为 40.86 mg/kg、25.16 mg/kg、11.99 mg/kg、16.93 mg/kg 和 6.78 mg/kg。随着运行时间的持续增加，沉积物各形态磷的去除量持续增加，但在 60～90 d 时有轻微回落，TP、IP、OP、Fe/Al-P 和 Ca-P 在 150 d 时的去除量分别为 181.6 mg/kg、148.74 mg/kg、26.32 mg/kg、101.74 mg/kg 和 44.99 mg/kg。在 365 d 时，TP、IP、OP、Fe/Al-P 和 Ca-P 的去除量分别为 241.89 mg/kg、183.21 mg/kg、46.23 mg/kg、128.73 mg/kg 和 50.03 mg/kg，它们的去除率分别为 16.97%、15.99%、16.63%、23.07%和 8.61%。沉水植物苦草通过根系等的直接吸收或间接影响，降低了间隙水中磷的浓度，减小了与上覆水的浓度差，减缓了沉积物磷释放的速度，降低了沉积物中的磷含量（葛绪广，2009）。

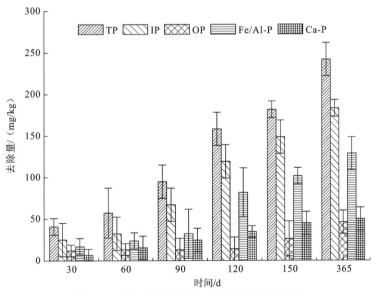

图 3.46　苦草对沉积物各形态磷的去除效果

2）厚度 1 cm MBG+苦草联合处理沉积物磷

如图 3.47 所示，0～60 d 沉积物 OP 的去除量逐渐增加，之后趋于平稳；沉积物 TP、IP、Fe/Al-P 和 Ca-P 去除量随着时间的推移而增加。当反应时间为 150 d 时，TP、IP、OP、Fe/Al-P 和 Ca-P 的去除量分别为 431.6 mg/kg、307.4 mg/kg、

113.8 mg/kg、200.5 mg/kg 和 117.8 mg/kg；当反应时间为 365 d 时，TP、IP、OP、Fe/Al-P 和 Ca-P 的去除量分别为 557.3 mg/kg、398.1 mg/kg、135.6 mg/kg、267.2 mg/kg 和 129.7 mg/kg，它们的去除率分别为 39.2%、34.7%、50.8%、47.9% 和 22.3%。由此可知，厚度 1 cm MBG+苦草联合组对沉积物磷的去除过程随着反应时间的延长，去除量越来越大，且去除的沉积物磷以 OP 和 Fe/Al-P 为主。MBG 的加入明显降低了沉积物中的磷含量。

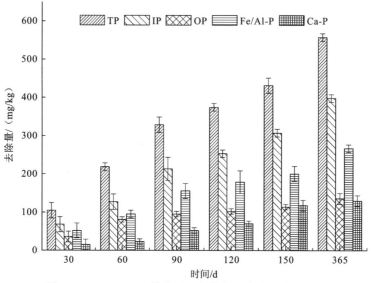

图 3.47　1 cm MBG+苦草对沉积物各形态磷的去除效果

3）厚度 3 cm MBG+苦草联合处理沉积物磷

如图 3.48 所示，沉积物各形态磷的去除量在 0～60 d 先增加后增长缓慢。沉积物中的磷在苦草与 3 cm MBG 的联合作用下，反应时间为 150 d 时，TP、IP、OP、Fe/Al-P 和 Ca-P 的去除量分别为 551.2 mg/kg、337.2 mg/kg、210.9 mg/kg、179 mg/kg 和 151.2 mg/kg；反应时间为 365 d 时，它们的去除量分别为 671.3 mg/kg、431.5 mg/kg、221.1 mg/kg、221.7 mg/kg 和 202.9 mg/kg，它们的去除率分别为 47.2%、37.7%、82.8%、39.7%和 35.0%。由此可知，3 cm MBG+苦草联合组对沉积物磷的去除有一定效果，与 1 cm MBG+苦草联合组对沉积物磷的去除效果相比，TP、IP、OP、Fe/Al-P、Ca-P 各形态磷的去除量在 365 d 时分别增加了 114 mg/kg、33.4 mg/kg、85.5 mg/kg、−45.5 mg/kg、73.2 mg/kg，即 3 cm MBG+苦草联合组对沉积物 TP、OP、IP 和 Ca-P 的去除效果较好，但其对沉积物 Fe/Al-P 的去除量比 1 cm MBG+苦草联合组的去除效果差。

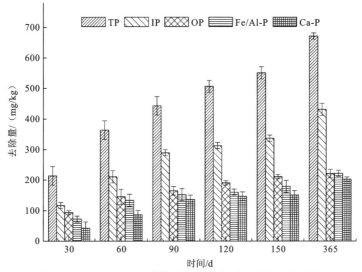

图 3.48　3 cm MBG+苦草对沉积物各形态磷的去除效果

4）厚度 5 cm MBG+苦草联合处理沉积物磷

如图 3.49 所示，沉积物中的磷在苦草与 5 cm 厚度 MBG 的作用下，0～60 d 沉积物 TP 的去除量增长趋势明显，60 d 以后，去除量的增长速度缓慢。随着反应时间的持续，沉积物 IP、OP、Fe/Al-P 和 Ca-P 的去除量逐渐增加。当反应时间为 150 d 时，沉积物 TP、IP、OP、Fe/Al-P 和 Ca-P 的去除量分别为 615.6 mg/kg、371.4 mg/kg、242.4 mg/kg、236.3 mg/kg 和 145.7 mg/kg；当反应时间为 365 d 时，它们的去除量分别为 851.3 mg/kg、654.2 mg/kg、181 mg/kg、372.3 mg/kg 和 259.2 mg/kg，去除率分别为 59.8%、57.1%、67.8%、66.7% 和 44.7%。5 cm MBG+苦草联合组对沉积物各形态磷的去除过程中，效果最明显的磷形态由强至弱分别为 Fe/Al-P＞OP＞TP＞IP＞Ca-P。Fe/Al-P 是与沉积物中易发生氧化还原作用的铁氧化物或铁氢氧化物结合的磷，大部分的研究认为这种形式的磷是较易于释放的，在沉积物中起到指示污染物的作用（Sun et al.，2009；Wang et al.，2006）。苦草在生长的过程中通过发达的根系能够大量地吸收利用沉积物中的 Fe/Al-P，以满足自身生长的需要（Zhou et al.，2000；Barko et al.，1991）。这可能是导致 Fe/Al-P 在植物根系区域含量较低的原因之一。

5）厚度 5 cm MBG 对沉积物磷的去除效果

5 cm MBG 对沉积物各形态磷的去除效果如图 3.50 所示。在反应时间为 365 d 时，沉积物 TP、IP、OP、Fe/Al-P 和 Ca-P 的去除量分别为 421.6 mg/kg、260.8 mg/kg、143.9 mg/kg、178.8 mg/kg 和 78.2 mg/kg，去除率分别为 29.6%、22.8%、53.9%、66.4% 和 29.2%。

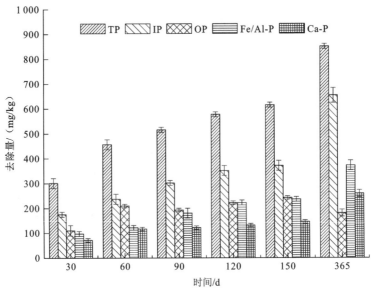

图 3.49　5 cm MBG+苦草对沉积物各形态磷的去除效果

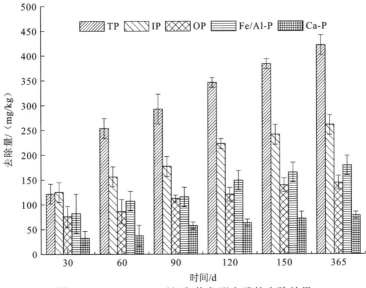

图 3.50　5 cm MBG 对沉积物各形态磷的去除效果

由图 3.46～图 3.50 可知，不同厚度的 MBG 对沉积物磷的去除效果不同。当反应时间为 150 d 时，5 cm MBG+苦草联合对沉积物 TP 的去除量较 1cm MBG+苦草联合对沉积物 TP 的去除量高 184 mg/kg；反应时间为 365 d 时则高达 294 mg/kg。由表 3.10 可知，5 cm MBG+苦草对沉积物磷的联合作用效果优于 MBG

和苦草单独作用之和。苦草和 MBG 对沉积物磷的去除过程中，可能存在有益于去除沉积物磷的相互促进作用，原因可能为：MBG 含有某些微量元素，可促进植物生长，从而进一步加强了对沉积物磷的吸收；多孔状表面粗糙的 MBG 可附着大量微生物，MBG 颗粒表面微生物和沉水植物苦草根系微生物同时作用，对沉积物磷进行矿化作用；沉水植物的吸收和矿化作用，使难以被吸附的 OP 等转化为易被吸附的 IP。苦草根系通过提高根系周围溶解氧，改变沉积物环境，影响沉积物中各形态磷之间的迁移转化，同时苦草生长过程中吸收利用大量沉积物中的磷，从而导致沉积物各形态磷含量的空间差异（李振国 等，2014）。

表 3.10　三种不同处理方式对沉积物 TP 的最大去除量　（单位：mg/kg）

项目	5 cm MBG	苦草	5 cm MBG+苦草
TP 最大去除量	421.6±20.1	241.9±10.0	851.3±14.1

6）16S rRNA 高通量测序

使用保存于 –80℃的沉积物样品提取细菌 DNA。以 Omega E.Z.N.A.TM Soil DNA 试剂盒，依照说明书的步骤进行 DNA 的提取。对扩增产物进行纯化和定量之后，构建 DNA 文库。此后，通过 Illumina HiSeq 2500 platform 生成 250 bp paired-end (PE)的原始序列。

7）微生物群落磷代谢功能预测

采用 PICRUSt 软件（http://picrust.github.com）进行微生物群落功能的预测，预测得到的基因家族的丰度以与预期的 16S rRNA 基因拷贝数 1000 进行校正，并生成功能分类图谱 KEGG Orthology（KO）。选择涉及磷代谢途径的 KOs 以得到每个样品有关磷代谢功能基因的总丰度。

8）MBG 与苦草联合作用对沉积物微生物群落结构及磷代谢功能的影响

如图 3.51 所示，配对组微生物相对丰度的方差分析表明，在菌门水平下，相比单一苦草组或单一 MBG 组，联合组中厚壁菌门 Firmicutes 和 Spirochaetes 丰度更高，而绿湾菌门 Chloroflexi 丰度较低。在菌属水平下，相比单一苦草组或单一 MBG 组，联合组中 *PSB-M-3*、*HB118*、*Desulfobacca* 和 *Gracilibacter* 丰度更高。相比单一 MBG 组，分别属于硝化螺旋菌门和变形菌门的菌属 *4-29* 和 *Dok59* 在联合组中丰富度更高；然而相比单一苦草组，这两个属在联合组中丰度较低，分别属于厚壁菌门和硝化螺旋菌门的 *Lactococcus* 和 *Caldilinea* 则与 *4-29* 和 *Dok59* 这两个菌属呈现相反的规律。

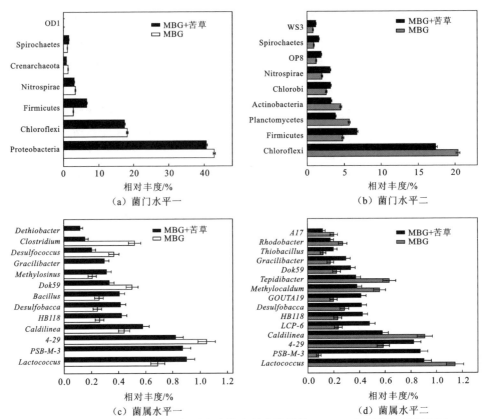

图 3.51　处理组两两比较下相对丰度具有显著性差异（$P<0.05$）的微生物门和属

　　利用 PICRUSt 软件进行微生物群落功能预测，得到了涉及磷代谢的基因家族的相对丰度。群落中涉及磷代谢的总共 361 个 KOs 在单一 MBG 组、单一苦草组和联合组中的基因丰度分别为 9.65%、9.55% 和 9.59%。如图 3.52 所示，在菌属水平下，变形菌门的 *Anaeromyxobacter* 和 *Dechloromonas*、厚壁菌门的 *Lactococcus* 及硝化螺旋菌门的 *4-29* 和 *Nitrospira* 是本小节研究沉积物微生物群落涉及磷代谢功能的主要菌属。这 5 个属合计对沉积物微生物菌落磷代谢功能的贡献率约为 50%。属于厚壁菌门 Erysipelotrichaceae 科的菌属 *PSB-M-3* 在联合组中对磷代谢的贡献率为 6.26%，而在两个单一组中贡献率均低于 0.7%。相比单一 MBG 组和联合组，菌属 *Anaeromyxobacter*、*Dechloromonas*、*4-29* 和 *Nitrospira* 在单一苦草组中对磷代谢功能的贡献率更高。相比单一苦草组和联合组，厚壁菌门的 3 个属 *Lactococcus*、*Tepidibacter* 和 *Exiguobacterium* 在单一 MBG 组中对磷代谢功能的贡献率更高。以上分析结果表明，MBG 和苦草联合作用下，厚壁菌门属 *PSB-M-3* 增强了沉积物微生物群落磷代谢功能。

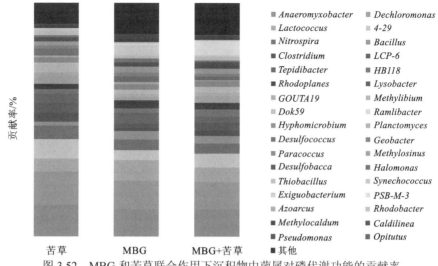

图 3.52　MBG 和苦草联合作用下沉积物中菌属对磷代谢功能的贡献率

扫描封底二维码看彩图

Dechloromonas sp.和 *Nitrospira* sp.通常在脱氮除磷的污水处理系统中共存。*Dechloromonas* 曾被报道为聚磷菌出现在氧化沟污水处理厂（Terashima et al.，2016）和续批式污泥反应中（Yuan et al.，2016）。属于 *Dechloromonas* 和 *Exiguobacterium* 的某些菌种可以对不同的无机磷源和有机磷源进行溶解或矿化（Lacerda et al.，2016；Wang et al.，2013b）。以上菌属对于沉积物磷的积累、溶解和矿化促进了 MBG 和苦草联合组对沉积物磷的去除。通过增加厚壁菌门 Erysipelotrichaceae 科菌属 *PSB-M-3* 的丰度，联合组相比单一组沉积物微生物群落磷代谢的功能得以增强。Erysipelotrichaceae 科的微生物通常被报道为与炎症反应相关（Kaakoush，2015）及抗生素耐受的肠道微生物（Cui et al.，2016），但却很少在水体生态系统的环境中被报道。本小节研究首次发现了 Erysipelotrichaceae 科细菌可以作为水体沉积物中潜在的除磷菌。

　　MBG 富含多种矿物元素，可以促进沉水植物苦草生长。此外，植物为了应对磷的缺乏，可能通过根系分泌作用直接促进溶磷或是通过促进根际微生物群落的磷代谢活性间接地增加沉积物中的生物可利用性磷含量。张亚朋等（2015）研究表明，苦草对沉积物微生物群落结构有一定影响，沉水植物的生长可以增加沉积物中革兰氏阳性菌的百分含量，同时降低革兰氏阴性菌的百分含量，改变其微生物群落组成及生态学功能，对其进行相关性分析发现革兰氏阳性菌与总磷、无机磷呈显著负相关，而革兰氏阴性菌与有机磷、无机磷呈显著正相关，磷可能是影响沉积物中微生物活性及群落结构的限制性营养因素。由表 3.11 可知，随着时间的推移，苦草的生物量逐渐增加，且 MBG+苦草联合处理组的生物量高于苦草处理组。

表 3.11　苦草在 0 d、150 d 和 365 d 的生物量　　　　（单位：g/m²）

项目	0 d		150 d		365 d	
	苦草	苦草+MBG	苦草	苦草+MBG	苦草	苦草+MBG
茎叶生物量	779±16.8	1169±20.4	1231±19.3	2065±25.1	2318±16.4	3506±19.5
根段生物量	136±7.1	258±8.3	301±9.6	489±9.2	627±8.4	1201±6.8

3. 改性麦饭石和沉水植物联合作用对沉积物磷的去除

1）苦草对沉积物中各形态磷的去除

装置运行中，苦草对沉积物各形态磷的去除效果如图 3.53 所示。由图可知，装置运行一个月时（2017-07-16，后同），沉积物 Ca-P、Fe/Al-P、OP、IP 和 TP 的去除量分别为 2.51 mg/kg、48.09 mg/kg、6.74 mg/kg、51.91 mg/kg 和 58.64 mg/kg。随着装置运行时间的延长，苦草对沉积物磷的去除量基本上呈持续增加的趋势。装置运行一年时（2018-05-16，后同），苦草对沉积物 Ca-P、Fe/Al-P、OP、IP 和 TP 的去除量分别为 71.21 mg/kg、126.67 mg/kg、93.86 mg/kg、196.00 mg/kg 和 246.30 mg/kg，去除率分别为 14.25%、25.62%、14.90%、19.17% 和 14.91%。以上结果与 Wang 等（2018）的研究结论基本一致。

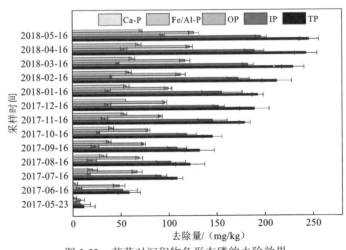

图 3.53　苦草对沉积物各形态磷的去除效果

扫描封底二维码看彩图

2）轮叶黑藻对沉积物中各形态磷的去除

试验过程中轮叶黑藻对沉积物中各形态磷的去除效果如图 3.54 所示。由图可知，轮叶黑藻对沉积物中磷的去除量随着装置运行时间的延长而基本上呈持续增加的趋势，只是在 150～180 d 时，Ca-P 的去除量有轻微回落。装置运行一个月时，轮叶黑藻对沉积物中 Ca-P、Fe/Al-P、OP、IP 和 TP 的去除量分别为 5.03 mg/kg、29.32 mg/kg、6.74 mg/kg、31.80 mg/kg 和 38.54 mg/kg。装置运行一年时，轮叶黑藻对沉积物中 Ca-P、Fe/Al-P、OP、IP 和 TP 的去除量分别为 28.48 mg/kg、65.68 mg/kg、87.16 mg/kg、95.47 mg/kg 和 149.12 mg/kg，去除率分别为 5.70%、13.58%、8.52%、9.34%和 9.03%。

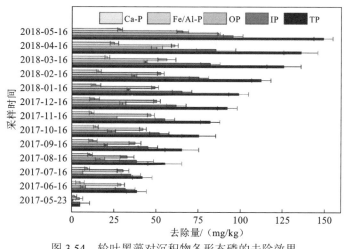

图 3.54　轮叶黑藻对沉积物各形态磷的去除效果

扫描封底二维码看彩图

3）两种沉水植物对沉积物磷的去除效果比较

由图 3.53 和图 3.54 可知，苦草和轮叶黑藻对沉积物的 TP 均有一定的去除作用，且表现出随着植物生长持续增强的趋势。造成该现象的原因可能是：沉水植物在生长过程中能够吸收沉积物中的内源磷作为营养物质，从而减少沉积物的磷含量（雷婷文 等，2015；周小宁 等，2006）；沉水植物的根部及其地上部分均具有吸收矿质营养的能力。研究表明沉水植物生长过程中主要是通过根系吸收营养物质，尤其是通过根系从底质中吸收磷是水生植物磷营养的重要来源（王圣瑞 等，2010；赵海超 等，2008）。根系分泌物对沉积物的理化性质有一定的影响，而且根系活力能够促进微生物的生长，改变微生物群落结构组成，进而影响沉积物磷营养盐的形态转换（Thoms and Gleixner，2013）。由图 3.53、图 3.54 及表 3.12

可知,苦草对沉积物磷的去除效果优于轮叶黑藻,这与苦草和轮叶黑藻的生物量及根系发达程度有关。苦草的根冠高于浅根系的轮叶黑藻,且苦草的根系较轮叶黑藻更为发达,因此,苦草更容易吸收沉积物中的磷从而减少沉积物中的磷含量。此外,有研究表明苦草等深根系沉水植物的根部周围存在共生菌,可以促进沉水植物对沉积物磷的吸收并促进其生长(Wang et al.,2018;Wigand et al.,1997)。

表3.12 两种沉水植物对沉积物各形态磷的去除量 (单位:mg/kg)

沉水植物	Ca-P	Fe/Al-P	OP	IP	TP
苦草	71.21	126.67	93.86	196	246.30
轮叶黑藻	28.48	65.68	87.16	95.47	149.12

4)MMF 厚度对沉积物磷处理效果的影响

通过室内烧杯试验考察了 MMF 吸附沉积物磷的最佳投加量,为了进一步探讨 MMF 和沉水植物的联合作用对沉积物各形态磷的处理效果,本小节在聚乙烯桶中研究不同厚度的 MMF 对沉积物磷的处理效果。不同厚度 MMF 对沉积物磷的去除效果如图 3.55 所示。由图可知,装置运行一年后,厚度为 1 cm、3 cm、5 cm 和 7 cm 的 MMF 对沉积物 TP 的去除量分别为 253 mg/kg、323.37 mg/kg、276.46 mg/kg 和 256.35 mg/kg,去除率分别为 15.31%、19.57%、16.73%和 15.52%。如图 3.55 所示,不同厚度的 MMF 对沉积物 IP 和 Fe/Al-P 去除量的变化趋势与 TP 一致,即随着装置运行时间的延长,MMF 对沉积物 TP、IP 和 Fe/Al-P 的去除量逐渐增加。综合考虑 MMF 对沉积物各形态磷的去除效果和经济成本,3 cm 为 MMF 的最佳铺设厚度。当 MMF 的厚度为 3 cm 时,其对沉积物 Ca-P、Fe/Al-P、OP 和 IP 的最大去除量分别为 64.51 mg/kg、199.38 mg/kg、60.35 mg/kg 和 263.02 mg/kg,相应的去除率分别为 12.91%、40.32%、9.78%和 25.73%。

5)RMF 厚度对沉积物磷处理效果的影响

通过室内烧杯试验考察了 RMF 处理沉积物磷的最佳投加量,为了进一步探讨 RMF 和沉水植物的联合作用对沉积物磷的处理效果,本小节在聚乙烯桶中研究不同厚度的 RMF 对沉积物各形态磷的处理效果。不同厚度 RMF 对沉积物磷的去除效果如图 3.56 所示。由图可知,装置运行一年后,厚度为 1 cm、3 cm、5 cm 和 7 cm 的 RMF 对沉积物 TP 的去除量分别为 226.19 mg/kg、232.90 mg/kg、269.76 mg/kg 和 230.56 mg/kg,相应的去除率分别为 13.69%、14.10%、16.33%和 13.96%。5 cm 为 RMF 的最佳铺设厚度。装置运行一年后,5 cm 厚度的 RMF 对沉积物 Ca-P、

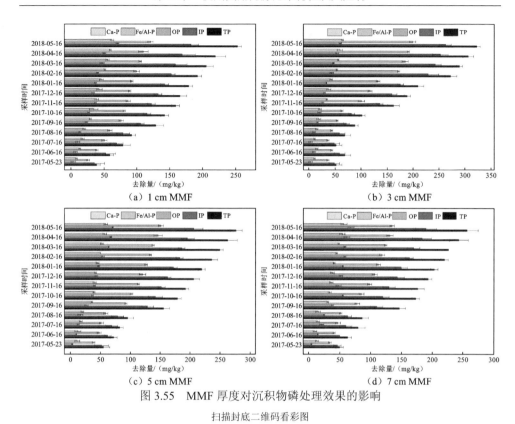

图 3.55　MMF 厚度对沉积物磷处理效果的影响

扫描封底二维码看彩图

Fe/Al-P、OP、IP 和 TP 的最大去除量分别为 49.43 mg/kg、153.64 mg/kg、63.70 mg/kg、206.05 mg/kg 和 269.76 mg/kg，相应的去除率分别为 9.89%、31.07%、10.11%、20.16%和 16.33%。比较图 3.55 和图 3.56 可知，MMF 对沉积物各形态磷的去除效果优于 RMF，即改性处理可以提高 RMF 对沉积物磷的去除性能。

6）MMF 和苦草联合作用处理沉积物磷

不同厚度的 MMF 和苦草联合组对沉积物各形态磷的去除效果如图 3.57 所示。由图可知，装置运行一个月后，1 cm MMF+苦草联合组、3 cm MMF+苦草联合组、5 cm MMF+苦草联合组和 7 cm MMF+苦草联合组对沉积积物 TP 的去除量分别为 38.54 mg/kg、51.94 mg/kg、55.29 mg/kg 和 48.59 mg/kg。装置运行一年后，1 cm MMF+苦草联合组、3 cm MMF+苦草联合组、5 cm MMF+苦草联合组和 7 cm MMF+苦草联合组对沉积物 TP 的去除量分别为 621.61 mg/kg、708.74 mg/kg、655.12 mg/kg 和 638.37 mg/kg，相应的去除率分别为 37.62%、42.89%、39.65%和 38.64%。3 cm MMF+苦草为 MMF 和苦草的最佳联合组。装置运行一年后，单一 3 cm MMF 组对沉积物 TP 的最大去除量为 323.37 mg/kg（图 3.55），单一苦草组对沉积

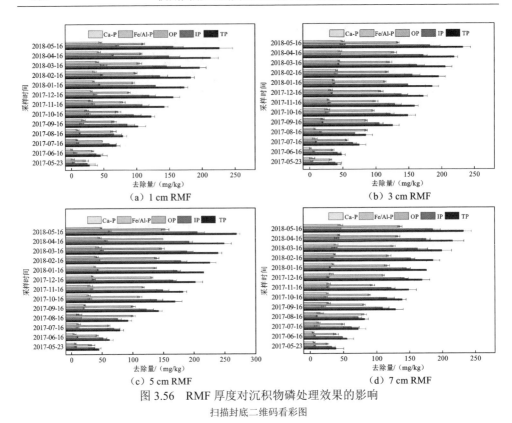

图 3.56　RMF 厚度对沉积物磷处理效果的影响

扫描封底二维码看彩图

物 TP 的最大去除量为 246.30 mg/kg（图 3.53），单一 3 cm MMF 组和单一苦草组对沉积物 TP 的去除量的和为 569.67 mg/kg。由此可得，3 cm MMF+苦草联合组对沉积物磷的处理效果要优于单一 3 cm MMF 组和单一苦草组对沉积物磷的去除效果之和。前期的研究结果表明，改性膨润土和苦草对沉积物磷的联合去除效果优于单一改性膨润土组和单一苦草组的去除效果之和（Wang et al.，2018）。装置运行一年后，3 cm MMF+苦草联合组对沉积物 Ca-P、Fe/Al-P、OP、IP 和 TP 的最大去除量分别为 127.34 mg/kg、392.91 mg/kg、177.64 mg/kg、531.10 mg/kg 和 708.74 mg/kg，相应的去除率分别为 25.48%、79.46%、28.20%、51.92%和 42.89%。MMF+苦草联合组在对沉积物磷的去除过程中，可能存在有利于去除沉积物磷的作用。

7）RMF 和苦草联合作用处理沉积物磷

不同厚度 RMF 和苦草对沉积物各形态磷的联合去除效果如图 3.58 所示。装置运行一年后，1 cm RMF+苦草联合组、3 cm RMF+苦草联合组、5 cm RMF+苦草联合组和 7 cm RMF+苦草联合组对沉积物 TP 的去除量分别为 604.86 mg/kg、611.56 mg/kg、651.77 mg/kg 和 618.26 mg/kg，相应的去除率分别为 36.61%、37.01%、

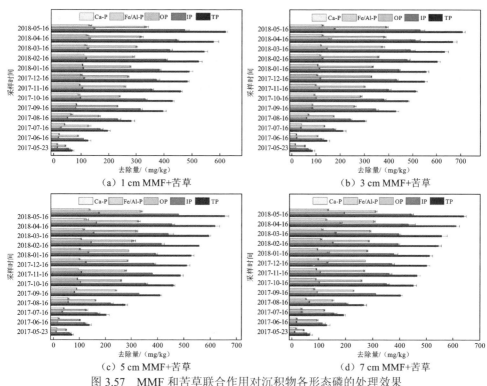

（a）1 cm MMF+苦草　　　　　　　　（b）3 cm MMF+苦草

（c）5 cm MMF+苦草　　　　　　　　（d）7 cm MMF+苦草

图 3.57　MMF 和苦草联合作用对沉积物各形态磷的处理效果

扫描封底二维码看彩图

39.45%和 37.42%。5 cm RMF+苦草联合组对沉积物磷的去除效果优于其他联合组。装置运行一年后，单一 5 cm RMF 组对沉积物 TP 的最大去除量为 269.76 mg/kg（图 3.56），单一苦草组对沉积物 TP 的最大去除量为 246.30 mg/kg（图 3.53），单一 5 cm RMF 组和单一苦草组对沉积物 TP 的去除量的和为 516.06 mg/kg。5 cm RMF+苦草联合组对沉积物磷的去除效果优于单一 5 cm RMF 组和单一苦草组对沉积物磷的去除效果之和。装置运行一年后，5 cm RMF+苦草联合组对沉积物 Ca-P、Fe/Al-P、OP、IP 和 TP 的最大去除量分别为 125.66 mg/kg、351.86 mg/kg、167.58 mg/kg、484.19 mg/kg 和 651.77 mg/kg，相应的去除率分别为 25.14%、71.16%、26.60%、47.36%和 39.45%。

8）MMF 和黑藻联合处理沉积物磷

不同厚度 MMF 和黑藻联合组对沉积物各形态磷的去除效果如图 3.59 所示。由图 3.59 可知，不同厚度的 MMF 和黑藻联合组对沉积物各形态磷的处理效果不同。装置运行一年后，1 cm MMF+黑藻联合组、3 cm MMF+黑藻联合组、5 cm MMF+

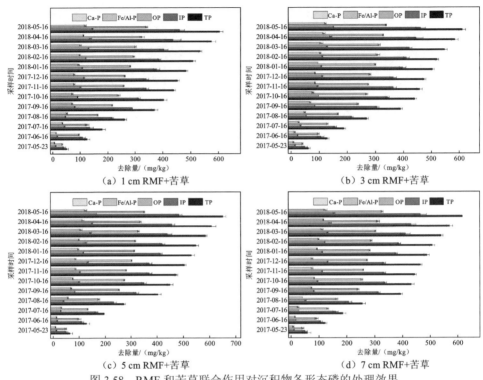

图 3.58　RMF 和苦草联合作用对沉积物各形态磷的处理效果

扫描封底二维码看彩图

黑藻联合组和 7 cm MMF+黑藻联合组对沉积物 TP 的去除量分别为 497.62 mg/kg、584.75 mg/kg、537.84 mg/kg 和 514.38 mg/kg，相应的去除率分别为 30.12%、35.39%、32.55% 和 31.13%。由图 3.59 可知，3 cm MMF+黑藻联合组为最佳联合组。装置运行一年后，单一 3 cm MMF 组对沉积物 TP 的最大去除量为 323.37 mg/kg（图 3.55），单一黑藻组对沉积物 TP 的最大去除量为 149.12 mg/kg（图 3.54），单一 3 cm MMF 组和单一黑藻组对沉积物 TP 的最大去除量之和为 472.49 mg/kg。3 cm MMF+黑藻联合组对沉积物磷的去除效果优于单一 3 cm MMF 组和单一黑藻组的效果之和。装置运行一年后，3 cm MMF+黑藻联合组对沉积物 Ca-P、Fe/Al-P、OP、IP 和 TP 的最大去除分别为 127.34 mg/kg、250.99 mg/kg、140.78 mg/kg、443.97 mg/kg 和 584.75 mg/kg，相应的去除率分别为 25.48%、50.76%、22.35%、43.43% 和 35.39%。MMF+黑藻联合组在去除沉积物磷的过程中，可能存在有利于去除沉积物磷的协同作用。

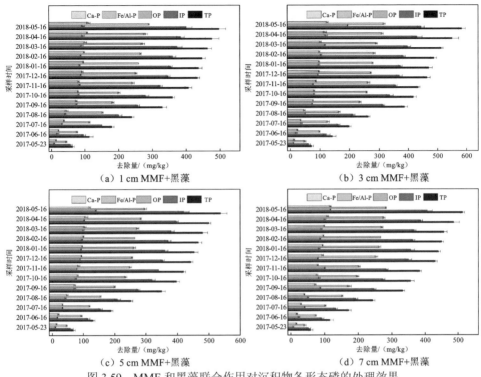

图 3.59　MMF 和黑藻联合作用对沉积物各形态磷的处理效果

扫描封底二维码看彩图

9）RMF 和黑藻联合处理沉积物磷

不同厚度 RMF 和黑藻联合组对沉积物磷的去除效果如图 3.60 所示。由图 3.60 可知，装置运行一年后，1 cm RMF+黑藻联合组、3 cm RMF+黑藻联合组、5 cm RMF+黑藻联合组和 7 cm RMF+黑藻联合组对沉积物 TP 的去除量分别为 490.92 mg/kg、500.98 mg/kg、534.49 mg/kg 和 500.98 mg/kg，相应的去除率分别为 29.71%、30.32%、32.35%和 30.32%。由图 3.60 可知，5 cm RMF+黑藻联合组为最佳联合组。装置运行一年后，单一 5 cm RMF 组对沉积物 TP 的最大去除量为 269.76 mg/kg（图 3.56），单一黑藻组对沉积物 TP 的最大去除量为 149.12 mg/kg（图 3.54），单一 5 cm RMF 处理组和单一黑藻处理组对沉积物 TP 的最大去除量之和为 418.88 mg/kg。5 cm RMF+黑藻联合组对沉积物磷的去除效果优于单一 5 cm RMF 组和单一黑藻组的效果之和。装置运行一年后，5 cm RMF+黑藻联合组对沉积物 Ca-P、Fe/Al-P、OP、IP 和 TP 的最大去除量分别为 134.04 mg/kg、260.37 mg/kg、137.43 mg/kg、397.06 mg/kg 和 534.49 mg/kg，相应的去除率分别为 26.82%、52.66%、21.81%、38.84%和 32.35%。

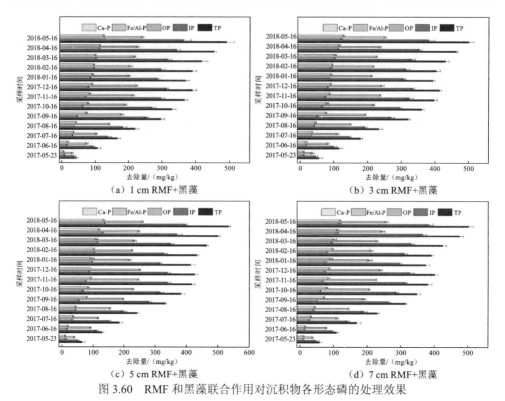

图 3.60　RMF 和黑藻联合作用对沉积物各形态磷的处理效果

扫描封底二维码看彩图

10）16S rDNA 高通量测序

作为湖泊生态系统的分解者，沉积物细菌通过物质循环及能量流动等途径在一定程度上影响和调节着湖泊生态系统。除此之外，沉积物细菌还可以净化水质，从而改善湖泊生态环境（丁轶睿 等，2017；任丽娟 等，2013）。另外，湖泊水体的环境质量对湖泊沉积物的细菌菌落结构及分布也有一定的影响（钱玮 等，2017a；赵思颖 等，2016）。湖泊沉积物环境中有着充足的营养盐，且其微生物多样性较高，是湖泊物质循环的主要场所，严重影响湖泊污染物质的降解过程（屈建航 等，2007）。因此，对沉积物细菌群落结构及其多样性的研究有助于进一步了解湖泊富营养化的程度。

课题组采用高通量测序技术对沉积物细菌的 16S rDNA 基因进行序列测定，对杭州西湖小南湖的沉积物细菌群落结构及多样性进行研究，揭示小南湖的沉积物微生物群落分布特征与湖泊富营养化的响应关系，为进一步探讨西湖水质演变规律提供一定的理论依据。

11）沉积物微生物多样性指数的测定

Alpha 多样性（Alpha diversity）是对某个样品的物种多样性进行分析，包括物种组成的丰度（richness）和均匀度（evenness），通常用 Observed_species 指数、Chao1 指数、Shannon 指数及 PD whole tree 指数等来评估某个样本的物种多样性。指数越大，表明样本的多样性越复杂（赵文博 等，2018；陈秋阳，2017；钱玮 等，2017b）。

对采集的装置运行初期（7 d）、装置运行中期（180 d）和装置运行结束（365 d）沉积物样本 Alpha 多样性分析指数进行统计（默认提供 97% 阈值）（表 3.13）。由表 3.13 可知，装置运行过程中，沉积物的微生物多样性指数增大，微生物群落更丰富。联合组中沉积物的微生物多样性较单一沉积物组、麦饭石组、苦草组和黑藻组更丰富。装置运行结束后，MMF 和苦草联合组的微生物多样性最丰富，其 Shannon 指数、Chao1 指数、Observed_species 指数和 PD whole tree 指数分别为 8.960 8、1 325.439 1、1 289 和 66.001 4。装置运行结束后，MMF 组的 Shannon 指数、Chao1 指数、Observed_species 指数和 PD whole tree 指数分别为 8.862 5、1 217.280 6、1 126 和 60.360 4；苦草组的 Shannon 指数、Chao1 指数、Observed_species 指数和 PD whole tree 指数分别为 8.839 5、1 291.581 1、1 226 和 63.625 4。MMF 和苦草联合组的微生物多样性较单一 MMF 组和单一苦草组更丰富。装置运行结束后，RMF 和苦草联合组的 Shannon 指数、Chao1 指数、Observed_species 指数和 PD whole tree 指数分别为 8.944 8、1 315.512 2、1 272 和 64.910 0。

表 3.13　Alpha 多样性分析指数统计表

样品	Shannon 指数	Chao1 指数	Observed_species 指数	PD whole tree 指数
iSediment	6.944 2	715.850 0	635	35.747 1
i*V. natans*	8.137 3	1 121.101 5	1 072	56.374 5
i*H. verticillata*	8.078 5	1 121.375 6	1 041	54.742 0
iMMF	8.180 9	1 123.728 7	1 047	55.375 6
iMMF+*V. natans*	8.594 1	1 214.975 2	1 127	58.639 4
iMMF+*H. verticillata*	8.334 6	1 134.887 9	1 096	57.294 1
iRMF	7.921 2	1 036.321 3	994	52.144 2
iRMF+*V. natans*	8.238 6	1 152.324 7	1 102	57.522 8
iRMF+*H. verticillata*	8.137 3	1 121.101 5	1 052	55.294 3

样品	Shannon 指数	Chao1 指数	Observed_species 指数	PD whole tree 指数
mSediment	8.378 8	1 129.762 6	1 107	57.098 4
m*V. natans*	8.635 9	1 114.995 0	1 082	56.296 7
m*H. verticillata*	8.538 9	1 000.253 2	953	50.595 6
mMMF	8.414 9	1 084.953 5	1 052	55.294 3
mMMF+*V. natans*	8.785 4	1 304.332 5	1 214	63.207 6
mMMF+*H.verticillata*	8.636 4	1 129.362 3	1 098.5	57.111 9
mRMF	8.521 2	1 099.986 9	1 045	54.177 1
mRMF+*V. natans*	8.640 8	1 145.797 3	1 108	57.638 9
mRMF+*H.verticillata*	8.571 4	1 130.868	1 100	57.115 3
fSediment	8.790 6	1 305.609 2	1 251	64.736 1
f*V. natans*	8.839 5	1 291.581 1	1 226	63.625 4
f*H. verticillata*	8.769 2	1 119.425 4	1 094	56.646 6
fMMF	8.862 5	1 217.280 6	1 126	60.360 4
fMMF+*V. natans*	8.960 8	1 325.439 1	1 289	66.001 4
fMMF+*H. verticillata*	8.907 1	1 311.534 8	1 254	64.672 1
fRMF	8.715 6	1 088.991 7	1 055	54.864 5
fRMF+*V. natans*	8.944 8	1 315.512 2	1 272	64.910 0

12）沉积物微生物群落结构测序及丰度分析

根据分类学分析结果可知样品在各分类程度上的比对情况，即可得知样品中含有何种菌群及某菌群在此样品中所占的比例（丁轶睿 等，2017；罗雯 等，2017；赵思颖 等，2016）。如图 3.61 所示，小南湖沉积物的主要优势菌群（>4%）以变形菌门（Proteobacteria，31%～57.54%）、酸杆菌门（Acidobacteria，6.61%～25.45%）、拟杆菌门（Bacteroidetes，5.2%～12.06%）、绿弯菌门（Chloroflexi，4.13%～17.34%）为主，该结果与研究者对芬兰的 Joutikas 湖泊及德国 Stechlin 湖泊等淡水湖中沉积物微生物群落结构的报道相似（Tian et al.，2014；Newton et al.，2011）。此外，小南湖沉积物中还含有丰度相对较低的硝化螺旋菌门（Nitrospirae）、厚壁菌门

（Firmicutes）、芽单胞菌门（Gemmatimonadetes）等。据文献报道，沉积物中厚壁菌门（Firmicutes）及拟杆菌门（Bacteroidetes）菌群的丰度与水体富营养化程度有关，水体富营养化程度不同，厚壁菌门（Firmicutes）及拟杆菌门（Bacteroidetes）菌群的数量也随之不同（Liu et al.，2009）。如图 3.61 所示，厚壁菌门（Firmicutes）的丰度与富营养化程度呈正相关，拟杆菌门（Bacteroidetes）的丰度与富营养化程度呈负相关。随着装置的运行，沉积物中的厚壁菌门（Firmicutes）的贡献率减小，拟杆菌门（Bacteroidetes）的贡献率增大。装置运行结束后，MMF+*V. natans* 联合组中厚壁菌门（Firmicutes）的贡献率较沉积物组减小了 13.10%；拟杆菌门（Bacteroidetes）的贡献率较沉积物组增大了 3.73%，即 MMF+*V. natans* 联合处理后装置的富营养化程度降低。绿弯菌门（Chloroflexi）在联合组对磷代谢功能的贡献率均大于 15%，但在 4 个单一组中贡献率均低于 6%。在相同的运行时间内，单一 *V. natans* 组和单一 *H. verticillata* 组、单一 MMF 组及单一 RMF 组的沉积物微生物群落结构较为相似，但 MMF+*V. natans* 联合组与 MMF+*H. verticillata* 联合组、RMF+*V. natans* 联合组及 RMF+*H. verticillata* 联合组均存在明显的差异，与表 3.13 反映物种多样性的 Shannon 指数趋势一致。

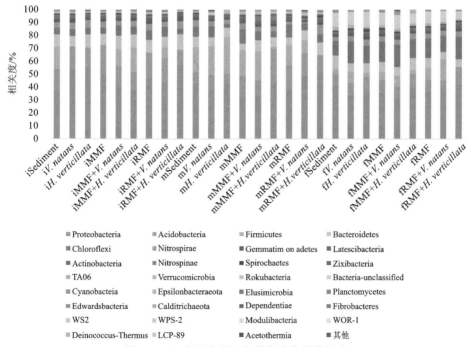

图 3.61　门水平上的沉积物微生物群落组成

扫描封底二维码看彩图

13）沉水植物的生物量比较

MMF 富含多种矿物元素，可以促进苦草和轮叶黑藻的生长。此外，沉水植物为了应对营养盐的缺乏，其可能通过根系分泌等作用直接促进溶磷，或是通过促进根际微生物群落的磷代谢活性间接地增加沉积物中的生物可利用性磷含量（刘子森 等，2018b）。有研究者研究发现，在太湖梅梁湾的生态修复工程区中，沉水植物的根系吸收作用及化学反应促进作用等使沉积物中的 TN 质量分数由修复前（2003 年）的 7 043 mg/kg 降至 2 929 mg/kg，TP 质量分数由修复前（2003 年）的 1 370 mg/kg 降至 352 mg/kg（Gao et al.，2009a）。张亚朋等（2015）研究发现苦草对沉积物微生物群落结构有一定影响，苦草的生长可以改变其微生物群落组成及生态学功能，磷可能是影响沉积物微生物活性及群落结构的限制性营养因素。由图 3.62 可知，随着装置的运行，苦草和轮叶黑藻的生物量均逐渐增大，且 MMF 和沉水植物联合组的生物量明显高于单一沉水植物组；苦草的生物量高于轮叶黑藻的生物量。装置运行初期（7 d）时，单一苦草组、单一黑藻组、MMF+苦草联合组及 MMF+黑藻联合组的茎叶生物量分别为 653 g/m²、541 g/m²、1 018 g/m² 及 983 g/m²，相应的根段生物量分别为 118 g/m²、43 g/m²、231 g/m² 及 100 g/m²。装置运行一年（365 d）后，单一苦草组、单一黑藻组、MMF+苦草联合组及 MMF+黑藻联合组的茎叶生物量分别为 2 307 g/m²、2 019 g/m²、3 486 g/m² 及 3 135 g/m²，相应的根段生物量分别为 617 g/m²、426 g/m²、1 187 g/m² 及 807 g/m²。当装置运行 365 d 后，单一苦草组、单一黑藻组、MMF+苦草联合组及 MMF+黑藻联合组的茎叶生物量分别较装置运行初期（7 d）增加了 1 654 g/m²、1 478 g/m²、2 468 g/m² 及 2 152 g/m²，相应的根段生物量分别增加了 499 g/m²、383 g/m²、956 g/m² 及 707 g/m²。

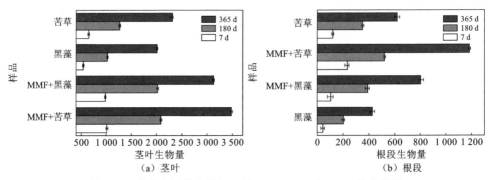

图 3.62　苦草和黑藻在装置运行 7 d、180 d 和 365 d 的生物量

14）小结

（1）改性处理可以提高黏土矿物对沉积物磷的吸附性能。

（2）两种沉水植物的生长都导致其根际沉积物中磷含量的降低，苦草对沉积物磷的去除效果优于轮叶黑藻。

（3）改性黏土矿物和沉水植物联合控制沉积物磷技术可有效提高单一控制技术的除磷效率，联合作用优于改性黏土矿物和沉水植物单独作用之和。

（4）改性黏土矿物可以促进沉水植物苦草的生长，苦草可能通过根系分泌作用促进溶磷或是通过促进根际微生物群落的磷代谢活性间接地增加沉积物中的生物可利用性磷的含量。

3.2.3　沉水植物-SMFC 系统对沉积物氮磷的控制性能

沉积物微生物燃料电池（sediment microbial fuel cell，SMFC）是通过微生物降解沉积物中有机物产生电子，当沉积物与上覆水体接通回路时，电子经微生物传递到电极，顺着外部电路从沉积物中导出。SMFC 的应用能够显著改善沉积物氧化还原电位（Eh）、富集某些产电微生物，去除沉积物中有机质等。这些过程势必会显著影响内源氮、磷的形态及迁移转化过程，而目前这方面的研究极少，机理更不明晰。产电过程一方面会影响内源有机氮（organic nitrogen，ON）的微生物矿化，另一方面，会影响内源矿化产物 NH_4^+ 的迁移及硝化-反硝化过程。这些过程对内源氮的削减、降低内源氮的释放潜力有重要影响。SMFC 引起的沉积物氧化还原电位的改善及产电菌的富集会显著影响沉积物中铁的氧化还原循环过程及 Fe^{3+} 的含量，也对磷的吸附及磷形态的转变有重要影响。目前 SMFC 对内源氮、磷形态及迁移转化的过程影响，以及从微生物角度全面阐释机理的相关研究极少。

沉水植物具有良好的修复效果，不仅可以有效吸收水体与沉积物中的营养盐，其良好的根系泌氧能力和分泌物对沉积物理化性质有重要影响，而这些性质的变化通过改变功能微生物群落结构进而影响内源氮、磷的形态及迁移转化。根系泌氧可显著改善沉积物 Eh，促进内源氮、磷的矿化、硝化及对无机磷的吸附，而根系分泌物则能够显著促进沉积物反硝化过程，往往反硝化和除磷的协同效应能够达到同步脱氮除磷的功效。

基于沉水植物与 SMFC 能够为沉积物提供电子受体，增加微生物电子供体，促进脱氮除磷功能微生物的聚集影响其丰度等共性，本书探索性地尝试将沉水植物与 SMFC 结合，探索耦合系统相比单一的植物处理或 SMFC 处理在削减内源氮、减弱内源氮的释放潜力、增强沉积物对水体磷的吸附并抑制内源磷的释放等方面具备的优势。截至目前，关于植物沉积物微生物燃料电池（P-SMFC）对氮、磷污染修复的研究多集中在单纯研究耦合系统对上覆水体水质的净化效果，作为水体氮、磷污染物的主要来源，鲜有从沉积物内源的角度对净化机制进行系统的报道，包括对氮、磷污染物在沉积物-水二相系统中的迁移转化机制的研究；而且试验设计缺乏对比对照，没有从植物与 SMFC 之间的相互影响方面全面阐述 P-SMFC 对氮、磷污染修复的可行性。

基于室内构建的浅水湖泊模拟系统，以苦草和 SMFC 为研究对象，通过构建对比的 4 组处理，从液相、固相及植物相角度，研究植物与 SMFC 之间对沉积物微生物群落结构、氮、磷的迁移转化特征等的影响，探讨沉水植物与 SMFC 耦合对内源氮、磷的修复的机制及可行性，为该领域的研究及工程应用提供有价值的参考。

选择高有机质含量的沉积物作为试验材料。试验中沉积物用彼得森采泥器采自杭州西湖的小南湖湖区，地理位置为 30°23′N、120°14′E。采回的沉积物用 2 mm 的筛子过滤除去其中的螺类及水生植物残体等，然后用铁锹将沉积物混合均匀。预处理后的沉积物初始性质见表 3.14。作为杭州西湖的先锋种，同时多用于沉积物修复的苦草被移植到 P-SMFC-c（闭路）和 P-SMFC-o（开路）系统中。首先将采自湖区的苦草清洗干净除去上面的沉积物残体，从中选取生长状况良好的苦草，根系长度普遍在 8～10 cm，分叶数为 6～8。向每个缸的沉积物中移栽 12 株叶长为 15 cm 的苦草植株。

表 3.14　预处理后的沉积物性质

pH	有机质质量分数/%	含水率/%	化合物质量分数/%					
			SiO$_2$	Al$_2$O$_3$	Fe$_2$O$_3$	CaO	K$_2$O	MgO
7.30±0.13	13.33±0.58	40.0±4.0	56.95	15.16	3.97	1.90	1.67	1.10

试验主体装置由长方体玻璃缸组成（图 3.63）。玻璃缸的总体积约为 79.6 L（长×宽×高为 35 cm×35 cm×65 cm），有效工作体积约为 73.5 L。在每个缸内填充约 10 kg 湖泊底泥，高度为 15 cm，然后以自来水为上覆水的主体，填充高度为 45 cm。用非催化的厚度为 0.5 cm 的石墨毡作为试验用电极材料。石墨毡先在 1 mol/L 的 HCl 中浸泡 24 h，使用前再用水冲洗干净。在每个缸中，距离底部 7 cm 高度每隔 8.4 cm 安置 3 个玻璃条。总面积为 1 575 cm^2，将每一块长×宽为 35 cm ×15 cm 的石墨毡垂直固定在玻璃条上，并用钛丝连接作为阳极。相同总表面积的石墨毡（长 45 cm，宽 35 cm）垂直放在好氧的水体中，底部距泥水界面 5 cm，用夹子固定在玻璃表面。阴阳极的电极距为 32.5 cm。对于 SMFC-c 和 P-SMFC-c 系统，用铜导线连接钛丝并连到外部 100 Ω 的电阻上。每个缸的底部安放三个土壤溶液取样器（上海赛弗生物技术有限公司）用以采集土壤可溶性孔隙水。三个取样器的间隔为 5 cm，最上面的一个取样器距沉积物-水界面 3 cm。用黑纸在玻

璃缸外表面遮住沉积物，防止光照对沉积物的影响。用 4 个功率为 30 W 的荧光灯提供每天 12 h 的光照，平均光强度为 400 lx，能够保证植物的正常生长。

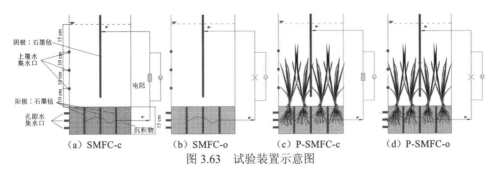

（a）SMFC-c　　　（b）SMFC-o　　　（c）P-SMFC-c　　　（d）P-SMFC-o

图 3.63　试验装置示意图

为模拟富含 NO_3^- 的富营养化水体，分别在第 1 天、第 64 天、第 145 天向上覆水添加 KNO_3，使得 NO_3^- 质量浓度达到 2 mg/L。水体初始 NH_4^+ 质量浓度为 0.31 mg/L。分别在第 1 天、第 68 天、第 117 天及第 161 天向上覆水添加 KH_2PO_4，使初始 PO_4^{3-} 质量浓度分别达到 0.2 mg/L、1 mg/L、2 mg/L、4 mg/L。试验在静态模式下进行，环境温度为 20～35 ℃。取样及蒸发的水损失以蒸馏水补充。试验包含整个产电过程和植物生长过程。为了说明产电在不同阶段对氮化学形态及形成机制的影响，将试验过程分为 3 个阶段：阶段 I（1～55 d），阶段 II（64～136 d），阶段 III（145～190 d）。对于磷的研究，则根据初始 PO_4^{3-} 质量浓度的不同将试验分为 4 个阶段：阶段 I（1～55 d），阶段 II（68～104 d），阶段 III（117～153 d），阶段 IV（161～197 d）。

（1）电压、电势、电流、电流密度（mA/m²）及功率密度（mW/m²）的测定和计算。开路及闭路电压用无纸记录仪（R6000，上海继升电器有限公司）每隔 5 min 在线监测。将 Ag/AgCl 参比电极放在阴极附近测定阴极电势。阴极电势减去电压值即阳极电势。试验中阳极电势近似等于沉积物 Eh。电流密度及功率密度根据阳极表面积计算。电流根据欧姆定律（$U=IR$，U 为电压，R 为外阻）计算。

（2）极化曲线及功率密度曲线。MFC 极化曲线采用稳态放电法进行测定。当 MFC 以外电阻 100 Ω 运行稳定后，电压达到稳定时，将电路断开形成开路，测定此时的开路电压，之后接入电阻，并测定阻值从 90 kΩ 依次减小直至 100 Ω 的稳定电压。根据所得电压计算电流密度和功率密度，以电流密度为横坐标，以电压及功率密度为纵坐标分别绘制极化曲线和功率密度曲线。

（3）系统内阻。采用稳态放电法测得的极化曲线一般分为活化极化区、欧姆极化区、浓差极化区三个区域，在欧姆极化区电池的功率密度达到最大，此时该区域呈线性状态，通过线性部分的斜率进行内阻估算（功率密度最大时对应的外接电阻为电池的内阻）。

上覆水指标如溶解氧（DO）、水温（T）及 pH 等用便携式水质测定仪测定，其中 DO 分别在沉积物-水界面上 5 cm 及液面下 5 cm 测定两次。每隔 9 d 从上覆水上中下三层液面处取等量液体混合后测定 TN、NH_4^+、NO_3^-、NO_2^-、TP 及 PO_4^{3-} 的质量浓度。每隔 27 d 用土壤溶液取样器从每个取样点取 10 mL 孔隙水用以测定 TN、NH_4^+、NO_3^- 及 NO_2^- 的质量浓度，孔隙水 ON 的质量浓度根据公式计算（[ON]=[TN]−[NH_4^+]−[NO_3^-]−[NO_2^-]）。对于孔隙水磷，则分别在第 1 天、第 28 天、第 55 天、第 77 天、第 104 天、第 135 天、第 161 天及第 197 天采样，测定溶解态总磷（dissolved total phosphorus，DTP）及 PO_4^{3-} 的质量浓度。孔隙水溶解性磷（DOP）的质量浓度根据公式（[DOP]=[DTP]−[PO_4^{3-}]）计算。其他指标均按照国家标准分析方法在 24 h 内进行测定。

对于预处理后的沉积物，自然风干后测定其含水率。有机质含量根据样品在马弗炉中 550 ℃下焙烧 4 h 前后的质量差计算。用 X 射线荧光光谱仪对沉积物样品进行全元素分析，定量化合物。沉积物 pH 用 pH 仪测定（PHS-3C）。实验过程中用微型柱状采泥器采集沉积物样品，每个缸中采集三柱，混合后视作一个样品。沉积物 TP 的含量根据 SMT 法测定（Ruban et al.，2001）。结合 Pettersson 及 Hupfer 的磷形态分级方法，试验将磷的形态分级为松散结合态磷（NH₄Cl-P）、铁锰化合物结合态磷（BD-P）、铝结合态磷（Al-P）及酸溶解态磷（HCl-P）（图 3.64）（Hupfer et al.，1995；Pettersson et al.，1988）。TP 减去 4 种磷的总和即为有机磷（OP）的含量。

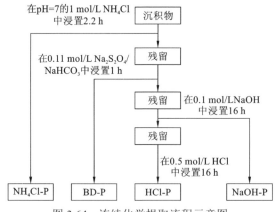

图 3.64　连续化学提取流程示意图

用过硫酸钾消化法测定固态沉积物的 TN 含量（Ebina et al.，1983）。用 1 mol/L KCl 振荡提取沉积物中的 NH_4^+ 及 NO_3^-（Brodrick et al.，1987），并用水质测量方法

测定其含量。试验将沉积物及孔隙水中各种形态氮之和作为内源氮含量。沉积物、孔隙水及内源有机氮根据公式计算：

$$[TN] = [NH_4^+] + [NO_3^-] + [NO_2^-] + [ON]$$

根据沉积物的初始性质，预处理后的沉积物含水率为 40%。因此，每个装置 10 kg 底泥中含有 4 L 水及 6 kg（干重）的固态沉积物，用公式计算内源 TN 含量：

$$I_{TN} = V_W P_{TN} + M_S S_{TN}$$

式中：I_{TN} 是内源 TN 含量；V_W 是沉积物内部水的总体积（4 L）；P_{TN} 是孔隙水中 TN 质量浓度；M_S 是沉积物的干重（6 kg）；S_{TN} 是沉积物 TN 含量。内源 NH_4^+、NO_3^- 及 ON 的计算类似 TN。

试验结束后将沉水植物取出测定最大根长和叶长，用水清洗后测定其湿重，将每个装置中的 12 株苦草在 80 ℃ 下烘 48 h 后称量获得干重。沉水植物组织全氮含量的测定根据 H_2SO_4-H_2O_2 消化-蒸馏定氮法，全磷含量的测定采用 H_2SO_4-H_2O_2 消化-钒钼黄比色法（鲍士旦，2000）。

1. 沉水植物-SMFC 系统对内源氮的控制性能

1）沉水植物-SMFC 系统中氮的迁移转化

底泥中的氮是湖泊的内源污染之一，当水体中氮得到控制后，控制底泥内源氮的释放则成为富营养化控制的重中之重。沉积物中的氮在季节性的再悬浮的作用下可使水体富营养化，危害巨大（Lü et al.，2016；Ni and Wang，2015）。沉水植物应用于沉积物的稳定、抑制内源氮的释放，已广泛见于多项研究中（Pindardi et al.，2009；包先明 等，2006），但是关于 SMFC 对内源氮的作用相关研究并未见到，其是否能够抑制内源氮的释放并降低内源氮的含量需要探究，以开发出有一定应用前景的控制内源氮释放或者削减内源氮的新技术。假设 SMFC 能够有效地削减沉积物内源氮含量，沉水植物与 SMFC 则在此方面有一定共性，研究将 SMFC 与沉水植物结合能否进一步削减内源氮，同时能否降低上覆水氮含量，可为开发出一种生态环保的植物-微生物电化学耦合系统控制湖泊富营养化提供有价值的参考。首先必须厘清沉积物-水二相系统中氮的迁移转化规律。

氮在沉积物-上覆水中的循环途径包括：有机氮的矿化、硝化与反硝化、氨氮的挥发、厌氧氨氧化（anammox）及大型水生生物的固氮等（Hou et al.，2012a；Schubert et al.，2006；Martin et al.，1999）。沉积物-水界面是氮循环发生的主要场所。试验取得了与其他研究结果一致的氮循环过程。在固态沉积物中，有机氮是 TN 的主要成分，有机氮的微生物矿化造成其含量随时间不断降低[图 3.65（d）]。矿化产生的 NH_4^+ 被黏土矿物吸附成为可交换 NH_4^+-N。然而沉积物中的 NH_4^+-N 并没有显著的积累[图 3.65（b）]，说明矿化产生的 NH_4^+ 伴随沉积物-孔隙水-上覆水浓度梯度主要向水体中迁移。沉积物反硝化是氮从系统中彻底脱除的唯一途径，其导致沉积物的 NO_3^- 含量不断降低[图 3.65（c）]。因此，沉积物 TN 是通过矿化、NH_4^+ 向水体的迁移及反硝化等过程去除的。在孔隙水中，NH_4-N 是 TN 的主要氮形态，占到 TN 含量的 60% 以上（图 3.66）。从时间变化来看，对于 SMFC-o 及 SMFC-c 处理组，孔隙水上层的 NH_4^+ 变化相对平稳[图 3.66（b）]，说明 NH_4^+ 的产生量与释放量相差不大。而在中下层，孔隙水 NH_4^+ 和沉积物 NH_4^+ 呈现了相似的变化趋势，即初期产生量大于释放量而不断积累，后期因为矿化减弱而呈现显著的下降趋势。对于 SMFC-o 和 SMFC-c 处理组，孔隙水中层及下层的 ON 均呈现了先升高后降低的变化规律[图 3.66（d）]，与温度呈现了相似的变化趋势[图 3.66（c）]，孔隙水中的 ON 主要来源于底泥有机氮的氨化，进入孔隙水的氨氮部分被微生物同化为有机氮。

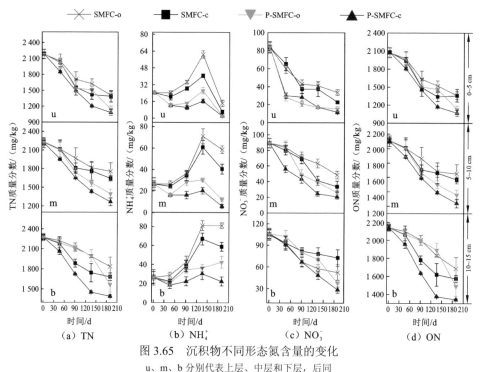

图 3.65　沉积物不同形态氮含量的变化

u、m、b 分别代表上层、中层和下层，后同

一般温度影响微生物活性，随着温度的升高，微生物对 O_2 的需求增加，使环境趋于厌氧状态（Azzoni et al.，2005），氨氮生成量相应增加，随后引起孔隙水 ON 浓度的升高。上覆水 NH_4^+ 在试验初期主要来源于沉积物孔隙水中的 NH_4^+ 随浓

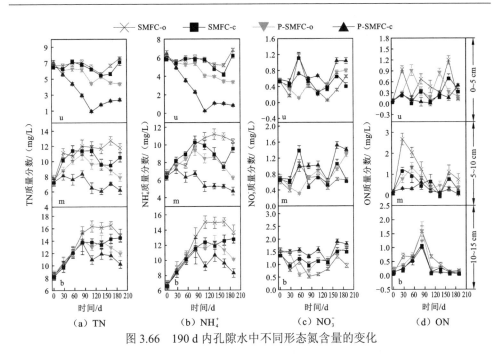

图 3.66　190 d 内孔隙水中不同形态氮含量的变化

度梯度向上覆水的扩散。上覆水 NH_4^+ 随时间不断降低是由于上覆水 DO 浓度不断升高[图 3.67（a）]而导致沉积物 NH_4^+ 释放量的降低及不断增强的硝化作用。不管上覆水的初始 NO_3^- 浓度，沉积物 NO_3^- 含量均呈不断下降的趋势[图 3.65（c）]，这主要是因为 NO_3^- 顺着浓度梯度向沉积物迁移，同时在沉积物-水界面发生反硝化作用从系统中脱除，也是去除富营养化水体中 NO_3^- 最彻底的方法（Hou et al.，2012b）。上覆水 NO_3^- 在界面的反硝化受 NO_3^- 初始浓度的影响显著，阶段 II 的反硝化速率显著高于阶段 I，阶段 III 相比阶段 II 反硝化速率的下降可能是温度降低引起的，高温下反硝化强度较强。同时，上覆水 NO_3^- 浓度的降低对孔隙水及沉积物的 NO_3^- 含量并未造成显著的影响。

2）SMFC 对内源氮迁移转化的影响

在产电的启动期（阶段 I），当与 SMFC-o 比较时，较低的产电量并没有显著影响 SMFC-c 内源 NH_4^+ 的水平，包括孔隙水和沉积物中的 NH_4^+[图 3.65（b）和图 3.66（b）]。研究表明上覆水低的 DO 浓度有利于 NH_4^+ 从沉积物释放并抑制上覆水的硝化过程（Beutel et al.，2008；蒋小欣 等，2007）。因此，该阶段上覆水阴极处电化学的合成反应（$H^+ + e^- + O_2 \rightarrow H_2O$）消耗了大量 O_2 导致 DO 浓度下降（表 3.15）可能是造成 SMFC-c 上覆水 NH_4^+ 积累（表 3.15，$P<0.05$）的主要原因。

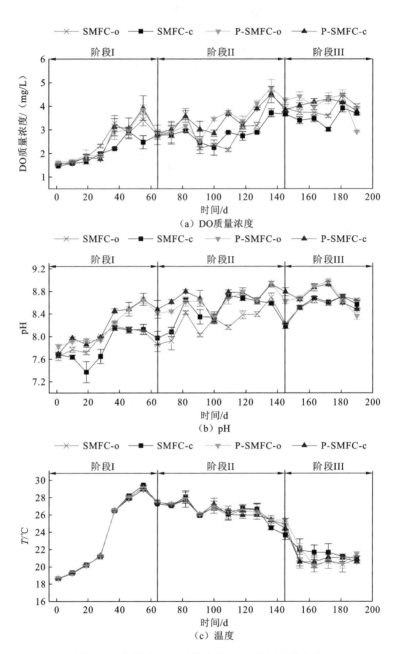

图 3.67　上覆水 DO 质量浓度、pH 和温度的变化

DO 质量浓度是水面下 5 cm 测定的值

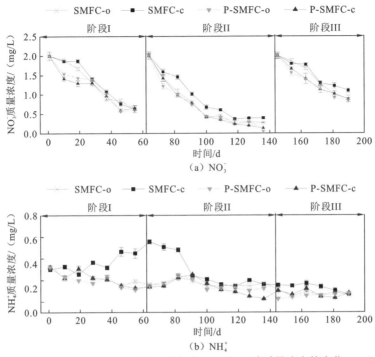

图 3.68　三个运行阶段上覆水中 NO_3^- 和 NH_4^+ 质量浓度的变化

在产电稳定期（阶段 II）及产电衰落期（阶段 III），产电显著促进了内源 ON 的矿化，但 NH_4^+ 并没有在孔隙水及沉积物中积累，反而得到了有效的去除（图 3.69）。目前关于 MFC 阳极去除 NH_4^+ 的机理尚未达成定论。Min 等（2005）在用 MFC 处理养猪废水时，发现伴随着阳极室进水 COD 的去除，对应 NH_4^+ 浓度也降低。Kim 等（2008）对类似现象的研究分析则认为没有证据表明 NH_4^+ 的减少是生物电化学作用导致的，NH_4^+ 的减少可能是由阴极合成反应引起的碱化促进了阳极 NH_4^+ 透过质子交换膜转移到阴极室，并使大量的 NH_4^+ 转化成 NH_3 从系统中挥发出去，NH_4^+ 的氧化并不能为 MFC 提供能量。He 等（2009）却提出了不同的观点，他们在研究中发现：随着 NH_4^+ 的加入产生的电流有一定的增大；而且随着 NH_4^+ 的减少，NO_3^- 和 NO_2^- 增加，说明 NH_4^+ 的减少并不全是挥发和转移导致的结果，因此 MFC 能够用于在碳源有限的污水中去除 NH_4^+。在本试验中，SMFC 闭路条件下引起的上覆水 NH_4^+ 的积累量显著小于内源 NH_4^+ 的减少量，因此，SMFC 中存在与 MFC 中类似的产电脱除阳极 NH_4^+ 的机理，即上覆水因产电造成的碱化促进了内源 NH_4^+ 向上覆水的迁移，在水体中伴随着一定的积累，同时大部分以 NH_3 形式挥发。此外，O_2 既可被 NH_4^+ 用以硝化，又可发生阴极得电子的反应，因此阴极 NH_4^+ 与电池反应存在一种竞争关系，一定程度上电池反应可抑制硝化的进行，造成 NH_4^+

表 3.15　三个阶段上覆水的理化特性

项目	阶段 I (1~55 d)				阶段 II (64~136 d)				阶段 III (145~190 d)			
	SMFC-o	SMFC-c	P-SMFC-o	P-SMFC-c	SMFC-o	SMFC-c	P-SMFC-o	P-SMFC-c	SMFC-o	SMFC-c	P-SMFC-o	P-SMFC-c
pH	7.93±0.22b	7.82±0.31c	8.14±0.32a	8.16±0.37a	8.24±0.27c	8.45±0.28b	8.61±0.19a	8.66±0.20a	8.56±0.18b	8.55±0.19b	8.70±0.22a	8.72±0.17a
DO 质量浓度/(mg/L)	2.41±0.78a	2.04±0.54b	2.41±0.84a	2.41±0.94a	2.99±0.75b	2.83±0.40b	3.44±0.70a	3.40±0.56a	3.91±0.32a	3.53±0.31b	4.06±0.59a	4.05±0.21a
T/°C	23.28±4.44	23.36±4.53	23.30±4.43	23.23±4.38	26.64±0.78	26.60±1.01	26.70±0.77	26.57±0.85	21.26±1.82	21.84±0.96	21.71±1.97	21.38±1.51
NO_3^- 质量浓度/(mg/L)	1.32±0.55a	1.37±0.56a	1.22±0.52b	1.17±0.49b	0.77±0.62b	0.93±0.61a	0.72±0.60bc	0.71±0.64c	1.44±0.46b	1.53±0.37a	1.31±0.44c	1.34±0.43c
NH_4^+ 质量浓度/(mg/L)	0.23±0.06b	0.35±0.08a	0.20±0.07c	0.22±0.07bc	0.17±0.03b	0.29±0.17a	0.15±0.05c	0.13±0.07d	0.075±0.025b	0.128±0.038a	0.053±0.018c	0.074±0.033b

注：对于阶段 I、II 及 III，数据点分别为 6、8 及 5；数据表示为平均值±标准差，不同的小写字母定义为差异显著

的积累。从沉积物 pH 的角度，产电促进了底泥的酸化，H^+ 与底泥胶体吸附的 NH_4^+ 竞争吸附位点而导致 NH_4^+ 向上覆水释放。SMFC 促进孔隙水中 NO_3^- 的生成是内源 NH_4^+ 减少的另一条主要途径[图 3.66（c）]。He 等（2009）在一个类似于 SMFC 的旋转式阴极单室 MFC 中研究发现，阳极 NH_4^+ 通过厌氧氨氧化与氨氧化耦合的方式被用于产电，伴随着阳极 NH_4^+ 的去除，NO_2^- 和 NO_3^- 作为中间产物，分别占 NH_4^+ 去除量的 69.3%及 14.4%。但是，在本试验中，作为主要中间产物的 NO_2^- 在孔隙水及沉积物中并未检测到，说明内源 NH_4^+ 并未参与 SMFC 的产电。孔隙水 NO_3^- 的增加主要是因为产电下沉积物 Eh 的升高引起硝化作用增强，高 Eh 利于好氧硝化细菌的生长（Zhai et al.，2012）。

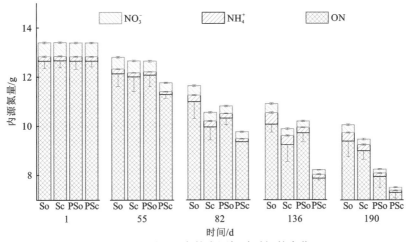

图 3.69　不同形态的内源氮随时间的变化

So、Sc、PSo 及 PSc 分别表示 SMFC-o、SMFC-c、P-SMFC-o 及 P-SMFC-c 4 种处理

目前，对 MFC/SMFC 的阴极脱氮原理在学术界达成一致，即 NO_3^- 在阴极室作为电子受体在反硝化微生物催化下接受阳极传递来的电子完成还原。除了异养反硝化，通过自养反硝化细菌在阴极得电子还原或电化学的 NO_3^- 还原作用，也可有效去除 NO_3^-。因此，该方法比一般的反硝化过程除氮更高效，同时不再受制于周围环境中的有机碳源（Clauwaert et al.，2007）。Zhang 和 Angelidaki（2012）构建的 SMFC 成功实现了对阴极 NO_3^- 的去除，在严格厌氧的环境下，自养反硝化细菌在阴极表面富集，促进了 NO_3^- 的还原去除。可是，SMFC-c 在阶段 II 及阶段 III 并未实现对 NO_3^- 的有效去除，反而在上覆水中有所积累。其原因主要是试验中反硝化细菌难以在富含 O_2 的空气阴极上富集。一般反硝化微生物所需的生长环境中 DO 质量浓度需要低于 2 mg/L，而在本试验中即使在沉积物-水界面 DO 质量浓度仍然高于 2 mg/L（表 3.15）。同时，阶段 II 和阶段 III 积累的 NH_4^+ 在强烈的硝化作

用下有利于生成 NO_3^-。一般沉积物的氧化还原环境会影响上覆水 NO_3^- 在沉积物-水界面的反硝化强度。沉积物氧化层的增厚会抑制界面反硝化，造成 SMFC-c NO_3^- 在上覆水中的积累（王圣瑞，2013）。因此，考虑 SMFC 产电对沉积物 Eh 及内源 NH_4^+ 迁移的影响，内源氮对上覆水 NO_3^- 及 NH_4^+ 的影响不可忽略。

Zhang 和 Angelidaki（2012）研究表明，伴随着产电，反硝化与底质的去除能够在 MFC 的阳极中同时发生。或者说，产电能够促进反硝化过程。产电过程促进了大分子有机质降解为小分子有机物，小分子有机物可作为反硝化微生物的可利用碳源而促进反硝化（Helder et al.，2012）。本试验中相比于 SMFC-o，SMFC-c 分别在上层、中层及下层显著去除了沉积物中 5.7%、12.0% 及 13.3% 的 NO_3^-（$P<0.05$）。

SMFC-c 对内源氮的去除表现出了一定的空间和时间效应。在空间上，产电对 NH_4^+ 及 ON 在沉积物中的影响比在孔隙水中大，在沉积物（孔隙水）中分别消减了 47.0（3.09） mg 的平均内源 NH_4^+ 及 470.2（1.16） mg 的平均内源 ON（图 3.69）。这些结果表明产电促进了沉积物的矿化，NH_4^+ 向液态孔隙水中迁移，随后通过硝化作用及上覆水的挥发过程从系统中去除。在时间上，SMFC-c 对内源 TN 的去除率在第 55 天、第 82 天、第 136 天及第 190 天分别达到 1.2%、9.4%、9.3% 及 5.8%。总体上，SMFC-c 在高产电期对内源 TN 有更高的去除效果，因为此时有更显著的矿化、NH_4^+ 迁移及挥发、内源硝化-反硝化过程。SMFC 对沉积物及孔隙水的中下层内源氮的作用高于上层（表 3.16 和表 3.17），其原因可能是 O_2 作为电子受体也可以促进矿化、硝化-反硝化等过程，上层高浓度的 O_2 减弱了 SMFC 对内源氮去除的作用。

3）苦草对内源氮迁移转化的影响

苦草对沉积物及孔隙水的 NH_4^+ 及 ON 也起到了同步去除的效果（表 3.16 和表 3.17）。苦草显著促进了孔隙水中有机氮的氨化及硝化过程［图 3.66（c）］。除了硝化，植物对孔隙水中 NH_4^+ 的吸收也是去除的主要方式。Xie 等（2005）研究表明，当沉积物孔隙水中的 NH_4^+ 浓度显著高于上覆水时，植物根系吸收对易于生物利用的孔隙水 NH_4^+ 起到关键去除作用。苦草对孔隙水上层和中层中 NO_3^- 的去除仅仅发生在移植入沉积物后的初期，这可能是植物根系对孔隙水 NO_3^- 的吸收能力弱于 NH_4^+，因为吸收 NO_3^- 需要更高的能量消耗（Britto et al.，2001）。此外，在中后期，硝化作用作为联系有机氮矿化及反硝化脱氮的核心过程受植物根系泌氧的作用得到显著提高，因此有显著的孔隙水 NO_3^- 积累（Soana et al.，2015）。有研究表明，沉水植物根系对 NH_4^+ 的吸收与硝化过程往往存在竞争关系，即硝化细菌与植物之间的抑制作用往往导致硝化作用减弱（Soana and Bartoli，2014；Racchetti et al.，2010）。但是在本试验中，植物对 NH_4^+ 的吸收还没达到限制硝化细菌活性

表 3.16　孔隙水中 TN、NH_4^+、NO_3^-、NO_2^-和 ON 特性

项目	上层（0~5 cm）				中层（5~10 cm）				下层（10~15 cm）			
	SMFC-o	SMFC-c	P-SMFC-o	P-SMFC-c	SMFC-o	SMFC-c	P-SMFC-o	P-SMFC-c	SMFC-o	SMFC-c	P-SMFC-o	P-SMFC-c
TN 质量浓度/(mg/L)	6.72±0.58a	6.39±0.64b	5.50±0.97c	3.40±2.08d	11.16±1.61a	10.15±1.42b	9.19±1.10c	7.14±0.87d	13.77±3.06a	12.49±2.30b	12.14±1.83b	11.12±1.58c
Re/%		4.9	18.2	49.4		9.0	17.7	36.0		9.3	11.9	19.3
NH_4^+ 质量浓度/(mg/L)	5.77±0.53a	5.54±0.69b	4.63±1.06c	2.47±2.19d	9.47±1.72a	8.77±1.32b	7.87±1.03c	5.91±0.89d	12.24±3.13a	10.89±2.22b	10.46±1.83b	9.22±1.46c
Re/%		4.0	19.8	57.2		7.4	16.9	37.6		11.0	14.5	24.6
NO_3^- 质量浓度/(mg/L)	0.45±0.35c	0.58±0.27b	0.46±0.24c	0.68±0.25a	0.66±0.20c	0.79±0.31b	0.74±0.30b	0.98±0.35a	0.94±0.33c	1.26±0.22b	1.22±0.37b	1.53±0.26a
ON 质量浓度/(mg/L)	0.50±0.41a	0.28±0.23c	0.40±0.31b	0.18±0.16d	1.03±0.95a	0.59±0.43b	0.57±0.39b	0.25±0.17c	0.55±0.49a	0.34±0.35b	0.46±0.50a	0.29±0.33b
Re/%		44.8	19.7	64.3		43.0	44.4	75.5		38.7	16.7	47.8
NO_2^- 质量浓度/(mg/L)	ND	ND	ND	ND	ND	ND	ND	ND	ND	ND	ND	ND

注：对于各指标 $n=5$；数据表示为平均值±标准差；Re 表示相对 SMFC-o 的去除率，不同的小写字母表示差异显著；ND 表示未检测到，检出限为 0.004 mg/kg；后同

表 3.17　沉积物 TN、NH_4^+、NO_3^-、NO_2^- 和 ON 特性

项目	上层 (0~5 cm)				中层 (5~10 cm)				下层 (10~15 cm)			
	SMFC-o	SMFC-c	P-SMFC-o	P-SMFC-c	SMFC-o	SMFC-c	P-SMFC-o	P-SMFC-c	SMFC-o	SMFC-c	P-SMFC-o	P-SMFC-c
TN 质量分数 /(mg/kg)	1795.6±316.1a	1715.4±365.6a	1678.9±418.8ab	1562.2±457.5b	1975.3±197.2a	1911.1±247.9ab	1805.7±348.7bc	1705.8±385.0c	2089.6±177.0a	1952.5±260.9b	2028.1±276.2ab	1781.6±381.4c
Re/%		4.5	6.5	13.0		3.2	8.6	13.6		6.6	2.9	14.7
NH_4^+ 质量分数 /(mg/kg)	31.8±17.8a	24.1±12.5b	15.9±9.9c	13.1±8.2d	43.9±20.2a	37.4±14.7b	22.8±8.0c	17.2±7.4d	52.0±27.4a	42.7±19.7b	32.2±8.8c	24.1±4.6d
Re/%		24.3	49.8	58.7		14.8	48.0	60.9		17.9	38.2	53.8
NO_3^- 质量分数 /(mg/kg)	52.2±20.0a	49.3±24.6a	33.0±28.8b	34.1±28.8b	71.1±16.3a	62.6±24.2b	57.8±28.2b	46.7±27.7c	86.3±13.3a	74.8±22.6bc	79.2±27.6ab	68.1±31.4c
Re/%		5.7	36.8	34.7		12.0	18.7	34.3		13.3	8.1	21.0
ON 质量分数 /(mg/kg)	1711.7±300.3a	1642.1±342.3a	1630.0±391.5ab	1515.4±425.9b	1860.3±199.9a	1811.1±236.0ab	1725.0±319.5bc	1642.0±352.6c	1951.3±191.1a	1835.0±256.6b	1916.7±256.6ab	1689.4±351.9c
Re/%		4.1	4.8	11.5		2.6	7.3	11.7		6.0	1.8	13.4
NO_2^- 质量分数 /(mg/kg)	ND	ND	ND	ND	ND	ND	ND	ND	ND	ND	ND	ND

的程度,植物和硝化细菌对孔隙水 NH_4^+ 的竞争比较微弱。此外,来自 ON 矿化产生的 NH_4^+ 可以通过氨氧化过程作为硝化细菌生长的电子供体(Han et al.,2014)。

Racchetti 等(2010)研究了苦草移植入沉积物的初期对孔隙水化学性质的影响,结果表明,NO_3^- 首先在孔隙水中积累,然后因植物促进反硝化而导致 NO_3^- 含量下降。但是在本试验中,植物并未促进孔隙水中 NO_3^- 的去除,却促进了沉积物中 NO_3^- 的去除,P-SMFC-o 处理组相比于 SMFC-o 处理组的平均 NO_3^- 含量在上(中、下)层降低了 36.8%(18.7%、8.1%)。植物在固态沉积物中表现出了一定的促进反硝化能力,而不是在液态孔隙水中,其原因可能是沉积物大的比表面积更适宜反硝化微生物的生长,同时有机质的含量远远高于孔隙水。植物的根系分泌物可为反硝化提供碳源从而促进反硝化。本试验中,P-SMFC-o 对内源氮的显著去除主要在上层和中层(表 3.16 和表 3.17),其原因可能是试验用的苦草根系主要集中在 5~10 cm。有研究表明,在苦草的培养期其根系泌氧所能达到的区域仅仅在根尖的几毫米范围内(Han et al.,2016)。在时间上,P-SMFC-o 对内源 TN 的削减在试验后期得到显著的提高。总体上,P-SMFC-o 对内源 TN 的削减效果好于SMFC-c。

本试验中,苦草对上覆水的 NH_4^+ 及 NO_3^- 均起到了一定的去除效果。苦草不仅可以直接从上覆水中吸收 NO_3^-;其光合作用引起的上覆水 DO 浓度及 pH 的升高可促进沉积物及上覆水中 NH_4^+ 的挥发;同时为微生物提供附着,促进微环境中硝化-反硝化过程的发生。沉水植物的根系也可增大沉积物的孔隙度,使上覆水的硝酸盐更易向下层扩散,通过反硝化及微生物固定去除。

4)沉水植物-SMFC 系统对内源氮迁移转化的影响

SMFC 在产电下虽然对内源氮的去除起到了可观的效果,但是随之带来的上覆水的 NH_4^+ 及 NO_3^- 的积累对水体富营养化的控制是不利的。因此,需要寻求一种生态廉价的方法与 SMFC 耦合削减上覆水的 NH_4^+ 及 NO_3^-,并保持内源氮的高效去除。本试验表明 SMFC 产电过程中引起的上覆水 NH_4^+ 的积累在引入苦草后得到显著缓解,且 P-SMFC-c 处理与 P-SMFC-o 处理获得了差异不显著的 NH_4^+ 及 NO_3^- 含量(图 3.68)。植物吸收及微生物转化直接引起了水体 NH_4^+ 及 NO_3^- 浓度的降低(Xie et al.,2005)。在 P-SMFC-c 系统中,上覆水 NH_4^+(NO_3^-)的平均质量浓度在阶段 I、II 及 III 分别为 0.22(1.17)mg/L、0.13(0.71)mg/L 及 0.074(1.34)mg/L(表 3.15)。同时,本试验发现 SMFC 与苦草的联合相比于单独的植物处理或者SMFC 处理进一步削减了内源 TN 含量(图 3.69)。P-SMFC-c 处理组的沉积物 Eh 比 SMFC-c 高,说明植物根区与 SMFC 阳极起到协同一致的效果,获得了最强的内源矿化及硝化-反硝化过程。

　　在 P-SMFC-c 中，强烈的内源 ON 的矿化之后是内源 NH_4^+ 的有效去除，对孔隙水及沉积物的上（中、下）层 NH_4^+ 的去除率分别为 57.2%（37.6%、24.6%）及 58.7%（60.9%、53.8%）（表 3.16 和表 3.17）。虽然产电没有对苦草的形态特征造成显著影响，试验结束后测得的 P-SMFC-c 处理组中苦草的氮含量显著高于 P-SMFC-o 处理组中苦草的氮含量（$P<0.05$），分别为 291.0 mg、243.7 mg（表 3.18）。该结果表明产电有利于苦草对内源 NH_4^+ 的吸收，其机理可能是产电促进了固定在黏土矿物上的 NH_4^+ 向孔隙水的释放，增加了植物根系可吸收的氮源，富集到植物体中，使沉积物及孔隙水中的 NH_4^+ 被去除。P-SMFC-c 取得了最高浓度的孔隙水 NO_3^-，这与 P-SMFC-c 最高的沉积物 Eh 是一致的。说明植物根系泌氧与阳极作为电子受体共存时能进一步增强孔隙水的硝化。底泥有机质（orgamic matter，OM）的好氧氧化会减小根区好氧层的厚度，然后减弱根系泌氧（radial oxygen loss，ROL）对沉积物 Eh 的影响，因此 OM 丰富的底泥在 ROL 存在时会减弱其对硝化作用的影响（Racchetti et al.，2010；Hemminga，1998）。因此，与 P-SMFC-o 比较，P-SMFC-c 在产电下促进了 OM 的降解，加强了 ROL 对孔隙水硝化作用的影响，导致更高水平的孔隙水 NO_3^- 浓度。同时，植物引起的孔隙水 NO_3^- 浓度升高，NO_3^- 也可作为电子受体同电极竞争电子，引起 SMFC 产电量的下降，这也是 P-SMFC-c 的产电量低于 SMFC-c 的原因之一（Helder et al.，2012）。相比于单一的植物处理和电池处理，P-SMFC-c 系统进一步增强了沉积物的反硝化过程。这可能是因为植物残体中的纤维素在产电下的降解可为反硝化提供更多小分子的碳源。

表 3.18　试验前后 P-SMFC-o 和 P-SMFC-c 系统中水生植物的生物量及氮磷含量

试验组	鲜重（b）/g	鲜重（a）/g	干重（a）/g	含氮量（a）/mg	含磷量（a）/mg
P-SMFC-o	104.9±9.3	391.2±26.4	25.9±2.2	243.7±12.5	26.7±1.9
P-SMFC-c	107.5±17.4	412.6±30.7	23.4±1.5	291.0±22.8	24.8±1.5

注：数据表示为平均值±标准差；b 和 a 分别表示试验前和试验后

　　空间上，SMFC 与苦草在上层与底层的内源 TN 的去除互补，P-SMFC-c 在中层取得了最佳的内源 TN 去除效果。耦合系统持续取得了最大的内源 TN 去除量，克服了 SMFC-c 受产电影响及 P-SMFC-o 受植物生长影响的缺点。在第 55 天、第 82 天、第 136 天及第 190 天，相比于 SMFC-o 处理，SMFC 和苦草联合处理对内源 TN 的去除率为 8.1%、16.2%、24.7% 及 25.3%（图 3.69）。这些结果表明，同时引进闭路 SMFC 与沉水植物削减内源氮并抑制内源氮的释放是可行的。受各种条件限制，对植物根区与产电之间的关系（从水体、沉积物、植物及气体的角度）仍然缺乏全面的理解。今后的研究应当集中在植物根区与微生物之间的复杂关系上。从工程应用上来讲，耦合系统对内源氮的去除受制于产电，因此，如何进一步延长产电的周期与抑制产电应当重点考虑。同单一的植物修复一样，P-SMFC-c依然在沉积物的上层和中层发挥显著的去除作用，如果选择根系更长的水生植物，则 P-SMFC-c 系统发挥作用的空间可以扩大。

5）小结

（1）在 SMFC 与 P-SMFC 系统中，沉积物 ON 的降低是内源 TN 去除的限制步骤，产电及沉水植物均能促进沉积物及孔隙水中 ON 的矿化。

（2）虽然 SMFC 闭路系统促进内源 TN 的去除，但是会引起上覆水中氮的积累。产电造成的上覆水的碱化和沉积物的酸化促进内源 NH_4^+ 向上覆水的释放和挥发。该过程伴随着上覆水 NH_4^+ 的积累，强烈的硝化作用又引起 NH_4^+ 向 NO_3^- 的转化和积累。同时，SMFC 阳极的引入引起的沉积物氧化层的增厚，也抑制上覆水 NO_3^- 在沉积物-水界面的反硝化，促进了孔隙水硝化过程。

（3）当苦草引入 SMFC 闭路系统后，耦合系统获得最强的内源 ON 矿化效果。与单一的植物处理组相比，产电促进植物对内源 NH_4^+ 的吸收并富集在植物体内。产电增强植物 ROL 对孔隙水硝化的影响。植物与闭路 SMFC 的共存进一步增强沉积物的反硝化作用。耦合系统获得最强的内源 TN 去除效果，同时上覆水氮的积累得到显著抑制。沉水植物与 SMFC 的耦合削减并抑制内源氮的释放是可行的。

2. 沉水植物-SMFC 系统对内源磷的控制性能

1）P-SMFC 系统中磷的迁移转化

磷作为湖泊水体富营养化的限制性元素，在外源输入得到有效控制时，控制沉积物磷的释放至关重要（Lü et al.，2016；Bennett et al.，2001）。同时，沉积物本身也是磷的吸附介质，提高沉积物对磷的吸附能力并抑制其向水体的释放是关键（Withers and Jarvie，2008）。苦草具有吸收 PO_4^{3-} 的能力，但其更重要的控磷功能在于根系泌氧对沉积物环境的氧化，使其吸附 PO_4^{3-} 能力增强（Racchetti et al.，2010；Christensen and Andersen，1996）。已经有研究表明，SMFC 阳极电子受体的引入能够抑制沉积物磷的释放并增强沉积物对水体磷的吸附（Yang et al.，2016；Martins et al.，2014）。研究同时在沉积物中引入阳极和 O_2 电子受体，能否进一步提高沉积物的氧化水平及对磷的吸附能力，具有一定的创新性和实际应用价值。为了厘清植物与 SMFC 共存时对磷的吸附及解吸的影响，就有必要对上覆水、孔隙水、沉积物及微生物等多相长期研究其效应。系统中磷的迁移转化规律是首要研究对象。

对系统中的磷进行物料衡算以说明磷在沉积物-水二相系统中的迁移转化。在试验的 4 个阶段中，磷在系统中基本遵循物质守恒。上覆水 TP 以 PO_4^{3-} 为主，其减少量与沉积物 TP 的增加量基本相等［图 3.70（b）和图 3.71（a）］。不管上覆水 TP 的初始浓度高低，其随时间的下降主要是因为静态下上覆水中的 PO_4^{3-} 向沉积物迁移，上覆水与沉积物孔隙水之间的浓度梯度是迁移的主要动力。上覆水迁移的 PO_4^{3-} 通过化学吸附暂时留在沉积物中。从表 3.19 可以看出，沉积物化合物中 Al_2O_3、Fe_2O_3 及 CaO 的含量分别为 15.16%、3.97% 和 1.90%，上覆水的 PO_4^{3-} 与沉积物中的铝、铁及钙氧化物生成不溶的化合物（Withers and Jarvie，2008）。除了化学吸附，微生物尤其是聚磷菌的吸附也是上覆水 PO_4^{3-} 的重要归趋（Khoshmanesh et al.，2002）。随着上覆水初始 PO_4^{3-} 浓度的升高，尽管相同时间内 PO_4^{3-} 去除率下降，迁移量却在增加（表 3.19）。上覆水磷浓度的降低对孔隙水磷浓度影响不显著（图 3.72），说明上覆水 PO_4^{3-} 的迁移归趋主要是固态沉积物。孔隙水中 DTP 和 PO_4^{3-} 的浓度随着深度的增加而降低，而 DOP 的浓度在垂直方向上缺乏特定的规律。PO_4^{3-} 是孔隙水 DTP 的主要形态，尤其在上层和中层。试验前期检测到孔隙水中 DTP（PO_4^{3-}）的浓度不断下降，也可能是因为沉积物的吸附和吸收，随后 DTP（PO_4^{3-}）浓度的不断升高可能与温度的不断降低引起的吸附减弱

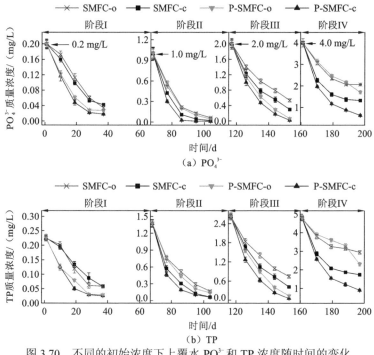

图 3.70　不同的初始浓度下上覆水 PO_4^{3-} 和 TP 浓度随时间的变化

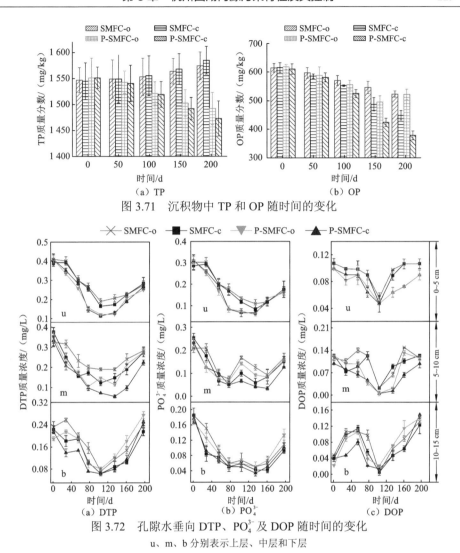

图 3.71　沉积物中 TP 和 OP 随时间的变化

图 3.72　孔隙水垂向 DTP、PO₄³⁻ 及 DOP 随时间的变化

u、m、b 分别表示上层、中层和下层

有关[图 3.73（e）]。Jin 等（2005）发现了类似的规律，即沉积物对 PO_4^{3-} 的吸附随着温度的升高而增强。另一种解释是沉积物中 OP 的不断矿化而导致 PO_4^{3-} 释放[图 3.71（b）]。沉积物 IP 的增加主要源于上覆水中添加的 PO_4^{3-} 及沉积物 OP 矿化的产物。经核算，沉积物 IP 的增加量小于沉积物 OP 的减少量与上覆水 PO_4^{3-} 的减少量之和，这表明部分产生的 IP 被聚磷菌（phosphate accumulating organisms，PAOs）吸收合成细胞内磷酸盐，另一部分 IP 可能释放到水体中。在 SMFC-o 处理组中，沉积物中的 NaOH-P 及 NH₄Cl-P 在试验过程中含量并没有显著变化[图 3.74（b）和（d）]，说明上覆水投加的 PO_4^{3-} 及沉积物矿化产生的 PO_4^{3-} 主要吸附到钙矿物及 Fe(III)氢氧化物上形成 HCl-P 和 BD-P[图 3.74（a）和（c）]。

表 3.19　上覆水中 TP 和 PO_4^{3-} 质量浓度在 4 个阶段的初始值、最终值及平均值

项目	阶段 I (1~55 d)				阶段 II (68~104 d)				阶段 III (117~153 d)				阶段 IV (161~197 d)			
	对照组	SMFC	大型植物	M-SMFC	对照组	SMFC	大型植物	M-SMFC	对照组	SMFC	大型植物	M-SMFC	对照组	SMFC	大型植物	M-SMFC
初始 TP /(mg/L)	0.22	0.23	0.23	0.22	1.38	1.38	1.38	1.38	2.62	2.62	2.62	2.62	4.78	4.78	4.78	4.78
最终 TP /(mg/L)	0.06	0.06	0.03	0.03	0.17	0.06	0.14	0.06	0.75	0.42	0.14	0.06	2.94	1.73	2.30	0.90
Re/%	72.73	73.91	86.96	86.36	87.68	95.65	89.86	95.65	71.37	83.97	94.66	97.71	38.50	63.81	51.88	81.17
Rq/mg	8.80	9.35	11.00	10.45	66.55	72.60	68.20	72.60	102.85	121.00	136.40	140.80	101.20	167.75	136.40	213.40
平均 TP /(mg/L)	0.13±0.08a	0.14±0.07a	0.10±0.08b	0.09±0.08b	0.62±0.48a	0.49±0.53b	0.58±0.50a	0.44±0.55b	1.52±0.74a	1.30±0.87b	1.12±1.00c	0.96±1.04d	3.58±0.74a	2.67±1.26b	3.57±0.90a	2.21±1.57c
RRe/%		8.3	23.1	30.8		21.0	6.5	29.0		14.5	26.3	36.8		25.4	0.3	38.3
初始 PO_4^{3-} /(mg/L)	0.20	0.20	0.20	0.20	1.00	1.00	1.00	1.00	2.00	2.00	2.00	2.00	4.00	4.00	4.00	4.00
最终 PO_4^{3-} /(mg/L)	0.03	0.04	0.03	0.02	0.06	0.02	0.05	0.01	0.53	0.30	0.06	0.02	2.07	1.32	1.70	0.63
Re/%	85.00	80.00	85.00	90.00	94.00	98.00	95.00	99.00	73.50	85.00	97.00	99.0	48.25	67.00	57.5 0	84.25
Rq/mg	9.35	8.80	9.35	9.90	51.70	53.90	52.25	54.45	80.85	93.50	106.70	108.90	106.15	147.40	126.50	185.35
平均 PO_4^{3-} /(mg/L)	0.12±0.07a	0.11±0.07a	0.09±0.07b	0.08±0.08b	0.39±0.39a	0.32±0.41b	0.37±0.40a	0.27±0.43b	1.15±0.57a	0.97±0.67b	0.83±0.77c	0.73±0.80d	2.71±0.83a	2.11±1.12b	2.69±0.89a	1.73±1.37c
RRe/%		8.3	25.0	33.3		17.9	5.1	30.8		15.7	27.8	36.5		22.1	0.7	36.2

注：Re、Rq 及 RRe 分别表示每个阶段中去除率、去除量及相比对照组的去除率；对于平均值，每个阶段 n=5，数据表示为平均值±标准差，不同的小写字母表示显著不同

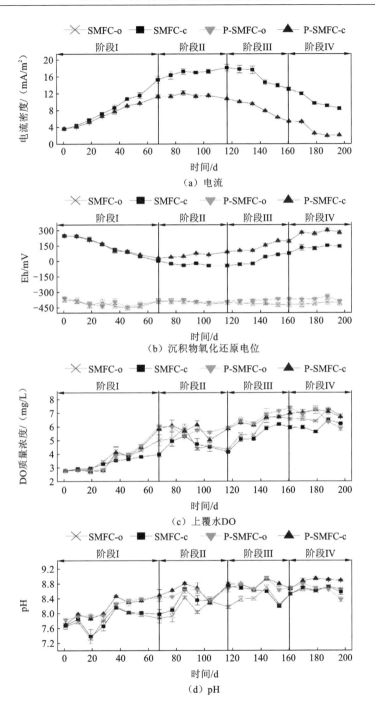

（a）电流

（b）沉积物氧化还原电位

（c）上覆水DO

（d）pH

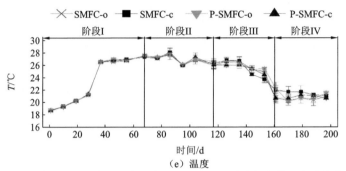

（e）温度

图 3.73　电流、沉积物氧化还原电位、上覆水 DO、pH 及温度在运行的 4 个阶段中随时间的变化

DO 质量浓度是在沉积物-水界面测定的值

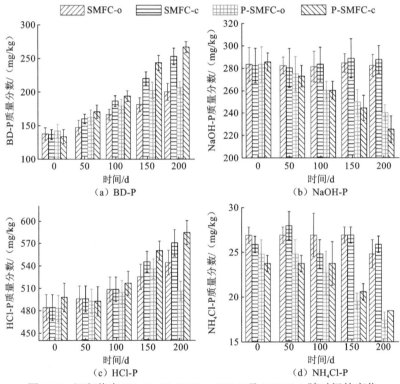

图 3.74　沉积物中 BD-P、NaOH-P、HCl-P 及 NH₄Cl-P 随时间的变化

2）SMFC 对沉积物-水系统中磷的形态及迁移转化的影响

产电在阶段 II～IV 对上覆水磷起到了显著的去除作用（图 3.70 和表 3.19）（$P<0.05$），随着上覆水初始 PO_4^{3-} 浓度的升高，从 0.5 mg/L、1 mg/L、2 mg/L 到 4 mg/L，与 SMFC-o 相比，产电量增加，PO_4^{3-} 迁移量也增加。在试验运行中，产电也促进了中层及下层孔隙水中的 PO_4^{3-} 吸附到沉积物（表 3.20）（$P<0.05$）。这些

表3.20 孔隙水中不同层次的 DTP、PO_4^{3-} 和 DOP 的特性

项目	上层（0~5 cm）				中层（5~10 cm）				下层（10~15 cm）			
	对照组	SMFC	大型植物	M-SMFC	对照组	SMFC	大型植物	M-SMFC	对照组	SMFC	大型植物	M-SMFC
DTP 质量浓度/(mg/L)	0.284±0.083a	0.273±0.088a	0.232±0.102b	0.236±0.108b	0.247±0.055a	0.211±0.084b	0.201±0.083b	0.156±0.095c	0.177±0.066a	0.147±0.063b	0.169±0.065a	0.145±0.070b
RRe/%		3.7	18.2	16.7		14.6	18.6	36.8		16.9	4.5	18.1
PO_4^{3-} 质量浓度/(mg/L)	0.189±0.076a	0.181±0.077ab	0.155±0.089c	0.160±0.092c	0.143±0.054a	0.118±0.070b	0.122±0.054b	0.098±0.066c	0.097±0.049a	0.079±0.047bc	0.093±0.044ab	0.078±0.046c
RRe/%		4.4	17.8	15.6		17.5	14.7	31.5		18.6	4.1	19.6
DOP 质量浓度/(mg/L)	0.095±0.017a	0.093±0.020ab	0.077±0.017bc	0.077±0.018c	0.104±0.042a	0.094±0.035b	0.079±0.050c	0.059±0.036d	0.081±0.040a	0.068±0.041b	0.075±0.045ab	0.067±0.052b
RRe/%		2.3	19.1	19.1		9.6	24.0	43.3		16.0	7.4	17.3

注：RRe 为相比对照组氮的去除率；$n=8$，数据表示为平均值±标准差，不同的小写字母代表差异显著

结果表明，在 SMFC 系统中 PO_4^{3-} 从水体向沉积物的迁移速率较快，且该过程随着水体 PO_4^{3-} 浓度的升高而增强。黄廷林等（2014）的研究表明，沉积物中 ORP<0 mV 的强还原条件能够促进底泥中 Fe-P 的大量释放。SMFC 显著提高了沉积物的 Eh，从而促进了沉积物中 Fe^{2+} 氧化为 Fe^{3+}（Hong et al.，2010）。此外，沉积物中引入阳极作为电子受体能够增加 Fe(III)氢氧化物的含量，此时铁还原菌（iron reducing bacteria，IRB）降解有机物产生的电子转移至阳极，而不转移至 Fe(III)氢氧化物（Holmes et al.，2004）。Fe(III)氢氧化物具有大的比表面积和较强的稳定性，SMFC 阳极的引入导致更多的 PO_4^{3-} 与 Fe(III)氢氧化物结合。另一个可能的解释是产电增强了沉积物中微生物活性，尤其是 PAOs 的活性。此外，OM 也可与 PO_4^{3-} 结合，因此产电降低沉积物 OM 含量可为 PO_4^{3-} 提供更多的结合位点与 Fe(III)氢氧化物结合。阶段 I，SMFC 对上覆水的 PO_4^{3-}/TP 没发挥显著的去除作用，然而此阶段在孔隙水的下层 SMFC-c 处理组比 SMFC-o 处理组表现出显著低的 PO_4^{3-} 含量[图 3.72(b)]。这说明产电初期沉积物氧化层尚未完全形成时，产电对孔隙水中 PO_4^{3-} 的影响高于上覆水，其原因可能是孔隙水与固态沉积物直接接触。在整个试验过程中，产电对孔隙水上层的 PO_4^{3-} 影响并不显著，其原因可能是上层靠近沉积物-水界面，较高的溶氧水平不利于铁还原菌的生长，Fe 的氧化-还原反应不易在界面好氧环境下发生。或者说 O_2 作为电子受体与阳极争夺电子，削弱了电极对 Fe^{2+} 氧化的影响（Lovley et al.，2004）。

SMFC 产电显著降低了中层和下层孔隙水及沉积物 OP 含量，OP 作为 OM 的重要组成成分，包含植酸、磷脂、核酸等，其中植酸是主要成分。有研究表明，SMFC 产电微生物可促进植酸降解为正磷酸盐。与该研究结果类似，本试验也发现 SMFC 产电是沉积物及孔隙水中 OM 作为底质，实现了同步氧化和产电。这个结果与前人的结论一致（Yang et al.，2016；Martin et al.，2014）。产电促进 OP 矿化转化成的 IP，加上上覆水迁移的 PO_4^{3-}，与沉积物 Fe(III)氢氧化物及钙化合物结合，导致沉积物中生成较多的 BD-P 及 HCl-P。沉积物 HCl-P 的形成是通过 PO_4^{3-} 与沉积物中的含钙矿物直接沉降或共沉降，SMFC 产电引起的上覆水碱化有利于共沉降的发生，导致更多 HCl-P 生成。与 SMFC-o 相比，SMFC-c 处理组使沉积物 BD-P 在第 55 天、第 104 天、第 153 天及第 197 天分别增加了 8.6%、12.1%、21.6% 及 26.4%，在第 153 天及第 197 天 HCl-P 生成量小幅增加了 3.7% 及 4.6%。在整个试验过程中，产电对 NaOH-P 及 NH_4Cl-P 的影响不显著。

Wang 等（2013a）通过调控沉积物的 Eh 来调节 PO_4^{3-} 在沉积物与上覆水之间的迁移，但是难免在控制 DO 的过程中造成对沉积物的扰动。本试验通过稳定地在沉积物-水系统中引入 SMFC 系统促进 HCl-P 的形成，增强与 Fe(III)氢氧化物的结合等，成功实现了抑制沉积物磷释放及促进上覆水磷向沉积物迁移的效果，并达到同步产电的功效，具有较好的沉积物控磷应用前景。

3）苦草对沉积物–水系统中磷的形态及迁移转化的影响

在本试验中，SMFC-o 处理组的苦草在阶段 I～III 对上层及中层孔隙水的 PO_4^{3-} 起到了显著的去除作用。一般认为，沉水植物主要从沉积物孔隙水中获取磷元素用于自身生长（Barko et al.，1991）。除了根系吸收，苦草显著提高了沉积物 Eh，本试验中比较 P-SMFC-c 与 SMFC-c 的阳极电势可以看出，植物使沉积物 Eh 升高了 76 mV，被氧化的沉积物提高了 Fe(III)氢氧化物的含量，能够促进 PO_4^{3-} 的吸附，使其从孔隙水中去除。Racchetti 等（2010）的研究表明，苦草根区高的溶氧水平及 Eh 能够维持沉积物的好氧环境，能够在根区形成铁氧化物胶膜，随后促进孔隙水中的 PO_4^{3-} 与 Fe(III)氢氧化物结合发生沉降。苦草的 ROL 也显著降低了沉积物 OP 及孔隙水 DOP（上层及中层）含量，ROL 为好养细菌的生长提供了较好的生长环境，有利于 OP 的矿化。同孔隙水氮类似，苦草对下层孔隙水的 PO_4^{3-} 并没有显著的去除，可能是因为苦草的根主要集中在下层。植物叶的吸收也显著促进了阶段 I 上覆水 TP/PO_4^{3-} 的去除（Gao et al.，2009b）。阶段 II 植物对上覆水 PO_4^{3-} 的去除作用不显著，说明苦草叶对 PO_4^{3-} 的吸收是有限的。此时，与 SMFC-o 相比，TP（PO_4^{3-}）含量降低了 26.3%（27.8%）。

阶段 IV 植物对上覆水的 PO_4^{3-} 去除作用不显著[图 3.70（a）]，其原因可能是沉积物中 OP 的积累及 Ca-P 的再溶解。P-SMFC-o 处理组中上覆水的碱化使沉积物中 HCl-P 的含量上升，尤其是在阶段 III[图 3.74（c）]，其主要是因为上覆水中藻类及植物强烈的光合作用使 pH 升高[图 3.73（d）]，通过与上覆水中过饱和的 $CaCO_3$ 发生共沉降而提高磷的去除量。但是，在运行的最后一个阶段（阶段 IV），沉积物 HCl-P 质量分数从 535.9 mg/kg 降低到 506.3 mg/kg，当沉积物被苦草根系分泌的有机酸酸化时，Ca-P 会出现再溶解并伴随自生 Ca-P 的释放再次回到水体中（Hupfer et al.，1995）。在本试验中，P-SMFC-o 处理组中苦草枝叶脱落物的沉降引起阶段 IV 沉积物 OP 的积累，从 495.3 mg/kg 增加到 521.7 mg/kg，底层孔隙水 DOP 同样得到积累。内源 OP 的积累必然会引起沉积物中更强烈的矿化作用，从而导致植物对 PO_4^{3-} 吸收能力减弱。另外，富含有机质的沉积物会引起微生物及化学的溶氧消耗，从而减小根区周围好氧层的厚度，减弱植物 ROL 对沉积物 Eh 的影响及 PO_4^{3-} 与 Fe(III)氢氧化物的沉淀反应（Azzoni et al.，2005）。BD-P 作为一种对沉积物 Eh 极敏感的磷形态，苦草 ROL 通过促进对 PO_4^{3-} 的吸附显著提高了沉积物 BD-P 的含量，这个结果与 Di Luca 等（2015）的研究结果一致，挺水植物香蒲发达的根系也明显增加了沉积物中的 BD-P 含量，并促进了水中磷的去除。本试验中，P-SMFC-o 处理组中植物对沉积物 TP 的去除主要是对沉积物中 NH_4Cl-P

及 NaOH-P 两种形态的去除，也说明这两种磷形态易被苦草吸收利用。

4）P-SMFC 系统对沉积物-水系统中磷的形态及迁移转化的影响

在本试验中，沉水植物苦草与 SMFC 在时间与空间上对 PO_4^{3-} 的去除互补。从时间上看，在产电启动期（阶段 I），产电对上覆水 PO_4^{3-} 去除效果不显著，但是苦草对 PO_4^{3-} 表现出显著的去除效果，苦草弥补了产电的缺陷。在产电高峰期（阶段 III），苦草与 SMFC 均对上覆水 PO_4^{3-} 有明显的去除效果，P-SMFC-c 系统对上覆水 PO_4^{3-} 有最好的去除效果。空间上，苦草在孔隙水上层和中层起到了显著的 PO_4^{3-} 去除作用，然而 SMFC 的显著去除作用则在中层和下层孔隙水。耦合系统在孔隙水中层有最好的 PO_4^{3-} 去除效果（表 3.20）。这些结果说明应用苦草与 SMFC 的耦合系统来促进水体 PO_4^{3-} 的去除是可行的。除了植物吸收，其机制主要是通过大量地生成沉积物中稳定的 BD-P 和 HCl-P 来增强水体中 PO_4^{3-} 向沉积物中迁移[图 3.74（a）和（c）]。与 SMFC-o 相比，在第 55 天、第 104 天、第 153 天及第 197 天，P-SMFC-c 中 BD-P 生成量增加了 13.6%、14.2%、25.6% 及 25.0%；在第 153 天及第 197 天 HCl-P 生成量增加了 6.2% 和 6.9%。阳极和植物 ROL 作为电子受体的同时引入并产生了最高的沉积物 Eh，可能积累了最多的沉积物 Fe(III) 氢氧化物，并因此增强了沉积物对磷的吸附。SMFC 及苦草均能提高上覆水的碱度，在阶段 I～III，虽然 P-MFC-o 处理组与 P-SMFC-c 处理组的上覆水 pH 差异不显著[图 3.73（d）]，但 P-SMFC-c 沉积物获得了最高的 HCl-P 含量。再者，植物可以促进根区微生物的生长并影响微生物的群落结构，特别是与铁的氧化还原循环及聚磷有关的微生物，因此间接影响磷的吸附。P-SMFC-c 获得了最低的内源 OP 含量，说明植物 ROL 与阳极共存可以提高 OP 的矿化。此外，上覆水增加的 OH^- 可与 PO_4^{3-} 竞争金属-有机物结合位点，并且通过增强沉积物中微生物的活性促进 OP 的矿化（Pant et al.，2002）。

在试验最后阶段，P-SMFC-c 处理组中植物的衰退可能是沉积物 OP 积累及自生 Ca-P 释放的主要原因。因此，如何延长沉水植物的生命周期对水生生态系统的控磷至关重要，这也是水生植物恢复的核心议题。一般来说，生长在富含有机质的沉积物中的沉水植物易受低的沉积物 Eh 的抑制，这是因为微生物在分解 OM 的过程中会消耗大量氧气，造成缺氧及厌氧环境，随之而来的是植物的衰退甚至死亡。Zhou 等（2016）发现了闭路 SMFC 向沉积物-水系统添加后能够促进沉水植物眼子菜的生长。在本试验中，虽然闭路下苦草的生物量没有显著增加，P-SMFC-o 及 P-SMFC-c 中植物组织的含磷量分别为 26.7 mg 及 24.8 mg（表 3.18），差异也不显著，但是 P-SMFC-c 系统中苦草的生物活性在试验后期得到维持，说明产电提高了沉积物 Eh，能够抑制苦草的衰退并维持生物活性。Song 等（2015a）的研究表明向沉积物中引入生物阳极可有效地促进沉积物中植物残体的降解。因此，与 P-SMFC-o 相比，P-SMFC-c 中的苦草在试验的最后阶段（阶段 IV）对上覆水及中层孔隙水的 PO_4^{3-} 仍有显著的去除效果（$P<0.05$）。这是因为产电抑制 OP 的积累，促进 HCl-P 和 BD-P 在沉积物中积累。虽然 SMFC 促进了 PO_4^{3-} 从水体向沉积物的迁移，对富营养化水体磷的控制显示出了一定的潜力，但是考虑产电的难以持续，沉积物环境又回到厌氧状态，暂时以 BD-P 形式固定在沉积物中的磷仍然易于解吸，以致从沉积物中释放出来，造成再次污染，加速湖泊富营养化（Lentini et al.，2012）。此时，苦草的引入对维持沉积物的氧化环境、降低 SMFC 系统中的内源磷释放风险尤为重要，是一种生态可持续的控磷手段。

5）小结

（1）SMFC 通过提高沉积物 Eh 及上覆水 pH 促进沉积物中 BD-P 及 HCl-P 的形成，促进上覆水和孔隙水中的 PO_4^{3-} 向沉积物中迁移。该过程尤其在产电高峰期沉积物完全氧化后更为显著。SMFC 促进 PO_4^{3-} 的迁移量随着上覆水初始 PO_4^{3-} 浓度的上升而增加。SMFC 促进了沉积物中层（0~5 cm）及下层（5~10 cm）孔隙水中 PO_4^{3-} 的去除。

（2）苦草在移植入沉积物早期通过直接吸收显著去除了上覆水的 PO_4^{3-}。在植物的快速生长期，沉积物 Eh 和上覆水 pH 的快速升高导致 PO_4^{3-} 的去除受到限制。植物生长期促进了沉积物 BD-P 及 HCl-P 的积累，在植物衰退期存在沉积物 OP 积累、HCl-P 释放的现象。与 SMFC 相比，苦草对上层及中层孔隙水 PO_4^{3-} 的去除发挥的作用更强。

（3）P-SMFC 系统获得了最大的沉积物 HCl-P 及 BD-P 含量，可能是因为耦合系统最大程度提高了沉积物 Eh，同时维持较高的上覆水 pH。耦合系统获得了最佳的水体 PO_4^{3-} 去除效果。单一的植物处理组中后期出现的沉积物 OP 的积累及 HCl-P 的释放在 SMFC 产电下得到显著抑制。沉水植物苦草与 SMFC 的结合成功实现对水体磷的控制。

第4章 杭州西湖着生藻及其控制技术

着生藻类（periphytic algae）是指生长在水下各种基质表面上的所有藻类，又可称为附着藻类、周丛藻类、固着藻类等。根据基质类型，着生藻类可分为附石藻类、附植藻类、附动藻类、附砂藻类、附泥藻类等。着生藻是淡水湖泊中重要的初级生产者（Burkholder and Wetzel，1989；Wetzel，1983；Loeb et al.，1983），能与水体有机质形成比较稳定的藻膜系统，为高等草食性的水生动物提供食物来源，同时也能够为桡足类、枝角类、昆虫幼体、摇蚊、寡毛类等低等动物提供食物来源、生存环境和栖息地，维持水生态系统的多样性（Hecky and Hesslein，1995；Dodds，1992）。着生藻是氮磷等营养物质的重要"储存库"，通过吸收氮磷营养物质来减少水体氮磷负荷，对湖泊水体系统中氮磷等元素的循环产生极其重要的影响（宋玉芝等，2009；Khatoon et al.，2007）。

着生藻类的生物量、种群结构及其代谢功能受环境因子如营养盐（Balata et al.，2008；Jeppesen et al.，2005）、光照（Vadeboncoeur et al.，2014）、牧食者（马文华，2014）、沉水植物（Peterson et al.，2007；Roberts et al.，2003）等的影响。氮磷等营养盐的增加导致着生藻类对水生植物的遮阴作用加强（Jeppesen et al.，2005；Roberts et al.，2003），进而可能引起湖泊清水状态和浊水状态之间的转换。

杭州西湖着生藻的异常增殖也是西湖面临的主要生态问题之一。通过开展杭州西湖着生藻类时空分布规律及影响因子的研究，探究着生藻类与沉水植物的关系，开展自然水域条件下沉水植物上着生藻类的比较研究，以及丝状着生藻水绵和刚毛藻的生态控制技术研究等工作为湖泊草藻型转换机制提供基础资料，为富营养化湖泊生态系统的恢复提供理论支撑。

4.1 西湖着生藻空间分布及建群过程

4.1.1 西湖湖西水域着生藻空间分布

根据茅家埠沿岸带的水深，共布设 7 个采样点，采样点的经纬度及水深见表 4.1，在采样点中分别放置 10 cm×10 cm×2 cm 的花岗岩，进行为期 60 d 的着生藻类培养，研究着生藻类的时空分布特征（易科浪，2016）。

表 4.1　采样点的经纬度及水深

采样点	经纬度	水深/m
1	120°07′50.9″E，30°14′29.7″N	0.25±0.05
2	120°07′41.0″E，30°14′28.6″N	0.45±0.05
3	120°07′34.6″E，30°14′22.3″N	0.90±0.10
4	120°07′33.1″E，30°14′18.6″N	0.35±0.05
5	120°07′36.9″E，30°14′14.5″N	0.40±0.05
6	120°07′44.6″E，30°14′20.4″N	0.30±0.05
7	120°07′54.7″E，30°14′24.3″N	0.35±0.05

着生藻类群落的物种组成及时空变化显示，2014 年 5 月至 2015 年 4 月茅家埠沿岸带共发现 6 门（硅藻门、绿藻门、蓝藻门、裸藻门、隐藻门、甲藻门）54 属 71 种着生藻类。硅藻门种类数占比 46.48%，以脆杆藻属（*Fragilaria*）、曲壳藻属（*Achnanthes*）、舟形藻属（*Navicula*）、异极藻属（*Gomphonema*）、等片藻属（*Diatoma*）为主。绿藻门种类数占比 29.58%，以丝藻属（*Ulothrix*）和毛枝藻属（*Stigeoclonium*）为主。蓝藻门种类数占比 14.08%，以鞘丝藻属（*Lyngbya*）和颤藻属（*Oscilatoria*）为主。其他门类藻种类数较少，为 2~3 种。对细胞密度组成而言，蓝藻门细胞密度最高，占比 53.5%；其次为硅藻门和绿藻门，分别占比 29.8% 和 16.6%（图 4.1）。

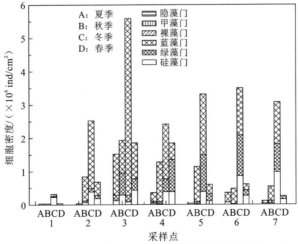

图 4.1　不同季节和不同采样点上着生藻类的细胞密度

着生藻类细胞密度和叶绿素 a 质量浓度之间具有极显著的正相关关系（$P<$ 0.01）。2014 年 5 月至 2015 年 4 月着生藻类细胞密度和叶绿素 a 质量浓度（图 4.2）的平均值分别为 1.27×10^6 ind/cm^2 和 24.11 mg/m^2。

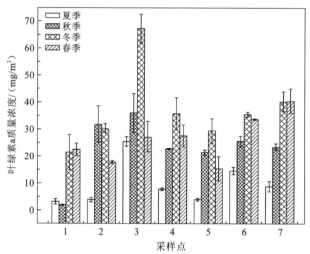

图 4.2　不同季节和不同采样点上着生藻类的叶绿素 a 质量浓度

着生藻优势藻类在各采样点的四季演替模式如图 4.3 所示：1 号采样点，钝脆杆藻 *F. capucina*（夏季）—普通等片藻 *D. vulgare*（秋季）—极小曲壳藻 *A. minutissima*（冬季和春季）；2 号采样点，缢缩异极藻 *G. constrictumn*（夏季）—鞘丝藻 *L. perelagans*（秋季、冬季、春季）；3 号采样点，鞘丝藻 *L. perelagans* 一直都是优势种；4 号采样点，鞘丝藻 *L. perelagans*（夏季、秋季、冬季）—细丝藻 *U. tenrrima*（春季）；5 号采样点，鞘丝藻 *L. perelagans* 和细丝藻 *U. tenrrima*（夏季）—鞘丝藻 *L. perelagans*（秋季、冬季、春季）；6 号采样点，鞘丝藻 *L. perelagans*（夏季和秋季）—鞘丝藻 *L. perelagans* 和细丝藻 *U. tenrrima*（冬季和春季）；7 号采样点，鞘丝藻 *L. perelagans*（夏季、秋季、冬季）—线形舟形藻 *N. linear*，极小曲壳藻 *A. minutissima*，细丝藻 *U. tenrrima* 和微小四角藻 *T. minimum*（春季）。其中，1 号、2 号、3 号和 7 号采样点四季中优势种的变化明显不同，4 号、5 号和 6 号采样点优势种的变化较一致。

4.1.2　沉水植物叶片着生藻群落分布特征

近年来，针对湖泊富营养化问题，恢复和重建水生植被的生态修复方法已经成为湖泊恢复的重要途径，国内外均开展了大量以恢复沉水植被为主要手段的生

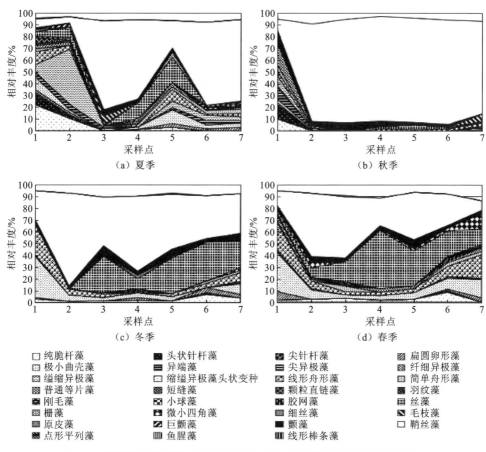

图 4.3　着生藻优势藻类（相对丰度≥1%）在各采样点的四季演替模式

态修复工程。由于受湖泊中各种因素的影响，大多数工程并没有取得令人十分满意的结果。着生藻类对沉水植物的影响也是导致植物衰退的重要因素之一，两者可通过营养盐和光照等相互竞争，对彼此产生一定的抑制作用（Irfanullah and Moss，2004），还有研究认为着生藻类对沉水植物衰退的影响有时甚至会超过浮游藻类（刘建康和谢平，1999；Phillips et al.，1978）。

　　为了研究着生藻类在湖泊富营养过程中与沉水植物之间的作用及机制，课题组分别在茅家埠中试（采样点记为 M）和小南湖中试（采样点记为 N）选择苦草生长良好的位置，将制备好的原生苦草和人工培育苦草装置沉入湖底，用浮球将装置固定在采样点 M 和 N 中，如图 4.4 所示。由于西湖着生藻类在每年的春秋季易暴发，所以试验从 2014 年 10 月开始至 2015 年 4 月结束，每月采集着生藻类样品、苦草样品和水样样品。

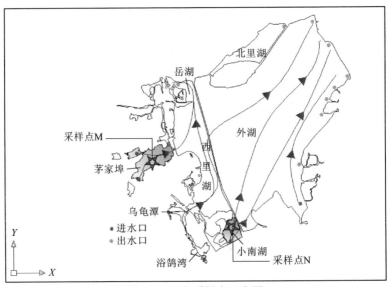

图 4.4　西湖采样点示意图

在西湖两个湖区茅家埠和小南湖中试的苦草和人工培育苦草上着生藻类为硅藻门、绿藻门、蓝藻门、甲藻门、金藻门、黄藻门、隐藻门和裸藻门的物种，其中硅藻门、绿藻门和蓝藻门是主要类群。从附着材料分析，苦草上有较多种类的着生藻类（$P < 0.05$）；从采样时间分析，着生藻类种类数整体无显著性差异（$P > 0.05$），但 12 月和 1 月的物种数显著多于 4 月；从空间上分析，茅家埠中试有较多着生藻类物种数（$P < 0.05$）（图 4.5）。

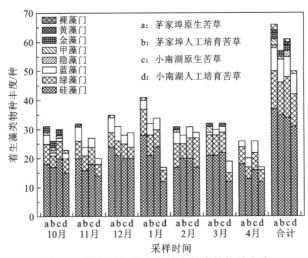

图 4.5　茅家埠和小南湖着生藻类的物种丰度

在试验期间，茅家埠苦草叶片着生藻类细胞密度的均值为 9.59×10^4 ind/cm²，叶绿素 a 质量浓度的均值为 148.63 μg/cm²；茅家埠人工培育苦草叶片上着生藻类的细胞密度和叶绿素 a 质量浓度的均值分别为 6.27×10^5 ind/cm² 和 573.12 μg/cm²。小南湖原生苦草和人工培育苦草叶片上着生藻类细胞密度均值分别为 1.10×10^5 ind/cm² 和 2.39×10^6 ind/cm²；小南湖原生苦草和人工培育苦草着生藻类叶绿素 a 质量浓度的均值分别为 116.37 μg/cm² 和 788.28 μg/cm²（图 4.6）。结果还显示，茅家埠和小南湖人工培育苦草叶片上着生藻类的细胞密度均显著高于原生苦草上着生藻类的细胞密度（$P < 0.05$）。此外，小南湖着生藻类细胞密度和叶绿素 a 质量浓度普遍高于茅家埠。

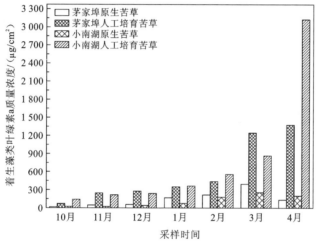

图 4.6　茅家埠和小南湖着生藻类叶绿素 a 质量浓度的变化

4.1.3　不同基质着生藻建群过程

基质是着生藻类开始定居、建群到发展成为成熟群落的重要前提（Stevenson et al.，1991）。天然基质和人工基质富集藻类是目前最为常用的方法，但是由于天然基质不具有标准的采样面积及富集时间未知，群落研究受到了一定限制，后期研究者更多利用人工基质替代天然基质（Cattaneo and Amireault，1992）。载玻片、瓷砖、人工水草、花岗岩、塑料等都是较为常用的人工基质（裴国凤和刘梅芳，2009；念宇 等，2009），但是由于研究目的、研究环境等不同，目前有关着生藻类在不同基质上的建群过程也没有一致的结论。

为研究人工基质及空间布局对着生藻类的影响，课题组在杭州西湖钱塘江引水玉皇山预处理场中的生态塘设置采样点，以着生藻类在富营养化水体中不同空间层次及不同人工基质上的分布规律为出发点，将两种粗糙度不同的花岗岩和瓷砖分别置于水体底部（1 m）和中部（0.5 m）进行不同建群时间的附着（图4.7），以期了解空间层次和人工基质对着生藻类建群过程的影响。

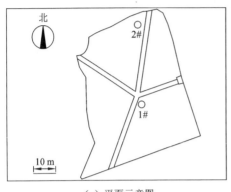

（a）平面示意图　　　　　　　　　　　　（b）现场照片

图4.7　采样点布设示意图

生态塘1#采样点和2#采样点人工基质上着生藻类的物种组成显示，硅藻、绿藻和蓝藻是优势类群。花岗岩上硅藻种类数占总种类数的比例随建群过程的发展而呈减小趋势，硅藻占比最多可达45.38%；瓷砖上硅藻种类数的占比呈波动变化的趋势。绿藻在两种基质上的建群过程中一直处于较稳定的状态，无特别明显的变化，其最大占比为53.13%。蓝藻在建群过程中先增长后趋于稳定，如图4.8和图4.9所示。

在建群第10天，着生藻类主要以单细胞藻类如舟形藻属（*Navicula*）、脆杆藻属（*Fragilaria*）、栅藻属（*Scenedesmus*）等为主。在建群第20~40天，曲壳藻属（*Achnanthes*）、丝藻属（*Ulothrix*）、伪鱼腥藻属（*Pseudanabaenoidaena*）、

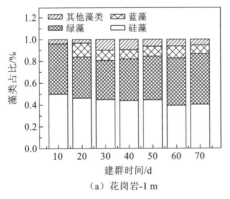

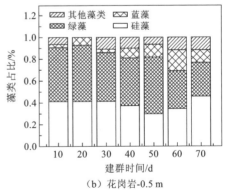

（a）花岗岩-1 m　　　　　　　　　　　　（b）花岗岩-0.5 m

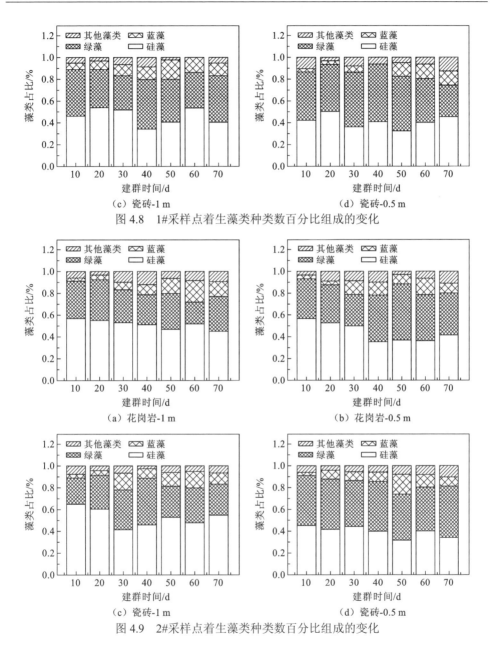

（c）瓷砖-1 m　　　　　　　　　　（d）瓷砖-0.5 m

图 4.8　1#采样点着生藻类种类数百分比组成的变化

（a）花岗岩-1 m　　　　　　　　　　（b）花岗岩-0.5 m

（c）瓷砖-1 m　　　　　　　　　　（d）瓷砖-0.5 m

图 4.9　2#采样点着生藻类种类数百分比组成的变化

颤藻属（*Oscillatoria*）成为优势类群。在建群第 50 天，鞘丝藻属（*Lyngbya*）和颤藻属（*Oscillatoria*）为优势类群。在建群第 60～70 天，丝状藻类出现退化，单细胞藻类舟形藻属（*Navicula*）和曲壳藻属（*Achnanthes*）重新大量出现。建群期间着生藻类优势种组成和细胞密度占比的变化如表 4.2 所示。

表 4.2　着生藻类优势种细胞密度占比的变化　　　　　　（单位：%）

采样点	附着物	优势种细胞密度占比						
		第 10 天	第 20 天	第 30 天	第 40 天	第 50 天	第 60 天	第 70 天
1#	花岗岩-1 m	四尾栅藻 13.0	舟形藻 19.3	曲壳藻 21.9	颤藻 28.3	鞘丝藻 42.8	丝状蓝藻 30.1	鞘丝藻 41.5
	花岗岩-0.5 m	栅藻 21.2	曲壳藻 17.3	曲壳藻 34.2	栅藻 16.0	鞘丝藻 43.4	曲壳藻 25.0	舟形藻 26.3
	瓷砖-1 m	颤藻 18.9	舟形藻 24.0	颤藻 18.7	栅藻 28.1	鞘丝藻 44.1	鞘丝藻 21.4	鞘丝藻 50.8
	瓷砖-0.5 m	栅藻 15.9	曲壳藻 30.2	曲壳藻 26.4	曲壳藻 27.3	鞘丝藻 48.4	曲壳藻 32.1	舟形藻 29.3
2#	花岗岩-1 m	舟形藻 10.1	舟形藻 18.5	丝藻 17.6	伪鱼腥藻 21.6	鞘丝藻 17.2	丝状蓝藻 21.0	鞘丝藻 29.4
	花岗岩-0.5 m	脆杆藻 30.2	脆杆藻 15.7	曲壳藻 22.7	鞘丝藻 11.3	鞘丝藻 45.3	鞘丝藻 37.9	舟形藻 21.1
	瓷砖-1 m	脆杆藻 22.3	伪鱼腥藻 38.3	伪鱼腥藻 21.8	鞘丝藻 15.4	鞘丝藻 22.4	鞘丝藻 20.7	鞘丝藻 32.7
	瓷砖-0.5 m	舟形藻 53.3	伪鱼腥藻 21.5	曲壳藻 10.2	颤藻 25.4	颤藻 24.6	鞘丝藻 49.4	舟形藻 34.0

　　通过显著性分析，着生藻类的总种类数、硅藻种类数、绿藻种类数和蓝藻种类数在基质上均无显著性差异；种类总数和蓝藻种类数在空间层次上无显著性差异，但硅藻种类数和绿藻种类数在空间层次上具有极显著性差异（$P < 0.01$）。水体底部的硅藻平均种类数为 15 种，多于水体中部（13 种）。水体中部的绿藻平均种类数比底部多，分别为 14 种和 12 种。

　　着生藻类生物量的变化显示，不同基质上着生藻类的叶绿素 a 和细胞密度均无显著性差异。但是着生藻类的叶绿素 a 在不同空间层次上具有极显著性差异（$P < 0.01$），细胞密度无显著性差异，水体底部着生藻类的叶绿素 a 质量浓度均值为 25.74 $\mu g/cm^2$，水体中部着生藻类的叶绿素 a 质量浓度均值为 13.79 $\mu g/cm^2$。此外，1#采样点和 2#采样点不同空间层次的生物量达到峰值的时间存在明显的不同，在水体底部的着生藻类生物量达到峰值的时间更长，为 70 d 或 50 d，而水体中部的着生藻类生物量达到峰值的时间较短，为 60 d、50 d 或 30 d。1#采样点的花岗岩和瓷砖上的着生藻类叶绿素 a 含量具有显著性差异，1#采样点水体底部着生藻类的叶绿素 a 含量显著高于水体中部着生藻类，2#采样点着生藻类的叶绿素 a 含量无显著性差异；而着生藻类细胞密度在 1#采样点和 2#采样点均无显著性差异（图 4.10 和图 4.11）。

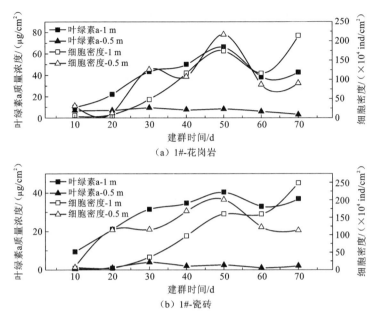

图 4.10　1#采样点的花岗岩和瓷砖上着生藻类在不同水层中叶绿素 a 浓度和细胞密度的变化

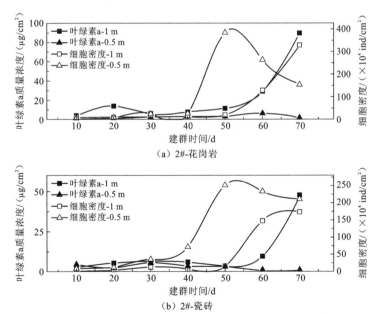

图 4.11　2#采样点的花岗岩和瓷砖上着生藻类在不同水层中叶绿素 a 浓度和细胞密度的变化

生态塘中不同基质和不同水层着生藻类的 Jaccard 相似系数在建群期间先增大后减小再小幅度增大至不变，整个过程的平均值为 0.54。通过比较，花岗岩上的着生藻类在不同水层的相似系数为 0.55，瓷砖上的相似系数为 0.50；在水体底部，着生藻类的相似系数为 0.57，水体中部的相似系数为 0.52。从图 4.12 可知，着生藻类群落相似系数在不同基质和不同水层的差异不明显，显著性分析结果也表明它们之间无显著性差异。根据 Jaccard 相似系数的判断标准，不同基质和不同水层上着生藻类群落具有很好的相似性。

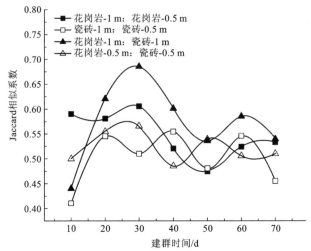

图 4.12　不同基质和不同水层上着生藻类群落相似系数的变化

建群过程中着生藻类群落多样性呈下降趋势，花岗岩上着生藻类香农-维纳多样性指数平均值为 2.53，瓷砖上着生藻类香农-维纳多样性指数平均值为 2.47。着生藻类在水体底部的多样性几乎都高于水体中部（图 4.13）。通过显著性分析，人工基质和空间层次对着生藻类群落多样性指数无显著影响。

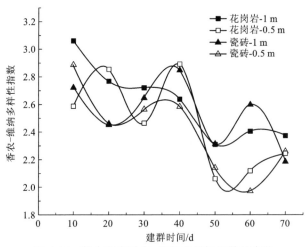

图 4.13　着生藻类香农-维纳多样性指数的变化

4.2 丝状绿藻衰亡及其影响

丝状绿藻隶属绿藻门，因其含有丝状体呈现丝状而得名，有的着生在水生植物叶片表面或石头等湖底基质上，有的则漂浮于水面、岸边，大多数外形呈网状、线状、刷状或棉花状。被人们熟知的丝状绿藻包括刚毛藻（Cladophora）、水绵（Spirogyra）、水网藻（Hydrodictyon）等。丝状绿藻早期为深绿色且附着于池底基质上，生长期连接成网状上浮后渐渐变成黄绿色而悬浮于水面，衰亡期颜色褪至灰白如旧棉絮浮于水面并伴有刺鼻难闻的腐烂气味。

在农业生产水体及城市景观水体和一些沉水植物恢复后的清澈湖泊中，常常会出现丝状绿藻过度增殖的现象（Brooks et al.，2015；Bakker et al.，2010；Higgins et al.，2008）。其中，刚毛藻是沉水植物修复过程中较为常见的优势丝状绿藻，过度增殖的刚毛藻常常与在同一生态位的沉水植物相互缠绕，通过遮光、营养竞争等途径来影响沉水植物的生长，导致沉水植被衰亡甚至消失（Middleton and Frost，2014；Rodrigo et al.，2013；Gao et al.，2013）。此外，衰亡期刚毛藻漂浮在水面上不仅影响水体景观，还会使水底厌氧程度提高，水体透明度显著下降，水中营养盐和有机物大量增加，使水体富营养化加剧，水生态的生物多样性指数降低，给沉水植物恢复及湖泊管理带来很大困难。

因此，研究异常增殖的丝状绿藻对同生态位初级生产者的影响及沉积物营养迁移规律，不仅有助于揭示不同生长期的丝状绿藻对沉水植物生长扩繁及对浮游植物生长的影响机制，也有利于富营养化湖泊生态恢复后的高效管理，并为其提供必要的技术和理论支撑。

4.2.1 丝状绿藻衰亡及其对沉积物-上覆水界面的氮磷影响

丝状绿藻衰亡腐解过程会降低水中溶解氧并释放大量营养盐和有害物质，这会加剧湖泊的富营养化并对沉水植物的正常生长造成不利影响。研究丝状绿藻在腐解过程中释放不同形态的氮磷营养盐进入水体后的迁移变化规律，对认识湖泊内营养归转与富营养化过程、提高并管理生物沉积及沉水植物恢复后的湖泊质量具有重要的科学意义。

课题组探究了刚毛藻衰亡期腐解过程对沉积物-上覆水系统的氮磷的迁移转化规律（张璐，2019）。实验选择100目网格大小的分解袋，均装有6 g DW冷冻干燥的刚毛藻，实验用的21口玻璃缸（尺寸为14 cm×19 cm×30 cm）均铺满4 L沉积物和3 L上覆水。将分解袋置于沉积物-上覆水界面之间，所有装置放在自然通风的遮阳棚下，实验从2018年8月进行至2018年9月为期40 d，实验装置如图4.14所示。

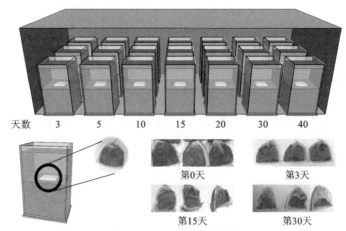

图 4.14　实验装置示意图

图右下角所示为刚毛藻分别在实验前（第 0 天）、初期（第 3 天）、中期（第 15 天）
和后期（第 30 天）的腐解状态

　　刚毛藻腐解的变化规律（图 4.15）显示，剩余生物量和分解率在刚毛藻腐解过程中具有相似的变化趋势，剩余生物量在第 0～5 天迅速下降，第 5～20 天下降趋于缓慢，最后在第 20～40 天下降趋势变平坦；分解率的变化趋势为：第 3 天达到最高 $0.17\ d^{-1}\pm0.01\ d^{-1}$，第 5～20 天下降至 $0.05～0.08\ d^{-1}$，最后在第 40 天下降趋于稳定（$0.03\ d^{-1}\pm0.00\ d^{-1}$）。

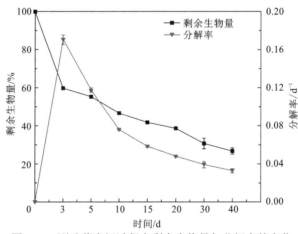

图 4.15　刚毛藻腐解过程中剩余生物量与分解率的变化

　　根据刚毛藻剩余生物量的变化规律，刚毛藻的腐解过程可分为以下三个阶段。

　　阶段 I，腐解前期（第 0～5 天），刚毛藻重量损失非常迅速，第 5 天刚毛藻生物量损失就达 44.41%。该阶段刚毛藻剩余生物量的变化与一些对植物残体腐解的变化规律研究（Wang et al.，2017；Lan et al.，2012；Bedford，2005）的结论一致，此阶段可能是因为低分子量物质（如糖类、有机酸、蛋白质及钾、钙等物质）快速溶解和微生物的有效利用（Longhi et al.，2008；Hoorens et al.，2003）。碳氮比（C/N）被认为是决定植物分解速率变化的主要因素之一（Villar et al.，2001）。图 4.16 显示刚毛藻剩余生物量中的氮含量在阶段 I 呈减少趋势，并与剩余生物量呈显著正相关（$r=0.835$，$P<0.05$，第 3 天；$r=0.782$，$P<0.05$，第 5 天）（表 4.3），而碳含量呈增加趋势，相应地导致 C/N 在阶段 I 增大（图 4.17），与剩余生物量呈高度负相关（$r=-0.984$，$P<0.01$）。当 C/N<25 时，氮含量的减少表明刚毛藻在早期阶段大量释放了含氮营养盐到水体中（Rejmánková and Houdková，2006；Heal，1997）。此外，阶段 I 的碳磷比（C/P）和氮磷比（N/P）分别与剩余生物量呈高度负相关（$P<0.01$；$P<0.01$），与磷含量呈高度正相关（$P<0.01$）。刚毛藻残体的磷含量在早期腐解阶段有大幅减少的趋势，磷含量的下降幅度大于氮含量可能是因为最初 5 天内刚毛藻残体组织中磷的水溶性部分大于氮的水溶性部分（Rejmánková and Houdková，2006）。

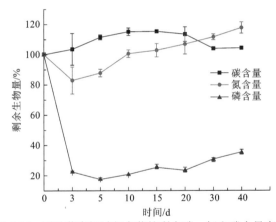

图 4.16　刚毛藻腐解过程中藻的剩余碳、氮和磷含量变化

表 4.3　各采样时间点的刚毛藻营养结构特征与剩余生物量的相关关系

项目	第 3 天	第 5 天	第 10 天	第 15 天	第 20 天	第 30 天	第 40 天
氮含量	0.835*	0.782*	0.278	0.011	-0.180	-0.359	-0.491*
磷含量	0.999**	0.998**	0.973**	0.934**	0.912**	0.843**	0.766**
C/N	-0.985**	-0.984**	-0.756**	-0.577*	-0.346	0.027	0.246
C/P	-0.994**	-0.967**	-0.952**	-0.857**	-0.817**	-0.612**	-0.422*
N/P	-0.993**	-0.968**	-0.971**	-0.902**	-0.891**	-0.773**	-0.647**

$*P<0.05$；$**P<0.01$

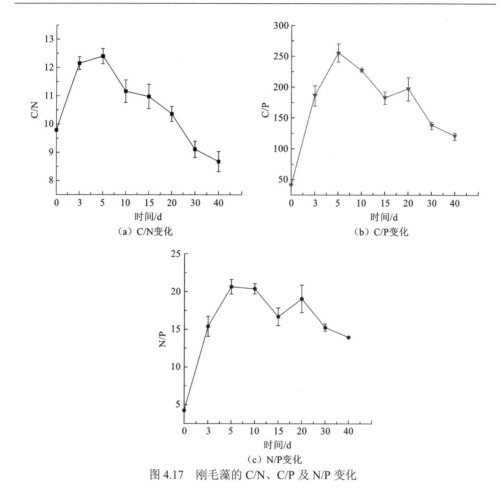

图 4.17　刚毛藻的 C/N、C/P 及 N/P 变化

　　阶段 II，腐解中期（第 5～20 天），是刚毛藻生物量损失的主要阶段。第 20 天剩余生物量下降至初始生物量的 38.59%，表明在腐解阶段 II 刚毛藻藻体就已超过 50% 的生物量损失。此阶段氮含量开始缓慢增加，而碳含量在阶段 I 短暂增加后在阶段 II 进入稳定变化状态，因此 C/N 呈现减小趋势。C/N 的减小可能是微生物进行碳呼吸的代谢作用而引起的碳损失所致（Zimmer et al.，2001）。然而，在阶段 II 氮含量与剩余生物量并没有相关关系，氮含量与 C/N 也只在第 10 天、第 15 天分别表现出高度负相关和显著负相关（$r = -0.756$，$P < 0.01$；$r = -0.577$，$P < 0.05$）。磷含量则有小幅度增加，因此 C/P、N/P 呈现出一致的先减小后增大的趋势，且均与剩余生物量呈高度负相关关系。这些研究结果说明阶段 II 中，刚毛藻残体的氮含量并不是影响分解率的主要因素，而磷含量的影响更为显著。

　　阶段 III，腐解后期（第 20～40 天），剩余生物量损失和分解率的下降逐渐变得平缓，因为此阶段主要是微生物作用于难降解的有机物，如一些难降解的纤维素不断积累可能抑制了微生物的活性（Li et al.，2014；Pagioro and Thomaz，1999；Kristensen，1994）。此阶段的碳含量开始减少，氮含量继续增加。氮含量的增加可能与其他溶解物质的快速浸出及微生物对氮的固定有关（Li et al.，2014；Pagioro and Thomaz，1999）。C/N 在此阶段继续减小，且与剩余生物量无相关关系。这表明决定植物残体分解效率的 C/N 在刚毛藻分解后期并不起关键作用。磷含量在此阶段与氮含量有一致的增加趋势，且与剩余生物量依然有高度正相关关系，与 C/P、N/P 表现出高度负相关关系。

　　研究结果表明，在腐解过程中，刚毛藻残体的性质显著影响其营养动力学。例如 C/N 的变化与腐解前中期的藻体分解速率有高度相关关系，氮含量的影响体现在腐解前期，磷含量、C/P、N/P 则对刚毛藻的整个腐解过程都有显著影响。

　　刚毛藻在腐解过程中各形态氮在沉积物与上覆水之间的迁移转化（图 4.18）分析显示：上覆水中的各形态氮（TN、NH$_4^+$-N、NO$_3^-$-N、NO$_2^-$-N）浓度相对于第 0 天均随时间产生了极显著性差异（$P<0.001$，$P<0.001$，$P<0.001$，$P<0.001$），上覆水中的 TN、NH$_4^+$-N 浓度在第 0～10 天迅速上升，而 NO$_3^-$-N、NO$_2^-$-N 在腐解前中期并没有检测到，结合上覆水中溶解氧的变化可知（表 4.4），第 0～10 天，刚毛藻腐烂分解消耗了大量的溶解氧，导致水中溶解氧浓度急剧降低，第 5 天达到厌氧状态（<0.2 mg/L）。缺氧或厌氧的条件下容易发生反硝化作用将硝酸盐还原为 N$_2$。刚毛藻腐解前中期会释放脂肪酸、酚酸等有机酸，且蛋白质在分解过程中也产生大量氨基酸，因此上覆水的 pH 也在腐解前期相应降低，而这些都有利于氨化作用的进行，氨化细菌将有机氮分解转化为 NH$_4^+$-N，导致 NH$_4^+$-N 浓度升高（Watanabe et al.，2015；Beman et al.，2011）。

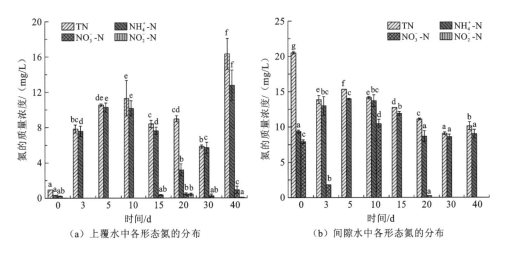

（a）上覆水中各形态氮的分布　　　　　　　　（b）间隙水中各形态氮的分布

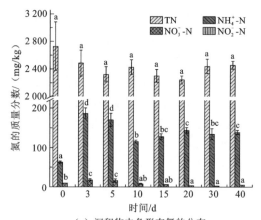

（c）沉积物中各形态氮的分布

图 4.18　上覆水-间隙水-沉积物中的各形态氮的分布

柱顶部的字母表示 5%显著性水平的统计差异（Tukey HSD），后同

植物腐解生成可溶性总磷（TP），可溶性总磷可分为可溶性正磷酸盐（SAP）和可溶性有机磷（OP）。其中，可溶磷可以直接被生物体吸收利用，可溶性有机磷在微生物的氧化还原作用下可转化为无机磷（IP）（Qureshi et al.，2012）。无机磷又由铁/铝结合态磷（NaOH-P）和钙结合态磷（HCl-P）等组成。刚毛藻在腐解过程中各形态磷在沉积物与上覆水之间的分布（图 4.19）显示：上覆水中的 TP 和 IP 从第 0 天开始急剧上升，第 10 天分别增加至 6.16 mg/L±0.24 mg/L、5.82 mg/L±0.14 mg/L，相比于第 0 天分别增加了 25.67 倍、26.45 倍。随后开始下降至第 30 天，第 40 天又上升至最高浓度 6.68 mg/L±0.64 mg/L、6.59 mg/L±0.79 mg/L，相当于重富营养水平（根据湖泊富营养化卡尔森营养状态指数计算）（卢少勇 等，2012）。在刚毛藻腐解期间，TP 与 IP 的变化趋势相同，且均随时间有显著性差异（$P < 0.001$，$P < 0.001$）[图 4.19（a）]。上覆水中的磷主要以无机磷存在，表明在腐解前期刚毛藻释放的有机磷大量被微生物转化为无机磷（Zhu et al.，2013）。这与有些对水生藻类分解的研究结果一致：微生物作用使刚毛藻在最初的 6 天时间里有一个较快的磷释放速率（Gillan et al.，2012；Chuai et al.，2011）。

间隙水中的 TP、IP 为波动变化趋势：从第 0 天开始下降至第 5 天，到第 10 天急剧升高，10 天后又下降至第 20 天，第 30 天上升至最高浓度 2.66 mg/L±0.13 mg/L 后又快速下降（$P < 0.001$，$P < 0.001$）[图 4.19（b）]。

整个实验期的 PO_4^{3-}-P 释放通量表现的迁移方向是从上覆水至沉积物中，而且缺氧环境的表层沉积物中与磷循环相关的微生物增长缓慢，这使得 PO_4^{3-}-P 的同化作用减缓，并在底泥中积累。从图 4.19（c）可知，第 0 天的沉积物的磷主要以 IP 为主，

表 4.4　上覆水及沉积物的各理化指标变化

类别	指标	时间/d							
		0	3	5	10	15	20	30	40
上覆水	pH	7.73±0.25de	6.85±0.02a	6.85±0.07a	7.27±0.01b	7.41±0.03c	7.65±0.04d	7.80±0.06ef	7.85±0.01f
	溶解氧质量浓度/(mg/L)	8.43±0.08e	0.27±0.05abc	0.14±0.04a	0.25±0.04ab	0.27±0.08ab	0.40±0.04bc	0.47±0.06c	0.87±0.15d
	电导率/(μs/cm)	272.17±9.93a	571.33±29.19b	676±20.00c	764±5.29e	743±6.00de	736.67±13.43de	720.33±5.77d	605±10.39b
	总有机碳质量浓度/(mg/L)	8.05±0.20a	21.65±2.10c	33.37±3.79d	13.29±0.63b	10.93±1.00ab	10.32±1.47ab	10.22±0.71ab	9.62±0.18ab
沉积物	pH	6.72±0.13a	6.82±0.06a	6.66±0.02a	7.22±0.01b	7.35±0.03bc	7.61±0.07cd	7.76±0.26d	8.57±0.03e
	溶解氧质量浓度/(mg/L)	0.70±0.09c	0.41±0.02b	0.21±0.00a	0.18±0.02a	0.23±0.06a	0.39±0.03b	0.47±0.06b	0.71±0.10c
	电导率/(μs/cm)	382.23±2.04a	635±12.17c	700±13.00d	772.67±13.43f	739.33±6.66e	752.33±2.52ef	720±10.00de	600.33±21.08b
	总有机碳质量浓度/(mg/L)	5.46±0.16a	5.96±0.22a	5.78±0.42a	5.73±0.38a	5.83±0.09a	5.73±0.22a	5.88±0.25a	5.63±0.20a

注：不同字母表示处理组之间的 5% 显著性水平的统计差异（Tukey HSD）（平均值±标准差，$n=3$），后同

随着时间的推移，沉积物 TP 浓度呈上升趋势，在（2.06±0.14～2.36±0.16）mg/g 浮动，且有显著性差异（$P < 0.001$）。沉积物中 IP 增长的范围为（1.46±0.04～1.66±0.18）mg/g，占 TP 的 67.37%～70.28%。NaOH-P 主要包含被铁、铝氧化物及有机质表面吸附的无机磷和与沉积物中腐殖酸结合的有机磷，具有中等程度的有效性。而 HCl-P 主要为与钙紧密结合的沉积物磷部分，一般条件下不易释放且不易被生物利用（张林 等，2010）。实验中 NaOH-P 呈现出波动变化趋势，在第 40 天时降至 0.50 mg/g±0.08 mg/g，占 TP 的 22.79%。NaOH-P 的变化趋势表明表层沉积物因有机质分解不断消耗氧使环境变得相对还原，释放的少量 NaOH-P 经过间隙水，由于较高的氧化还原电位使其重新形成矿物沉淀并富集（Hartono et al.，2006）。HCl-P 浓度呈现出整体上升的趋势，在第 30 天时达到最

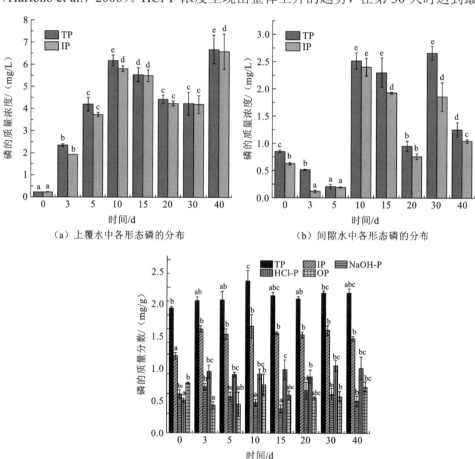

（a）上覆水中各形态磷的分布

（b）间隙水中各形态磷的分布

（c）沉积物中各形态磷的分布

图 4.19　上覆水-间隙水-沉积物中各形态磷的分布

大值 1.04 mg/g±0.08 mg/g，占 TP 的 48.00%。此外，OP 的变化则与 IP 相反，在腐解后期基本稳定在 TP 的 29.43%。因此，刚毛藻的腐解主要是向上覆水中输入大量磷酸盐，且造成磷酸盐从上覆水向沉积物迁移的趋势，沉积物的磷含量升高，成为磷汇，并改变磷在沉积物中的分布。

4.2.2　丝状绿藻衰亡对沉水植物扩繁的影响

1. 刚毛藻腐解液对黑藻鳞芽的萌发及幼苗生长的影响及机制

不同浓度腐解液处理的黑藻鳞芽的发芽势和发芽率均有显著性差异（$P<$ 0.001，$P<0.05$，ANOVA，图 4.20）。T1 处理组（10%的腐解原液）黑藻鳞芽在第 7 天的发芽率为 100%，高于对照组（CG，无腐解液）。发芽势的变化趋势与发芽率相同。在另外两个腐解液浓度处理组[T2（20%的腐解原液），T3（40%的腐解原液）]中，随着腐解液浓度的升高，发芽率显著下降，并且均低于对照组。T3 处理组黑藻鳞芽的萌发受到显著抑制，第 7 天的发芽率低于对照组，仅为 84%（$P<0.05$）。研究显示，高浓度刚毛藻腐解液中的有害化合物抑制鳞芽的萌发活力，而低浓度的腐解液刺激鳞芽的萌发。这可能是由于低浓度腐解液使 pH 和盐度的变化更适合鳞芽萌发（Rezvani et al.，2014；Strazisar et al.，2013）。

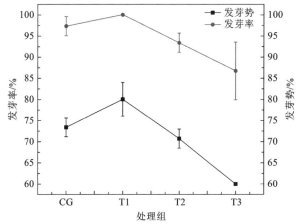

图 4.20　不同浓度腐解液处理的黑藻鳞芽的发芽势和发芽率变化

（平均值±标准差，$n=3$）

黑藻幼苗叶片的光合系统对腐解液的响应显示，在第 1 天、第 3 天、第 5 天不同浓度腐解液处理组中黑藻的叶绿素 a 荧光快速诱导曲线的变化趋势见图 4.21

（a）～（c）。与对照组相比，随着腐解液处理浓度的升高，各处理组黑藻幼苗叶片的叶绿素 a 荧光快速诱导曲线从 J 相开始明显下降（$P<0.05$）。

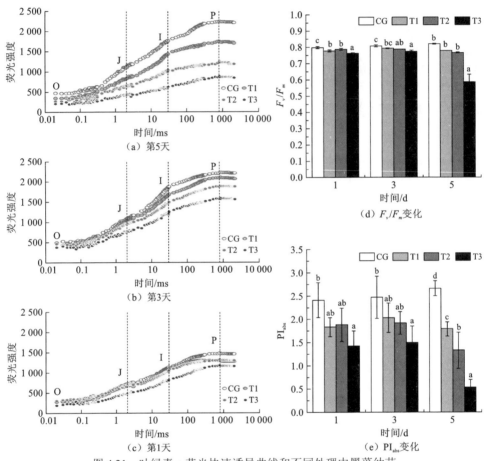

图 4.21 叶绿素 a 荧光快速诱导曲线和不同处理中黑藻幼苗
的 PSII 功能参数的变化（平均值±标准差，$n=3$）

5 天后，各处理组的 I 相和 P 相的荧光强度分别下降 18.75%、40.91% 和 64.20% 及 22.32%、44.64% 和 60.71%[图 4.21（a）]。这表明高浓度腐解液的处理降低了黑藻幼苗叶片的最大荧光，并抑制了 PS II 反应中心的活性。对照组和 T1 处理组中 ABS/RC（天线色素吸收的能量）、TR_o/RC（RC 的捕获率）和 ET_o/RC[与活性 RC 中通过电子传递还原的 Q_A（初级醌受体）的再氧化有关]的变化表现出同样的趋势：均在第 3 天降低，然后在第 5 天升高，并且在较高浓度腐解液的处理组（T2 和 T3）中，这些参数在整个试验过程中呈现出降低的趋势（表 4.5）。然而，

T1、T2 和 T3 处理组的 DI_o/RC（每个 RC 耗散的热能）分别在 5 天后比对照组增加了 3.57 倍、3.39 倍和 15.96 倍。φ_{Eo}（电子传递的量子产率）和 ψ_o（被捕获电子移动的概率）的变化显示出相同的变化趋势，从第 1 天开始均有所下降。而 RC/CS（RCS 的密度）显示出与叶绿素 a 荧光快速诱导曲线相同的变化趋势；各处理组的 F_v/F_m（最大光化学效率）和 PI_{abs}（基于能量吸收的性能指数）均在第 3 天先下降，然后在第 5 天升高，并且下降程度与腐解液浓度有关：T3 处理组降低最多，T2 处理组次之，最后是 T1 处理组。5 天后，T1、T2 和 T3 处理组的 F_v/F_m 值分别为 4.88%、7.32% 和 28.05%，仍低于对照组，其中只有 T3 处理组和对照组之间的差异显著（$P<0.05$）[图 4.21（d）]。T1、T2 和 T3 处理组的 PI_{abs} 与对照组相比分别下降 32.71%、50.38% 和 80.08%，各处理组与对照组之间都有显著性差异（$P<0.05$，$P<0.01$，$P<0.001$）[图 4.21（e）]。

表 4.5　不同浓度腐解液处理黑藻幼苗叶片的 JIP 参数

参数	处理组	JIP 参数		
		第 1 天	第 3 天	第 5 天
φ_{Eo}	CG	0.58±0.02a	0.56±0.02a	0.59±0.03b
	T1	0.52±0.02a	0.55±0.02a	0.55±0.03b
	T2	0.56±0.02a	0.54±0.01a	0.49±0.00a
	T3	0.58±0.07a	0.55±0.02a	0.40±0.05a
ψ_o	CG	0.73±0.02a	0.69±0.02a	0.72±0.03b
	T1	0.67±0.02a	0.70±0.02a	0.71±0.04b
	T2	0.71±0.02a	0.68±0.02a	0.64±0.01a
	T3	0.77±0.09a	0.75±0.03a	0.69±0.03b
V_J	CG	0.27±0.02ab	0.31±0.02a	0.28±0.03a
	T1	0.33±0.02b	0.30±0.02a	0.29±0.02ab
	T2	0.29±0.02b	0.32±0.02a	0.36±0.01b
	T3	0.19±0.08a	0.29±0.03a	0.31±0.03ab
M_o	CG	0.20±0.03a	0.09±0.02a	0.07±0.00a
	T1	0.17±0.00a	0.08±0.00a	0.17±0.02b
	T2	0.18±0.03a	0.20±0.04b	0.27±0.02c
	T3	0.15±0.03a	0.18±0.05b	0.36±0.00d

参数	处理组	JIP 参数		
		第 1 天	第 3 天	第 5 天
ABS/RC	CG	0.61±0.10a	0.36±0.06a	0.39±0.09a
	T1	0.69±0.06ab	0.33±0.01a	0.82±0.09c
	T2	0.80±0.16b	0.79±0.18b	0.42±0.07b
	T3	0.79±0.25b	0.74±0.16b	1.96±0.02b
TR_o/RC	CG	0.32±0.12a	0.23±0.05ab	0.29±0.07a
	T1	0.54±0.05a	0.26±0.13a	0.87±0.07b
	T2	0.62±0.13a	0.62±0.14b	0.33±0.06a
	T3	0.47±0.19a	0.43±0.13ab	1.15±0.03a
ET_o/RC	CG	0.23±0.08a	0.20±0.03a	0.22±0.05a
	T1	0.37±0.05ab	0.18±0.08a	0.47±0.05b
	T2	0.45±0.10b	0.42±0.10b	0.21±0.03a
	T3	0.37±0.12ab	0.40±0.08b	0.79±0.03a
DI_o/RC	CG	0.18±0.04a	0.07±0.01a	0.05±0.02a
	T1	0.15±0.01a	0.05±0.00a	0.18±0.02b
	T2	0.17±0.03a	0.17±0.04b	0.17±0.09b
	T3	0.15±0.06a	0.17±0.04b	0.81±0.05b
RC/CS	CG	503.68±194.35a	1 756.72±300.75b	2 755.31±126.52b
	T1	544.95±1.49a	1 124.01±123.42c	648.08±73.66a
	T2	451.45±44.09a	710.40±181.29a	661.43±25.12a
	T3	307.83±95.82a	636.05±140.33a	107.04±26.92a

注：$V_J = (F_{2ms} - F_o)/(F_m - F_o)$；$M_o = 4(F_{300μs} - F_o)/(F_m - F_o)$；$F_{2ms}$ 为 2 ms 时的荧光强度（J 相），F_o 为初始荧光强度（在 50 μs 时测量，O 相），F_m 为最大荧光强度（P 相），$F_{300μs}$ 为 300 μs 时的荧光强度

叶绿素 a 荧光参数的变化说明黑藻幼苗叶片的光合能力受到抑制，随着腐解液浓度的升高，黑藻幼苗叶片的光合系统反应中心的闭合程度加重。黑藻幼苗叶片的光合系统在修复状态下产生更多的 Q_A，导致大量 Q_A^-（初级醌受体的还原态）积累，从而阻止了 Q_A^- 向下传递。PS II 供体和受体两侧都会影响光合电子的传输能力（Krause and Weis，1991）。基于光能吸收的性能指标 PI_{abs} 是 JIP 测试中最敏感的参数之一（Strasser et al.，2010），它可以准确地反映出黑藻幼苗叶片的光合系统状态。本节 PI_{abs} 的变化趋势与 F_v/F_m 一致，T3 处理组中的 PI_{abs} 显著低于对照组，表明黑藻幼苗叶片的光合性能降低（韩燕青 等，2017；Pan et al.，2011）。黑藻幼苗叶片光合系统反应中心的供体侧受损，受体侧电子传递链受到抑制，导致 ψ_o 和 φ_{Eo} 显著降低及电子传递能力下降。

本小节 ABS/RC、DI_o/RC 和 TR_o/RC 在第 5 天时随着腐解液浓度的升高而升高，这意味着高浓度的腐解液促进了黑藻幼苗叶片反应中心能量的吸收。同时，单位反应中心和单位面积的散热能量也显著升高，导致单位反应中心的能量显著降低。这种现象可能与反应中心的失活有关，部分 PS II 反应中心失活抑制了 PS II 的功能，并转化为一种散热机制，将多余的光能耗散（Wang et al.，2016b）。

叶绿素 a 含量的变化如图 4.22 所示，自第 1 天后各处理组的叶绿素 a 含量的上升受到抑制，第 1 天时各处理组间没有发生显著变化。第 3 天时 T3 处理组与对照组开始表现出显著性差异（$P < 0.05$），叶绿素 a 含量的降低表明高浓度的腐解液破坏了叶绿体类囊体膜的稳定性（Mishra et al.，2006），抑制了叶绿素的合成或促进了叶绿素的降解。但 T1 处理组和 T2 处理组在整个实验期间都表现出叶绿素 a 含量的增加。

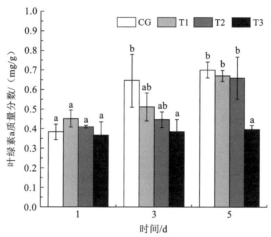

图 4.22 各处理组黑藻幼苗叶片的叶绿素 a 含量变化

如图 4.23 所示，加入刚毛藻腐解液后，黑藻幼苗叶片的可溶性糖的含量随时间增加。各处理组在第 5 天积累的可溶性糖含量均高于对照组：T3 处理组中可溶性糖含量最高，T1 处理组可溶性糖含量最低，T1、T2 和 T3 处理组可溶性糖含量与对照组相比分别增加 64.55%、78.50% 和 172.46%，且均显示出显著差异（$P < 0.01$，$P < 0.001$，$P < 0.001$）。

结果表明，在腐解液的环境胁迫下，黑藻幼苗倾向于积累更多的可溶性糖来应对胁迫压力。光合系统散热的增加也可能与碳水化合物的积累有关。一些研究表明，可溶性糖的积累可能导致光合作用的反馈抑制（Lu et al.，2016；Paul and Pellny，2003）。此外，可溶性糖积累量表明黑藻幼苗对刚毛藻腐解液胁迫具有敏感性。

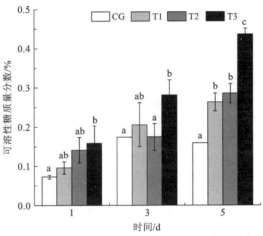

图 4.23　各处理组黑藻幼苗叶片的可溶性糖含量变化

　　黑藻幼苗的 Ca^{2+}/Mg^{2+}-ATP 酶[图 4.24（a）]和 PAL[图 4.24（b）]活性变化显示：在整个试验期间对照组样品中的 Ca^{2+}/Mg^{2+}-ATP 酶活性没有显著变化，所有处理组的 Ca^{2+}/Mg^{2+}-ATP 酶活性从第 3 天开始发生变化。与对照组相比，T2 和 T3 处理组中的 Ca^{2+}/Mg^{2+}-ATP 酶活性显示出升高的趋势。第 5 天对照组与各处理组之间的差异显著增加（CG-T1 的 $P<0.05$；CG-T2 的 $P<0.01$；CG-T3 的 $P<0.01$），T1、T2 和 T3 处理组中的 Ca^{2+}/Mg^{2+}-ATP 酶活性与对照组相比，分别增加了189.17%、205.10%和 271.19%。PAL 活性也在试验期间表现出升高的趋势。第 1天各处理组之间也没有显著性差异，并且从第 3 天开始，PAL 的活性随着腐解液

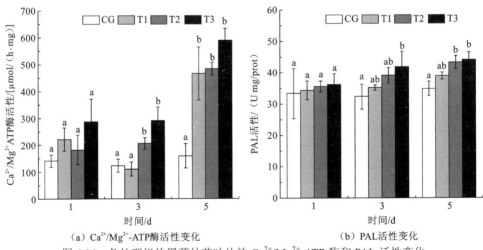

（a）Ca^{2+}/Mg^{2+}-ATP酶活性变化　　　　　　　（b）PAL 活性变化

图 4.24　各处理组的黑藻幼苗叶片的 Ca^{2+}/Mg^{2+}-ATP 酶和 PAL 活性变化

浓度的升高而升高。第 3 天 T3 处理组和对照组之间的差异显著（$P<0.05$）。第 5 天 T1、T2 和 T3 处理组的 PAL 活性分别比对照组升高了 11.74%，24.04% 和 26.43%。

黑藻幼苗暴露于刚毛藻的腐解液体后，Ca^{2+}/Mg^{2+}-ATP 酶活性升高。Ca^{2+}/Mg^{2+}-ATP 酶活性可以影响 PS II 的构造和功能，以及 PS II 中的电子传递（Huang et al.，2008）。因此，Ca^{2+}/Mg^{2+}-ATP 酶活性的升高可能是胁迫条件下植物代谢的调控机制。同时，高浓度腐解液也能激活 PAL 的活性，可能导致了酚类化合物的合成，这提高了幼苗的抗氧化能力，并具有一定的应激防御作用（Chen et al.，2013；Pawlak-Sprada et al.，2001）。

该研究结果表明，高浓度的刚毛藻腐解液抑制了黑藻鳞芽的萌发活力和发芽率，不利于黑藻鳞芽及幼苗的早期生长，黑藻幼苗叶片的光合系统受到一定的损伤，导致 PS II 反应中心失活及电子传递受阻，叶绿素 a 含量显著降低，可溶性糖含量积累，能量和代谢相关酶活性急剧升高。同时，受到高浓度腐解液胁迫后，黑藻幼苗的根叶组织开始腐烂变黑，严重影响了其生长和扩繁。

2. 刚毛藻腐解液对狐尾藻断枝再生能力的影响及机制

在不同浓度的腐解液处理下，狐尾藻断枝的平均不定根长度和数量及发芽数均显示出显著性差异（$P<0.001$，$P<0.001$，$P<0.001$，图 4.25）。其中，对照组中狐尾藻断枝的平均不定根长度最长。随处理浓度的升高，狐尾藻断枝的平均不定根长度减小趋势与根数相同，而且，在整个试验期间 T3 处理组未生成不定根。与对照组相比，两个较高浓度组（T2、T3 处理组）的芽萌发受到了显著抑制（$P<0.05$，$P<0.05$），T1 处理组中的芽数也低于对照组。在实验的后期，T3 处理组中没有出现根，断枝的叶片变为黑色，断枝的下部叶片甚至脱落，断枝顶端变黑也表明一些组织开始分解，其生根和芽萌发均受到影响。

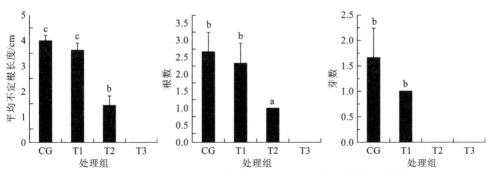

图 4.25　第 5 天各处理组狐尾藻断枝的平均不定根长度、根数、芽数的对比

误差棒代表标准差，$n=3$

狐尾藻断枝的光合系统对刚毛藻腐解液的响应（图4.26）显示，从第1天到第5天T1、T2和T3处理组中狐尾藻断枝叶片的叶绿素a荧光快速诱导曲线（从J相开始）在整个实验期间相比于对照组显示出下降趋势。并且第5天的T3处理组和对照组之间的差异显著（$P<0.05$）[图4.26（a）]。随着腐解液浓度的升高，T1、T2和T3处理组的I相和P相的荧光值在实验结束时分别下降了22.91%、36.31%和45.81%及26.25%、40.42%和50.00%。I相、P相荧光值的降低表明腐解液的存在影响了狐尾藻断枝叶片的光合机制。

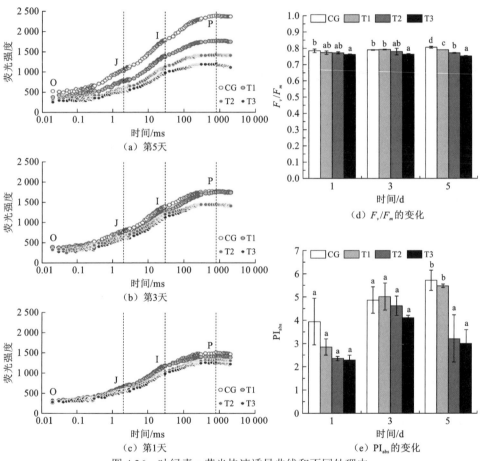

图4.26 叶绿素a荧光快速诱导曲线和不同处理中
狐尾藻断枝的PS II功能参数的变化

随着实验的进行，对照组中狐尾藻断枝的F_v/F_m和PI_{abs}都呈上升趋势[图4.26（d）和（e）]。然而，第5天狐尾藻断枝的F_v/F_m在T2和T3处理组中呈下降趋势，其F_v/F_m值分别比对照组低4.94%和7.41%。T1（T2，T3）处理组和对照组之间的差异显著（$P<0.01$，$P<0.001$，$P<0.001$）。对照组和 T1 处理组狐尾藻断枝的 PI_{abs} 呈现持续升高的趋势，而 T2 处理组和 T3 处理组的 PI_{abs} 呈现在第 3 天升高、第 5 天降低的变化趋势。这种变化与腐解液的浓度有关，浓度越高，其值越低。与对照组相比，T2 和 T3 处理组狐尾藻断枝的 PI_{abs} 显著降低，并且在 5 天后降低了43.76% 和 47.45%（$P<0.01$，$P<0.001$）[图 4.26（e）]。所有处理组中狐尾藻断枝叶片的最大光化学效率（F_v/F_m）在第 5 天时均低于对照组，这表明 PS II 的初始光能转换效率降低，并且 PS II 的潜在活性和光合作用的原始反应过程受到抑制（Han et al.，2018）。与 F_v/F_m 相比，PI_{abs} 是一种更敏感的光合参数，它反映了光合系统的状态，甚至可以在叶片出现明显症状之前检测到植物的胁迫（Viljevac et al.，2013）。T2 和 T3 处理组中狐尾藻断枝的 PI_{abs} 的显著降低意味着 PS II 的活性明显下降（Gonzalez-Mendoza et al.，2011）。

　　从表 4.6 中可以看出，对照组和 T1 处理组中狐尾藻断枝叶片的 ABS/RC 和 TR_o/RC 呈现先上升后下降的趋势，而在 T2 和 T3 处理组中随时间持续上升。类似的变化也反映在 φ_{Eo} 和 ψ_o 中，然而，T2 和 T3 处理组中狐尾藻断枝叶片的 φ_{Eo} 和 ψ_o 随时间下降直到实验结束。5 天后，T1、T2 和 T3 处理组中的 ET_o/RC 值和 DI_o/RC 值均有所增加。与对照组相比，RC/CS 分别下降了 28.94%、90.48% 和94.89%。此外，随着腐解液浓度的升高，V_J 和 M_o 在 5 天后显示出更大的增加幅度，表明狐尾藻 PS II 反应中心的闭合程度升高。更多的 Q_A 处于还原状态，导致大量 Q_A^- 积累，从而阻止了电子的传输。PS II 反应中心受体侧的电子传递链被抑制，导致 ψ_o 和 φ_{Eo} 显著降低，并且狐尾藻断枝叶片的电子传递能力下降。

表 4.6　不同浓度腐解液处理中狐尾藻断枝叶片的 JIP 参数

参数	处理组	JIP 参数		
		第 1 天	第 3 天	第 5 天
φ_{Eo}	CG	0.64±0.01b	0.66±0.03b	0.63±0.02b
	T1	0.58±0.03a	0.65±0.03b	0.62±0.00b
	T2	0.63±0.02ab	0.61±0.01ab	0.61±0.01b
	T3	0.59±0.03ab	0.58±0.02a	0.53±0.04a
ψ_o	CG	0.77±0.02a	0.80±0.01a	0.82±0.03b
	T1	0.75±0.03a	0.82±0.04a	0.79±0.00ab
	T2	0.81±0.02a	0.80±0.03a	0.78±0.02ab
	T3	0.78±0.03a	0.75±0.02a	0.74±0.05b

续表

参数	处理组	JIP 参数		
		第 1 天	第 3 天	第 5 天
V_J	CG	0.24±0.02b	0.18±0.03a	0.20±0.01a
	T1	0.25±0.03b	0.19±0.04a	0.21±0.00a
	T2	0.19±0.02b	0.20±0.03a	0.22±0.02ab
	T3	0.10±0.01a	0.22±0.03a	0.25±0.02b
M_o	CG	0.04±0.00a	0.13±0.05ab	0.03±0.01a
	T1	0.08±0.01ab	0.05±0.00a	0.03±0.00a
	T2	0.17±0.06c	0.15±0.04b	0.27±0.00b
	T3	0.12±0.03bc	0.13±0.02b	0.26±0.04b
ABS/RC	CG	0.25±0.02a	0.65±0.10ab	0.17±0.08a
	T1	0.29±0.09b	0.35±0.07b	0.20±0.01a
	T2	0.86±0.20c	0.88±0.11b	1.25±0.04b
	T3	1.12±0.17c	1.58±0.04c	2.12±0.23c
TR_o/RC	CG	0.18±0.02a	0.52±0.05b	0.14±0.06a
	T1	0.23±0.07a	0.28±0.08a	0.16±0.01a
	T2	0.74±0.06b	0.82±0.02c	0.92±0.06b
	T3	0.92±0.05d	1.10±0.10ab	1.27±0.60b
ET_o/RC	CG	0.15±0.01a	0.39±0.04bc	0.09±0.02a
	T1	0.19±0.04a	0.22±0.04a	0.42±0.05b
	T2	0.62±0.08b	0.54±0.16c	0.36±0.03b
	T3	0.71±0.00b	0.33±0.01ab	1.22±0.08c
DI_o/RC	CG	0.04±0.00a	0.14±0.03b	0.03±0.00a
	T1	0.07±0.02a	0.06±0.01a	0.05±0.00a
	T2	0.22±0.04b	0.19±0.02c	0.21±0.01b
	T3	0.29±0.01b	0.14±0.02b	0.83±0.04c
RC/CS	CG	1 870.65±59.61c	727.26±19.50b	3 607.86±634.96
	T1	1 148.41±65.16b	1 236.07±117.85c	2 563.57±142.49b
	T2	407.46±12.57a	498.11±30.76a	343.32±0.20a
	T3	342.45±33.37a	686.16±140.33b	184.20±9.65a

在该研究中，ABS/RC 和 TR_0/RC 在第 3 天达到最大值，然后在对照组和 T1 处理组中降低，然而 T2 和 T3 处理组中狐尾藻断枝叶片的 ABS/RC 和 TR_0/RC 继续上升。这些结果进一步表明，刚毛藻腐解液导致狐尾藻断枝的光合利用能力降低，PSII 反应中心失活，单位面积散热能量显著升高，而用于电子传输和输送到电子链末端的能量显著降低。由此推断，狐尾藻断枝的光合系统在腐解液引起的环境胁迫下表现出一定程度的损伤，随着腐解液浓度的升高，这种差异变得更加显著。

各处理组狐尾藻的叶绿素 a 含量变化（图 4.27）分析表明，T3 处理组和对照组从第 3 天开始发生显著变化（$P<0.01$）。与对照组相比，T3 处理组中狐尾藻的叶绿素 a 含量下降最大，T2 处理组次之，T1 处理组下降得最少。然而，所有不同处理组的狐尾藻叶绿素 a 含量在第 5 天均增加，但 T1、T2 和 T3 处理组中狐尾藻的叶绿素 a 含量仍低于对照组，分别下降了 4.37%、5.68% 和 21.43%。

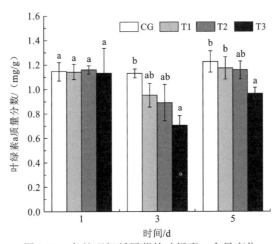

图 4.27 各处理组狐尾藻的叶绿素 a 含量变化

本小节中，腐解液浓度最高的 T3 处理组的狐尾藻叶绿素 a 含量与对照组相比显著降低。Asaeda 和 Rashid（2017）也报道了在高强度的环境胁迫下，狐尾藻的叶绿素 a 含量下降。这些结果表明在刚毛藻腐解液存在的条件下，狐尾藻细胞合成叶绿素的能力下降，各处理组较低的叶绿素 a 含量也反映出光合作用的 RC 复合物天线尺寸减小，其捕获光能的能力下降（Xu et al.，2017）。

狐尾藻断枝的可溶性糖含量的变化如图 4.28 所示，在第 1 天就表现出显著性差异。随着腐解液浓度的升高，狐尾藻断枝叶片的可溶性糖逐渐积累，T3 处理组狐尾藻的可溶性糖含量最高。此后，T1 和 T2 处理组狐尾藻的可溶性糖含量在试验期间逐渐下降，然而，在 T3 处理组狐尾藻中持续积累，与对照组相比增加了 1.15 倍，并在第 5 天达到最高值（$P < 0.05$）。在试验结束时，最高浓度的腐解液处理组的断枝叶片的积累可溶性糖含量始终显著高于其他处理组和对照组。类似的研究也有报道，在高营养盐胁迫下，狐尾藻断枝的可溶性糖含量会升高（Xie et al.，2013）。这些结果表明，在高浓度腐解液的胁迫下，狐尾藻断枝的存活策略是积累更多的可溶性糖来应对胁迫。同时，可溶性糖作为代谢调节信号会导致叶绿素含量和光合作用降低，引起部分叶片衰老和脱落（Wingler，2017；Yin et al.，2014）。

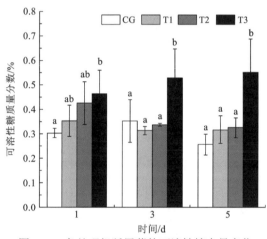

图 4.28　各处理组狐尾藻的可溶性糖含量变化

狐尾藻断枝的 Ca^{2+}/Mg^{2+}-ATP 酶和 PAL 活性的变化（图 4.29）显示，对照组在试验期间没有表现出显著的变化，而 T3 处理组从第 1 天起就高于其他处理组和对照组。第 3 天时，组别之间的差异随着腐解液浓度的升高而逐渐增大，特别是 T2（T3）处理组与对照组之间（$P < 0.001$，$P < 0.001$）。各处理组的 Ca^{2+}/Mg^{2+}-ATP 酶活性在第 5 天比对照组显著增加了 3.06 倍（T1）、4.28 倍（T2）和 4.91 倍（T3）（$P < 0.001$，$P < 0.001$，$P < 0.001$）[图 4.29（a）]。

根据 Ahmed 等（2013）和 Ye 等（2017）的报道，植物在环境胁迫下 Ca^{2+}/Mg^{2+}-ATP 酶活性显著升高。Ca^{2+}/Mg^{2+}-ATP 酶活性的升高表明，狐尾藻断枝的 ATP 酶活性与它们对腐解液的耐受性有关。因此，Ca^{2+}/Mg^{2+}-ATP 酶活性的变化表明细胞膜功能发生改变，因为腐解液可能导致细胞膜结构受损并改变细胞膜的通透性，诱导细胞内物质泄漏甚至导致细胞死亡。此外，Ca^{2+}/Mg^{2+}-ATP 酶活性的增强也可能是细胞新陈代谢的应急机制，因为它会影响 PS Ⅱ 反应中心的组成和功能，阻碍 PS Ⅱ 中的电子传递，从而导致更多的 ATP 合成和提供短时间内在胁迫下生存的能量（da Silva Fonseca et al.，2017；Ahmed et al.，2013；Ibelings et al.，2007）。

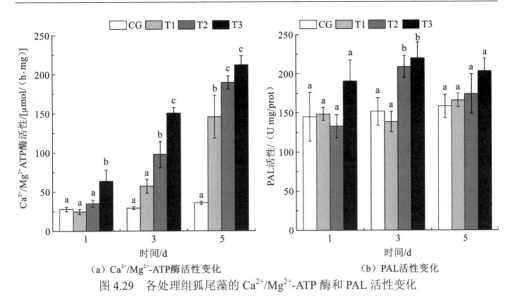

（a）Ca^{2+}/Mg^{2+}-ATP酶活性变化　　　　　　（b）PAL活性变化

图 4.29　各处理组狐尾藻的 Ca^{2+}/Mg^{2+}-ATP 酶和 PAL 活性变化

从图 4.29（b）可以看出，对照组和 T1 处理组中的 PAL 活性在试验期间没有显示出显著变化。各处理组与对照组之间的差异在第 1 天和第 5 天也不显著。然而，较高浓度腐解液的处理组（T2 和 T3）的 PAL 活性从第 1 天开始被激活，然后从第 3 天开始略微被抑制。T2（T3）处理组和对照组之间的差异显著（$P<0.05$，$P<0.01$）。与对照组相比，T1、T2 和 T3 处理组的 PAL 活性在第 5 天分别升高 4.65%、9.91% 和 28.13%。与 Ca^{2+}/Mg^{2+}-ATP 酶活性的变化趋势相似，PAL 活性在腐解液浓度最高时表现出显著升高。这一结果表明，PAL 活性的升高可能导致与生物合成相关的次生代谢产物生成，这可能是狐尾藻应对腐解液胁迫的一种防御反应（Chen et al.，2017；Song et al.，2015）。

培养液的 pH、溶解氧质量浓度和电导率的变化如表 4.7 所示。随着试验的进行，相比于对照组，各处理组培养液的溶解氧浓度都有一定的回升（$P<0.001$，$P<0.001$，$P<0.01$），T1 处理组培养液的溶解氧浓度在试验期间呈逐渐上升的趋势，并在第 5 天恢复与对照组相近的溶解氧水平，T2 处理组培养液的溶解氧浓度比 T1 处理组回升较慢，第 5 天的溶解氧质量浓度低于对照组和 T1 处理组，最高腐解液浓度的 T3 处理组培养液的溶解氧浓度则回升至第 3 天后又开始下降，在试验结束时也处于较低的溶解氧状态。而对于电导率而言，各处理组在加入腐解液后，电导率的强弱随着腐解液的浓度改变，T3 处理组电导率最高，试验期间虽然有随时间下降的趋势，但在试验结束时仍保持了较高值。对照组与 T1 处理组相比没有明显的变化，而 T2 处理组培养液电导率则在第 5 天有小幅上升。在试验期间各处理组的电导率相对于对照组都表现出显著性差异（$P<0.001$，$P<0.001$，

表 4.7 培养液中 pH、溶解氧质量浓度及电导率的变化

处理组	溶解氧质量浓度/（mg/L）			电导率/（μs/cm）			pH		
	第 1 天	第 3 天	第 5 天	第 1 天	第 3 天	第 5 天	第 1 天	第 3 天	第 5 天
CG	11.29±0.58c	11.29±1.47d	11.89±0.61c	370.93±0.75a	369.17±2.65a	370.80±2.95a	9.01±0.09b	9.02±0.28b	9.16±0.15b
T1	1.78±0.70b	8.72±0.50c	11.45±1.36c	609.20±6.70b	609.43±10.05b	602.70±17.21b	8.27±0.06a	8.48±0.10a	8.80±0.24ab
T2	0.12±0.04a	3.70±0.66b	8.20±1.38b	817.67±6.35c	815.57±5.12c	824.73±11.99c	8.33±0.12a	8.39±0.09a	8.44±0.06a
T3	0.01±0.00a	0.49±0.14a	0.33±0.08a	1 253.67±17.04d	1 229.67±19.73d	1 222±14.53d	8.05±0.16a	8.34±0.09a	8.41±0.20a

$P<0.001$)。与溶解氧的变化类似，各处理组的 pH 也呈现随时间上升的变化，其中 T1 与 T3 处理组随时间变化的差异显著（$P<0.05$，$P<0.05$），但在第 5 天各处理组的 pH 仍低于对照组，分别比对照组低 3.90%、7.79%和 8.15%。总体来说，三个参数在一定程度上反映了腐解液对整个狐尾藻断枝生长环境的理化影响，试验后期 T3 处理组狐尾藻断枝未发现生根现象，且顶枝和叶片变黑，底部叶片脱落，枝条变黑也表明狐尾藻断枝的生根发芽受到影响并且部分组织也开始分解腐烂。

　　研究结果表明，腐解液处理的培养系统中溶解氧浓度和电导率在短时间内发生了显著的变化。此外，藻类分解过程中会释放出一些有害的有机物质，如酚酸和有毒芳香化合物，不利于沉水植物的生长（Verhougstraete et al.，2010；Irfanullah and Moss，2004）。在较高腐解液浓度的处理组中，产生了缺氧（<0.5 mg/L）和高电导率[（$1222\pm14.53\sim1253.67\pm17.04$）$\mu$S/cm]的环境。高电导率意味着培养液中存在高浓度的电解质，并含有丰富的有机物质和无机离子（Batish et al.，2009）。

　　采用冗余分析法对狐尾藻断枝的生理生化特性与 pH、溶解氧质量浓度和电导率三个参数进行相关性研究（表 4.8）。结果显示，断枝的生理生化特性可以分别解释第一轴和第二轴变异量的 82.90%和 11.40%。对断枝的生理生化特性的累积解释量为 94.30%，对生理生化特性与参数之间关系的累积解释量高达 99.80%。因此，前两个轴可以很好地反映出狐尾藻断枝的生理生化特性与参数的变化关系。关系主要由第一轴确定，参数与各分选轴之间关系的相关系数见表 4.9。在三个参数中，电导率与第一轴的相关系数最大，达到 0.9963，呈正相关关系，说明第一轴反映了电导率的影响。pH 和第二轴的相关系数最大（-0.4212）且呈负相关，则表明第二轴反映了 pH 的影响。第三轴也主要反映了 pH 的影响。第四轴与三个参数的相关性较小。进一步获得关于狐尾藻断枝的生理生化特性与参数的冗余分析排序图（图 4.30）。在排序图中，箭头表示的长度表示断枝的生理生化特性和参数之间的关系。连接箭头越长，相关性越大，箭头与排序轴的夹角越小，相关性越大。其中，连接电导率和溶解氧质量浓度的箭头最长，电导率和溶解氧质量浓度很好地解释了狐尾藻断枝生理生化特性的变化。电导率与 Ca^{2+}/Mg^{2+}-ATP 酶活性、PAL 活性、可溶性糖含量成正比，与 PAL 活性的相关性最高，而与断枝的其他生理生化指标成反比。而溶解氧质量浓度、pH 与 Ca^{2+}/Mg^{2+}-ATP 酶活性、PAL 活性、可溶性糖含量呈负相关；与叶绿素 a 含量、根长、根数、芽数、部分光合参数（F_v/F_m、PI_{abs}）呈正相关。

表 4.8　狐尾藻断枝的生理生化特性的冗余分析（RDA）排序

指标	第一轴	第二轴	第三轴	第四轴
特性差异解释	82.9	11.4	0.2	2.6
生理生化特性与水质参数的相关性	0.999	0.940	0.340	0
生理生化特性的累积百分比方差	82.9	94.2	94.4	97.0
生理生化特性与水质参数关系的累积百分比方差	87.8	99.8	100.0	0.0
所有正则特征值之和	0.944			
所有特征值之和	1.000			

表 4.9　三种参数与排序轴的相关关系

水质参数	第一轴	第二轴	第三轴	第四轴
溶解氧质量浓度	-0.968 3	0.214 0	0.032 3	0.000 0
pH	-0.806 7	-0.421 2	0.132 7	0.000 0
电导率	0.996 3	0.060 7	0.012 8	0.000 0

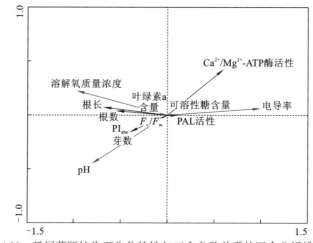

图 4.30　狐尾藻断枝生理生化特性与三个参数关系的冗余分析排序图

　　基于冗余分析可以得出结论，pH、溶解氧质量浓度、电导率对狐尾藻断枝的生理生化特性产生的影响存在差异。对三个参数进行蒙特卡罗置换检验，得到水质环境变量的重要性顺序（表 4.10）。三个参数对狐尾藻断枝影响的重要性顺序为电导率>溶解氧质量浓度>pH。它们对狐尾藻断枝生理生化特性的影响均是极显著（$P < 0.01$），电导率占所有环境因子解释量的 82.5%，是影响狐尾藻断枝生理生化特性的最重要因素。电导率、溶解氧质量浓度、pH 与狐尾藻断枝的生理生化特性

之间的相关性是显著的，表明这三个参数是在环境胁迫下共同影响狐尾藻断枝的因素。高电导率还证实培养液中离子浓度升高，植物细胞膜的通透性改变，Ca^{2+} 的运输平衡被破坏，进而导致 Ca^{2+}/Mg^{2+}-ATP 酶活性升高。

表 4.10　三种参数的重要性排序和显著性检验结果

水质参数	重要性等级	水质参数方差解释	F	P
电导率	1	82.5	47.004	0.002
溶解氧质量浓度	2	78.4	36.384	0.002
pH	3	56.3	12.901	0.006

4.3　着生藻控制技术

目前对大型丝状藻类暴发的防治措施主要有三类方法。第一类为物理方法，人工打捞是最常用的方法，其见效快、最安全，但是也最费力，并且打捞时藻丝容易断裂，断裂的藻丝可以迅速长成丝状体，不能从根本上解决问题。第二类为化学方法，主要是利用氧化型试剂（如高锰酸钾、卤素等）和非氧化型试剂（如铜剂、无机金属化合物等）破坏藻类细胞，从而实现杀藻控藻的目的（汪小雄，2011）。近年来，阿特拉津、扑草净、百草枯、草甘膦、除苔宝粉等除草剂被用来去除水绵和刚毛藻等丝状藻，并添加十二烷基苯磺酸钠和十二烷基酚聚氧乙烯醚作为助剂，以提高抑藻效果。但鉴于除草剂和助剂对水环境中其他生物有无毒害性和残留危害尚不清楚，不能盲目地大规模使用。第三类为生态方法，主要为生物操纵法，即通过重建生物群落来抑制藻类生长，如以藻抑藻、高等水生植物控藻、滤食性鱼类控藻等。生态方法无疑是一种环保的除藻方法，但是由于除藻所需时间长且容易反弹，不能达到理想的效果。

4.3.1　生物控制

在大多数水生态系统中，枝角类的浮游动物特别是溞属是连接初级生产者和次级消费者之间的重要纽带（Jansson et al.，2007；Gliwicz and Lampert，1990）。Burns 等（1989）的研究表明，隆腺溞能够摄食平均长度为 $77\sim180$ μm 的项圈藻藻丝。也有研究显示，溞属的浮游动物能够在丝状蓝藻水华初期对其起到一定的控制作用，而当其完全暴发时就几乎不起作用了（Danielsdottir et al.，2007；Sarnelle，2007）。同时 Meijer（2000）也总结了新西兰的 18 个案例得出溞属的浮游动物在春天比夏天更容易控制住藻华的结论。另外对质量较差的食物而言，大型溞的成体比幼体受到的影响要相对小一些（Zhang et al.，2011）。正是由于甲壳类浮游动物在大多数水生态系统中的重要地位，它们对丝状藻的摄食率及相互作用关系的研究非常有利于人们对水生态系统运转机理的理解，而且也能在丝状藻暴发机理及防治方法方面提供可靠的基础理论支撑。

1. 大型溞对两种西湖孳生丝状藻的摄食

本小节采用 ^{13}C 和 ^{15}N 稳定性同位素双标记的方法研究大型溞对三种西湖孳生丝状藻的摄食效果。实验一共设置 5 个处理组（表 4.11），经过实验室 5 个月的溞-藻共培养后，评估和比较大型溞对野外分离的三种丝状藻的生长和代谢速率的影响差异。

表 4.11　　大型溞-藻处理组

组别	浮游动物	标记的藻	未标记栅藻
S	大型溞	栅藻	不添加
M_1	大型溞	颗粒直链藻	不添加
M_2	大型溞	颗粒直链藻	添加（被标记藻的 1/10）
O_1	大型溞	颤藻	不添加
O_2	大型溞	颤藻	添加（被标记藻的 1/10）
C	大型溞	刚毛藻	不添加

由于 4 种藻对稳定性同位素吸收速率及稳定性同位素初始添加量之间的差异，对几组实验稳定性同位素分析的原始数据用方程式 $X^* = (x - \min)/(\max - \min)$ 进行数据标准化处理到 0～1。并对各组标准化后的数据进行以下非曲线拟合：

$$\delta_t = \delta_\infty + (\delta_0 - \delta_\infty) \times e^{-\lambda t} \tag{4.1}$$

式中：δ_t 为浮游动物摄食标记藻在任意时间其体内的稳定性同位素比值；δ_0 为浮游动物摄食标记藻之前其体内的稳定性同位素比值；δ_∞ 为摄食标记藻后元素在浮游动物体内达到平衡稳定后的 δ 值；λ 为随时间变化的碳、氮元素周转系数，它是元素在浮游动物体内周转并用于生长的生长速率系数 k 和用于代谢消耗（如组织代谢等）的系数 m 的总和。

生长速率系数 k 由以下指数生长模型算得：

$$M_f = M_o \cdot e^{kt} \tag{4.2}$$

式中：M_f 为任意时间 t 时单个烧杯中大型溞整体的干重；M_o 是单个烧杯中大型溞整体的初始平均干重；k 为将每个烧杯中所有大型溞看作一个整体时的生长速率。同时，生长率百分比 k' 和 m' 由以下公式来定义（Xu et al.，2011；Hesslein et al.，1993）：

$$k' = 1 - m' = \frac{\ln(M_f / M_o)}{t} \times 100\% \qquad (4.3)$$

另外，摄取新的食物后，元素碳、氮在生物体内周转一半所花的时间 t_{50} 则由 λ 来定义：

$$t_{50} = \frac{\ln 2}{\lambda} \qquad (4.4)$$

整个实验结束时，5 个处理组除纯颤藻处理组（O_1）和添加一定比例未标记栅藻的颤藻处理组（O_2）以外，纯栅藻处理组（S）、纯颗粒直链藻处理组（M_1）及添加一定比例未标记栅藻的颗粒直链藻处理组（M_2）（纯刚毛藻腐屑组在第 6 章讨论）均具有相似的存活率（98%左右），但是这三组之间却具有较大差异的生长速率均值。如表 4.12 所示，纯栅藻处理组中的大型溞在 5 组中具有最大的生长速率均值（0.0176 h^{-1}），除 M_1 组以外的其他三组均具有相对低一些但较接近的大型溞生长速率均值，而在 M_1 组中出现了最低的且相差较远的生长速率均值（0.0011 h^{-1}）。另外，各处理组大型溞的生长速率百分比已由式（4.4）算出：S 组（42.3%h^{-1}），M_2 组（23.9%h^{-1}），O_1 组（19.3%h^{-1}），O_2 组（17.9%h^{-1}），M_1 组（2.7%h^{-1}）。其中 O_1 和 O_2 两组的生长速率值应该高于计算得到的值，因为在这两组 96 h 的摄食实验周期中后 48 h 内大型溞有 33.3%～50%的死亡率。

表 4.12　大型溞在 6 个溞-藻处理组中的生长速率及用于代谢和生长所占的比例

处理组	k/h^{-1}	k'/%h^{-1}	m'/%h^{-1}
S	0.017 6	42.3	57.7
M_1	0.001 1	2.7	97.3
M_2	0.010 0	23.9	76.1
O_1	0.008 0	19.3	80.7
O_2	0.007 5	17.9	82.1
C	0.014 2	34.19	65.81

不同溞-藻处理组之间的元素周转率均存在显著性差异（表 4.13），相应的方程模拟结果见图 4.31。结果显示，碳元素用于包括生长和代谢的周转速率在 5 个处理组中都是不一样的，其中 O_2 组具有最高的碳元素周转速率（0.0903 h^{-1}±0.0193 h^{-1}），接下来依次是 M_2 组、S 组、O_1 组，而 M_1 组表现出最低的碳元素周转速率（0.0072 h^{-1}±0.0015 h^{-1}）。另一方面，对氮元素而言，5 个处理组同样也呈现出 O_2 组的周转速率最高（0.0516 h^{-1}±0.0159 h^{-1}），M_1 组的周转速率最低（0.009 1 h^{-1}±0.0008 h^{-1}）。但是剩下三个处理组氮元素周转速率由高到低的顺序为 S 组＞O_1 组＞M_2 组。由此可知，不同处理组中大型溞体内的碳、氮元素周转速率存在差异。

表 4.13　5 个溞–藻处理组中大型溞体内的元素周转模型参数估计值

稳定同位素比值	处理组	δ_∞	Δ_0	λ	R^2	P	t_{50}/h
$\delta^{13}C$	S	1.048	0.000 3	0.024 3±0.000 8	0.999	<0.001	28.53
	M_1	2.054	0.000 5	0.007 2±0.001 5	0.995	<0.001	95.74
	M_2	0.989	0.000 8	0.033 8±0.001 8	0.999	<0.001	20.54
	O_1	0.908	0.010 3	0.021 5±0.004 6	0.969	<0.001	32.22
	O_2	0.630	0.003 8	0.090 3±0.019 3	0.955	<0.001	7.679
$\delta^{15}N$	S	1.157	0.000 2	0.019 0±0.000 8	0.999	<0.001	36.40
	M_1	1.641	0.000 5	0.009 1±0.001 1	0.996	<0.001	75.88
	M_2	1.540	0.000 4	0.011 1±0.000 8	0.999	<0.001	62.30
	O_1	1.042	0.000 3	0.018 2±0.004 0	0.979	<0.001	38.02
	O_2	0.637	0.000 7	0.051 6±0.015 9	0.914	<0.005	13.44

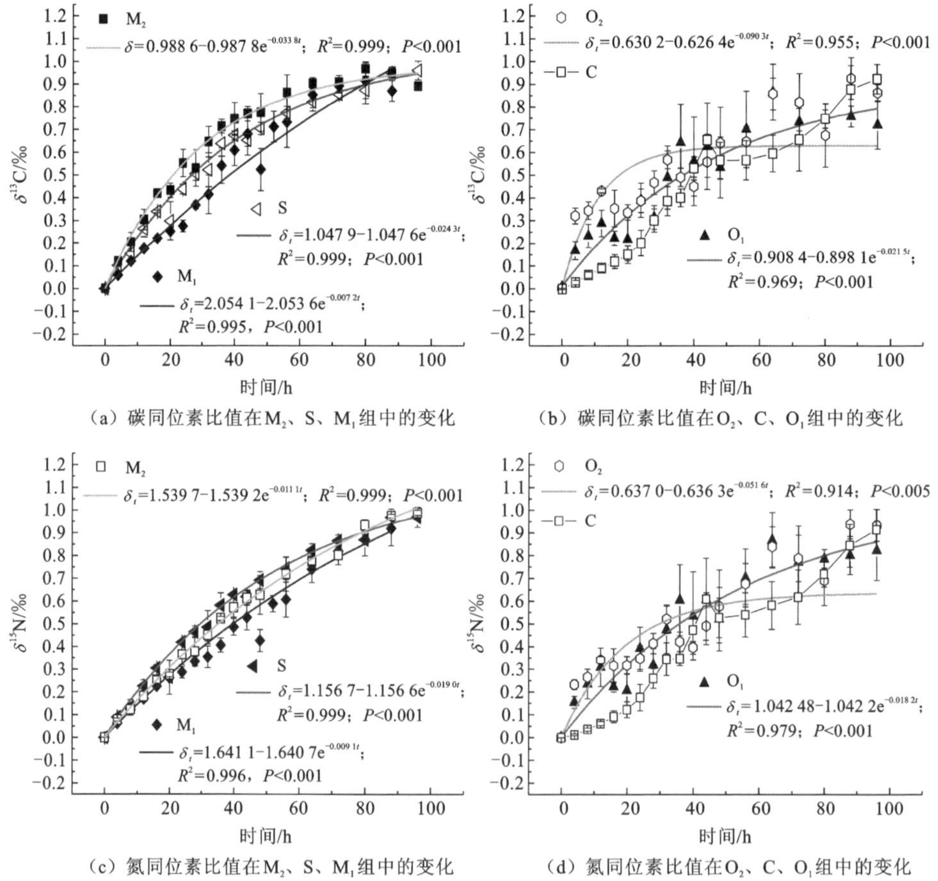

（a）碳同位素比值在 M_2、S、M_1 组中的变化　　（b）碳同位素比值在 O_2、C、O_1 组中的变化

（c）氮同位素比值在 M_2、S、M_1 组中的变化　　（d）氮同位素比值在 O_2、C、O_1 组中的变化

图 4.31　碳、氮稳定性同位素比值在 5 个处理组中的变化及拟合曲线

纯刚毛藻组（C）无拟合曲线

对稳定性同位素元素周转模拟很好的 5 个实验处理组中的大型溞而言，96 h 周期实验结束时它们大多数都已经完成了一次完整的碳、氮元素周转。通过式（4.4）计算得出的大型溞分别在 5 个处理组中的碳、氮元素周转一半的时间范围是 7.679～95.74 h（表 4.13），由于喂食食物类型的不同而表现出显著或不显著的差异。喂食纯颗粒直链藻的处理组（M_1）表现出最长的碳、氮元素周转一半的时间，分别是 95.74 h 和 75.88 h。而喂食纯栅藻的组（S）中则具有相对更短的碳、氮元素周转一半的时间，分别是 28.53 h 和 36.40 h。另外在添加少量未标记栅藻的 M_2 和 O_2 组中也表现出相对更短一些的碳、氮元素周转一半的时间，M_2 组分别是 20.54 h 和 62.30 h，O_2 组分别是 7.679 h 和 13.44 h。

从碳、氮元素周转速率来看，大型溞对颤藻具有最高的摄食率，直链藻次之。从生长速率系数 k 值来看 5 个处理组中的大型溞生长状况：纯栅藻处理组（S）生长最好；两个颤藻处理组（O_1、O_2）与添加少量未标记颗粒直链藻处理组（M_2）近似，但远劣于纯栅藻组（S）；纯颗粒直链藻处理组（M_1）最差。此外，少量栅藻的加入有利于大型溞对丝状藻的摄食，这一点在混有少量栅藻的颤藻处理组（O_2）中表现得更加突出，因为这一组具有最高的碳、氮元素周转速率和最短的元素周转时间，甚至优于纯栅藻处理组。大型溞能够以颗粒直链藻、颤藻等丝状藻作为食物并将其用于自身的生长代谢，当有少量栅藻加入时大型溞对丝状藻的摄食率有显著提高。由此推测，甲壳类浮游动物（如大型溞）与其他原位优势种浮游动物相结合时具有在初期将部分丝状藻（如颤藻、颗粒直链藻等）控制在一定水平浓度的潜能。

2. 大型溞对西湖刚毛藻腐屑的摄食

近年来西湖的子湖茅家埠沿岸水域有大量刚毛藻孳生，刚毛藻迅速腐烂时的腐屑会对水质产生严重影响。由于刚毛藻属于大型丝状绿藻，大型溞并不能摄食刚毛藻活体藻丝，所以本小节评估大型溞对刚毛藻腐屑的摄食率及大型溞摄食该种腐屑时的生长代谢状况。用于实验的刚毛藻前期需进行稳定性同位素标记培养，冲洗掉未被藻体吸收的 ^{13}C 和 ^{15}N，再置于 60℃烘箱中 48 h，碾磨后放入适量蒸馏水中重新悬浮，备用。本实验只设计了 1 个处理组。

结果显示：整个实验在大型溞对刚毛藻腐屑的摄食过程中，大型溞的存活率为 98%左右，生长速率 k 值为 0.0142 h^{-1}，大型溞摄食的刚毛藻腐屑中有 34.19%用于生长（表 4.12）。从稳定性同位素比值随时间的变化显示，刚毛藻腐屑存在被大型溞同化的情况（图 4.32），说明刚毛藻腐屑能够作为大型溞的食物来源并用于生长繁殖。

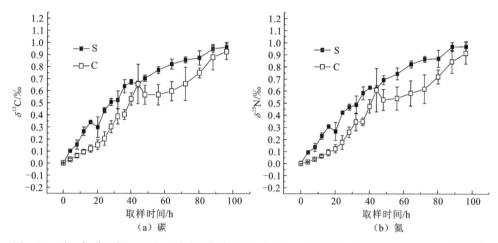

图 4.32　碳、氮稳定性同位素比值在纯栅藻处理组（S）和纯刚毛藻腐屑处理组（C）中的变化

3. 沉水植物斑块镶嵌控制丝状藻过度增殖的生态方法

沉水植物斑块镶嵌是指水中各种沉水植物形成大小不一的斑块，各种植物斑块相互镶嵌、组合，构成一种空间异质性较大、结构较复杂的群落。合理构建沉水植物斑块镶嵌格局，通过不同生活型沉水植物生态位时空异质一致性调控原理，以及沉水植物对藻类产生化感作用可实现生态控藻，从而建立生物多样性较高、稳定性较好的健康生态系统。课题组发明了一种沉水植物斑块镶嵌控制丝状藻过度增殖的生态方法（结构模式图见图 4.33），主要步骤如下。

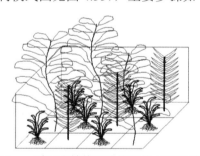

图 4.33　一种沉水植物斑块镶嵌格局结构模式图

（1）调查待恢复区水深、水流、透明度、沉积物、营养盐、浮游生物及丝状藻等水环境特征，设计沉水植物斑块镶嵌格局恢复区面积及形状。

（2）沿恢复区周边每 4～6 m 钉桩子，用结实细密的尼龙绳围网，坠网接触底质，若沉水植物斑块镶嵌格局恢复区内多食草性鱼类，需要人为驱赶。

（3）根据调查得到的恢复区水环境特征，根据沉水植物株高、叶面积、根系特点及是否具有化感抑藻效应，选择合适的沉水植物种类。

（4）根据所选的沉水植物在水下所处的生态位、生长繁殖特点及适宜水位（0.6～1.8 m），科学合理设计沉水植物斑块镶嵌格局，每种植物种植若干平方米（视恢复区面积而定，一般为 20～50 m²），形成一个个区块，两种植物区块之间间隔 2～3 m。苦草型、黑藻型、冠层高大型植株既交叉又互补（种植面积比例约为 5∶3∶2），形成类似陆地"乔木-灌木-地被"垂直和水平分布。此处黑藻型为黑藻、金鱼藻；冠层高大型为狐尾藻、篦齿眼子菜和微齿眼子菜其中的一种或任意组合。

（5）按设计的沉水植物斑块镶嵌格局以成丛的方式沉栽，所选沉水植物为苦草、黑藻、金鱼藻、狐尾藻、篦齿眼子菜和微齿眼子菜其中的一种或任意组合，达到沉水植物（密度 12～15 丛/m²，10 株/m²）的生长状态。

（6）定期（每 3 天或 5 天或一周或 10 天）监测沉水植物长势，植株最高株不超过水面，监测丝状藻生长率下降和生物量减少情况。

通过快速构建沉水植物斑块镶嵌格局的苦草型、黑藻型、冠层高大型沉水植物复合群落，形成具"上-中-下"垂直分层又有水平交叉分布的"水下森林"分布格局，让沉水植物充分占据水下生态位，与丝状藻类竞争光照、营养盐、溶解氧及生长空间等生态资源，同时利用沉水植物对着生丝状藻类产生化感作用，解决沉水植物恢复重建工作中存在的水下生态位单一的问题，并有效抑制水中着生丝状藻类的异常增殖。该方法设计合理，操作简单，生态环保，便于推广且效果持续性好。恢复退化湖泊沉水植被群落盖度高达 70%左右，着生丝状藻生长率下降 35%左右，TN、TP 等营养盐含量分别下降 30.8%和 43.3%左右，水下生物多样性升高 50%左右，实现了藻浊型水体向清水草型水体（透明度达 1.8 m 以上）的转换。

4.3.2　化学杀藻剂控制丝状藻

本小节以水绵和刚毛藻为研究对象，采用不同营养水平的表层底质沉积物进行研究，探索水绵和刚毛藻在不同的表层沉积物基质上的生长差异。在杭州西湖引水玉皇山预处理场内进行湖泥、湖泥+黏土、湖泥+细沙、湖泥+改良基质对水绵和刚毛藻生长的影响实验和去除水绵和刚毛藻的烧杯（1 L）实验、塑料桶（10 L）实验和玻璃缸（200 L）实验或生态塘围隔实验（1 m² 水域）。筛选合适的基质制成沉降剂，结合杀藻剂处理水绵和刚毛藻，杀灭大型丝状绿藻的同时，又能对高有机质底质进行一定程度的改良，对湖泊沉水植被的恢复有一定的促进作用（易科浪，2016）。

1. 水绵的去除效果

在清除水绵的实验中，杀藻剂 H_2O_2 的体积分数为 3%～5%，沉降剂黏土（含水率为 10%～15%）和膨润土的配比为（6～8）:（2～4）。各实验去除水绵的效果见表 4.14，不同浓度的 H_2O_2 和沉降剂处理水绵效果明显，水绵光合活性在 24 h 后大幅度降低，降低了 87.2%～90.3%。随着 H_2O_2 喷洒量的增加，水绵在显微镜下叶绿体呈不同程度固缩状态，水绵丧失细胞活性，后期丝状体出现断裂溶解的现象（图 4.34）。20 天后，各实验装置中均未出现水绵的再增殖现象，同时底质总氮含量降低了 15.2%～20.3%，总磷含量降低了 6.8%～8.5%，有机质含量降低了 13.7%～15.2%。

表 4.14　各实验去除水绵的效果

项目	烧杯实验	塑料桶实验	玻璃缸实验
水样体积/L	1	10	200
水绵湿重/g	5	15	25
H_2O_2 体积分数/%	3	4	5
沉降剂质量比（黏土:膨润土）	8:2	7:3	6:4
光合活性降低率/%	90.3	87.7	87.2
有无漂浮物	无	无	无
基质总氮含量降低率/%	20.3	17.4	15.2
基质总磷含量降低率/%	8.5	8.1	6.8
基质有机质含量降低率/%	15.2	13.7	13.7

2. 刚毛藻的去除效果

在清除刚毛藻的实验中，选择氧化性极强且在环境中没有残留的 H_2O_2 和具有絮凝净化功能的 $FeSO_4$ 作为复合杀藻剂，利用 H_2O_2 和 $FeSO_4$（芬顿反应）共作用快速产生大量的羟基自由基破坏刚毛藻细胞，再利用膨润土-黏土（含水率为 10%～15%）沉降剂的吸附性对失去活性的刚毛藻细胞进行吸附和沉降。

各实验效果（表 4.15）显示，刚毛藻的光合活性在 24 h 后大幅度降低，降低 89%～92%。随着 H_2O_2 和 $FeSO_4$ 溶液喷洒量的增加，刚毛藻在显微镜下叶绿体呈现不同程度的浓缩和黑化，刚毛藻丧失细胞活性，后期丝体出现断裂溶解的现象，添加沉降剂后失活的刚毛藻沉至水体底部，数天后水体澄清。与此同时，膨润土-黏土沉降剂能够吸附高有机质底质中的营养物质，对高有机质底质进行一定程度的改良。20 d 后各实验装置中的底质总氮含量降低 13.6%～17.4%，总磷含量降低 7.5%～10.6%，有机质含量降低 13.5%～16.0%。

（a）生长旺盛且漂浮于水面的水绵

（b）喷洒杀藻剂失活的水绵

（c）投加沉降剂后沉于底部的水绵

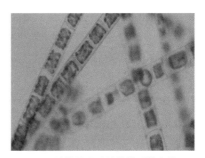

（d）杀藻处理后显微镜下的水绵

图 4.34　处理水绵效果图

表 4.15　各实验去除刚毛藻的效果

项目	烧杯实验	塑料桶实验	生态塘实验
水样体积/L	1	10	1 m² 水域
刚毛藻湿重/g	5	15	25
过氧化氢体积分数/%	3	3	5
硫酸亚铁物质的量浓度/（mol/L）	0.02	0.02	0.04
沉降剂质量比（黏土∶膨润土）	6∶4	8∶2	7∶3
光合活性降低率/%	91.8	92	89
有无漂浮物	无	无	无
基质总氮含量降低率/%	13.6	16.7	17.4
基质总磷含量降低率/%	7.5	10.6	9.8
基质有机质含量降低率/%	13.9	16.0	13.5

第5章 杭州西湖水生植物群落优化 与稳定化调控技术

5.1 沉水植物恢复的非生物因子边界条件

以沉水植物恢复为核心的湖泊水体生态修复方法,具有综合的生态服务功能,修复效果长期稳定。将此技术应用于实际工程中,受到沉水植物植株在不同环境条件下存活问题的影响,植物的存活率和盖度常常无法达到预期效果。探索沉水植物恢复的综合边界和最适条件,能够为实际生态工程提供科学保障,而合理地设定实验中沉积物、水体营养盐的水平就显得尤为重要。

5.1.1 典型湖泊生境营养盐范围

鄢文皓(2020)对国内 6 个典型的富营养化湖泊(滇池草海及外海、太湖、巢湖、鄱阳湖、洞庭湖、洪泽湖)现状进行了文献调查,收集并汇总了典型富营养化湖泊相关的水质和沉积物营养指标年际变化范围,设定了对相关研究中的营养盐和沉积物的设置水平。

1. 典型湖泊水体营养盐范围

在水体营养盐方面,TN 和 TP 指标除了污染较严重的滇池草海,其余湖泊 TN 平均质量浓度为 0.5~4.0 mg/L,TP 平均质量浓度为 0.025~0.4 mg/L(表 5.1)。在 NH_4^+-N 和 NO_3^--N 指标方面,除滇池草海之外,其余湖泊 NH_4^+-N 平均质量浓度为 0.03~1.56 mg/L(除了巢湖秋季数据),NO_3^--N 平均质量浓度为 0.07~2.02 mg/L。

表 5.1 典型富营养化湖泊水体营养盐质量浓度 （单位：mg/L）

湖泊	营养盐			
	TN	TP	NH_4^+-N	NO_3^--N
滇池（草海）	4~16	0.15~1.50	0.8~11.0	3.0（平均值）
滇池（外海）	0.8~3.0	0.1~0.3	0.10~0.32	0.31~2.02
太湖	1.8~3.2	0.04~0.15	0.25~1.20	0.28~0.55

湖泊	营养盐			
	TN	TP	NH_4^+-N	NO_3^--N
巢湖	1.5～4.0	0.1～0.4	春季 0.2～1.0 秋季 1～7	0.14～1.58
鄱阳湖	0.5～1.5	0.025～0.100	—	0.49～1.40
洞庭湖	枯水期 1.2～2.3 平水期 1.2～2.1 丰水期 0.7～1.8	枯水期 0.07～0.20 平水期 0.06～0.14 丰水期 0.05～0.14	0.03～1.56	0.07～0.91
洪泽湖	0.792～2.32	0.09～0.15	0.169～0.283	—

2. 典型湖泊沉积物营养盐范围

在底质营养盐方面，滇池沉积物富营养化程度较高，TN 和 TP 平均质量分数分别为 4 000 mg/kg 和 3 000 mg/kg，其余湖泊沉积物 TN 和 TP 平均质量分数分别为 1 000～2 000 mg/kg 和 500～1 300 mg/kg，NH_4^+-N 平均质量分数为 20～400 mg/kg（表 5.2）。

表 5.2　典型富营养化湖泊沉积物营养盐质量分数　　　（单位：mg/kg）

湖泊	沉积物营养盐		
	TN	TP	NH_4^+-N
滇池	1 264～7 155	980～4 740	156～668
太湖	1 400～2 800	343～2 525	106～161
巢湖	64～3 005	123～2 149	11～58
鄱阳湖	260～2 350	100～940	9～37
洞庭湖	382～2 217	142～716	100～264
洪泽湖	430～1 520	430～730	60～200

5.1.2　不同环境条件对沉水植物生长的影响

沉水植物受到多种环境因素的影响，其中光照强度、沉积物营养盐、水体营养盐、pH、温度等非生物影响因子和着生藻类、鱼类牧食等生物影响因素均能较大程度地影响沉水植物的恢复和重建（朱丹婷，2011）。

本小节研究光照强度、沉积物营养盐和水体营养盐这三种环境因子对黑藻和金鱼藻两种先锋物种的影响，在实验条件下将光照强度设置为 200 lx、3 000 lx、8 000 lx、15 000 lx、30 000 lx。由于沉水植物在水体 TP 质量浓度为 0～0.8 mg/L 的条件下均能生长，浅水湖泊中 TN 质量浓度一般大于 0.5 mg/L，在水质营养盐方面将 TP 质量浓度设置为 0.1 mg/L、0.2 mg/L、0.3 mg/L、0.4 mg/L、0.5 mg/L，将 TN 下限设置成 1 mg/L，TN 质量浓度设置为 1 mg/L、2 mg/L、5 mg/L、8 mg/L、10 mg/L，NH_4^+-N 质量浓度设置为 0.2 mg/L、0.5 mg/L、2 mg/L、5 mg/L、8 mg/L，NO_3^--N 质量浓度设置为 0.8 mg/L、1.5 mg/L、3 mg/L、3 mg/L、2 mg/L；而在沉积物 TN 和 TP 方面，根据浅水富营养化湖泊沉积物 TN 和 TP 指标，设置 TN 质量分数下限为 500 mg/kg，上限为 6 000 mg/kg，梯度质量分数为 500 mg/kg、1 000 mg/kg、2 000 mg/kg、4 000 mg/kg、6 000 mg/kg。设置 TP 质量分数下限为 200 mg/kg，上限为 4 000 mg/kg，梯度质量分数为 200 mg/kg、500 mg/kg、1 000 mg/kg、2 000 mg/kg、4 000 mg/kg。在沉积物 NH_4^+-N 和有机质方面，浅水湖泊的沉积物 NH_4^+-N 质量分数为 50～400 mg/kg，通过设置 NH_4^+-N 质量分数上限为 600 mg/kg，将 NH_4^+-N 质量分数设置为 50 mg/kg、100 mg/kg、200 mg/kg、400 mg/kg、600 mg/kg。

1. 黑藻

1）黑藻株高和生物量

株高、生物量能直接反映植物的生长状况，环境因子光照强度、水体和沉积物营养盐均对沉水植物有不同程度的影响。鄢文皓（2020）将黑藻处理组按照环境因子进行分类如图 5.1 所示，然后将各水平数据取均值如表 5.3 所示。根据图 5.1 和表 5.3，光照水平、沉积物和水体营养盐水平对黑藻生物量的影响分

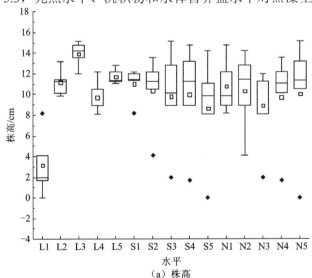

（a）株高

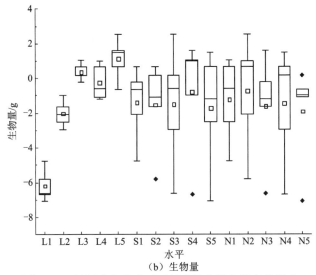

（b）生物量

图 5.1　环境因素各个水平对黑藻生物量和株高的影响

别为 L5>L3>L4>L2>L1、S4>S1>S3≈S2>S5、N2>N1>N4>N3>N5（L1～L5 代表光照水平 1～5；S1～S5 代表沉积物水平 1～5；N1～N5 代表水体营养盐水平 1～5）。说明在较高的光照下，黑藻的生物量普遍有积累；黑藻在沉积物 S4 水平下生物量达到最大，沉积物 S5 水平下生物量最小。黑藻在水体营养盐 N2 水平下生物量最大，水体营养盐 N5 水平下生物量最小。在株高方面，由于种植时均选用的长势相同且株高为 10 cm 的黑藻成株。光照水平、沉积物水平和水体营养盐水平对黑藻株高的影响分别为 L3>L5>L2>L4>L1、S1>S2>S4>S3>S5、N1>N2>N5>N4>N3，即在低光照和高光照下，黑藻平均株高有着显著性差异，而较低的沉积物和水体营养盐水平对黑藻株高贡献较大。

表 5.3　环境因子对黑藻生物量、株高的影响

指标	因素	各因素水平均值				
		水平 1	水平 2	水平 3	水平 4	水平 5
积累生物量	L 光照	-6.18	-2.03	0.37	-0.25	1.14
	S 沉积物	-1.39	-1.54	-1.49	-0.61	-1.73
	N 水体营养盐	-1.23	-0.73	-1.60	-1.46	-1.92
平均株高	L 光照	3.17	11.20	13.95	9.74	11.73
	S 沉积物	11.02	10.34	8.91	9.97	8.66
	N 水体营养盐	10.79	10.31	8.91	9.73	10.06

2）黑藻叶片叶绿素、丙二醛和可溶性蛋白含量

叶绿素是高等植物光合作用的主要色素，其含量的高低在一定程度上反映了植物生长状况及光合能力的大小。植物处于胁迫状态下，往往体内会产生膜脂过氧化反应，而丙二醛（malondialdehyde，MDA）是植物膜脂过氧化的最终产物，一般来说，植物在逆境中受到的胁迫越大，丙二醛含量就会越高，丙二醛含量可以用来反映植物受到胁迫的程度，但是如果植物不能正常生长或者已经死亡，丙二醛含量会非常低。可溶性蛋白是植物体内重要的渗透调节物质和营养物质，植物处于胁迫条件下体内会产生贮藏蛋白、逆蛋白等，这些蛋白能为处于胁迫条件下的植物细胞提供保水功能，对细胞的生物膜和重要物质进行保护作用。

鄢文皓（2020）将处理组按照环境因子进行分类，如图 5.2 所示，然后将各水平数据取均值如表 5.4 所示。根据图 5.2 和表 5.4，光照水平、沉积物水平和水

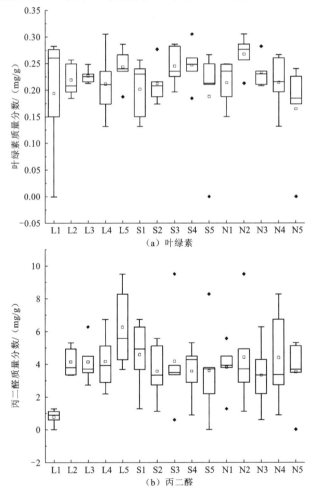

（a）叶绿素

（b）丙二醛

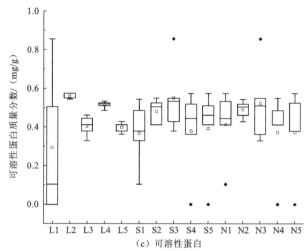

图 5.2　环境因素各个水平对黑藻叶绿素、丙二醛和可溶性蛋白含量的影响

体营养盐水平对黑藻叶绿素的影响分别为 L5>L3≈L2≈L4>L1、S4>S2>S5>S1≈
S3、N4=N3>N2≈N1≈N5。结果显示，高光照强度水平对黑藻叶绿素有着贡献作
用；在高沉积物水平下（S4）黑藻体内积累的叶绿素含量较高；而水体营养盐水
平为 N3 和 N4 时叶绿素含量最高，N5 水平下叶绿素含量低于 N3 和 N4 水平。

表 5.4　环境因子对黑藻叶绿素、丙二醛、可溶性蛋白含量的影响

指标	因素	各因素水平均值				
		水平 1	水平 2	水平 3	水平 4	水平 5
叶绿素含量	L 光照	0.19	0.22	0.23	0.21	0.24
	S 沉积物	0.16	0.21	0.15	0.24	0.19
	N 水体营养盐	0.20	0.21	0.24	0.24	0.19
丙二醛含量	L 光照	0.76	4.11	4.11	4.15	6.23
	S 沉积物	4.56	3.54	4.15	3.55	1.97
	N 水体营养盐	3.78	4.40	3.39	4.37	3.50
可溶性蛋白含量	L 光照	0.29	0.59	0.40	0.51	0.40
	S 沉积物	0.37	0.48	0.52	0.37	0.37
	N 水体营养盐	0.41	0.49	0.52	0.37	0.45

　　丙二醛含量显示：光照水平对丙二醛的影响为 L5>L4>L3＝L2>L1，在光照强
度 L1 水平下黑藻大部分死亡，因此丙二醛含量最低，L5 处理组下黑藻受到的胁
迫最大；沉积物水平对丙二醛的影响为 S1>S3>S4≈S2>S5，沉积物水平处于 S1

较低时，丙二醛含量最高说明黑藻受到的胁迫最大，S3 和 S5 水平下受到的胁迫小一些；水体营养盐水平对丙二醛的影响为 N2>N4>N1>N5>N3，黑藻适应于中等水体营养盐水平（N3）生长。

可溶性蛋白含量显示：光照水平对可溶性蛋白的影响为 L2>L4>L3=L5>L1，光照水平为 L2 和 L4 的可溶性蛋白含量较 L1、L3、L5 光照水平高，说明受到的胁迫较大；沉积物水平对可溶性蛋白的影响为 S3>S2>S1=S4=S5，S3 水平下黑藻可溶性蛋白含量较高，沉积物较高的水平下（S4、S5）黑藻受到的胁迫较小；水体营养盐水平对可溶性蛋白的影响为 N3>N2>N5>N1>N4，在 N3 水平下黑藻的可溶性蛋白含量最高，在较高水体营养盐水平（N1、N4）黑藻受到的胁迫较小。

3）黑藻上覆水中叶绿素 a 浓度

水体中叶绿素 a 的浓度与藻类的浓度有着直接的关系，将处理组按照环境因子进行分类如图 5.3 所示，对上覆水叶绿素 a 的浓度和黑藻植物各指标之间的关系做斯皮尔曼（Spearman）相关性分析，结果如表 5.5 所示。上覆水叶绿素 a 浓度与黑藻指标中丙二醛及积累生物量呈正相关，这与本小节得出的结论可能有些不同，目前的结论是水体中叶绿素 a 浓度的上升意味着藻类的增殖，藻类会与沉水植物竞争，从而影响沉水植物的生长。通过分析可知，有可能在实验中设置的水平并没有达到藻类暴发的水平，沉水植物和藻类都在生长，因此藻类的生长并不会影响沉水植物生物量的正常积累，但是上覆水中叶绿素 a 浓度和黑藻丙二醛含量呈正相关，说明上覆水中叶绿素 a 浓度的升高虽然不会影响黑藻生物量的正常积累，但是会对黑藻的生长产生胁迫作用，导致黑藻体内丙二醛含量的上升。

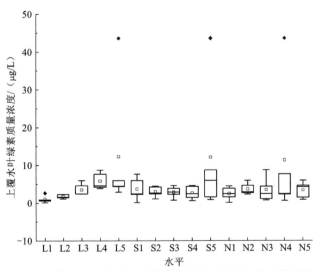

图 5.3　环境因素各个水平对黑藻上覆水叶绿素 a 浓度的影响

表 5.5　上覆水叶绿素 a 浓度与黑藻各指标的 Spearman 相关性

项目	叶绿素含量	丙二醛含量	可溶性蛋白含量	积累生物量	平均株高
水质叶绿素 a 浓度	0.06	0.435*	-0.092	0.533*	0.348

4）各因素水平对黑藻影响的极差、方差和差异显著性分析

各因素水平对黑藻影响的极差分析（表 5.6）显示，光照强度、沉积物、营养盐对黑藻中叶绿素含量的影响为沉积物>光照≈水体营养盐，最优组合为 L5S2N4。对丙二醛和平均株高的影响为光照>沉积物>水体营养盐，最优组合分别为 L1S5N5 和 L3S1N1。对可溶性蛋白和积累生物量的影响为光照>水体营养盐>沉积物，最优组合分别为 L1S1N4 和 L5S4N2。初步分析出，光照对黑藻生长的影响较大。

表 5.6　各因素水平对黑藻影响的极差分析表

指标	因素	各因素水平均值					极差 R	最优水平
		水平 1	水平 2	水平 3	水平 4	水平 5		
积累生物量	L 光照	-6.18	-2.03	0.37	-0.25	1.14	7.32	5
	S 沉积物	-1.39	-1.54	-1.49	-0.61	-1.73	1.12	4
	N 水体营养盐	-1.23	-0.73	-1.6	-1.46	-1.92	1.19	2
平均株高	L 光照	3.17	11.20	13.95	9.74	11.73	10.78	3
	S 沉积物	11.02	10.34	8.91	9.97	8.66	2.36	1
	N 水体营养盐	10.79	10.31	8.91	9.73	10.06	1.88	1
叶绿素含量	L 光照	0.19	0.22	0.23	0.21	0.24	0.05	5
	S 沉积物	0.16	0.21	0.15	0.24	0.19	0.09	2
	N 水体营养盐	0.20	0.21	0.24	0.24	0.19	0.05	4
丙二醛含量	L 光照	0.76	4.11	4.11	4.15	6.23	5.47	1
	S 沉积物	4.56	3.54	4.15	3.55	1.97	2.59	5
	N 水体营养盐	3.78	4.40	3.39	4.37	3.50	1.01	5
可溶性蛋白含量	L 光照	0.29	0.59	0.40	0.51	0.40	0.30	1
	S 沉积物	0.37	0.48	0.52	0.37	0.37	0.15	1
	N 水体营养盐	0.41	0.49	0.52	0.37	0.45	0.15	4

各因素水平对黑藻影响的方差分析（表 5.7）显示，光照、沉积物、水体营养盐对叶绿素含量的影响均未达到显著水平（$P>0.1$）。光照对丙二醛的影响达到显著水平（$P=0.008<0.1$），贡献率为 60.65%，沉积物和水体营养盐对丙二醛的影响不显著。光照、沉积物、水体营养盐对可溶性蛋白的影响均未达到显著水平（$P>0.1$）。

光照对积累生物量的影响达到极显著水平，贡献率为91.12%，沉积物和水体营养盐对最终生物量的影响不显著。光照对黑藻平均株高的影响达到显著水平（$P=0.004$），贡献率为83.45%，沉积物和营养盐对株高的影响不显著。方差分析结果表明，光照对各指标的影响均较大。

表5.7　各因素水平对黑藻影响的方差分析表

指标	变异来源	平方和	自由度	均方	F值	显著水平	贡献率/%
	L	171.069	4	42.767	50.171	0	91.12
	S	2.484	4	0.621	0.729	0.589	1.32
积累生物量	N	3.966	4	0.992	1.163	0.375	2.11
	误差	10.229	12	0.852			5.45
	总和	187.749					
	L	333.393	4	83.348	24.229	0.004	83.45
	S	14.977	4	3.744	1.088	0.405	3.75
平均株高	N	9.878	4	2.469	0.718	0.596	2.47
	误差	41.280	12	3.440			10.33
	总和	399.528					
	L	0.007	4	0.002	0.476	0.753	7.45
	S	0.013	4	0.003	0.845	0.523	13.83
叶绿素含量	N	0.029	4	0.007	1.961	0.165	30.85
	误差	0.045	12	0.004			47.87
	总和	0.094					
	L	77.113	4	19.278	5.662	0.008	60.65
	S	4.264	4	1.066	0.313	0.864	3.35
丙二醛含量	N	4.908	4	1.227	0.360	0.832	3.86
	误差	40.859	12	3.405			32.14
	总和	127.145					
	L	0.219	4	0.055	1.837	0.187	27.48
	S	0.123	4	0.031	1.030	0.431	15.43
可溶性蛋白含量	N	0.096	4	0.024	0.807	0.544	12.05
	误差	0.358	12	0.030			44.92
	总和	0.797					

黑藻各因素不同水平差异显著性检验（LSD 法）（表 5.8）显示，对于叶绿素含量，光照和沉积物的各水平间差异不显著，水体营养盐 N2 与 N5 差异显著。对于丙二醛含量和最终生物量，光照的 L1 与 L2、L3、L4、L5 差异显著，沉积物和水体营养盐的各水平间均没有显著差异。对于可溶性蛋白含量，光照 L1 与 L2 差异显著。沉积物、水体营养盐两个因素的各水平间均无显著差异。对于平均株高，光照的 L1 与 L2、L3、L4、L5 差异显著，L2 与 L3 差异显著，L3 与 L4 差异显著，沉积物和水体营养盐水平均无显著差异。对于积累生物量，光照各个水平之间差异显著，沉积物和水体营养盐各水平之间差异不显著。

表 5.8　黑藻同一因素各水平间差异显著性 LSD 检验

指标	L 光照					S 沉积物					N 水体营养盐				
	水平 1	水平 2	水平 3	水平 4	水平 5	水平 1	水平 2	水平 3	水平 4	水平 5	水平 1	水平 2	水平 3	水平 4	水平 5
叶绿素含量	a	a	a	a	a	a	a	a	a	a	ab	a	ab	ab	b
丙二醛含量	a	b	b	b	b	a	a	a	a	a	a	a	a	a	a
可溶性蛋白含量	a	b	ab	ab	ab	a	a	a	a	a	a	a	a	a	a
积累生物量	a	b	cd	c	d	a	a	a	a	a	a	a	a	a	a
平均株高	a	b	c	bd	bcd	a	a	a	a	a	a	a	a	a	a

显著水平：$P < 0.05$

5）结果和讨论

光照、沉积物、水体营养盐对黑藻的影响为光照>营养盐>沉积物。黑藻适应于较高光照水平 15 000～30 000 lx（L4～L5）下生长，较高的光照强度下黑藻有明显的生物量积累，株高有明显上升，从丙二醛和可溶性蛋白含量看出黑藻受到的胁迫较低光照小；低于 200 lx（L1）时大部分黑藻出现死亡，且生物量积累较少、丙二醛和可溶性蛋白含量较少。黑藻适应于较高的沉积物水平（S4～S5）下生长（TN 质量分数为 4 000～6 000 mg/kg、TP 质量分数为 2 000～4 000 mg/kg、NH_4^+-N 质量分数为 400～600 mg/kg）。黑藻适应于较低水体营养盐水平（N1～N2）（TN 质量浓度为 1～2 mg/L、NH_4^+-N 质量浓度为 0.2～0.5 mg/L、NO_3^--N 质量浓度为 0.8～1.5 mg/L、TP 质量浓度为 0.1～0.2 mg/L）下生长。

相关研究表明，黑藻的光补偿点在 1 000～1 800 lx，在强光条件下，黑藻适宜于光照强度 10 000～20 000 lx 下生长（李泽 等，2012），而在弱光条件下，轮叶黑藻能在 1 200 lx 下生长，但其叶片会相应变薄，地下生物量减少不易扎根和吸收营养物质，当光照强度小于 500 lx，黑藻的光合作用会受阻并出现死亡（薛

维纳 等，2012)。这些研究和本次实验中的结果相近。

在沉积物方面，本小节 S1 和 S2 均采用黄沙为原材料，S3、S4 和 S5 采用湖泥为原材料，由表 5.4 可知，黑藻生长在高营养的底质（S4、S5）上，各项指标都较为良好，且从丙二醛和可溶性蛋白含量来看，黑藻受到的胁迫较 S1 和 S2 低。黑藻生长在不同底质条件下指标差异较大，不适于生长在有沙土掺杂的基质中（李垒 等，2010)，在本次实验中也发现了处于沙土为原材料的底质中，黑藻的根系更为发达，说明黑藻在低营养底质的环境下会增加吸收养分的器官来更多地获取养分，这样就出现了较高的根冠比，这也可以看作植物对不同营养环境下的一种应激反应，在高营养的沉积物（S4、S5）中的根冠比在沙土沉积物（S1、S2）中的小，黑藻的茎和枝叶相对根系更为茂盛一些，说明当沉积物营养较高时，黑藻不太需要通过根系的生长来获取更多的养分。

在水体营养盐方面，黑藻适宜于水体营养盐水平较低（N2、N3）的环境下生长，研究表明黑藻可以承受较高的总氮浓度的胁迫（叶春 等，2007)，但是本小节得出了不一样的结论，可能是因为本小节实验中较高的水体营养盐水平下氨氮浓度较高。而有关研究表明，黑藻在适宜的水体（氨氮质量浓度 0.5～2 mg/L）中能够正常生长，超过此范围黑藻的生长受到抑制（周金波 等，2018)，这是由于黑藻受胁迫的情况下，其体内细胞自由基的产生和消除的平衡被打破，自由基的积累引发了细胞的膜脂过氧化作用，这种膜脂过氧化作用会严重损伤细胞膜、干扰并阻断细胞其他的正常代谢过程（Chen，1991)。因此在水体营养盐水平 N4 和 N5 下，黑藻不能耐受较高的氨氮浓度而生长受到抑制甚至死亡。在 TP 方面，磷元素是植物生长发育必需的大量元素之一，是核酸的重要组成成分，更是直接参与光合作用中的碳同化和光合磷酸化（孙海国 等，2001)。过高和过低的磷浓度都会对植物的抗氧化酶系统产生影响。研究表明黑藻在总磷质量浓度为 0～0.2 mg/L 的情况下能够正常生长，而在高浓度磷处理情况下（0.4～0.8 mg/L)，轮叶黑藻受到胁迫。这与本小节试验得出的结论一致。

综合以上分析，黑藻恢复的三因素边界条件为：光照 8 000～30 000 lx；沉积物营养盐 TN 质量分数 4 000～6 000 mg/kg，TP 质量分数 2 000～4 000 mg/kg，NH_4^+-N 质量分数 400～600 mg/kg；水体营养盐 TN 质量浓度 1～2 mg/L，NH_4^+-N 质量浓度 0.2～0.5 mg/L，NO_3^--N 质量浓度 0.8～1.5 mg/L，TP 质量浓度 0.1～0.2 mg/L。最佳条件为：光照 30 000 lx；沉积物营养盐 TN 质量分数 4 000 mg/kg，TP 质量分数 2 000 mg/kg，NH_4^+-N 质量分数 400 mg/kg；水体营养盐 TN 质量浓度 2 mg/L，NH_4^+-N 质量浓度 0.5 mg/L，NO_3^--N 质量浓度 1.5 mg/L，TP 质量浓度 0.2 mg/L。

2. 金鱼藻

1）金鱼藻株高和生物量

经过 14 天的培养之后，金鱼藻的生物量和株高出现了较为明显的变化。株高方面，各处理组之间的差异也发生了明显的变化，将处理组按照环境因子进行分类如图 5.4 所示，各水平数据取均值如表 5.9 所示。光照水平对生物量的影响为 L2>L4>L1>L5>L3，L3 水平下金鱼藻受到胁迫，生物量积累较少。沉积物水平对

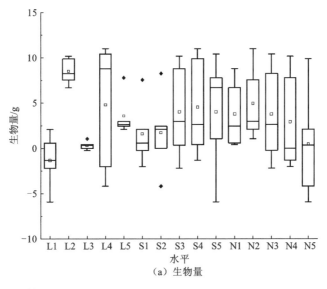

（a）生物量

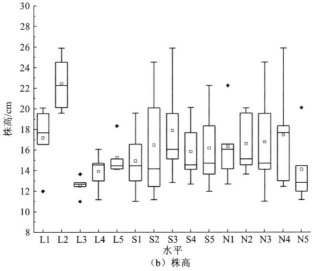

（b）株高

图 5.4　环境因素各个水平对金鱼藻生物量和株高的影响

生物量的影响为 S4>S3≈S5>S2>S1，生物量在 S4 水平下积累最多，而在低水平 S1 和 S2 均积累较少。水体营养盐对生物量的影响为 N2>N1≈N3>N4>N5，生物量在 N2 水平下积累得最多，在 N4 和 N5 水平下积累得较少。

表 5.9　环境因子对金鱼藻生物量、株高的影响

指标	因素	各因素水平均值				
		水平 1	水平 2	水平 3	水平 4	水平 5
积累生物量	L 光照	4.49	8.72	0.30	7.53	3.55
	S 沉积物	1.57	1.68	3.99	4.48	3.98
	N 水体营养盐	3.75	4.90	3.74	2.89	0.43
平均株高	L 光照	17.17	22.46	12.53	13.89	15.24
	S 沉积物	14.92	16.47	17.89	15.82	16.18
	N 水体营养盐	16.34	16.59	16.77	17.47	14.11

对于株高，光照水平对株高的影响为 L2>L1>L5>L4>L3，L2 水平下金鱼藻长势较好，平均株高较其他处理组长。沉积物水平对株高的影响为 S3>S2>S5>S4>S1，S3 水平下长势较好、株高较长，低和高营养水平 S1 和 S4 植株株高均较低。水体营养盐水平对株高的影响为 N4>N3>N2>N1>N5，水体营养盐处于 N4 水平时金鱼藻长势较好、株高达到最大值，而处于 N1 和 N5 时金鱼藻株高较低。

2）金鱼藻叶片中叶绿素、丙二醛、可溶性蛋白含量

将处理组按照环境因子进行分类如图 5.5 所示，后将各水平数据取均值如表 5.10 所示。在叶绿素方面，光照水平对叶绿素含量的影响为 L3=L5>L4>L2>L1，在较高光照水平下金鱼藻积累的叶绿素含量较低光照水平（L2 和 L1）高，在 L1 水平下金鱼藻叶绿素积累量最低。沉积物水平对叶绿素含量的影响为 S3≈S1=S4=S5>S2，沉积物各个水平对金鱼藻叶绿素积累影响不是很大。水体营养盐水平对叶绿素含量的影响为 N2>N1=N3>N4≈N5，低营养盐水平更有助于金鱼藻叶绿素的积累，营养盐水平提升之后，金鱼藻叶绿素的积累量下降。

对于丙二醛，光照水平对丙二醛含量的影响为 L3>L5>L4>L2>L1，说明在高光照条件 L5 水平下金鱼藻受到的胁迫较 L2 和 L1 水平高。沉积物水平对丙二醛含量的影响为 S4>S2>S5>S3>S1，在沉积物 S4 水平下金鱼藻的丙二醛含量较高、受到的胁迫较大，S1 和 S3 水平下受到的胁迫较小、丙二醛含量较低。水体营养盐水平对丙二醛含量的影响为 N1>N4>N2>N3>N5，金鱼藻在营养盐 N1 水平下丙二醛积累量达到最大、受到的胁迫最大，在高营养水平 N5 下丙二醛积累量最小、受到的胁迫最小。

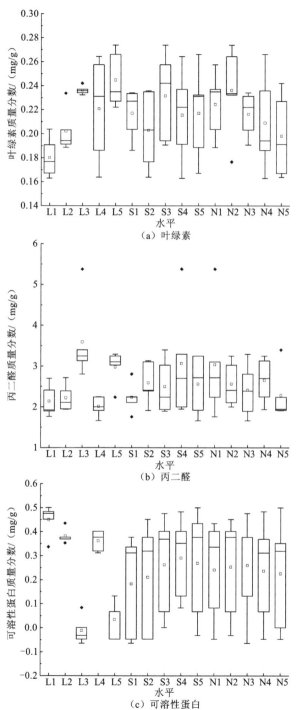

（a）叶绿素

（b）丙二醛

（c）可溶性蛋白

图 5.5　环境因素各个水平对金鱼藻叶绿素、丙二醛及可溶性蛋白含量的影响

表 5.10　环境因子对金鱼藻叶绿素、丙二醛、可溶性蛋白含量的影响

指标	因素	水平 1	水平 2	水平 3	水平 4	水平 5
叶绿素含量	L 光照	0.18	0.20	0.24	0.22	0.24
	S 沉积物	0.22	0.20	0.23	0.22	0.22
	N 水体营养盐	0.22	0.24	0.22	0.21	0.20
丙二醛含量	L 光照	2.13	2.21	3.58	2.24	2.97
	S 沉积物	2.23	2.58	2.49	3.05	2.55
	N 水体营养盐	3.03	2.55	2.40	2.64	2.28
可溶性蛋白含量	L 光照	0.45	0.38	0	0.37	0.03
	S 沉积物	0.18	0.21	0.26	0.29	0.27
	N 水体营养盐	0.24	0.25	0.26	0.24	0.23

对于可溶性蛋白，光照水平对可溶性蛋白含量的影响为 L1>L2≈L4>L5>L3，在低光照下金鱼藻可溶性蛋白含量较高，其受到的胁迫比其他处理组大，在中等光照下受到的胁迫最小。沉积物水平对可溶性蛋白含量的影响为 S4>S5≈S3>S2>S1，金鱼藻在沉积物较高水平时（S4）受到的胁迫较大，可溶性蛋白含量较高，其他水平下变化不大。水体营养盐水平对可溶性蛋白含量的影响为 N3>N2>N1=N4>N5，中等营养盐水平（N3）下金鱼藻受到胁迫较大，其他水平变化对金鱼藻体内可溶性蛋白含量影响不大。

3）金鱼藻上覆水中叶绿素 a 含量

将处理组按照环境因子进行分类如图 5.6 所示。由图 5.6 可知，金鱼藻所处水

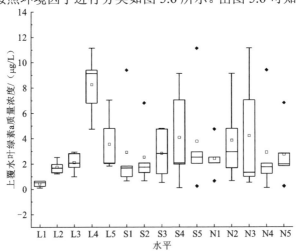

图 5.6　环境因素各个水平对金鱼藻上覆水叶绿素 a 的影响

体中叶绿素 a 的浓度随着光照强度上升而明显上升，这可能是因为藻类增殖需要的光照水平较高。上覆水叶绿素 a 的浓度变化与金鱼藻各个指标的 Spearman 相关性如表 5.11 所示。

表 5.11　上覆水叶绿素 a 浓度与金鱼藻各指标的 Spearman 相关性

项目	叶绿素含量	丙二醛含量	可溶性蛋白含量	最终生物量	平均株高
上覆水叶绿素浓度	0.417*	0.185	−0.276	0.335	−0.276

4）各因素水平对金鱼藻影响的极差、方差和差异显著性分析

各因素水平对金鱼藻影响的极差分析如表 5.12 所示，光照、沉积物、水体营养盐对叶绿素含量的影响为水体营养盐>沉积物>光照，最优组合为 L5S3N2，对丙二醛的影响为光照>沉积物>水体营养盐，最优组合为 L1S1N5。对可溶性蛋白的影响为沉积物>光照>水体营养盐，最优组合为 L3S1N5。对金鱼藻积累生物量的影响为光照>水体营养盐>沉积物，最优组合为 L2S3N2。对金鱼藻平均株高的影响为光照>水体营养盐>沉积物，最优组合为 L2S3N4。综上所述，光照和水体营养盐对金鱼藻生长影响较大。

表 5.12　各因素水平对金鱼藻影响的极差分析表

指标	因素	各因素水平均值					极差	最优水平
		水平 1	水平 2	水平 3	水平 4	水平 5		
积累生物量	L 光照	4.49	8.72	0.30	7.53	3.55	8.42	2
	S 沉积物	1.57	1.68	3.99	4.48	3.98	2.91	3
	N 水体营养盐	3.75	4.90	3.74	2.89	0.43	4.47	2
平均株高	L 光照	17.17	22.46	12.53	13.89	15.24	9.93	2
	S 沉积物	14.92	16.47	17.89	15.82	16.18	2.97	3
	N 水体营养盐	16.34	16.59	16.77	17.47	14.11	3.36	4
叶绿素含量	L 光照	0.18	0.20	0.24	0.22	0.24	0.006	5
	S 沉积物	0.22	0.20	0.23	0.22	0.22	0.03	3
	N 水体营养盐	0.22	0.24	0.21	0.21	0.20	0.04	2
丙二醛含量	L 光照	2.13	2.21	3.58	2.24	2.97	1.45	1
	S 沉积物	2.23	2.58	2.49	3.05	2.55	0.82	1
	N 水体营养盐	3.03	2.55	2.40	2.64	2.28	0.79	5
可溶性蛋白含量	L 光照	0.45	0.38	0	0.37	0.03	0.08	3
	S 沉积物	0.18	0.21	0.26	0.29	0.27	0.11	1
	N 水体营养盐	0.24	0.25	0.26	0.24	0.23	0.03	5

　　各因素水平对金鱼藻影响的方差分析如表 5.13 所示，光照对金鱼藻叶绿素含量的影响显著（$P=0.006$），而沉积物和水体营养盐对叶绿素含量的影响不显著。光照对金鱼藻丙二醛含量的影响显著（$P=0.001$），沉积物和水体营养盐对金鱼藻丙二醛含量的影响均不显著。光照和沉积物对金鱼藻可溶性蛋白含量的影响显著（$P=0$，$P=0.012$），而水体营养盐对金鱼藻可溶性蛋白含量的影响不显著。光照对金鱼藻积累生物量的影响显著（$P=0.015$），沉积物和水体营养盐对金鱼藻积累生物量没有显著的影响。光照对金鱼藻的平均株高有着显著的影响（$P=0$），沉积物和水体营养盐对金鱼藻平均株高没有显著的影响。

表 5.13　各因素水平对金鱼藻影响的方差分析表

指标	变异来源	平方和	自由度	均方	F 值	显著水平	贡献率
积累生物量	L	298.304	4	74.576	4.773	0.015	51.34
	S	38.990	4	9.747	0.624	0.654	6.71
	N	56.245	4	14.061	0.900	0.494	9.68
	误差	187.489	12	15.624			32.27
	总和	581.028					
平均株高	L	299.679	4	74.920	19.698	0	74.73
	S	23.412	4	5.853	1.539	0.253	5.84
	N	32.297	4	8.074	2.123	0.141	8.05
	误差	45.641	12	3.803			11.38
	总和	401.029					
叶绿素含量	L	0.014	4	0.003	6.180	0.006	53.85
	S	0.002	4	0.001	0.898	0.495	7.69
	N	0.004	4	0.001	1.689	0.217	15.38
	误差	0.007	12	0.001			26.92
	总和	0.026					
丙二醛含量	L	9.134	4	2.284	9.973	0.001	59.62
	S	1.790	4	0.448	1.955	0.166	11.68
	N	1.649	4	0.412	1.800	0.194	10.76
	误差	2.748	12	0.229			17.94
	总和	15.321					
可溶性蛋白含量	L	0.925	4	0.231	121.564	0	93.34
	S	0.039	4	0.010	5.101	0.012	3.94
	N	0.005	4	0.001	0.592	0.675	0.50
	误差	0.023	12	0.002			2.32
	总和	0.991					

各因素不同水平对金鱼藻影响的差异显著性检验分析如表 5.14 所示,对于叶绿素含量,光照的 L2 与 L3 及 L1 与 L5 差异显著,水体营养盐的 N3 与 N4、N5 差异显著,而沉积物各水平之间差异不显著。对于丙二醛含量,光照的 L1 与 L4 差异显著,而沉积物 S4 与 S1、S2、S3 之间达到了显著差异。对于可溶性蛋白含量,光照的 L1 与 L2、L3 与 L4、L4 与 L5 差异显著,沉积物、水体营养盐两个因素的各水平之间均无显著差异。对于积累生物量,光照的 L1 与 L2、L3 和 L4 之间差异显著,沉积物 S1 与 S3 存在显著差异,营养盐 N4 与 N5 存在显著差异。对于平均株高,光照的 L1 与 L2、L3、L4 差异显著,沉积物的 S1 与 S3 差异显著,营养盐各水平间均无显著差异。

表 5.14　金鱼藻同一因素各水平间差异显著性 LSD 检验

指标	L 光照					S 沉积物					N 水体营养盐				
	水平1	水平2	水平3	水平4	水平5	水平1	水平2	水平3	水平4	水平5	水平1	水平2	水平3	水平4	水平5
积累生物量	a	b	ac	bc	abc	a	ab	b	ab	ab	ab	ab	ab	a	b
平均株高	a	b	c	dc	ad	a	ab	b	a	a	a	a	a	a	b
叶绿素含量	ab	b	c	bc	c	a	a	a	a	a	abc	b	abc	abc	c
丙二醛含量	a	a	b	c	d	a	a	b	a	ab	ab	b	b	c	a
可溶性蛋白含量	a	b	ce	bd	e	ab	b	bc	c	bc	a	a	a	a	a

注:显著水平为 $P<0.05$

5)结果和讨论

光照、沉积物、水体营养盐对金鱼藻的影响为光照>水体营养盐>沉积物。金鱼藻适合在中低光照强度(L2、L3)下生长,金鱼藻生物量和平均株高要显著高于其他组,且可溶性蛋白含量也较低,受到的胁迫较低。金鱼藻适于在中高沉积物水平(TN 质量分数 2 000~4 000 mg/kg,TP 质量分数 1 000~2 000 mg/kg,NH_4^+-N 质量分数 200~400 mg/kg)下生长,金鱼藻在沉积物水平 S3、S4 下生长较好,积累生物量和株高都显著高于其他组,且可溶性蛋白含量较低,金鱼藻长势较好,而在 S5 高营养水平下金鱼藻的生物量和株高显著低于其他组,可溶性蛋白含量也显著升高,此时金鱼藻的生长受到了胁迫,生长受到了抑制。金鱼藻适宜于水体营养盐中低水平(TN 质量浓度 2~5 mg/L,NH_4^+-N 质量浓度 0.5~

2 mg/L，NO_3^--N 质量浓度 1.5～3 mg/L，TP 质量浓度 0.2～0.3 mg/L）水体中生长，实验显示金鱼藻在营养盐水平 N2 下长势良好，其平均株高和生物量均显著高于其他组，叶绿素含量也较高，可溶性蛋白含量较低。

相关的研究表明，金鱼藻的光补偿点在 1 200～1 500 lx，研究表明金鱼藻在 1 500～40 000 lx 条件下均生长良好（李泽，2012）。但是本次实验中，光照水平设置较高时，出现了金鱼藻生长受到抑制的情况，分析各个指标，发现高光强下金鱼藻所处水体中叶绿素 a 的浓度明显上升，说明藻类的生长对金鱼藻的生长产生了抑制作用。

在沉积物方面，金鱼藻适合生长在中营养沉积物水平（S3）中，在沉积物水平 S3、S4 下金鱼藻的株高和生物量都有显著的提升，丙二醛含量较低，金鱼藻受到的胁迫较小，金鱼藻长势良好。相关研究表明，在中等偏低水体营养盐水平下，金鱼藻适应于在中高营养水平的湖泥底质中生长（陈开宁 等，2006a；倪乐意，2001）。这与本实验得出的结论相似。

在水体营养盐方面，综合分析表 5.10、表 5.11 得出，金鱼藻适合生长在中低营养盐水平 N3 的水体中，较高的水体营养盐浓度会对金鱼藻的生长产生胁迫，较高营养盐水体中金鱼藻的株高和叶绿素含量显著低于其他处理组，相关研究表明，水体中氨氮的浓度变化会对金鱼藻的生长产生影响，金鱼藻能耐受氨氮质量浓度范围为 0.5～4 mg/L（周金波 等，2018）。这是由于金鱼藻在受胁迫的情况下，体内细胞自由基的产生和消除的平衡被打破，自由基的积累引发了细胞的膜脂过氧化作用，这种膜脂过氧化作用会损伤细胞膜、干扰并阻断细胞其他的正常代谢过程（Chen，1991）。实验中 N4、N5 水平下氨氮的浓度均高于金鱼藻的耐受浓度，因此较高的水体营养盐浓度会对金鱼藻的生长产生胁迫。在 TP 方面，金鱼藻适合在 TP 质量浓度为 0.2～0.3 mg/L 的水体中生长。

综合以上分析，金鱼藻恢复的三因素边界条件为：光照 3 000～15 000 lx；沉积物营养盐 TN 质量分数 2 000～4 000 mg/kg，TP 质量分数 1 000～2 000 mg/kg，NH_4^+-N 质量分数 200～400 mg/kg；水体营养盐 TN 质量浓度 2～5 mg/L，NH_4^+-N 质量浓度 0.5～2 mg/L，NO_3^--N 质量浓度 1.5～3 mg/L，TP 质量浓度 0.2～0.3 mg/L。最佳条件为：光照 8 000 lx；沉积物营养盐 TN 质量分数 2 000 mg/kg，TP 质量分数 1 000 mg/kg，NH_4^+-N 质量分数 200 mg/kg；水体营养盐 TN 质量浓度 2 mg/L，NH_4^+-N 质量浓度 0.5 mg/L，NO_3^--N 质量浓度 1.5 mg/L，TP 质量浓度 0.2 mg/L。

5.2　杭州西湖影响沉水植物生长的主要环境因子

5.2.1　着生藻和硝态氮

水生植物通过为水生生物提供栖息地和饵料（Beklioğlu et al.，2017；Zhang et al.，2016）、根茎吸收水体中营养盐（Orth et al.，2006）、以直接或者间接的方式降低水体中浮游藻类的含量（Rodrigo et al.，2013；van Donk and van de Bund，2002），在受污染湖泊水体生态修复过程中发挥重要作用。然而，由于湖泊富营养化的日益普遍，世界各地沉水植物群落衰退的现象越来越多（Wang et al.，2014b；Gonzalez-Sagrario et al.，2005）。水体中磷元素被普遍认为是湖泊富营养化的限制因子（Sand-Jensen et al.，2008；Schindler，1974），但是近年来水体中氮元素在湖泊富营养化及沉水植物群落衰退过程中的作用得到越来越多的关注（Moss et al.，2013）。Yu 等（2015）研究发现，水体中高浓度氮会导致苦草的叶长、叶生物量和根长相应减少。Barker 等（2008）认为湖泊河流等自然水体中沉水植物生物多样性的降低与水体中不断升高的氮浓度有密切关联。在波兰和英国的一些湖泊中，研究表明水体中不断升高的硝态氮浓度是导致水生植物物种多样性降低的重要原因（James et al.，2005）。

世界范围内磷肥的使用量基本保持不变，氮肥的使用量却仍然在不断增加，这无疑会使地表水体中氮的浓度不断升高，对接受农田污水的湖泊河流中沉水植物的生长产生不利影响（Faostat，2014）。过度使用的生物肥料和人工合成肥料会使农田中含有大量硝态氮的农业废水浸出，地下水和地表水中硝态氮浓度升高。因此，大量浅水湖泊遭受到高浓度硝态氮（100～1 000 mmol/L）的影响。孔隙水中氨氮是最主要的氮形态，上覆水中氮形态以硝态氮为主（Wetzel，2001）。根生沉水植物可以通过植物的根和叶从周围的环境中吸收 NH_4^+ 和 NO_3^- 供自身生长。Burkholder 等（1992）发现水体中硝态氮浓度升高会降低鳗草（*Zostera marina*）的生物量。关于氨氮对沉水植物生长的影响的研究比较充分，但是水体中高浓度硝态氮对沉水植物生长影响的研究仍然不够（Zhang et al.，2013a；Wang et al.，2008）。

水体富营养化通常带来的是水体中浮游藻类和着生藻类的增加（Romo and Villena，2007；Phillips et al.，1978），富营养湖泊河流等水体中沉水植物的衰退常常伴随着高浓度的浮游藻类的生长（He et al.，2014；Xing et al.，2013）。然而，富营养化湖泊中着生藻类的暴发往往发生在浮游藻类暴发之前，沉水植物群落的衰退往往伴随着大量着生藻类的生长（Sayer et al.，2010b；van Geest et al.，2005）。

Jones 等（1994）和 Bécares 等（2008）的研究表明，当表面着生藻类生物量分别超过 50 mg/Chl-a m² 和 90 mg/Chl-a m² 时，沉水植物的生物量将降低超过 50%（Bécares et al.，2008）。因此，导致沉水植物群落衰退的原因可能是大量生长的着生藻类而不是浮游藻类的暴发。实际上，有研究表明，沉水植物表面大量的着生藻类抑制了沉水植物的生长（Asaeda et al.，2004；Sand-Jensen and Søndergaard，1981）。

着生藻类主要通过遮挡到达沉水植物表面的光照和竞争沉水植物可获得的营养盐（Hilt and Gross，2008；Chen et al.，2007），抑制沉水植物的生长，更进一步导致沉水植物群落的衰亡，结果就是清水草型湖泊向浊水藻型湖泊状态进行转化，浮游藻类进一步暴发，湖泊生态系统稳态遭到破坏（Dent et al.，2002；Scheffer et al.，2001）。然而，关于这一结果的直接证据相对较少，其背后潜在的机制研究比较有限。因此，闵奋力（2018）将着生藻类和不同浓度硝态氮结合起来，按照 2×4 因子阶乘实验进行，分别设置有着生藻和无着生藻两种着生藻条件和 0.5 mg/L、2.5 mg/L、5 mg/L 和 10 mg/L 4 个硝态氮浓度梯度，实验条件下水体中 TP 质量浓度为 0.02～0.04 mg/L，每一组实验设置三个平行。在无着生藻组中，根据初步研究的结果，在每一个玻璃缸中放入一个约 0.25 g 的铜锈环棱螺，用来防止着生藻类的滋生。在有着生藻组中，每个玻璃缸中加入 30 mL 着生藻类混合接种液，其中主要包括 12 个属，包括颗粒直链藻属（*Aulacoseira*）、小环藻属（*Cyclotella*）、舟形藻属（*Navicula*）、桥弯藻属（*Cymbella*）、隐杆藻属（*Aphanothece*）、小球藻属（*Chlorella*）、脆杆藻属（*Fragilaria*）、针杆藻属（*Synedra*）、弯杆藻属（*Achnanthes*）、颤藻属（*Oscillatoria*）、鞘丝藻属（*Lyngbya*）和伪鱼腥藻属（*Pseudanabaena*）。为了避免浮游藻类的影响，用自来水换掉玻璃缸中上部 1/3 的实验用水，实验过程中蒸发散失的水分用自来水补充。实验过程中，使用苯酚二磺酸分光光度法每天对实验玻璃缸中的硝态氮浓度进行测定。硝酸钾（KNO_3）和硝酸钠（$NaNO_3$）按照 1:1（质量比）的比例添加，用来补充实验中所需的氮元素，使硝态氮浓度保持在实验设定水平。

实验数据分析结果显示，硝态氮浓度和着生藻水平对苦草生物量的积累有显著相关性（表 5.15）。与无着生藻组相比，有着生藻组在 0.5 mg/L、2.5 mg/L、5 mg/L 和 10 mg/L 硝态氮浓度下的生物量分别降低了 12.6%、33.3%、23.8%和 13.8%。单因素方差分析结果显示，有着生藻组和无着生藻组中苦草生物量在硝态氮浓度为 2.5～5 mg/L 时具有显著性差异（$P<0.05$，图 5.7）。

表 5.15　双因素方差分析结果汇总

指标	硝态氮		着生藻类		硝态氮×着生藻类	
	统计量	检验水平	统计量	检验水平	统计量	检验水平
生物量	4.987	0.012*	20.300	<0.001***	2.449	0.101
叶绿素含量	23.721	<0.001***	13.370	0.002**	1.627	0.223
叶绿素 a/b 比值	41.419	<0.001***	3.091	0.098	5.515	0.009**
丙二醛含量	19.318	<0.001***	54.093	<0.001***	7.156	0.003**
游离脯氨酸含量	22.356	<0.001***	1.628	0.220	1.770	0.193
可溶性糖含量	37.636	<0.001***	7.808	0.013*	9.697	0.001**
可溶性蛋白含量	10.578	<0.001***	0.039	0.847	2.819	0.072
超氧化物歧化酶含量	7.132	0.003**	33.513	<0.001***	10.388	<0.001***
过氧化物酶含量	75.899	<0.001***	16.473	0.001**	20.205	<0.001***
过氧化氢酶含量	32.843	<0.001***	16.065	0.001**	13.838	<0.001***

*$P<0.05$；**$P<0.01$；***$P<0.001$

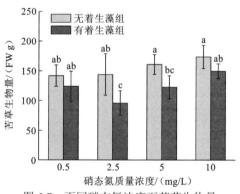

图 5.7　不同硝态氮浓度下苦草生物量

　　有着生藻组中苦草的叶绿素含量要低于无着生藻组。不考虑着生藻的影响，当硝态氮质量浓度从 0.5 mg/L 升高到 5 mg/L 时，苦草叶绿素含量逐渐升高；当硝态氮质量浓度从 5 mg/L 升高到 10 mg/L 时，苦草叶绿素含量降低。当硝态氮质量浓度为 5 mg/L 时，无着生藻组苦草叶绿素含量显著高于有着生藻组（$P<0.05$）。叶绿素 a/b 比值（Chl-a/Chl-b 值）受到逐渐升高的硝态氮和着生藻的交互作用的影响（表 5.15）。在有着生藻组中，随着硝态氮质量浓度从 0.5 mg/L 升高到 10 mg/L，Chl-a/Chl-b 值逐渐降低。但是在无着生藻组中，Chl-a/Chl-b 值在硝态氮质量浓度

为 0.5～5 mg/L 时逐渐降低，当硝态氮质量浓度从 5 mg/L 升高到 10 mg/L 时，Chl-a/Chl-b 值却逐渐升高（图 5.8）。

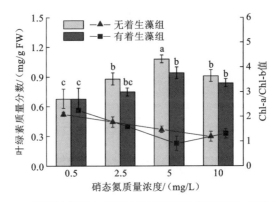

图 5.8　不同处理组中苦草叶片叶绿素含量和 Chl-a/Chl-b 值

硝态氮浓度、着生藻和两者之间的交互作用对苦草叶片中丙二醛含量有显著性影响（表 5.15）。在有着生藻组中，苦草叶片丙二醛含量保持在很高水平，不同处理间差异较小（$P > 0.05$）。但是，在无着生藻组中，随着硝态氮质量浓度从 0.5 mg/L 升高至 10 mg/L，丙二醛含量逐渐升高，并且在硝态氮质量浓度为 0.5～2.5 mg/L 时明显更低（$P < 0.05$），当硝态氮质量浓度为 0.5～2.5 mg/L 时，有着生藻组丙二醛含量要明显高于无着生藻组（$P < 0.05$）[图 5.9（a）]。

苦草叶片中游离脯氨酸含量在不同硝态氮浓度条件下变化明显（表 5.15）。不考虑着生藻情况，当硝态氮质量浓度从 0.5 mg/L 升高到 5 mg/L 时，苦草叶片中的游离脯氨酸含量逐渐升高；当硝态氮质量浓度从 5 mg/L 升高到 10 mg/L 时，苦草游离脯氨酸含量逐渐降低。各硝态氮浓度条件下，有着生藻组中游离脯氨酸含量比无着生藻组中高，除了在硝态氮质量浓度为 5 mg/L 条件下，游离脯氨酸含量都处在一个较低水平。当硝态氮质量浓度为 5 mg/L 时，有着生藻组和无着生藻组游离脯氨酸含量有显著性差异[$P < 0.05$，图 5.9（b）]。

硝态氮浓度、着生藻和两者之间的交互作用对苦草叶片中可溶性糖含量有显著性影响（表 5.15）。无论在何种着生藻条件下，当硝态氮质量浓度从 0.5 mg/L 升高到 2.5 mg/L 时，苦草叶片中可溶性糖含量逐渐升高；当硝态氮质量浓度从 2.5 mg/L 升高到 10 mg/L 时，苦草中可溶性糖含量略有降低。有着生藻组中苦草可溶性糖含量要略低于无着生藻组[图 5.9（c）]。

苦草叶片中可溶性蛋白含量在不同硝态氮浓度条件下变化明显（表 5.15）。在有着生藻组中，当硝态氮质量浓度从 0.5 mg/L 升高到 2.5 mg/L 时，可溶性蛋白含

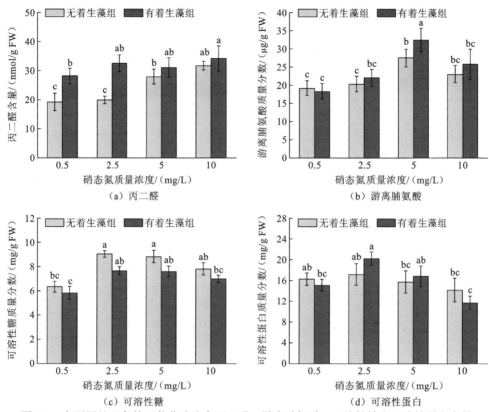

图 5.9　在不同处理条件下苦草叶片中丙二醛、游离脯氨酸、可溶性糖和可溶性蛋白含量

量逐渐升高；当硝态氮质量浓度从 2.5 mg/L 升高到 10 mg/L 时，苦草叶片中可溶性蛋白含量逐渐降低。但是在无着生藻组中，不同硝态氮浓度下苦草叶片中可溶性糖无显著性差异[$P > 0.05$，图 5.9（d）]。

在有着生藻组中，苦草超氧化物歧化酶（superoxide dismutase，SOD）活性在硝态氮浓度为 0.5～5 mg/L 时逐渐升高，当硝态氮质量浓度为 5～10 mg/L 时，SOD 活性升高趋势变缓。与无着生藻组相比，有着生藻组苦草 SOD 活性分别升高了 14.6%、20.3%、29.5% 和 18.7%[图 5.10（a）]。在有着生藻组中，过氧化物酶（peroxidase，POD）和过氧化氢酶（catalase，CAT）活性在硝态氮质量浓度为 0.5～5 mg/L 时逐渐升高，在硝态氮质量浓度为 5～10 mg/L 时略有下降。而在无着生藻组中，随着硝态氮浓度的升高，POD 和 CAT 活性持续升高。有着生藻组中 POD 和 CAT 活性要明显高于无着生藻组。与无着生藻组相比，有着生藻组 POD 活性分别升高了 20.2%、32%、42% 和 14.3%，CAT 活性分别升高了 16.5%、21.6%、25% 和 6%[图 5.10（b）和（c）]。有着生藻组 SOD、POD 和 CAT 活性在硝态氮浓度为 5 mg/L 时显著高于无着生藻组（$P<0.05$，图 5.10）。

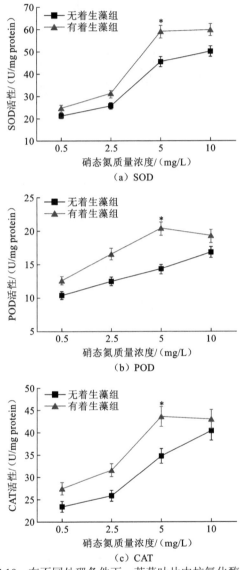

（a）SOD

（b）POD

（c）CAT

图 5.10　在不同处理条件下，苦草叶片中抗氧化酶活性

*表示两种着生藻条件下存在显著性差异，$P<0.05$

　　本小节通过实验直接证明了沉水植物的衰退可能直接与表面大量生长的着生藻类有关。同时，大量生长的着生藻类和水体中高浓度的硝态氮共同对沉水植物的生理指标造成不利影响，进一步可能导致沉水植物群落的衰退。

5.2.2 牧食

鱼类牧食会减少沉水植物的生物量。草鱼摄食沉水植物的茎叶，会阻碍沉水植物的正常生长，减少其生物量。Hanlon 等（2000）调查发现 Cay Dee 湖在草鱼摄食 3 年后，瓜达鲁帕茨藻（*Najas guadalupensis*）的覆盖率由 91% 减少至 12%；在草鱼摄食 6 年后，Fish 湖中轮叶黑藻（*Hydrilla verticillata*）的覆盖率由 100% 减少至 16%；在草鱼摄食 8 年后，Keene 湖中金鱼藻的覆盖率由 40% 减少至 0；在草鱼摄食 4 年后，Island 湖中绿尾松（*Mayaca fluviatilis*）的覆盖率由 40% 减少至 0。Wells 等（2003）对比研究发现，草鱼通过摄食作用使 Churchill East 渠中金鱼藻覆盖率变为 0.57%，而草鱼未摄食的 Rangiriri 渠中金鱼藻覆盖率为 62.0%。王晓平等（2016）研究了草鱼对沉水植物生长的影响，发现草鱼通过摄食使沉水植物总生物量降低了 82.1%，其中马来眼子菜（*Potamogeton wrightii*）生物量降低了 91.8%，金鱼藻生物量降低了 24.4%，伊乐藻（*Elodea nuttallii*）生物量降低了 100%，苦草生物量降低了 85.1%。蔡树伯等（2015）证明在野外条件下，草鱼通过摄食作用能够减少穗花狐尾藻（*Myriophyllum spicatum*）的生物量，有效控制其生长。

鱼类牧食还可以影响沉水植物的群落结构。在对河流湖泊进行沉水植物生态修复时，往往选取多种沉水植物以达到植物群落结构交替、物种丰富等生态效果，但草鱼的摄食会降低修复效果。草鱼对植物并非无选择性地摄食，而是存在一定的优先性顺序，因此会对沉水植物的群落结构产生一定影响。陈振昆等（1998）通过初步研究草鱼对 32 种牧草的嗜好，发现草鱼喜食禾本科牧草、不摄食豆科牧草。Donk 和 Otte（1996）对荷兰 Zwemlust 湖沉水植物群落结构进行了 5 年的观察发现，由于草鱼的摄食作用，前 4 年沉水植物中占优势物种由伊乐藻演变为金鱼藻，在第 5 年伊乐藻和金鱼藻几乎全部消失。Pípalová（2002）通过池塘实验发现，投放草鱼 1 年后，池塘中原有的小眼子菜（*Potamogeton pusillus*）和篦齿眼子菜（*Potamogeton pectinatus*）转变成穗花狐尾藻和金鱼藻。另外，草鱼通过摄食沉水植物影响了植物群落结构的分布范围。Tanner 等（1990）发现 Parkinson 湖中 1976 年沉水植物主要是冠高型的眼子菜植物 *Potamogeton ochreatus* 和轮藻植物 *Nitella hookeri*，这两种植物生长的最大深度分别为 4.5 m 和 2.5 m；投放草鱼后，1986 年发现 *Nitella hookeri* 生长的最大深度达到 5 m，95% 的 *Potamogeton ochreatus* 在更深处生长。

1. 草鱼对沉水植物的摄食

在沉水植被恢复过程中，草食性鱼类特别是草鱼的摄食影响甚大，有时甚至出现了毁灭性破坏。此外，过量地放养草食性鱼类导致湖泊大型水生植物群落严重破坏，最终导致系统退化的现象也普遍存在（杨清心和李文朝，1996）。目前，关于草鱼对水生植物摄食影响的研究主要涉及适口性方面的评价（陈振昆 等，1998；Catarino et al.，1997）及草鱼摄食对水生植物生长的影响（胡廷尖 等，2011；Armellina et al.，1999），而在不同种类常见沉水植物摄食优先性及不同规格和密度的草鱼对沉水植物摄食率方面的研究相对较少。

因此，孙健 等（2019）设计相关实验从 3 方面对沉水植物的摄食选择性及摄食率进行了探讨：①草鱼对不同沉水植物的摄食适口性；②不同规格的草鱼对沉水植物的摄食选择性及摄食率；③不同放养密度的草鱼。实验设置了 5 种沉水植物、6 种不同规格的草鱼和 4 种放养密度。

由表 5.16 可以看出，草鱼对轮叶黑藻、苦草和菹草的最大摄食率分别为6.67%、3.87% 和 2.13%，显著高于金鱼藻和穗花狐尾藻（$P<0.05$），说明轮叶黑藻、苦草和菹草的适口性明显好于金鱼藻和穗花狐尾藻，同时轮叶黑藻的适口性也明显好于苦草和菹草（$P<0.05$）。草鱼对轮叶黑藻、苦草、菹草、穗花狐尾藻和金鱼藻的摄食适口性依次为轮叶黑藻 > 苦草 > 菹草 > 金鱼藻 > 穗花狐尾藻。

表 5.16　草鱼对不同沉水植物的摄食率　　　　　　　　　　（单位：%）

项目	轮叶黑藻	苦草	菹草	金鱼藻	穗花狐尾藻
最大摄食率	6.67±0.20a	3.87±0.13b	2.13±0.23c	1.07±0.27d	0.53±0.27d

注：不同字母表示显著差异（$P<0.05$），$n=4$

6 种规格的草鱼对轮叶黑藻的选择指数均大于 0，对其他三种植物的选择指数均小于 0（图 5.11），说明在有轮叶黑藻的情况下，草鱼会优先选择摄食轮叶黑藻。6 种规格草鱼的日均摄食率均呈下降趋势，基本上一致（图 5.12）。在第 1 天有黑藻的情况下，6 种规格草鱼的总摄食率高于其他三天，其中 35 g 草鱼的总摄食率最高，为 33.93%。在 4 天的摄食活动中，35 g 和 45 g 两种规格草鱼的总摄食率均保持较高。

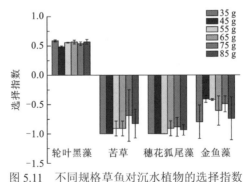

图 5.11　不同规格草鱼对沉水植物的选择指数

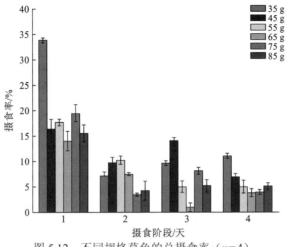

图 5.12　不同规格草鱼的总摄食率（$n=4$）

4 种密度草鱼对轮叶黑藻的选择指数均大于 0，对其他 3 种水草的选择指数均小于 0，说明在有轮叶黑藻的情况下，不同密度的草鱼均会优先选择摄食轮叶黑藻（图 5.13）。在第 1 天有轮叶黑藻的情况下，4 种密度的草鱼对轮叶黑藻的摄食率依次增大，对金鱼藻的摄食率趋近于 0 或等于 0，对穗花狐尾藻的摄食率较低，约 5%，对苦草的摄食率以密度 2.4 g/L 组最高。对于总摄食率，2.4 g/L、3.6 g/L 和 4.8 g/L 三个处理组明显高于 1.2 g/L（$P<0.05$），但三者的差异并不显著（$P>0.05$）（图 5.14）。第 2 天，在没有轮叶黑藻的情况下，4 种密度的草鱼对金鱼藻的摄食率依然很低，对穗花狐尾藻的摄食率依次减少，对苦草的摄食率较低，总摄食率也逐渐降低（3.6 g/L 和 4.8 g/L 两种密度除外）（图 5.15）。

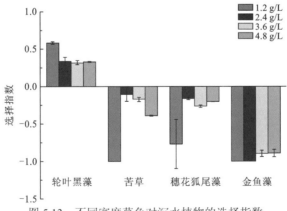

图 5.13　不同密度草鱼对沉水植物的选择指数

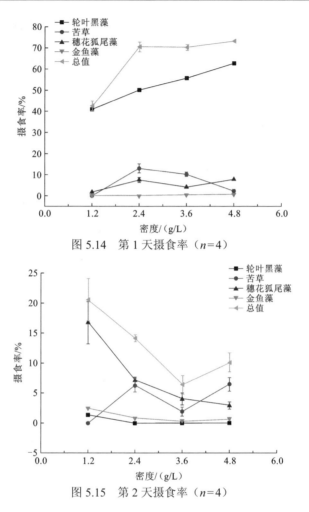

图 5.14　第 1 天摄食率（$n=4$）

图 5.15　第 2 天摄食率（$n=4$）

实验结果表明：草鱼对轮叶黑藻、苦草、菹草、穗花狐尾藻和金鱼藻的摄食适口性依次为轮叶黑藻>苦草>菹草>金鱼藻>穗花狐尾藻；同规格的草鱼对轮叶黑藻优先选择摄食，且摄食率大于苦草、穗花狐尾藻和金鱼藻，小规格草鱼（35 g和 45 g）的日均摄食率大于大规格草鱼（55 g、65 g、75 g 和 85 g）；在有轮叶黑藻的情况下，不同密度的草鱼对轮叶黑藻的摄食竞争作用明显；无轮叶黑藻时，草鱼的摄食率随着草鱼密度的增大而降低。

2. 水深、动物牧食对苦草种子和黑藻殖芽萌发的影响

水体中沉水植物可以被草食性鱼类、水鸟、螺类等水生动物牧食，水生动物的牧食作用对沉水植物的群落结构有重要影响（Elger and Lemoine，2005）。草食性鱼类，尤其是草鱼，曾经在世界范围内被用于控制野生水草，草鱼可以有效地

减少甚至消除沉水植物群落（Dibble and Kovalenko，2009；Pipalova，2002）。然而，由于草食性鱼类对沉水植物的巨大破坏力，在湖泊生态修复初期大规模的草食性鱼类往往不受欢迎。Krupska 等（2012）的研究表明，浅水湖泊中的沉水植物可以大幅降低沉水植物的生物量和生物多样性，同时也会降低水体的透明度（Krupska et al.，2012）。因此，评价草食性鱼类对富营养化湖泊中沉水植物的影响具有十分重要的意义，用网做成的围隔经常用于为沉水植物恢复提供一个稳定的环境（Zeng et al.，2017；Rodrigo et al.，2013）。

为了探究富营养湖泊中利用沉水植物种子进行沉水植物恢复的潜在可能性，闵奋力（2018）以苦草和黑藻为研究对象进行原位实验，研究动物牧食对苦草和黑藻种子萌发和幼苗生长的影响。苦草和黑藻都是长江中下游常见的沉水植物种类，由于它们耐污能力、繁殖能力和适应环境的能力较强，经常被用作湖泊沉水植被恢复的先锋种。该实验设置了围网（实验组）和不围网（对照组）两个处理，种子的萌发率、萌发速度和残余幼苗数量（受到动物牧食影响之后）这些指标被用于分析不同处理组之间的差异。

实验结果表明，不同的水深和动物牧食对苦草种子和黑藻殖芽的萌发率产生显著影响（$P<0.05$），水深和动物牧食的交互作用对黑藻殖芽的萌发有显著影响（$P<0.05$，表 5.17）。两种植物都在 1 m 水深处表现出最大萌发率。苦草种子在 2 m 水深处的萌发率明显低于在 0.5 m 和 1 m 水深情况下（$P<0.05$）。在 1 m 水深条件下，围网组中黑藻殖芽的萌发率要明显大于不围网组；黑藻殖芽的萌发率在所有处理组中都要大于苦草种子（$P<0.05$，表 5.18）。

表 5.17　关于水深和动物牧食的双因素方差分析数据汇总

	方差来源	自由度	离均差平方和	平均方差	统计量	检验水平
苦草	围网	1	0.053	0.053	9.12	0.011
	水深	2	0.943	0.471	81.68	<0.001
	围网×水深	2	0.027	0.014	2.358	0.137
	误差	12	0.069	0.006		
	总计	18	3.338			
黑藻	围网	1	0.042	0.042	7.910	0.016
	水深	2	0.336	0.168	32.034	<0.001
	围网×水深	2	0.058	0.029	5.563	0.020
	误差	12	0.063	0.005		
	总计	18	8.105			

表5.18　各处理组苦草和黑藻萌发率和平均萌发时间数据

处理	萌发率/%			平均萌发时间/d		
	苦草	黑藻	F值	苦草	黑藻	F值
0.5 m 围网组	50.7±4.9ab	62.7±2.4b	6.9*	21.0±0.6b	16.5±0.9b	18.7*
0.5 m 对照组	34.7±2.4b	56.7±3.7bc	23.6**	21.2±0.7b	16.7±1.0b	14.0*
1 m 围网组	60.7±5.2a	81.3±3.1a	11.4*	19.3±0.5b	15.9±1.1b	8.2*
1 m 对照组	48.7±4.9ab	65.3±3.5b	6.8*	20.8±1.0b	16.1±0.6b	14.9*
2 m 围网组	4.0±1.5c	45.3±2.6c	165.1***	25.0±0.7a	21.8±1.0a	6.6
2 m 对照组	4.0±0.6c	48.0±3.6c	122.5***	22.0±0.5ab	21.7±1.0ab	0.08

注：表格中数据为平均值±标准误差形式，不同列的不同字母表示平均值之间存在显著性差异（Tukey's test，$P<0.05$），单因素方差分析的 F 值在表格中列出。* $P<0.05$，** $P<0.01$，*** $P<0.001$

　　苦草种子在实验开始 14～18 天后开始出现萌发现象，黑藻殖芽在实验开始 10～16 天后开始有萌发出现（图 5.16）。在 2 m 水深处，苦草种子和黑藻殖芽萌发起始时间都比 0.5 m 和 1 m 水深处晚，尤其是 2 m 水深处围网组，两种植物的平均萌发时间都比其他处理组平均萌发时间长。在 0.5 m 和 1 m 水深处，黑藻殖芽的平均萌发时间都要明显短于苦草种子的平均萌发时间（$P<0.05$），但是在 2 m 水深处两者没有显著性差异。

　　在整个实验过程中，对照组（不围网组）中新鲜萌发的苦草和黑藻幼苗持续被草食性动物牧食。实验结束时，在 1 m 水深处对照组中苦草和黑藻幼苗的被牧食率明显高于在 0.5 m 和 2 m 水深处，并且在 3 个水深处黑藻幼苗的被牧食率都要明显高于苦草萌发新芽（图 5.17）。实验组（围网组）中苦草和黑藻幼苗的存活率要明显大于对照组（$P<0.05$），说明围网可以有效减少两种沉水植物幼苗的被牧食率。对照组中黑藻幼苗残余株数在 3 个水深条件下没有显著性差异（图 5.18）。

　　水深和动物牧食对苦草种子和黑藻殖芽的萌发和幼苗的生长有较大影响。这两种沉水植物都在 1 m 水深处表现出最高的萌发率，在 2 m 水深处表现出最低的萌发率，苦草种子在 2 m 水深处几乎不萌发。围网可以有效减少沉水植物幼苗被草食性动物牧食，黑藻幼苗比苦草幼苗具有更好的适口性，这两种沉水植物的幼苗在没有被保护的情况下极易被草食性动物牧食。因此，在使用种子恢复富营养湖泊沉水植物群落时，湖泊草食性水生生物的牧食必须考虑并且认真解决。

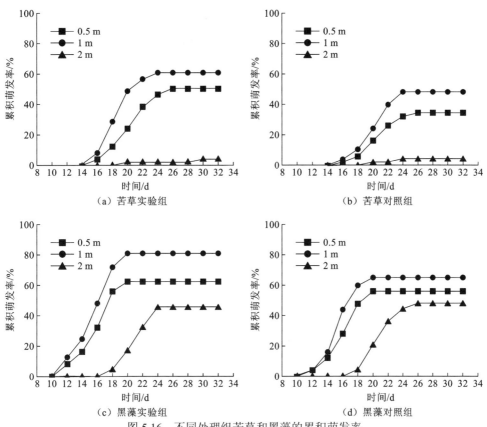

（a）苦草实验组　　　　　　　　　　（b）苦草对照组

（c）黑藻实验组　　　　　　　　　　（d）黑藻对照组

图 5.16　不同处理组苦草和黑藻的累积萌发率

平均值±标准误差，$n=3$

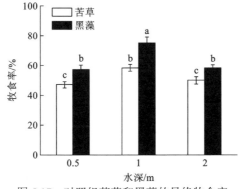

图 5.17　对照组苦草和黑藻的最终牧食率

平均值±标准误差，$n=3$；不同字母表示不同处理间存在显著性差异（$P<0.05$）

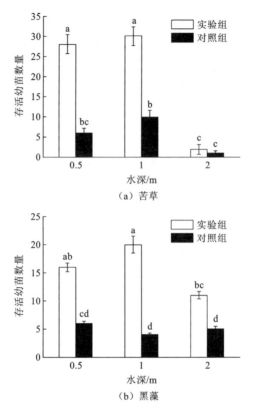

图 5.18 实验组和对照组中存活苦草和黑藻幼苗株数

平均值±标准误差，$n=3$；不同字母表示不同处理间存在显著性差异（$P<0.05$）

5.2.3 铝盐

沉水植被恢复过程中虽然多数植物以无性繁殖为主，但有性繁殖是新基因形成和新基因型产生的主要手段，同时，有性繁殖形成的种子还可能是沉水植物遭到极端干扰毁坏后种群恢复的基础（袁龙义和江林枝，2008）。在淡水大型沉水植物的有性繁殖过程中，种子萌发是繁殖成功的关键过程之一。但是，在水生植物生长繁殖过程中，其种子萌发受到水文条件、基质、温度、营养盐和光照等诸多因子的影响（徐恩兵 等，2016；韩翠敏 等，2014）。各种环境因子相互作用构成了种子萌发的微环境条件，种子萌发对环境条件的响应是植物在长期进化过程中形成的重要的生活史对策。

引江济湖是一种能较快改善水质的修复措施，杭州西湖钱塘江引水工程有效改善了西湖的水环境质量，同时也观察到引水工程入湖口区域沉水植物体表面被附着物完全包裹，严重影响了沉水植物的正常生长和观感，这一现象是否与引水工程前处理中的悬浮颗粒物絮凝沉淀采用的絮凝剂残留有关呢？目前，铝盐广泛地应用于水处理导致越来越多的铝盐进入自然水生态系统中，水生植物的有性繁殖也因此受到胁迫。针对这一现象，本小节以菹草、金鱼藻、苦草为研究对象，初步探讨铝盐对菹草石芽、苦草种子萌发及幼苗生长的影响，以及铝盐对菹草和金鱼藻的生理影响，以期为沉水植物恢复工作提出建议。

1. 铝盐絮凝剂对菹草石芽萌发及幼苗生长的影响

蔺庆伟（2018）设置了 4 个铝盐浓度处理组，分别添加 0.3 mg/L、0.6 mg/L、1.2 mg/L 和 1.5 mg/L 铝盐絮凝剂明矾溶液，对照组不添加明矾溶液。结果表明，对照组石芽萌发速率最快，0.6 mg/L 处理组在实验开始至第 16 天之间石芽萌发颗数为 5 组中的最小值，随时间延长逐渐增加，最后菹草石芽萌发的颗数呈现随添加絮凝剂浓度升高递减的趋势（图 5.19）。

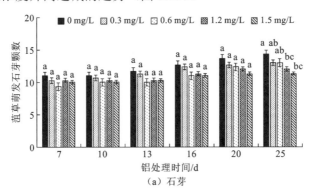

（a）石芽

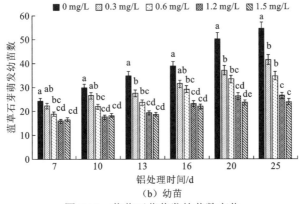

（b）幼苗

图 5.19　菹草石芽萌发幼苗数变化

平均值±标准差，$n=3$

对照组幼芽长势最快，同期幼苗株高最高。随添加絮凝剂浓度升高，菹草幼苗生长速率降低，株高减小，且发芽率逐渐降低。1.2 mg/L、1.5 mg/L 处理组生发的幼苗明显受到胁迫毒害，其幼芽发黄且卷曲，较对照组显著矮小。明矾处理显著抑制了菹草石芽的萌发，实验开始到第 16 天，最小萌发石芽数在 0.6 mg/L 处理组，20 天之后，随着铝浓度的升高，萌发石芽数减少。≥0.6 mg/L 的处理组，新形成的菹草幼苗数显著少于对照组，且新幼苗数随铝浓度递减。

菹草幼苗生物量、根重、最长茎长均以对照组最大，随添加的铝盐絮凝剂浓度升高而减小。单因素方差分析结果表明生物量、根重、最长茎长、最长根长在各处理组间存在显著性差异（$P<0.05$），LSD 多重比较和 Duncan 分析表明除根重在 1.2 mg/L 和 1.5 mg/L 处理组间无显著性差异（$P=0.429>0.05$）外，其他各指标在各处理组间均有显著性差异。

除最长根长外，其他指标生物量、根重、根茎比、根数、最高株高均在对照组（图 5.20）。铝处理显著降低菹草生物量、根重、根数、最高株高，它们随铝浓度升高而降低，包括根茎比和最长根长在处理组间存在显著差异（$P<0.05$）。除根茎比外，所有形态指标最小值处于 1.5 mg/L 处理组。1.2 mg/L 和 1.5 mg/L 的铝盐处理显著抑制萌发幼苗的生长，其胚芽发黄卷曲，且相比于对照组显著短小（$P<0.05$）。

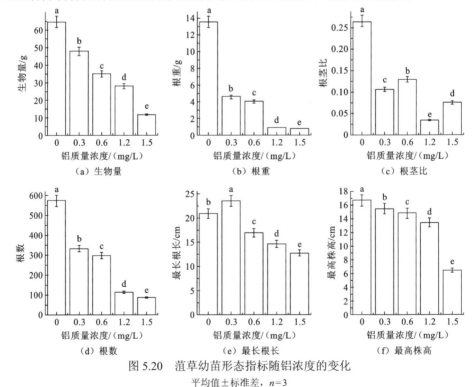

图 5.20　菹草幼苗形态指标随铝浓度的变化

平均值±标准差，$n=3$

另外，最长根长在 0.3 mg/L 处理组，第二大根茎比（0.130）在 0.6 mg/L 处理组，最小根茎比（0.034）在 1.2 mg/L 处理组。

由图 5.21 可知铝盐处理显著影响菹草幼苗的生理特征。5 个处理组幼苗总叶绿素含量变化显著（$P<0.05$），其含量随铝浓度升高而降低。对照组苦草叶绿素 a 和叶绿素 b 含量显著高于其他处理组，但在 0.3 mg/L 和 0.6 mg/L 处理组之间不存在显著性差异（$P>0.05$）[图 5.21（a）]。

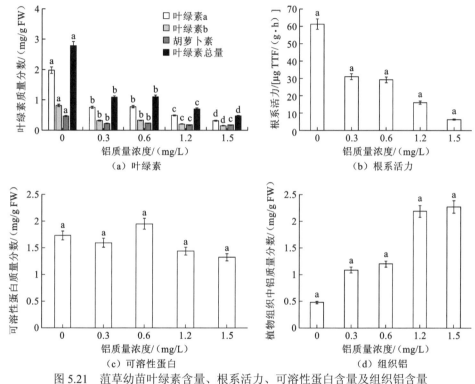

图 5.21　菹草幼苗叶绿素含量、根系活力、可溶性蛋白含量及组织铝含量

TTF 为三苯基甲腙；平均值±标准差，$n=3$

最高根系活力在对照组，分别比 0.3 mg/L、0.6 mg/L、1.2 mg/L 和 1.5 mg/L 处理组高 30.064 µg TTF/（g·h），31.856 µg TTF/（g·h），45.196 µg TTF/（g·h）和 54.753 µg TTF/（g·h）（$P<0.05$），但在 0.3 mg/L 和 0.6 mg/L 处理组之间不存在显著性差异 [图 5.21（b）]。所有处理组菹草幼苗可溶性蛋白含量存在显著性差异，其最高含量位于 0.6 mg/L 处理组，其次是对照组 [图 5.21（c）]。与叶绿素含量、根系活力和可溶性蛋白含量变化趋势相反，菹草组织内铝含量在受铝盐污染后显著升高，其升高值与铝盐浓度呈正相关。幼苗组织内铝含量最大值位于 1.5 mg/L 处理组，但与 1.2 mg/L 处理组间无显著性差异（$P>0.05$）[图 5.21（d）]。

　　菹草组织内铝盐含量与添加明矾溶液中铝盐浓度呈显著性正相关（$P<0.05$，$R^2=0.763$）。相反，菹草生物量、根数、最高株高、最长根长、可溶性蛋白含量和根系活力均与铝盐浓度存在负相关关系。另外，可溶性蛋白含量、根系活力和总叶绿素含量也与菹草组织内铝含量分别存在显著性负相关（$P<0.05$）（表5.19），证明菹草幼苗吸收铝元素后生理指标受到胁迫。

2. 铝盐絮凝剂对苦草种子萌发及幼苗生长的影响

　　苦草是很多水生生态系统中的沉水植物优势种，由于其耐污能力强、水质净化功能好、繁殖能力强等特点，常被用于富营养化湖泊河流的生态修复（陈开宁 等，2006b）。然而有文献报道，诸多环境因子，如营养水平、底质特征、光照强度、食草动物牧食等，影响苦草生长繁殖和发展（蔺庆伟，2015；Lu et al.，2013；朱丹婷 等，2010）。蔺庆伟（2018）通过实验室模拟研究了不同梯度铝盐浓度对苦草种子萌发及其幼苗生长的影响，以期为沉水植物恢复提供一定的数据参考。

　　铝对植物的毒性影响强度主要由 Al^{3+} 浓度和环境 pH 决定，同时与不同种类受体植物的特性有一定的关系（Haug and Caldwell，1985）。植物的根系是铝毒的主要靶向部位，主要机理为铝抑制根尖细胞的分裂和伸长，进而导致根系对水分和营养盐吸收受阻。不仅如此，铝还影响植物生理生化过程的一些酶活性，诸如根线粒体膜上与呼吸作用有关的 H^+-ATP 酶、Ca^{2+}-ATP 酶和 H^+-PP 酶。当植物暴露于铝盐胁迫后，铝可以与植物细胞中的蛋白、脂质和糖类分子相结合，而且也可以螯合有机酸和三磷酸腺苷，致使植株体内离子的代谢异常，生理生化代谢过程紊乱无序导致多种形式的细胞和组织损伤，严重抑制植物生长（Wang et al.，2010），一些生理指标的变化可以表征，诸如抗坏血酸、丙二醛、游离脯氨酸等。沉水植物受到铝盐毒害后，其根际微生物群落会发生一定的变化，测定不同处理组间的根际微生物群落组成在生物层次方面显示铝毒作用，其耐受性和敏感性微生物种类变化有一定指示作用。

　　明矾处理显著影响苦草种子的萌发（$P<0.05$），最高发芽率总是处于对照组（不添加明矾溶液）。随着实验的进行，各浓度处理组的种子发芽数量增加，对照组增加得最快，其次是 0.3 mg/L 处理组，0.6 mg/L 和 1.2 mg/L 处理组种子发芽数增加缓慢（图5.22）。但是实验期间特定某一天，苦草的发芽率随着铝浓度的升高而降低。对照组十日发芽率显著高于其他三个处理组，分别比三个处理组高 20.25%、21.25%、20.5%。对照组、0.3 mg/L、0.6 mg/L 和 1.2 mg/L 处理组的最终发芽率分别为 82.25%、39.75%、10.75% 和 9%。除 0.6 mg/L 和 1.2 mg/L 处理组最终发芽率之间无显著性差异外，其他组别之间均存在显著性差异（$P<0.05$）。

表 5.19　铝浓度、生物量和根重等形态特征与叶绿素含量、根活力、可溶性蛋白和植物组织铝含量之间皮尔逊分析

	铝浓度	生物量	根重	最高株高	最长根长	根数	茎重	根茎比	植物组织铝含量	可溶性蛋白含量	根系活力	叶绿素含量
铝浓度	1											
生物量	-0.795**	1										
根重	-0.632*	0.904**	1									
最高株高	-0.811**	0.883**	0.651**	1								
最长根长	-0.745**	0.845**	0.631*	0.769**	1							
根数	-0.734**	0.955**	0.969**	0.766**	0.760**	1						
茎重	-0.816**	0.990**	0.833**	0.923**	0.880**	0.909**	1					
根茎比	-0.558	0.816**	0.975**	0.541*	0.546*	0.943**	0.728**	1				
植物组织铝含量	0.763**	-0.935**	-0.899**	-0.801**	-0.825**	-0.975**	-0.907**	-0.886**	1			
可溶性蛋白含量	-0.646*	0.564*	0.499	0.697**	0.431	0.631*	0.562*	0.551	-0.721**	1		
根系活力	-0.720**	0.963**	0.976**	0.797**	0.714**	0.987**	0.918**	0.930**	-0.944**	0.603*	1	
叶绿素含量	-0.619*	0.887**	0.980**	0.659**	0.567*	0.940**	0.818**	0.944**	-0.862**	0.489	0.963**	1

** 在 0.01 水平（双侧）上显著，* 在 0.05 水平（双侧）上显著

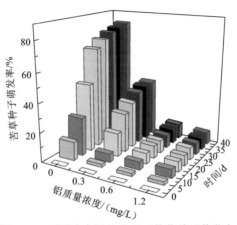

图 5.22 不同浓度铝盐处理下苦草种子萌发率

苦草幼苗生长受到明矾溶液处理的影响显著（$P<0.05$），实验第 10 天，1.2 mg/L 处理组苦草幼苗叶子出现水化现象和变黑。实验结束时，苦草幼苗生物量、根重、平均株高、株数和根茎比等指标的最大值均处于对照组，且处理组均与对照组存在显著性差异（$P<0.05$）。生物量随着铝浓度升高表现出减少的趋势，0.3 mg/L 与 0.6 mg/L 和 1.2 mg/L 处理组之间的生物量存在显著性差异，而 0.6 mg/L 和 1.2 mg/L 处理组间差异不显著（$P>0.05$）[图 5.23（a）]。随铝浓度升高苦草幼苗平均株高也逐渐降低，1.2 mg/L 与 0.3 mg/L 和 0.6 mg/L 处理组之间的平均株高差异显著，而 0.3 mg/L 和 0.6 mg/L 处理组间平均株高不存在显著性差异（$P>0.05$）[图 5.23（b）]。1.2 mg/L 处理组的苦草幼苗株数仅次于对照组 [图 5.23（c）]，但不是最少的，且幼苗平均株高在所有处理组中最低，这可能是苦草幼苗对铝盐胁迫的一种繁殖生长适应对策。关于根茎比，对照组和所有处理组间均存在显著性差异（$P<0.05$），最小根茎比值处于 0.6 mg/L 处理组，而不是 1.2 mg/L 处理组 [图 5.23（d）]。

苦草幼苗根、叶中铝元素含量随着实验添加铝浓度升高而升高，对照组与处理组间及不同处理组之间均存在显著性差异（$P<0.05$）。根系中铝质量分数为 0.009~1.815 mg/g DW，叶片中铝质量分数为 0.004~1.030 mg/g DW[图 5.24（a）]。处理组中苦草根系铝含量均大于叶中铝含量，苦草叶片中磷含量均大于根系中磷含量。根系和叶片中磷含量随实验添加铝浓度升高而降低，根系中磷质量分数为 1.262~1.933 mg/g DW，叶片中磷质量分数为 2.113~2.386 mg/g DW。根系中磷含量在对照组与处理组间及不同处理组之间差异显著（$P<0.05$）[图 5.24（b）]，而叶片中磷含量在对照组与 0.3 mg/L 处理组间及 0.6 mg/L 与 1.2 mg/L 处理组间不存在显著性差异（$P>0.05$）。

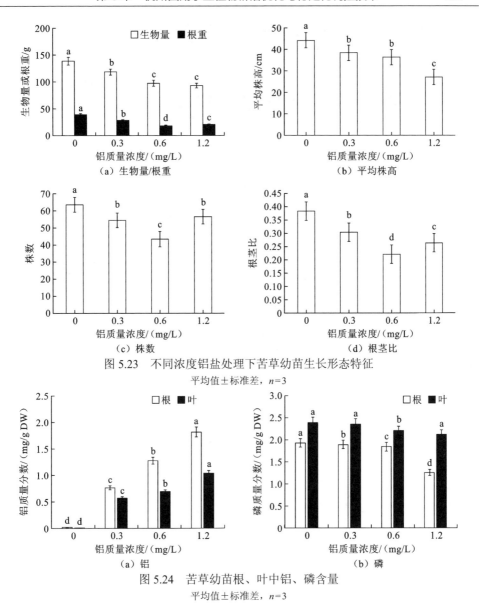

图 5.23　不同浓度铝盐处理下苦草幼苗生长形态特征

平均值±标准差，$n=3$

图 5.24　苦草幼苗根、叶中铝、磷含量

平均值±标准差，$n=3$

由图 5.25 A-1、A-2 和 A-3 显示，对照组细胞体现完整的结构，细胞壁及胞内细胞器（高尔基体、线粒体、液泡、内质网等）清晰完整。处理组透射电镜图像显示铝毒对苦草根尖横切面细胞结构产生显著损害影响，0.6 mg/L 处理组细胞内部的细胞质已经消失或者被破坏，只观察到明显的细胞壁或质膜结构（图 5.25C-1、C-2）。1.2 mg/L 铝盐处理组苦草根尖细胞结构内部受损严重，细胞壁及质膜结构模糊甚至观察不到，细胞器结构也观察不到，胞内产生致密的

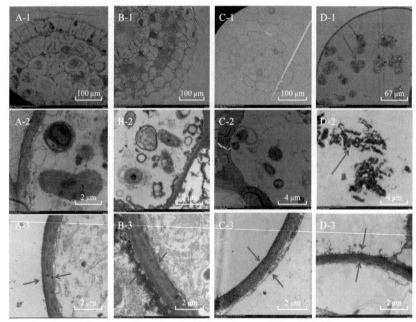

图 5.25　铝盐处理后苦草根尖切面透射电镜扫描

A-1、B-1、C-1、D-1 分别表示对照组、0.3 mg/L、0.6 mg/L、1.2 mg/L 处理组横切面细胞结构全貌，A-2、B-2、C-2、D-2 分别表示对照组、0.3 mg/L、0.6 mg/L、1.2 mg/L 处理组横切面局部具体细胞器结构，A-3、B-3、C-3、D-3 分别表示对照组、0.3 mg/L、0.6 mg/L、1.2 mg/L 处理组横切面细胞壁

无定形体，分泌产生白色物质，累积内含物，可能是根冠细胞内淀粉体（图 5.25 D-1、D-2），这进一步直观地证实铝盐对苦草根尖细胞结构具有毒性破坏作用。1.2 mg/L 处理组内质网或高尔基体破坏后成散条状分布于细胞内，且其细胞壁显著变薄（图 5.25D-3），而其他处理组细胞的细胞器很明显且齐全。

　　由图 5.26 可知，铝盐显著影响苦草幼苗的根系活力，4 组苦草根系活力表现为对照组>0.3 mg/L>0.6 mg/L>1.2 mg/L，且组间存在显著性差异（$P<0.05$）。

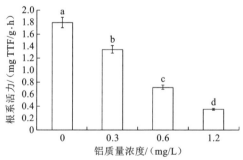

图 5.26　不同浓度铝盐处理下苦草根系活力

平均值±标准差，$n=3$

实验结束时，除胡萝卜素含量最大值（0.141 mg/g FW）位于 0.6 mg/L 处理组外，叶绿素 a、叶绿素 b 及总叶绿素含量均以对照组中最大，分别为 0.663 mg/g FW、0.297 mg/g FW、0.960 mg/g FW，其次为 0.6 mg/L 处理组中含量，且对照组与0.6 mg/L 处理组不存在显著性差异。除胡萝卜素外，对照组与 0.3 mg/L 及 1.2 mg/L处理组叶绿素含量差异显著（P<0.05），而 0.3 mg/L 与 0.6 mg/L 处理组间无显著性差异（P>0.05）[图 5.27（a）]。

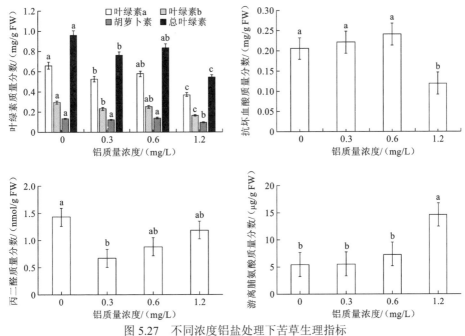

图 5.27　不同浓度铝盐处理下苦草生理指标
平均值±标准差，n=3

抗坏血酸在生物体中具有重要的代谢功能和抗氧化作用。本小节中，随着铝盐浓度升高，苦草组织抗坏血酸含量先升高后降低，最高含量（0.241 mg/g FW）位于 0.6 mg/L 处理组，且对照组与 0.3 mg/L、0.6 mg/L 处理组间无显著性差异[图 5.27（b）]。一般而言，抗坏血酸与植物的抗逆性呈正相关，植物细胞内的抗坏血酸含量增加，植物耐炎热、寒冷和盐碱环境等逆境的能力就增强。最低抗坏血酸含量（0.118 mg/g FW）位于 1.2 mg/L 处理组，推测此浓度的铝盐已经超出苦草抗坏血酸抗逆性阈值浓度。

丙二醛含量最大值（1.428 nmol/g FW）在对照组，其次位于 1.2 mg/L 处理组，0.3 mg/L 处理组丙二醛含量最低（0.674 nmol/g FW），对照组与 0.3 mg/L 处理组差异显著（P<0.05），而对照组与 0.6 mg/L、1.2 mg/L 处理组及 0.3 mg/L、0.6 mg/L、1.2 mg/L 处理组间均无显著性差异（P>0.05）[图 5.27（c）]。

苦草组织游离脯氨酸含量随着处理铝盐浓度的递增而升高,最高达 14.558 μg/g FW,对照组与 0.3 mg/L、0.6 mg/L 处理组间无显著性差异($P>0.05$),而 1.2 mg/L 与其他三组差异显著($P<0.05$)[图 5.27(d)]。

通过室内模拟实验设置不同浓度梯度的铝盐(0 mg/L、0.3 mg/L、0.6 mg/L 和 1.2 mg/L)发现,明矾处理显著影响苦草种子的萌发($P<0.05$),苦草幼苗生长形态指标显著受到明矾溶液处理的抑制,且抑制作用随铝盐浓度的升高而增大。同时,苦草幼苗根、叶中铝元素含量随着实验添加铝浓度升高而升高,磷含量随铝浓度升高而降低。此外,电镜扫描显示根端细胞结构受到铝毒伤害,且生理指标(叶绿素含量、抗坏血酸含量、丙二醛含量和游离脯氨酸含量)受到铝盐胁迫而变化。

3. 铝盐絮凝剂对金鱼藻生长的影响

实验设置 1 个对照组(1#)和 5 个实验组(2#、3#、4#、5#、6#):对照组不投加絮凝剂;实验组分别投加 5 个浓度(0.2 mg/L、0.8 mg/L、2.0 mg/L、4.0 mg/L、10.0 mg/L)的絮凝剂。如图 5.28 所示,随着明矾投加浓度的升高,各处理组金鱼藻生长率呈先升高再降低的趋势,4#组与其他组间均存在显著性差异($P<0.05$),生长率高达 0.95 g/d±0.1 g/d,6#组长势最差,植株矮小,叶片枯黄,生长率仅为

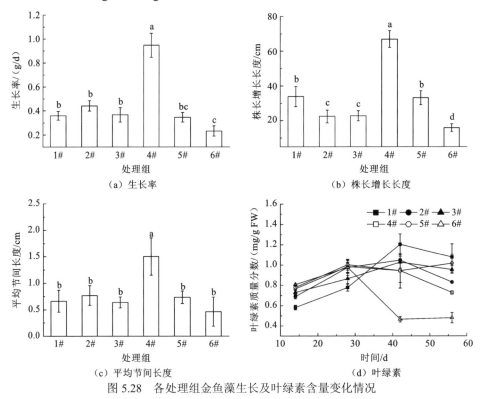

图 5.28　各处理组金鱼藻生长及叶绿素含量变化情况

0.23 g/d±0.04 g/d，与其他组间也存在显著性差异。4#组、6#组金鱼藻株长与其他组间均存在显著性差异（$P<0.05$），4#组金鱼藻株长远大于其他处理组，增长了 66.98 cm±4.89 cm，6#组株长增长则较短，约 15.88 cm±2.21 cm。平均节间长度 4#组与其他组间均存在显著性差异（$P<0.05$）。6#组金鱼藻叶绿素含量在约 24 d 后明显降低，显著低于其他处理组（$P<0.05$）。

　　图 5.29 是各处理组金鱼藻生化指标的变化情况。各处理组金鱼藻 SOD 活性随时间变化趋势接近，除 5#组外均呈先降低后升高再降低的变化，4#组活性始终低于其他组。POD 活性随时间呈先降低后升高的趋势，4#组活性较低，5#组、6#组在第 42 天开始活性高于其他处理组。可溶性蛋白含量在第 42 天有一定幅度增加，之后保持平稳，增加了 9.23%～80.13%，6#组金鱼藻增加了 80.13%，明显高于其他组，有较多积累。各处理组丙二醛含量均呈上升趋势，5#组、6#组较其他组有显著而持续的增加，比最初分别增加了 2.77 倍、5.66 倍。西湖秋冬季节各湖区铝盐质量浓度为 170 μg/L±75 μg/L，春夏季节铝盐质量浓度为 60 μg/L±25 μg/L，相当于实验体系 1#～4#组的铝盐浓度，该浓度下铝盐对金鱼藻不会造成明显的直接损害。

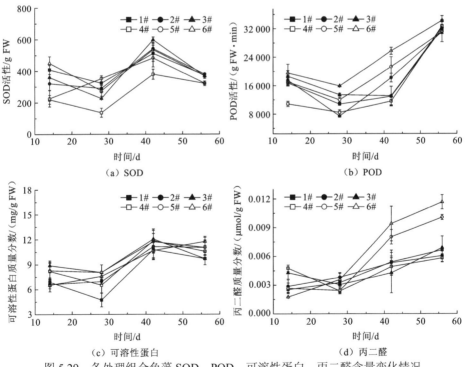

(a) SOD　　　　　　　　　　　　　(b) POD

(c) 可溶性蛋白　　　　　　　　　　　(d) 丙二醛

图 5.29　各处理组金鱼藻 SOD、POD、可溶性蛋白、丙二醛含量变化情况

　　丙二醛作为膜脂过氧化产物，实验过程中总体为增加趋势，在铝盐胁迫下有明显的积累，尤其是 5#组、6#组，在 30 d 之后急剧增加，与叶绿素含量呈显

著的负相关，可见铝胁迫下光合色素的降解与膜脂过氧化密切相关，这与肖祥希等（2003）的研究结果一致。而后期 SOD 活性的降低也导致对丙二醛的抑制减弱，丙二醛持续积累。铝胁迫使活性氧增加，膜脂过氧化加剧，也会抑制蛋白质的合成（肖祥希 等，2006），但后期金鱼藻可溶性蛋白并没有明显降低，可能是铝诱导了结合蛋白的合成，以降低铝对细胞内重要位点的毒害作用。Basu等（1994）通过铝诱导分离得到了分子量为 51 KD 的微粒体膜蛋白，除了还能被镉、镍部分诱导，不能被其他环境胁迫诱导合成，并且这种蛋白只在耐铝品种中发现，与植物的抗铝性有直接关系，说明铝胁迫下植物细胞合成一些多肽与铝进行络合作用，是植物减轻铝毒害的内部机制。

在金鱼藻生长几天后，每个实验组均出现了丝状藻，主要为刚毛藻和水绵，来源于底泥及植株。1#组、2#组、3#组均有少量丝状藻附着于金鱼藻茎叶，丝状藻多附着于根部，随着明矾的连续投加，丝状藻有一定减少，主要附着在根部；4#组金鱼藻几乎没有丝状藻附着。大量丝状藻会与沉水植物形成竞争关系，争夺水体中营养成分和光照；附着在沉水植物上的丝状藻也会对其造成机械损伤；丝状藻死亡腐烂之后释放的有害物质会影响水质及整个生态系统（McGlathery，2001；Veronneau et al.，1997）。金鱼藻植株柔软，叶片呈针状，丝状藻易附着缠绕在其叶片及根部造成机械损伤，同时争夺养分。4#组铝盐质量浓度为 250 μg/L±100 μg/L，对丝状藻有一定抑制作用，减小对金鱼藻的影响。

5#组水中铝盐质量浓度为 350 μg/L±150 μg/L，该浓度铝盐从外观形态上对金鱼藻并没有损害，但丙二醛的积累说明脂质过氧化已经发生，只是还没达到损害金鱼藻正常生长的程度；6#组水中铝盐质量浓度高达 750 μg/L±300 μg/L，该浓度铝盐对金鱼藻的生长产生了严重损害。本实验得到以下结论。

（1）当铝盐絮凝剂（明矾）投加量从 0 增加到 2.0 mg/L 时，水中铝盐浓度明显升高，并随着投加量的积累持续升高。铝盐对浊度的降低有显著作用，但铝盐浓度的持续升高对已经很低的浊度不再有明显的降低效果。水温对整个水生境的改变起到了重要的作用。

（2）水中铝盐质量浓度为 250 μg/L±100 μg/L 时，金鱼藻生长最佳，铝盐对其植株的伸长可能有促进作用；低于 150 μg/L 时，金鱼藻生长一般；铝盐质量浓度为 350 μg/L±150 μg/L 时，金鱼藻生长一般；当铝盐质量浓度高于 700 μg/L 时，铝盐对金鱼藻的生长有明显损害，其叶绿素含量明显降低。

（3）水中一定量铝盐（250 μg/L±100 μg/L）促进金鱼藻的生长。

5.2.4　水深

水深是影响沉水植物生长的重要生态因子之一，不同水深因为水下可利用光照的差异影响沉水植物的生长和空间分布。不同植物在不同水深环境下，生物量和生存能力具有显著性差异。因此，选择合适的水生植物种类是恢复与重建生态系统的重要前提，而沉水植物在不同水深下的生理活性是决定其能否生存和扩繁的重要因素之一。

课题组利用实验水池设置了 30 cm、60 cm、90 cm、120 cm、150 cm 5 个水深梯度，选择水生植被恢复的先锋物种黑藻作为实验材料，研究在不同水深处理组下沉水植物的形态适应和碳水化合物代谢的变化，从而确定在浅水水域中有利于水生植被恢复的合适水深。

1. 水深对黑藻生长的影响

实验结束时，120 cm 水深处的黑藻总生物量最大，为（15.8±1.8）g DW/pot。其次是 150 cm 和 90 cm，其生物量分别为（12.1±2.5）g DW/pot 和（10.4±2.9）g DW/pot，显著大于 60 cm 和 30 cm 水深处的生物量（$P<0.05$）。最低生物量在 30 cm 水深处，为（3.3±0.4）g DW/pot（图 5.30）。地下生物量占总生物量的 3.8%～14.9%，在不同的水深处理组无显著性差异（$P<0.05$）。地上生物量随着水深的变化与总生物量呈相似的变化趋势，在各水深处占总生物量的 85.1%～96.2%。

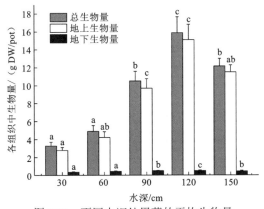

图 5.30 不同水深处黑藻的平均生物量

实验结束时，120 cm 水深处的黑藻相对生长速率最高，为（74.1±2.5）mg/（g·d）DW。其次是 90 cm 和 150 cm 水深，分别为（68.6±2.2）mg/（g·d）DW 和（72.2±1）mg/（g·d）DW，显著高于 60 cm 和 30 cm 水深（$P<0.05$），最大差距 34.7%[图 5.31（a）]。此外，30 cm 水深处的根茎比（地下生物量/地上生物量）最大，显著大于其他水深（$P<0.05$）[图 5.31（b）]。这些结果可能与黑藻的生长可塑性和生长环境的强光有关。

同时，实验结果还表明水深对黑藻株高的影响极显著（$P<0.01$），水深 150 cm

处黑藻最高。水深能够通过影响光合作用直接影响植物的生长。实验结果显示，黑藻的株高随水深增加而增加。为了克服水深对植物生长造成的胁迫，获得生长所必需的 CO_2 和光能，黑藻生长高度随水深的增加不断增加，这是黑藻对环境的一种适应机制。植物形态适应不同水深的黑藻分株数在实验结束时最大值在 90 cm（63 cm±14.5 cm）水深处，其次是在 60 cm 水深处，均显著高于 30 cm 水深处（$P<0.05$）（图5.32）。因此，太浅或太深的水位可能对分枝数不利。然而，虽然最初分枝数在 120 cm 水深增加迅速，在实验结束时，60 cm 和 90 cm 处黑藻的分枝数相对较大，显著大于 30 cm 和 150 cm 水深处（$P<0.05$）（图5.32）。然而，黑藻平均株长随水深明显增加（图 5.32）。150 cm 水深处黑藻平均株长为 108.8 cm±14.4 cm，是 30 cm 水深处黑藻平均株长（41.1 cm±3 cm）的两倍多。

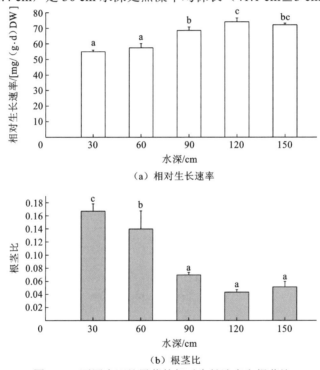

（a）相对生长速率

（b）根茎比

图 5.31　不同水深处黑藻的相对生长速率和根茎比

2. 水深对黑藻繁殖的影响

在实验结束时，黑藻繁殖体数量在 60 cm、90 cm、120 cm 水深处明显较大。各水深处黑藻繁殖体干重也存在显著性差异（$P<0.01$）（图 5.33）。营养构建生物量在浅水位不是很高，表明相对于在深水中的无性繁殖率，有性繁殖率的可能性高（Asaeda et al.，2007）。水深是影响植物有性繁殖成功的一个重要影响因素，因为

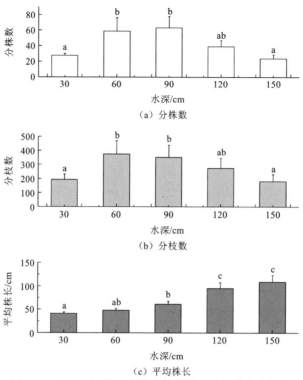

图 5.32　不同水深处黑藻的平均株长、分株数和分枝数

水深改变影响植物萌发的其他环境因子有光照、水温或溶解氧等（Baskin and Baskin，1998）。已有研究表明沉水植物有性繁殖能否成功取决于水深，另有研究表明有性繁殖是物种维持平衡的重要方式（Barrat-Segretain et al.，1999；Lokker et al.，1997；Kimber et al.，1995）。

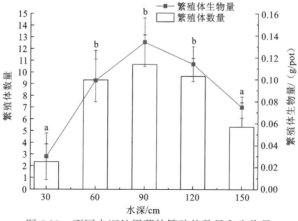

图 5.33　不同水深处黑藻的繁殖体数量和生物量

3. 水深对黑藻碳水化合物的影响

30 cm、60 cm、90 cm、120 cm 和 150 cm 水深处黑藻可溶性糖质量分数分别为 50.7 mg/g DW±7.5 mg/g DW、47.9 mg/g DW±9.4 mg/g DW、121.7 mg/g DW±69.5 mg/g DW、35 mg/g DW±15.3 mg/g DW 和 49.5 mg/g DW±7.9 mg/g DW（图 5.34）。在 90 cm 水深处黑藻地上部分的可溶性糖含量显著高于其他水深（$P<0.01$）。统计分析表明，黑藻在 30 cm 水深处还原糖含量最高，为 0.008 9 mg/g DW，其他水深的还原糖含量无显著性差异（图 5.34）。

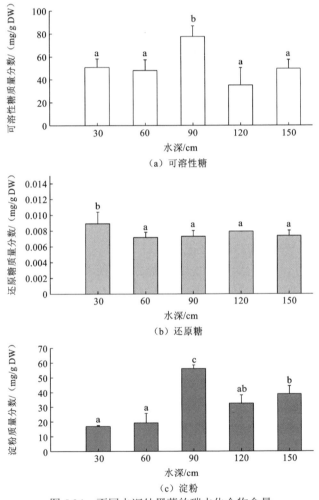

图 5.34 不同水深处黑藻的碳水化合物含量

淀粉含量与可溶性糖含量总体变化趋势相似，在 90 cm 水深处黑藻的淀粉含量最高，为 56.1 mg/g DW（$P<0.05$），其次是 150 cm 水深处，含量为 38.8 mg/g DW，

高于 120 cm、60 cm 和 30 cm 水深处的黑藻淀粉含量（32.5 mg/g DW、19.3 mg/g DW 和 16.9 mg/g DW）（图 5.34）。碳水化合物的储存是植物生活史的基本过程。水生植物分配和存储碳水化合物支持生长、进行光合作用及维持整个生长季节（Spence，1967）。

5.2.5　流速

水体流速是影响沉水植物的生长繁殖和分布最重要的生态因子之一。底泥作为重要的营养来源，通过与流速的相互作用共同影响沉水植物对光的吸收利用，进而影响其光合作用效率（Madsen et al.，2001；Chambers et al.，1989；Madsen and Søndergaard，1983）。此外，流速对沉水植物的生物量及群落组成也有很明显的影响，较高的水体流速会从生理特性上限制某一区域沉水植物拓殖、生长的能力。Madsen 等（2001）与 Biggs（1996）将水流对生长期沉水植物的影响进行了概括，低流速（$v < 0.1$ m/s）导致沉水植物生物量较高，物种多样性丰富；中流速（0.1 m/s$< v < 0.9$ m/s）导致沉水植物生物量较低，物种多样性较少；高流速（$v > 0.9$ m/s）导致沉水植物衰减，水生附着物、苔藓类植物增加。目前，在水深对沉水植物空间分布、生长和繁殖等的影响方面已有大量的野外调查和试验研究，但在受控处理组下的研究还比较少。魏华（2013）在 2012 年 5～10 月以苦草为试验材料，设置了 4 个水深梯度的流水循环池和静水池，即 45 cm（流速为 6 月>10 月>7 月>9 月>8 月）、75 cm（流速为 6 月>9 月>10 月>7 月>8 月）、105 cm（流速为 6 月>10 月>8 月>7 月>9 月）和 135 cm（流速 9 月>10 月>6 月>7 月>8 月），探讨了流速耦合不同水深对苦草生长繁殖及光合作用的影响，为沉水植物恢复及管理提供科学依据。

1. 流速耦合水深对植物形态可塑的影响

水深显著影响苦草克隆繁殖（$P < 0.05$），实验结束时，水深 45 cm、75 cm、105 cm、135 cm 处理组的苦草分株数分别为 69±11.05、53.33±6.35、32.67±3.06、25.33±3.51（图 5.35），可见随着水深的增加，苦草的分株数显著减少，水平扩展能力受限，无性分株数从水深 45 cm 处的 69±11.05 下降到水深 135 cm 处的 25.33±3.51，随着水深的变化，无性繁殖的投资比率发生变化。但静水处理组下，水深却不影响苦草的无性繁殖方式，静水处理组 45 cm、75 cm、105 cm、135 cm 水深处，苦草分株数分别为 19.5±1.29、25±2.94、23±4.32、19.25±5.12，无显著性差异（$P > 0.05$）。

4 个水深梯度下苦草分枝数的变化趋势如图 5.36 所示，整个试验分为 5 个月，即随着深度的增加和实验季节的变化，光照强度衰减，水温下降，变化趋势有所不同。在 10 月时，静水状态 45 cm、75 cm、105 cm、135 cm 水深处苦草分枝数分别为 287.5±24.95、260.38±42.25、222±66.07、213.5±91.45。流水状态 45 cm、

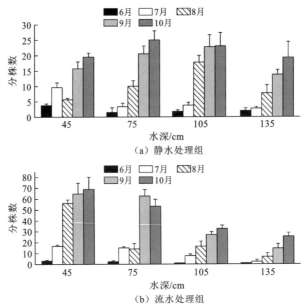

图 5.35　4 个水深梯度下苦草分株数的变化

75 cm、105 cm 水深处苦草的分枝数分别为 552±88.36、541.33±124.11、309.33±46.58，均显著高于静水相应水深（P<0.05）。但在流水状态 135 cm 水深的苦草分枝数为 247.33±63.52，与静水相应水深无显著性差异（P>0.05）。

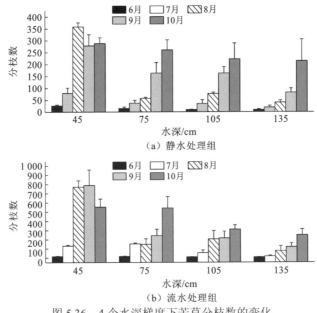

图 5.36　4 个水深梯度下苦草分枝数的变化

与各组初始长度（20 cm）相比，实验结束时，苦草平均株长均有大幅增加，静水处理组的苦草平均株长随着水深增加而显著增加，由长到短顺序是：135 cm（74.5 cm±5.92 cm）>105 cm（62 cm±2.83 cm）> 75 cm（54.5 cm±4.43 cm）> 45 cm（20.5 cm±0.58 cm）。而流水处理组的苦草平均株长随水深先增加后减少，45 cm、75 cm、105 cm、135 cm 水深处苦草平均株长分别为 32.18 cm±1.29 cm、59.67 cm±1.53 cm、51 cm±15.72 cm、63 cm±16.52 cm（图 5.37）。静水处理组的苦草长度增加最大，增长约 3.4 倍，而流水处理组的苦草长度增长相对较少，增长约 2.1 倍。实验结果表明，在不同的水流状态下，苦草植株的生长明显受到水深和水流状态的影响，苦草植株向上生长的能力很强，说明苦草的生长具有一定的趋光性。苦草在深水中具有较高的株高，叶更长更薄，因为在光强较弱的深水中合成单位干物质需要更多叶面积去获得光资源。

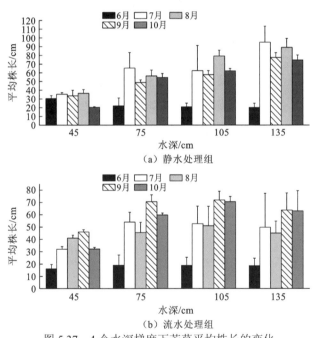

图 5.37　4 个水深梯度下苦草平均株长的变化

2. 流速耦合水深对植物生物量的影响

水深极显著影响苦草的地上生物量和地下生物量（$P < 0.01$）。本次实验中，静水 45 cm、75 cm、105 cm、135 cm 水深处苦草的总生物量分别为 3.68 g±1.24 g、9.46 g±1.99 g、12.48 g±3.76 g、13.44 g±4.11 g；最大总生物量出现在流水 75 cm 水深处，其次是流水 105 cm 水深处，最小总生物量出现在静水处理组 45 cm 水深处。这 4 个处理组间差异显著（$P < 0.05$）。流水池中，水深 75 cm 以下的苦草总

生物量逐渐增加，生物量从水深 45 cm 处的 7.58 g±1.28 g 增加到水深 75 cm 处的 27.16 g±2.81 g；当水深超过 75 cm 时，苦草生物量显著减少，105 cm 和 135 cm 水深处苦草的生物量分别为 22.27 g±2.37 g 和 8.71 g±5.38 g。但静水池中苦草总生物量随着水深升高而显著增加（图 5.38）。

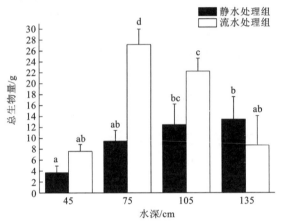

图 5.38　4 个水深梯度下苦草总生物量的变化

苦草根茎比在静水和流水中随着水深的增加均减小（$P < 0.05$）。静水 45 cm、75 cm、105 cm、135 cm 水深处苦草根茎比分别为 0.77±0.12、0.54±0.03、0.46±0.14、0.28±0.05；流水状态 45 cm、75 cm、105 cm、135 cm 水深处苦草根茎比分别为 1.11±0.23、0.33±0.04、0.27±0.07、0.23±0.03。最大比值出现在流水处理组 45 cm 水深处，其次是静水处理组 45 cm 水深处，最小比值出现在流水处理组 135 cm 水深处（图 5.39）。这 4 个处理组间差异显著（$P < 0.05$）（表 5.20）。

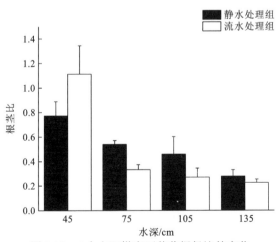

图 5.39　4 个水深梯度下苦草根径比的变化

表 5.20　水流和水深对苦草的总生物量和根茎比的两因素方差分析检验

参数	变量	自由度	F 值	P 值
流速	总生物量	1	18.32	0.000
	根茎比	1	1.30	0.266[*]
水深	总生物量	3	15.27	0.000[**]
	根茎比	3	17.47	0.000[**]
流速×水深	总生物量	3	8.58	0.001[**]
	根茎比	3	1.69	0.199[*]

*表示相关性显著（$P<0.05$）；**表示相关性极显著（$P<0.01$）

3. 流速耦合水深对苦草叶绿素含量的影响

由图 5.40 可知，实验前三个月（6～8 月），流水处理组的苦草叶绿素含量略高于静水处理组，但到 9～10 月，虽然流水处理组的苦草叶绿素含量也下降，但静水处理组的叶绿素 a 含量下降得更显著，9 月静水处理组 45 cm、75 cm、105 cm、135 cm 水深处苦草叶绿素质量分数分别为 0.373 mg/g±0.118 mg/g、0.444 mg/g±0.099 mg/g、0.468 mg/g±0.091 mg/g、0.376 mg/g±0.069 mg/g，均显著高于流水处理组相应水深梯度叶绿素 a 质量分数（0.265 mg/g±0.041 mg/g、0.209 mg/g±0.029 mg/g、0.205 mg/g±0.016 mg/g、0.182 mg/g±0.053 mg/g）（$P<0.05$）。实验结束时，静水处理组 45 cm、75 cm、105 cm、135 cm 水深处苦草的叶绿素 a 质量分数分别为 0.142 mg/g±0.094 mg/g、0.214 mg/g±0.054 mg/g、0.197 mg/g±0.036 mg/g、0.278 mg/g±0.149 mg/g，均显著低于流水处理组相应水深梯度叶绿素 a 质量分数（0.443 mg/g±0.026 mg/g、0.433 mg/g±0.166 mg/g、0.549 mg/g±0.128 mg/g、0.303 mg/g±0.050 mg/g）。这主要是由于在不同水深处苦草除了通过改变表型可塑性来适应环境光照强度的胁迫，还可以通过增加叶片的叶绿素含量，增强光合作用能力，适应环境光照强度的胁迫，最终达到耗-益的最大获取。在水深 105 cm 处的光照强度开始低于苦草的光补偿点，影响了苦草的植株生长，苦草的生物量减少，已不能保证它捕获足够的光能。因此，在流水处理组各水深处，苦草的叶绿素显著增加，以最大效率利用光能。

由图 5.41 可知，9 月静水处理组 45 cm、75 cm、105 cm、135 cm 水深处苦草叶绿素 b 质量分数分别为 0.197 mg/g±0.026 mg/g、0.174 mg/g±0.029 mg/g、0.182 mg/g±0.039 mg/g、0.136 mg/g±0.035 mg/g，显著高于流水处理组各水深处苦草叶绿素 b 质量分数（0.063 mg/g±0.011 mg/g、0.069 mg/g±0.017 mg/g、

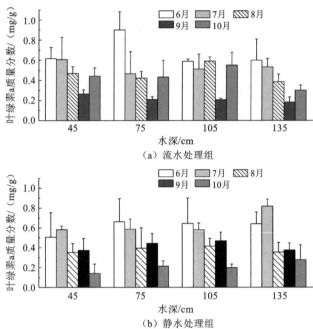

图 5.40　4 个水位梯度下苦草叶绿素 a 含量的变化

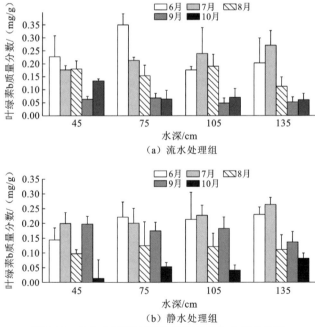

图 5.41　4 个水深梯度下苦草叶绿素 b 含量的变化

0.048 mg/g±0.020 mg/g、0.052 mg/g±0.020 mg/g）（$P<0.05$）。到实验结束时，静水处理组 45 cm、75 cm、105 cm 水深处苦草叶绿素 b 质量分数分别为 0.014 mg/g±0.063 mg/g、0.053 mg/g±0.014 mg/g、0.041 mg/g±0.018 mg/g；均显著低于流水处理组相应各水深处苦草叶绿素 b 质量分数（0.133 mg/g±0.008 mg/g、0.064 mg/g±0.034 mg/g、0.070 mg/g±0.034 mg/g）（$P<0.05$）。但静水 135 cm 水深处苦草叶绿素 b 质量分数为 0.081 mg/g±0.018 mg/g，显著高于流水处理组 135 cm 水深处苦草叶绿素 b 质量分数（0.061 mg/g±0.024 mg/g）（$P<0.05$）。

由图 5.42 可知，实验前三个月，流水处理组的叶绿素 a+b 含量略高于静水处理组，但到 9~10 月，虽然流水处理组的叶绿素 a+b 含量也下降，但静水处理组的叶绿素 a+b 含量下降得更显著，9 月静水处理组 45 cm、75 cm、105 cm、135 cm 水深处苦草叶绿素 a+b 质量分数分别为 0.571 mg/g±0.139 mg/g、0.618 mg/g±0.127 mg/g、0.650 mg/g±0.126 mg/g、0.512 mg/g±0.104 mg/g，均显著高于流水各水深处苦草叶绿素 a+b 质量分数（0.328 mg/g±0.049 mg/g、0.278 mg/g±0.044 mg/g、0.253 mg/g±0.034 mg/g、0.234 mg/g±0.066 mg/g），到实验结束时，静水处理组 45 cm、75 cm、105 cm 水深处苦草叶绿素 a+b 质量分数为 0.108 mg/g±0.168 mg/g、0.267 mg/g±0.069 mg/g、0.238 mg/g±0.053 mg/g，均显著低于流水相应水深处苦草叶绿素 a+b 质量分数（0.575 mg/g±0.088 mg/g、0.497 mg/g±0.195 mg/g、

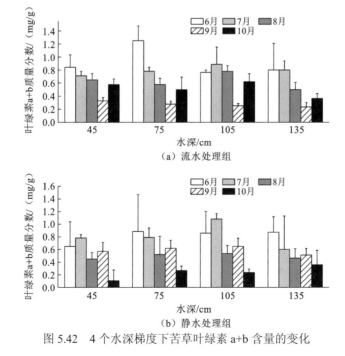

图 5.42 4 个水深梯度下苦草叶绿素 a+b 含量的变化

0.619 mg/g±0.125 mg/g）（$P<0.05$）。但在 135 cm 水深处，静水中苦草叶绿素 a+b 质量分数为 0.359 mg/g± 0.227 mg/g，与流水中苦草叶绿素 a+b 质量分数（0.364 mg/g±0.074 mg/g）无显著性差异（$P>0.05$）。

　　叶绿素 a/b 值可作为反映叶片衰老的重要指标。在实验结束时，流水处理组的各水深叶绿素 a/b 值显著高于静水处理组的相应水深。静水处理组的 45 cm、75 cm、105 cm、135 cm 水深处苦草叶绿素 a/b 值分别为 3.04±3.22、4.07±0.150、5.28±1.58、4.48±1.61；流水处理组的各水深苦草叶绿素 a/b 值分别为 3.30±0.47、7.41±1.94、9.04±2.41、5.35±1.50（图 5.43）。流水处理组的苦草叶绿素 a/b 值显著高于静水（$P<0.05$），说明悬浮物的附着对苦草叶绿素的合成有一定的影响，从而进一步降低了植物的光合作用水平，并且加速了流水处理组苦草叶片的衰老。

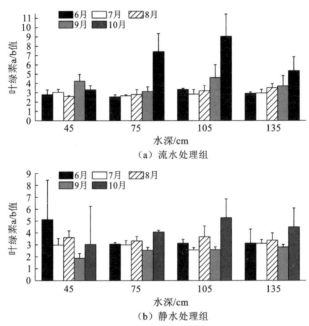

图 5.43　4 个水深梯度下苦草叶绿素 a/b 值的变化

4. 流速耦合水位对苦草叶绿素荧光参数的影响

F_v/F_m 值反映了当所有的 PS II 反应中心均处于开放态时的量子产量，可以直接作为最适状态下光合作用光化学反应效率的指标。图 5.44 显示，苦草在 4 个水深梯度下的 F_v/F_m 值季节性变化：6 月苦草 F_v/F_m 值比较稳定，除了 75 cm 水深处基本维持在 0.6 以上，7 月流水处理组 45 cm 水深处苦草的 F_v/F_m 值开始明显下降，只有 0.521，到 8 月时仍只有 0.583，9 月以后开始恢复，但只能恢复至 0.732，显著高于 7 月的值（$P<0.05$）；8 月光照处理组下变化趋势介于两者之间，苦草静水和流水下 F_v/F_m 值变化趋势一致；9 月流水和静水处理组各水深处苦草 F_v/F_m 值无显著性差异；10 月随着光照强度的减小及植物的衰败，流水处理组 75 cm 水深处和静水处理组 45 cm 水深处苦草的光化学效率进一步降低。

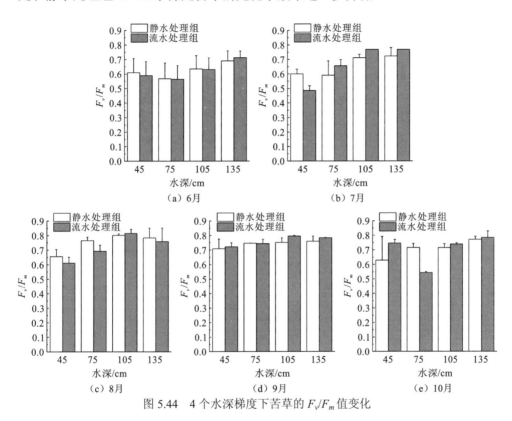

图 5.44　4 个水深梯度下苦草的 F_v/F_m 值变化

苦草最大电子传递速率 ETR_{max} 在 7 月、10 月差异不显著。7 月流水 45 cm、75 cm 水深处苦草 ETR_{max} 显著高于静水相应水深处苦草 ETR_{max}（$P<0.05$）。10 月流水处理组各水深处苦草最大电子传递速率显著高于静水处理组相应水深。流水和静水处理组电子传递速率依次为 ETR_{max}（75 cm）> ETR_{max}（105 cm）> ETR_{max}（45 cm）> ETR_{max}（135 cm）（图 5.45）。其中 75 cm、105 cm 水深处苦草 ETR_{max} 显著高于其余水深处（$P<0.05$），45 cm 处的光照强度较强，对苦草的生长起了一定的抑制作用。当水深大于 75 cm 时，随着水下光照强度的减弱，苦草可捕获的光照减少导致 ETR_{max} 逐渐降低。

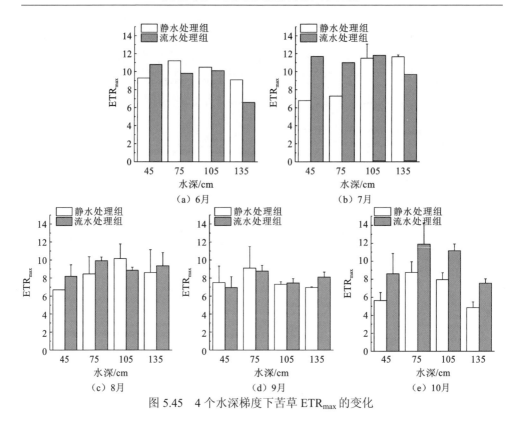

图 5.45　4 个水深梯度下苦草 ETR$_{max}$ 的变化

在流水状态下，苦草叶片 ETR$_{max}$ 随着实验的进行呈先降后升的趋势，水流搅动水体导致悬浮底泥沉降到苦草叶片表面，悬浮物降低了光反应中心的开放程度，进而影响了光反应中心稳定的电荷分离，从而抑制光合电子传递能力，使 PS II 和全链电子传递速率明显降低。综上分析，苦草叶片叶绿素含量减少，最大光化学效率和电子传递能力降低，导致光合效率下降。苦草叶绿素含量和叶片光合效率等生理指标改变，使植株形态和生物量发生明显变化。当环境中有限资源量下降到一个谷点，具有最小资源需要量的个体将在环境中生存。在缺乏光照的情况下，苦草优先将水分用于成株的生长，从而使分蘖数减少。叶片光合效率下降，减缓了植株生长速率，导致苦草株高、叶长、叶宽和茎直径等指标值显著减小，这也有利于减少光照的利用。同时，将光照优先用于中上层叶片的生长，导致叶片数减少和枯叶率升高，从而利用有限的光照维持生命活动。苦草在流水处理组的形态学变化是其在光照强度胁迫下存活的主要原因。光照对苦草生物量的积累极其重要。苦草生物量随水深降低而显著减少，叶面积变小，从而降低叶片光合效率，使苦草分蘖数等受到抑制，进而导致积累生物量下降。随着水深的增加，光合面积减小，生长速率降低，进而造成苦草生物量减少。

　　水深对苦草叶片光合作用的影响还体现在叶片对光的响应能力上。快速光响应曲线（rapid light response curve，RLC）可反映电子传递速率随光合有效辐射强度的变化而变化的状况，测定快速光响应曲线可以确定苦草叶片的实际光化学效率。如果光未过量，电子传递速率与光合有效辐射（photosynthetically active radiation，PAR）呈线性关系。当光过量时，电子传递速率与入射的光合有效辐射不再呈线性关系，而电子传递速率要低于按线性关系估计的值。电子传递速率达到饱和则体现了光合电子传递的能力，这种能力依赖于生理状况和环境因素。

　　从苦草的快速动力学曲线（图 5.46）可以看出，通过 PS II 的电子传递速率（ETR）随着光强的增加而不断升高，当光强增大到一定值时，电子传递速率不再升高，表现出趋于稳定或略微下降的趋势。6 月流水处理组 45 cm 水深处苦草的 PAR 为 65～107 μmol/（m²·s）时电子传递速率不再增加，而流水处理组 105 cm 水深处苦草的 PAR 为 107～178 μmol/（m²·s）时电子传递速率达到最大值。6 月在同样水流处理组下，45 cm、75 cm、105 cm、135 cm 水深处苦草的光合电子传递能力各不相同，其中流水处理组的 45 cm 水深处苦草的光合电子传递能力最强，流水 135 cm 水深处苦草的光合电子传递能力最差，显著低于其他水深，而电子传递速率与植物净光合速率呈显著相关,光合速率与电子传递速率的动态变化一致。因此 6 月静水 75 cm 水深处苦草的光合能力相对较强，而流水 135 cm 水深苦草光合能力较弱。7 月静水池和流水池均在 105 cm 水深处苦草的光合电子传递能力最强。8 月流水池中 45 cm 水深处苦草的光合能力最强，静水池 105 cm 水深处苦草的光合能力最强。9 月流水池和静水池各水深处苦草的光合电子传递能力均无明显强弱，10 月随着温度和光照强度的下降及植物的衰败，静水池和流水池各水深处苦草的光合电子传递能力均显著下降。

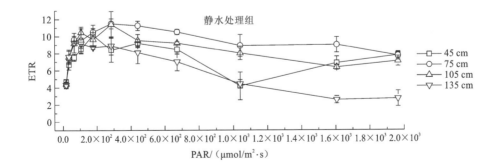

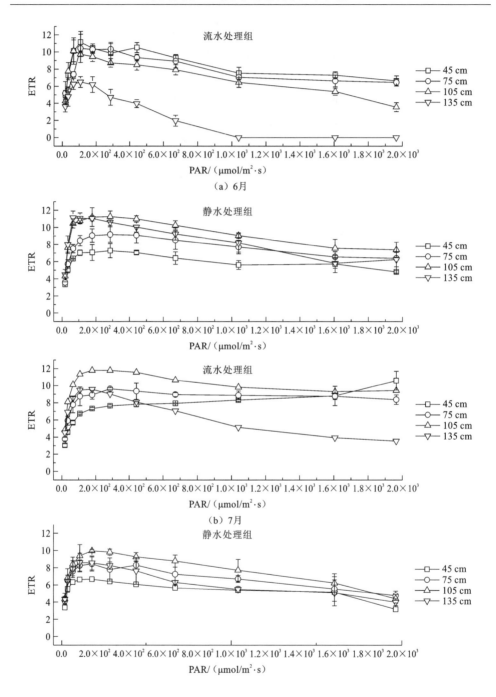

（a）6月

（b）7月

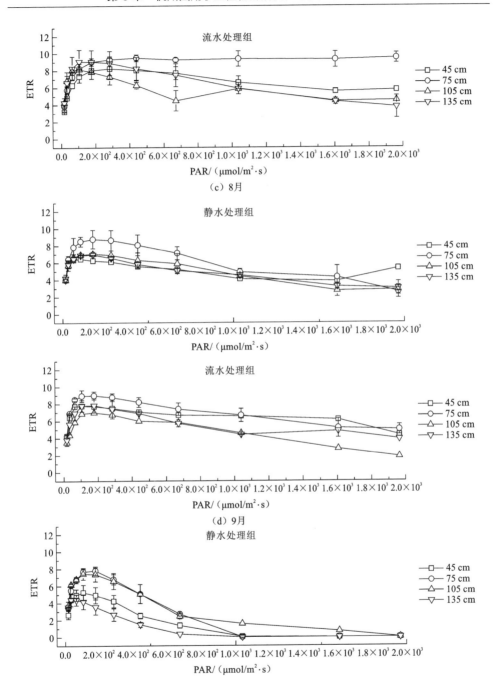

（c）8月

（d）9月

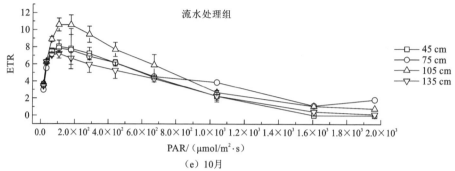

（e）10月

图 5.46　苦草快速动力学曲线在 4 个水深梯度下的变化情况

植物中 Y（I）、Y（II）、ETR（I）、ETR（II）参数比较变化，植物叶片光合效率的高低取决于光合机构运转的状况，以 PS II 和 PS I 的活性来衡量，采用叶绿素荧光分析系统来测定。表 5.21 表明，不同水深梯度下供试植物叶片的 PS I 活性存在明显差异，PS I 的实际量子产量和实际光合效率，光照处理组和水流处理组是影响植物生长的主要因素。植物在一定光照强度范围内能够正常生长发育与繁殖的特性称为光适应性。在实验的 6 月，水体流速对 ETR（II）有显著影响，水深对 Y（I）、ETR（I）和 ETR（II）有显著影响（$P < 0.05$），水深和水体流速的交互作用对 Y（I）、ETR（I）和 ETR（II）有显著影响（$P < 0.05$）。

表 5.21　苦草 Y（I）、Y（II）、ETR（I）和 ETR（II）在 4 个水深梯度下的双因素方差分析结果

因素	变量	6 月	7 月	8 月	9 月	10 月
		Sig.	Sig.	Sig.	Sig.	Sig.
水体流速	Y（I）	0.309	0.383	0.000**	0.919	0.030
	Y（II）	0.620	0.856	0.866	0.945	0.426
	ETR（I）	0.050	0.120	0.000**	0.842	0.015*
	ETR（II）	0.007**	0.992	0.003**	0.808	0.005**
水深	Y（I）	0.000**	0.148	0.000**	0.002**	0.000**
	Y（II）	0.891	0.756	0.946	0.961	0.915
	ETR（I）	0.000**	0.299	0.013*	0.000**	0.001**
	ETR（II）	0.000**	0.018*	0.059	0.290	0.129
水深和水流的交互作用	Y（I）	0.000**	0.431	0.000**	0.020*	0.034*
	Y（II）	0.942	0.986	0.998	0.984	0.902
	ETR（I）	0.000**	0.016*	0.035*	0.052	0.010**
	ETR（II）	0.038*	0.122	0.038**	0.281	0.494

注：Y（I）为 PS I 的实际量子产量；Y（II）为 PS II 的实际量子产量；ETR（I）为 PS I 的电子传递速率；ETR（II）为 PS II 的电子传递速率；*表示相关性显著（$P < 0.05$）；**表示相关性极显著（$P < 0.01$）

7月仅有水深对 ETR（II）有显著影响（$P < 0.05$），水体流速、水深与水流的交互作用对 Y（I）、Y（II）和 ETR（II）均无显著影响（$P > 0.05$）。8月水体流速对 Y（I）、ETR（I）和 ETR（II）有显著影响（$P < 0.05$），水深对 Y（I）和 ETR（I）有显著影响（$P < 0.05$），水深和水流的交互作用对 Y（I）、ETR（I）和 ETR（II）有显著影响（$P < 0.05$）。9月水体流速对 Y（I）、Y（II）、ETR（I）和 ETR（II）均无显著影响（$P > 0.05$），水深对 Y（I）和 ETR（I）有显著影响（$P < 0.05$），水深和水流的交互作用对 Y（I）有显著影响（$P < 0.05$）。10月水体流速对 ETR（I）和 ETR（II）均有显著影响（$P < 0.05$），水深对 Y（I）、ETR（I）有显著影响（$P < 0.05$），水深和水流的交互作用对 Y（I）、ETR（I）有显著影响（$P < 0.05$）。总的来说，水深、水体流速及水深和水流的交互作用对植物中 Y（I）、ETR（I）、ETR（II）有比较显著的影响，对 Y（II）无影响。

在流水池中不同水深对苦草的生长繁殖及光合作用的影响研究结果表明：45 cm 水深处苦草叶长显著高于其他水深（$P < 0.05$），随后，苦草植株均长与水深呈正相关。在静水池中苦草生物量随着水深显著增加，而根茎比在静水和流水中随着水深的增加均减小（$P < 0.05$）。1 月流水处理组各水深处苦草的叶绿素含量显著高于静水处理组苦草的叶绿素含量（$P < 0.05$）。10 月流水条件下叶绿素 a/b 值显著高于静水相应水深（$P < 0.05$）。随着植物的衰败，10 月静水池和流水池各水深处苦草的光合电子传递能力均显著下降。9 月流水和静水各水深处苦草的 F_v/F_m 无显著性差异。综上所述，水体的流动导致悬浮物的附着对苦草叶绿素的合成有一定的影响，从而进一步降低了植物的光合作用水平，并且加速了流水处理组苦草叶片的衰老。

5.3　生态基底改良技术

5.3.1　沉积物改良措施比较及对沉水植物生长的影响

湖泊底质是湖泊生态系统中营养物质循环交换的重要场所，一方面外源污染物排放至湖泊沉积于底泥中，另一方面底泥中的污染物可作为内源污染物向水体中释放。我国湖泊富营养化现状导致许多湖泊沉积物中有机质、氮、磷含量过高，这种底质不适合直接种植水生植物（苏豪杰 等，2017；郝贝贝 等，2013；Liu et al.，2008b），对湖泊底质进行改造以促进水生植物的生长在生态修复过程中至关重要。目前常见的底质修复技术主要有底泥疏浚、覆盖技术、化学技术、生物技术、联合技术。

1. 底泥疏浚

底泥疏浚指的是将污染严重的沉积物进行清淤处理再从湖泊中转移出来，清淤能快速改善受污染湖泊的底质条件，因此常用于实际工程中。但这种方法可能给陆地带来二次污染且破坏湖泊原有的生态体系，甚至能引发湖泊内源污染物的释放。单玉书等（2018）总结了太湖底泥疏浚中存在的问题，指出清淤并未达到预想的效果，且对太湖清出的底泥处置安全提出了疑问。陈平（2019）也对底泥疏浚中产生的二次污染问题提出了质疑。陆子川（2001）研究发现，清淤在短期内可使湖泊沉积物向上覆水中释放污染物水平降低，但很快其释放水平甚至高于清淤前。

2. 覆盖技术

覆盖技术指的是向湖泊沉积物表层投加基质隔离湖泊水体与底泥。这种技术降低了沉积物中的内源污染物释放风险，且覆盖所用基质还能吸收沉积物中的氮、磷等污染物。但同样会改变湖泊生态系统，甚至使水生植物无法生长。

3. 化学技术

化学技术是指将化学药剂投入湖泊沉积物中发生化学反应，将底泥中有毒物质转化为无毒物质，常用的化学药剂为高锰酸钾和硫酸铝。高锰酸钾的原理是作为强氧化剂与硫化物反应，生成硫酸盐；而硫酸铝可与磷酸盐反应生成磷酸铝沉淀，将底泥中的磷固定，降低释放风险（余光伟 等，2015）。但化学技术对水体往往容易产生二次污染，当化学药剂剂量过多时甚至能对水体生态系统产生毁灭性破坏。

4. 生物技术

生物技术是利用动物、植物、微生物生长发育中的代谢活动消耗掉沉积物中的污染物，尤其可利用湖泊中常见的沉水植物吸附沉积物中的营养物质，并对其进行收割，以消耗底泥中的污染物。

张雨等（2018）利用苦草处理湖泊沉积物中的多环芳烃，经过 34 d 修复试验，东太湖重度污染区沉积物中多环芳烃的去除率为 62%，而中度污染区去除率为 42%，种植苦草区去除率是未种植区的 2～3 倍。Yan 等（2011）研究了苦草对沉积物中菲的耐受性，结果表明在沉积物中菲的质量分数高达 80 mg/kg 时，苦草组对菲的去除率仍然比未加苦草组高 18%。Fan 等（2015）运用常见沉水植物菹草和其根际微生物协同作用去除沉积物中多环芳烃，结果表明菹草组菲和芘的去除率分别在 80% 和 70% 以上。Hong 等（2014）研究了苦草种植密度对去除沉积物中多环芳烃的影响，苦草组菲和芘的去除率比未种植苦草组分别高 15.2%～21.5%

和 9.1%～12.7%。施沁璇等（2018）用苦草、菹草、黑藻三种沉水植物来处理沉积物中的 Zn、Cu、Cd、Cr、As、Hg、Pb，结果表明，沉水植物对重金属 Cu、Hg、Cd、Pb 的去除率较高，且不同植物对重金属处理体现了季节性差异。Wei 等（2017）用沉水植物处理云南高原湖泊沉积物中的重金属，得到用沉水植物处理后沉积物中重金属浓度明显比未用沉水植物处理组低的结果。沉水植物去除沉积物中污染物的研究较多，但如何在受污染湖泊中定植沉水植物重建生态系统有待研究。

5. 联合技术

已有研究者运用基质与沉水植物联合作用处理湖泊沉积物污染物，这种方法是将基质铺设在湖泊底部作为原位吸附材料，其上种植沉水植物。一方面基质可以吸收湖泊沉积物中的污染物。另一方面沉水植物及其根际微生物从沉积物和基质中大量吸收氮磷等营养物质。研究表明，这种联合技术对沉积物中的 TP 去除率可以达到 59.8%。这种方法绿色无害、无二次污染且降低了湖泊沉积物内源污染的释放风险。但研究者并未深入探讨基质对沉水植物的生长是否存在影响。

5.3.2　生态基底改良材料对沉水植物生长的影响

麦饭石是一种无毒无害的硅酸盐岩矿物材料，具有一定的生物活性，其结构为多孔性海绵状（Xue et al.，2016），比表面积大。麦饭石主要含有 SiO_2、Al_2O_3、Na_2O、CaO、Fe_2O_3、MgO、K_2O、ZnO、TiO_2、P_2O_5、MnO_2 等成分，其中 SiO_2、Al_2O_3 占比 70%以上。其中：锰是许多酶类的辅因子，是植物体内叶绿素和维生素的重要组成成分；锌是电子传递上重要的辅酶因子，与植物体内叶绿体和线粒体的形成息息相关，同时锌可以促进蛋白质的合成，促进植物生育器官的发育并提高植物对高温、高盐、霜冻和干旱的抗御能力；铁直接参与电子传递、氧化胁迫、固氮作用、激素合成等过程。同时沉水植物的生长受基质影响较大，麦饭石的固持作用可能促使沉水植物在有机质含量较高的底质中扎根生长。另外麦饭石的强吸附性能、离子交换性、提高和平衡底泥物理机能等特点均可在一定程度上影响沉水植物生长。

我国麦饭石矿产资源丰富、储量较多、分布较广，已在全国发现几十处麦饭石矿，且在辽宁阜新市、江西信丰县、天津蓟县（现蓟州区）及浙江四明山等地形成了开发、应用和研究的产业基地（王建，2018）。

1. 实验方法

天然麦饭石结构致密导致其孔隙通透性差（冯光化，2001），麦饭石的吸附性取决于其结构性质，对天然麦饭石改性处理可改变其物理化学性质以优化其性能（陈红 等，2016）。根据改性方法可将麦饭石改性分为酸改性（王诗博 等，2017）、碱改性（王斌，2009）、焙烧改性（宋振扬，2018）、稀土改性（陈琳荔和邹华，2015）及复合改性，以上方法在一定程度上均能提高其吸附性能。韩帆（2019）结合多种改性方法筛选出经焙烧、硫酸复合改性之后的麦饭石作为生态基底改良材料，并研究其对沉水植物生长的影响效应。实验所用的麦饭石为取自山东蒙阴县的原石，粒径为 2～4 cm，底泥采自西湖小南湖湖心，厚度为 10 cm，麦饭石和底泥的成分如表 5.22 和表 5.23 所示。底泥铺上厚度分别为 1 cm、3 cm、5 cm、7 cm 的改性麦饭石（modified medica stone，MM）和麦饭石原石（medical stone，M）。分别种植苦草和轮叶黑藻两种植物。实验装置为 PVC 桶（顶直径×底直径×高为 45 cm×40 cm×55 cm），实验分组设置见表 5.24。

表 5.22　麦饭石化学组成　　　　　　　　　（单位：%）

项目	SiO_2	Al_2O_3	Na_2O	CaO	Fe_2O_3	MgO	K_2O	ZnO	TiO_2	P_2O	MnO
质量分数	61.38	16.26	5.16	5.08	3.18	1.82	1.74	0.374	0.36	0.22	0.032

表 5.23　西湖底泥的化学组成　　　（除 TP 外，单位：%）

项目	SiO_2	Al_2O_3	CaO	Fe_2O_3	K_2O	TP/（mg/kg）
质量分数	54.68	15.15	4.95	3.96	1.73	1 424

表 5.24　PVC 桶实验分组设置

序号	实验分组	实验设置
1	MM1	苦草+1.0 cm 改性麦饭石
2	MM3	苦草+3.0 cm 改性麦饭石
3	MM5	苦草+5.0 cm 改性麦饭石
4	MM7	苦草+7.0 cm 改性麦饭石
5	M1	苦草+1.0 cm 麦饭石原石
6	M3	苦草+3.0 cm 麦饭石原石
7	M5	苦草+5.0 cm 麦饭石原石
8	M7	苦草+7.0 cm 麦饭石原石

序号	实验分组	实验设置
9	M0	苦草
10	mm1	轮叶黑藻+1.0 cm 改性麦饭石
11	mm3	轮叶黑藻+3.0 cm 改性麦饭石
12	mm5	轮叶黑藻+5.0 cm 改性麦饭石
13	mm7	轮叶黑藻+7.0 cm 改性麦饭石
14	m1	轮叶黑藻+1.0 cm 麦饭石原石
15	m3	轮叶黑藻+3.0 cm 麦饭石原石
16	m5	轮叶黑藻+5.0 cm 麦饭石原石
17	m7	轮叶黑藻+7.0 cm 麦饭石原石
18	m0	轮叶黑藻

实验从 5 月 8 日开始，将苦草、轮叶黑藻驯养一周后种植于实验装置之中，种植前进行第一次采样（5 月 15 日），之后每隔 30 d 取样一次。尽量挑选生长状况相同的植物，并将植物修剪一致种下。

2. 麦饭石对沉水植物生长指标的影响

1）麦饭石对苦草生长的影响

由图 5.47 可知，苦草的生长受季节影响较大，夏季光照强度较大，温度较高，整体条件适宜苦草生长。7~8 月为苦草茂盛生长期，至 8 月 15 日苦草的株高达到最大，并在 9 月、10 月维持了一定的植株高度，于 11 月苦草逐渐消退，这与西湖四季水生植物统计调查结果相一致。同时结果显示 MM1 组苦草株高高于其他组，且改性麦饭石组整体株高高于麦饭石原石组，但差异不显著（$P>0.05$）。1 cm、3 cm 麦饭石组苦草均高于底泥组（m0 组），8 月 15 日时，苦草植株达到最高，其中最高的为 MM1 组，159.7 cm，是底泥组（M0 组）株高的 1.298 倍，但底泥组比 7 cm 麦饭石组植株更高。这可能是因为麦饭石在一定程度上可促进植物生长，但麦饭石过多会影响植物从沉积物中吸取营养，且同时改变了植物生长的压力环境，当铺设麦饭石过深时，反而抑制了植物的生长。

7~8 月光照强度增强，温度升高，苦草生长速度最快，于 8 月 15 日苦草生物量达到最大值，8 月 15 日、9 月 15 日、10 月 15 日的生物量均高于其他采样日期的生物量，9~11 月苦草随时间推移而消亡。1 cm 麦饭石组生物量高于其他组，改性麦饭石组生物量高于麦饭石原石组，1 cm、3 cm、5 cm 麦饭石组生物量高于底泥组，但差异不明显（$P>0.05$）。8 月 15 日 MM1 组苦草的生物量达到了最大值（30.73 g），是底泥组生物量的 1.568 倍。

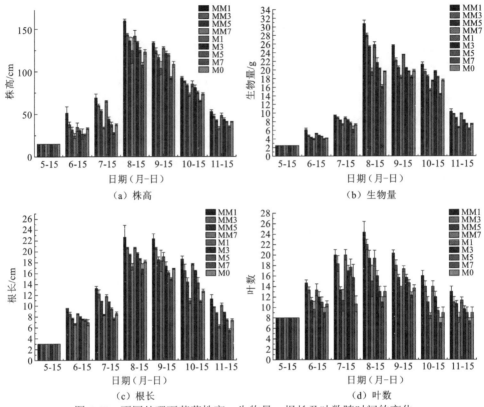

图 5.47　不同处理下苦草株高、生物量、根长及叶数随时间的变化

扫描封底二维码可看彩图

　　由图 5.47 可知，苦草的根长与苦草生物量、株高变化趋势相一致。7~8 月苦草根长生长速度最快，8 月 15 日、9 月 15 日、10 月 15 日苦草根长长于其他采样日期，但 8 月 15 日、9 月 15 日两个采样日期中，苦草根长差别不大。这可能是由于植物根部生长受光照影响低于植物叶片，植物根部消亡比植物叶片有所延迟。1 cm 改性麦饭石组苦草根长长于其他组，1 cm 麦饭石组苦草根长长于其他高度组，1 cm、3 cm 麦饭石组苦草根长长于底泥组（$P>0.05$）。在采样周期内，MM1、MM3、MM5、M1、M3 组苦草的根长均长于底泥组，其中 8 月 15 日时，分别达到了 22.63 cm、20.63 cm、19.37 cm、20.63 cm、19.63 cm，是底泥组的 1.246 倍、1.136 倍、1.066 倍、1.136 倍、1.081 倍。

　　实验结果表明苦草叶数随季节的变化而改变，MM1 和 M1 组苦草叶数比其他组多。MM1 组苦草叶数多于其他组，且符合显著性差异（$P<0.05$）；除 7 cm 组外，其他组苦草叶数均多于底泥组。

2）麦饭石对轮叶黑藻生长的影响

轮叶黑藻与苦草相似，mm1、mm3、m1、m3 组植物的株高、叶间距、生物量、根长均优于底泥组，但 mm7、m7 组低于底泥组，如图 5.48 所示。

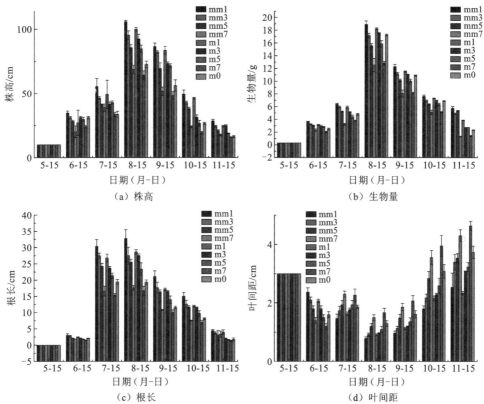

（a）株高　　　　　　　　　　　（b）生物量

（c）根长　　　　　　　　　　　（d）叶间距

图 5.48　不同处理下轮叶黑藻株高、生物量、根长及叶间距随时间的变化情况

扫描封底二维码可看彩图

由图 5.48 可知，改性麦饭石组轮叶黑藻植株高度高于其他组，1 cm 麦饭石组高于其他高度组，改性麦饭石组轮叶黑藻高度高于麦饭石原石组，但差异并不显著（$P>0.05$）。在 8 月 15 日、9 月 15 日、10 月 15 日三个采样日期中，除底泥组轮叶黑藻株高高于 7 cm 麦饭石组，其余麦饭石组轮叶黑藻株高均高于底泥组。各组基本上在 8 月 15 日时达到最高株高，mm1 组轮叶黑藻株高为 105.7 cm，是底泥组的 1.453 倍。各组轮叶黑藻在 8 月 15 日达到最高高度，并在 9 月 15 日开始逐渐消亡。与苦草不同的是，轮叶黑藻在 9 月 15 日至 10 月 15 日的 30 d 内消亡速度更快，这与轮叶黑藻茎干更脆弱、抗逆性更弱、受温度影响更大、对季节变化更为敏感有关。

　　轮叶黑藻繁殖能力强，生长速度快，尤其是 7～8 月，mm1 组的 8 月 15 日的轮叶黑藻生物量是 7 月 15 日的 2.969 倍，30 d 内可生长接近三倍，但其抗逆性较差，易受环境影响，叶片较细软，易被鱼虾牧食，因此在湖泊生态修复系统中通常处于斑块镶嵌的内部，外围被抗性较强不易被破坏的沉水植物包围。由图 5.48 可知，1 cm 麦饭石组轮叶黑藻生物量大于其他厚度组，1 cm 改性麦饭石组高于其他厚度组，但除了 1 cm 麦饭石组生物量高于底泥组，3 cm、5 cm 麦饭石组与底泥组生物量并无明显差异（$P>0.05$），7 cm 麦饭石组生物量远远低于底泥组，例如 8 月 15 日采样时，mm7 组的生物量仅为底泥组（m0 组）的 72.7%。同时，改性麦饭石组的轮叶黑藻生物量与麦饭石原石组差异不大。这可能是因为轮叶黑藻本身扩繁能力较强，生长速度较快，且轮叶黑藻的根为须根可发育较长，扎根能力较强，直接从沉积物中吸收氮、磷能力较强，麦饭石改性与否对氮、磷吸收能力影响不大。但麦饭石溶出的微量元素可促进轮叶黑藻细胞发育，因此 1 cm 麦饭石组生物量仍然高于其他组。

　　实验结果显示，改性麦饭石组的轮叶黑藻根长长于麦饭石原石组，其中 mm1 组轮叶黑藻根长长于其他组，1 cm 麦饭石组长于其他厚度组。1 cm、3 cm、5 cm 麦饭石组轮叶黑藻根长于底泥组，但 7 cm 麦饭石组根长比底泥组短，这与之前的分析结果相一致，7 cm 麦饭石组在一定程度上阻碍了轮叶黑藻根部发育。其中 8 月 15 日时，mm1 组、m1 组轮叶黑藻根长分别是底泥组的 1.69 倍、1.418 倍，而 mm7、m7 轮叶黑藻根长为底泥组的 90.9%、86.4%。6 月 15 日至 7 月 15 日，轮叶黑藻根部生长较快，其中 mm1 组轮叶黑藻根长 7 月 15 日的测定结果是 6 月 15 日的 10 倍，根部生长极为迅速。

　　7 月 15 日、8 月 15 日、9 月 15 日轮叶黑藻叶间距小于其他采样日期，其中 8 月 15 日轮叶黑藻叶间距最小，8 月 15 日轮叶黑藻生长状况最好，这与上述轮叶黑藻株高结果一致。除 6 月 15 日的其他采样日期中，1 cm 麦饭石组叶间距小于其他厚度组，1 cm 改性麦饭石组轮叶黑藻叶间距小于其他组，1 cm、3 cm 麦饭石组叶间距小于底泥组，但改性麦饭石组并没有优于麦饭石原石组，这可能是由于各组轮叶黑藻叶间距整体差距并不大，叶间距无法衡量改性麦饭石组与麦饭石原石组之间的差距。值得注意的是 6 月 15 日，1 cm、3 cm、5 cm、7 cm 麦饭石组叶间距与后续采样日期呈现相反的排序，这可能是由于 5 月 15 日至 6 月 15 日轮叶黑藻主茎生长速度过快，叶片生长速度比不过主茎生长速度。

3. 麦饭石对沉水植物光合色素的影响

1）麦饭石对苦草光合色素的影响

　　由图 5.49 可知，除个别组外，各组之间差异不大，但仍可看出，7 月 15 日、

8 月 15 日、9 月 15 日三个采样日期的苦草叶绿素含量较高，结合苦草生长指标，这可能与 7～8 月苦草处于旺盛生长期有关，此时，MM1 组苦草叶绿素含量最高。

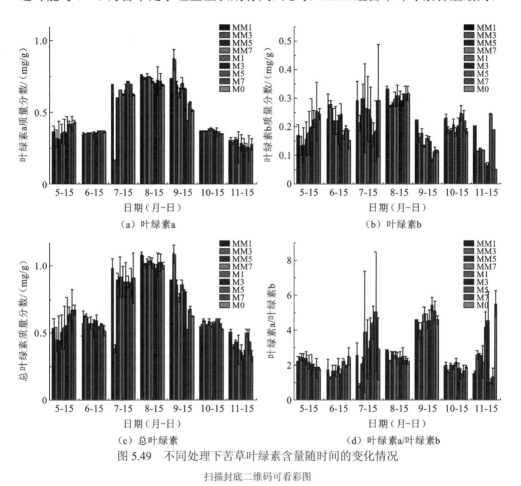

（a）叶绿素a　　　　　　　　　　（b）叶绿素b

（c）总叶绿素　　　　　　　　　　（d）叶绿素a/叶绿素b

图 5.49　不同处理下苦草叶绿素含量随时间的变化情况

扫描封底二维码可看彩图

2）麦饭石对轮叶黑藻光合色素的影响

植物叶绿素水平反映了植物生长状况。由图 5.50 可知，各组的轮叶黑藻叶绿素 a 含量在 9 月 15 日达到最高值，叶绿素 b 含量在 8 月 15 日达到最高值，同样总叶绿素含量也在 9 月 15 日达到最高值。叶绿素含量可反映植物的光合作用状况，说明 8～9 月轮叶黑藻的光合速率较大，植物生长状况较好。但在 10 月 15 日，轮叶黑藻的叶绿素 a、叶绿素 b、总叶绿素含量急剧下降，此时植物已进入衰老期，叶绿素被严重破坏而减少。

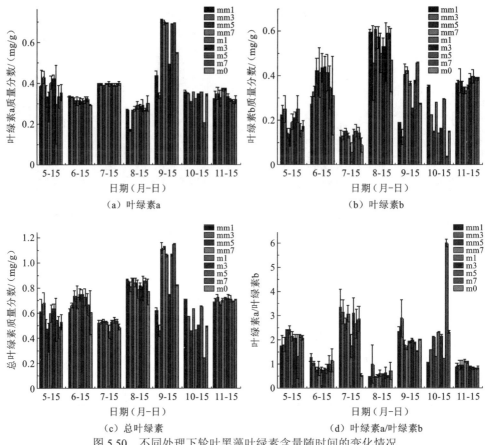

图 5.50　不同处理下轮叶黑藻叶绿素含量随时间的变化情况

扫描封底二维码可看彩图

4. 麦饭石对沉水植物叶片蛋白质含量的影响

由图 5.51 可知，苦草叶片可溶性蛋白含量变化符合植物抗逆性表达规律。实验中各组苦草的抗性水平相差不大，但值得一提的是在经过 5 个月的生长之后的 10 月 15 日，苦草初接触外界的低温低光照环境时，MM1 组的苦草叶片蛋白质含量最高，即可看出 MM1 组的苦草抗性最强。此时在麦饭石厚度上，两个 1 cm 组的苦草 10 月 15 日的蛋白质含量明显高于其他厚度组。因此可初步推断少量麦饭石可提高苦草抗性，改性麦饭石提高苦草抗性的能力高于麦饭石原石。轮叶黑藻的可溶性蛋白含量在 5 月 15 日、10 月 15 日、11 月 15 日三个采样日期达到较高水平，这分别对应了轮叶黑藻移植入新环境、轮叶黑藻进入衰败期、轮叶黑藻进入衰败后期，植物处于逆境，因此产生更多可溶性蛋白。

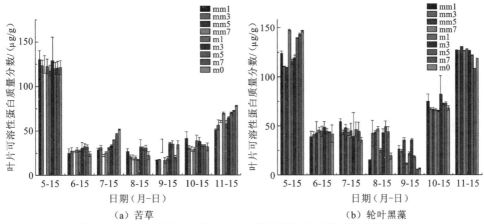

图 5.51　各处理组沉水植物叶片可溶性蛋白含量随时间变化情况

扫描封底二维码可看彩图

5. 麦饭石对沉水植物根系活力的影响

由图 5.52 可知，5 月 15 日至 7 月 15 日，M5 组的苦草根系活力值最大，而 8 月 15 日至 11 月 15 日，MM1 组苦草根系活力最大。结合苦草生物量、叶长等指标可推断造成这种现象的原因可能是，在麦饭石厚度并没有抑制苦草生长的前提下，适当厚度的麦饭石可以促进其根部的伸长作用，但这种促进作用在苦草进入稳定生长和衰败期并不明显，而结合氧化酶的活性可看出，MM1 组的苦草明显延缓了一定程度的衰老。

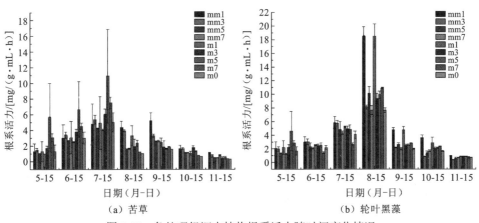

图 5.52　各处理组沉水植物根系活力随时间变化情况

扫描封底二维码可看彩图

轮叶黑藻根系活力在 7 月 15 日、8 月 15 日高于其他采样日期，这是因为 7～

8 月苦草生长茂盛,此时 mm1 和 m1 组轮叶黑藻的根系活力高于其他组,说明 1 cm
组的麦饭石对轮叶黑藻根部生长有促进作用。但 10 月 15 日 mm3、mm5、mm7
组根系活力低于底泥组,说明此时这三组麦饭石均对轮叶黑藻根部生长产生了抑
制作用。7~11 月,mm1 和 m1 组轮叶黑藻的根系活力均高于其他组,说明在轮
叶黑藻的整个生长周期内,少量麦饭石的投加可以促进植物根部生长。

6. 麦饭石对沉水植物酶系防御系统的影响

1)麦饭石对苦草酶系防御系统的影响

由图 5.53 可知,由于 8 月温度过高,植物处于高温逆境,苦草叶片中丙二醛
在 8 月 15 日剧增。而 11 月 15 日丙二醛含量再次累积达到较高水平,这是因为此
时苦草已经处于衰老期,植物叶片过脂化水平较高。值得注意的是,9 月 15 日、
11 月 15 日底泥组的丙二醛含量高于其他组,这说明底泥组的植物叶片衰老进程
比其他组快。

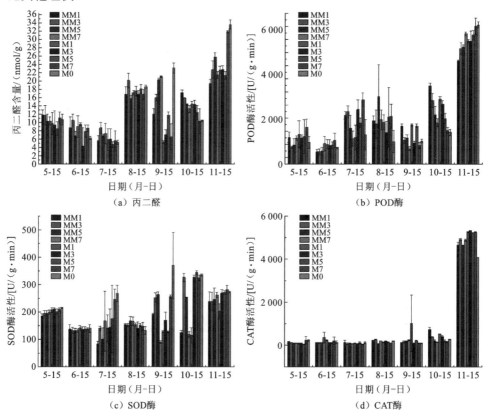

(a) 丙二醛 (b) POD酶

(c) SOD酶 (d) CAT酶

图 5.53 不同处理下苦草叶片酶活随时间变化情况

扫描封底二维码可看彩图

在 10 月 15 日采样时，苦草进入衰老初期，外界光照强度和温度降低，叶片 POD 酶活性显著增强以清除氧自由基。11 月 15 日植物进入衰老中后期，大量 POD 酶攻击苦草细胞使苦草植株衰退死亡，这与前文中苦草植株的高度、生物量变化相一致，符合植物衰老进程。研究结果显示，10 月 15 日时，MM1 组的苦草叶片中 POD 酶活性最大，而 11 月 15 日却最小，说明在衰老期 MM1 组的苦草抗性最强，衰老较其他组植物有所延迟。

从图 5.53 中看出，一些组别的苦草叶片中 SOD 酶活性在 9 月 15 日开始提高，这可能是因为 9 月中旬苦草逐渐消亡，叶片产生较多自由基氧，为了清除自由基氧，叶片产生较多 SOD 酶。7 月 15 日、9 月 15 日 M0 组的苦草叶片中 SOD 酶活性高于其他组（$P<0.05$），这可能是因为外界温度变化导致植物产生了应激反应。

苦草在 11 月已经进入衰败后期，植物产生大量的活性氧破坏了植物组织，同时产生大量 CAT 酶清除活性氧，启动植物消亡程序。此时可以看出麦饭石原石组的苦草叶片产生的 CAT 酶活性更强，且麦饭石组均高于底泥组，清除活性氧的能力更强，可在一定程度上延缓衰老。

2）麦饭石对轮叶黑藻酶系防御系统的影响

由图 5.54 可知，轮叶黑藻叶片中的丙二醛含量在 8 月 15 日、11 月 15 日高于其他组，分别对应实验处于高温逆境和植物衰老期，因此轮叶黑藻叶片的丙二醛含量有所增加。11 月 15 日底泥组的轮叶黑藻叶片丙二醛含量最高，这说明此时底泥组的轮叶黑藻膜脂过氧化水平最高，植物叶片衰老程度最高。

轮叶黑藻叶片中 POD 酶活性在 9 月 15 日、11 月 15 日升高，这是因为 9 月轮叶黑藻逐渐开始衰败，POD 酶活性增强以清除多余的活性氧，而 11 月 15 日轮叶黑藻进入衰败后期，POD 酶活性达到最高自行衰败。

轮叶黑藻叶片中 SOD 酶活性在 10 月 15 日增强，这也是植物进入衰败期的结果，此时轮叶黑藻叶片中产生大量活性氧，植物体为清除活性氧而产生 SOD 酶，11 月 15 日植物彻底进入衰老后期，植物体内新陈代谢平衡被打破，大量氧化酶随之产生。

研究发现轮叶黑藻叶片内 CAT 酶活性在 5～10 月均处于较低水平，但在 11 月 15 日剧增，这与轮叶黑藻进入衰败期有关。轮叶黑藻进入衰败期时，植物体内产生大量活性氧，且植物叶片内原本有条不紊的新陈代谢活动被破坏，因此呈现出 CAT 酶活性急剧增强。

已有研究表明麦饭石可以改变土壤的理化性质（陈可可和赵莎，2017；周红梅 等，2013；张振华，2012）。当铺设厚度较小的麦饭石时，麦饭石颗粒可以和湖泊底泥混合，进而改变湖泊底质的性质，保证沉水植物稳定生根的基础条件；

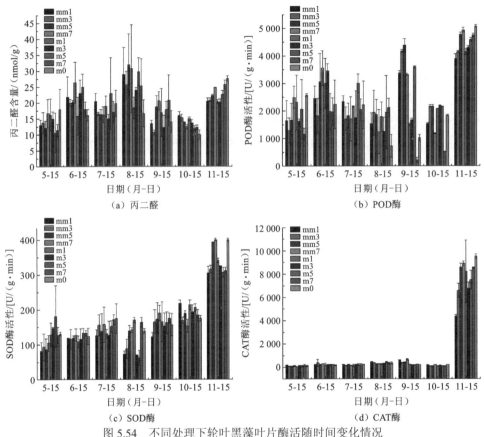

图 5.54　不同处理下轮叶黑藻叶片酶活随时间变化情况

同时麦饭石可溶出一部分微量元素促进植物生长代谢；麦饭石表面的多孔隙可以给微生物着生繁殖提供更多空间，微生物的代谢过程中会产生一部分益于植物生长的物质，进而促进植物生长。但当麦饭石厚度较大时，沉水植物被掩埋，掩埋部位的氧化还原电位降低，厌氧环境和硫化物大量积累，损伤植物体，甚至导致植物死亡（Van et al.，2014，2006；左进城 等，2014）。掩埋深度越大，即基质厚度越大，氧化还原电位降低程度就越大，对植物的伤害就越大（Van et al.，2014）。繁殖体受到掩埋后，萌发的茎叶不能在短期内穿过底质，幼苗会因营养耗尽而死亡；枝条受到掩埋后，植物进行光合作用的面积减少，如果不能快速增加枝叶，植物组织中的营养物质将被过度消耗，植物可能会受损伤或死亡（Tuya et al.，2013），掩埋甚至隔绝了部分植物体与水体的循环交换机制。

研究表明基质的保水性、渗透性、孔隙度、容重对植物生长产生着影响（闫晖敏 等，2015），当麦饭石厚度为 7 cm 时，无论是否改性，麦饭石均在一定程度上阻碍了水体与植物的循环接触，沉水植物作为大型水下植物，其生长发育全过程均在水体中，因此呈现抑制作用。其次，麦饭石厚度较大时底部与湖泊底泥混合后上层仍有大量无法混合的基质，这些基质对湖泊底泥及整个系统产生了压强，导致沉水植物需要克服更大的压力，尤其是根部的伸长和匍匐茎的产生、植物底端的分蘖均受到了抑制，导致沉水植物的生长受到了抑制。研究表明，苦草在高密度条件下，可自行调整通过缩短匍匐茎长度降低邻株竞争强度（朱协军 等，2017），但这种调控作用在基质厚度过大时，无法形成有效调节，因此植物生长受到抑制。

植物衰老过程中，除生长指标产生明显变化外，植物叶片叶绿素、可溶性蛋白、氧化酶的活性也随之产生明显变化。张群等（2015）研究表明苦草在一定条件下可以越冬，麦饭石在一定程度上可以延缓苦草的衰败。

5.4　沉水植物优选、定植及扩繁技术

5.4.1　沉水植物优选

沉水植物扎根基底，在大部分生活周期中其营养体全部沉没于水面下，有性繁殖部分可沉水、浮水或挺立于水面（Wetzel，1983）。该类群植物由于适应水环境的特性而表现出与陆生植物完全不同的生理特征，通气组织特别发达以适应水下氧气相对不足的环境；同时除叶绿素外，还含有褐色素等色素以充分利用水中弱光。沉水植物可通过根部释氧（Karjalaincn et al.，2001）影响根区沉积物微环境，包括影响植物根区有机质含量（刘兵钦 等，2004；Sehulz et al.，2003）、植物的生理生态结构，以及降低表层沉积物中碱性磷酸酶活性（周易勇和付永清，1999），或者通过改变上覆水的环境条件，如溶解氧、pH、氧化还原电位等（Jin et al.，2006；金相灿 等，2004）来影响沉积物中磷的释放（Wigand et al.，1997；Lópe-Piñeiro and Navarro，1997），从而改善水质。

在湖泊生态修复过程中，重要的一环就是通过沉水植物来修复水生态系统的功能，将湖泊从浊水状态转变为清水状态。沉水植物种类较多，如眼子菜科、金鱼藻科、水鳖科的黑藻和苦草、茨藻科、水马齿科、水鼓科、小二仙草科的狐尾藻及毛茛科的梅花藻属、轮藻科等（赵文，2005；刁正俗，1990）。但由于受到水质、底泥等环境因子的限制，并非所有的沉水植物都能生长，首先要选择适宜的沉水植物作为植被恢复的先锋物种。选择的原则主要有 4 点：①优先挑选本土物种，避免大范围引入外来物种导致生态破坏；②选择生长适宜范围广、耐污型强、内稳性低的沉水植物；③个体繁殖速度快，种子或繁殖体易得易活；④根据不同沉水植

物的形态及生活习性，搭配种植，兼顾景观。下面是笔者研究团队在多年修复经验中经常用到的先锋物种。

1. 苦草

苦草（*Vallisneria natans*）又名扁草、蓼萍草，为水鳖科苦草属，广泛分布在我国大部分省市。多年生草本植物，具有白色匍匐茎，叶从根茎基部生长，叶狭带形，长 20～200 cm，宽 0.5～2 cm，鲜绿色或略带红色，叶尖圆钝，叶边缘有不大明显的小锯齿，植株叶长、翠绿、丛生，花期 8 月，果期 9 月，果圆柱形，成熟时长 14～17 cm，是远景区水景、厅原水池、植物园水景的良好水下绿化材料。

苦草属于四季常青植物，对光照需求低（苏文华 等，2004），在 4 种沉水植物种间竞争中在水体中下层具有一定生长优势（段德龙 等，2011），适于水体底层生长，是湖泊水生植物群落中分布最深的物种之一（黎慧娟 等，2008）。苦草除了能为草食性鱼类与水禽提供食物来源（孙健 等，2015；杨婧，2011；李宽意 等，2006；李东，2000；熊秉红和李伟，2000；朱海虹，1995），还因其生长适应性广、耐污能力强、种子易得、播种效率高、个体繁殖速度快且能吸附水体氮磷营养盐及重金属等而能显著改善水环境（王永平 等，2009；王传海 等，2007），常用作重建湖泊沉水植被的先锋物种（陈开宁 等，2006b）。

李泽等（2012）研究发现，在模拟西湖的水体中，苦草能正常生长，且对其中的总氮、硝态氮有明显的去除效果。不同生命周期的苦草，对水质、底泥中的总氮、氨氮、硝态氮均有一定的影响。苦草在快速生长期，通过调整水体和底泥中的氨氮和硝态氮的迁移转化方式，加速系统氮循环速率；在衰亡期，苦草的存在会加速水和底泥中的反硝化作用，使硝态氮维持在较低的水平（叶斌 等，2015）。此外，苦草的存在也会影响水中的磷循环。苦草的根和叶可以吸收水体中的磷，促进悬浮物沉降；苦草通过光合作用可以释放氧气来调节底泥界面的理化条件，抑制底泥中磷的释放，从而能够有效去除水和底泥中磷营养盐（彭近新和陈慧君，1988）。在快速生长阶段，苦草可以将水体中的磷吸收转化为植物所需物质，同时能抑制水体中的磷循环；在缓慢生长阶段，苦草将水体中的磷转化为难分解的磷固定到沉积物中（吴强亮 等，2014）。

许宽等（2013）探讨了苦草对河道黑臭底泥理化性质的影响，结果表明：种植苦草后污染河道底泥氧化还原环境明显改善，实验过程中表层底泥的氧化还原电位从-70 mV 升高至 90 mV，致黑物质亚铁（ferrous）的含量也明显减少；同时苦草的存在加速铁、硫的自然循环，防止亚铁、硫化氢累积。苦草为淡水中常见水生植物，对重金属有高敏感度和强富集性。研究表明，苦草对铜-铅复合底泥有较大的改善作用，与黑藻和金鱼藻相比，苦草对铅的富集量更高（谢佩君 等，2016）。苦草可以耐受一定浓度范围的镉污染，并对水体中的镉具有一定的去除能力（张饮江 等，2012）。

苦草对浮游生物、细菌和丝状藻生物量具有明显的抑制作用（Wigand et al.，2000）。顾林娣等（1994）研究表明，苦草在生长过程中会向水体中释放化感物质来抑制藻类生长，且其对藻类的抑制作用与其生物量呈正相关。高云霓等（2011）研究了苦草释放的酚酸类物质对铜绿微囊藻（*Microcystis aeruginosa*）的化感作用，结果表明，苦草可以释放酚酸，对铜绿微囊藻的生长产生抑制。姚远等（2016）研究了苦草对杭州西湖湖西湿地的藻类影响，结果表明，苦草对藻类具有明显影响，显著抑制了藻类密度与叶绿素 a 浓度，改变了藻类群落结构。在水生态系统中，苦草还有很多重要的功能。苦草的存在可以减少水流的紊动，减缓水流的冲击，减弱沉积物再悬浮启动，同时能吸附和截留水中悬浮颗粒物（耿楠 等，2015）。由于其自身的光合作用释放 O_2 及呼吸作用释放 CO_2，苦草能够引起水体中 pH、溶解氧、Eh 等环境因子的日变化，对水体产生一定的影响（王立志 等，2010）。

2. 狐尾藻

狐尾藻（*Myriophyllum spicatum*），小二仙草科狐尾藻属植物，多年生草本植物，根状茎发达，茎为圆柱形，长度会根据水体的深浅而变化，通常为 1 m，叶片为 4 片轮生，叶片较长，长度为 4～5 cm。狐尾藻繁殖方式分为有性繁殖和无性繁殖，主要通过对成株进行扦插来繁殖，并对狐尾藻种子进行栽种繁殖。在生物技术领域，还发明了狐尾藻工程苗快繁方法。运用狐尾藻组织培养技术，获得并大规模扩繁其优质工程苗，以克服该物种在自然环境中种源有限且污染严重的问题。

狐尾藻可作为观赏植物，全藻为草鱼和猪的饲料，在沉水植物种间竞争中具有一定生长优势（段德龙 等，2011），属喜光植物，其适应能力也很强，在大多数水体中均能良好发育，相对于其他沉水植物，其具有较高的光合作用速率，能够在水体表面形成厚密的冠层阻止光的透射（左进城 等，2009）。狐尾藻耐污能力强、繁殖快、生长期长，部分植株可越冬并在水质净化方面具有良好的功效，作为净水工具种和植被恢复先锋物种在水环境修复工程中被大量利用（吴振斌 等，2001）。

3. 黑藻

黑藻（*Hydrilla verticillata*），水鳖科黑藻属，单子叶多年生草本植物，广泛分布于欧亚大陆热带至温带地区，茎细长且有分支，叶片为 4～8 轮生，先端尖锐，边缘锯齿明显，根系方面只有须状不定根，属于"假根尖"植物。黑藻为喜温耐热植物，在夏季生长旺盛、冬季则衰退，繁殖方式主要是通过自身分裂出较多的断枝，于断枝上继续生长出新芽，最终发育成株，主要为无性繁殖。黑藻具有耐污能力强、生长繁殖快、无性繁殖体易得等优点。

4. 金鱼藻

金鱼藻（*Ceratophyllum demersum*），金鱼藻科金鱼藻属，多年生草本植物，群生于淡水池塘、稳水小河、水沟和水库中，在我国主要分布于东北、华北、华东、台湾等地。茎细柔，有分枝，茎长 40～150 cm。成株呈暗绿色，无根系，叶片轮生，每轮 6～8 片，繁殖方式与黑藻相同，主要也通过断枝进行无性繁殖，最终发育成株。金鱼藻具有耐污性较强、外形优美、无性繁殖能力强、移栽容易等特点，也是湖泊和河流重建沉水植常被选择的先锋物种之一。

5. 菹草

菹草（*Potamogeton crispus*），眼子菜科眼子菜属，多年生草本植物，根茎为圆柱形，基部常匍匐于地面。叶片呈条形，长 3～8 cm，叶端钝圆，叶片边缘呈浅波状，植株浮于水面。不同于喜温耐热的沉水植物，菹草的生长周期为春冬季，菹草于秋季发芽，在春冬季生长，夏季逐渐衰退腐烂，同时形成无性繁殖体石芽，随着水体流动传播，于秋冬季萌发（王晋 等，2015）。菹草具有耐污能力强、净化效果好、无性繁殖体石芽易收获等优点。由于其冬春季生长的特点，在重建恢复沉水植被的工程中，菹草常常被选为冬季的沉水植物物种与其他春夏季生长的植物进行匹配，从而形成沉水植物四季的自然交替。

5.4.2　沉水植物定植

国外某些地方沉水植被的恢复主要是依靠当地物种自然恢复和附近遗留物种定植（Mauchamp et al.，2002；Price et al.，2002），但由于健康水生态系统在我国所占的比例较小，大量水体亟须沉水植被修复。依靠自身繁殖体库，包括种子、鳞芽、根茎和幼苗（Combroux et al.，2002；Acosta et al.，1999）等，在短时间内自然恢复大量沉水植被的可能性比较低，因此，多采用人工播种或移植沉水植物的方式构建沉水植物群落（McKinstry and Anderson，2003；Zhang et al.，2001），逐步恢复沉水植被的生态功能。

在沉水植被恢复过程中，沉水植物的种植及维持较高的存活率是植被修复成功的重要基础。不同种植方式对不同种类沉水植物的生长及存活率有较大的影响。定植技术是沉水植物恢复与重建的重要技术手段。沉水植物的种植方法多样，简单的有播种法、抛种法、扦插法、移植法等，复杂的有捆绑式网床、网箱等。考虑沉水植物的特点、植被恢复水域及经济成本，通常采用简单易操作的定植方法。

王帅（2017）设置持续扰动的动态水环境和静态水环境，研究扦插法、纱布包裹法、布袋覆土法 3 种种植方法对苦草生长的影响，比较动态、静态水环境下苦草生长的差异，寻求苦草生长的最佳种植方法。3 种种植方法和实验装置示意图如图 5.55 所示。3 种定植法如下。

（1）扦插法。将 5 株苦草捆扎成小束，在竹片头部开一个缺口，将苦草卡入缺口，再手持竹片将苦草插入水下底泥中。

（2）纱布包裹法。将 5 株苦草捆扎成小束，用轻度富营养化底泥包裹苦草根部，用一定网孔规格的纱布包裹泥团并系口，将包好的苦草植株慢慢放入水中，沉入水底。

（3）布袋覆土法。在 12 cm（长）×6 cm（高）小布袋中覆上一层轻度富营养化底泥，将 5 株苦草捆扎成小束，将苦草种植在底泥上，然后将整个小布袋慢慢放入水中，沉入水底。

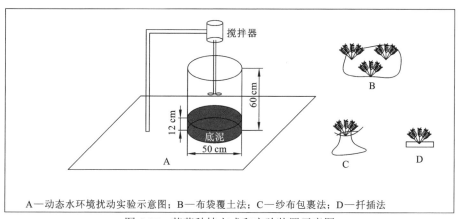

A—动态水环境扰动实验示意图；B—布袋覆土法；C—纱布包裹法；D—扦插法

图 5.55　苦草种植方式和实验装置示意图

实验结果分析得出以下结论。

（1）在苦草形态学方面，不同种植方式对苦草的分株数、株高、叶宽、根长有显著的影响。布袋覆土法种植方式下苦草的平均株高和平均叶宽明显大于扦插法和纱布包裹法，但是其分株数和平均根长小于扦插法和纱布包裹法。动态、静态水环境只对苦草的分株数有显著影响，对其他形态学指标无显著影响，同一种植方式，在静态水环境下的苦草分株数比动态水环境下多。

（2）不同种植方式对苦草的生物量及叶绿素含量有显著的影响。布袋覆土法种植方式下苦草的地上部分平均干重、地下部分平均干重、平均生物量总干重和叶绿素含量明显大于扦插法和纱布包裹法，但是其地下与地上部分之比小于扦插法和纱布包裹法。动态、静态水环境对苦草的生物量及叶绿素含量无显著影响，静态水环境下苦草的生物量和叶绿素含量稍微优于动态水环境。

（3）不同种植方式下苦草对水中的 TN 和 TP 都具有较好的去除效果，水体中

TN 和 TP 的去除率随生物量的增加不断升高，扦插法种植方式下水中 TN 和 TP 的去除率较纱布包裹法和布袋覆土法高。动态水环境的持续扰动引起水中底泥再悬浮，在苦草生长初期，水体中 TN 和 TP 浓度大于初始浓度，去除率为负数。静态水环境下苦草对水中 TN 和 TP 的去除率高于动态水环境。

（4）不同种植方式对水体中 DO 和 pH 的影响不明显，动态、静态水环境对水体中的 DO 和 pH 影响不明显。

（5）实验过程中，由于水体温度较高，在静态水环境生长的苦草都出现不同程度着生藻的覆盖现象，但动态水环境下生长的苦草中没有出现着生藻，表明动态水环境可以减少着生藻的出现或者形成。

（6）不同种植方式在苦草种植初期会形成不同的微环境，短期内对苦草的生长产生一定的影响，待苦草生长稳定后，种植方式不再是影响苦草生长的主要因素，苦草密度增大产生的种内竞争成为影响苦草生长的主要因素。在 3 种种植方式下，布袋覆土法种植的单株苦草生长最好。在水流比较平稳的湖泊，选择扦插法和纱布包裹法更利于苦草的繁殖；在水流相对湍急、底质贫瘠的湖泊，选择布袋覆土法更利于苦草的生长。

2014 年 5 月在茅家埠湖区的东南区域建成两个沉水植物定植技术围隔中试区 M1 和 M2，围隔大小分别为 30 m×15 m 和 36 m×24 m（图 5.53）。黑藻（*Hydrilla verticillata*）、苦草（*Vallisneria natans*）、狐尾藻（*Myriophyllum spicatum*）和金鱼藻（*Ceratophyllum demersum*）4 种沉水植物的成株被种植于 M1 和 M2 区域内。其中黑藻和苦草以黏土和无纺布包裹，置于湖底；狐尾藻金鱼藻以扦插法种植。区域内的种植密度约为 30 株/m²。实验结果有以下 4 点发现。

（1）沉水植物群落结构的变化表明，与金鱼藻、狐尾藻和黑藻相比，苦草能更好地作为西湖茅家埠湖区的先锋物种进行恢复。

（2）大多数沉水植物物种的生物量都与水质 TN、TP、叶绿素 a 和水深呈负相关，这表明沉水植物对水体中营养物质的消减、浮游植物的控制效应及植物生长对光的需求；西湖水体营养水平的限制因子 TN 的消减，将对沉水植物恢复起到重要作用。

（3）菹草（*Potamogeton crispus*）和大茨藻（*Najas major*）并未种植，但在围隔内自然长出，说明越冬期之前其他植物物种生长促进了菹草的萌发和生长，使菹草成为越冬期内唯一萌发的物种。

（4）更高的植物生物量使沉积物中好养微生物和真菌的比例上升，这种变化可以通过增加沉积物中可被植物直接吸收利用的营养物质，进而有利于植物自身的生长。

5.4.3　沉水植物扩繁

1. 沉水植物的繁殖方式

沉水植物的繁殖方式主要分为有性繁殖和无性繁殖。有性繁殖通过开花、授粉、结实、产生种子的过程来完成。种子的主要作用是远程传播和保持种子库。无性繁殖通常又分为营养体繁殖、出芽繁殖、冬芽繁殖等,营养体繁殖较有性繁殖效率更高,沉水植物的繁殖主要以营养体繁殖为主。常见的营养体繁殖包括断枝繁殖、茎繁殖及根繁殖。断枝繁殖是指植株根、茎、叶等某些部位折断后的残片可以再生发育为新植株。例如金鱼藻(*Ceratophyllum*)、狐尾藻(*Myriophyllum*)、黑藻(*Hydrilla verticillata*)、大茨藻(*Najas marina*)等的断枝都可在适宜环境下长成新植株(赵文,2005)。相对于有性繁殖,沉水植物的无性繁殖更加广泛、快速而有效。不同种类的沉水植物在不同的环境条件下也会呈现出不同的应对环境变化的繁殖方式,如金鱼藻既可以用鳞茎繁殖也可以用断枝进行克隆繁殖(吴振斌,2011)。

在沉水植物恢复过程中,能否顺利扩繁是沉水植物恢复是否成功的关键,也是影响沉水植物生存、竞争、分布及群落构成的重要因素。沉水植物的繁殖体(如种子、果实、断枝等)利用水体的流动性传播到较远的水域进行扩繁与生长以躲避不利的外界条件。当外界环境不利于沉水植物的繁殖与生长时,其种子则可以藏在水底,或者植株的地下茎或冬芽深埋于底泥中,来躲避恶劣的环境条件,等到环境好转、适合种子萌发或植株的生长时,再萌发生长成新的个体。例如多年生的沉水植物菹草,当水温适合其生长时,会迅速繁殖生长;当水温升高时,菹草会开花结果,并产生繁殖体石芽,然后植株逐渐死亡。石芽则沉到湖底躲避不利的高温条件,待水温及其他环境条件合适时,再萌发生长。一年生的沉水植物苦草,为了躲避冬天寒冷的天气,植株会产生大量的冬芽并在水底休眠,等到来年春天水温升高时,冬芽就会慢慢萌发,生长成新的个体(杨永清 等,2004)。多年生的沉水植物金鱼藻以断枝繁殖为主,具有较强的分枝繁殖能力。植株茎较脆细,易断折,断枝会随水流扩展到其他的区域进行繁殖生长。多年生沉水植物马来眼子菜能产生种子,但却以水平根状茎产生分枝进行营养体繁殖。当春季环境条件适合生长时,地下根状茎会萌发出新苗而长成新的植物体,但当冬季水温较低时,水中茎叶会死亡,底泥中的根状茎却能越冬,待来年再进行发芽生长。多年生的沉水植物狐尾藻与马来眼子菜类似,也是当外界环境条件不好时,水中茎叶逐渐死亡,但底泥中的根能越冬,等来年春天再进行萌发生长。一年生的沉水植物黑藻,茎细长,分枝少,较脆弱,易断折,和金鱼藻一样主要以营养体繁殖为主,喜温不耐热,初春萌发(邵留 等,2003)。

2. 影响沉水植物扩繁的因素

水环境因素如光照、温度、激素及底质等对植物繁殖体的萌发生长和断枝再生有很大的影响（McKinstry and Anderson，2003）。例如繁殖体萌发早，沉水植物就会更有能力、更容易在群落中占据主导地位（Ye et al.，2009）。成功萌发的繁殖体形成幼苗后也面临着浊水态的富营养化水体低溶解氧、低光照、高浓度有害污染物的不利生长环境，这使得沉水植物幼苗难于定植并扩展生长成一定规模的植物群落。

1）光照

光照是影响沉水植物生长、分布的重要因子之一。许多沉水植物如菹草（*Potamogeton crispu*）、黑藻、金鱼藻属和苦草属（*Vallisneria*）的繁殖体都是在湖底或底泥中完成萌发过程（连光华和张圣照，1996）。因此，水下光照条件与沉水植物繁殖体的生长息息相关。水下光照不足会限制沉水植物繁殖体的正常生长和繁殖。水下光照容易受到季节、水体透明度、水深、浮游藻类和大型丝状藻过度生长的遮光效应及水体悬浮性颗粒等的影响。有研究报道表明，强光照可以使菹草石芽提前萌发并提高苦草种子的萌发率（陈开宁 等，2006b；Jian et al.，2003）。黑藻断枝的再生也偏好较强光照（邵留，2003）。有些种类的沉水植物如苦草、金鱼藻及黑藻的繁殖体萌发对光照要求较低，但是当水下光照强度小于入射光照强度的 5%时，其萌发形成的幼苗会因为不能正常进行光合作用而形成白化苗（Havens et al.，2004）。过低的光照也会使苦草的生长发育停滞，使海菜花（*Ottelia acuminata*）幼苗的光合系统受损而导致茎叶窄细、生物量减少（赵素婷 等，2014；谢云成 等，2012）。

2）温度

温度是影响沉水植物繁殖体萌发和幼苗生长发育的重要因素之一（高健 等，2005）。沉水植物繁殖体的最佳萌发温度一般在 20℃左右，温度过高会使繁殖体的代谢耗能增大，导致发芽率下降，而温度过低也会抑制生理生化活动而不利于生长。有研究指出，温度对沉水植物的光合作用也会产生影响，不同种类沉水植物的光合速率对温度变化的响应存在差异，如菹草的光合速率会随着温度的升高而降低，而竹叶眼子菜（*Potamogeton Malaianus*）能够适应高温正常进行光合作用（肖月娥，2006）。

3）pH

在水生植物密集生长且相对静止的水域中，水体 pH 会因植物的呼吸作用和光合作用而产生较大的昼夜变化（Bowes，1985）。水体 pH 的变化会影响沉水植物光合作用所需的无机碳源，从而影响沉水植物的光合作用。在 pH 高于 7 的水体中，由于沉水植物对 HCO_3^- 亲和力降低，只能利用一定程度的 HCO_3^-。在 pH 低于 7 的水体中，大多数溶解性无机碳以 CO_2 的形式存在，沉水植物优先利用 CO_2，有研究表明金鱼藻和黑藻能在中性偏酸的环境中利用 CO_2 并使光合速率达到最大（赵强，2006）。对黑藻断枝发芽的研究也表明微酸性水体更适合断枝发芽生长（邵留，2003）。但是，酸性水体也会使苦草的冬芽数量减少和个体变小（Titus and Hoover，1993）。沉水植物叶片表面的着生藻也会通过竞争无机碳源而降低其光合活力，同时也会增加沉水植物叶片细胞外的扩散层厚度而降低溶解性无机碳的供应（赵强，2006）。

4）溶解氧

溶解氧是与水体生化指标紧密相关的，尤其是对沉水植物的生长和生存的重要影响因素之一。湖泊有机污染负荷的增加会使微生物活动加剧，致使上覆水和沉积物表面的溶解氧迅速降低，进而导致水质恶化、透明度降低、水下光照不足，沉水植物无法进行正常的呼吸和光合作用而衰亡。Hootsmans 等（1987）的研究表明，大叶藻（*Zostera marina*）种子的萌发能力在缺氧的情况下会受到抑制。对底质还原环境对大叶藻生长影响的研究也发现，厌氧条件会导致大叶藻生物量和密度下降，甚至腐烂死亡（Thamdrup and Dalsgaard，2000）。吴娟等（2009）的研究表明底泥厌氧环境会显著降低菹草鳞芽的萌发率，且对菹草幼苗的生理活动造成不利影响。

5）水体和沉积物营养水平

在水生态系统中沉水植物能利用枝叶和根分别吸收同化水体和底质中的营养。在一定范围的高浓度营养盐内，沉水植物可以表现出一定的耐受性，一旦营养盐浓度超过阈值范围，沉水植物的生长扩繁会受到不同程度的抑制。研究发现：当水体总氮、总磷质量浓度分别小于 1 mg/L、0.1 mg/L 时，金鱼藻的叶绿素合成量减少；而当总氮、总磷质量浓度分别大于 1 mg/L、0.1 mg/L 时，金鱼藻的抗氧化酶活性显著升高表现出一定的应激防御响应（王珺 等，2005）。

沉积物被认为是有根沉水植物的重要营养来源（Gras et al.，2003；Barko et al.，1991；Anderson and Kalff，1988），而且肥沃的沉积物对沉水植物的生长发育、繁殖和萌发起着积极的作用（Liu et al.，2011；Li and Cui，2000）。然而，沉积物的高有机质含量也不利于沉水植物的定植和生长，当沉积物有机质含量达到20%时，黑藻和狐尾藻的生物量显著下降（袁龙义，2007）。高沉积物营养也会影响沉水植物无性繁殖体的大小和数量，并主要作用于萌发后的幼苗生长，对幼苗的生理代谢活动产生不利影响（高健，2006）。Dong 等（2014）的研究也表明沉积物中的 TN 对根系生物量有正向影响，而沉积物中的 TP 对根系生长有负向影响。这也与沉积物中过多的养分反而会抑制富营养化湖泊中沉水植物生长（Madsen and Cedergreen，2002；Barko，1983）的研究结论一致。

6）沉积物结构和质地

有研究表明，沉积物的组成结构和质地对沉水植物群落生长、分布和物种组成具有重要影响（Antunes et al.，2012；McElarney et al.，2010）。一些观测结果也表明，沉积物结构在沉水植物的生长和分布中起着重要作用。沉积物质地影响着沉积物的理化性质和功能，从而影响有根沉水植物的生长（Dexter，2004；Handley and Davy，2002）。沉水植物生根深度与沉积物质地有密切关系（Denny，1980），在特定的水流条件下沉积物质地也可能影响沉水植物的生根（Handley and Davy，2002）。不同种类的沉水植物对沉积物偏好也不同（Jiang et al.，2008；Lacoul and Freedman，2006）。因此，在富营养化湖泊中快速建立合适的沉积物对沉水植物再生和群落演替有重大意义（Ye et al.，2009；Jeppesen et al.，2005；Handley and Davy，2002）。Istvánovics 等（2008）的研究发现沉水植物往往占据相对坚实的沉积物。这可能是由于坚实的沉积物可以为有根的沉水植物提供足够的锚地（Day et al.，2003；Boedeltje et al.，2001）。而富营养化湖泊的松散碎屑状的淤泥沉积物并不适宜沉水植物生根（Gafny and Gasith，1999；Scheffer，1997）。

7）其他水生动植物的影响

与沉水植物同生态位的浮游藻类、大型丝状绿藻类等初级生产者不仅会与沉水植物竞争光照、营养等资源，而且过度生长造成沉水植物生存空间缩小，当藻类衰亡腐烂时也会对沉水植物的生长造成灾难性的影响（赵强，2006）。

水生动物的牧食作用也是沉水植物扩繁的潜在制约因素（Barrat-Segretain and Bornette，2000）。沉水植物是水生杂食性动物的重要食物来源，成年的杂食性鱼类主要以沉水植物为食，如果不定期控制鱼类密度，则可能会阻碍沉水植被种植后稳定状态的建立（Yu et al.，2016）。如果沉水植物被牧食的速度超过其再生繁殖速度，则很大程度上可能会导致沉水植被不可逆的生物量减少，甚至会致使修复成功的草型湖泊又向藻型湖泊转变。

3. 沉水植物扩繁技术

沉水植物的搭配种植能影响沉水植物的扩繁，闵奋力（2018）探讨了不同生长期、不同种植密度组合下苦草与穗状狐尾藻的生长状况和种间竞争关系，发现研究中的底泥和实验用水的营养水平均适于穗花狐尾藻和苦草的生长，穗花狐尾藻竞争能力强于苦草，苦草幼苗受穗花狐尾藻的竞争影响较大。在同一水域同时恢复这 2 种沉水植物，若采用苦草种子自然萌发的方式来恢复苦草种群，应尽量避免在苦草幼苗期引入穗花狐尾藻，待苦草已建立稳定种群后再引入穗花狐尾藻是更佳的方案。

大规模过度的收割会导致沉水植被的衰退，但适量收割能促进沉水植物的扩繁。沉水植物收割时通常承受不了机械的收集力，会产生很多断枝，这些断枝具有较强的再生繁殖生长能力，多数可以产生不定根和芽，在自然界中再生和繁殖（Capers，2003；Barrat-Segretain and Bornette，2000），这种繁殖再生能力与物种差异、断枝类型及断枝时的季节有关（Barrat-Segretain and Bornette，2000；Barrat-Segretain et al.，1998）。沉水植物物种的差异会影响断枝不定根和芽的形成速度，在富营养化水体中，沉水植物断枝的不定根和芽的形成速度决定了其能否在该水体中存活并扩繁成植物群落。因此在实际的沉水植被恢复工程中，在合适的季节适量地收割能促进沉水植物的扩繁。

底质条件是沉水植物生长的关键因素，因此对底质进行改善也能促进沉水植物的生长与扩繁。韩帆(2019)在硅酸盐矿麦饭石对沉水植物生理生态的影响研究中发现：①与对照组相比，麦饭石组植物的高度、生物量、根长、叶数、叶宽、叶间距、根系活力、光合色素等生理生化指标表现更优，表明麦饭石可明显促进苦草和轮叶黑藻生长；②1 cm 改性麦饭石组（MM1）植物的植株高度、叶数、生物量、根长、叶宽、叶间距、光合色素、根系活力优于其他组，且由氧化酶活性、叶片可溶性蛋白含量、丙二醛含量等指标可知，MM1 组植物在一定程度上延缓了衰退。在 PVC 桶实验中，1 cm、3 cm、5 cm 麦饭石组的植物生长状况明显优于底泥组，但 7 cm 麦饭石组生长情况劣于底泥组；这与玻璃缸微宇宙实验中0.5 cm、1 cm、2 cm 植株生长状况优于底泥组，但 3 cm 组有所抑制的结果相一致，表明麦饭石的铺设厚度对沉水植物的生长影响较大，适量的麦饭石能促进沉水植物的生长；③在底泥中添加麦饭石颗粒可明显促进苦草种子的萌发，其中麦饭石颗粒：底泥＝1：3 搭配组为促进种子萌发的最优组合；④检测发现麦饭石中含有丰富的植物生长所需的常量和微量元素，可以明显促进沉水植物生长与扩繁。因此，无机硅酸盐矿物麦饭石有益于沉水植物生长，可作为底质改良材料促进沉水植物的生长与扩繁。

5.5　沉水植物群落结构优化技术

对浅水湖泊而言，重建结构稳定、物种丰富的沉水植物群落，恢复湖泊生态功能是控制富营养化的重要措施之一（Rodrigo et al.，2013；吴振斌 等，2003）。在沉水植物恢复过程中始终存在不同物种之间的种间竞争，并被看作塑造植物形态、生理、生活史特征和植物群落结构、动态的主要动力之一，对沉水植物群落组建、分布、更替及物种的进化模式等起主导作用（Thouvenot et al.，2013；Gopal and Goel，1993）。在沉水植物复合群落恢复的人工干预过程中，依据资源竞争原理，在研究同生态位初级生产者的基础上，厘清和了解不同种类沉水植物、沉水植物与大型丝状绿藻类之间的种间竞争关系机制和优势，对沉水植物群落恢复有着非常重要的意义。

5.5.1　沉水植物种间竞争

沉水植物种间竞争受到多种因素的影响，Martin 和 Coetzee（2014）对不同基质类型和不同底质肥力条件下卷蜈蚣草（*Lagarosiphon major*）和穗状狐尾藻（*Myriphyllum spicatum*）之间的竞争研究结果表明，在高营养的黏土底质条件下卷蜈蚣草相对于穗状狐尾藻具有更强的竞争力，但是在低营养的沙质底质条件下，卷蜈蚣草的竞争力有所降低。Wolfer 和 Straile（2004）研究发现，穿叶眼子菜（*Potamogeton perfoliatus*）在不同起始种植密度下具有不同的生长特征和繁殖特性，相对于高种植密度的植株，其在低种植密度下会产生更多更长的根系和更多的分枝，从而在群落中争取到更多的营养物质和光照，同时穿叶眼子菜和篦齿眼子菜（*P. perctinatus*）在低种植密度下均会产生更多的繁殖体（Wolfer and Straile，2004）。总之，植株起始种植密度、物种引入时间（在系统中不同物种种植的先后顺序，后同）、收割强度、营养、植物生长期等多种因素均能影响沉水植物的种间竞争结果，而且这些因素通常是共同起作用来影响植物的种间竞争（Lombardo and Mjelde，2014；许经伟 等，2007）。因此，开展沉水植物种间竞争的相关研究对沉水植物恢复具有重要意义。

通过取代系列实验方法，研究分别引入幼苗期和成株期的苦草对群落稳定性的影响，探讨不同生长期、不同种植密度组合下苦草与穗状狐尾藻的生长状况和种间竞争关系。

1. 竞争能力测试

对两种植物竞争能力测试结果（表 5.25）显示，在不同生长期苦草的竞争影响下，穗花狐尾藻相对产量（RY_M）均大于 1，说明穗花狐尾藻种内的竞争强度要大于苦草对穗花狐尾藻的种间竞争强度。方差分析表明，两种植物种植密度（$N_M：N_V$）和不同实验组对 RY_M 没有显著影响（$P>0.05$）。苦草相对产量（RY_V）均小于 1，说明穗花狐尾藻对苦草的种间竞争强度大于苦草的种内竞争强度，$N_M：N_V$ 和不同实验组对 RY_V 有显著影响（$P<0.05$）。

表 5.25　不同生长期苦草与穗花狐尾藻种间竞争能力测试结果

竞争指标	苦草生长期	植株密度 $N_M：N_V$				
		16:0	12:4	8:8	4:12	0:16
穗花狐尾藻相对产量（RY_M）	幼苗期	—	1.35±0.17	1.97±0.76	3.40±0.11	—
	成株期	—	1.82±0.53	4.27±0.21	4.11±1.64	—
苦草相对产量（RY_V）	幼苗期	—	0.04±0.02	0.05±0.03	0.45±0.25	—
	成株期	—	0.95±0.21	0.92±0.13	0.93±0.27	—
竞争攻击力（AG）	幼苗期	—	0.65±0.08	0.96±0.39	1.48±0.17	—
	成株期	—	0.79±0.16	1.63±0.09	1.59±0.71	—
穗花狐尾藻相对竞争强度（RCI_M）	幼苗期	—	−0.35±0.17	−0.97±0.76	−2.41±0.11	—
	成株期	—	−0.82±0.53	−3.27±0.21	−3.11±1.64	—
苦草相对竞争强度（RCI_V）	幼苗期	—	0.96±0.02	0.95±0.03	0.55±0.25	—
	成株期	—	0.35±0.21	0.02±0.13	0.07±0.27	—
穗花狐尾藻相对拥挤系数（RCC_M）	幼苗期	—	1.82±37.9	1.75±4.53	1.71±4.14	—
	成株期	—	1.98±1.17	1.88±0.08	1.64±11.8	—
苦草相对拥挤系数（RCC_V）	幼苗期	—	0.03±0.01	0.02±0.01	0.09±0.15	—
	成株期	—	0.59±0.23	0.97±0.27	0.91±1.30	—

注：表中数值为平均值±标准差

表 5.25 中定义的竞争攻击力（AG）是穗花狐尾藻与苦草相对产量的差值的一半，因此在不同苦草生长期 AG 都大于 0，表明穗花狐尾藻竞争能力强于苦草，方差分析表明，植株密度和不同实验组对 AG 有显著影响（$P<0.05$）。对穗花狐尾藻而言，其相对竞争强度（RCI_M）在不同苦草生长期均小于 0，表明受到苦草种间竞争的影响较小；对苦草而言，其 RCI_V 值在两种生长期都大于 0，表明苦草生长受到穗花狐尾藻种间竞争的影响较大，植株密度和不同实验组对 RCI_V 均有显著影响（$P<0.05$）。在不同生长期苦草与穗花狐尾藻共培养下，穗花狐尾藻相对拥挤系数（RCC_M）均大于 1，植株密度和不同实验组对 RCC_M 没有显著影响（$P>0.05$）；苦草的 RCC_V 均小于 1，植株密度和不同实验组对 RCC_V 有显著影响（$P<0.05$），表

明穗花狐尾藻竞争能力强于苦草。

实验结果表明穗花狐尾藻与幼苗期和成株期的苦草均存在种间竞争，且穗花狐尾藻竞争能力强于苦草。

2. 植物的干重

1）不同种植密度组合下两种植物的干重

根据实验桶中穗花狐尾藻和苦草的实测干重，按照种植比例和单种生物量得到的预期干重，绘制取代系列实验图，预期干重是指种间竞争等于种内竞争的理想状态下，根据单种生物量和种植密度所得的值。由图 5.56 可知，在苦草幼苗组和成株组中，穗花狐尾藻实测干重均明显大于预期值（$P<0.05$），说明种内竞争对穗花狐尾藻生长影响较大；穗花狐尾藻的生物量均在种植密度为 8∶8 时达到最大，说明在 16∶0 和 12∶4 两种种植密度下种内竞争比较强，抑制了穗花狐尾藻自身的生长。苦草幼苗组中的苦草实测生物量小于预期值（$P<0.05$），说明苦草幼苗生长受穗花狐尾藻竞争影响较大；苦草成株组中的苦草实测干重与预期值相近（$P>0.05$），说明苦草成株受穗花狐尾藻竞争影响较小。在各种植密度组合下，苦草成株组中的穗花狐尾藻最终生物量均小于苦草幼苗组中的穗花狐尾藻生物量（$P<0.05$），说明苦草成株比苦草幼苗的竞争能力更强。

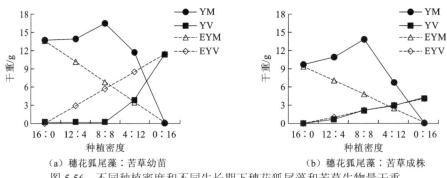

（a）穗花狐尾藻∶苦草幼苗　　　　　　　（b）穗花狐尾藻∶苦草成株

图 5.56　不同种植密度和不同生长期下穗花狐尾藻和苦草生物量干重

YM、YV 分别代表实验桶中穗花狐尾藻和苦草的实测干重；

EYM、EYV 分别代表按照种植密度得到的预期干重

2）穗花狐尾藻植株平均干重

由图 5.57 可知，苦草成株组中的穗花狐尾藻植株平均干重明显小于苦草幼苗组中的穗花狐尾藻植株平均干重（$P<0.05$）；苦草幼苗组的穗花狐尾藻植株平均干重比苦草成株组中的高 62.8%，穗花狐尾藻植株平均干重随着种植密度的减小明显增大（$P<0.05$），说明种内竞争较强，抑制了穗花狐尾藻自身的生长；苦草成株竞争能力强于苦草幼苗，对穗花狐尾藻抑制作用更强。

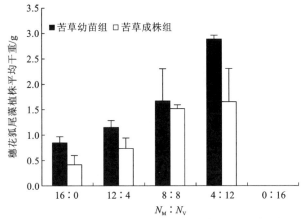

图 5.57　穗花狐尾藻与不同生长期苦草竞争后的植株平均干重

3）穗花狐尾藻和苦草的平均株高

经过近 2 个月的共培养实验，各实验组穗花狐尾藻和苦草植株平均高度均发生了明显变化。在苦草幼苗组和成株组中穗花狐尾藻的初始株高均为 20 cm，到实验结束时，苦草幼苗组中的穗花狐尾藻平均株高均达到 50 cm 左右，而苦草成株组中的穗花狐尾藻平均株高基本达到 100 cm 以上，植株顶端到达水面后漂浮于水面生长；苦草成株组的穗花狐尾藻平均株高比苦草幼苗组平均高 128.6%，不同实验组穗花狐尾藻株高间差异显著（$P<0.05$）（图 5.58）。苦草幼苗组和成株组中的苦草平均株高均明显受到穗花狐尾藻竞争的影响（$P<0.05$），但随着穗花狐尾藻种植密度的降低，苦草平均株高逐渐增大（图 5.59）。

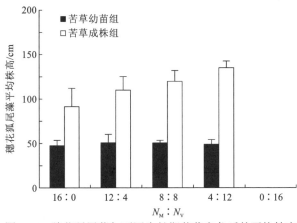

图 5.58　穗花狐尾藻与不同生长期苦草竞争后的平均株高

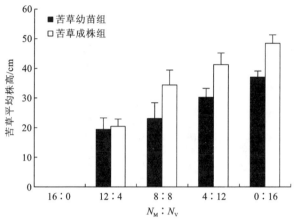

图 5.59　不同生长期苦草与穗花狐尾藻竞争后的平均株高

4）苦草分株数和穗花狐尾藻分枝数

苦草能生长出地下匍匐茎进行无性繁殖并长出新的分株。由图 5.60 可知，苦草幼苗具有更强的分株能力，随着穗花狐尾藻种植比例的减小，苦草竞争压力减小，幼苗分株数明显增加；苦草成株也有一定的分株能力，但分株数较少；在 4∶12 和 0∶16 两个种植密度比例下，苦草幼苗分株数显著大于苦草成株分株数（$P<0.05$）。从穗花狐尾藻与不同生长期苦草的竞争结果（图 5.61）可看出，在不同种植密度组合下，苦草幼苗组中的穗花狐尾藻平均分枝数均大于苦草成株组中的穗花狐尾藻平均分枝数（$P<0.05$）；苦草幼苗组中的穗花狐尾藻分枝较多，株丛大，而苦草成株组中的穗花狐尾藻分枝较少，植株细长。

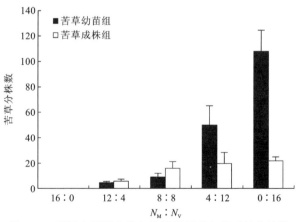

图 5.60　不同生长期苦草与穗花狐尾藻竞争后的分株数

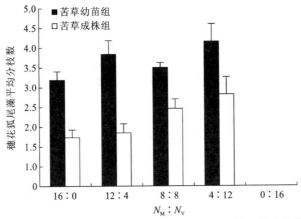

图 5.61　穗花狐尾藻与不同生长期苦草竞争后的平均分枝数

由于穗花狐尾藻的小枝嫩、易断裂（特别是繁殖期），在实验过程中应注意缓慢地补充水分、尽量减少扰动，收获时也要逐株收取、放置和测量。

5）苦草和穗花狐尾藻的平均根长

不同实验组中穗花狐尾藻和苦草的平均根长均发生了变化。苦草幼苗组和成株组中的穗花狐尾藻根长随着穗花狐尾藻植株密度增大而减小；不同实验组中穗花狐尾藻根长间差异不显著（$P>0.05$）（图 5.62）。苦草幼苗组中的苦草根长均大于苦草成株组中的苦草根长（$P<0.05$）；苦草幼苗组中的苦草根长比苦草成株组中的苦草根长平均长 28.6%（图 5.63），说明在与穗花狐尾藻竞争的过程中，苦草幼苗更趋于竞争地下资源，从底泥中吸取更多的营养物质供自身生长。

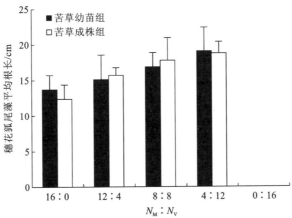

图 5.62　穗花狐尾藻与不同生长期苦草竞争后的平均根长

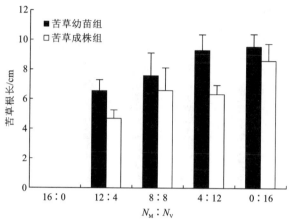

图 5.63　不同生长期苦草与穗花狐尾藻竞争后的平均根长

　　实验结果表明，对于不同生长时期的苦草，穗花狐尾藻都具有较强的竞争优势。相对而言，成株期苦草竞争能力强于幼苗期苦草。在苦草和穗花狐尾藻的复合群落中，穗花狐尾藻因为其较大的株丛，分枝较多，甚至漂浮于水面生长，对苦草形成遮光作用，取得竞争优势；而苦草更趋向于竞争地下资源，表现为较长的根长和较发达的地下匍匐茎，以此来竞争更多的空间和营养物质。如果采用苦草种子的方式来恢复苦草群落，应尽量避免在苦草幼苗期引入穗花狐尾藻，待苦草已建立稳定种群后再引入穗花狐尾藻是更好的方案。

　　在自然水体中，沉水植物恢复后的景观效果难以直接呈现，但是通过改善水体透明度，沉水植物会形成"水下森林"的景象。搭配不同种类沉水植物，不仅能在群落稳定性上发挥作用，在景观上也能体现出错落有致的美感。

　　课题组在种间竞争的研究基础上依托国家"十一五"和"十二五"水专项西湖子课题，针对杭州西湖湖西水域及小南湖水生植物单一、稳定性和景观效果差、湖泊自净能力弱的状况，运用种群结构优化技术即合理搭配沉水植物种类使杭州西湖的沉水植物在金沙港、茅家埠、乌龟潭、浴鹄湾等湖区形成水下森林景观，成为了西湖景区的特色之一（吴莉英 等，2007）。茅家埠、乌龟潭、浴鹄湾和小南湖在工程实施前基本无沉水植被，工程实施后形成了苦草、黑藻、菹草、狐尾藻、金鱼藻、微齿眼子菜、马来眼子菜、大茨藻有机组合而成的沉水植物群落，且做到一年四季季季均有水下植物景观，并与湖区的挺水植物形成了复合水生植物群落。通过一年多的运行监测发现，示范区水质清澈见底，TP、TN 较同期降低 10%～15%，表层水中有机物浓度明显下降。浮游植物生物多样性指数提高了80.7%，着生藻类平均藻密度均下降了 2 个数量级，着生藻类叶绿素 a 浓度均值降幅在 94% 以上。茅家埠、乌龟潭、浴鹄湾和小南湖沉水植物总鲜重约为 213.5 t，示范工程湖区沉水植被平均盖度达到 30.83%～38.73%（图 5.64），形成了茂密的

"水下森林"，构建了具有自我维持良性循环功能的完整、稳态、健康湖泊生态系统，显示出了良好的环境、生态和景观效益。

图 5.64　示范工程湖区沉水植物分布盖度

5.5.2　沉水植物与丝状绿藻种间营养竞争

营养盐会影响丝状绿藻与沉水植物的作用关系，水体中的丝状绿藻多与沉水植物相生相伴，由于丝状绿藻具有较强的适应能力和生命力，它在合适的营养条件下会大量繁殖。在营养缺乏的条件下，水体中有限的营养成分会被大量丝状绿藻吸收从而给其他沉水植物的生长带来影响。与沉水植物相比，在富营养水体中大型丝状绿藻由于有更广的生态幅而更能耐受高浓度营养盐并存活下来。丝状绿藻死亡腐烂之后会释放有害物质到水体中，不仅影响水质为水生态系统功能的发挥带来胁迫，而且会改变水生态系统中其他营养成分的结构，并对其他水生生物的存活造成严重影响（McGlathery，2001；Menendez and Sanchez，1998；Veronneau et al.，1997）。有研究表明，水体中输入营养盐浓度越高，越会创造充足的营养盐条件，进而导致丝状绿藻类大量增殖（张秋节，2009），而这时沉水植物就会处于竞争劣势。丝状绿藻与沉水植物对氮和磷的需求可能具有共性，因此，了解丝状绿藻对沉水植物的不利影响是否与营养竞争有关是非常重要的。

为探索沉水植物与刚毛藻对氮、磷营养的竞争，在避免机械缠绕和遮阴影响的基础上，利用已建立的沉水植物与刚毛藻（苦草-刚毛藻、金鱼藻-刚毛藻）的共培养体系开展研究，并对沉水植物和刚毛藻的氮、磷的吸收动力学进行模拟研究，建立种间营养竞争模型以确定并验证共培养体系下的竞争结果。

1. 共培养组和对照组中营养物质被吸收同化的比较

结果表明，所有处理组的培养液中 TN 和 TP 浓度均呈现下降趋势。苦草组（G.V）的 TN、TP 浓度也发生了显著变化：单独培养的刚毛藻（对照组，FA）的 TN 和 TP 浓度下降得最快，其次为共培养组（CC），单独培养的苦草（对照组，SA）的 TN 和 TP 浓度下降得最慢；第 15 天时 SA、CC、FA 中 TN 浓度分别下降至 4.97 mg/L±0.41 mg/L、4.20 mg/L±0.35 mg/L、1.10 mg/L±0.17 mg/L，SA、CC、FA 中 TP 浓度分别下降至 0.79 mg/L±0.03 mg/L、0.79 mg/L±0.11 mg/L、0.30 mg/L±0.12 mg/L。SA、CC 和 FA 的 TN 浓度有显著性差异（$F = 32.22$，$P < 0.001$）。各处理组两两比较后发现，SA 与 FA、CC 与 FA 之间的 TP 浓度有显著性差异（$F = 49.01$，$P < 0.001$）[图 5.65（a）和（c）]。苦草组中氮和磷的最大吸收速率（I_{max}）分别为 3.68～18.45 μg/（gFM·h）、1.55～2.41 μg/（gFM·h），且 TN 和 TP 浓度的变化趋势均为 FA>CC>SA（表 5.26）。SA 与 CC、CC 与 FA、SA 与 FA 之间的 TN 浓度差异显著（$P < 0.001$，$P < 0.001$，$P < 0.001$），氮、磷的 Michaelis-Menten 常数（K_m）分别为 2.48～6.13 mg/L 和 0.69～0.89 mg/L，且 TN 和 TP 浓度的变化趋势均为 SA>CC>FA，SA 与 CC、CC 与 FA、SA 与 FA 之间的 TN 浓度也有显著性差异（$P < 0.001$、$P < 0.001$、$P < 0.001$）。

表 5.26 苦草组中不同处理组的离子消耗曲线方程及动力学参数

处理组	离子消耗曲线方程		I_{max}/[μg/（gFM·h）]		K_m/（mg/L）	
	N	P	N	P	N	P
SA	$y=0.000\,943\,9x^2-0.096\,06x$ $+6.996$	$y=0.003\,67x^2-0.0.085\,68x$ $+1.586$	3.68± 0.34a	1.55± 0.13a	6.13± 0.04a	0.89± 0.17a
CC	$y=0.014\,47x^2-0.429\,1x$ $+7.326$	$y=0.001\,04x^2-0.064\,13x$ $+1.541$	10.69± 0.21b	1.65± 0.09a	4.77± 0.29b	0.76± 0.06a
FA	$y=0.020\,63x^2-0.703\,8x$ $+7.012$	$y=0.002\,24x^2-0.096\,5x$ $+1.538$	18.45± 0.64c	2.41± 0.18b	2.48± 0.35c	0.69± 0.07a

注：x 为吸收时间，y 为培养液中的浓度；同一列中不同字母表示 5%显著性水平的统计差异（Tukey HSD）（平均值±标准差，$n=3$）

与苦草组相比，金鱼藻组（G.C）中 TN 和 TP 质量浓度的降低趋势是不同的：CC 中 TN 质量浓度在第 11 天以后下降速度快于 FA，CC 与 FA 的线性变化相似，且 SA 下降速度最慢（$F=163.15$，$P<0.001$）[图 5.65（b）]。第 15 天 CC、FA、SA 中 TN 质量浓度分别为 0.61 mg/L±0.04 mg/L、1.10 mg/L±0.17 mg/L、5.83 mg/L±0.14 mg/L。TP 质量浓度的变化如图 5.65（d）所示：CC 下降最快，其次是 SA，FA 下降是最慢的。第 15 天 CC、SA、FA 中 TP 质量浓度分别为 0.01 mg/L±0.00 mg/L、0.02 mg/L±0.01 mg/L、0.30 mg/L±0.12 mg/L。从第 1 天到第 3 天，单独培养的金鱼藻对磷的同化吸收速度快于单独培养的刚毛藻。然而，共培养组中 TP 质量浓度下降的趋势明显快于金鱼藻对照组和刚毛藻对照组，CC 和 FA 之间的差异显著（$F=4.16$，$P<0.05$）；因此，FA 中 TP 质量浓度最高。SA 和 CC 中 TP 质量浓度的下降在第 11～15 天时接近检测限。表 5.27 中相应的氮和磷的 I_{max}

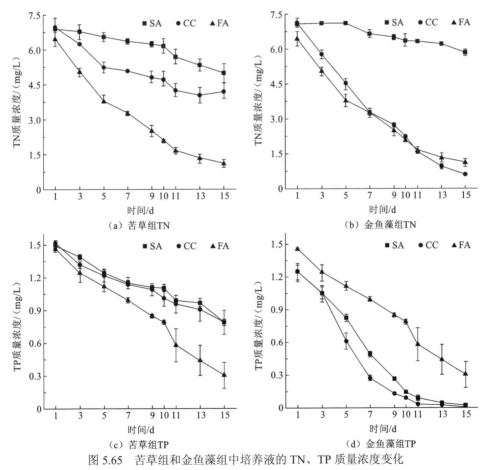

图 5.65　苦草组和金鱼藻组中培养液的 TN、TP 质量浓度变化

平均值±标准差，$n=3$

值在金鱼藻组中分别为 3.04～18.45 μg/（gFM·h）（FA>CC>SA）和 2.41～4.93 μg/（gFM·h）（CC>SA>FA），并且各处理组之间的氮和磷 I_{max} 值差异均显著（SA-CC，CC-FA，SA-FA）（$P<0.001$，$P<0.001$，$P<0.001$）。氮和磷的 K_m 值分别为 1.73～6.29 mg/L（SA>FA>CC）和 0.34～0.69 mg/L（FA>CC>SA），各处理组间的氮 K_m 值差异显著（SA-CC，CC-FA，SA-FA）（$P<0.001$，$P<0.001$，$P<0.001$）。这些结果表明，各处理组之间对氮、磷的营养吸收动态存在显著性差异。

表 5.27　金鱼藻组中不同处理组的离子消耗曲线方程及动力学参数

处理组	离子消耗曲线方程		I_{max}/[μg/（gFM·h）]		K_m/（mg/L）	
	N	P	N	P	N	P
SA	$y=0.000\,919\,6x^2-0.083\,83x$ $+7.134$	$y=0.005\,507x^2-0.184\,2x$ $+1.501$	3.04±0.15a	4.00±0.12a	6.29±0.01a	0.34±0.02a
CC	$y=0.017\,8x^2-0.753x+7.844$	$y=0.008\,841x^2-0.234\,8x$ $+1.551$	15.03±0.22b	4.93±0.04b	1.73±0.08b	0.39±0.00a
FA	$y=0.020\,63x^2-0.703\,8x$ $+7.012$	$y=0.002\,24x^2-0.096\,5x$ $+1.538$	18.45±0.64c	2.41±0.18b	2.48±0.35c	0.69±0.07a

本小节发现单独培养的刚毛藻具有最高的 I_{max} 值和较低的 K_m 值，由于 Michaelis-Menten 常数 K_m 反映了载体对离子的亲和力，并且该值越小，亲和力越大（Wang and Shen，2012）。因此，刚毛藻比苦草和金鱼藻对氮有更大的亲和力。苦草组和金鱼藻组中，共培养组的刚毛藻（FCC）的组织 TN 含量在第 10 天和第 15 天时高于刚毛藻对照组（FA），并且第 5 天、第 10 天、第 15 天时有显著性差异（$F=498.50$，$P<0.001$；$F=424.16$，$P<0.001$；$F=387.91$，$P<0.001$）。

苦草及金鱼藻对照组（SA）和共培养组中的苦草和金鱼藻（SCC）的 TN 含量均比刚毛藻低，并且在 SA 和 SCC 之间没有观察到差异。共培养组中苦草（金鱼藻）和刚毛藻中的 TN 含量的总和均未超过对照组的刚毛藻 TN 含量的两倍。共培养组的刚毛藻组织中 TN 含量高达 5.75%，高于苦草（2.85%）和金鱼藻（3.58%）。说明沉水植物对氮的吸收同化能力不如刚毛藻。其他研究结果也表明，与一些大型水生植物相比，刚毛藻具有更高的组织氮含量（Human et al.，2015；Lemley et al.，2014）。这些差异可能与藻类的生理结构和对营养成分的需求有关。由于具有较大的细胞体积，刚毛藻可以储存多种资源，并且当周围环境长时间缺乏营养物质时，藻类也可以继续生长（Nowak et al.，2017）。

因此，在实验后期营养物浓度受限的情况下，刚毛藻可以利用自身优势正常生长。刚毛藻对照组吸收同化氮的速度最快，其次是苦草（金鱼藻）-刚毛藻共培养组，而由于较低的 I_{max} 值和较高的 K_m 值，苦草和金鱼藻的对照组具有最弱的吸收同化氮的能力。然而，水生植物对营养物质的缓慢同化可能是应对短暂性大型藻类竞争的生长策略，并在一定的环境条件下积累更多的养分储备（Martínez et al.，2012）。

植物样和藻样组织 TP 含量的变化与 TN 含量不同（图 5.66）。苦草组中的共培养组刚毛藻（FCC）在第 1～10 天的吸收同化过程无明显差异，并且第 15 天时的 FCC 中的 TP 含量（0.09%）低于 FA 中的 TP 含量（0.10%）（$P<0.01$）。共培养组中苦草（SCC）与 FCC 之间也未见明显差异。而共培养组中金鱼藻 TP 含量在第 15 天时最高（0.20%）。金鱼藻组的柱状图显示刚毛藻对照组的 TP 含量最低。TP 的分布可由 2FA<SCC+FCC<2SA 表示（例如，第 15 天，2×0.10%<0.20%+0.07%< 2×0.19%）。此外，两两比较分析，除第 5 天的 FCC 与 FA 和第 10 天的 SA-SCC 与 FCC-FA 外，其余均有显著性差异（$P<0.01$）。

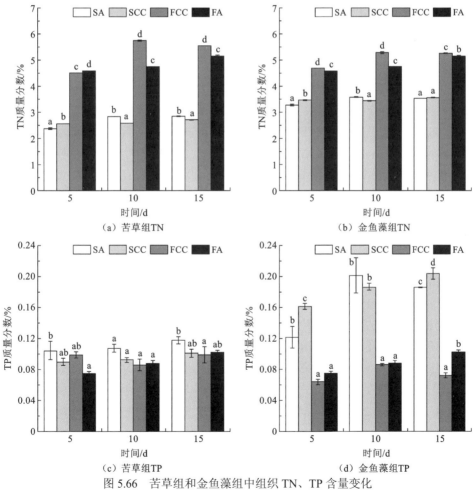

图 5.66　苦草组和金鱼藻组中组织 TN、TP 含量变化

平均值±标准差，$n=3$

在共培养组的生物量与对照组相同的条件下，共培养组中金鱼藻的 TP 含量也略高于对照组，表明共培养组中的金鱼藻和刚毛藻显示出竞争促进吸收的趋势。而苦草对磷的吸收同化的积累量低于刚毛藻，并且苦草-刚毛藻共培养组没有显示出促进苦草吸收同化营养的趋势，这可能是因为在实验的早期阶段，营养丰富的条件下苦草对刚毛藻的存在不是很敏感。因为对磷的亲和力更强，金鱼藻对磷的吸收比刚毛藻更强，以前的研究也表明金鱼藻对磷具有亲和力（Pietro et al.，2006）。金鱼藻也被证明对高磷浓度环境具有耐受性（Song et al.，2017a），因此，即使在较高营养浓度的环境中，金鱼藻也可以表现出较强的磷同化作用，并且有研究表明，金鱼藻在维持水体中磷的低浓度方面发挥着重要作用，有助于保持水体的清澈度（Tang et al.，2017）。此外，金鱼藻可通过营养竞争影响藻类对磷的利用（Dai et al.，2017）。

2. 共培养组中不同物种的养分同化能力分析

对苦草和金鱼藻进行比较发现，金鱼藻似乎更能适应竞争环境。然而，不同的水生植物种类从水生环境中获取养分的能力是不同的（Kadlec and Knight，1996）。营养储存的能力取决于营养需求的快速增长和营养物质的积累（Gérard et al.，2014）。从形态学的角度看，沉水植物的叶片形态可能是导致苦草与金鱼藻存在营养吸收差异的原因（Xie et al.，2013），金鱼藻的细针状叶片可以比苦草宽扁叶片形成更大的比表面区域。此外，在养分利用率有限的条件下，可溶性糖的积累也能提升金鱼藻的竞争力。如图 5.67 所示，苦草组中共培养组和对照组的可溶性糖积累趋势相似，而第 10 天时对照组苦草（SA）和对照组刚毛藻（FA），共培养组苦草（SCC）和共培养组刚毛藻（FCC），以及对照组苦草和共培养组苦草（SCC）之间均存在显著性差异（两两比较：SA-FA，SCC-FCC，SA-SCC）（$F=172.23$，$P<0.001$）。SCC-FCC 和 SA-FA 在第 15 天时存在显著性差异（$F=148.79$，$P<0.001$）。

无论是在对照组还是共培养组中，刚毛藻的可溶性糖含量都显著高于苦草（$P<0.01$）[图 5.67（a）]。相比而言，第 5 天、第 15 天的金鱼藻组中对照组、共培养组金鱼藻及共培养组刚毛藻中的可溶性糖含量高于第 10 天，第 15 天的含量则高于第 5 天（第 15 天：SCC 的可溶性糖质量分数平均值为 1.39%±0.02%，FCC 的可溶性糖质量分数平均值为 2.63%±0.17%，FA 的可溶性糖质量分数平均值为 2.25%±0.22%；$F=343.15$，$P<0.001$）[图 5.67（b）]。另外，两两比较表明第 5 天的 SA-SCC、SA-FA，第 10 天的 SA-FA 及第 15 天的 SA-SCC、SA-FA 均有显著性差异（$P<0.05$，$P<0.01$；$P<0.001$；$P<0.001$）。两两比较中不包括 SA-FCC、FA-SCC。

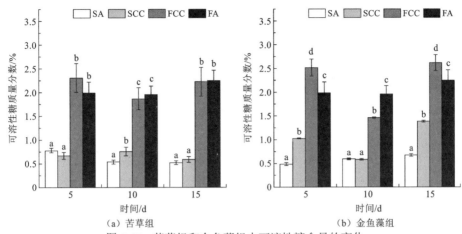

图 5.67　苦草组和金鱼藻组中可溶性糖含量的变化

平均值±标准差，$n=3$；柱顶部的字母表示 5%显著性水平的统计差异(Tukey HSD)

实验结果没有发现可溶性糖含量与磷吸收同化之间的直接关系。但可溶性糖在氮代谢中起着重要作用，因为初级氮代谢中氮的吸收和减少都需要能量供应（Duan et al.，2014），为了应对实验后期营养物质缺乏的问题，共培养组的金鱼藻可溶性糖含量比共培养组的苦草有更明显的积累趋势。然而，所有共培养组和对照组中的刚毛藻都显示出比沉水植物更高的可溶性糖含量，这代表刚毛藻可以储存和使用更多能量以克服水中氮浓度的大幅度下降，而本小节发现刚毛藻对氮的吸收量大结果也证明了这一点。

3. 共培养体系竞争结果的模型分析

苦草组和金鱼藻组的共培养种间营养竞争模拟结果由洛特卡-沃尔泰拉（Lotka-Volterra）模型的等倾线图确定，如图 5.68 所示。

当 $a_{21}<X_{m2}/X_{m1}$ 和 $a_{12}<X_{m1}/X_{m2}$ 时，苦草组［图 5.68（a）］和金鱼藻组［图 5.68（b）］中的两个物种平衡曲线各有一个交点（平衡点），但这个平衡点趋向于向上或向下移动，这表明它们都处于不稳定的共存状态，两个物种中的任何一个都可以竞争获胜。当此平衡点上升到 X_{m2} 点时，意味着物种 2（刚毛藻）将赢得竞争，当该点下移到 X_{m1} 点时，物种 1（沉水植物）将获胜。

在实验期间，苦草（金鱼藻）和刚毛藻都显示出在植物高度和生物量方面的继续增长（观察至最后一天），这种现象与模拟结果一致。相长高度增长率（RGR_H）和相对生物量增长率（RGR_B）的数据表明，苦草组和金鱼藻组的沉水植物的 RGR_H 值之间没有差异，但单独培养（SA）和共培养组（SCC）的沉水植物在第 10 天有显著性差异（$F=25.79$，$P<0.05$）［图 5.69（a）］。在第 10 天，苦草组的对照组和共培养组的 RGR_H 的平均值分别为 0.013 2 cm/（cm·d）±0.004 3 cm/（cm·d）和 0.010 9 cm/（cm·d）±0.002 9 cm/（cm·d）。

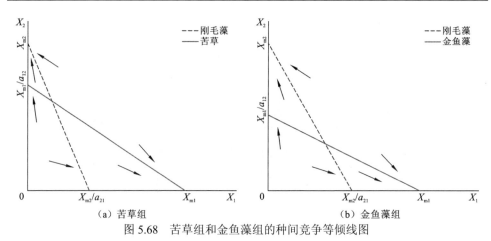

（a）苦草组　　　　　　　　　　　　　　　　（b）金鱼藻组

图 5.68　苦草组和金鱼藻组的种间竞争等倾线图

在封闭系统中两种营养需求不同的竞争物种；X_1 为物种 1，即苦草（金鱼藻）；X_2 为物种 2，即刚毛藻；X_{m1} 和 X_{m2}，
环境容量；a_{12} 和 a_{21} 代表两个物种的竞争系数，箭头代表趋势

金鱼藻组的对照组和共培养组的 RGR_H 平均值分别为 0.016 6 cm/（cm·d）
±0.000 2 cm/（cm·d）和 0.021 8 cm/（cm·d）±0.001 1 cm/（cm·d）。此外，对于金
鱼藻组，共培养组的 RGR_B 值高于对照组，特别是共培养组中的金鱼藻具有较
高的生物量积累速率［第 15 天的平均值为 0.032 3 g/（g·d）±0.000 2 g/（g·d）]
［图 5.69（c）]，而苦草组共培养组的刚毛藻的 RGR_B 值随时间延长而升高［第 5 天
平均值为 0.004 7 g/（g·d）±0.000 1 g/（g·d），第 10 天平均值为 0.008 8 g/（g·d）
±0.001 0 g/（g·d），第 15 天平均值为 0.010 4 g/（g·d）±0.000 9 g/（g·d）]
［图 5.69（b）]。

这些观察结果表明刚毛藻和苦草、金鱼藻可以在营养持续可用的环境中生长。
苦草叶片的 RGR_H 数据表明即使在共培养组中生长速率也呈上升趋势。这是由于
资源的最优分配使叶片获得更多的阳光和吸收更多的营养，以实现快速增长
（Bornette and Puijalon，2011）。一方面，共存的结果表明，相同生物量的刚毛藻
对苦草和金鱼藻的生长没有太大影响。已有研究表明，从生物量方面考量，无论
丝状绿藻生物量是高还是低，它对沉水植物的生长都没有影响（Irfanullah and
Moss，2005）。而丝状绿藻具有更广泛的生态幅度，可以比水生植物耐受更高浓
度的营养盐，所以它能够在富营养化环境中生存（Kumar et al.，2014），并且具有
与沉水植物竞争的能力。这是关于在大多数情况下可能发生自然共存的解释。另
一方面，共存不稳定的原因是两种物种的营养需求不同。在共存系统营养物质不
断耗尽的环境中，两个物种竞争的获胜方会是依赖于保存能量和减少养分消耗以
维持生长的那一方。

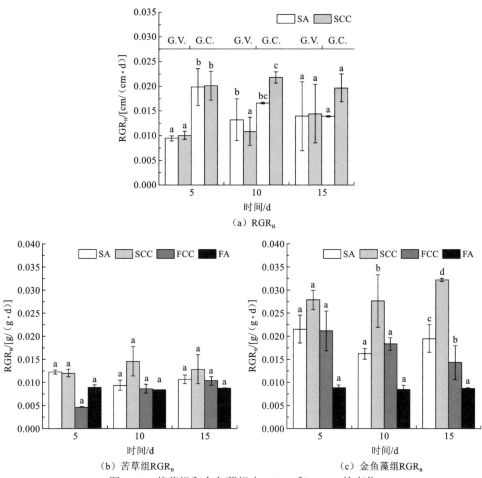

（a）RGR_H

（b）苦草组RGR_B

（c）金鱼藻组RGR_B

图 5.69 苦草组和金鱼藻组中 RGR_H 和 RGR_B 的变化

第6章 杭州西湖水生态修复工程应用

6.1 杭州西湖北里湖水环境改善与生态示范工程

6.1.1 中试工程

1. 围隔

为减少外来的干扰，特别是鱼类对水生植物和底质的破坏，需要对中试工程区域建立围隔（图6.1）。围隔共5个，沿着岸边向湖心建立，单个围隔长×宽为10 m×4.17 m。围隔外包围双层网和防水布，围网长度为45 m，围隔内部为单层网分割。为保持景观和谐，围网与水面平齐。围隔外再布置一圈防撞网。

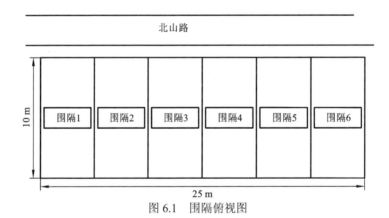

图6.1 围隔俯视图

2. 底质覆盖

由于沿岸带多为高含水率的香灰土底质环境，加上大量分布的建筑石块，水生植物修复基底条件很差而导致无法繁育，必须进行客土覆土工程建设。覆土厚度为20~40 cm。为防止覆土向湖心流失，在围隔外侧打下松木排桩，松木桩规格为直径10 cm、长度2~3 m，松木桩需要打入湖底，露出底面40~50 cm（图6.2和图6.3）。

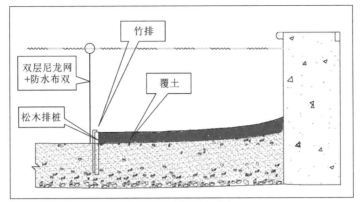

图 6.2　围隔剖面图

图 6.3　中试工程围隔工程建设图

3. 清鱼

围隔建立后，为消除鱼类对沉水植物的破坏，并降低鱼类对底质扰动造成的水体浑浊程度，对其中的鱼类（尤其是草鱼、鲤鱼和鲫鱼等）进行清除。

4. 沉水植物恢复

为了提高沉水植物多样性，中试区域沉水植物修复采用多种种类，在基础环境完成后首先进行水生植物的选种，然后进行沉水植物的恢复。北里湖沉水植物恢复采用多种种类，以苦草、微齿眼子菜、黑藻、菹草为主，辅以少量狐尾藻、金鱼藻（图 6.4），综合考虑一年四季均有沉水植物存在。苦草生长季节为 3～10 月，微齿眼子菜生长季节为 3～11 月，狐尾藻生长季节为 3～12 月，黑藻和金鱼藻生长季节为 4～10 月，而菹草则是 10 月下旬发芽、越冬生长，4～5 月为生长旺季，5 月下旬以后植株逐渐消亡。因此以上 6 种植物进行群落配置，可以使全年都有沉水植物存在，发挥沉水植物净化作用。

茅家埠湖区成功进行沉水植物生态恢复后，湖区沉水植物群落的密度和生物量（以鲜重计算，后同）显著增加，形成以狐尾藻和金鱼藻为主的复合植物群落。主要水质指标大大降低，浮游植物显著减少，引起水华的常见蓝藻种类（如铜绿微囊藻和不定微囊藻）的生长在沉水植物生态修复过程中也受到显著抑制，浮游植物群落结构也由以蓝-绿藻为主向以绿藻为主转变。浮游动物总密度尽管在沉水植物成功修复后显著下降，但其生物量却显著增加，究其原因是浮游动物群落中大尺寸的种类（如大尺寸的甲壳类）显著增加，群落结构在沉水植物生态修复过程中逐渐向"大型化"趋势演变。对湖泊沉水植物进行实际管理时，收割沉水植物使其百分比盖度不低于湖泊总面积的30%，可以较好地平衡水生态系统保护及湖泊管理与景观功能间的冲突（曾磊，2017）。

　　（a）苦草　　　　　　　　（b）黑藻　　　　　　　　（c）菹草

　　（d）狐尾藻　　　　　　　（e）金鱼藻　　　　　　　（f）微齿眼子菜

图 6.4　中试选种的沉水植物

　　沉水植物生态修复能显著增加大型浮游动物的比例，即甲壳类动物和大型轮虫生长旺盛，小型轮虫生长则显著受到抑制。沉水植物支持大型浮游动物、抑制小型轮虫的主要机制可能不同。对于大型浮游动物，沉水植物主要通过提供有效的避难场所来加速其生长，而沉水植物对小型轮虫的生长抑制可能主要是由自下而上的营养物控制，即通过减少其可用的食物资源来实现。

5. 中试期间围隔理化因子的变化状况

中试围隔于 2011 年 12 月开始修建并完工，2012 年 1 月上旬覆土完毕，1 月下旬栽种菹草，3 月底气温回升后，在所有围隔中播撒苦草块茎和种子，并于 5 月萌发，6 月开始旺盛生长，至 9 月整个围隔中沉水植物覆盖度几乎达到 100%。为了评估中试效果，在 2011 年 1～9 月进行水质、底泥和部分生物的监测。

中试期间在 6 个围隔内及外围水域共设置 8 个采样点（后期增加为 9 个），并于 2011 年 1 月、3 月、4 月、5 月、7 月和 9 月调查采样，对水质多项参数进行监测。中试区域试验期间温度如图 6.5 所示，1 月最低温度为 4℃左右，随后逐步升高，7 月温度达到峰值为 34℃左右，9 月又明显降低，试验期间没有出现冰冻期。

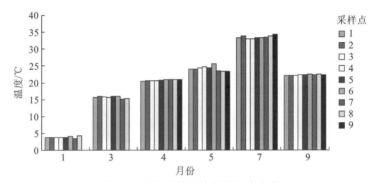

图 6.5　中试区域试验期间温度变化

采样点 1～6 在围隔内，采样点 7～9 在围隔外，后同；扫描封底二维码看彩图

由图 6.6 可知，1 月由于水温较低，水体中浮游植物等尚处于休眠期，中试区域围隔内外水体透明度（secchi depth，SD）都在 100 cm 左右，水质较好。随后，围隔内外水体透明度总体都呈现出先升高后降低的趋势。其中，3 月受栽种沉水植物产生的扰动影响，水体透明度偏低。4 月、5 月和 7 月，一方面围隔内沉水植物逐渐生长至旺盛期，另一方面围隔外水体中浮游植物也逐渐进入生长旺盛期，因此两者透明度差异越来越明显。围隔内水体几乎清澈见底，而外围水体透明度最小值为 60 cm 以下。

水体中悬浮物（suspended substance，SS）浓度和仪器监测得到的浊度（turbidity）结果显示，1 月水体中 SS 浓度和浊度都较低（图 6.7 和图 6.8）。3 月可能受栽种沉水植物产生的扰动影响，SS 浓度和浊度都有所升高。随后的月份，围隔内由于沉水植物的逐渐生长，水体中的 SS 浓度和浊度都明显低于围隔外。

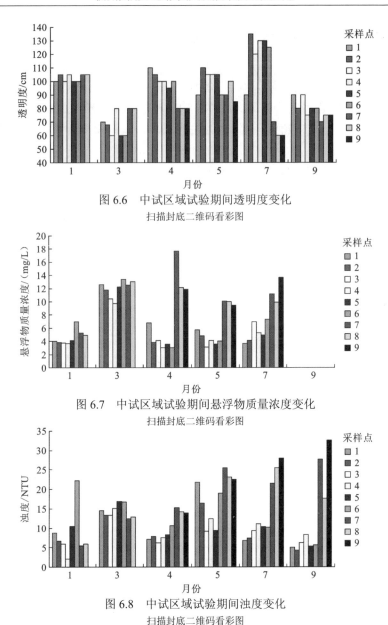

图6.6　中试区域试验期间透明度变化

扫描封底二维码看彩图

图6.7　中试区域试验期间悬浮物质量浓度变化

扫描封底二维码看彩图

图6.8　中试区域试验期间浊度变化

扫描封底二维码看彩图

　　水体中叶绿素浓度主要反映浮游植物的生物量。中试区域围隔外围水体中叶绿素浓度与温度有较好的相关性。由图6.9可知，随着温度逐渐升高，水体中浮游植物由休眠、复苏到旺盛生长，水体中的叶绿素浓度也逐渐升高。在围隔内，沉水植物的生长较大程度上抑制了浮游植物的生长，因此水体中叶绿素浓度始终保持在较低的水平。围隔内外水体中叶绿素浓度呈现明显差异。

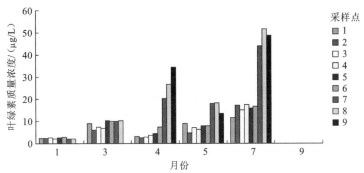

图 6.9　中试区域试验期间叶绿素质量浓度变化

扫描封底二维码看彩图

中试期间，围隔内外水体中的总氮（TN）、溶解性总氮（DTN）、亚硝态氮（NO_2^--N）、硝态氮（NO_3^--N）、氨氮（NH_4^+-N）和总磷（TP）、溶解性总磷（DTP）、磷酸根（PO_4^{3-}）等氮、磷营养盐质量浓度监测结果如图 6.10～图 6.17 所示。

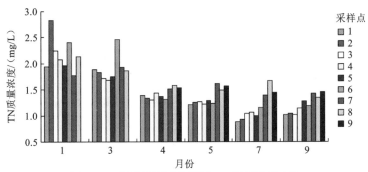

图 6.10　中试区域试验期间 TN 质量浓度变化

扫描封底二维码看彩图

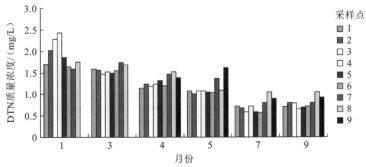

图 6.11　中试区域试验期间 DTN 质量浓度变化

扫描封底二维码看彩图

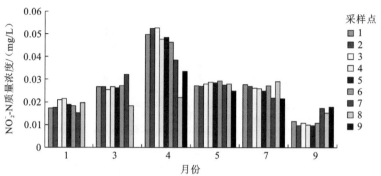

图 6.12　中试区域试验期间 NO$_2^-$-N 质量浓度变化

扫描封底二维码看彩图

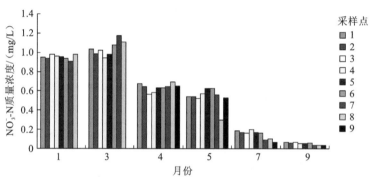

图 6.13　中试区域试验期间 NO$_3^-$-N 质量浓度变化

扫描封底二维码看彩图

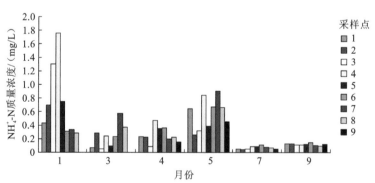

图 6.14　中试区域试验期间 NH$_4^+$-N 质量浓度变化

扫描封底二维码看彩图

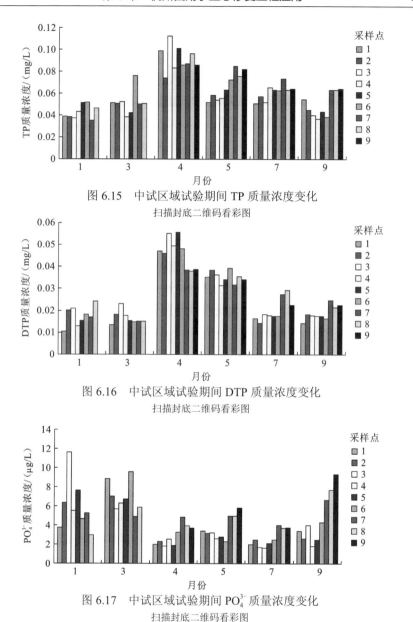

图 6.15　中试区域试验期间 TP 质量浓度变化
扫描封底二维码看彩图

图 6.16　中试区域试验期间 DTP 质量浓度变化
扫描封底二维码看彩图

图 6.17　中试区域试验期间 PO_4^{3-} 质量浓度变化
扫描封底二维码看彩图

由图 6.10 和图 6.11 可知，TN 和 DTN 的变化趋势基本一致，1 月围隔内外水体 TN 和 DTN 浓度都处于最高位，随后逐渐降低。4 月、5 月、7 月和 9 月可能受沉水植物的影响，围隔内水体中 TN 和 DTN 浓度都稍微低于围隔外。

由图 6.12 和图 6.13 可知，围隔内外水体中 NO_2^--N 和 NO_3^--N 的浓度变化趋势也保持一致，且围隔内、外水体间未见明显差异。NH_4^+-N 的浓度变化没有明显规律（图6.14）。

由图6.15和图6.16可知，围隔内外水体中TP和DTP的浓度变化规律也比较一致，呈现出先升高后降低的趋势，于4月达到最高。围隔内、外浓度差异不明显。而从PO_4^{3-}的变化规律（图6.17）可以看出，沉水植物明显降低了水体中PO_4^{3-}的浓度。一方面是由于水生植物能通过根系吸收沉积物中的生物有效磷，有效减少沉积物孔隙水中的磷向上覆水的扩散量，同时通过茎叶拦截、吸附水中的颗粒物质并且通过颗粒物质吸附水中的可溶性磷，有效地降低上覆水中的磷及颗粒物的负荷。另一方面，水草的光合作用使界面附近的水体处于富氧状态，部分游离态的氧扩散进入沉积物后，使上层沉积物由还原态向氧化态转化，导致其中的Fe^{2+}向Fe^{3+}转化，PO_4^{3-}与Fe^{3+}结合，以$FePO_4$的形式沉淀下来。

由图6.18和图6.19可知，中试期间围隔内外水体中DO浓度和DO饱和度变化没有明显规律。由于沉水植物和浮游植物都具有光合作用的能力，围隔内外水体也没有产生明显差异。9月围隔内DO浓度明显偏低，可能是由于沉水植物过于茂密后，水面静止导致水-气界面交换通量降低。

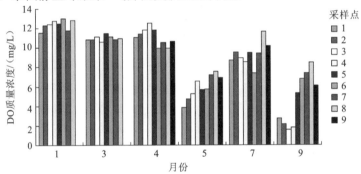

图6.18　中试区域试验期间DO质量浓度变化
扫描封底二维码看彩图

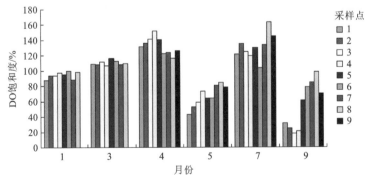

图6.19　中试区域试验期间DO饱和度变化
扫描封底二维码看彩图

中试期间围隔内水体 COD 浓度始终稳定在同一水平，而围隔外水体中 COD
浓度在 4 月、7 月和 9 月明显升高（图 6.20）。可见，沉水植物对有机污染物有一
定的缓冲和降解能力。

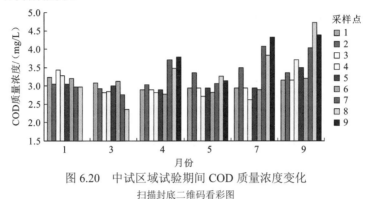

图 6.20　中试区域试验期间 COD 质量浓度变化

扫描封底二维码看彩图

中试期间围隔内、外水体中 pH 总体趋势保持一致，先升高后降低，如图 6.21
所示。仅在 7 月围隔内水体 pH 明显低于围隔外，其余月份未见明显差异。

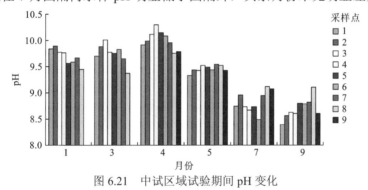

图 6.21　中试区域试验期间 pH 变化

扫描封底二维码看彩图

由图 6.22 可知，中试期间围隔内、外水体的电导率变化规律保持一致，未见
明显差异。

中试期间对水质的多项参数监测数据表明，沉水植物具有明显改善水质的作
用，具体如增加了水体的透明度，降低了水体的浊度及 SS、叶绿素、TN、DTN、
PO_4^{3-}。

6. 中试工程前后沉积物的变化状况

中试期间在 6 个围隔内及外围水域对照区共设置 7 个采样点，并于 2011 年 1
月和 9 月进行两次调查采样，围隔内采样点 1～6 沉积物数据差异非常小，合并成
1 号点，与围隔外对照点进行对比，对沉积物的多项参数进行测定分析。

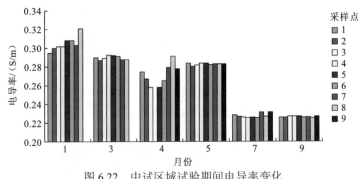

图 6.22　中试区域试验期间电导率变化

扫描封底二维码看彩图

由图 6.23 可见，1 月和 9 月两次调查结果表明，围隔外沉积物表层的含水率达到 60% 以上，以下随深度增加而降低。覆土显著降低了沉积物中的含水率，垂向剖面保持稳定，含水率在 15%～35%。

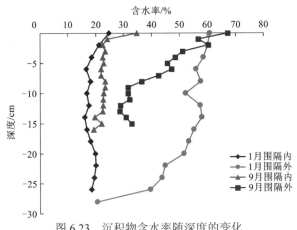

图 6.23　沉积物含水率随深度的变化

由图 6.24 可见，围隔外沉积物的中值粒径稳定在 25 μm 左右，垂向剖面变化不明显。覆土后中值粒径显著升高，最高达到 340 μm。受客土影响，垂向剖面变化较为混乱。

由图 6.25 可见，围隔外沉积物中有机碳质量分数较高，最高达到 8.0 g/kg。有机碳含量垂向分布呈现出表层最高，表层以下随深度增加逐渐降低的规律。覆土显著降低了沉积物中的有机碳质量分数，且受客土影响，垂向分布均匀，稳定在 0.4～1.0 g/kg。

由图 6.26 可见，围隔外沉积物中 TN 质量分数显著高于围隔内覆土，最高达 5 200 mg/kg，且具有随深度增加含量降低的趋势。覆土的 TN 质量分数稳定在 1000 mg/kg 左右，垂向分布规律不明显。

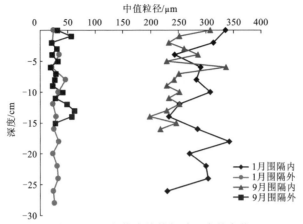

图 6.24　沉积物中值粒径随深度的变化

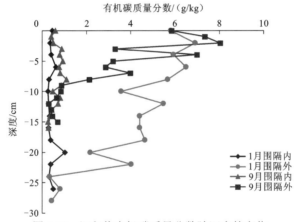

图 6.25　沉积物有机碳质量分数随深度的变化

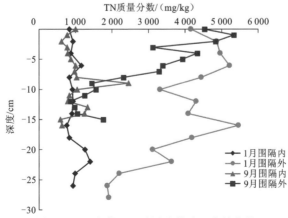

图 6.26　沉积物 TN 质量分数随深度的变化

由图 6.27 可见，围隔外沉积物表层的 TP 含量显著高于围隔内覆土，且具有随深度增加而降低的大体趋势。覆土的 TP 质量分数在 250 mg/kg 左右，垂向分布规律不明显。

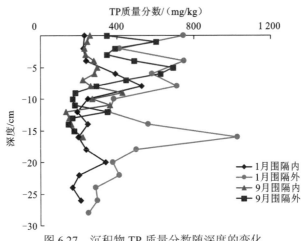

图 6.27　沉积物 TP 质量分数随深度的变化

在围隔内进行覆土，显著降低了沉积物的含水率、中值粒径、有机碳、TN 和 TP，改变了沉积物-水界面的结构特征，表明采用西湖其他湖区优质底泥可改造北里湖高含水率、高腐殖质底泥，提高含水率和粒径，降低有机质含量，从而营造了适合沉水植物根系生长的环境，对沉水植物在北里湖的环境中生根和生长奠定了基础。

7. 中试期间围隔水生生物变化状况

由图 6.28 可见，中试围隔内沉水植物恢复试验进展良好，从初始的覆盖率和生物量为 0，逐步增加，冬季种类菹草在冬春季节非常繁茂，3 月底达到高峰，围隔中菹草覆盖率为 90%，生物量达到 2.7 kg/m²。菹草在 4 月逐渐消亡，2011 年 3 月种植苦草和少量金鱼藻和黑藻，至 5 月后覆盖率达 90% 以上。9 月围隔内水生植物覆盖率达 100%，生物量超过 2.5 kg/m²，生物多样性大幅提高，沉水植物种类包括金鱼藻、狐尾藻、黑藻、苦草等，底栖动物物种数量在建立围隔前仅有 1 种，水生植物恢复后达到 10 种，优势种为铜锈环棱螺、萝卜螺、涵螺、短沟蜷、长足摇蚊、前突摇蚊、羽摇蚊、水蚤、苏氏尾鳃蚓等，湖水透明度基本到底。中试结果表明，北里湖可以采用高腐殖质、高含水率底质城市景观湖泊的沉水植物恢复技术逐渐建立起良性的生态系统。

通过中试工程，北里湖水环境改善和沉水植物恢复的实施获得了有关参数和技术指导，主要有以下 5 个方面。

图 6.28　中试围隔水生植物恢复后的效果图

扫描封底二维码看彩图

（1）在北里湖香灰土上直接种植沉水植物很难存活，须改善底质环境后才能进行种植。

（2）实施底质改造中采用种植荷花的方式进行，降低对景区的干扰程度，符合旅游区工程实施的最小干扰原则。

（3）沉水植物恢复初期，需要清除草鱼、鲤鱼等鱼类，并合理控制天鹅、野鸭的数量，保证沉水植物开始生长期间的良好环境。

（4）冬春季选菹草，其他季节选用苦草、黑藻、金鱼藻等沉水植物是合理的，可保证四季均有植物分布。

（5）沉水植物恢复后，围隔区域水色、透明度等指标较围隔外有明显改善，理化状况也有一定的改善，而生物多样性显著提高，景观良好。

6.1.2　工程概况

在北里湖进行生态系统和环境诊断的基础上，充分吸收北里湖中试工程成果，制订北里湖水环境改善与生态修复技术及工程示范实施方案，开展底质环境改善、水生高等植物修复等工程，首先选择北里湖沿岸带进行水生植物恢复试验的工程示范，再逐步推广至更大湖区甚至其他湖区。北里湖水生植物恢复平面图见图 6.29。水环境改善与生态修复主要包括鱼类调控、香灰土底质改造和沉水植物修复等。

6.1.3　工程建设

1. 鱼类调控

为了避免草鱼、鲤鱼等鱼类对水生植物恢复初期的过度牧食，提高恢复的成功率，以及减少鳙鱼、草鱼、鲤鱼、鲫鱼、餐条对浮游动物的捕食，使用围网对北里湖进行拉网清鱼。2011～2012 年北里湖共计清除 3.27 t 鲢鱼、鳙鱼、鲫鱼和鲤

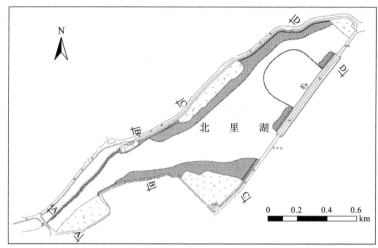

图 6.29　北里湖水生植物恢复平面图

图中绿色区域为植物恢复区域，扫描封底二维码看彩图

鱼等鱼，同时放养鲢鱼等食浮游植物鱼类约 2.65 t，调节了北里湖的鱼类结构，以利于透明度提高和水生植物生长。

2. 北里湖底质改造

北里湖中试工程表明必须对高含水率、高腐殖质的香灰土底质进行改造，以利于水生植物着床基底的形成并繁育。北里湖底质改造工程利用覆盖方法进行沿岸带底质改造，底质来自西湖西部湖区疏浚的优质底泥或黄泥，含水率在 50% 以上，改造现有北里湖高含水率、高有机质的香灰土底质，工艺采用西湖荷花种植方式。

从西泠桥到北里湖东端的荷花池西侧，平均宽度约为 10 m，预计总覆土面积约为 11 750 m²，计划覆土厚度为 20 cm，土方量约为 2 350 m³；北里湖的白堤和孤山一侧，平均覆土宽度约为 10 m，预计总覆土面积约为 7 710 m²，计划覆土厚度约为 20 cm，土方量约为 1 542 m³，底质改造区域面积共计 2 万 m² 左右。

为防止沿岸带覆土滑至湖中心，需要在覆土带外围采用挡土措施，根据地质条件提供 3 种方案，其中方案一和方案二见图 6.30。

方案一：从西泠桥到北里湖东端的荷花池西侧，采用竹排挡土，用松木桩固定，竹排规格为 2 m×1 m，松木桩规格为直径 8 cm、长度 1.5～2.0 m，松木桩及竹排需要打入湖底，露出底面 50 cm 左右。

方案二：考虑孤山山脚地质不适宜打桩，采用石笼结合草包挡土，用 0.4 m×0.4 m×2.0 m 的石笼固定防止草包下滑，沿线放置草包加固。

方案三：考虑北山路荷花池东侧至断桥及白堤一段附近游人较多，且地势平坦，直接用草包加入挡土。整个工程分为两期完成，一期在 2010 年下半年进行，

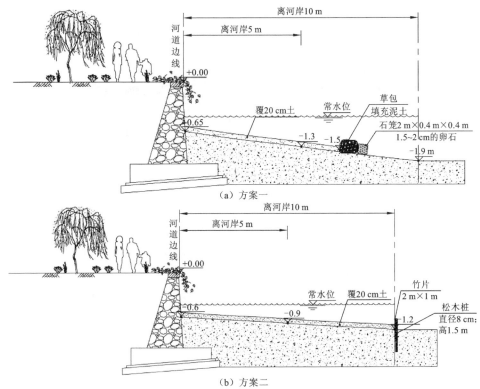

图6.30　西湖北里湖区生态修复覆土带外围挡土方案

二期在2011年完成。总面积为19 050 m²，土方量共计3 810 m³。为维持北里湖景观和谐，工程均在水下进行。

北里湖工程示范区2012年2月底开始施工，经过2个多月建设，基本建成近2万m²工程区，底质改造和工程区的建成为下一步开展水生植物恢复工程打下扎实基础。

由于北里湖底质改造（图6.31）的完成，沿岸带水深条件大为改观，原有的直立岸堤条件也同时被改造，形成了良好的沿岸带浅水区域，有利于沿岸带水生植物的恢复。

3. 北里湖水生植物恢复技术与工程示范

沉水植物是水域生态系统中分布面积广、生物量大的水生植物类群，对水体保持清澈有重要作用。为保持景观原貌，北里湖水生植物恢复均采用沉水植物。

在时间上，沉水植物种植在基底修复完成后进行，种植五刺金鱼藻、穗花狐尾藻、苦草和黑藻等种类。在沿岸带区域，沉水植物主要以五刺金鱼藻和苦草为主，同时辅以微齿眼子菜、黑藻，种植密度约为100株/m²。

图 6.31　北里湖底质改造过程

　　北里湖沉水植物种植后加强后期的维护工作，定期检查植物繁育情况，及时补种，保证沉水植物具有一定数量和覆盖度。在繁育成功后适当控制植物疯长，使明显改善水质的生态工程保持与西湖景观的协调一致（图 6.32）。

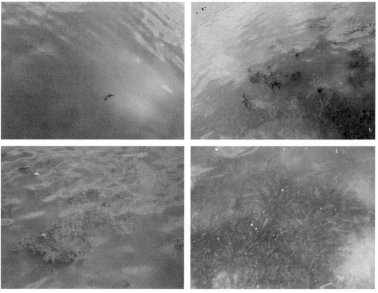

图 6.32　示范工程区内水生植物从稀少到繁茂的过程

6.1.4 工程效果

1. 水生植物

1）各月沉水植物的分布面积

北里湖水面面积（不包括荷花群落的面积）为 0.27 km²。由表 6.1 可知，北里湖沉水植物在 6 月、7 月、8 月和 9 月的分布面积分别达到 41 310.5 m²、56 700.7 m²、81 540.1 m² 和 93 751.0 m²，覆盖率分别达到 15.3%、21.0%、30.2% 和 34.7%。

表 6.1 北里湖各月沉水植物的分布面积和覆盖率

项目	6 月	7 月	8 月	9 月
沉水植物分布面积/m²	41 310.5	56 700.7	81 540.1	93 751.0
沉水植物覆盖率/%	15.3	21.0	30.2	34.7

2）各月各种沉水植物的生物量

由表 6.2 可知，6 月北里湖五刺金鱼藻、穗花狐尾藻和苦草的生物量分别为 75.4 g/m²、63.5 g/m² 和 84.3 g/m²，鲜重分别达到 1 557.4 kg、1 035.8 kg 和 366.1 kg，共计 2 959.3 kg；7 月这三种沉水植物的生物量分别达到 72.3 g/m²、66.9 g/m² 和 97.2 g/m²，鲜重分别达到 2 131.7 kg、1 441.5 kg 和 551.1 kg，共计 4 124.3 kg；8 月这三种沉水植物的生物量分别达到 93.8 g/m²、72.9 g/m² 和 143.4 g/m²，鲜重分别达到 3 900.7 kg、2 437.2 kg 和 935.4 kg，共计 7 273.3 kg；9 月这三种沉水植物的生物量分别达到 142.6 g/m²、120.6 g/m² 和 204.8 g/m²，鲜重分别达到 5 483.0 kg、5 878.5 kg 和 1 344.2 kg，共计 12 705.7 kg。

表 6.2 各月各种沉水植物的生物量及鲜重

月份	种类	分布面积/m²	生物量/（g/m²）	鲜重/kg	各月份鲜重合计/kg
	五刺金鱼藻	20 655.3	75.4	1 557.4	
6	穗花狐尾藻	16 312.2	63.5	1 035.8	2 959.3
	苦草	4 343.0	84.3	366.1	
	五刺金鱼藻	29 484.2	72.3	2 131.7	
7	穗花狐尾藻	21 546.5	66.9	1 441.5	4 124.3
	苦草	5 670.0	97.2	551.1	
	五刺金鱼藻	41 585.5	93.8	3 900.7	
8	穗花狐尾藻	33 431.5	72.9	2 437.2	7 273.3
	苦草	6 523.2	143.4	935.4	

续表

月份	种类	分布面积/m²	生物量/（g/m²）	鲜重/kg	各月份鲜重合计/kg
	五刺金鱼藻	38 437.9	142.6	5 483.0	
9	穗花狐尾藻	48 750.5	120.6	5 878.5	12 705.7
	苦草	6 562.6	204.8	1 344.2	

3）北里湖沉水植物生长状况

由图 6.33 可知，2012 年 9 月北里湖已形成了 5 个大型的沉水植物群落，均生长有五刺金鱼藻、穗花狐尾藻和苦草 3 种沉水植物。

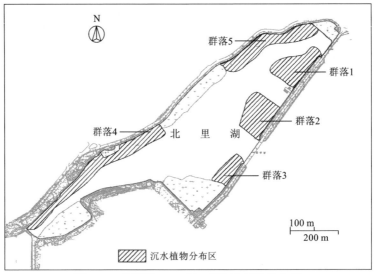

图 6.33　北里湖 2012 年 9 月沉水植物分布图

由表 6.3 可知，群落 1 的沉水植物分布面积为 17 035.8 m²，鲜重为 2 304.7 kg。其中五刺金鱼藻、穗花狐尾藻和苦草的分布面积分别为 6 303.3 m²、9 710.4 m² 和 1 022.1 m²，鲜重分别为 708.5 kg、1 395.4 kg 和 200.8 kg。穗花狐尾藻为该群落的优势种。

表 6.3　2012 年 9 月北里湖沉水植物群落 1 的生长状况

沉水植物种类	分布面积/m²	生物量/（g/m²）	鲜重/kg
五刺金鱼藻	6 303.3	112.4	708.5
穗花狐尾藻	9 710.4	143.7	1 395.4
苦草	1 022.1	196.5	200.8
合计	17 035.8	—	2 304.7

由表 6.4 可知，群落 2 的沉水植物分布面积为 18 556.1 m²，鲜重为 2 805.8 kg。其中五刺金鱼藻、穗花狐尾藻和苦草的分布面积分别为 7 515.2 m²、9 649.2 m² 和 1 391.7 m²，鲜重分别为 1 016.8 kg、1 529.4 kg 和 259.6 kg。穗花狐尾藻为该群落的优势种。

表 6.4　2012 年 9 月北里湖沉水植物群落 2 的生长状况

沉水植物种类	分布面积/m²	生物量/（g/m²）	鲜重/kg
五刺金鱼藻	7 515.2	135.3	1 016.8
穗花狐尾藻	9 649.2	158.5	1 529.4
苦草	1 391.7	186.5	259.6
合计	18 556.1	—	2 805.8

由表 6.5 可知，群落 3 的沉水植物分布面积为 7 586.5 m²，鲜重为 1 076.7 kg。其中五刺金鱼藻、穗花狐尾藻和苦草的分布面积分别为 3 869.1 m²、3 110.5 m² 和 606.9 m²，鲜重分别为 589.3 kg、353.4 kg 和 134.0 kg。五刺金鱼藻为该群落的优势种。

表 6.5　2012 年 9 月北里湖沉水植物群落 3 的生长状况

沉水植物种类	分布面积/m²	生物量/（g/m²）	鲜重/kg
五刺金鱼藻	3 869.1	152.3	589.3
穗花狐尾藻	3 110.5	113.6	353.4
苦草	606.9	220.8	134.0
合计	7 586.5	—	1 076.7

由表 6.6 可知，群落 4 的沉水植物分布面积为 27 744.0 m²，鲜重为 3 923.9 kg。其中五刺金鱼藻、穗花狐尾藻和苦草的分布面积分别为 14 426.9 m²、11 652.5 m² 和 1 664.6 m²，鲜重分别为 2 299.6 kg、1 222.3 kg 和 402.0 kg。五刺金鱼藻为该群落的优势种。

表 6.6　2012 年 9 月北里湖沉水植物群落 4 的生长状况

沉水植物种类	分布面积/m²	生物量/（g/m²）	鲜重/kg
五刺金鱼藻	14 426.9	159.4	2 299.6
穗花狐尾藻	11 652.5	104.9	1 222.3
苦草	1 664.6	241.5	402.0
合计	27 744.0	—	3 923.9

由表 6.7 可知,群落 5 的沉水植物分布面积为 22 828.6 m², 鲜重为 2 594.6 kg。其中五刺金鱼藻、穗花狐尾藻和苦草的分布面积分别为 6 323.4 m²、14 628.0 m² 和 1 877.2 m², 鲜重分别为 868.8 kg、1 378.0 kg 和 347.8 kg。穗花狐尾藻为该群落的优势种。

表 6.7　2012 年 9 月北里湖沉水植物群落 5 的生长状况

沉水植物种类	分布面积/m²	生物量/(g/m²)	鲜重/kg
五刺金鱼藻	6 323.4	137.4	868.8
穗花狐尾藻	14 628.0	94.2	1 378.0
苦草	1 877.2	185.3	347.8
合计	22 828.6	—	2 594.6

2. 北里湖示范工程区透明度、氨氮及蓝藻水华状况

根据杭州西湖风景名胜区环境监测站水质监测数据和有关历史参考数据, 对西湖北里湖水环境改善与生态修复示范工程区的水质进行跟踪监测, 监测的目的是在示范工程实施后, 对水体透明度、氨氮、蓝藻水华等状况进行评估。

1) 监测点位布设和监测方法

监测点位布设如图 6.34 所示。在示范工程靠近岸边一侧及湖心一侧共布设 3 个监测点, 即图 6.34 中的北里湖 1#~3# 点位。

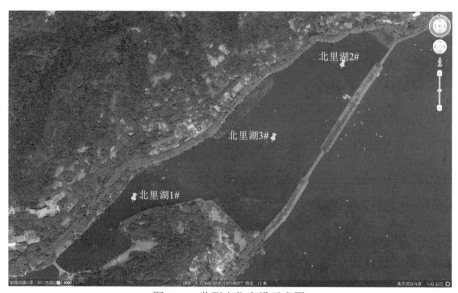

图 6.34　监测点位布设示意图

根据示范工程评估的需要,监测的重点是透明度、氨氮及表面蓝藻水华状况,其他数据为参考。用 2.5 L 有机玻璃采水器采集水样。每个点位采样留取 2 L 样品用于氨氮分析,氨氮采用纳氏试剂比色法测定,透明度采用赛氏黑白透明度盘测定,表面水华采用目视法。利用历史同期水质数据与代表北里湖工程区 1#~3#点位的平均水质数据比较,来评估示范工程的水质效果。

2)透明度

由表 6.8 可知,北里湖工程区 1#、2#、3#点透明度平均值为 69.97 cm,根据项目组和杭州西湖风景名胜区环境监测站在 2006~2011 年北里湖透明度监测数据,2006~2011 年同期北里湖透明度平均值为 49.6 cm,纵向比较来看,实施工程后的 2012 年北里湖透明度较同期也有 20 cm 以上的提高(表 6.9)。

表 6.8　示范区及 2011 年同期对照透明度变化　　　　　　　(单位:cm)

时间(年-月)	北里湖 1#	北里湖 2#	北里湖 3#
2012-6	71	70	64
2012-7	81	67	67
2012-8	88	58	51
2012-9	95	64	63
平均值	83.8	64.8	61.3

表 6.9　北里湖 2006~2011 年同期的透明度变化　　　　　　(单位:cm)

时间(年-月)	2006 年	2007 年	2008 年	2009 年	2010 年	2011 年
2012-6	34	32	62	51	67	68
2012-7	37	32	60	44	60	60
2012-8	35	28	64	45	62	54
2012-9	30	30	62	48	62	62
平均值	34.0	30.5	62.0	47.0	62.8	61.0

3)氨氮

各个监测点历次水体氨氮质量浓度数据及 2011 年夏季 6~8 月的平均值见表 6.10。

表 6.10　示范区及 2011 年同期对照的水体氨氮质量浓度变化　　　(单位:mg/L)

时间(年-月)	北里湖 1#	北里湖 2#	北里湖 3#	示范区平均值	2011 年对照值
2012-6	0.291	0.079	0.121	0.164	0.293
2012-7	0.239	0.109	0.124	0.157	0.117
2012-8	0.338	0.267	0.292	0.299	0.325
2012-9	0.364	0.081	0.036	0.160	0.269
平均值	0.308	0.134	0.143	0.195	0.251

由表 6.10 可知，2012 年示范区水体氨氮质量浓度平均值为 0.195 mg/L，而 2011 年同期的平均值为 0.251 mg/L，降低了 22.3%。

4）湖泊表面蓝藻水华状况

2013 年 6～9 月监测期间北里湖湖泊表面上均未见到蓝藻水华。

通过上述监测结果分析，可以得出结论：2012 年 6～9 月北里湖水环境改善与生态修复技术及示范工程内的每月 1 次监测结果表明，示范工程区透明度平均值为 69.97 cm，较 2011 年同期的对照数据提高 20 cm 以上。由于监测期间（6～9 月）为夏季藻类盛发期，由历史的监测状况可知北里湖夏季透明度较全年其他季节均低，表明工程实施后北里湖其他季节的透明度将大于 69.97 cm。示范区水体氨氮质量浓度 4 个月平均值为 0.195 mg/L，而 2011 年同期的平均值为 0.251 mg/L，降低了 22.3%，效果显著；示范区 7 个月内北里湖湖水表面均未见到蓝藻水华。

6.2　杭州西湖湖西水生植物群落优化示范工程

6.2.1　中试工程

1. 抗牧食生境营造技术中试

1）中试目标

水生动物的过度牧食将引起沉水植物优势种的演替和群落结构的改变，即水生动物的摄食量大大超过沉水植物的再生产能力会导致沉水植物的衰退或消亡，最终使水生态系统结构破坏和功能下降。为减轻牧食压力，中试工程综合考虑沉水植物的生活习性、喜食鱼类及生长周期等方面，科学地选择、配置沉水植物，构建植物篱栅，营造抗牧食生境，从而实现沉水植物的恢复及重建。

2）材料与方法

（1）采样方法。基于水草种植为成簇种植，制作 0.5 m×0.5 m 的方框，连接绳索，在植物区随机抛掷 10 次，记录每次样方内的簇数，并计算平均值 A（簇），根据平均值计算单位面积水草簇数 B（簇/m^2）：

$$B = \frac{A}{0.25}$$

（2）单位鲜重密度 C。随机采取 5 簇水草称量其重量（其中 5 簇水草分别从图 6.35 中黑色填充部位采取），并求出平均值 D（g/簇）：

$$C = D \times B$$

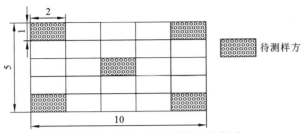

图 6.35　采取 5 簇水草位置示意图

比例尺为 1：1，单位为 m；该图为一种沉水植物的种植斑块；

待测大样方为植物斑块的 4 个角和正中间，共 5 个

（3）单位干重密度 E。在随机采取的 5 簇水草中随机采取 5 株，并在 80℃下烘干得出干重与鲜重的比值 F：

$$E = C \times F$$

（4）植株密度 M。统计五簇水草每簇中植株数，计算其平均值 S（株/簇）则

$$M = S \times B$$

（5）长度 L。在 5 簇水草中分别随机抽取 5 株，共 25 株，并计算其平均值

$$L = \sum \frac{L_i}{2}$$

（6）抗牧食率 W。根据示范区与对照组的植物生物量分析抗牧食情况，抗牧食率计算公式为

$$W = \frac{N - Q}{N} \times 100\%$$

式中：N 为对照组的植物生物量；Q 为示范区的植物生物量，此处生物量采用植物干重，因只有 28 d 采样进行了干重测定，中试用其来代表。

3）中试监测及结果分析

（1）沉水植物种植环境及分布。示范区及对照组选择设在杭州西湖茅家埠丁家山的浅水区域，水深 0.7 m，水底较为平坦，适于中试的开展。

示范区种植总面积为 450 m²，其中包括受保护植物 100 m²，包括苦草和黑藻。外围受保护植物有穗花狐尾藻 116 m²，五刺金鱼藻 234 m²。示范区种植平面图如图 6.36 所示。

图 6.37 为对照组种植平面图，选取右下角两个斑块作为对照组，黑藻与苦草为 49.5 m²/块。

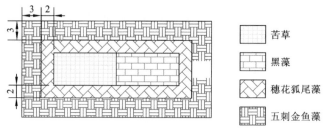

图 6.36 示范区种植平面图

比例尺为 1：1，单位为 m；内部种植受保护植物为苦草与黑藻，种植面积均为 50 m²；

示范区受保护植物外围种植宽 2 m 的穗花狐尾藻，在穗花狐尾藻外围种植宽 3 m 的五刺金鱼藻

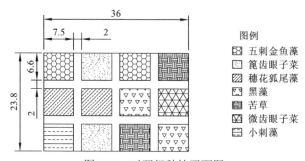

图 6.37 对照组种植平面图

比例尺为 1：1，单位为 m

（2）沉水植物生长情况。2012 年 5 月 16 日种植了穗花狐尾藻、苦草及黑藻，穗花狐尾藻植物体较长造成了植物的漂浮。图 6.38 所示为穗花狐尾藻漂浮现象。5 月 28 日种植了五刺金鱼藻。5 月 31 日发现漂浮的穗花狐尾藻有腐烂现象（图 6.39）。

图 6.38 中试工程现场穗花狐尾藻漂浮图

图 6.39　中试工程现场穗花狐尾藻腐烂图

　　6 月 10 日对漂浮的穗花狐尾藻进行了修剪，并用小孔网捞出水面。穗花狐尾藻因种苗株型较大，平均株高 82.8 cm，大于水深（0.7 m），超出水面的部分因气温较高而出现了腐烂的现象。为了避免再次发生沉水植物腐烂的现象，在种植沉水植物时要确保控制种苗株高，即保证植株高度小于水深。

　　图 6.40 是生长周期为 42 d 的黑藻长势图，可以明显看出黑藻生长旺盛。图 6.41是生长周期为 56 d 的苦草长势图。图 6.42 是生长周期为 84 d 的穗花狐尾藻长势图。

图 6.40　生长周期为 42 d 的黑藻长势图

图 6.41　生长周期为 56 d 的苦草长势图

图 6.42　生长周期为 84 d 的穗花狐尾藻长势图

生长周期为 84 d 时，沉水植物生物量大量增加，株高大幅提高，水体表面漂浮了大量沉水植物，沉水植物腐烂出现了大量着生藻，因此进行了人工打捞。

4）中试结果

（1）植物鲜重密度。生长周期为 14 d、28 d、42 d 与 56 d 时采样，水深 0.7 m，水质清澈见底。使用样方法采样。

由表 6.11 可知，经过 8 周的变化，示范区苦草、黑藻鲜重密度逐渐升高，然后略微降低。对照组苦草鲜重密度缓慢升高，黑藻鲜重密度先升高后降至 0。从鲜重数据来看，抗牧食生境对被保护植物具有较好的保护作用。

表 6.11　植物鲜重密度　　　　　　　　　（单位：g/m²）

植物	生长周期/d	示范区	对照组
苦草	14	1 136.80	1 071.00
	28	1 235.50	1 105.76
	42	1 506.50	1 335.50
	56	1 635.70	1 405.60
	84	1 499.80	1 336.50
黑藻	14	493.42	257.00
	28	789.19	391.66
	42	838.13	388.20
	56	1 056.39	138.20
	84	1 136.80	0

（2）植物干重密度。经过 80℃烘干至恒重，生长周期为 14 d、28 d、42 d、56 d、84 d 时示范区与对照组苦草失水率分别接近 0.925、0.920、0.917、0.918、0.918，在计算中分别按照 0.075、0.080、0.083、0.082、0.082 的比重计算其干重；生长周期为 14 d、28 d、42 d、56 d、84 d 时示范区与对照组黑藻失水率分别接近 0.929、0.925、0.921、0.926，在计算中分别按照 0.071、0.075、0.079、0.074、0.075 的比重计算其干重（表 6.12）。

表 6.12　植物干重密度　　　　　　　　　　（单位：g/m²）

植物	生长周期	示范区	对照组
	0	78.50	78.50
	14 d	85.26	80.33
	28 d	98.84	88.46
	42 d	125.04	110.85
苦草	56 d	134.13	115.26
	84 d	122.98	109.59
	16 周	126.89	105.37
	20 周	108.30	87.56
	24 周	84.59	50.68
	0	25.60	25.60
	14 d	35.03	27.25
	28 d	59.19	29.37
	42 d	66.21	30.67
黑藻	56 d	78.17	10.23
	84 d	85.26	0
	16 周	90.73	0
	20 周	58.30	0
	24 周	0	0

根据抗牧食率计算公式可以算出：

14 d 苦草的抗牧食率 =(80.33－85.26)/80.33×100%=－6.14%

28 d 苦草的抗牧食率 =(88.46－98.84)/88.46×100%=－11.73%

42 d 苦草的抗牧食率 =(110.85－125.04)/110.85×100%=－12.80%

56 d 苦草的抗牧食率 = $(115.26 - 134.13)/115.26 \times 100\% = -16.37\%$

84 d 苦草的抗牧食率 = $(109.59 - 122.98)/109.59 \times 100\% = -12.22\%$

14 d 黑藻的抗牧食率 = $(27.25 - 35.03)/27.25 \times 100\% = -28.55\%$

28 d 黑藻的抗牧食率 = $(29.37 - 59.19)/29.37 \times 100\% = -101.53\%$

42 d 黑藻的抗牧食率 = $(30.67 - 66.21)/30.67 \times 100\% = -115.88\%$

56 d 黑藻的抗牧食率 = $(10.23 - 78.17)/10.23 \times 100\% = -664.13\%$

84 d 黑藻的抗牧食率无法计算。

随着时间的延长，苦草和黑藻的抗牧食率逐渐降低。食草鱼类偏好黑藻，对照组黑藻出现了明显的牧食现象，其生物量大幅降低，抗牧食生境营造对被保护植物的保护效应逐渐显现。

（3）植物平均株高。苦草平均株高都有一定的提高，且通过比较可以看出示范区黑藻的高度要高于对照组黑藻高度（表 6.13）。

表 6.13 植物平均株高　　　　　　　　　　（单位：cm）

植物	生产周期/d	示范区	对照组
苦草	0	50.00	50.00
	14	60.00	53.00
	28	80.96	82.16
	42	105.30	104.20
	56	108.30	108.70
	84	109.20	110.70
黑藻	0	18.00	18.00
	14	34.00	19.00
	28	38.00	30.29
	42	40.00	24.00
	56	45.00	16.00
	84	67.00	0

（4）植物植株密度。从植株密度（表 6.14）上看，在同样的种植密度下，示范区苦草和黑藻的成活率均比对照组高，植株数逐渐增加，对照组在第 84 天出现黑藻大量消失的现象，这可能是鱼类的牧食行为导致的。

表 6.14　植株密度　　　　　　　　　　　　（单位：株/m²）

植物	生产周期/d	示范区	对照组
苦草	0	50.0	50.0
	14	65.5	60.4
	28	87.4	62.6
	42	90.3	72.4
	56	97.8	83.3
	84	90.5	85.6
黑藻	0	90.0	90.0
	14	125.4	96.9
	28	160.5	105.3
	42	197.4	103.7
	56	204.9	80.6
	84	186.3	0

（5）穗花狐尾藻、五刺金鱼藻鲜重密度与平均株高比较。穗花狐尾藻平均株高约为五刺金鱼藻平均株高的两倍（表 6.15），两种沉水植物由矮到高形成了一道比较牢固的抗牧食保护带。两种植物的鲜重密度及平均株高会影响受保护植物的抗牧食效应。

表 6.15　穗花狐尾藻、五刺金鱼藻鲜重密度与平均株高

植物	生产周期/d	鲜重密度/（g/m²）	平均株高/cm
五刺金鱼藻	14	925.64	40.5
	28	868.42	42.6
	42	703.56	45.0
	56	494.38	33.0
	84	607.85	59.0
穗花狐尾藻	14	605.38	79.5
	28	510.49	82.8
	42	369.31	94.0
	56	243.56	97.0
	84	810.79	117.5

5）中试结论及建议

根据上述中试工程参数可以看出，示范区苦草与黑藻鲜重密度、干重密度、

平均株高和植株密度都比对照组高。由此推断抗牧食生境营造后，示范区沉水植物长势比对照组要好，说明抗牧食生境营造可以对目标沉水植物进行保护。

根据中试结果，对示范工程提出建议：①提高沉水植物种植密度，植物种植密度增加至 80 株/m²；②植物保护带宽度扩展 20%（到 5 m），包括五刺金鱼藻和穗花狐尾藻；③控制种苗株高，种苗定植时植株高度应小于水深；④调整种植方式，在每个定植点，采用无纺布每兜植株数量应保持在 10～15 株，尽量均匀；⑤耐牧食区域选择在较深的水深下，保证沉水植物生长不会超过其水面高度。

2. 乌龟潭斑块镶嵌中试

1）中试目标

针对初步建立的清水草型系统尚不稳定、沉水植物空间结构较为单一、藻类异常增殖等问题，适时跟进构建沉水植物斑块镶嵌格局工程，以优化沉水植物结构，依靠生态系统的自我调节能力与自组织能力使其向有序的、良性循环的方向演替。

2）材料与方法

选定沉水植物种（6 种）：金鱼藻、狐尾藻、苦草、黑藻、篦齿眼子菜、微齿眼子菜。

选定中试位点：丁家山靠近岸边。

依据水深、透明度、底质及水草特性，科学合理地规划沉水植物斑块布局，如图 6.43 所示。

金鱼藻2#	篦齿眼子菜 2#	狐尾藻1#	微齿眼子菜
狐尾藻2#	金鱼藻1#	黑藻2#	苦草1#
苦草3#	篦齿眼子菜 1#	苦草2#	黑藻1#

图 6.43　各种植物斑块布局示意图

总面积为 36×24 = 864 m²，其中每个斑块种植面积为 7.5×6.6 = 49.5 m²，纵、横向两斑块间距 2 m

乌龟潭沉水植物斑块镶嵌中试于 2012 年 5 月 13 日、14 日完成除金鱼藻之外沉水植物种植，其中，苦草用改良泥及无纺布包裹抛种，其余扦插。5 月 28 日完成金鱼藻扦插种植。

3）中试监测及结果分析

中试监测照片见图 6.44，打捞、补种及模拟试验照片见图 6.45。

图 6.44　中试监测照片

图 6.45　打捞、补种及模拟试验照片

监测前 3 个月沉水植物长势良好；从 8 月或 9 月开始，沉水植物生物量逐渐减少，尤其是篦齿眼子菜和微齿眼子菜最先消失，其次为黑藻；而 10 月苦草长势最好，狐尾藻其次，金鱼藻随后。各斑块沉水植物盖度、生物量指标数据见表 6.16 和表 6.17。

表 6.16　各斑块沉水植物盖度　　　　　　（单位：%）

斑块	5 月	6 月	7 月	8 月	9 月	10 月
苦草 1#	88	88	85	65	40	40
苦草 2#	85	88	82	30	35	40
苦草 3#	82	84	85	85	87	88
金鱼藻 1#	88	90	82	85	70	65
金鱼藻 2#	85	88	89	85	75	67
狐尾藻 1#	75	62	55	30	67	70
狐尾藻 2#	70	67	58	35	58	72
黑藻 1#	75	64	25	3	0	0
黑藻 2#	70	45	20	0	0	0
篦齿眼子菜 1#	60	35	5	0	0	0
篦齿眼子菜 2#	28	16	5	0	0	0
微齿眼子菜	65	60	10	0	0	0

表 6.17　各斑块沉水植物生物量　　　　　　（单位：g/m^2）

斑块	5 月	6 月	7 月	8 月	9 月	10 月
苦草 1#	1 171	1 592.1	1 622.2	973.5	874.6	903.7
苦草 2#	862	1 335.5	1 405.6	672.3	655.7	670.2
苦草 3#	2 645	1 892.6	2 104.7	2 210.7	2 308.3	2 388.4
金鱼藻 1#	1 224	1 190.8	1 033.4	1 027.3	933.7	982.6
金鱼藻 2#	1 276	1 230.3	1 132.2	1 031.7	961.5	927.6
狐尾藻 1#	1 204	796.1	632.1	530.8	863.8	884.5
狐尾藻 2#	770	703.9	563.3	604.7	824.5	870.3
黑藻 1#	368	388.2	138.2	12.7	0	0
黑藻 2#	257	243.4	103.7	0	0	0
篦齿眼子菜 1#	467	236.8	42.7	0	0	0
篦齿眼子菜 2#	184	131.6	22.8	0	0	0
微齿眼子菜	480	421.1	48.7	0	0	0

中试围隔内共监测到 4 种沉水植物：苦草、金鱼藻、狐尾藻、菹草。盖度约为 30%。

4）中试结论及建议

基于围隔中试，进行室外模拟结合湖区原位试验，结论总结如下。

（1）沉水植物特性因种而异，生长周期不同。

（2）水体生境特殊，影响因子复杂多变，不可控。

基质影响显著：室内实验表明湖泥对苦草生长最有利，配沙子更有利于营养盐吸收和透明度提升；湖区原位试验表明耐牧食中试底泥较斑块中试底泥更有利于苦草、黑藻的生长。

（3）水位影响：随水位加深，苦草生物量、株数、匍匐茎数和直径、根重均呈减少趋势，而平均株高在中水位获得最大值，地下部分（匍匐茎+根）所占比重在深水位最大。

通过试验，本小节给出以下建议。

（1）选择沉水植物种类很重要，要注意沉水植物本身特性、生长周期及演替特点，要依据生态位理论、生物多样性原则，考虑动物牧食影响等。适合西湖生长的沉水植物可优选苦草、狐尾藻、金鱼藻，在水深较浅（<1.2 m）、控制牧食的耐牧食中试区内黑藻可以生长良好。

（2）沉水植物重建与恢复应由浅水区逐渐向深水区推进，且选择底质稍硬的基质（条件允许可改良基质）。

（3）尽量避开航道，以免受波浪扰动冲击。

（4）可围隔（尽量封闭）控制鱼类等牧食影响。

3. 小南湖硬性底质改造中试

1）中试目标

小南湖湖区底质坚硬，泥沙层薄，平均厚度不到 20 cm，且平均水深约为 2.1 m，这种硬性底质、深水位的湖底环境不利于沉水植物的定植，导致沉水植物在湖泊中的恢复重建难度较大。

中试旨在通过一定的技术手段改善中试区域硬性底质环境，使其适合沉水植物生长，从而解决沉水植物在硬性底质湖泊中着根难、易漂浮等问题，同时通过生态基质和生态环境的恢复，加快整个生态系统的恢复和构建。

2）材料与方法

通过将生态环保基质和矿物改良剂制备成沉水植物种植载体，改善示范区硬性底质生存环境。

（1）制备生态基质材料。

a. 黏土。

b. 生态基质滤球（镁渣陶瓷滤球）：以工业废渣镁渣、粉煤灰、煤矸石、劣质黏土等固体废物为主要原料，与成孔剂、成型助剂及烧成助剂按比例配料烧制而成。生态基质滤球具有耐腐蚀、抗氧化、无毒性、硬度高等特点，且有较大的孔隙率和巨大的比表面积。物理性能：显气孔率为 46%～50%，吸水率为 23%～25%，压碎强度达 0.75～0.80 kN，盐酸可溶率<0.3%，比表面积为 4.92 m^2/g。主要化学组成为 SiO_2（38.25 %）、Al_2O_3（21.96 %）和 Fe_2O_3（18.07%），此外还含有少量碱性金属。

c. 矿物改良剂（膨润土）：该矿物改良剂具有良好的膨胀性、吸附性、阳离子交换性和较大的内、外比表面积，同时能与许多客体物质进行层间复合或插入反应。

d. 对生态基质滤球和矿物改良剂进行预处理和表面改性处理。

e. 将质量比为 16∶3∶1 的黏土、改性陶瓷滤球和膨润土混匀，制备成改性生态基质材料，如图 6.46 所示。

图 6.46　改性生态基质材料

（2）向网目为 1 cm×1 cm 的可降解无纺布网袋中装入一定厚度的生态基质材料（图 6.47）。

（3）将沉水植物移栽到网袋中（图 6.48），然后将串联的网袋在湖面上均匀地平抛沉入湖底（图 6.49）。

（a）网袋　　　　　　　　　　　　　　（b）装袋

图 6.47　用可降解无纺布网袋装入生态基质材料

图 6.48　栽种有苦草的装有改性生态基质材料的无纺布网袋成品

图 6.49　向中试区域投入成品

中试实施的具体时间为 2014 年 6 月 4 日。

3）中试监测及结果分析

（1）沉水植物及水质监测。中试方案施工后，进行定期常规的维护及监测。监测指标为沉水植物生长情况、估算盖度、生物量等。

利用水下摄像仪观测各斑块沉水植物的生长状况；利用沉水植物采样器采集各种水草，测量生物量；测量透明度、水温、DO、pH、电导率、TN、TP、COD、叶绿素含量等指标。

（2）底质监测。测定底泥中 TP、TN、有机碳含量、pH 等指标。

（3）中试现场监测。2014 年 7 月中试现场影像监测见图 6.50。2015 年 1 月中试现场影像监测见图 6.51。

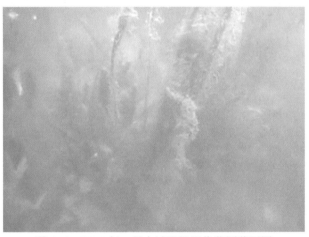

图 6.50　2014 年 7 月中试现场影像监测截屏图

图 6.51　2015 年 1 月中试现场影像监测截屏图

2014 年 8 月的监测中，中试区的沉水植物根系已部分穿透无纺布，继而扎根于中试区底泥内。2014 年 9 月的监测结果显示，沉水植物覆盖率接近于 100%，中试区苦草长势良好，并且伴有少量其他种类的沉水植物（金鱼藻、狐尾藻）。2015年 1 月的监测结果显示，中试区沉水植物总盖度为 100%；种类盖度为苦草 100%、狐尾藻 5%、黑藻 2%、金鱼藻 2%。

（4）沉水植物监测方法。2014 年 6 月采样时，沉水植物呈现出簇状，沉水植物监测使用样方法，使用 PVC 管制成内边面积为 50 cm×50 cm 的样方，在中试区内随机选取 5 个点投入制作好的样方（图 6.52），数出每个样方的苦草簇数 C_1，C_2，$\cdots$，C_5。随机捞起 5 簇苦草，数出每簇中苦草的株数 n_1，n_2，$\cdots$，n_5。由此可推出每平方米苦草的株数 n 的计算公式为

$$n = 4\frac{C_1 + C_2 + C_3 + C_4 + C_5}{5} \times \frac{n_1 + n_2 + n_3 + n_4 + n_5}{5} \tag{6.5}$$

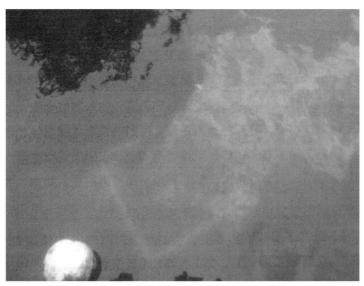

图 6.52　中试监测过程中将样方投入湖中

测出这 5 簇苦草的总鲜重 m 与总干重 M（两者均包括地上部分与地下部分），并随机抽取其中一簇苦草量出所有（x 株）苦草的株高 h_1，h_2，$\cdots$，h_x。根据每平方米苦草株数 n 可以推出中试区域苦草的平均鲜重 m' 与平均干重 M' 计算公式为

$$m' = 4\frac{C_1 + C_2 + C_3 + C_4 + C_5}{5} \times \frac{n_1 + n_2 + n_3 + n_4 + n_5}{5} \times \frac{m}{x} \tag{6.6}$$

$$M' = 4\frac{C_1 + C_2 + C_3 + C_4 + C_5}{5} \times \frac{n_1 + n_2 + n_3 + n_4 + n_5}{5} \times \frac{M}{x} \tag{6.7}$$

2015 年 1 月采样时，中试区的沉水植物已经充分蔓延扩繁至整个中试区。用"抓斗式"采泥器（规格为 38.5 cm×47 cm，面积为 0.180 95 m²）采集了具有代表性的部分植物样品，进行测定。

（5）沉水植物监测结果分析。2014 年 6 月进行了采样。2015 年 1 月也按照相同采样方式采集了植物样品，地上部分鲜重为 362 g，地下部分鲜重为 52 g。经测量，"抓斗式"采泥器采集的植物样品占湖底的面积为 0.18 m²，因此将测得的相关信息通过面积进行换算得出中试区沉水植物的相关信息，并将所得结果与 2014 年 6 月的结果进行对比（表 6.18），观察中试区沉水植物的恢复情况。

表 6.18　中试区沉水植物相关数据分析结果

项目	2014 年 6 月	2015 年 1 月
最大长度/cm	87.0	53.3
最小长度/cm	27.2	23.3
平均长度/cm	59.6	42.0
长度标准差	16.56	7.88
每平方米苦草鲜重（茎叶）/g	1248	2000.6
每平方米苦草鲜重（根部）/g	264	347.4
每平方米苦草干重（茎叶）/g	96	155.4
每平方米苦草干重（根部）/g	21	24.5

虽然 2015 年 1 月植物的最大长度、平均长度、最小长度均小于 2014 年 6 月数据，但是植物鲜重均明显大于 2014 年 6 月数据，表明沉水植物的密度明显增加，沉水植物恢复情况良好。

4）水质监测

2015 年 1 月进行水质监测调查与 2014 年 6 月数据进行对比，结果见表 6.19。

表 6.19　中试水质监测结果　　　　　　　　（单位：mg/L）

项目	2014 年 6 月	2015 年 1 月
COD_{Cr}	19.00	16.00
NH_4^+-N	0.09	0.132
NO_2^--N	0.08	0.035
NO_3^--N	2.09	1.491
TN	2.59	1.80
TP	0.04	0.028
叶绿素 a	33.60	11.26
TSS	13.33	8.00

5）中试结论及建议

基底改良技术突破高浓度有机质、高营养盐胁迫等生境制约沉水植物恢复的瓶颈，在示范区成功恢复苦草为主的复合沉水植物群落，加快湖泊生态系统的恢复与重建，促进水生态系统向清水草型转换。通过试验，本小节建议：①尽量避开航道，以免受波浪扰动冲击；②尽量控制鱼类等牧食影响。

6.2.2　工程概况

对西湖湖西的茅家埠、乌龟潭、浴鹄湾共约 70 万 m^2 湖区的水生植物配置进行整体优化，水生植物的栽种以沉水植物为主、浮叶植物为辅。水生植物栽植总面积约为 110 150 m^2，茅家埠、乌龟潭、浴鹄湾分别为 73 900 m^2、23 000 m^2 和 13 250 m^2。三个湖区水生植物种植面积占比分别为：挺水植物 1%、浮叶植物 0.4%、沉水植物 14%。主要植物配置为：沉水植物狐尾藻、黑藻、菹草、金鱼藻、大茨藻、苦草、黄丝草、马来眼子菜等；浮叶植物水罂粟、荇菜、睡莲、萍蓬草、黄花水龙等；挺水植物黄菖蒲、石菖蒲、再力花、海寿花、荷花、芦苇荻等。清除以上三个区块原挺水植物面积 3 261 m^2，主要清除植物为香蒲、菱、野茭白、喜旱莲子草等。

茅家埠和浴鹄湾沉水植物群落优化工程工作量见表 6.20。各湖区面积、水生植物栽植面积及占湖区面积比例见表 6.21。茅家埠沉水植物恢复分布图如图 6.53 所示，浴鹄湾沉水植物恢复分布图如图 6.54 所示，乌龟潭沉水植物恢复分布图如图 6.55 所示。

表 6.20　茅家埠和浴鹄湾沉水植物群落优化工程工作量　　　　　（单位：m^2）

物种	茅家埠	浴鹄湾	总面积
菹草	15 200	1 850	17 050
苦草	23 800	1 300	15 100
黑藻	7 500	2 475	9 975
金鱼藻	15 600	500	16 100
狐尾藻	25 100	3 150	28 250
黄丝草	—	600	600
马来眼子菜	8 195	2 075	10 270

表 6.21　各湖区面积、水生植物栽植面积及所占湖区面积比

项目	茅家埠	乌龟潭	浴鹄湾	三个湖区整体
湖区面积/m²	486 721.7	99 683.8	113 594.5	700 000
水生植物面积/m²	73 900	23 000	13 250	110 150
占该湖区面积比例/%	0.152	0.231	0.117	0.157
挺水植物面积/m²	1 700	3 900	1 200	6 800
占该湖区面积比例/%	0.003	0.039	0.011	0.01
浮叶植物面积/m²	2 400	2 600	425	5 425
占该湖区面积比例/%	0.005	0.026	0.004	0.004
沉水植物面积/m²	69 800	16 500	11 625	97 925
占该湖区面积比例/%	0.143	0.166	0.102	0.140

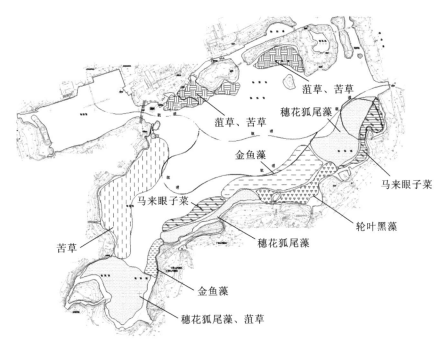

图 6.53　茅家埠沉水植物恢复分布图

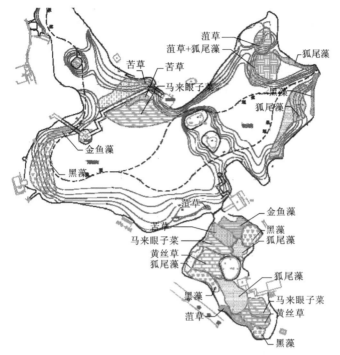

图 6.54 浴鹄湾沉水植物恢复分布图

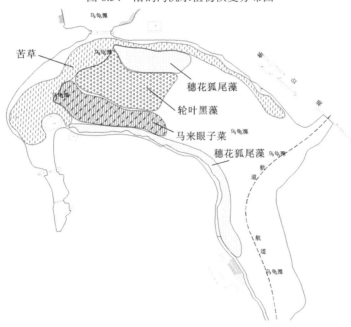

图 6.55 乌龟潭沉水植物恢复分布图

6.2.3　工程建设

2011 年 2 月，冬季种沉水植物菹草栽种完成，观察其成活生长情况良好。

进入春季，又分别栽种苦草、金鱼藻、黑藻、狐尾藻、马来眼子菜和黄丝草等沉水植物。截至 2011 年 6 月底已完成 80%工程量。水生植物定期生长期内密切巡查观察、及时补种。

2011 年 9 月，在龙泓涧入湖口栽种 6 400 m² 菹草，完成全部工程量。

具体施工过程见表 6.22。

表 6.22　茅家埠和浴鹄湾沉水植物群落优化工程进度表

沉水植物	日期（年-月-日）	总面积/m²	完成面积/m²	所占比例/%
菹草（除龙泓涧入湖口外）	2011-01-08	17 050	13 450	78.9
苦草	2011-03-09	15 100	15 100	100
黑藻	2011-03-09	9 975	9 975	100
金鱼藻	2011-03-12	16 100	16 100	100
狐尾藻	2011-03-19	28 250	28 250	100
黄丝草	2011-04-20	600	600	100
马来眼子菜	2011-05-31	10 270	10 270	100
菹草（龙泓涧入湖口）	2011-09-22	17 050	6 400	37.5

在项目实施期间，对茅家埠、乌龟潭、浴鹄湾等示范湖区的沉水植物共进行了 5 次调查，其中，在工程实施前进行了 2 次调查，工程实施后开展了 1 周年内的 3 次监测。结果表明，项目实施前示范湖区不存在沉水植物；该项目实施后，示范湖区中沉水植物群落已成功恢复，能自然繁殖、更新、扩展，且一年四季均有沉水植物群落存在（晚秋、冬季、早春为菹草群落），发挥着重要的生态功能和环境功能。2012 年 8 月的调查表明，3 个湖区的沉水植物总鲜重接近 62 t。调查监测到的主要沉水植物种类有五刺金鱼藻、穗花狐尾藻、苦草、大茨藻、菹草，以及少量的轮叶黑藻和黄丝草。

1. 示范工程湖区沉水植物调查方法

在浅水区和透明度较高的区域，沉水植物易于生长，而且常常可从水面观察到；在深水区，沉水植物通常生长较差，且从水面可能观察不到。因此，采用分区的系统布点法和专业判断法进行取样调查。

1）分区的系统布点法

茅家埠：沿长轴方向每 150 m 设置一个采样断面，共设 5 个断面；距岸边 20 m 处各设 1 个采样点，湖面宽阔处在湖心再加设 1 个采样点，湖面较窄处不再增加采样点，另外在龙泓涧入水口处加设 1 个采样点。

乌龟潭：沿长轴方向每 100 m 设置一个采样断面，共设 4 个断面；在各采样断面距岸边 20 m 处各设 1 个采样点，湖面宽阔处在湖心再加设 1 个采样点，在其西侧加设 1 个采样点。

浴鹄湾：在乌龟潭通浴鹄湾的航道中间设 1 个采样点，在皇觅楼处的水域设 3 个采样点，沿长轴方向每 50 m 设一个采样断面，距岸 15 m 处各设 1 个采样点。

采样点分布图如图 6.56 所示。

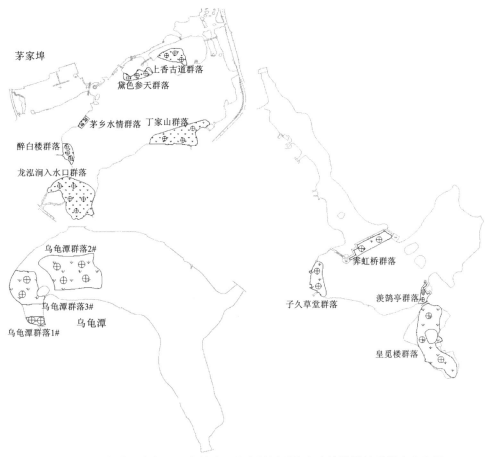

图 6.56　茅家埠、乌龟潭、浴鹄湾三处水域用系统布点法设置的采样点分布图

2）专业判断法

根据日常观测，主观选择较明显的沉水植物群落进行调查。每群落设 2～5 个采样点。采样点分布图见图 6.57。

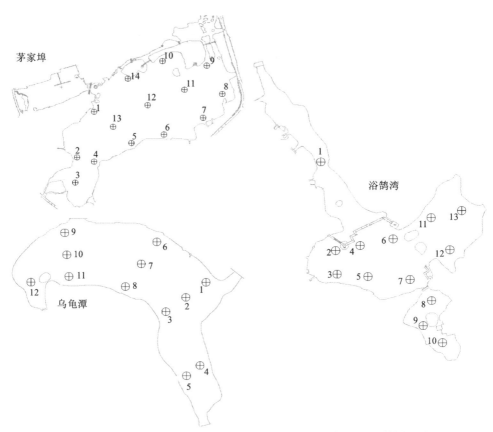

图 6.57　茅家埠、乌龟潭、浴鹄湾三处水域用专业判断法选择的采样点分布图

2. 示范工程湖区沉水植物调查内容

2009 年 9 月和 2010 年 10 月采用分区的系统布点法进行调查，以确定示范工程实施前茅家埠、乌龟潭、浴鹄湾三处水域的沉水植物组成状况。2011 年 11 月和 2012 年 5 月采用专业判断法进行调查，重点对各水域中的主要沉水植物群落进行调查，以观测它们的生长状况。2012 年 8 月结合分区的系统布点法和专业判断法对三处水域的沉水植物进行调查，以全面评估各水域的沉水植物恢复状况。

根据群落组成复杂程度，每个采样点采 2～4 次，观测与调查内容包括沉水植物种类、盖度、生物量等。

6.2.4　工程效果

1. 调查结果

1）2011 年 11 月和 2012 年 5 月的调查结果

（1）茅家埠。

由表 6.23 可知，茅家埠的茅乡水情、龙泓涧入水口、丁家山、醉白楼、黛色参天和上香古道等各处水域已成功建立起沉水植物群落。茅乡水情处形成了苦草群落，龙泓涧入水口处形成了穗花狐尾藻、五刺金鱼藻和菹草群落，丁家山处形成了五刺金鱼藻、大茨藻和菹草群落，醉白楼处形成了五刺金鱼藻和菹草群落，黛色参天处形成了五刺金鱼藻和大茨藻群落，上香古道处形成了穗花狐尾藻和五刺金鱼藻群落。

表 6.23　2011 年 11 月和 2012 年 5 月茅家埠主要沉水植物群落生长状况

区域	调查时间（年-月）	群落面积/m²	盖度/%	平均生物量/（g/m²）					
				苦草	穗花狐尾藻	五刺金鱼藻	菹草	大茨藻	轮叶黑藻
茅乡水情	2011-11	300	80	3 550.1	—	—	—	—	—
	2012-05	300	75	98.9					
龙泓涧入水口	2011-11	15 000	60	1 558.3	2 560.5	2 780.5	25.4	650.7	—
	2012-05	15 000	20	—	99.4	85.7	3 109.3		
丁家山	2011-11	10 000	45	—		908.1		713.5	—
	2012-05	10 000	70	—	2.4	370.9	376.9	2.4	84.8
醉白楼	2011-11	2 000	55	125.4	500.3	25.4		25.3	
	2012-05	2 000	50	—	—	612.4	15.1	—	—
黛色参天	2011-11	2 500	30	2 500.6	533.3	—	—	1 250.2	
	2012-05	2 500	15		17.0	265.5		68.4	
上香古道	2011-11	3 800	60	—	—	258.3	—	758.4	—
	2012-05	3 800	40		205.4	84.8			

调查前各群落的物种组成仍处于动态变化中，与 2011 年 11 月的植物调查相比，2012 年 5 月的调查中多数群落的物种有所增减（除了茅乡水情的苦草群落）。除茅乡水情的群落（苦草的单物种群落）较为稳定外，其他群落的物种组成在两次调查中均有变化。与 2011 年 11 月的植物调查相比，2012 年 5 月的调查中，龙泓涧入水口群落未发现苦草和大茨藻；丁家山群落植物组成增加了穗花狐尾藻、菹草和轮叶

黑藻；醉白楼群落中未发现苦草、穗花狐尾藻和大茨藻；黛色参天群落中未发现苦草，但增加了五刺金鱼藻；上香古道群落中未发现大茨藻，但增加了穗花狐尾藻。

（2）乌龟潭。

由表 6.24 可知，乌龟潭 1 号、2 号和 3 号采样点处已成功建立起沉水植物群落。乌龟潭 1 号采样点处已建立苦草群落和菹草群落，乌龟潭 2 号采样点处已建立穗花狐尾藻群落和菹草群落，乌龟潭 3 号采样点处已建立穗花狐尾藻群落。

表 6.24　2011 年 11 月和 2012 年 5 月乌龟潭主要沉水植物群落生长状况

采样点	时间（年-月）	群落面积/m²	盖度/%	平均生物量/（g/m²）					
				苦草	穗花狐尾藻	五刺金鱼藻	菹草	大茨藻	轮叶黑藻
乌龟潭 1 号	2011-11	300	80	1 350.5	—	—	475.3	—	
	2012-05	300	25	179.0	—	—	18.7	—	—
乌龟潭 2 号	2011-11	4 000	25	—	163.6	—	25.6	750.6	
	2012-05	4 000	45	—	2 261.3	—	19.3	—	
乌龟潭 3 号	2011-11	2 000	70	—	945.2	—			
	2012-05	2 000	50	—	565.3	—			

在两次调查中，各群落的物种组成较为稳定。与 2011 年 11 月的植物调查相比，2012 年 5 月的调查中乌龟潭 2 号采样点群落中未发现大茨藻。

（3）浴鹄湾。

由表 6.25 可知，浴鹄湾的霁虹桥、子久草堂、羡鹄亭、皇觅楼等处已成功建立沉水植物群落。霁虹桥处已建立苦草群落、五刺金鱼藻群落和菹草群落；子久草堂处已建立苦草群落和大茨藻群落，羡鹄亭处已建立苦草群落和五刺金鱼藻群落，皇觅楼处已建立苦草群落和穗花狐尾藻群落。

表 6.25　2011 年 11 月和 2012 年 5 月浴鹄湾主要沉水植物群落状况

区域	时间（年-月）	群落面积/m²	盖度/%	平均生物量/（g/m²）					
				苦草	穗花狐尾藻	五刺金鱼藻	菹草	大茨藻	轮叶黑藻
霁虹桥	2011-11	1 200	10	—	600.9				
	2012-05	1 200	25	235.6	—	188.4	216.0	4.7	15.5
子久草堂	2011-11	1 100	30	25.2	733.0	—		25.9	
	2012-05	1 100	25	552.6	—	—		5.46	
羡鹄亭	2011-11	300	40	1 325.8	900.2	750.4			
	2012-05	300	20	56.5	—	424.0			
皇觅楼	2011-11	4 000	20	950.9	1 150.4				
	2012-05	4 000	15	220.2	30.30				

在两次调查中，除皇觅楼处的群落组成没有变化外，其他群落的物种组成均处于动态变化中。与 2011 年 11 月的植物调查相比，2012 年 5 月的调查中霁虹桥处增加了苦草、五刺金鱼藻、菹草、大茨藻和轮叶黑藻，但霁虹桥、子久草堂和羡鹄亭处未发现穗花狐尾藻。

2）2012 年 8 月调查结果

（1）茅家埠。

由表 6.26 和图 6.58 可知，茅家埠 2012 年 8 月穗花狐尾藻在各个生物量区间均有分布；50～100 g/m² 的穗花狐尾藻所占的面积比例最大，达到 37.76%，生物量鲜重也较大，达到 5 305.0 kg；生物量 200 g/m² 以上的穗花狐尾藻所占的面积比例尽管最小（8.42%），但生物量鲜重最大，达到 10 568.1 kg。

表 6.26 茅家埠穗花狐尾藻各类分布小区的面积和生物量

生物量/（g/m²）	面积/m²	占总面积比例/%	平均生物量/（g/m²）	各区间的生物量鲜重/kg	占总鲜重的比例/%
0	37 017.0	19.76	0	0	0
0～50	34 419.9	18.38	16.8	578.3	2.78
50～100	70 733.7	37.76	75.0	5 305.0	25.55
100～200	29 359.8	15.68	147.0	4 315.9	20.78
>200	15 770.9	8.42	670.1	10 568.1	50.89
合计	187 301.4	100.00	—	20 767.3	100.00

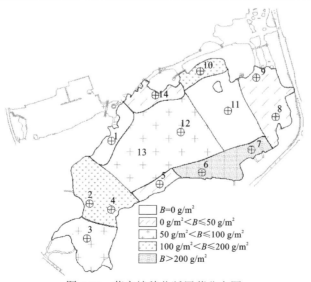

图 6.58 茅家埠穗花狐尾藻分布图

B 为生物量，后同

由表 6.27 和图 6.59 得知，茅家埠 2012 年 8 月时，生物量为 0～50 g/m² 的五刺金鱼藻所占的面积比例最大，达到 61.29%，鲜重也较大，达到 1 698.9kg；生物量 200 g/m² 以上的五刺金鱼藻所占的面积比例尽管较小（4.26%），但生物量鲜重最大，占总鲜重的比例为 57.50%。

表 6.27　茅家埠五刺金鱼藻各类分布小区的面积和生物量

生物量 / (g/m²)	面积 /m²	占总面积比例/%	平均生物量 / (g/m²)	各区间的生物量鲜重 /kg	占总鲜重的比例/%
0	49 085.8	26.21	0	0	0
0～50	114 791.9	61.29	14.8	1 698.9	17.29
50～100	0	0	0	0	0
100～200	15 428.1	8.24	160.6	2 477.8	25.21
>200	7 995.6	4.26	706.7	5 650.5	57.50
合计	187 301.4	100.00	—	9 827.2	100.00

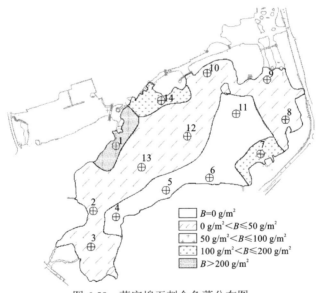

图 6.59　茅家埠五刺金鱼藻分布图

由表 6.28 和图 6.60 得知，茅家埠 2012 年 8 月时，生物量 0～50 g/m² 的大茨藻所占的面积比例较大，达到 24.30%，但鲜重较小（978.7 kg）；生物量 200 g/m² 以上的大茨藻所占的面积比例尽管较小，但鲜重较大，占总鲜重的比例为 94.87%。

表 6.28 茅家埠大茨藻各类分布小区的面积和生物量

生物量/（g/m²）	面积/m²	占总面积比例/%	平均生物量/（g/m²）	各区间的生物量鲜重/kg	占总鲜重的比例/%
0	106 640.3	56.94	0	0	0
0～50	45 519.7	24.30	21.5	978.7	5.13
50～100	0	0	0	0	0
100～200	0	0	0	0	0
>200	35 141.4	18.76	515.2	18 104.9	94.87
合计	187 301.4	100.00	—	19 083.6	100.00

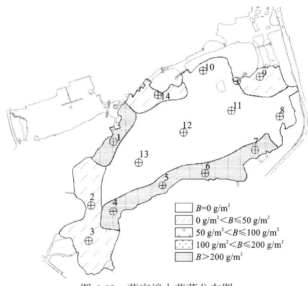

图 6.60 茅家埠大茨藻分布图

由表 6.29 和图 6.61 可知，茅家埠 2012 年 8 月生物量＞200 g/m² 的苦草分布区占总面积的比例较小，为 2.08%，但鲜重达到 3 394.4 kg。

表 6.29 茅家埠苦草各类分布小区的面积和生物量

生物量/（g/m²）	面积/m²	占总面积比例/%	平均生物量/（g/m²）	各区间的生物量鲜重/kg	占总鲜重的比例/%
0	183 409.6	97.92	0	0	0
0～50	0.0	0	0	0	0
50～100	0.0	0	0	0	0
100～200	0.0	0	0	0	0
>200	3 891.8	2.08	872.2	3 394.4	100
合计	187 301.4	100.00	—	3 394.4	100

图 6.61　茅家埠苦草分布图

　　由表 6.30 可知，2012 年 8 月时，茅家埠中的沉水植物现存量鲜重在 53 t 以上。其中，穗花狐尾藻分布面积最广，生物量最大，是该湖的优势种；五刺金鱼藻的分布面积其次，但生物量低于大茨藻；苦草的分布面积最小，但平均生物量较大，而且群落稳定；另外，据以往观测数据，大茨藻在 8～10 月平均生物量快速增加，其分布面积和鲜重也会迅速增加。

表 6.30　茅家埠各类沉水植物分布与生长状况

植物种类	分布面积/m²	占总面积比例/%	生物量鲜重/kg	占总鲜重的比例/%
穗花狐尾藻	150 284.4	80.24	20 767.3	39.13
五刺金鱼藻	138 215.6	73.79	9 827.2	18.52
大茨藻	80 661.1	43.06	19 083.6	36.96
苦草	3 891.8	2.08	3 394.4	6.39
合计	—	—	53 072.5	100.00

　　（2）乌龟潭。

　　由表 6.31 和图 6.62 可知，乌龟潭 2012 年 8 月穗花狐尾藻的生长较弱，生物量只有 0～50 g/m²，且鲜重总量也较小，为 334.5 kg。

表 6.31　乌龟潭穗花狐尾藻各类分布小区的面积和生物量

生物量/（g/m²）	面积/m²	占总面积比例/%	平均生物量/（g/m²）	各区间的生物量鲜重/kg	占总鲜重的比例/%
0	30 421.5	67.56	0	0	0
0～50	14 606.5	32.44	22.9	334.5	100
50～100	0	0	0	0	0
100～200	0	0	0	0	0
>200	0	0	0	0	0
合计	45 028.0	100.00	—	334.5	100

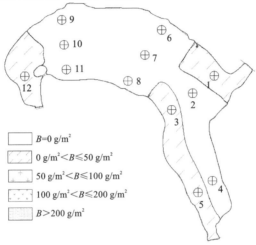

图 6.62　乌龟潭穗花狐尾藻分布图

由表 6.32 和图 6.63 得知，乌龟潭 2012 年 8 月时，五刺金鱼藻在 0～50 g/m² 和 200 g/m² 以上均有分布，其中在 200 g/m² 以上的分布面积较大，达到总面积的 21.08%，鲜重也较大，达到 4 198.1 kg，占总鲜重的 97.04%。

表 6.32　乌龟潭五刺金鱼藻各类分布小区的面积和生物量

生物量/（g/m²）	面积/m²	占总面积比例/%	平均生物量/（g/m²）	各区间的生物量鲜重/kg	占总鲜重的比例/%
0	31 478.0	69.91	0	0	0
0～50	3 834.4	8.51	33.4	128.1	2.96
50～100	0	0	0	0	0
100～200	0	0	0	0	0
>200	9 715.6	21.58	432.1	4 198.1	97.04
合计	45 028.0	100.00	—	4 326.2	100.00

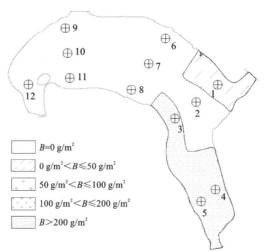

图 6.63　乌龟潭五刺金鱼藻分布图

由表 6.33 和图 6.64 可知，乌龟潭 2012 年 8 月大茨藻在 $0 \sim 50 \ g/m^2$、$50 \sim 100 \ g/m^2$ 均有分布，其中在 $0 \sim 50 \ g/m^2$ 的分布面积较大，占到总面积的 30.21%，但两个区间的鲜重差别不大。

表 6.33　乌龟潭大茨藻各类分布小区的面积和生物量

生物量/（g/m^2）	面积/m^2	占总面积比例/%	平均生物量/（g/m^2）	各区间的生物量鲜重/kg	占总鲜重的比例/%
0	27 957.3	62.09	0	0	0
0~50	13 604.7	30.21	21.3	289.8	53.28
50~100	3 466.0	7.70	73.3	254.1	46.72
100~200	0	0	0	0	0
>200	0	0	0	0	0
合计	45 028.0	100.00	—	543.9	100.00

由表 6.34 和图 6.65 得知，乌龟潭 2012 年 8 月时，生物量 $>200 \ g/m^2$ 的苦草分布区占总面积的比例较小，为 3.50%，平均生物量达到 $401.3 \ g/m^2$。

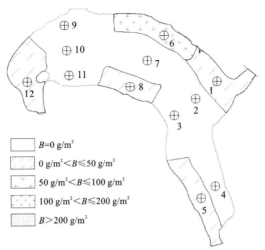

图 6.64　乌龟潭大茨藻分布图

表 6.34　乌龟潭苦草各类分布小区的面积和生物量

生物量/（g/m²）	面积/m²	占总面积比例/%	平均生物量/（g/m²）	各区间的生物量鲜重/kg	占总鲜重的比例/%
0	43 450.7	96.5	0	0	0
0～50	0	0	0	0	0
50～100	0	0	0	0	0
100～200	0	0	0	0	0
>200	1 577.3	3.5	401.3	633	100
合计	45 028.0	100.0	—	633	100

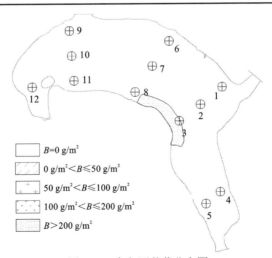

图 6.65　乌龟潭苦草分布图

由表 6.35 可知，2012 年 8 月乌龟潭中穗花狐尾藻、五刺金鱼藻和大茨藻的分布面积较接近，但五刺金鱼藻的生物量远大于其他两种植物，说明五刺金鱼藻是该湖中的优势种。苦草的分布面积最小，但生物量却高于穗花狐尾藻和大茨藻。

表 6.35　乌龟潭各类沉水植物的分布与生长状况

植物种类	分布面积/m²	占总面积比例/%	生物量鲜重/kg	占总鲜重的比例/%
穗花狐尾藻	14 606.5	32.44	334.5	5.73
五刺金鱼藻	13 550.0	30.10	4 326.2	74.11
大茨藻	17 070.7	37.91	543.9	9.32
苦草	1 577.3	3.50	633.0	10.84
合计	—	—	5 837.6	100.00

（3）浴鹄湾。

由表 6.36 和图 6.66 可知，2012 年 8 月浴鹄湾的穗花狐尾藻在 $0\sim50$ g/m²、$50\sim100$ g/m² 均有分布，其中在 $0\sim50$ g/m² 的分布面积较大，达到总面积的 19.34%，鲜重占的比例也较大（60.28%）。

表 6.36　浴鹄湾穗花狐尾藻各类分布小区的面积和生物量

生物量/（g/m²）	面积/m²	占总面积比例/%	平均生物量/（g/m²）	各区间的生物量鲜重/kg	占总鲜重的比例/%
0	41 042.3	75.97	0	0	0
0~50	10 445.4	19.34	25.4	265.3	60.28
50~100	2 532.8	4.69	69.0	174.8	39.72
100~200	0	0	0	0	0
>200	0	0	0	0	0
合计	54 020.5	100.00	—	440.1	100.00

注：总面积按航道、大湖区和皇觅楼 3 处水域面积计算

由表 6.37 和图 6.67 可知，浴鹄湾 2012 年 8 月五刺金鱼藻在 $0\sim50$ g/m²、200 g/m² 以上均有分布，其中在 >200 g/m² 的鲜重较大，占总鲜重的 95.16%，但两个区间的分布面积差别不大。

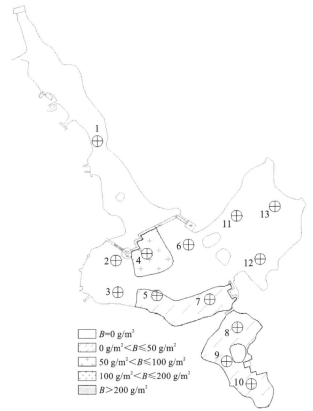

图 6.66　浴鹄湾穗花狐尾藻分布图

表 6.37　浴鹄湾五刺金鱼藻各类分布小区的面积和生物量

生物量/（g/m²）	面积/m²	占总面积比例/%	平均生物量/（g/m²）	各区间的生物量鲜重/kg	占总鲜重的比例/%
0	45 911.8	84.99	0	0	0
0~50	4 714.6	8.73	10	47.1	4.84
50~100	0	0	0	0	0
100~200	0	0	0	0	0
>200	3 394.1	6.28	273	926.6	95.16
合计	54 020.5	100.00	—	973.7	100.00

注：总面积按航道、大湖区和皇觅楼 3 处水域面积计算

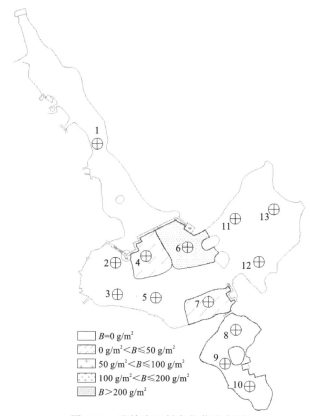

图 6.67　浴鹄湾五刺金鱼藻分布图

　　由表 6.38 和图 6.68 可知,浴鹄湾 2012 年 8 月大茨藻仅在 0～50 g/m² 有分布,分布面积较小,生物量也较小。

表 6.38　浴鹄湾大茨藻各类分布小区的面积和生物量

生物量/（g/m²）	面积/m²	占总面积比例/%	平均生物量/（g/m²）	各区间的生物量鲜重/kg	占总鲜重的比例/%
0	51 533.5	95.40	0	0	0
0～50	2 487.0	4.60	5.5	13.7	100
50～100	0	0.00	0	0	0
100～200	0	0.00	0	0	0
>200	0	0.00	0	0	0
合计	54 020.5	100.00	—	13.7	100

注：总面积按航道、大湖区和皇觅楼 3 处水域面积计算

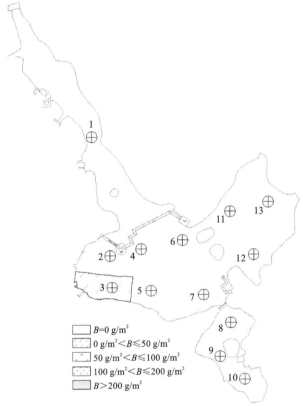

图 6.68　浴鹄湾大茨藻分布图

由表 6.39 和图 6.69 可知，浴鹄湾 2012 年 8 月苦草在 0～50 g/m² 和 200 g/m² 以上均有分布，其中在 200 g/m² 以上的分布面积较大，占总面积比例的 10.9%，鲜重也较大，达到 2 874.1 kg。

表 6.39　浴鹄湾苦草各类分布小区的面积和生物量

生物量/（g/m²）	面积/m²	占总面积比例/%	平均生物量/（g/m²）	各区间的生物量鲜重/kg	占总鲜重的比例/%
0	47 297.7	87.56	0	0	0
0～50	834.5	1.54	30.3	25.3	0.87
50～100	0	0	0	0	0
100～200	0	0	0	0	0
>200	5 888.3	10.90	488.1	2 874.1	99.13
合计	54 020.5	100.00	—	2 899.4	100.00

注：总面积按航道、大湖区和皇觅楼 3 处水域面积计算

图 6.69　浴鹄湾苦草分布图

由表 6.40 可知，2012 年 8 月浴鹄湾中穗花狐尾藻分布面积最广，占总面积的 24.02%，但生物量却低于五刺金鱼藻和苦草。苦草的分布面积达到总面积的 12.44%，鲜重达到总量的 67.01%。大茨藻的分布面积和生物量最小。

表 6.40　浴鹄湾各类沉水植物分布与生长状况

植物种类	分布面积/m²	占总面积比例/%	生物量鲜重/kg	占总鲜重的比例/%
穗花狐尾藻	12 978.2	24.02	440.1	10.17
五刺金鱼藻	8 108.7	15.01	973.7	22.50
大茨藻	2 487.0	4.60	13.7	0.32
苦草	6 722.8	12.44	2 899.4	67.01
合计	—	—	4 326.9	100.00

2012 年 8 月各类沉水植物在整个示范区的分布与生长状况如表 6.41 所示。

表 6.41　各类沉水植物在整个示范区的分布与生长状况

植物种类	分布面积/m²	占总面积比例/%	生物量鲜重/kg	占总鲜重的比例/%
穗花狐尾藻	177 869.0	62.12	21 541.9	34.07
五刺金鱼藻	159 874.4	55.83	15 127.1	23.92
大茨藻	100 218.8	35.00	19 641.2	31.06
苦草	12 191.9	4.26	6 926.8	10.95
合计	—	—	63 237	100

由表 6.41 可知,2012 年 8 月穗花狐尾藻的分布面积最广,其次是五刺金鱼藻、大茨藻,这三种植物在湖岸边和湖心处（包括 2 m 多深的水域）均有分布。苦草的分布面积较小,多存在于湖岸边的区域,其中在浴鹄湾处分布较为广泛,是该湖的优势种。穗花狐尾藻的生物量最大,占总鲜重的 34.07%,其次为大茨藻、五刺金鱼藻和苦草。

表 6.42 中各水域的总鲜重、平均生物量和各沉水植物分布面积之和占总面积的比例等数据表明,茅家埠的沉水植物恢复程度最高,乌龟潭其次,浴鹄湾居后。

表 6.42　茅家埠、乌龟潭、浴鹄湾沉水植物恢复情况

水域	总鲜重/kg	总面积/m²	平均生物量/（g/m²）	各沉水植物分布面积之和占总面积的比例/%
茅家埠	52 173.4	187 301.4	278.55	199.17
乌龟潭	5 838.2	45 028.0	129.66	105.96
浴鹄湾	3 897.5	54 020.5	108.07	67.28

2. 示范工程建设与运行

西湖水生态稳态转换工程示范区选址在湖西茅家埠、乌龟潭水域,西湖小南湖水域,如图 6.70 所示。

2015 年 3 月 23 日施工方完成施工招标,基本具备施工条件。2015 年 4 月 13 日施工单位进入施工现场,首先开展茅家埠示范工程的施工。2015 年 4 月 30 日三个示范工程施工完成,大部分沉水植物种植结束。2015 年 10 月 25 日完成菹草的种植后,所有沉水植物的种植工作完成。

自 2015 年 10 月 25 日整个示范工程建成以来,茅家埠和乌龟潭示范区的沉水植物群落配置得到进一步的合理优化,以苦草为主的各沉水植物种类稳定扩繁,

图 6.70　示范工程选址示意图

抵御外界干扰能力增强，有效地维持了两个湖区清水草型的稳定生境，从而遏制了两个湖区底栖着生藻类的增殖。小南湖工程示范区沉水植物已初步得到恢复，部分区域形成了不同种类的群落结构。2015 年 11 月 6 日，西湖水生态稳态转换示范工程完成验收。

示范工程实施后，茅家埠水域的沉水植物种类增加了轮叶黑藻、微齿眼子菜、马来眼子菜和篦齿眼子菜 4 种，乌龟潭水域的沉水植物种类增加了轮叶黑藻、苦草，小南湖水域的沉水植物种类增加了穗花狐尾藻、五刺金鱼藻、苦草、菹草、轮叶黑藻、微齿眼子菜 6 种。示范区沉水植物恢复面积大于 30%（图 6.71）。茅家埠水域沉水植物恢复面积比例达到 30.2%～38.9%。乌龟潭水域沉水植物恢复面积比例达到 30.4%～36.7%。

示范工程实施前，小南湖水域几乎没有沉水植物，示范工程实施后沉水植物恢复面积比例达到 31.9%～38.5%。

图 6.72～图 6.74 为各示范工程完成现场图片。

图 6.71　西湖湖西恢复后的沉水植物

图 6.72　沉水植物斑块镶嵌格局优化示范工程（茅家埠）

图 6.73　耐牧食生境营造优化示范工程（乌龟潭）

图 6.74　沉水植被重建示范工程（小南湖）

3. 西湖沉水植物种群溯源技术

1）溯源背景

为探究苦草在西湖生态修复过程中的种群动态，以及种植的苦草与西湖本地苦草的种群交流，实验使用微卫星 DNA 标记来鉴定西湖湖区中苦草的遗传多样性。微卫星 DNA 也称简单重复序列（simple sequence repeat，SSR），是以 2～6 个核苷酸组成的核心序列，可变重复数的核心序列头尾相连组成长达几十个核苷酸的串联重复 DNA 序列。微卫星 DNA 被认为是遗传信息含量最高的遗传标记，具有三个特点：①数量丰富，且均匀地分布于整个基因组；②等位基因数量多，呈现共显性遗传；③操作简易，结果稳定可靠，重复性好。因此，微卫星 DNA 适合于真核生物低等级分类类群的系统发育研究。

2）溯源技术

在时间尺度上，每 6 个月到相同采样点采集样品，重复进行实验，以研究种群遗传多样性的动态变化。第一个时间点的样品采集情况：2014 年 6 月 5 日于表 6.43 所示采样点处分别采集苦草样品 3～5 株，分类放入封口袋存于 4 ℃带回实验室，保存于-80 ℃。苦草采集位置如图 6.75 所示。

表 6.43　苦草采样点位置信息

采样点编号	所在区域	位置坐标
①	茅家埠	30°14.5707′N，120°7.4171′E
②	茅家埠	30°14.5865′N，120°7.4167′E
③	西里湖	30°14.6603′N，120°7.8831′E

续表

采样点编号	所在区域	位置坐标
④	乌龟潭	30°14.1362′N，120°7.8708′E
⑤	乌龟潭	30°14.1359′N，120°7.8685′E
⑥	浴鹄湾	30°13.7525′N，120°7.9330′E
⑦	小南湖	30°13.7944′N，120°8.2301′E

3）溯源结果

（1）基因组 DNA 提取结果。

分别采集自 7 个采样点的苦草基因组提取结果见表 6.44，质量与浓度都适合进行 PCR 反应（图 6.76）。

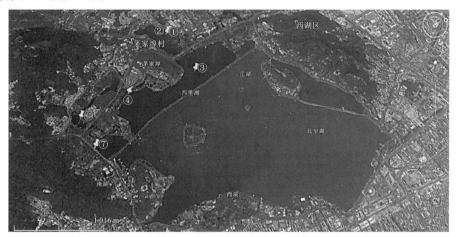

图 6.75　苦草采集位置示意图

表 6.44　采样点苦草基因组提取结果

采样点编号	所在区域	DNA 质量浓度/(ng/μL)	A260/280
①	茅家埠	86.7	1.74
②	茅家埠	160.2	1.80
③	西里湖	66.2	1.74
④	乌龟潭	137.8	1.80
⑤	乌龟潭	128.7	1.80
⑥	浴鹄湾	121.2	1.79
⑦	小南湖	100.3	1.77

注：A260/280 为 DNA 在 260 nm 处的吸光值与在 280 nm 处的吸光值的比值

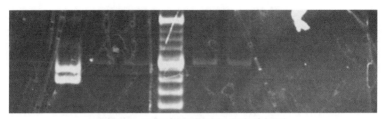

图 6.76　部分样品基因组电泳结果图

（2）微卫星引物扩增结果。

已检测引物 5 对（VN54、VN83、VN126、VS05、VS11），使用 7 个样品基因组与 1 个实验室内培养苦草作为外部参照，能够分出至少 4 种不同的扩增结果，其中不同采样点的苦草在位点 VN83、VS05 和 VS11 的聚丙烯酰胺的电泳图谱如图 6.77～图 6.79 所示。

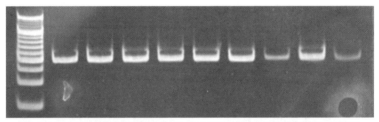

图 6.77　不同采样点的苦草在位点 VN83 的聚丙烯酰胺的电泳图谱

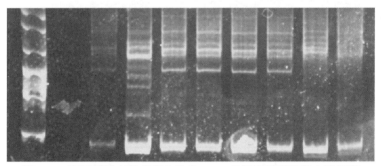

图 6.78　不同采样点的苦草在位点 VS05 的聚丙烯酰胺的电泳图谱

图 6.79　不同采样点的苦草在位点 VS11 的聚丙烯酰胺的电泳图谱

（3）聚类分析与分布情况。

将某长度条带的有、无分别记录为 1 和 0，从而将检测多态性结果转化为数据矩阵，导入 NTSYS-pc（version 2.10）生成聚类关系图（图 6.80），可在一定程度上说明苦草的来源。

从图 6.80 中可看出，使用 SSR 条带可有效地将苦草与刺苦草区分开，种间差异明显，将刺苦草的聚类分支记为分支 S，由于本次采样主要针对苦草这一种类，采集获得的样品已经过形态学上的鉴定与筛选，并不能以此反映苦草属其他种在西湖的分布情况。苦草种内也分为分支 A 与分支 B 两组，在各个时间点分别聚类的图中尤为明显。所有来自小南湖的样品都位于分支 B 中，分支 B 中除小南湖外还含有其余 4 个区域的苦草各一株。分支 A 中包含大部分样品，反映出大部分苦草样品的来源较为单一，并且与来源于小南湖的苦草不相同。另外，观察各个区域的样品在时间上也具有连续性，夏季与冬季的同一区域中苦草多态性较

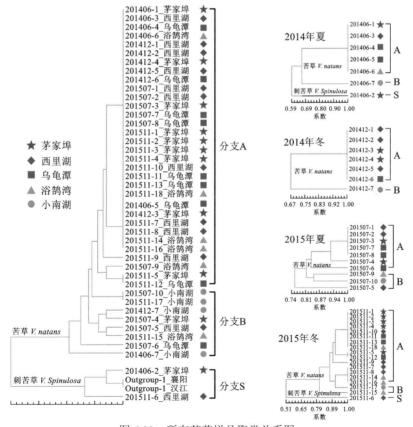

图 6.80　所有苦草样品聚类关系图

为一致，并未产生显著差异，说明苦草种群已在该湖区趋向成熟稳定。将聚类图中的三大主要分支标注示意于样点图中，如图 6.81 所示。

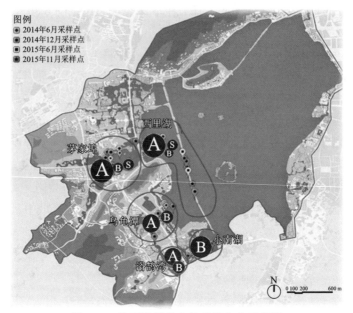

图 6.81　按照聚类分支的苦草分布示意图

　　根据标注中不同分支分布的位置，结合西湖引配水流向图分析。西湖湖西区的引水入水口在小南湖、茅家埠、乌龟潭、浴鹄湾均有分布。其中位于小南湖的入水口为主要入水口，流量约为 30 万 m^3/d；位于茅家埠的 2 个入水口及位于乌龟潭、浴鹄湾各 1 个入水口一起分配 10 万 m^3/d 的流量；西里湖中并无直接入水口。茅家埠是人工种植苦草建立沉水植被恢复工程的区域，其余湖区并未人工引种建立恢复苦草群落，在茅家埠恢复苦草群落后，其余恢复苦草群落的湖区都极有可能是茅家埠人工种植的苦草在整个湖区扩散并重建的结果，本研究的聚类关系也验证了这一点。小南湖区域因为入水口水势较大，湖区内其他人工种植的苦草难以扩散至此，但此处已有稳定的苦草群落，正位于入水口水流湍急之处，因此猜测其为西湖本地固有的苦草群落，这也符合聚类图中来自小南湖的样品自成一支且较为稳定的结果。其余地区的少数分支 B 中的样品可能为该湖区少量留存的本地种群，或是由于引水促进来源于小南湖的本地种少量扩散至各湖区。

第7章　杭州西湖湖西水生态修复生态环境效应

7.1　沉水植物对沉积物再悬浮的影响

沉水植物具有抑制沉积物再悬浮的作用：一方面沉水植物的根对沉积物具有固定作用；另一方面沉水植物的茎叶可以降低水体的流速，使水体的悬浮颗粒物再次沉降到沉积物中或者附着在沉水植物茎叶的表面。沉水植物对底泥再悬浮的抑制效果与水流对底泥的影响、沉水植物对水流速度的影响、沉水植物对悬浮颗粒物吸附的效果、沉水植物根部对底泥的固定效果有关。本章将在调查杭州西湖湖西小南湖水域水文条件的基础上，研究不同流速下不同植物种类对小南湖底泥再悬浮的抑制效果。

7.1.1　小南湖水域流速调查

利用便携式声呐测深仪对小南湖水域水深进行布点调查，布点方式采用断面布点法，断面平行于南山路，其间距为 30 m，为了更加均匀地调查，在垂直于南山路的直线上以间距 30 m 将横向的点平均分布。小南湖水深 90～245 cm，绝大部分水域水深在 200 cm 以上。在靠近苏堤与南山路等水岸区域水深较浅，其他区域水深相差不大。

不同水深的流速会对沉水植物产生影响，根据沉水植物植株长度 30～150 cm，将水流流速分成三层进行测量，水深分别为距离水面水深 100 cm、150 cm、200 cm，同时测量小南湖两个入水口，以及小南湖与西里湖（西南航道）、外湖（映波桥）、浴鹄湾（浴南航道）三个连接处的流速，其采样点经纬坐标见表 7.1。表 7.2 所示为小南湖距离水面水深为 100 cm、150 cm、200 cm 处各点流速。

表 7.1 采样点经纬坐标

采样点	经度	纬度
1	120°8′53.7864″E	30°14′3.3431″N
2	120°8′56.8896″E	30°14′4.4664″N
3	120°8′59.7372″E	30°14′5.8128″N
4	120°8′50.8128″E	30°14′7.1052″N
5	120°8′55.7268″E	30°14′7.0512″N
6	120°8′59.7371″E	30°14′5.8128″N
7	120°8′50.8128″E	30°14′7.1052″N
8	120°8′54.0456″E	30°14′8.34″N
9	120°8′58.3799″E	30°14′11.0940″N
10	120°8′54.4992″E	30°14′11.4864″N
11	120°8′57.2784″E	30°14′13.1172″N
12	120°8′56.6988″E	30°14′14.406″N
大入水口	120°8′54.4344″E	30°14′2.0508″N
小入水口	120°8′59.8668″E	30°14′4.4664″N
浴南航道	120°8′49.3872″E	30°14′10.8730″N
西南航道	120°8′49.3872″E	30°14′7.8360″N
映波桥	120°8′59.4131″E	30°14′12.6096″N

表 7.2 小南湖水体流速分布 （单位：cm/s）

采样点	距离水面水深/cm		
	100	150	200
1	5.5	13.0	15.0
2	5.0	5.0	5.0
3	2.0	2.5	2.5
4	3.5	9.0	9.0
5	13.0	15.5	14.0
6	8.0	13.0	8.0
7	1.5	5.0	—
8	5.5	7.5	7.5

采样点	距离水面水深/cm		
	100	150	200
9	13.5	16.5	14.0
10	2.5	6.5	7.5
11	2.5	8.0	9.0
12	6.0	9.0	11.5
大入水口	80.5	—	—
小入水口	49.5	25.5	16.0
浴南航道	2.5	5.0	—
西南航道	10.5	16.5	17.5
映波桥	17.5	27.5	15.5

注："—"代表该点无此水深

可以看出，在入水口及映波桥之间的 1、5、9 号点水流流速较大，而湖区内部其他点水流流速较小，其中最小的水流流速区域位于 3 号点。三层流速中 100 cm 深度流速一般小于 150 cm 深度与 200 cm 深度流速。5 号点与 9 号点的流速状态较为相似。根据水体流速 2.5～80.5 cm/s，将试验流速设定在 80 cm/s 以内，分别为 10 cm/s、20 cm/s、40 cm/s、60 cm/s、80 cm/s。

7.1.2　不同流速下沉水植物对沉积物再悬浮的影响

结合西湖现存沉水植物种类和分布，选择黑藻、狐尾藻、苦草和菹草等为研究对象。采集西湖沉水植物之后，随机挑选若干株沉水植物，用剪刀将沉水植物的根和茎分离，在 80℃下将其烘干至恒重，测定其干重的根冠比，得到菹草、苦草、黑藻、狐尾藻 4 种沉水植物根冠比分别为 0.14、0.23、0.07 和 0.09。由根冠比可知，在同样的生物量下，菹草比苦草拥有更加丰富的茎叶，黑藻比狐尾藻拥有更加丰富的茎叶。苦草与菹草具有显著的差别，苦草无器官茎，菹草有器官茎；狐尾藻和黑藻也具有显著的差别，狐尾藻的柔性大于黑藻。本小节以小南湖原位底泥为研究对象，分析不同水流速度下沉水植物对底泥的固着效果。

1. 不同流速下苦草和菹草对沉积物再悬浮的影响

水体流速提高，底泥颗粒再悬浮量增加，上覆水水体总悬浮固体颗粒物浓度升高，浊度增大（图 7.1）。三组总悬浮固体量为对照组>苦草组>菹草组（$P<0.05$）。

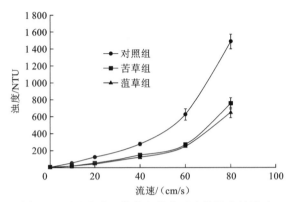

图 7.1　不同流速下苦草和菹草对水体浊度的影响

沉水植物苦草和菹草在流速 80 cm/s 内可有效降低水体浊度，苦草组水体浊度为对照组的 40%～53%，菹草组水体浊度为对照组的 7%～43%。

底泥或者是沉积物的起动状态按照一般分类，可以分为三种状态：将动未动、少量动和普遍动。

当菹草组、苦草组和对照组流速分别为 20 cm/s、20 cm/s、10 cm/s 时，底泥表面有极少量颗粒物涌动，此时的状态为将动未动，相应的水体浊度分别为 45.3 NTU、50.9 NTU、55.8 NTU。

当菹草组、苦草组和对照组流速分别为 40 cm/s、40 cm/s、20 cm/s 时，水流紊动加强，底泥表面有淤泥被冲起，此时的状态为少量动，相应的水体浊度分别为 121.0 NTU、147.6 NTU、123.7 NTU。

当菹草组、苦草组和对照组流速分别为 60 cm/s、60 cm/s、40 cm/s 时，底泥上覆水体紊动十分剧烈，底泥表面出现被冲刷出的凹陷，此时的状态为普遍动，相应的水体浊度分别为 251.0 NTU、270.1 NTU、278.9 NTU。

菹草和苦草对底泥再悬浮具有良好的抑制效果：一方面两者根部可以固着底泥，减少底泥的再悬浮；另一方面沉水植物的茎、叶可以捕获悬浮颗粒物，并对水流产生阻力，降低流速，使部分悬浮颗粒物再次沉降。菹草组抑制效果优于苦草组，可能是由于：一方面菹草比苦草具有更加丰富的茎叶（根据最初菹草与苦草的根冠比测量）；另一方面植株高的植物对水流的阻力更大，菹草组比苦草组具有更好的抑制效果。

2. 不同流速下黑藻和狐尾藻对沉积物再悬浮的影响

随着流速加快，水体浊度也会随之升高，如图 7.2 所示。黑藻和狐尾藻在流速 80 cm/s 以内也可有效降低水体浊度，三组浊度为对照组>狐尾藻组>黑藻组

（$P<0.05$）。黑藻组水体浊度为对照组的 17%～29%，狐尾藻水体浊度为对照组的
48%～70%。

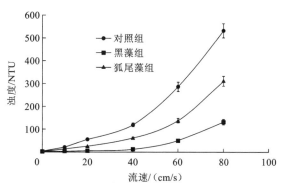

图 7.2　不同流速下黑藻和狐尾藻对水体浊度的影响

当黑藻组、狐尾藻组和对照组流速分别为 40 cm/s、20 cm/s、10 cm/s 时，底
泥表面有极少量颗粒物涌动，此时的状态为将动未动，相应的总悬浮固体颗粒物
质量浓度为 0.028 g/L、0.032 g/L、0.037 g/L，相应的水体浊度为 11.5 NTU、
26.0 NTU、22.4 NTU。

当黑藻组、狐尾藻组和对照组流速分别为 60 cm/s、40 cm/s、20 cm/s 时，水
流紊动加强，底泥表面有淤泥被冲起，此时的状态为少量动，相应的总悬浮固体
颗粒物质量浓度为 0.08 g/L、0.102 g/L、0.74 g/L，相应的水体浊度为 51.5 NTU、
62.6 NTU、55.8 NTU。

当黑藻组、狐尾藻组和对照组流速分别为 80 cm/s、60 cm/s、40 cm/s 时，底
泥上覆水体紊动十分剧烈，底泥表面出现被冲刷出的凹陷，此时的状态为普遍动，
相应的总悬浮固体颗粒物质量浓度为 0.24 g/L、0.20 g/L、0.19 g/L，相应的水体浊
度为 132.5 NTU、138.6 NTU、120.6 NTU。

由试验结果可以看出，黑藻组和狐尾藻组对底泥再悬浮都具有较好的抑制效
果，且黑藻组抑制效果优于狐尾藻组。黑藻组抑制效果优于狐尾藻组可能是由于：
一方面黑藻相比狐尾藻具有更加丰富的茎叶，黑藻的叶片具有更大的比表面积，
捕获颗粒物的可能性更高；另一方面相同鲜重和高度的黑藻和狐尾藻，黑藻具
有更多的株数，总株数约为狐尾藻的 1.9 倍，黑藻组比狐尾藻组具有更好的抑制
效果。

7.2　沉水植物恢复对水质和沉积物的影响

　　为了解生态恢复后水体参数、沉积物性质及沉水植物分布的空间和季节变化，探究水质、沉积物性质和沉水植物特征在长时间尺度上的变化，2013～2019 年在杭州西湖水生态修复区域开展了每月一次的生态调查，采样点分布在茅家埠、西里湖、乌龟潭、浴鹄湾、小南湖 5 个子湖，共计 16 个采样点（图 7.3）。每个采样点进行水质基本理化监测、沉积物理化监测和沉水植物的调查。

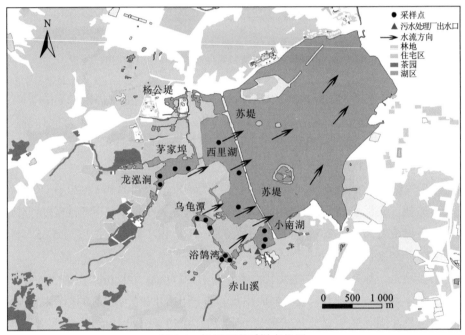

图 7.3　杭州西湖采样点位置

扫描封底二维码看彩图

7.2.1　沉水植物恢复对水质的影响

1. 水质参数的空间和季节特征

　　水深和透明度的双因素方差分析结果显示西湖 4 个子湖之间存在显著差异。小南湖的水深和透明度普遍大于其他湖区。小南湖平均水深为 2.46 m±0.14 m，且平均透明度均高于其他湖区。茅家埠、浴鹄湾、小南湖冬季透明度显著高于夏季。除了乌龟潭，这三个湖区冬季的透明度均高于秋季［图 7.4（a）和（e）］。茅家埠冬季的水体溶解氧质量浓度显著高于夏季［图 7.4（b）］，而浴鹄湾夏季的 pH 显著高于秋季［图 7.4（c）］。4 个湖区秋季的水体电导率值显著高于春季［图 7.4（d）］。各子湖夏季和秋季的浊度远大于春季和冬季［图 7.4（g）］。各子湖春季的水体氧化还原电位均显著低于其他季节［图 7.4（h）］。

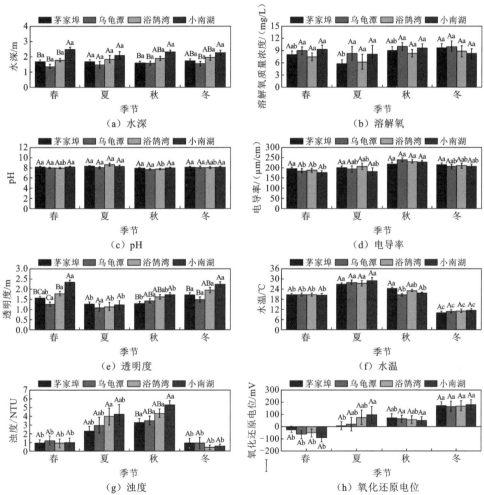

图 7.4　西湖水体物理参数（平均值±标准误差）的空间和季节特征变化

扫描封底二维码看彩图；不同大写字母表示在同一季节下西湖 4 个子湖间差异显著（$P<0.05$）；

不同小写字母表示在同一湖区下季节间差异显著（$P<0.05$），后同

在水体营养盐方面，双因素方差分析结果表明，与其他季节相比，春季水体 COD_{Cr} 浓度普遍较高 [图 7.5（a）]。夏季茅家埠水体 NH_4^+-N 浓度显著高于乌龟潭和小南湖，而在秋季和冬季，除茅家埠湖区外其他湖区的水体 NH_4^+-N 浓度普遍高于春季和夏季 [图 7.5（b）]。茅家埠的水体 NO_3^--N 浓度在所有季节都比其他湖区高 [图 7.5（c）]。在所有湖区中，茅家埠湖区水体 NO_2^--N 浓度在所有季节中都是最低的 [图 7.5（d）]。冬季各子湖的水体 TN 浓度均低于其他季节，而茅家埠春季和秋季的水体 TN 浓度显著高于夏季和冬季 [图 7.5（e）]。与其他季节相比，夏季水体 TP 浓度略高 [图 7.5（f）]。

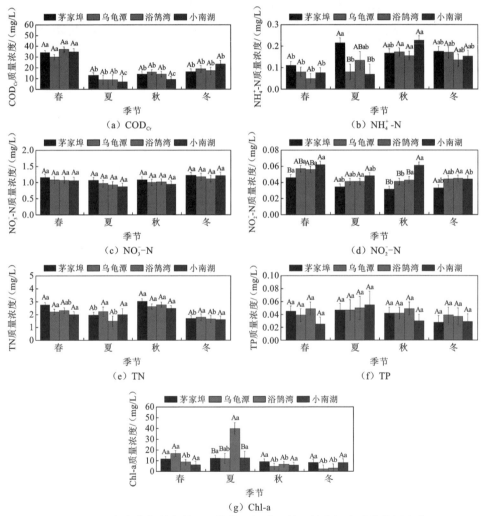

图 7.5　西湖水体化学参数（平均值±标准误差）的空间和季节特征变化

季节变化对水体理化参数溶解氧、pH、电导率、温度、透明度、COD_{Cr}、NH_4^+-N、NO_2^--N、TN 和 TP 有显著影响。冬季大部分湖区的水体透明度和浊度普遍高于夏季和秋季，这可能是由于较高的温度导致浮游动物和浮游植物的大量生长（Pomati et al.，2019）。春季各湖区的水质 COD_{Cr} 浓度均显著高于其他季节，这一结果可归因于水生植物凋落物分解的两个阶段（Chimney and Pietro，2006；Xie et al.，2004）：第一阶段，10 月～次年 2 月随温度的降低，营养物质释放到水中；第二阶段，3～4 月天气温暖，植物腐烂程度增加，大量养分释放到水中（Zhang et al.，2013a）。湖泊中高密度生长的菹草可以降低上覆水的氨氮浓度（Zhou et al.，2017；Fan et al.，2016）。对于水体中的 NO_3^--N 浓度，茅家埠湖区普遍高于其他湖区。这可能是因为在所有湖区中，茅家埠湖区具有最高的沉水植物分布面积，尤其在夏季分布大量具有高度发达根系系统的苦草。这些具有发达根系特征功能的沉水植物能通过根系泌氧将更多的氧气输送到根部周围的沉积物中，并促进沉积物的硝化作用（Zhang and Scherer，2002）。茅家埠春季和秋季的水体 TN 浓度显著高于其他季节。这一结果可以归因于茅家埠入湖溪流（龙泓涧）的土地利用类型。流域内有多个龙井茶园，并在收获季节（春、秋）施用化肥。湖泊的水质与流域的土地利用类型密切相关（Trebitz et al.，2019；Oyarzún and Huber，2003）。夏季水体 TP 浓度略高于其他季节，可能是由于温度的升高，细菌、底栖藻类和浮游植物等的活性得到提高，在低氧化还原电位条件下，Fe(III)被还原为 Fe(II)，从而导致 Fe/Al-P 的释放。此外，通过有机物的密集矿化，磷从沉积物中的正磷酸盐和氢氧化物中释放出来（Zhang et al.，2016a）。

2. 水化学参数在长时间尺度上的月变化

在整个监测期间水体 COD_{Cr} 呈上升趋势，最高浓度在 2017 年 9 月检测到，而最低浓度在 2013 年 11 月检测到（图 7.6 a1～a4）。水质 TN、TP、NH_4^+-N、NO_3^--N 和 Chl-a 浓度在监测期间呈持续下降趋势（图 7.6 和图 7.7）。2016 年、2017 年、2018 年、2019 年夏季水体 Chl-a 浓度明显低于 2014 年、2015 年（图 7.6 d1、d3、d4）。在监测期间，水中的 NO_2^--N 浓度略有下降（图 7.6 c1～c4）。水体 NH_4^+-N、NO_3^--N、TN 和 TP 质量浓度分别从 2013 年的 0.15 mg/L、1.83 mg/L、2.75 mg/L 和 0.07 mg/L 下降到 2019 年的 0.06 mg/L、0.35 mg/L、1.51 mg/L 和 0.02 mg/L（表 7.3）。

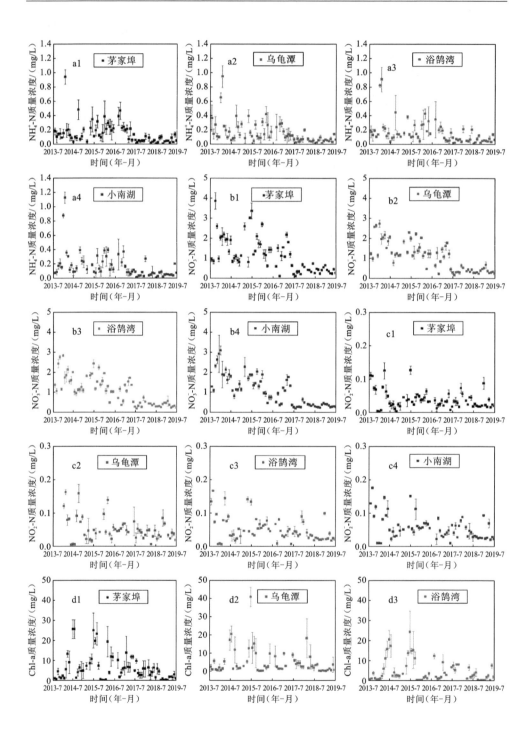

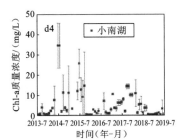

图 7.6　2013 年 8 月至 2019 年 7 月茅家埠、乌龟潭、浴鹄湾、小南湖
等不同区域水体化学参数（平均值±标准偏差）月变化

a1～a4 为水体 NH_4^+-N 月变化；b1～b4 为水体 NO_3^--N 月变化；

c1～c4 为水体 NO_2^--N 月变化；d1～d4 为水体 Chl-a 月变化

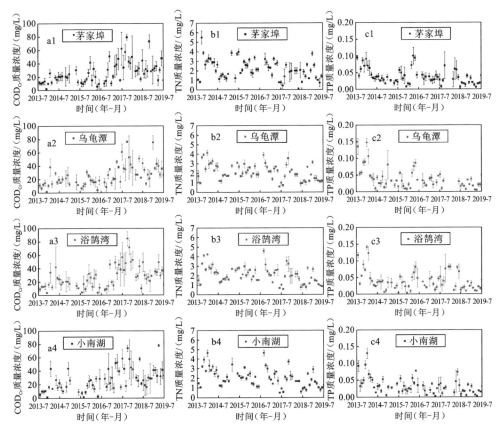

图 7.7　2013 年 8 月至 2019 年 7 月茅家埠、乌龟潭、浴鹄湾、小南湖
等不同区域水体化学参数（平均值±标准偏差）月变化

a1～a4 为水体 COD_{Cr} 月变化；b1～b4 为水体 TN 月变化；c1～c4 为水体 TP 月变化

表 7.3　2013～2019 年西湖水体化学参数和沉水植物特征年平均值（平均值±标准偏差）

类别	项目	年份						
		2013	2014	2015	2016	2017	2018	2019
化学参数	NH_4^+-N 质量浓度 /（mg/L）	0.15± 0.09c	0.27± 0.28b	0.17± 0.11c	0.33± 0.29a	0.08± 0.06d	0.06± 0.06d	0.06± 0.04d
	NO_3^--N 质量浓度 /（mg/L）	1.83± 0.94a	1.58± 0.57b	1.72± 0.59a	1.00± 0.56c	0.80± 0.60d	0.37± 0.11e	0.35± 0.13e
	TN 质量浓度 /（mg/L）	2.75± 1.24a	2.33± 0.89b	2.43± 0.70b	2.47± 0.95b	1.96± 0.99c	1.68± 0.62d	1.51± 0.80d
	TP 质量浓度 /（mg/L）	0.07± 0.03ab	0.05± 0.04b	0.03± 0.02b	0.04± 0.03b	0.09± 0.17a	0.07± 0.15a	0.02± 0.01b
沉水植物特征	丰度	1.38± 0.52d	1.66± 0.90cd	1.40± 0.58d	1.83± 0.92c	2.23± 1.00b	2.89± 0.90a	2.67± 0.71a
	盖度/%	0.13± 0.11b	0.20± 0.14b	0.14± 0.11b	0.21± 0.24b	0.17± 0.21b	0.53± 0.27a	0.56± 0.19a
	生物量/（kg/m²）	0.31± 0.26a	0.47± 0.33a	0.33± 0.26a	0.49± 0.60a	0.41± 0.50a	1.11± 0.71a	1.32± 0.44a

COD_{Cr} 长期呈上升趋势（图 7.7），这一结果可能是由玉皇山水处理厂通过位于采样位置的两个进水口向西湖补水引起的（图 7.3）。来自河流补给且持续进入的水流对改变湖泊水体参数和植被丰度具有至关重要的作用（Vanessa et al.，2020）。玉皇山水处理厂将钱塘江原水中的大部分氮磷污染物去除，然后将水引入西湖。水体 NH_4^+-N、TN、TP 浓度明显下降，水体维持在清澈状态。此外，由于西湖沉水植物的恢复提供了更多的生态位，进而提高了不同功能特征浮游动物物种的生存条件，这一过程表明沉水植物在增加水生态系统的生物多样性方面具有重要影响（Bakker et al.，2013）。2013 年 7 月，杭州西湖实施了沉水植物恢复工程。西湖茅家埠、乌龟潭、浴鹄湾 3 个子湖沉水植物恢复面积分别为 10 346 m²、3 220 m² 和 1 855 m²。2019 年，三个湖区沉水植物的覆盖面积分别为 292 038 m²、49 840 m² 和 56 795 m²。随着沉水植物群落的发展，大型植物群落作为水质调节器的作用变得更加重要（Sager，2009；Lau and Lane，2002）。此外，杭州西湖管理机构还开展了截污工程、湖滨带植被恢复、沉水植物收获、流域治理等管理措施，共同改善水质。此外，由于西湖入湖溪流流域管理和整治，两条入湖溪流的水质都得到了改善。

7.2.2 沉水植物恢复对沉积物的影响

1. 沉积物化学性质在长时间尺度上的月变化

在监测期的一段时间内（2014 年 1 月至 2017 年 7 月），沉积物化学参数总体呈上升趋势，尤其是沉积物中 TN 含量的上升幅度最大（图 7.8）。之后沉积物化学参数呈下降趋势。茅家埠和乌龟潭的沉积物 TN 和有机质（OM）含量普遍低于浴鹄湾和小南湖（图 7.7 a1～a4，c1～c4）。

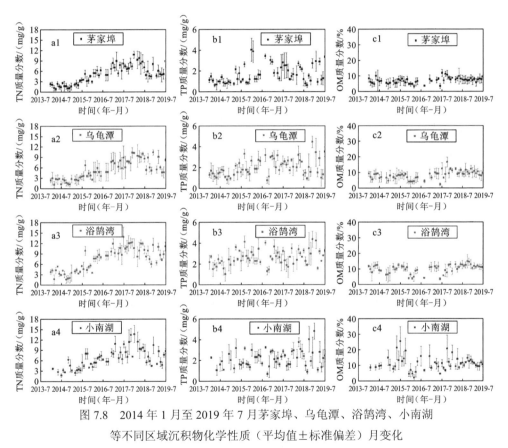

图 7.8　2014 年 1 月至 2019 年 7 月茅家埠、乌龟潭、浴鹄湾、小南湖
等不同区域沉积物化学性质（平均值±标准偏差）月变化

a1～a4 为沉积物 TN 月变化，b1～b4 为沉积物 TP 月变化，c1～c4 为沉积物有机质月变化

对沉积物化学性质而言，TN、TP 和 OM 含量在大时间尺度上呈上升趋势，这可以归因于随着沉水植物群落的逐渐发展，通过生物沉积将氮和有机质转移到沉积物中逐渐增加（Lei et al.，2008）。此外，水生大型植物中的新陈代谢也会导

致沉积物中有机质的积累（Smits et al.，1990）。沉水植物能抑制沉积物中氮、磷的释放，同时能通过植物对养分的吸收降低沉积物中营养盐浓度，也可以通过分解枯枝落叶在一定程度上提高沉积物中氮、磷的含量。

2. 沉积物性质的空间和季节特征

沉积物 ORP、TN、TP 和 OM 存在显著差异。浴鹄湾的沉积物 TN 普遍高于其他子湖，茅家埠的沉积物 TN 显著低于浴鹄湾［图 7.9（d）］。除小南湖外，夏季各断面沉积物 ORP 均大于其他季节［图 7.9（e）］。小南湖各季节沉积物有机质含量均显著高于其他湖区［图 7.9（f）］。值得注意的是，茅家埠的沉积物营养水平（TP、TN、OM）明显最低，其次是乌龟潭，沉积物中 TP、TN 和 OM 的含量在冬季最高［图 7.9（b）、（d）、（f）］。

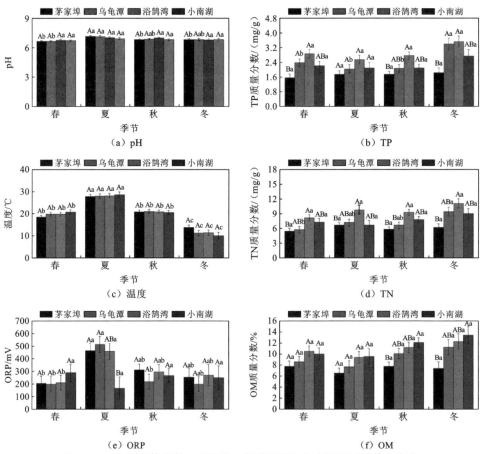

图 7.9　西湖沉积物参数（平均值±标准误差）的空间和季节特征变化

扫描封底二维码看彩图

除小南湖几乎没有沉水植物分布外,其他湖区夏季沉积物 ORP 普遍大于其他季节。该结果与 Yuan 等(2018)的研究结果一致,即沉水植物生物量与沉积物 ORP 呈正相关,可能是因为沉水植物提高了沉积物的氧气可用性。西湖西进工程实施后,流场分为三部分,即杨公堤以西的上游湖区、杨公堤与苏堤之间的中游湖区和苏堤以东的下游湖区。与位于上游湖区的子湖区相比,位于中游湖区的西里湖的沉积物 TN 和 OM 含量较高,这一结果与已有报道(Liu et al.,2015)的结果相似,原因可能是西里湖湖区曾经是稻田,表层沉积物养分可以反映几十年和几个世纪以来有机物和污染物的沉积(Liu et al.,2018)。大多湖区冬季沉积物的 TP 和 OM 高于其他季节,这可以归因于冬季低流量造成的更大的养分积累(Dalu et al.,2019;Liu et al.,2015)。在所有湖区中,茅家埠的沉积物养分(TN、TP、OM)明显处于最低水平,这是因为茅家埠分布有大量的沉水植物群落,其中苦草占主导地位,苦草对沉积物中养分的吸收促进了沉积物营养盐向植株的转移(Rattray et al.,1991;Barko and Smart,1986)。此外,西湖水域管理处对沉水植物进行了适当地收割,间接移除了沉积物中的部分营养物质。

7.2.3 沉水植物丰度与水质和沉积物性质的关系

水体、沉积物参数与沉水植物特性的皮尔逊(Pearson)相关分析结果表明,沉水植物丰度与水体 DO、ORP、NO_3^--N、TN 和沉积物 ORP 呈负相关,与水体 pH、温度、COD_{Cr},以及沉积物温度、pH、TP 和 TN 呈正相关。盖度和生物量与水体浊度、沉积物温度和 ORP 呈显著正相关,而与水体 ORP 和沉积物 OM 呈显著负相关(表 7.4)。逐步回归分析表明,各环境因子均可解释沉水植物性状变异的 55.2%~79.0%。对于水和沉积物的化学特性,环境物理因素可以分别解释42.7%~96.4%和 80.2%~87.0%的方差(表 7.5)。RDA 特征值的第一排序轴为0.400 8,第二排序轴为 0.201 0。总变异为 0.873 49,解释变量的贡献率为 78.7%,调整后的解释变异为 29.1%。物种-环境方差的解释系数为 40.08%,物种与环境因子的第一轴相关系数为 0.879 0。0.931 1 种与环境因子的第二轴相关可解释60.17%的物种-环境方差。影响沉水植物种类分布的主要环境因子是水体 pH、TN、NO_3^--N、NO_2^--N、沉积物 ORP 和 TN(图 7.10)。

表 7.4　沉水植物特征与环境因子（水体和沉积物，$N = 266$）之间关系的皮尔逊相关系数

类别	项目	丰度	盖度/%	生物量/（kg/m²）
水体理化参数	深度/m	-0.005	-0.058	-0.058
	DO/（mg/L）	-0.186**	0.079	0.079
	pH	0.214**	-0.077	-0.077
	EC/（μS/cm）	0.031	0.129*	0.129*
	SD/m	0.046	0.022	0.022
	温度/℃	0.244**	-0.037	-0.037
	ORP/mV	-0.238**	-0.292**	-0.293**
	浊度	0.007	0.363**	0.363**
	COD_{Cr}/（mg/L）	0.145*	0.076	0.076
	NH_4^+-N/（mg/L）	-0.076	0.055	0.055
	NO_3^--N/（mg/L）	-0.367**	-0.106	-0.106
	NO_2^--N/（mg/L）	-0.102	0.096	0.097
	TN/（mg/L）	-0.247**	0.089	0.089
	TP/（mg/L）	-0.052	-0.007	-0.007
	Chl-a/（mg/L）	-0.059	0.017	0.017
沉积物理化参数	温度/℃	0.449**	0.205*	0.205*
	pH	0.351**	0.235**	0.235**
	ORP/mV	-0.238**	-0.009	-0.009
	TP/（mg/g）	0.169**	-0.049	-0.049
	TN/（mg/g）	0.294**	-0.023	-0.023
	OM/%	-0.027	-0.162*	-0.162*

* $P<0.05$；** $P<0.01$

表 7.5　环境因素对沉水植物特性影响的逐步多元回归分析结果

因变量	自变量	相关系数	校正 R^2	P
丰度	沉积物 pH	0.285	0.790	<0.001
盖度	COD_{Cr}	0.004	0.552	0.007
	沉积物 TP	0.046	0.597	0.016
生物量	COD_{Cr}	0.003	0.552	0.007
	沉积物 TP	0.043	0.597	0.016

表 7.6　沉水植被特征对水体化学参数影响的多元回归分析结果

因变量	自变量	相关系数	校正 R^2	P
NH_4^+-N	物种丰度	−0.233	0.083	<0.001
NO_3^--N	物种丰度	−0.276	0.285	<0.001
	生物量	−0.331	0.285	<0.001
TN	物种丰度	−0.200	0.095	0.001
	生物量	−0.156	0.095	0.008

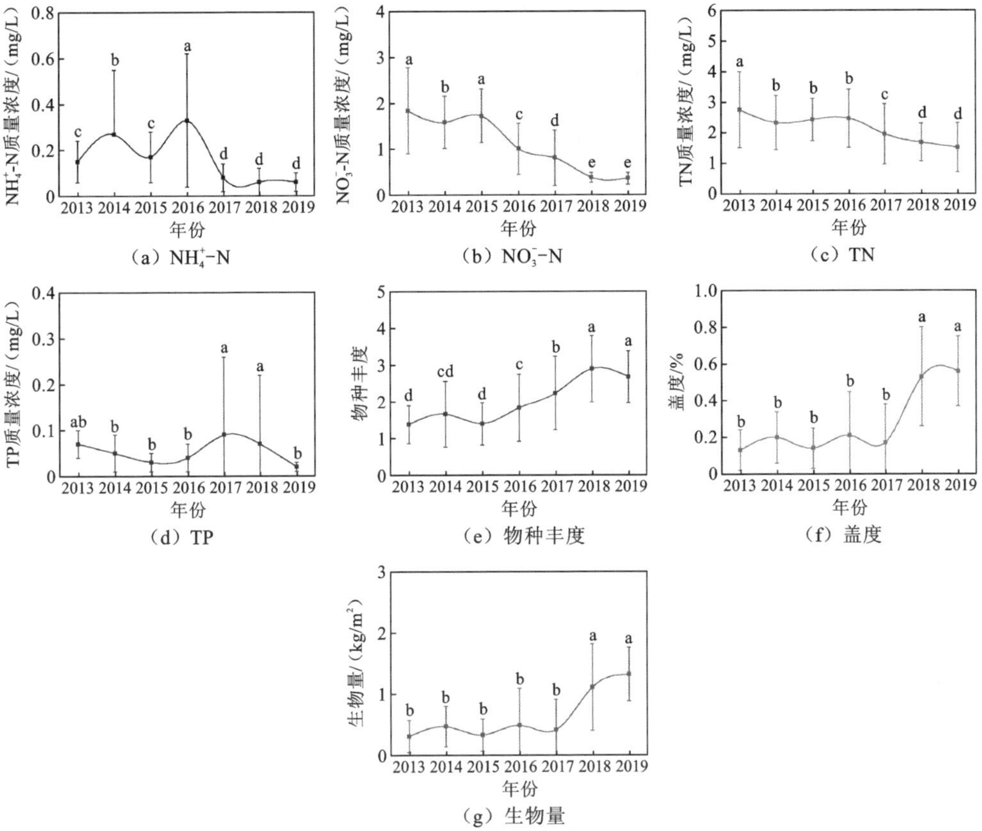

图 7.10　2013～2019 年西湖水体化学参数和沉水植物特征年平均值（平均值±标准偏差）变化

　　水质和沉积物属性与浅水湖泊中沉水植物的特征相关（Zhang et al.，2016c；Liu et al.，2008a）。2013～2019 年，沉水植物的物种丰度、盖度和生物量均显著升高，水体 NH_4^+-N、NO_3^--N、TN 和 TP 随着沉水植物的扩繁而显著降低（图 7.10）。此外，多元回归分析结果也证实了沉水植物对水质的改善作用（表 7.11）。

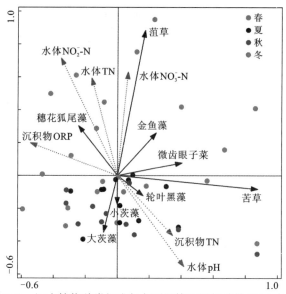

图 7.11　沉水植物种类组成与主要环境因子相关的 RDA 结果

扫描封底二维码看彩图

沉水植物物种丰度与水体 ORP、NO$_3^-$-N、TN、底泥 ORP 呈显著负相关，与水温、沉积物温度、TN、TP 呈显著负相关。结果表明，沉水植物种类越丰富，可以利用更多的水体养分，从而维持清水状态，植物吸收的养分通过收获或分解转移到沉积物中。此外，由于相关的流域管理，两条流入西湖的河流的水质都得到了改善。2013 年、2019 年龙泓涧水体 TN、NO$_3^-$-N、TP 质量浓度分别为 8.10 mg/L、7.25 mg/L、0.11 mg/L 和 5.60 mg/L、3.70 mg/L、0.08 mg/L。水质的改善部分归功于湖泊管理策略，包括外部污染物控制和自来水厂引水工程（TN 和 TP 质量浓度分别为 2.34 mg/L 和 0.15 mg/L）。尽管许多研究报道沉水植物丰度和生物量与水体透明度呈正相关（Hu et al.，2008；Romo et al.，2004；Sand-Jensen et al.，2000），但本小节沉水植物丰度和生物量与水体透明度（SD）之间没有显著的相关关系。虽然水体透明度与沉水植物特性呈正相关但不显著，但沉水植物恢复工程完成后，考察水体 TN、TP 和 Chl-a 的变化证明西湖水质得到了改善。有研究指出，沉水植物生物量可能在一个合适的水深（2.1 m）条件下达到最大值，然后随着水深的不断增加而逐渐减少（Yang et al.，2019）。这可能是由于杭州西湖的水深（平均为 1.67 m±0.41 m）低于长江流域的其他湖泊。同时，当沉水植物能够获得充足的光照，湖泊的水深条件已经不是沉水植物生长繁殖的主要限制条件。沉水植物盖度与环境因子的 RDA 分析结果表明，水体 TN、NO$_3^-$-N、NO$_2^-$-N、pH 和沉积物 ORP、TN 是决定沉水植物分布的主要因素。这一结果与之前的研究一致，水体营养比沉积物营养对沉水植物的影响更大（Kuntz et al.，2014；Xing et al.，2013）。杭州西湖沉积物 TN 和 TP 质量分数的平均值分别为 5.94 mg/g±2.54 mg/g 和 2.03 mg/g±0.62 mg/g，远高于长江流域湖泊的 TN 和 TP 质量分数平均值（分别为 2.03 mg/g 和 0.56 mg/g）。此外，穗花狐尾藻盖度与水体 TN、NO_3^--N 呈正相关，与沉积物 TN 呈负相关。而轮叶黑藻、苦草和微齿眼子菜的盖度则表现出相反的结果。这一结果可能是因为穗花狐尾藻相对于轮叶黑藻、苦草和微齿眼子菜属于冠层型沉水植物，从水体中获取的营养物质大于沉积物。相反，水下草甸型沉水植物特别是苦草，具有能够从沉积物中获得更多养分的发达根系。这 4 种大型沉水植物在杭州西湖占据主导优势可能是由于它们具有较高的磷浓度平衡常数，促使这种生态系统趋于稳定（Su et al.，2019）。苦草具有最大的分布优势可能是由于苦草在遭受部分损失时能够补偿大量的叶组织，而且这种能力在沉积物处于高营养水平时会得到增强。这也解释了在淡水生态系统中，苦草能稳定地与草食性水生动物共存的原因（Li et al.，2010）。

7.3　沉水植物恢复对微生物群落结构的影响

被沉水植物扎根的沉积物，常常聚集水体中的多种营养物和污染物，成为环境中众多有机污染物迁移转化的载体和蓄积库（Sutcliffe et al.，2019）。沉积物中含有多种营养物质且具有稳定的环境，为微生物的生长和活动提供良好的生存条件，使沉积物蕴含大量微生物（Liao et al.，2019）。植物的生长状况和对营养物质的需求，直接反映在植物及其附生微生物的相互关系上。植物与微生物的关系对生态系统的稳定性也有一定影响（Fester et al.，2014），根际的微生物是受到植物生长生理状况和环境因素的双重调控，通过根际微生物群落结构和功能的分析，可以判断植物对营养物质的生理需求和其所面临的胁迫，有利于沉积物微生物驱动的生物地球化学循环的深入研究。

7.3.1　沉水植物恢复初期沉积物氮的特征

植物种植后的前三个月内，漂浮及未存活的植株被打捞，直至植物群落达到稳定。水生植物的监测、水样和底泥样品的采集分别于 2014 年 8 月、2014 年 10 月、2015 年 1 月、2015 年 4 月和 2015 年 8 月进行。

茅家埠湖区为多种沉水植物混合种植（图 7.12），M1 区域沉水植物总生物量始终高于 M2 区域。在 5 个采样时间，M1 区域沉水植物总生物量（鲜重）分别为 1 013.8 g/m²、1 434.4 g/m²、746.9 g/m²、697.5 g/m²、430.6 g/m²；M2 区域沉水植物总生物量（鲜重）分别为 588.6 g/m²、781.8 g/m²、441.7 g/m²、496.6 g/m²、212.5 g/m²。两处中试植物生物量的年际变化有着共同的阶段特征（图 7.13），具体为：8～10 月为扩繁期，植物生物量达到顶峰；10 月～次年 1 月为衰败期，植物生物量急剧下降；1～4 月为越冬期，常规物种继续衰败、越冬物种蓖草开始生长；4～8 月为复苏期，植物繁殖体随温度的升高复苏并开始新一轮的生长。中

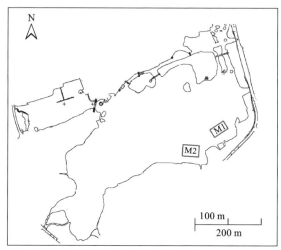

图 7.12 茅家埠沉水植物恢复区域地理位置图

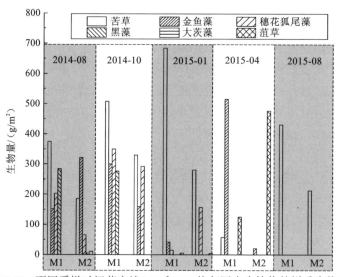

图 7.13 不同采样时间茅家埠 M1 和 M2 恢复区水生植物的鲜重生物量

试区内沉水植物物种组成随时间变化显著（图 7.14），2014 年 8 月、10 月为多种植物的复合群落；2015 年 1 月除苦草外其余物种均已衰败，同时越冬物种菹草开始萌发；4 月菹草的生物量达到最大；8 月苦草成为单一的优势物种，其余物种几乎全部消失。

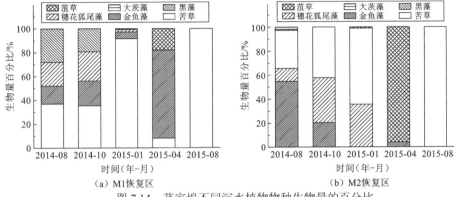

图 7.14　茅家埠不同沉水植物物种生物量的百分比

通过围隔内植物恢复区域沉积物不同形态氮的含量与围隔外未恢复区域差值的显著性分析得知，有植物位点的沉积物氮含量均随时间的推移而不断升高，至 2015 年 8 月，其至超过了相应的无植物位点。这一规律在 M1 区域表现得更为明显（表 7.7）。在植物现存生物量较高的时间段（2014 年 8 月和 10 月），M1 区有植物位点相较于无植物位点的 TN、Org-N 和 NH_4^+-N 含量降低得更多；在植物现存生物量相对较低的时间（2015 年 8 月），这几种形态氮的含量在 M1 区域升高得更多。在植物现存生物量较高的阶段，植物的定植使沉积物 TN 含量在 M1 和 M2 区域分别降低了 70.30%和 16.51%，沉积物 NH_4^+-N 含量在 M1 和 M2 区域分别降低了 67.17%和 11.46%。在植物现存生物量相对较低的阶段，植物的生长使沉积物 TN 含量在 M1 和 M2 区域分别升高了 50.34%和 4.11%，沉积物 NH_4^+-N 含量在 M1 和 M2 区域分别升高了 153.59%和 72.99%。植物的生物量从最高降至最低时，沉积物 TN 和 NH_4^+-N 的含量在 M1 区域分别增加了 3 425.76 mg/kg 和 345.5 mg/kg。

表 7.7　沉水植物生长的不同阶段有植物位点相比无植物位点各种形态沉积物 N 的含量增量

区域	时间（年-月）	TN	NO_3^--N	NH_4^+-N	Org-N
M1	2014-08	-1 980.46***	-1.36	-105.09*	-1 879.69**
	2014-10	-1 644.82**	-2.47	-40.98	-1 483.47**
	2015-01	563.80	0.91	-31.93	589.15
	2015-04	432.65	9.97*	89.39	327.62
	2015-08	1 445.30**	0.53	240.31*	1 198.785*

续表

区域	时间（年-月）	TN	NO$_3^-$-N	NH$_4^+$-N	Org-N
M2	2014-08	-962.76*	-3.62	-10.27	-949.15*
	2014-10	-562.10	-2.07	-20.05	-540.26
	2015-01	-1 620.56	1.51	3.80	-1 626.15
	2015-04	-370.71	1.21	75.68	-447.87
	2015-08	239.81	-0.53	127.00*	113.05

注：TN、NO$_3^-$-N、NH$_4^+$-N 和 Org-N 的单位均为 mg/kg DW；负值表示有植物区域指标的含量低于无植物区域，*表示这一差值的显著性（*$p<0.05$，**$p<0.01$，***$p<0.001$）

除 NO$_3^-$-N 含量和 NO$_3^-$-N 占 TN 的百分比之外，其余沉积物氮形态的含量在时间和位点两个因素下均表现出显著差异。如图 7.15（a）所示，2014 年 8 月和 10 月 M2 区域沉积物 TN 含量比 M1 区域分别高 4.81 倍和 3.49 倍。随着时间的推移，M1 区域沉积物 TN 含量逐渐升高，而 M2 区域沉积物 TN 含量则无显著变化，这使得 M1 和 M2 区域沉积物 TN 含量的差异逐渐减小。Org-N 的趋势与 TN 类似 ［图 7.15（b）］。沉积物 NO$_3^-$-N 的含量仅占 TN 含量非常微小的一部分，且 M1 和 M2 区域之间无显著性差异 ［图 7.15（c）］。NH$_4^+$-N 是沉积物无机氮的主要形式，尽管与 M2 区域相比，M1 区域 NH$_4^+$-N 的含量在全年均无显著性差异，但 M1 和 M2 区域沉积物 NH$_4^+$-N 的含量均随时间而增加。M1 区域沉积物 NH$_4^+$-N 含量不断增加，而 M2 区域沉积物 NH$_4^+$-N 含量仅在监测后期（2015 年 8 月）有所增加 ［图 7.15（d）］。NH$_4^+$-N 占 TN 的百分比不论在 M1 区域还是在 M2 区域，全年均无显著变化（除 2015 年 1 月之外），但是 M1 区域沉积物 NH$_4^+$-N 占 TN 百分比的平均值比 M2 区域高出 1.07 倍。

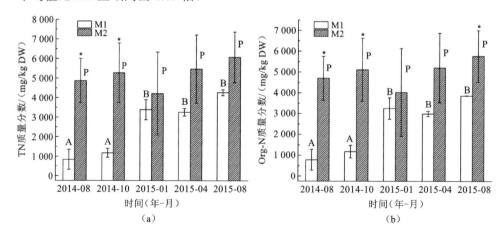

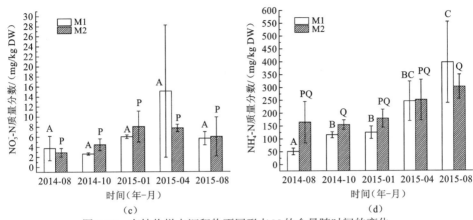

图 7.15 有植物样点沉积物不同形态 N 的含量随时间的变化

字母 A、B 和 C（P 和 Q）代表位点 M1（M2）不同时间下的显著性（单因素方差分析，$P<0.05$，

LSD 多重检验方法），*代表同一时间下 M1 和 M2 之间的显著性（$P<0.05$）

表 7.8 对比了 M1 和 M2 两个中试恢复区沉积物的特征和沉水植物恢复状况。Org-N 和 NO_3^--N 两个指标没有列出，因为 Org-N 与 TN 的变化趋势一致，NO_3^--N 在时间和位点两个因素下都没有显著性差异。M1 区域水深较浅，沉积物 TN 含量较低，沉积物 NH_4^+-N 占 TN 百分比和 pH 较高，人工种植沉水植物后，得到较高的植物现存生物量。尽管 M1 和 M2 区域在沉积物初始 NH_4^+-N 含量上没有显著差异，M2 区域更高的沉积物 TN 水平可能限制了植物的扩繁。研究指出，较高的沉积物有机质含量会通过削弱植物根的定植能力（Schutten et al.，2005）及减少根尖分生组织的供氧（Sand-Jensen et al.，2005）妨碍沉水植物的发展。M1 区域沉积物的 TN 含量较 M2 低，可能对植物的胁迫作用更小。

表 7.8 **M1 和 M2 两个中试恢复区沉积物的特征和沉水植物演替状况**

中试恢复区	在监测末期与无植物位点相比	TN	NH_4^+-N	NH_4^+-N 占比	pH
M1	TN 含量升高	逐渐增加	逐渐增加	约 10%，无变化	由弱酸性至中性
M2	TN 含量无显著差异	无变化	增加（不显著）	约 5%，无变化	由中性至弱酸性

中试恢复区	生物量的变化趋势	平均生物量 / (g/m²)	物种数量	优势种的变化
M1	先升高后降低	864.64	4 种降至 1 种	多物种共存—苦草—金鱼藻—苦草
M2	先升高后降低	504.24	5 种降至 1 种	多物种共存—苦草和金鱼藻—菹草—苦草

M1 区域沉积物 NH_4^+-N 占 TN 百比分更高,这为植被的生长提供了无机氮源,因为植物根部吸收 NH_4^+-N 是水生植物同化氮素的主要途径(Cedergreen and Madsen,2003)。已有研究表明,外源添加使得沉积物 NH_4^+-N 质量分数不超过 200 mg/kg 时,穗花狐尾藻的生长得到明显促进(Zhang et al.,2013a)。M1 和 M2 区域沉积物初始 NH_4^+-N 质量分数分别为 156.46 mg/kg 和 174.96 mg/kg,这一水平应该有利于植物的生长。然而随着植物的生长和演替,M1 和 M2 区域沉积物 NH_4^+-N 质量分数最高分别达到了 508.60 mg/kg 和 335.56 mg/kg,此时植物的生长可能会受到限制,因为已有研究表明,沉积物 NH_4^+-N 质量分数超过 400 mg/kg,穗花狐尾藻植物丙二醛的含量明显增加(Zhang et al.,2013a)。当沉积物 NH_4^+-N 质量分数超过 550 mg/kg 时,穗花狐尾藻的断枝自体繁殖也会受到抑制(Smith er al.,2002)。因此,M1 区域沉积物 NH_4^+-N 含量的增加也会进一步抑制植被的恢复。

植物根系对无机氮的吸收可以显著地改变沉积物中氮的形态特征(Soana et al.,2015;Sand-Jensen,1998)。在植物繁茂生长的阶段,有植物位点沉积物氮的含量显著低于无植物位点,然而随着植物生物量的下降,有植物位点的沉积物氮的含量逐渐高于无植物位点。在 M1 区域,当植物总生物量从最高(1 434.4 g/m^2)降至最低(697.5 g/m^2)时,沉积物 TN 的增量达到 3 425.76 mg/kg($P<0.05$)。在 M2 区域,当植物总生物量从最高(781.8 g/m^2)降至最低(212.5 g/m^2)时,沉积物 TN 的增量仅有 1 202.57 mg/kg($P>0.05$)。值得注意的是,植物的繁茂生长后缺乏有效维护管理时会加重沉积物的氮负荷,本试验结果表明当植物的生物量小于 800 g/m^2 时,这种现象可能不会发生。

水生植物的死亡和分解会提高上覆水和沉积物的氮含量(Song et al.,2015b),有研究表明黑藻生物量约 350 g/m^2 时上述沉积物的氮负荷增加效果显著(Li et al.,2014)。在监测后期,M1 区域围隔内的沉积物 TN 含量比围隔外高出约 50%。这一现象可能是由于植物枝叶部分从水体中吸收了氮素(Xie et al.,2005;Madsen and Cedergreen,2002),以及植物对富含有机质的颗粒物截留的双重效果(Sand-Jensen,1998)。因此,为了防止沉积物内源负荷的加剧,植物收割应该作为生态管护的措施之一。除此之外,植物收割还能为机会种提供更多的生态位,并使处于低水层的植物繁殖体接受更多的光照(Zuidam and Peeters,2012;Pedersen et al.,2006)。

苦草是植物群落发展一年之后唯一繁茂生长的物种,这表明该物种可以作为西湖茅家埠区域水生植物恢复的先锋物种。其他物种恢复失败的原因可能在于湖泊生态系统中的水力条件和牧食因素,因为研究团队利用原位的湖水和湖泥通过水缸种植的所有植物物种都在越冬期之后成功复苏。曾有报道指出沉水植物的恢复直接受到鱼类牧食的影响(Hilt et al.,2006),间接地受到鱼类搜寻底栖无脊椎动物时扰动的影响(Korner and Dugdale,2003)。在种植的沉水植物种类中,苦草具有最为强壮的根茎，这可能是它抵御外界干扰、成功恢复的原因。

两个中试围隔中都发现了自发生长的菹草，然而围隔外却没有发现。这表明冬季之前其他沉水植物物种的演替促进了底泥中菹草繁殖体的萌发。曾有报道指出，在两个地中海潟湖中，种植沉水植物促进了轮藻的自发生长（Rodrigo et al.，2013）。菹草的繁茂可能也与其抵抗牧食压力的生态策略有关，研究指出菹草萌发芽体的摘除可以促进其他休眠芽的萌发（Jian et al.，2003）。其他植物物种的演替所导致的底泥氧化还原条件的改变，以及沉积物理化性质的改善可能都是促进菹草萌发的因素。

7.3.2　沉水植物恢复过程中沉积物微生物群落结构特征

通过细菌脂肪酸甲酯（fatty acid methyl ester，FAME）特征比值和特定类群的相对丰度在时间和位点的双因素由交互作用的方差分析得到，大多数 FAME 指标都有显著的时间差异（表 7.9）。MUFA/Branched、Group II、Group III 和 Group IV 4 个指标在 M1 和 M2 区域之间有显著的差异。如图 7.16 所示，代表好厌氧相对优势的 MUFA/Branched 和代表好氧原核微生物的 Group II 在 2015 年 4 月，即越冬期结束时，表现为 M1 区域＞M2 区域，代表厌氧菌和革兰氏阳性菌的 Group III 在 2014 年 8 月表现为 M2 区域＞M1 区域，代表硫酸盐还原菌和其他厌氧菌的 Group IV 表现为在这两块中试恢复区的高低没有一致性。以上结果表明菹草生物量达到最大时，沉水植物总生物量较高的 M1 区域沉积物微生物的好氧菌群比厌氧菌群更占优势。

表 7.9　特征脂肪酸比值和脂肪酸类别在不同采样时间和位点下的双因素方差分析

项目	指标	时间		位点		时间×位点	
		F	P	F	P	F	P
特征脂肪酸比值	Fungal/bact	2.587	0.083	2.271	0.154	0.267	0.894
	trans/cis	2.283	0.112	0.056	0.816	1.095	0.397
	MUFA/Branched	44.038[***]	0.000	6.506[*]	0.023	1.266	0.329
脂肪酸类别（%总 FAs）	Group I	4.894[*]	0.011	3.431	0.085	0.285	0.883
	Group II	35.913[***]	0.000	4.962[*]	0.048	0.167	0.952
	Group III	22.644[***]	0.000	6.331[*]	0.025	0.826	0.530
	Group IV	14.450[***]	0.000	5.996[*]	0.028	6.202[**]	0.004

Group I：多不饱和脂肪酸，指征真核微生物；Group II：单不饱和脂肪酸，指征好氧原核微生物；Group III：支链脂肪酸（C14-C16），指征厌氧菌和革兰氏阳性菌；Group IV：支链脂肪酸（C17-C19），包括甲基和环丙烷脂肪酸，指征硫酸盐还原菌和其他厌氧菌。*P<0.05；**P<0.01；***P<0.001

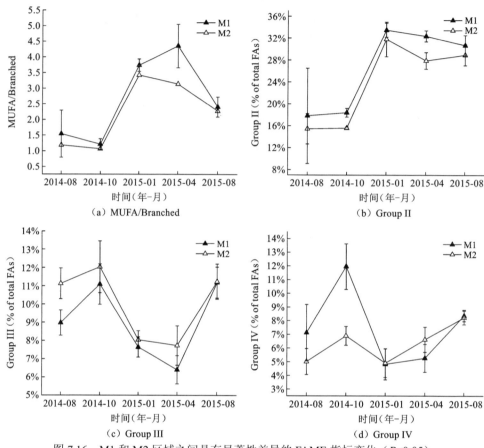

（a）MUFA/Branched

（b）Group II

（c）Group III

（d）Group IV

图 7.16　M1 和 M2 区域之间具有显著性差异的 FAME 指标变化（$P<0.05$）

　　以沉水植物物种为解释变量，FAME 特征比值和类群分别作为相应变量，分析沉水植物的生长对沉积物微生物的影响。蒙特卡罗检验表明所有的解释变量全部纳入回归模型，第一轴和全部轴均已达到显著水平（$P<0.05$）。如图 7.17（a）所示，所有的沉水植物物种均与 Fungal/bact 呈正相关，这一特征比值代表沉积物中有机质和无机氮含量，是沉积物是否能为植物提供可持续性营养的重要指标。Fungal/bact 越高，沉积物中可供植物吸收的养分就越充足，对植物生长促进作用越大。大多数植物种类都与 Trans/cis 呈负相关，然而苦草却与之呈正相关。这表明植物生物量越高，沉积物微生物所受到的胁迫越小，而对于苦草却恰恰相反。如图 7.17（b）所示，除菹草以外，其他沉水植物物种均与 Group I、Group III 和 Group IV 呈正相关，与 Group II 呈负相关。

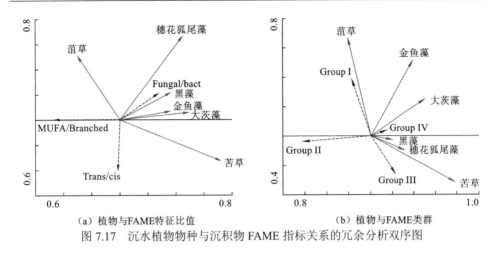

（a）植物与FAME特征比值　　　　（b）植物与FAME类群

图 7.17　沉水植物物种与沉积物 FAME 指标关系的冗余分析双序图

如图 7.18 所示，MUFA/Branched 与无机氮占总氮的百分比呈正相关，这表明好氧微生物对氮素存在矿化作用。Trans/cis 和 Fungal/bact 与沉积物 TN 和 Org-N 的含量呈正相关，这表明微生物群落在沉积物 TN 含量较高的情况下受到胁迫的程度也越大。

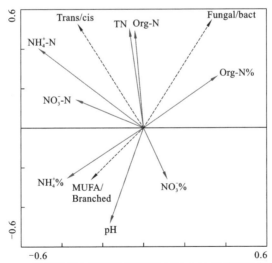

图 7.18　FAME 特征比值与沉积物不同形态氮含量关系的冗余分析双序图

尽管有机氮的矿化在好氧和厌氧的条件下都会发生（Wang et al.，2001），本小节中好氧微生物的 MUFA/Branched 与 NH_4^+-N 占 TN 的百分比的正相关关系表明，研究区域底泥氮的好氧分解应该是沉积物 NH_4^+-N 的主要产生方式。沉积物氮的矿化也会成为上覆水中氮的来源（Lin et al.，2016），进而以内源释放的方式增加水体的氮负荷。然而，沉水植物的存在，可以通过增强微生物群落的硝化和反硝化作用（Kufel and Kufel，2002），阻止 NH_4^+-N 向水体的释放。

　　进一步采用 16S rDNA 高通量测序的方法研究不同采样时间和采样位点沉积物微生物群落结构的差异性，采用三种不同的多元统计方法并在不同的细菌群落分类水平上进行分析。以数据降维为核心的排序方法结果表明，在细菌属的水平上，主成分分析（PCA）和主坐标分析（PCoA）前两轴分别解释微生物物种信息的 84.5%和 80.6%。两个中试区域位点之间没有明显的区分，然而时间尺度上却呈现了明显的区分。沉水植被多样性和平均生物量都较高的 2014 年 8 月（A1、A2）和 10 月（B1、B2）与沉水植被单一且平均生物量较低的 2015 年 1 月（C1、C2）、4 月（D1、D2）和 8 月（E1、E2）在两个排序图上明显分开（图 7.19），这两个时间段内沉水植被平均生物量分别为 954.7 g/m^2 和 504.3 g/m^2。在沉水植

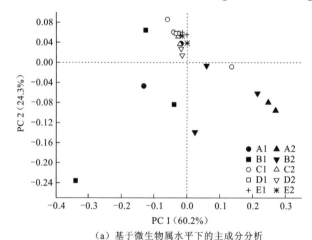

（a）基于微生物属水平下的主成分分析

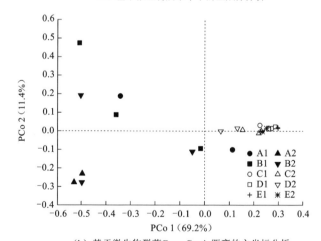

（b）基于微生物群落 Bray-Curtis 距离的主坐标分析

图 7.19　不同采样位点和时间下沉积物微生物群落结构的多元统计分析

被总生物量较高的采样时间段，不同位点之间群落结构相差较大；然而在沉水植被总生物量较低的采样时间段，位点之间的相似性较高。在细菌门水平下基于Weighted UniFrac 距离的非加权配对算术平均法（UPGMA）聚类分析（图7.20）与 PCA 和 PCoA 的结果相似，2014 年 8 月和 10 月与 2015 年 1 月、4 月和 8 月在聚类树上明显分成两支。尽管不同采样时间和位点沉积物微生物群落的多样性指数并没有显著差异，PCA、PCoA 和 UPGMA 聚类分析都显示沉水植物的群落复杂性和生物量显著地影响着微生物群落结构，这表明一些特殊的细菌种类丰度可能随着植物群落的演替发生了变化。

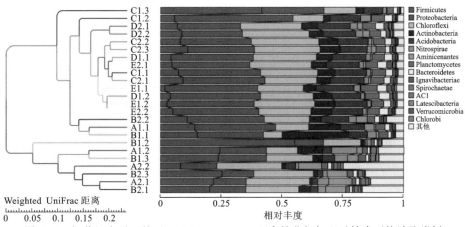

图 7.20　细菌门水平下基于 Weighted UniFrac 距离的非加权配对算术平均法聚类树
扫描封底二维码看彩图

为了探究哪些种类的沉积物微生物随沉水植被的群落结构变化发生了显著变化，选取相对丰度前 15 的菌门和前 35 的菌属分别进行双因素方差分析。鉴于多元分析的结果表明，微生物群落结构在时间尺度上明显分成两类，此处双因素方差分析又分两种情况分别检验。第一种是时间因素（五水平）×位点因素（两水平）；第二种是时间因素（两水平）×位点因素（两水平），其中 2014 年 8 月和10 月合并为时间因素水平 1，2015 年 1 月、4 月和 8 月合并为时间因素水平 2。

时间因素五水平下的双因素方差分析结果表明，9 个菌门、22 个菌属在时间因素下呈现显著差异；4 个菌门、10 个菌属在位点因素下呈现显著差异；2 个菌门在时间和位点交互作用下呈现显著差异。时间因素两水平下的双因素方差分析结果表明，12 个菌门、29 个菌属在时间因素下呈现显著差异；4 个菌门、10 个菌属在位点因素下呈现显著差异；3 个菌门、2 个菌属在时间和位点交互作用下呈现显著差异。时间因素被合并至两水平后，更多数量的菌门和菌属在时间因素和交互作用下表现出显著差异，这表明两水平的时间因素能够对微生物群落结构进行更好地区分，这与 PCA、PCoA 和 UPGMA 聚类分析的结果一致。

　　进一步通过单因素方差分析考察某一分类学水平下微生物相对丰度在不同时间和位点的显著性。上述分析表明，时间因素两水平条件下能够更好地对微生物群落进行区分，因此单因素方差分析和多重比较在 4 个处理组（两个时间，两个位点）之间进行。图 7.21 和图 7.22 分别列出了平均相对丰度由高到低且双因素方差分析时间因素下具有显著差异的前 10 菌门和菌属。变形菌门、绿弯菌门、酸杆菌门、浮霉菌门、拟杆菌门和 Ignavibacteriae 等平均丰度较高的菌门均在沉水植物组成单一且生物量较低的采样时间下丰度更高；而厚壁菌门、硝化螺旋菌门、Aminicenantes 和螺旋菌门等平均丰度较低的菌门则在沉水植物多样性和生物量较高的采样时间下丰度更高。在微生物菌属水平下，绿弯菌门的厌氧绳菌属（*Anaerolineaceae_uncultured*）和变形菌门的 *Xanthomonadales_Incertae_Sedis_uncultured*、*Alcaligenaceae_uncultured* 和脱氯单胞菌属（*Dechloromonas*）均在沉水植物组成单一且生物量较低的采样时间下丰度更高；而厚壁菌门的乳酸乳球菌属（*Lactococcus*）和芽孢杆菌属（*Bacillus*）、硝化螺旋菌门的硝化螺旋菌属

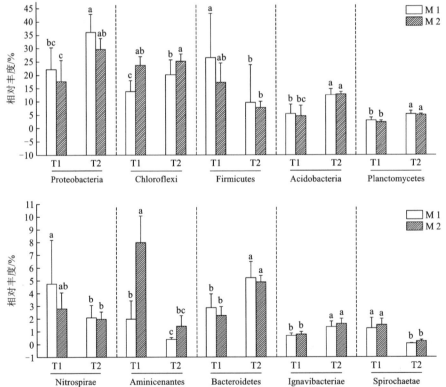

图 7.21　时间因素两水平条件下双因素分析具有显著性的相对丰度前 10 菌门

每一柱子代表相对丰度的平均值±标准偏差。通过单因素方差分析和 LSD post-hoc 检验，
具有显著性差异的处理通过柱子顶端不同的小写字母表示，后同

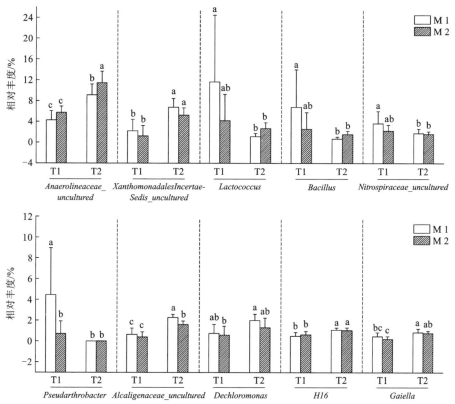

图 7.22 时间因素两水平条件下双因素分析具有显著性的相对丰度前 10 菌属

（*Nitrospiraceae_uncultured*）和放线菌门的污物假节杆菌属（*Pseudarthrobacter*）则在沉水植物多样性和生物量较高的采样时间下丰度更高。

微生物分类群和氮素特征的冗余分析图表明，NH_4^+-N 解释了最多的物种变异，表明它在塑造微生物群落方面发挥了关键作用（图 7.23）。与沉积物中无机氮（NH_4^+-N 和 NO_3^--N）或有机氮呈正相关的门和属正是随着植物发育而增加的类群。其中，增加的门与 NH_4^+-N、NO_3^--N 和 Org-N 的含量密切相关，而增加的属与 NH_4^+-N 的含量和百分比关系更密切。

进一步通过功能预测的方法探究细菌群落在生物地球化学循环中的作用。参与氮循环的关键基因的相对变化如图 7.24 所示。与同化硝酸盐还原相关的 *nasA* 和 *nir* 及与有机氮降解相关的 *ureC* 在低水生植物生物量（low macrophytes biomass，LMB）期间显著富集，而与反硝化（*narG* 和 *nosZ*）、Anammox（*hzs*）和固氮（*nifH*）相关的基因在高水生植物生物量（high macrophytes biomass，HMB）期间显著富集。与氨氧化相关的基因（*amoA* 和 *hao*）丰度较低，差异不显著。从氨的产生和消耗来看，底泥氨的积累可以归因于同化还原硝酸盐增加产量、有机氮降解和/或硝化

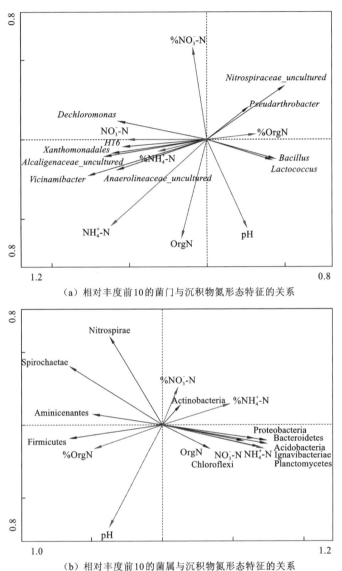

（a）相对丰度前10的菌门与沉积物氮形态特征的关系

（b）相对丰度前10的菌属与沉积物氮形态特征的关系

图 7.23 基于沉积物样本中微生物分类群和氮特征的冗余分析的物种-环境变量双序图

作用减少消耗。腐烂植物组织中的有机质导致沉积物样品中有机氮的增加，有机氮的降解通常与碳的降解相耦合。分析了与碳降解有关的 KEGG KO 类别在 LMB 期间与 HMB 期间的折叠变化。与中度降解碳相关的基因被富集（表 7.10）。负责降解半纤维素、纤维素和几丁质的特殊基因的相对丰度显著升高，为 10.57%～179.81%。表 7.11 中列出的与最不稳定的淀粉类碳和最难以降解的芳烃类碳相关的基因丰度呈现不规则的变化。

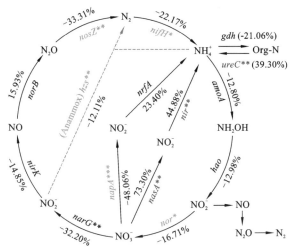

图 7.24　低水生植物生物量期间氮循环基因的相对变化

每个基因的百分比是通过将相当于氮循环基因的每个 KEGG 总数除以所有 KEGG 类别的总数，然后用每个基因的折叠变化（LMB-HMB）/LMB 来加权来计算的。扫描封底二维码看彩图：红色标识 LMB 显著高于 HMB 的基因丰度；而绿色则相反。*$P<0.001$；**$P<0.01$；*$P<0.05$

表 7.10　基于涉及碳降解的 KEGG KO 类别的相对丰度水平

碳类型	基因	相对变化/%	显著性
淀粉	α 淀粉酶（alpha-amylase）	−52.25	**
	pulA	−86.12	
	糖化酶（glucoamylase）	117.35	***
	nplT	−66.96	
	cda	1.62	
半纤维素	ara_fungi	43.73	**
	甘露聚糖酶（mannanase）	83.72	***
	木聚糖酶（xylanase）	19.13	
纤维素	*CDH*	−41.23	
	纤维二糖酶（cellobiase）	−16.51	*
	内切葡聚糖酶（endoglucanase）	10.57	*
	外切葡聚糖酶（exoglucanase）	167.14	*
几丁质	乙酰葡糖胺糖苷酶（acetylglucosaminidase）	179.81	**
	内切几丁质酶（endochitinase）	45.87	**
果胶	果胶酶（pectinase）	3.967	
芳香族化合物	*AceA*	−91.24	
	AceB	−8.40	

续表

碳类型	基因	相对变化/%	显著性
	AssA	−10.41	***
芳香族化合物	limEH	1.91	
	vanA	88.23	**
	vdh	−100	*

*P<0.05；**P<0.01；***P<0.001

　　t 检验显示 LMB 和 HMB 期间的显著差异。碳的复杂度依次从不稳定到最难降解。相当于一个碳降解基因的每个 KEGG 的总数除以所有 KEGG 类别的总数，然后用每个基因的折叠变化（LMB-HMB）/LMB 加权，从而计算出每个基因的折叠改变的百分率。

7.3.3　沉水植物自然恢复与人工恢复对沉积物微生物的影响

　　研究区域位于杭州西湖湖西区域两个临近的子湖——茅家埠和西里湖（图 7.25）。MP 和 MN 分别代表茅家埠苦草密集的采样点和无植物的采样点，MP 处的植物为人工种植恢复，XP 和 XN 分别代表西里湖苦草密集的采样点和无植物的采样点，XP 处的植物为自然恢复。茅家埠的苦草于 2015 年 5 月种植，调查于 2015 年 10 月进行，此时苦草的生物量达到全年最高，采样点 MP 和 XP 苦草的盖度达到了 100%。沉积物基本理化指标中，MP 位点的 TN 显著低于 MN 位点（表 7.11）。

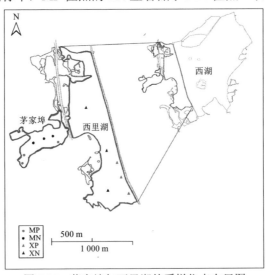

图 7.25　茅家埠与西里湖的采样位点布局图

扫描封底二维码看彩图

表 7.11　沉积物 TN、TP 和有机质的含量

项目	MP	MN	P（MP 与 MN 之间）
TN 质量分数/（mg/g）	2.90±0.01	3.72±0.21	0.031
TP 质量分数/（mg/g）	0.55+0.08	0.52±0.08	0.715
OM 质量分数/%	5.50±0.41	7.85±0.30	0.022
项目	XP	XN	P（MP 与 MN 之间）
TN 质量分数/（mg/g）	9.23±0.98	8.50±0.62	0.430
TP 质量分数/（mg/g）	0.80±0.03	0.69±0.38	0.731
OM 质量分数/%	22.91±2.30	22.17±1.84	0.734

注：采用独立样本 t 检验判断各个指标在 MP 与 MN、XP 与 XN 之间的显著差异

　　基于 two-way ANOVA 分析，脂肪酸的特征比值 MUFA/Branched，以及 Group II、Group III 和 Group IV 在湖区因素或植被因素下具有显著性差异（表 7.12），通过 one-way ANOVA 进一步分析这 4 个指标具体的差异情况。代表好厌氧菌相对优势的 MUFA/Branched，在有植物区比无植物区更高，且在茅家埠湖区更为显著 [图 7.26（a）]。Group II 和 Group III 在西里湖的有植物区低于无植物区，然而在茅家埠有植物区和无植物区没有显著性差异 [图 7.26（b）和（c）]。代表硫酸盐还原菌和其他厌氧菌的 Group IV 在两个湖区均表现为无植物区高于有植物区 [图 7.26（d）]。

表 7.12　双因素方差分析判断脂肪酸的特征比值和类群在湖区和植被两个因素下的显著性

项目	指标	湖区		植被		湖区×植被	
		F	P	F	P	F	P
脂肪酸的特征比值	Fungal/bact	0.102	0.758	4.554	0.065	0.104	0.718
	Trans/cis	0.452	0.520	0.012	0.915	0.001	0.976
	MUFA/Branched	3.554	0.096	9.427*	0.015	4.374	0.070
脂肪酸类群（%总 FAs）	Group I	1.513	0.254	4.078	0.078	0.001	0.978
	Group II	22.779**	0.001	1.720	0.226	2.930	0.125
	Group III	0.813	0.394	10.042*	0.013	0.000	0.988
	Group IV	0.051	0.828	18.353**	0.003	0.196	0.670

注：Sublake 代表茅家埠或西里湖，Vegetation 代表植被的有无（*P<0.05，**P<0.01）；Group I：多不饱和脂肪酸，真核微生物指标；Group II：单不饱和脂肪酸，好氧原核微生物指标；Group III：支链脂肪酸（C14～C16），革兰氏阳性菌指标；Group IV：支链脂肪酸（C17～C19），包括甲基和环丙基脂肪酸，硫酸盐还原菌和其他厌氧细菌指标

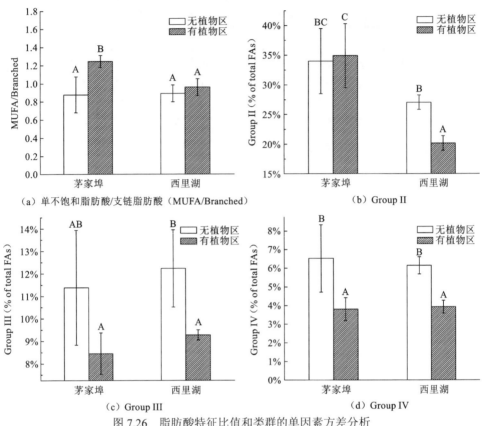

图 7.26　脂肪酸特征比值和类群的单因素方差分析

字母 A、B、C 代表 4 个柱子之间差异的显著性 $P<0.5$

　　沉积物微生物 16S rDNA 分析结果表明，尽管 MN 采样点相比其他三种采样点（MP、XP、XN）在三种 α-多样性指数（species number、Shannon diversity 和 Chao 1）的数值都是最高的，但是各区域之间并没有显著性差异。以相对丰度前 35 的菌属对采样位点进行聚类，结果显示 XN 和 XP 之间的距离小于 MN 和 MP 之间的距离（图 7.27）。通过两种可视化的多元统计方式［主坐标分析（PCoA）和主成分分析（PCA）］来考察不同采样区域沉积物微生物群落的差异性，如图 7.28 所示。PCoA 和 PCA 的二维显示结果均表明，前两个排序轴总共可以解释 70% 以上的微生物群落数据信息。进行了沉水植物人工恢复的茅家埠和沉水植物自然恢复的西里湖沿第一轴分开，有植物的与无植物的位点沿第二轴分开。尽管从多样性指数来看，不同的区域之间并无显著差异，然而多元统计结果表明不同的湖区和植物有的未在二维图上明显分开，说明某些种类的微生物在不同的区域之间可能存在显著性差异。

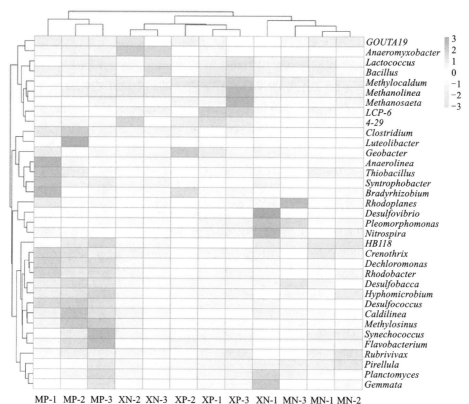

图 7.27　基于相对丰度最高的 35 个菌属对 12 个采样位点聚类的热图

扫描封底二维码看彩图

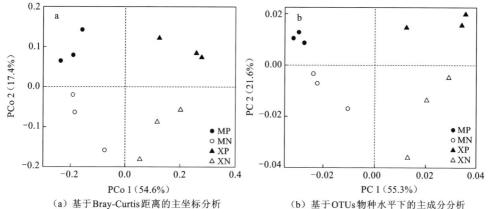

（a）基于 Bray-Curtis 距离的主坐标分析　　　　（b）基于 OTUs 物种水平下的主成分分析

图 7.28　研究区域微生物群落的多元统计分析

通过独立样本 t 检验来考察 XN-MN、MN-MP、XN-XP、XP-MP 每对中的哪些属的微生物在相对丰度上具有显著性差异。变形菌门、绿弯菌门，厚壁菌门和浮霉菌门中的 8 个属在 XN 与 MN 之间具有显著性差异。其中，变形菌门的 *Methylocaldum* 和厚壁菌门的肉食杆菌属（*Carnobacterium*）在 MN 中的相对丰度更高，而其他 6 个属则在 XN 中更高 [图 7.29（a）]。这一差异反映了茅家埠和西里湖两个湖区沉积物微生物的本底差异。同一湖区中的植物恢复区和无植物区之间的微生物差异在茅家埠表现得更为明显，因为 MN 与 MP 之间的差异微生物属的数量高于 XN 与 XP 之间 [图 7.29（b）和（c）]。变形菌门、硝化螺旋菌门和绿弯菌门中的 11 个属的相对丰度在 MN 与 MP 之间具有显著性差异。其中，脱氯单胞菌属（*Dechloromonas*）、暖绳菌属（*Caldilinea*）和脱硫球菌属（*Desulfococcus*）是 MP 高于 MN 的微生物中丰度最高的三个属，属于硝化螺旋菌门的硝化螺旋菌属（*Nitrospira*）、*GOUTA19* 和 *4-29* 则在 MN 中丰度更高。在 XN 与 XP 的比较中，仅有 5 个属的相对丰度具有显著性差异，它们也来自变形菌门、硝化螺旋菌门和绿弯菌门。除了红长命菌属（*Rubrivivax*），其他 4 个属的相对丰

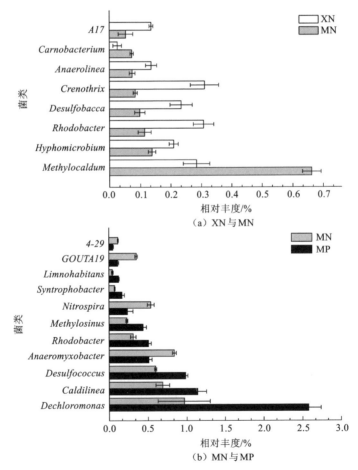

（a）XN 与 MN

（b）MN 与 MP

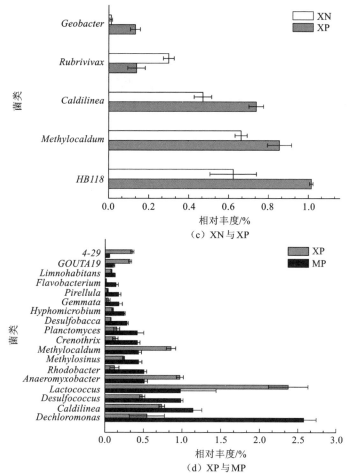

图 7.29　不同区域之间相对丰度具有显著性差异（$P<0.05$）的菌属

图中列出了相对丰度高于 0.1% 的菌属

度均表现为 XP 高于 XN。在 XP 与 MP 的比较 [图 7.29（d）] 中，硝化螺旋菌门和厚壁菌门的菌属在 XP 中相对丰度更高，而浮霉菌门、绿弯菌门和拟杆菌门的菌属则在 MP 中相对丰度更高。其中变形菌门的 *Desulfococcus* 和 *Desulfobacca* 都是硫酸盐还原菌，它们在 MP 中的相对丰度更高。

　　沉积物 TN、TP 和有机质的分析结果表明，MP 沉积物的营养负荷低于 MN，然而 XP 与 XN 之间并没有显著性差异（表 7.17）。水生态系统中有关植被自然恢复和人工恢复的比较研究几乎空白，陆地生态系统还有一些可以借鉴的案例。例如在森林生态系统中，种植林土壤碳和氮的含量比自然林分别低 36.0% 和 26.5%（Liao et al.，2012）。由于较快的降解速率，自然林土壤中营养的停留时间较短，营养物质回归土壤的速率较快（da Sliva et al.，2012；Yang et al.，2010）。自然生态系统沉积物微生物群落与植物的生长和植物凋落物的输入相适应，而人工种植作为一种人为干预行为，将会打破生态系统环境与生物的内在适应性。因此，茅家埠人工种植的沉水植物对沉积物微生物群落的影响大于西里湖自然恢复的沉水植物，这与植物恢复方式对沉积物影响的结果也是一致的。

相比无植物区域，涉及碳、氮和硫元素循环的微生物在有植物区域的丰度更高。例如，与 N_2 的产生相关的 *Dechloromonas* 和 *Caldilinea*（Song et al.，2015b；Kindaichi et al.，2012），硫酸盐还原菌脱硫球菌属（*Desulfococcus*）和互营杆菌属（*Syntrophobacter*），向牧食食物链供应碳素流动的栖湖菌（*Limnohabitans*）（Simek er al.，2014），具有氯化烷烃和酚类降解能力的红细菌属（*Rhodobacter*）在 MP 比 MN 丰度更高（Wang et al.，2014b；Liang et al.，2011）。*HB118*、*Methylocaldum* 和 *Caldilinea* 是分别涉及硫的还原、甲烷氧化和厌氧氨氧化的 3 个菌属，在 XP 比 XN 丰度更高。有 11 个菌属的相对丰度在 MP 与 MN 之间具有显著差异，然而仅有 5 个菌属的相对丰度在 XP 与 XN 之间具有显著差异。类似地，在 MP 与 XP 的对比中，13 个菌属在 MP 中相对丰度更高，5 个菌属在 XP 中相对丰度更高。这些结果表明，有植物位点沉积物的元素循环和物质转化比无植物位点更为活跃。

脂肪酸甲脂分析和 16S rDNA 测序结果均表明，植被的恢复对硫酸盐还原菌的丰度具有显著影响。同时，文献报道的硫酸盐还原菌最高丰度和硫酸盐还原最为活跃的区域通常在厚度小于 10 cm 的沉积物中（Zhang and Zhang，2016；Wang et al.，2008；Holmer and Storkholm，2001）。因此实验所采的表层沉积物样品进一步被用来进行 SRB 基因拷贝数的检测。

利用 qPCR 技术检测了不同区域沉积物 16S rDNA 和 *dsrB* 的基因拷贝数，并以此作为硫酸盐还原菌的定量分析数据。实验中 16S rDNA 和 *dsrB* 的 qPCR 效率分别达到了 99.5% 和 93.1%，两个基因的标准曲线绘制均超过了 6 个数量级（$R^2 > 0.998$）。如表 7.13 所示，16S rDNA 的基因丰度达到了 10^9 copies/g 沉积物（干重），*dsrB* 的基因丰度比 16S rDNA 低三个数量级。以 *dsrB* 基因占 16S rDNA 基因的相对丰度来看，这一百分比位于 0.048%～0.083%。对 *dsrB*/16S rDNA 进行独立样本的 t 检验，尽管 MP-MN 和 MP-MN 这两对内部并没有显著性差异，这一比值在 XP 中则是显著高于 XN 和 MP。

表 7.13　沉积物样品中 *dsrB* 基因的拷贝数及相对基因丰度（平均值±标准误差）

项目	基因	MP	MN	XP	XN
拷贝数/g DW	16S rDNA	$(3.3\pm0.6)\times10^9$	$(3.0\pm1.2)\times10^9$	$(1.8\pm0.6)\times10^9$	$(2.0\pm0.7)\times10^9$
	dsrB	$(1.6\pm0.1)\times10^6$	$(1.7\pm0.9)\times10^6$	$(1.3\pm0.4)\times10^6$	$(1.0\pm0.4)\times10^6$
相对丰度/%	*dsrB*/16S rDNA	$0.049\pm5.3\times10^{-5}$	$0.048\pm3.6\times10^{-5}$	$0.083\pm3.4\times10^{-5}$	$0.050\pm1.6\times10^{-5}$

通过高通量测序的结果中筛选出的硫酸盐还原菌属，进一步分析究竟是哪种硫酸盐还原菌在不同的区域之间具有显著差异。在样品中总共发现 7 个属和 4 个未定到属的硫酸盐还原菌（表 7.14）。与 qPCR 的结果相似，高通量测序筛选出的硫酸盐还原菌总体相对丰度在 XP 中最高。除 *Thermoprotei_unclassified* 属于古菌域之外，其他的硫酸盐还原菌都属于细菌域。Delta 变形菌门的 3 个 unclassified genera 和硝化螺旋菌门的 *Thermodesulfovibrionaceae_unclassified*，都只定到科的分类水平而未定到属。Syntrophobacteraceae 科是实验中沉积物硫酸盐还原菌中相对丰度最高的，分别占硫酸盐还原菌和总微生物群落的 42.62%和 2.21%。尽管 *dsrB*/16S rDNA 在 MN 与 XN 之间没有显著性差异，*Syntrophobacteraceae_unclassified*、*Syntrophobacter* 和 *Desulfobacca* 的相对丰度却在 MN 与 XN 之间明显不同（P 分别为 0.007、0.037、0.002）。同样地，*Desulfococcus*、*Syntrophobacter* 和 *Desulfomonile* 的相对丰度也在 MP 与 MN 之间明显不同（P<0.001，P 分别为 0.004、0.004）。笔者在前面的结果中发现 *dsrB*/16S rDNA 在 XP 中显著高于 XN，具体地，*Syntrophobacter* 和 *Desulfobulbaceae_unclassified* 就是两种在 XP 中丰度更高的硫酸盐还原菌类群（P 分别为 0.013、0.032）。在 MP 与 XP 的比较中，只有 *Syntrophobacteraceae_unclassified* 和 *Thermoprotei_unclassified*（P 分别为 0.001、0.037）在 XP 中丰度更高，而 *Desulfococcus*、*Desulfobacca*、*Syntrophobacter* 和 *Desulfomonile*（P<0.001，P 分别为 0.010、0.004、0.001）则在 MP 中丰度更高。

表 7.14　沉积物样品中硫酸盐还原菌在属水平下的相对丰度（平均值±标准误差）

菌属	MP	MN	XP	XN
Thermodesulfovibrionaceae_unclassified	1.914±0.463	2.256±0.283	2.317±0.265	1.715±0.534
Syntrophobacteraceae_unclassified	1.317±0.418	1.635±0.136	3.006±0.710	2.891±0.212
Desulfococcus	0.982±0.052	0.599±0.022	0.483±0.061	0.483±0.112
Desulfobacca	0.281±0.036	0.241±0.060	0.073±0.010	0.096±0.026
Syntrophobacter	0.166±0.053	0.073±0.009	0.089±0.012	0.016±0.009
Desulfomonile	0.079±0.023	0.037±0.007	0.037±0.006	0.017±0.008
Desulfobacteraceae_unclassified	0.050±0.028	0.023±0.018	0.035±0.030	0.029±0.013

续表

菌属	MP	MN	XP	XN
Desulfobulbaceae_unclassified	0.031±0.014	0.015±0.007	0.038±0.031	nd
Desulfobulbus	0.016±0.002	0.009±0.002	0.015±0.015	nd
Thermoprotei_unclassified	0.004±0.004	0.004±0.000	0.104±0.091	0.040±0.036
Desulforhopalus	nd	nd	0.004±0.006	nd
Desulfovibrio	nd	0.006±0.002	nd	0.020±0.008
总计	4.840±1.093	4.898±0.546	6.201±1.1237	5.307±0.958

注：nd 表示未检测到

硫酸盐还原菌是一类以硫酸盐作为最终电子受体的厌氧微生物，在沉积物硫和碳的循环过程中具有重要作用（Muyzer and Stams，2008）。尽管以硫酸盐还原的能力被命名，硫酸盐还原菌还可以进行氮还原、氮固定及重金属去除（Marietou，2016；Blumenberg et al.，2012；Acha et al.，2005）。实验中编码异化硫酸盐还原酶小亚基的 *dsrB* 基因，其拷贝数为 $1.0 \times 10^6 \sim 1.7 \times 10^6$ copies/g，占 16S rDNA 基因丰度的 0.048%～0.083%。*dsrB* 基因拷贝数的结果与文献报道的鱼塘底泥（Fernandez et al.，2015）、红树林土壤（Varon-Lopez et al.，2014）、河口区域底泥（Zeleke et al.，2013）比较相似。由于海洋沉积物中硫酸盐的含量比淡水高（Vladar er al.，2008），海洋沉积物中 SRB 的拷贝数要比淡水低 1～2 个数量级（He et al.，2015；Besaury et al.，2012）。

与无植物位点相比，某些硫酸盐还原菌菌属在有植物位点相对丰度更高，例如茅家埠沉积物中 *Desulfococcus*、*Syntrophobacter* 和 *Desulfomonile*，以及西里湖 *Syntrophobacter* 和 *Desulfobulbaceae_unclassified*。文献曾报道，挺水植物（Vladar et al.，2008）、漂浮植物（Acha et al.，2005）和海洋沉水植物（Cifuentes et al.，2003）的生长可以增加硫酸盐还原菌的细胞数量或相对丰度。植物凋落物中纤维素的发酵所产生的有机酸和醇类物质可以作为硫酸盐还原菌的营养基（Muyodi et al.，2004）。盐沼植物 *Spartina alterniflora* 降解所形成的有机质与硫酸盐还原菌的多样性密切相关（Nie et al.，2009）。植物根区释氧可能是植物影响硫酸盐还原菌的原因（Vladar et al.，2008），但也不能完全肯定，因为硫酸盐还原菌并不是完全厌氧的微生物，甚至可以进行有氧呼吸（Cypionka，2000）。

观察代表硫酸盐还原菌相对丰度的指标 *dsrB*/16S rDNA，分析植物的存在对硫酸盐还原菌的影响在植被自然恢复的西里湖更为显著。硫酸盐还原菌的相对丰度在 XP 显著高于 XN，然而在 MP 与 MN 之间却没有差异。实验中属于 Syntrophobacteraceae 科和 Thermodesulfovibrionaceae 科的细菌既是硫酸盐还原菌的优势种，也是西里湖有植物位点比无植物位点相对丰度高的硫酸盐还原菌。

Syntrophobacteraceae 科的物种在代谢方式上很灵活,它们能够在没有硫酸盐的情况下,从硫酸盐还原生活型转化为互养生活型(Plugge et al.,2011)。它们这种代谢灵活性可能是在没有干扰的环境下更具有选择优势所致。

然而沉水植被的恢复方式,自然恢复和人工种植,哪个更好呢?湖泊沉水植被的恢复过程常常伴随着清水稳态和浊水稳态的交替存在(Ibelings et al.,2007)。沉水植物可以通过多种方式维持湖泊的清水稳态并增强生态系统在清水稳态下的抵抗力(Altena et al.,2016),系统的行为是难以准确预测的(Gunderson,2000),尤其是在湖泊中种植植物进行人为干预之后。笔者发现人工种植比自然恢复对沉积物营养水平和微生物群落的影响更大。森林生态系统中,植物的人工种植会降低土壤肥力(Liao et al.,2012)、土壤可交换钾和镁的含量(Hou et al.,2012b)、真菌多样性(Sharma et al.,2011)和区域鸟类的多样性。水生态系统中,沉水植物多为一年生草本的 r-策略者,它们的种群密度也很容易产生巨大的波动(Ibelings et al.,2007)。伴随着这样的波动,沉积物 TN 含量也会发生波动,进而导致下一个生长季节沉水植物自身的萌发和生长。这些潜在的负面影响应当被予以重视。因此,人工种植可以作为沉水植物恢复的初步措施,用以提供种子库、改善底泥环境和附着生物群落,然而沉水植物的自然恢复对生态系统的长期稳定更加有利。

7.3.4　沉水植物恢复对湖泊沉积物甲烷氧化潜势的影响

本小节选取茅家埠经人工优化植被种植恢复区和西里湖未经人工优化的植被自然恢复区为研究对象,共设置 12 个采样点(表 7.15),沉水植被恢复对湖泊沉积物甲烷氧化潜势相关微生物群落结构的影响,进一步探究沉水植物恢复方式对甲烷氧化过程的影响。

表 7.15　西湖茅家埠和西里湖采样点

湖区	植被环境	简称	定位坐标
茅家埠	无沉水植物区	MN1	
		MN2	30°14′31.1″N,120°07′34.1″E
		MN3	
	有沉水植物区	MP1	
		MP2	30°14′31.5″N,120°07′34.4″E
		MP3	

湖区	植被环境	简称	定位坐标
西里湖	无沉水植物区	XN1	30°14′45.4″N，120°07′52.9″E
		XN2	
		XN3	
	有沉水植物区	XP1	30°14′45.1″N，120°07′53″E
		XP2	
		XP3	

1. 沉水植物恢复对沉积物甲烷氧化潜势的影响

西湖茅家埠和西里湖两个湖区沉积物的甲烷氧化潜势如图 7.30 所示，在 25 d 培养期内茅家埠各沉积物样品甲烷氧化积累量无沉水植物位点随时间变化的规律较明显，几乎都在第 1 天有最大甲烷氧化积累量，为 4～5 μg/（g·d），呈波浪形先增大再减小再增大再减小的趋势。在培养期内，出现不同程度的甲烷氧化负增长量，尤其是茅家埠无沉水植物生长位点在第 7～17 天较明显。这可能是由于有沉水植物生长区沉积物甲烷氧化途径更依附于植物的通气和运输组织，运输氧气至根部转移至沉积物中，而无沉水植物生长区甲烷氧化更多通过其他方式，例如氧气扩散等方式提供反应条件。培养期间茅家埠无沉水植物生长位点沉积物甲烷氧化潜势比有沉水植物生长位点高，并且无沉水植物生长位点多出现氧化负增长的情况。

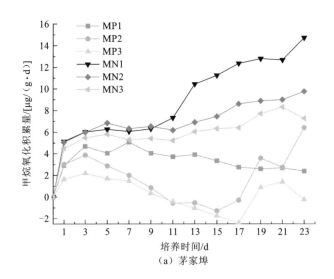

（a）茅家埠

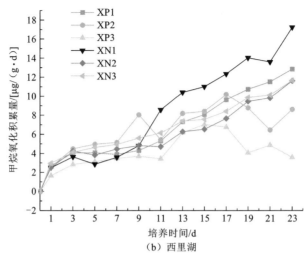

图 7.30　杭州西湖茅家埠和西里湖湖区沉积物甲烷氧化积累量随时间变化

西里湖各位点沉积物均在第 1 天达到最大甲烷氧化量[图 7.30（b）]，约在 1.6～3.0 μg/（g·d），有沉水植物生长位点甲烷氧化潜势随时间变化规律不明显，但无沉水植物生长位点甲烷产生潜势随时间变化趋势较明显，均逐渐增大后趋于平稳，这一点与茅家埠湖区甲烷氧化随时间变化的规律相似。从整体来看，西里湖无沉水植物位点比有密集植物生长位点甲烷氧化潜势略高，但差异不显著。

对茅家埠和西里湖有沉水植物生长位点的沉积物甲烷氧化积累量做对比，如图 7.31 所示。虽然甲烷氧化潜势均不呈现显著的规律，但西里湖区较为平稳。总体来看，西里湖有沉水植物生长位点的甲烷氧化潜势比茅家埠高。

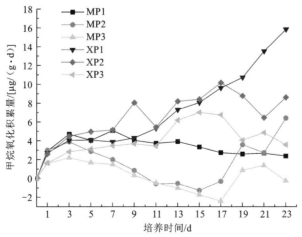

图 7.31　杭州西湖茅家埠和西里湖湖区有沉水植物生长位点沉积物氧化积累量随时间变化

为了更直观地对比各湖区样点甲烷氧化潜势，通过计算得到杭州西湖沉积物日平均甲烷氧化量，如图 7.32 所示。在 23 d 培养期内，茅家埠和西里湖湖区均表现出有植物位点比无植物位点日平均甲烷氧化量低，茅家埠湖区沉积物有沉水植物生长位点日平均甲烷氧化量为 0.814 μg/（g·d），低于无沉水植物生长位点的 3.45 μg/（g·d），差异有统计学意义（$P<0.05$）。西里湖有沉水植物生长位点沉积物日平均甲烷氧化量为 2.37 μg/（g·d），是茅家埠的 2.9 倍（$P<0.05$）。人工优化种植恢复方式显著降低了沉积物日平均甲烷氧化量，自然恢复方式对此并无显著性影响。

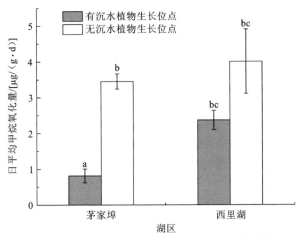

图 7.32　西湖两湖区样点日平均甲烷氧化量对比

2. 西湖沉积物微生物中甲烷氧化菌属结构分析

通过高通量测序，在西湖沉积物中均检测出 7 种甲烷氧化菌属：丝状甲烷氧化菌（*Crenothrix*）、甲基弯曲菌属（*Methylosinus*）、甲基暖菌属（*Methylocaldum*）、甲基八叠球菌属（*Methylosarcina*）、甲基单胞菌属（*Methylomonas*）、甲基微菌属（*Methylomicrobium*）、甲基杆菌属（*Methylobacterium*）。对这 7 种甲烷氧化菌相对丰度进行对比，如图 7.33 所示，茅家埠有沉水植物生长位点检测出的甲烷氧化菌总丰度最高，无沉水植物位点总丰度最低，西里湖有沉水植物生长位点与无沉水植物位点甲烷氧化菌总丰度差异较小。茅家埠和西里湖湖区沉积物微生物中 *Crenothrix*、*Methylocaldum*、*Methylosinus* 3 种菌属所占比例较大，几乎涵盖所检测出的 7 种菌属的总和。但这 3 种菌属丰度各不相同。*Crenothrix* 是 I 型甲烷氧化菌的一个稀有独特分支，在两个分层的淡水湖中，大部分向上扩散的甲烷被与 *Crenothrix* 相关的丝状变形杆菌氧化。*Methylocaldum* 属于 Ib 型的一类甲烷氧化菌，细胞多为球形或短杆形，一般生长在 pH 6～8 且最适 pH 为 7，最适生长温度为 36℃，同时可进行单磷酸核酮糖途径和丝氨酸途径。*Methylosinus* 属于 II 型甲烷氧化菌，β-变形菌纲，主要通过丝氨酸途径进行氧化反应，一般生长在低氧高甲烷环境中。

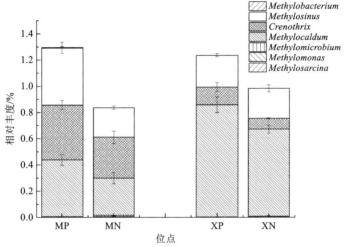

图 7.33　西湖茅家埠和西里湖沉积物中甲烷氧化菌的相对丰度

　　分别对这三种菌属在不同湖区不同样点的相对丰度进行对比，如图 7.34 所示。从图 7.34（a）中可以看出：*Crenothrix* 丰度在 MP 与 XP、MN 与 XN 之间有显著性差异，而在 MP 与 MN、XP 与 XN 之间无显著性差异。其中：MP 位点中 *Crenothrix* 相对丰度最高，为 0.418%；XN 位点的 *Crenothrix* 相对丰度最高，为 0.08%。说明人工优化沉水植物种植方式对湖泊沉积物中 *Crenothrix* 的数量有较大影响，而植物的生长对它的影响并不大。由于 *Crenothrix* 属于 I 型一类主要在高氧低甲烷含量环境中生长，也从侧面印证了经过优化植物种植的茅家埠湖区植物氧气运输量更多。

　　从图 7.34（b）中可以看出：*Methylocaldum* 相对丰度在这 4 组数据中任两组之间差异性都很大，说明 *Methylocaldum* 对外界环境较敏感。高氧低甲烷含量及营养物质丰度环境最适合此类菌生长，XP 位点的 *Methylocaldum* 相对丰度最高，为 0.855%，说明西里湖有密集植物生长位点甲烷含量较低，氧气含量高；MN 位点的 *Methylocaldum* 相对丰度最低，为 0.284%，说明茅家埠无植物生长位点甲烷含量高，氧气含量低。

　　从图 7.34（c）中可以看出：*Methylosinus* 相对丰度在 MP 与 MN、MP 与 XP 之间有显著性差异，而 MN、XP、XN 之间无显著性差异。其中 MP 远远比其他三个位点沉积物中 *Methylosinus* 相对丰度高，约为 0.4354%。*Methylosinus* 一般生长在低氧高甲烷含量环境中，这说明优化沉水植物种植方式比植被的生长对湖泊沉积物中 *Methylosinus* 相对丰度影响更大。

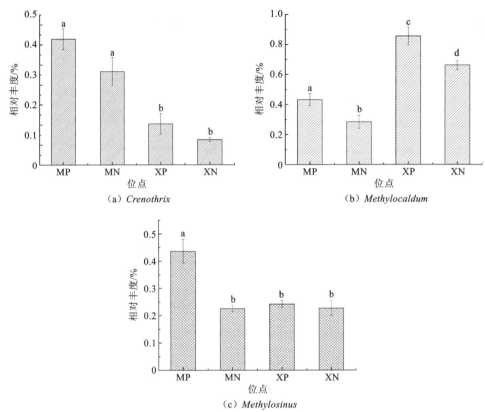

图 7.34　*Crenothrix*、*Methylocaldum* 和 *Methylosinus* 在西湖茅家埠及西里湖沉积物微生物中
菌属的相对丰度

7.3.5　丛枝菌根真菌多样性及其生态功能

丛枝菌根真菌（arbuscular mycorrhiza fungi，AMF）能够与地球上绝大多数植物根系形成共生体，直接影响根系对营养物质及环境污染物的吸收和转运。湿地在一定程度上可以认为是根系-微生物系统。沉积物、微生物和植物三者所形成的物质和能量循环关系决定着水生植物合理的多样性结构、稳定性及健康的演替趋势。植物根系-AMF 共生体在沉积物与植物间起物质和能量交换作用，对水生植物的稳定性与演替趋势起关键作用。本小节以杭州西湖水域现有水生植物为研究对象，首先调查和分析水生植物根系 AMF 的侵染特征（图 7.35～图 7.38），从湖岸湿生区到湖心区域的 37 科 53 种植物中有 38 种植物被 AMF 侵染，比例为71.70%。从湖岸湿生区到湖心的 5 个水环境梯度上，各区植物种类被 AMF 侵染的频率和植物根系侵染率从湖岸湿生区到湖心区也呈逐渐降低趋势。

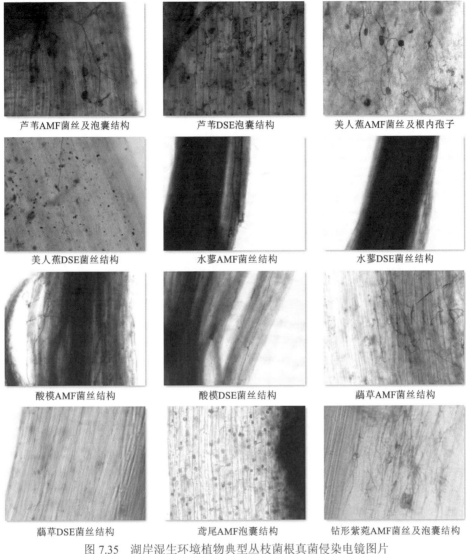

芦苇AMF菌丝及泡囊结构　　芦苇DSE泡囊结构　　美人蕉AMF菌丝及根内孢子

美人蕉DSE菌丝结构　　水蓼AMF菌丝结构　　水蓼DSE菌丝结构

酸模AMF菌丝结构　　酸模DSE菌丝结构　　蕹草AMF菌丝结构

蕹草DSE菌丝结构　　鸢尾AMF泡囊结构　　钻形紫菀AMF菌丝及泡囊结构

图 7.35　湖岸湿生环境植物典型丛枝菌根真菌侵染电镜图片
DSE（dark septate endophytes，深色有隔内生真菌）

 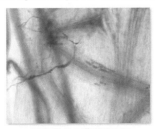 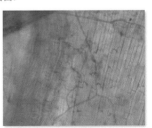

菖蒲AMF泡囊　　风车草AMF菌丝和DSE　　菰AMF菌丝

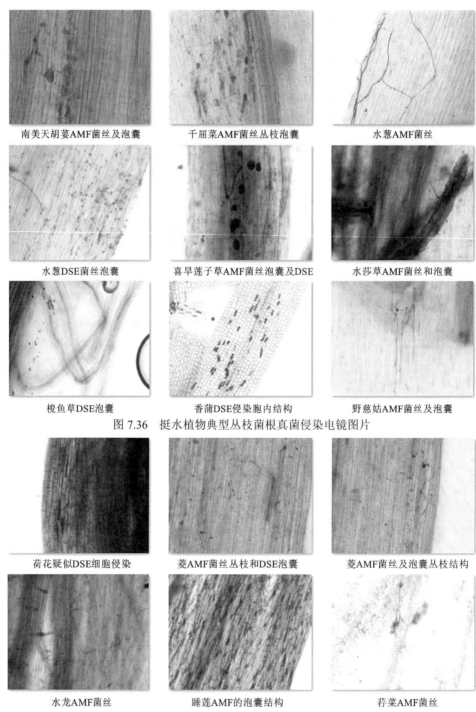

南美天胡荽AMF菌丝及泡囊　　　千屈菜AMF菌丝丛枝泡囊　　　水葱AMF菌丝

水葱DSE菌丝泡囊　　　喜旱莲子草AMF菌丝泡囊及DSE　　　水莎草AMF菌丝和泡囊

梭鱼草DSE泡囊　　　香蒲DSE侵染胞内结构　　　野慈姑AMF菌丝及泡囊

图7.36　挺水植物典型丛枝菌根真菌侵染电镜图片

荷花疑似DSE细胞侵染　　　菱AMF菌丝丛枝和DSE泡囊　　　菱AMF菌丝及泡囊丛枝结构

水龙AMF菌丝　　　睡莲AMF的泡囊结构　　　荇菜AMF菌丝

图7.37　浮叶植物典型丛枝菌根真菌侵染电镜图片

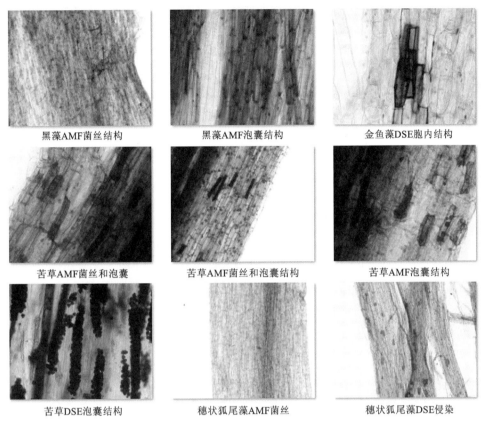

黑藻AMF菌丝结构　　　　　　黑藻AMF泡囊结构　　　　　　金鱼藻DSE胞内结构

苦草AMF菌丝和泡囊　　　苦草AMF菌丝和泡囊结构　　　苦草AMF泡囊结构

苦草DSE泡囊结构　　　　穗状狐尾藻AMF菌丝　　　　穗状狐尾藻DSE侵染

图 7.38　沉水植物典型丛枝菌根真菌侵染电镜图片

挺水植物中 AMF 侵染率高的物种为藕草（*Phalaris arundinacea*）、喜旱莲子草（*Alternanthera philoxeroides*）、水葱（*Scirpus validus*）、千屈菜（*Lythrum salicaria*）、芦苇（*Phragmites australis*）和风车草（*Cyperus alternifolius*）。浮叶植物中受 AMF 侵染率高的物种为野菱（*Trapa incisa*）和荇菜（*Nymphoides peltatum*）。沉水植物中的苦草（*Vallisneria natans*）、穗状狐尾藻（*Myriophyllum spicatum*）、黑藻（*Hydrilla verticillata*）和金鱼藻（*Ceratophyllum demersum*）有较高的 AMF 侵染率。这些表现为 AMF 侵染率高的物种，可能具有较强的底质环境改造和修复能力。

从湖岸湿生区到湖心区的 5 个水环境梯度中，AMF 孢子密度和种类多样性均呈现先升高后降低的趋势（图 7.39），且都在挺水植物区域为最高。共鉴定出 AMF 种类 28 种，其中，仅有 2 种鉴定为球囊霉属（*Glomus*），4 种暂时未鉴定出种类，分属 7 个属，其中球囊霉属（*Glomus*）优势度最高，其次是无梗囊霉属（*Acaulospora*）

和盾巨孢囊霉属（*Scutellospora*）。在观察到的 28 个孢子种类中，摩西球囊霉（*Glomus mosseae*）、黑球囊霉（*Glomus melanosporum*）和黑色盾巨孢囊霉（*Scutellospora nigra*）在 AMF 孢子群体中占主导地位，在湿地生态系统的恢复中具有潜在的应用价值。

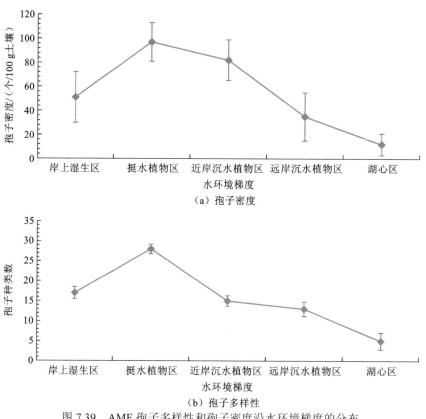

（a）孢子密度

（b）孢子多样性

图 7.39　AMF 孢子多样性和孢子密度沿水环境梯度的分布

对从土壤和泥样中分离出来的 AMF 孢子进行形态种类鉴定，鉴定出 28 种，其中仅 2 种鉴定为球囊霉属（*Glomus*），4 种暂时未鉴定出种类（图 7.40）。在鉴定出的种类中分属 7 个属，分别是球囊霉属（*Glomus*）10 种，占总种类的 35.71%，无梗囊霉属（*Acaulospora*）6 种，占 21.43%，盾巨孢囊霉属（*Scutellospora*）4 种，占 14.29%，巨孢囊霉属（*Gigaspora*）、根孢囊霉属（*Rhizophagus*）、管柄囊霉属（*Funneliformis*）、多样孢囊霉属（*Diversispora*）各 1 种，分别占 3.57%。球囊霉属在湖岸湿生区和水中都为优势属。

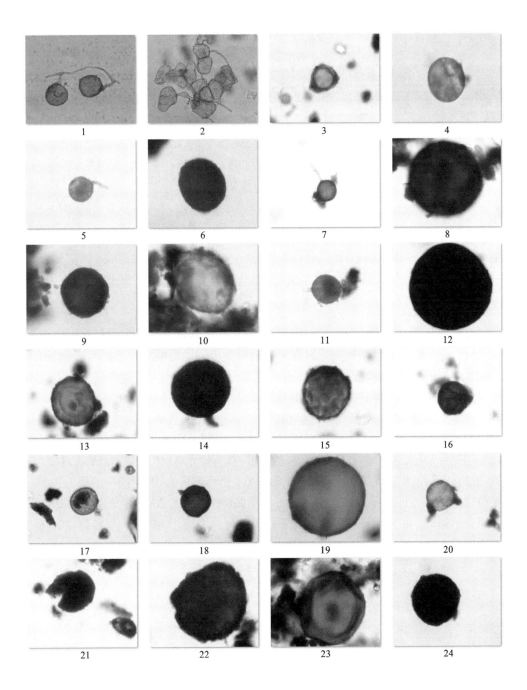

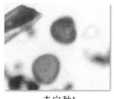 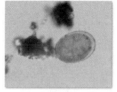  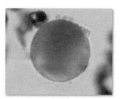

未定种1　　　　　　未定种2　　　　　　未定种3　　　　　　未定种4

图 7.40　主要 AMF 孢子种类电镜图片（400 倍）

1—金黄球囊霉（*Glomus aureum*）；2—聚丛根孢囊霉（*Rhizophagus aggregatus*）；3—凹坑无梗囊霉（*Acaulospora excavata*）；4—膨胀无梗囊霉（*Acaulosporadilatata*）；5—明球囊霉（*Glomus clarum*）；6—亮色盾巨孢囊霉（*Scutellospora fulgida*）；7—缩球囊霉（*Glomus constrictum*）；8—塞拉多盾巨孢囊霉（*Scutellospora cerradensis*）；9—摩西球囊霉（*Glomus mosseae*）；10—易误巨孢囊霉（*Gigaspora decipiens*）；11—海得拉巴球囊霉（*Glomus hyderabadensis*）；12—黑色盾巨孢囊霉（*Scutellospora nigra*）；13—空洞无柄囊霉（*Acaulospora cavernata*）；14—黑球囊霉（*Glomus melanosporum*）；15—双网无柄囊霉（*Acaulospora bireticulata*）；16—摩西管柄囊霉（*Funneliformis mosseae*）；17—球囊霉属 1（*Glomus ...*1）；18—地表球囊霉（*Glomus versiforme*）；19—美丽盾巨孢囊霉（*Scutellospora calospora*）；20 球囊霉属 2（*Glomus ...*2）；21—网状球囊霉（*Glomus reticulatum*）；22—扭形多样孢囊霉（*Diversispora tortuosa*）；23—细凹无梗囊霉（*Acaulospora scrobiculata*）；24—光壁无梗囊霉（*Acaulospora laevis*）

　　分析底泥理化性质与 AMF 侵染率相关性可知,底泥中 TN 含量与水生植物根系 AMF 侵染率基本呈正相关,但也受植物种类不同的影响（图 7.41）。苦草和黑藻根系 AMF 侵染率与底泥 TN 含量呈显著的正相关。底泥中 TP 含量与水生植物根系 AMF 侵染率均呈负相关,负相关程度受植物种类不同的影响（图 7.42）。苦草、黑藻和芦苇根系 AMF 侵染率与底泥 TP 含量呈显著的负相关。底泥中 TOC 含量与水生植物根系 AMF 侵染率均呈正相关,正相关程度受植物种类不同的影响（图 7.43）。苦草、黑藻、穗花狐尾藻、野菱、芦苇根系 AMF 侵染率与底泥 TOC 含量均呈显著的正相关。底泥中 ORP 与 9 种水生植物根系 AMF 侵染率的相关关系,受植物种类不同的影响（图 7.44）。黑藻、穗花狐尾藻和芦苇 AMF 侵染率与底泥 ORP 呈显著正相关。底泥 pH 与水生植物根系 AMF 侵染率的相关关系,受植物种类不同的影响而不同,但均无显著的相关关系（图 7.45）。

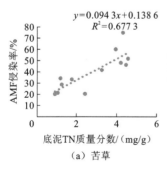 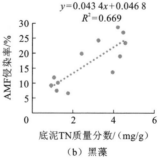 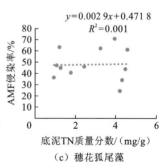

（a）苦草　　　　　　　　（b）黑藻　　　　　　　　（c）穗花狐尾藻

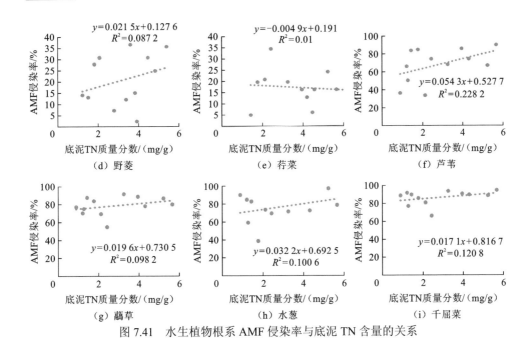

图 7.41　水生植物根系 AMF 侵染率与底泥 TN 含量的关系

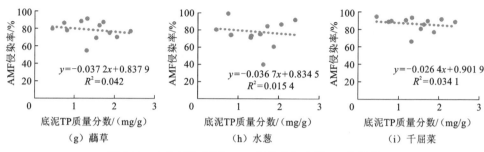

图 7.42　水生植物根系 AMF 侵染率与底泥 TP 的关系

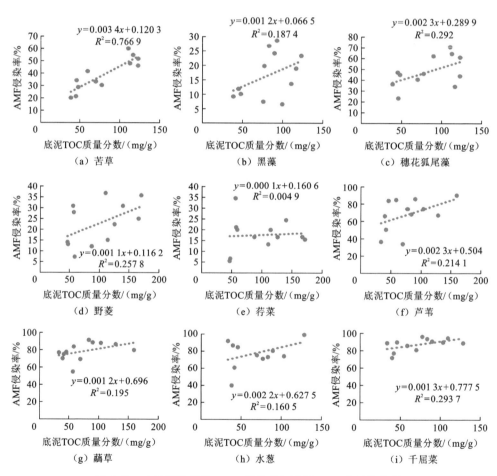

图 7.43　水生植物根系 AMF 侵染率与底泥 TOC 含量的关系

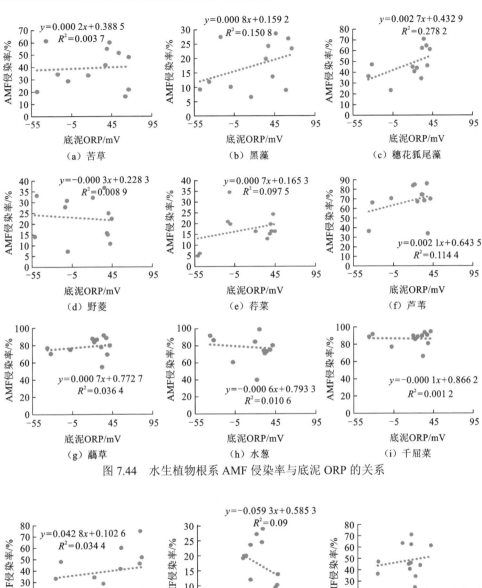

图 7.44　水生植物根系 AMF 侵染率与底泥 ORP 的关系

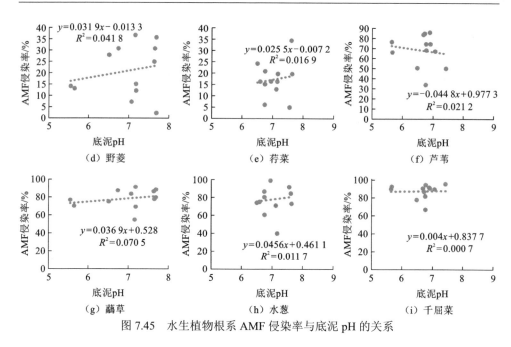

图 7.45　水生植物根系 AMF 侵染率与底泥 pH 的关系

同种植物在不同湖区的内稳性指数间存在显著差异，同一湖区不同植物的内稳性指数间也存在显著差异（图 7.46～图 7.52）。茅家埠的苦草内稳性与其他湖区的植物内稳性相比最高。浴鹄湾的穗花狐尾藻内稳性与其他湖区的植物内稳性相比最低。金鱼藻的氮内稳性在乌龟潭最高。植物群落磷内稳性指标与碳和氮内稳性相比，在各湖区均最低，说明磷在西湖各湖区植被恢复中起关键作用。从近岸水域→远岸水域→湖心区沉水植物群落内稳性呈逐渐降低趋势。浴鹄湾和茅家埠湖心区沉水植物群落磷内稳性为敏感型，处于不稳定状态。因此需要对茅家埠湖心区及浴鹄湾的水生植被群落加强监测和抚育措施，必要时可采取对底泥中磷的人为干预措施。植物 AMF 侵染率与植物碳稳定性无明显相关关系，但与氮和磷的内稳性均呈一定负相关。植物 AMF 侵染率与苦草、黑藻和穗花狐尾藻的化学计量学指标全氮、全磷含量及氮磷比均呈负相关。

本小节中 5 种沉水植物的根系均为须根系（图 7.53）。根长密度苦草>菹草>黑藻>微齿眼子菜>穗花狐尾藻。在多样性的沉水植物群落中，植物是通过牺牲部分比表面积、降低直径、增加根长的策略来适应多样性群落的种内种间竞争的。沉水植物的根系主要分布在 0～15 cm 泥层中，综合来看，5 种沉水植物 66.61% 的根系分布在 0～10 cm 泥层中，87.93% 的根系分布在 0～15 cm 泥层中（图 7.54）。随物种多样性增加，群落的根系分布深度增加，多样性沉水植物群落的恢复需要底泥厚度的保障，20 cm 的底泥厚度对多样性沉水植物植被的恢复是必需的。

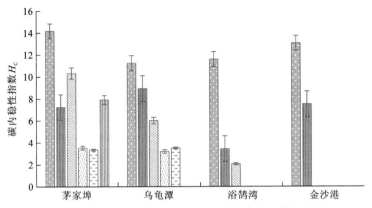

图 7.46 不同湖区沉水植物碳的化学计量内稳性

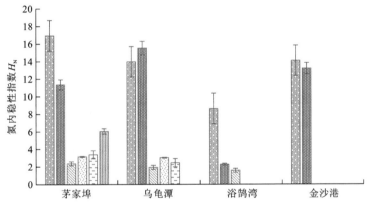

图 7.47 不同湖区沉水植物氮的化学计量内稳性

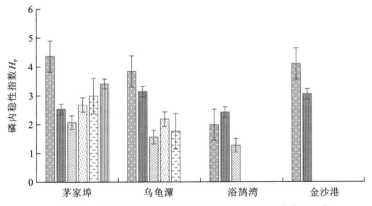

图 7.48 不同湖区沉水植物磷的化学计量内稳性

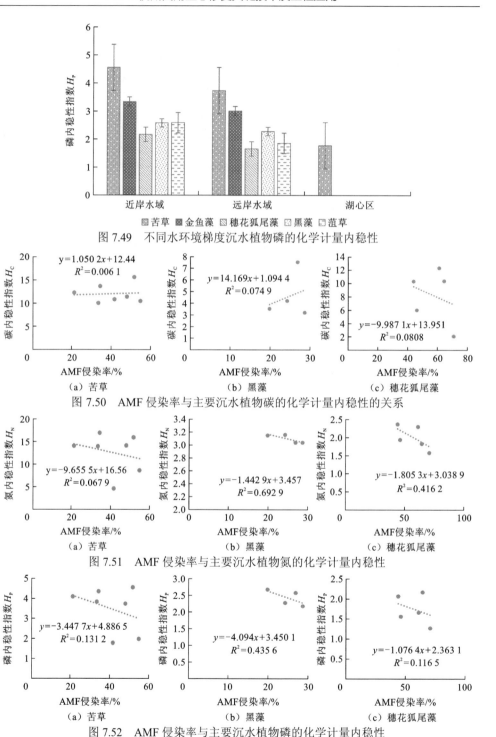

图 7.49　不同水环境梯度沉水植物磷的化学计量内稳性

图 7.50　AMF 侵染率与主要沉水植物碳的化学计量内稳性的关系

图 7.51　AMF 侵染率与主要沉水植物氮的化学计量内稳性

图 7.52　AMF 侵染率与主要沉水植物磷的化学计量内稳性

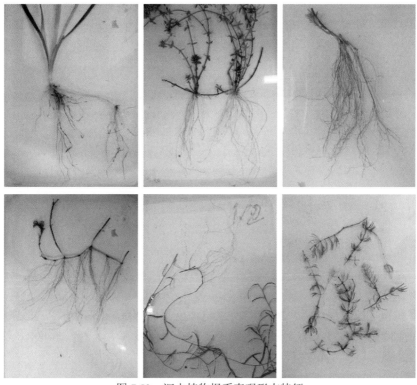

图 7.53　沉水植物根系直观形态特征

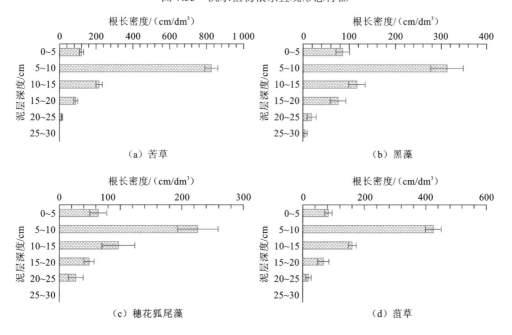

（a）苦草　　　　　　　　　　　　（b）黑藻

（c）穗花狐尾藻　　　　　　　　　　（d）菹草

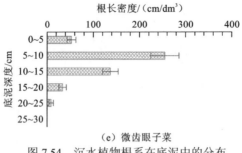

（e）微齿眼子菜

图 7.54　沉水植物根系在底泥中的分布

7.4　沉水植物恢复和收割对浮游生物的影响

沉水植物作为水生态系统中重要的初级生产者，可以改变水生态系统的空间结构，为浮游生物提供庇护生长繁殖的场所，对浮游生物种类、生物量均有一定的影响。2011 年研究团队在茅家埠、乌龟潭和浴鹄湾三个湖区恢复了苦草、菹草、金鱼藻和穗花狐尾藻群落，2012 年沉水植被恢复面积进一步扩大，三个湖区沉水植物总盖度达 32.93%，优势种变为苦草、穗花狐尾藻和大茨藻。在沉水植物恢复过程中，对浮游生物也进行了连续监测。

7.4.1　沉水植物恢复对浮游植物的影响

表 7.16 为 2009 年 9 月、2010 年 8 月、2011 年 6 月、2012 年 5 月、2012 年 8 月对西湖的茅家埠湖区、乌龟潭湖区和浴鹄湾湖区共 5 次的浮游植物调查结果。调查表明：茅家埠湖区共检出浮游植物 7 门 131 种（含变种），其中绿藻门 47 种，占总种类数的 35.9%，硅藻门 45 种，占 34.3%，其余共 39 种，占 29.8%；乌龟潭湖区共检出浮游植物 8 门 133 种（含变种），其中绿藻门 49 种，占总种类数的 36.9%，硅藻门 45 种，占 33.8%，其余共 39 种，占 29.3%；浴鹄湾湖区共检出浮游植物 8 门 134 种（含变种），其中绿藻门 52 种，占总种类数的 38.8%，硅藻门 50 种，占 37.3%，其余共 32 种，占 23.9%。

表 7.16　2009～2012 年 3 个湖区浮游植物种类分布

	浮游植物种类	茅家埠	乌龟潭	浴鹄湾
蓝藻门	水华微囊藻（*Microcystis flos-aquae*）	+	+	+
	铜绿微囊藻（*M. aeruginosa*）	+	+	+
	不定微囊藻（*M. incerta*）	+	+	+

续表

	浮游植物种类	茅家埠	乌龟潭	浴鹄湾
	色球藻（*Chroococcus* sp.）	+	+	+
	粘球藻（*Gloeocapsa* sp.）	+	+	+
	粘杆藻（*Gloeothece* sp.）	+	+	+
	不定腔球藻（*Coelosphaerium*）	+	+	+
	微小平裂藻（*Merismopedia tenuissima*）	+	+	+
	银灰平裂藻（*M. glauca*）	+	+	+
	点形平裂藻（*M. punctata*）	+	+	+
	中华尖头藻（*Raphidiopsis sinensia*）	+	+	+
	固氮鱼腥藻（*Anabaena azotica*）	+	+	+
	螺旋鱼腥藻（*A.spiroides*）		+	+
	卷曲鱼腥藻（*A. circinalis*）		+	+
	大螺旋藻（*Spirulina major*）	+	+	+
	巨颤藻（*Oscillatoria princes*）	+	+	+
	小颤藻（*O. tenuis*）	+	+	+
	美丽颤藻（*O. formosa*）	+		
	小席藻（*Phormidium tenue*）			+
隐藻门	尖尾蓝隐藻（*Chroomonas acuta*）	+	+	+
	啮蚀隐藻（*Cryptomonas erosa*）	+	+	+
甲藻门	裸甲藻（*Gymnodiniaceae aeruginosum*）	+	+	+
	光薄甲藻（*Glenodinium gymnodinium*）	+	+	+
	多甲藻（*Peridiniaceae* sp.）	+	+	
	角甲藻（*Ceratium hirundinella*）	+	+	+
金藻门	鱼鳞藻（*Mallomonas* sp.）	+	+	+
	圆筒锥囊藻（*Dinobryon cylindricum*）	+	+	
	分歧锥囊藻（*D.divergens*）	+		
黄藻门	头状黄管藻（*Ophiocytium capitatum*）		+	+
硅藻门	颗粒直链藻（*Melosira granulata*）	+	+	+
	小环藻（*Cyclotella* sp.）	+	+	+
	冠盘藻（*Stephanodiscus* sp.）	+		+

浮游植物种类	茅家埠	乌龟潭	浴鹄湾
窗格平板藻（*Tabellaria fenestrata*）	+	+	+
克洛脆杆藻（*Fragilaria crotonensis*）	+	+	+
短线脆杆藻（*F. brevistriata*）		+	+
变异脆杆藻（*F. virescens*）			+
近缘针杆藻（*S. affinis*）	+	+	+
双头针杆藻（*S. amphicephala*）	+	+	+
肘状针杆藻（*S. ulna*）	+	+	+
尖针杆藻（*S. acus*）	+	+	+
偏凸针杆藻（*S. vaucheriae*）	+		
双头针杆藻（*S. amphicephala*）			+
美丽星杆藻（*Asterionella formosa*）	+		
尖布纹藻（*Gyrosigma acuminatum*）	+	+	
细布纹藻（*G. kutzingii*）			+
尖辐节藻（*Stauroneis acuta*）	+	+	+
双头辐节藻（*S. anceps*）	+		
紫心辐节藻（*S. phoenicenteron*）	+		
铜绿羽纹藻（*Pinnularia viridis*）	+	+	+
短肋羽纹藻（*P. brevicostata*）		+	+
著名羽纹藻（*P. nobilis*）			+
间断羽纹藻（*P. interrupta*）	+	+	
弯羽纹藻（*P. gibba*）	+		
同族羽纹藻（*P. gentilis*）			+
短小舟形藻（*Navicula exigua*）	+	+	+
杆状舟形藻（*N. bacillum*）	+	+	+
双球舟形藻（*N. amphibola*）		+	+
椭圆舟形藻（*N. sclonfellii*）	+	+	+
瞳孔舟形藻（*N. pupula*）			+
狭轴舟形藻（*N. verecunda*）	+	+	+
微绿舟形藻（*N. viridula*）	+	+	+

浮游植物种类	茅家埠	乌龟潭	浴鹄湾
卡里舟形藻（*N. cari*）	+		
尖头舟形藻（*N. cuspidata*）		+	+
尖头舟形藻凸顶变种（*N. cus pidata*（*Hhr*）*cl*）		+	
罗泰舟形藻（*N. rotaeana*）			+
放射舟形藻（*N. radiosa*）		+	
系带舟形藻（*N. cincta*）		+	
英吉利舟形藻（*N. anglica*）		+	
卵圆双眉藻（*Amphora ovalis*）		+	+
极小桥弯藻（*Cymbella perpusilla*）	+	+	
细小桥弯藻（*C. pusilla*）	+		+
披针桥弯藻（*C. lanceolata*）		+	
箱形桥弯藻（*C. cistula*）	+	+	+
膨胀桥弯藻（*C. tumida*）	+	+	+
小头桥弯藻（*C. microcephala*）		+	
新月桥弯藻（*C. cymbiformis*）	+		+
胡斯特桥弯藻（*C.hustedtii*）	+		
粗糙桥弯藻（*C. aspera*）			+
偏肿桥弯藻（*C. ventricosa*）	+		+
微细桥弯藻（*C. parva*）	+		+
近缘桥弯藻（*C.affinis*）		+	
尖头桥弯藻（*C. cuspidate*）			+
中间异极藻（*Gomphonema* intricalum）	+	+	+
窄异极藻（*G. angustatum*）	+	+	+
缢缩异极藻（*G.constrictum*）	+	+	
缢缩异极藻头状变种（*G.constrictum* var. *capitatum*）	+	+	+
短缝异极藻（*G. abbreniatum*）			+
纤细异极藻（*G. gracile*）			+
扁圆卵形藻（*Cocconeis placentula*）	+	+	+
弯形弯楔藻（*Rhoicosphenia curvata*）	+	+	+

浮游植物种类	茅家埠	乌龟潭	浴鹄湾
波缘曲壳藻（*Achnanthes crenulata*）		+	
钝端窗纹藻（*Epithemia hyndmanii*）	+		
线形菱形藻（*Nitzschia linearis*）		+	
细齿菱形藻（*N. denticula*）	+		
草鞋形波缘藻（*Cymatopleura solea*）	+		+
椭圆波缘藻（*C. elliptica*）	+		
椭圆波缘藻缢缩变种（*C. elliptica* var. *constricta*）	+		
粗壮双菱藻（*Surirella robusta*）	+	+	+
线形双菱藻（*S. linearis*）		+	+
卵形双菱藻（*S. ovata*）		+	
卵形双菱藻羽纹变种（*S. Ovata* var. *pinnata*）		+	+
裸藻门 长尾扁裸藻（*Phacus longicauda*）		+	
长尾扁裸藻虫形变种（*P. Longicauda* var. *insectum*）	+		+
扭曲扁裸藻 （*P. tortus*）	+		
梨形扁裸藻（*P. pyrum*）		+	
哑铃扁裸藻（*P. peteloti*）		+	
曲尾扁裸藻（*P. lismorensis*）			+
尖尾扁裸藻（*P. acuminatus*）		+	
具刺扁裸藻（*P. horridus*）	+		
具瘤扁裸藻（*P. suecicus*）		+	
尾裸藻（*Euglena caudata*）	+	+	
近轴裸藻（*E. proxima*）	+	+	+
尖尾裸藻 （*E. oxyuris*）	+	+	
易变裸藻（*E. mutabilis*）	+	+	+
中型裸藻（*E. intermedia*）	+	+	
静裸藻（*E. deses*）	+	+	
多形裸藻（*E. polymorpha*）	+		+
血红裸藻（*E. sanguinea*）	+		

	浮游植物种类	茅家埠	乌龟潭	浴鹄湾
	珍珠囊裸藻（*Trachelomonas margaritifera*）		+	
	截头囊裸藻（*Tr. abrupta*）			+
	不定囊裸藻（*Tr. incerta*）	+		
	剑尾陀螺藻（*Strombomonas ensifera*）		+	
	异丝藻（*Heteronema* sp.）	+		
	广卵异鞭藻（*Anisonema prosgeobium*）	+		
绿藻门	长绿梭藻（*Chlorogonium elongatum*）	+		
	衣藻（*Chlamydomonas* sp.）	+	+	+
	尖角翼膜藻（*Pteromonas aculeata*）		+	
	盘藻（*Gonium pectorale*）	+	+	
	实球藻（*Pandorina morum*）	+	+	+
	空球藻（*Eudorina elegans*）	+	+	+
	团藻（*Volvox* sp.）	+		
	疏刺多芒藻（*Golenkinia paucispina*）	+		+
	多芒藻（*G. radiata*）		+	
	近直小桩藻（*Characium substrictum*）	+		+
	硬弓形藻（*Schroederia robusta*）	+		
	螺旋弓形藻（*S. spiralis*）	+	+	
	拟菱形弓形藻（*S. nitzschioides*）	+		
	蛋白核小球藻（*Chlorella pyrenoidosa*）	+	+	+
	椭圆小球藻（*C. vulgaris*）	+	+	+
	长刺顶棘藻（*Chodatella longiseta*）			+
	三角四角藻（*Tetraëdron trigonum*）		+	+
	微小四角藻（*T. minimum*）	+		
	月牙藻（*Selenastrum bibraianum*）	+	+	+
	针形纤维藻（*Ankistrodesmus acicularis*）	+	+	+
	镰形纤维藻（*A. falcatus*）	+		
	粗刺四刺藻（*Treubaria triappendicula*）		+	+
	浮球藻（*Planktosphaeria gelatinosa*）	+		+

续表

浮游植物种类	茅家埠	乌龟潭	浴鹄湾
椭圆卵囊藻（*Oocystis elliptica*）			+
集星藻（*Actinastrum hantzschii*）	+	+	+
二角盘星藻（*Pediastrum duplex*）	+	+	+
二角盘星藻纤细变种（*P. duplex* var. *gracillimum*）	+	+	+
短棘盘星藻（*P. boryanum*）	+	+	+
短棘盘星藻长角变种（*P. boryanum* var. *longicorne*）		+	+
单角盘星藻（*P. simplex*）	+	+	+
单角盘星藻具孔变种（*P. simplex* var. *duodenarium*）	+	+	+
双射盘星藻（*P. biradiatum*）	+	+	+
四角盘星藻（*P. tetras*）		+	+
整齐盘星藻（*P. integrum*）		+	
弯曲栅藻（*Scenedesmus arcuatus*）	+		
四尾栅藻（*S. quadricauda*）	+	+	+
二形栅藻（*S. dimorphus*）	+	+	+
龙骨栅藻（*S. carinatus*）			+
双对栅藻（*S. bijuga*）	+	+	
齿牙栅藻（*S. denticulatus*）	+	+	
爪哇栅藻（*S. javaensis*）			+
韦斯藻（*Westella* sp.）	+	+	+
单刺四星藻（*Tetrastrum* sp.）	+	+	
四角十字藻（*Crucigenia quadrata*）	+	+	
十字藻（*Crucigenia* sp.）	+	+	+
四足十字藻（*C. tetrapedia*）		+	+
小空星藻（*Coelastrum microporum*）	+	+	
空星藻（*C. sphaericum*）		+	
骈胞藻（*Binuclearia tectorum*）	+	+	
细丝藻（*Ulothrix tenerrima*）	+	+	+
多形丝藻（*U. variabilis*）	+	+	+
交错丝藻（*U. implexa*）	+	+	+

续表

浮游植物种类	茅家埠	乌龟潭	浴鹄湾
单型丝藻（*U. acqualis*）	+	+	+
丛毛微胞藻（*Microspora floccosa*）			+
夏毛枝藻（*Stigeoclonium aestivale*）	+		+
韦氏水绵（*Spirogyra weberi*）		+	+
棒形鼓藻（*Gonatozygon monotaenium*）	+	+	+
纤细新月藻（*Closterium gracile*）		+	+
膨胀新月藻（*C. tumidum*）		+	+
项圈新月藻（*C. moniliforum*）			+
裂顶鼓藻（*Tetmemorus brebissonii*）	+	+	+
珍珠角星鼓藻（*Staurastrum margartitaceum*）		+	
纤细角星鼓藻（*S. gracile*）		+	+
圆鼓藻（*Cosmarium circulare*）		+	+
棒形鼓藻（*Gonatozygon monotaenium*）			
双瘤鼓藻（*C. geminatum*）	+		
厚皮鼓藻（*C. pachydermum*）	+		
英克斯四棘鼓藻（*Arthrodesmus incus*）	+	+	+
矮形顶接鼓藻（*Spondylosium pygmaeum*）	+	+	+

注："+"表示某物种在该湖区中存在

　　由表 7.17 可见，2009～2012 年的夏季，绿藻门的衣藻是湖西区域出现频率最高的优势种，茅家埠及乌龟潭 2009～2012 年每年夏季的优势种中都包含衣藻。示范工程刚实施的 2010 年 8 月及 2011 年 6 月，茅家埠中蓝藻门的铜绿微囊藻与不定微囊藻从优势种中消失，说明在茅家埠恢复的沉水植物可能起到了调控浮游植物群落结构的作用，乌龟潭中也出现和茅家埠一样的情况。2012 年 5～8 月，茅家埠中除衣藻外的优势种由蛋白核小球藻转变为铜绿微囊藻，可能是由于夏季水温较高，水生植物的调控作用及浮游植物的适应都与环境因素相关。2012 年 8 月细丝藻成为乌龟潭和浴鹄湾中的优势种。

表 7.17　5 次采样中各湖区浮游植物优势种

湖区	2009 年 9 月	2010 年 8 月	2011 年 6 月	2012 年 5 月	2012 年 8 月
茅家埠	衣藻 铜绿微囊藻 不定微囊藻	衣藻	衣藻	衣藻 蛋白核小球藻	衣藻 铜绿微囊藻
乌龟潭	衣藻 铜绿微囊藻 不定微囊藻	衣藻	衣藻	衣藻	衣藻 细丝藻
浴鹄湾	衣藻 微小平裂藻	衣藻	衣藻	细丝藻 多形丝藻	细丝藻

注：当某一个种的密度占总浮游植物密度 20%以上时作为优势种

　　2009～2012 年对茅家埠、乌龟潭和浴鹄湾三个湖区 5 次浮游植物调查的浮游植物密度变化如图 7.55 所示。三个湖区浮游植物密度均表现为先降后升，随后逐步降低。2012 年 8 月茅家埠、乌龟潭和浴鹄湾的浮游植物密度较 2009 年 9 月分别降低了 74.61%、83.70%和 95.24%。三个湖区浮游植物物种数见图 7.56～图 7.58，均表现为先降低后升高的趋势，2012 年 8 月三个湖区的浮游植物物种数均低于 2009 年 9 月水平。

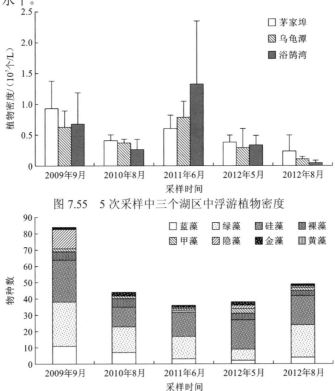

图 7.55　5 次采样中三个湖区中浮游植物密度

图 7.56　5 次采样中茅家埠浮游植物种类数

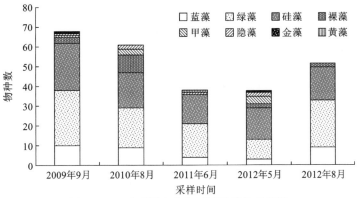

图 7.57　5 次采样中乌龟潭浮游植物种类数

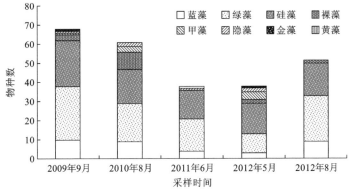

图 7.58　5 次采样中浴鹄湾浮游植物种类数

三个湖区 Shannon-Wiener 多样性指数如图 7.59 所示,均表现为先降低后升高的趋势,表明随着沉水植物的恢复,浮游植物群落结构在往复杂健康的方向发展。

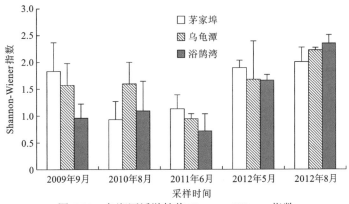

图 7.59　各湖区浮游植物 Shannon-Wiener 指数

在西湖湖西水生植物群落优化技术与示范工程实施后，茅家埠、乌龟潭和浴鹄湾三个湖区恢复了以苦草、五刺金鱼藻、穗花狐尾藻为主的沉水植物群落，沉水植物的大量生长对湖区水质造成了周期性影响，使湖区中藻类生物量显著下降，群落多样性增加。在恢复沉水植物后，西湖湖西区域的藻类生物量受到了显著抑制。浮游植物密度与沉水植物生物量呈显著负相关（$P<0.01$），说明在野外条件下沉水植物可以抑制浮游植物的生长。沉水植物恢复前后浮游植物群落结构的变化也说明恢复沉水植物可以对浮游植物群落进行调控。

7.4.2　沉水植物恢复对浮游动物的影响

2010～2012 年沉水植物恢复期间，浮游动物的密度与生物量变化如图 7.60

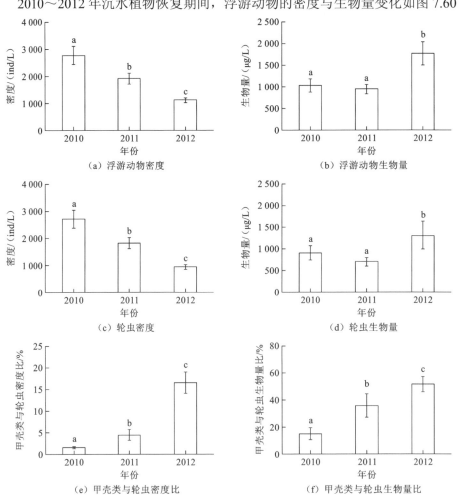

（a）浮游动物密度

（b）浮游动物生物量

（c）轮虫密度

（d）轮虫生物量

（e）甲壳类与轮虫密度比

（f）甲壳类与轮虫生物量比

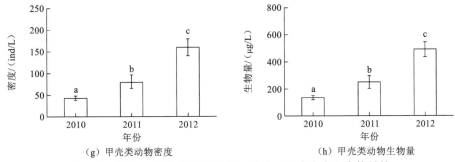

（g）甲壳类动物密度　　　　　　　　　（h）甲壳类动物生物量

图 7.60　2010～2012 年浮游动物、轮虫、甲壳密度和生物量的
年际变化及甲壳与轮虫的密度和生物量比

具有相同小写字母的条柱表示无显著性差异（$P>0.05$），而具有不同字母的条柱表示差异显著（$P<0.05$）

所示，浮游动物与轮虫的密度和生物量变化趋势相似，密度表现为逐年显著下降（$P<0.05$），生物量表现为 2012 年显著升高；甲壳类与轮虫类密度比和生物量比的变化趋势，与甲壳类密度和生物量的变化趋势相似，均为逐年显著升高（$P<0.05$）。

此外，将轮虫按大小不同分为 G1、G2、G3 三类。G1 类轮虫代表物种：针簇多肢轮虫（*Polyarthra trigla*）、螺形龟甲轮虫（*Keratella cochlearis*）、裂痕龟纹轮虫（*Anuraeopsis fissa*）。G2 类轮虫代表物种：尖尾疣毛轮虫（*Synchaeta stylata*）、长圆疣毛轮虫（*S. oblonga*）。G3 类轮虫代表物种：眼镜柱头轮虫（*Eosphora najas*）、水生枝胃轮虫（*Enteroplea lacustris*）、前节晶囊轮虫（*Asplanchna priodonta*）。如图 7.61 所示，不同大小的轮虫在沉水植物恢复期间，表现出不同的变化趋势，G1类轮虫的密度逐年显著减少，2012 年生物量比 2010 年和 2011 年显著下降。G2类轮虫的密度的变化趋势与生物量基本一致，即与 2010 年相比，2011 年和 2012年的密度与生物量都显著减少。G3 类轮虫的密度和生物量在 2010 年和 2011 年中变化不显著，但 2012 年却显著增加。

在西湖沉水植物恢复过程中，随着沉水植物群落的成功恢复，甲壳类动物的密度和生物量显著大于 2010 年和 2011 年。结合沉水植物和甲壳类动物之间的显著正相关性，推断沉水植物或许是通过为甲壳动物提供庇护场所而降低了鱼类对其的捕食作用，进而提升了存活率。这一推论与温带湖泊的许多研究结果是一致的，如白天在开放水域中存在较高的被捕食风险时，甲壳类动物可以充分利用浅水区的沉水植物来躲避捕食者的捕食，具有低捕食风险的浅水区域中密集的沉水植物可以提高甲壳类动物的生存率（苗滕 等，2013）。在西湖沉水植被恢复过程中，当 2011 年的沉水植物平均盖度和生物量分别达到 11%和 113 g/m^2，2011 年甲壳类动物的量比 2010 年显著增加，表明沉水植物对甲壳类动物的保护作用在2011 年可能已经存在。随着 2012 年沉水植物盖度和生物量的继续增加，鱼类对

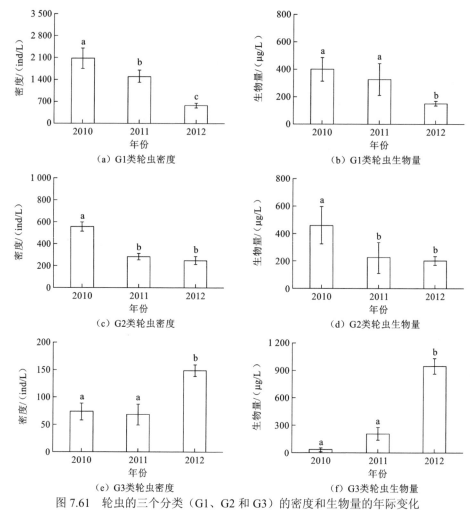

图 7.61　轮虫的三个分类（G1、G2 和 G3）的密度和生物量的年际变化

具有相同小写字母的条柱表示无显著性差异（$P>0.05$），而具有不同字母的条柱表示差异显著（$P<0.05$）

甲壳类动物的捕食作用也被进一步削弱，2012 年甲壳类动物的密度和生物量也显著大于 2010 年和 2011 年。

　　与沉水植物为甲壳类动物提供保护不同，沉水植物恢复对不同大小轮虫的影响不一样。具体来说，大型轮虫丰度显著上升，而中型和小型轮虫的生长则被抑制。此外，不同大小轮虫的差异变化最终导致了总轮虫密度降低，但生物量却增加。小型和中型轮虫与 COD 或 Chl-a 之间的正相关性表明它们的生长抑制可能是由食物资源的短缺所引起的。此外，沉水植物与 COD 或 Chl-a 之间的负相关性表明浮游植物生物量也受到恢复的沉水植物的抑制，并且这种抑制可能来自两种机制：①沉水植物可通过产生化感物质直接抑制浮游植物和附着生物，并竞争有限的营养物质（边归国，2012）；②沉水植物也可以通过加强大型浮游动物对浮游植物的捕食来间接减少浮游植物（刘玉超 等，2008）。因此，重建的沉水植物可以显著减少小型和中型轮虫的食物资源（COD 和 Chl-a），从而间接抑制它们的生长。

沉水植物生态修复能显著提高大型浮游动物的比例，即甲壳类动物和大型轮虫生长旺盛，小型轮虫则显著受到抑制。沉水植物支持大型浮游动物、抑制小型轮虫的主要机制可能不同。对于大型浮游动物，沉水植物主要通过提供有效的避难效应来加速其生长，而沉水植物对小型轮虫的生长抑制可能主要是由自下而上的营养控制，通过减少其可用的食物资源来实现的。

7.4.3　沉水植物收割对浮游动物的影响

本小节调查沉水植物收割前后三年时间里沉水植物群落与浮游动物，以评估沉水植物收割对水生态系统的影响。

2010 年之前，茅家埠湖区几乎没有沉水植物的分布。为了改善湖泊水生态系统及其富营养化状态，从 2010 年秋天开始在该湖区进行沉水植物的生态修复，直到 2012 年取得了成功。然而，在景观湖泊中两种主要的沉水植物（狐尾藻和大茨藻）在 2013 年呈现过量的增长，严重影响了湖泊的管理和景观功能。因此，湖泊管理者于 2014 年晚春和初夏期间，在其生长旺盛的季节来临前，进行了沉水植物的收割。研究团队在 2012～2014 年春季（4 月）、夏季（7 月）、秋季（10 月）和冬季（1 月）分别对沉水植物群落和浮游动物进行了跟踪监测。

1. 浮游动物群落的年际变化

在整个调查期间，浮游动物对沉水植物群落的变化显示出不同的响应。具体来说，总浮游动物表现出与轮虫密度和甲壳类动物相似的变化趋势（图 7.62）。即在 2013 年沉水植物大量生长后密度和生物量均显著增加，但在 2014 年降低到甚至比 2012 年更低的水平（Duncan 检验，$P<0.05$）。轮虫生物量也在 2013 年显著增加，但在 2014 年沉水植物群落的衰退后显著减少[Duncan 检验，$P<0.05$，图 7.62（c）]。在 2012 年和 2014 年，轮虫生物量并不存在显著性差异。

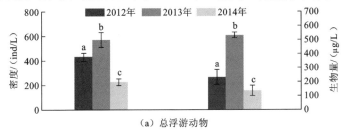

（a）总浮游动物

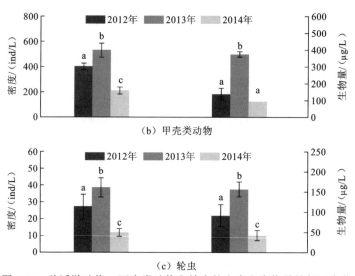

图 7.62　总浮游动物、甲壳类动物和轮虫的密度和生物量的年际变化

具有相同小写字母的条柱表示无显著性差异（$P>0.05$），而具有不同字母的条柱表示差异显著（$P<0.05$）

　　浮游动物的三个不同分组（远离种、常见种和限制种）也表现出不同的变化（图 7.63）。具体来说，限制种与常见种的生物量的变化相似，即 2013 年显著增加，但在 2014 年明显下降 [图 7.63（b）和（c），Duncan 检验，$P<0.05$]。常见种的密度在经历了 2012~2013 年的两年稳定期后，在 2014 年显著下降（Duncan 检验，$P<0.05$）。然而，无论沉水植物群落如何变化，远离种一直处于稳定状态 [图 7.63（a）]。

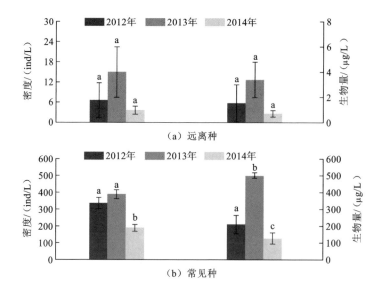

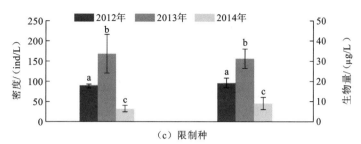

图 7.63 三种生活方式的浮游动物种类的密度和生物量的年际变化

具有相同小写字母的条柱表示无显著性差异（$P>0.05$），而具有不同字母的条柱表示差异显著（$P<0.05$）

2. 环境因子与浮游动物的冗余分析

在冗余分析排序图中，浮游动物群落和环境变量之间存在很强的相关性（图 7.64），第一轴和第二轴所表示的浮游动物-环境因子相关性指数分别为 0.83 和 0.793（表 7.18）。第一轴上的浮游动物-环境因子相关性的累积百分比方差为 76.4%，而第二轴上的浮游动物-环境因子相关性的累积百分比方差为 18.9%。由冗余分析排序图的前四个轴解释的浮游动物变化的累积百分比方差为 61.5%，其中第一轴为 47%，第二轴为 11.6%。蒙特卡罗置换测试在第一轴（$F=20.416$，$P=0.002$）和所有轴上（$F=3.064$，$P=0.002$）都是显著的。对所有环境因素的测试结果表明，沉水植物生物量和盖度、COD、Chl-a 和电导率是浮游动物变化的最佳解释变量，它们可以解释浮游动物变异（61.5%）中的 39.2%。

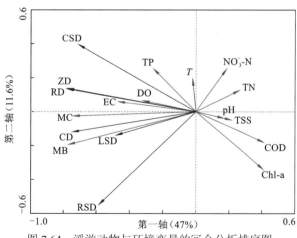

图 7.64 浮游动物与环境变量的冗余分析排序图

扫描封底二维码看彩图：红色箭头表示环境变量；蓝色箭头代表浮游动物参数。环境变量：MC 为沉水植物盖度；MB 为沉水植物生物量；T 为温度；其余变量含义同前文。浮游动物参数：CSD 为常见种密度；LSD 为远离种密度；RSD 为限制种密度；ZD 为总浮游动物密度；RD 为轮虫密度；CD 为甲壳类动物密度

表 7.18 冗余分析结果总结

项目	第一轴	第二轴	第三轴	第四轴	总变化
特征值	0.47	0.116	0.019	0.008	1
物种-环境因子相关性	0.83	0.793	0.443	0.63	
物种累积百分比方差	47	58.6	60.5	61.3	
物种-环境因子相关性累积百分比方差/%	76.4	95.3	98.3	99.6	
特征值总和					1
所有标准特征值总和					0.615
	Trace	F-ratio	P-value		
第一特征轴显著性检验	0.47	20.416	0.002		
所有特征轴显著性检验	0.615	3.064	0.002		

从冗余分析排序图中得到环境变量的相关性分析矩阵如表 7.19 所示，结果表明，沉水植物盖度和生物量与 COD、TN、NO_3^--N 和 TSS 呈负相关，但与电导率和透明度呈正相关。TSS 与 TN、NO_3^--N 和 Chl-a 呈显著正相关，但与透明度和沉水植物盖度或生物量呈负相关。透明度与沉水植物盖度呈正相关，但与 Chl-a 呈负相关。在 TN 和 COD，Chl-a 和 NO_3^--N 之间也发现了显著的相关性。

表 7.19 冗余分析中影响因子的相关性分析矩阵

影响因子	pH	EC	DO	T	COD	NO_3^--N	TN	TP	Chl-a	TSS	MB	MC
pH	1											
EC	0.13	1										
DO	−0.02	−0.09	1									
T	−0.12	−0.04	0.19	1								
COD	0.1	−0.46	−0.34	−0.32	1							
NO_3^--N	−0.37	−0.63	0.22	−0.08	0.36	1						
TN	−0.06	−0.6	0.01	−0.32	0.43	0.74	1					
TP	−0.34	−0.34	0.31	0.33	−0.21	0.38	0.22	1				
Chl-a	0.04	−0.36	0.08	−0.32	0.38	0.31	0.41	0.04	1			
TSS	0.28	−0.27	−0.02	−0.61	0.3	0.47	0.67	−0.12	0.41	1		
MB	−0.3	0.47	0.36	0.4	−0.57	−0.44	−0.64	0.26	−0.31	−0.64	1	
MC	−0.22	0.54	0.26	0.45	−0.57	−0.5	−0.7	0.26	−0.37	−0.72	0.97	1

沉水植物群落在 2013 年经历了过量生长后，浮游动物、甲壳类动物和轮虫的总密度和生物量显著增加。然而，浮游动物和轮虫密度增加的比例低于生物量，

表明 2013 年浮游动物群落中，大尺寸的种类较 2012 年有所增加。此外，2013 年大型甲壳类动物也显著增加，可以推断密集的沉水植物群落可为大型浮游动物躲避捕食者的捕食而提供庇护。这个结论与温带湖区的一些研究（Lauridsen and Lodge，1996）结果一致。例如，Jeppesen 等（1997）发现了大型浮游动物可以通过利用密集的沉水植物作为白天避难所来逃避鱼类捕食，然后在晚上迁移到开放水域捕食浮游植物。Bolduc 等（2016）也报道了沉水植物可以为浅水区域中的浮游动物提供避难效应。

然而一些研究还发现，在亚热带/热带湖泊中的沉水植物中，更多的小型鱼类对大型浮游动物有着比温带湖泊中更强的捕食压力（Meerhoff et al.，2003；Meschiatti et al.，2000），表明在温带湖泊中，沉水植物对浮游动物的庇护作用很有限。然而，这并不意味着沉水植物对亚热带/热带湖泊中浮游动物的避难作用不存在或效率低下。理论上，具有足够丰度或生物量的沉水植物群落一旦建立，可通过降低捕食者捕食效率来为大型浮游动物提供有效保护作用。此外，一旦鱼类捕食不是大型浮游动物的主要限制因素，它们相对于小轮虫的大尺寸竞争优势，如更高的个体进食率、更广泛的食谱范围、更强的饥饿耐受性、更高的潜在生殖力等，可以击败小尺寸的种类，进而在浮游动物群落中处于优势地位。因此，即使沉水植物中捕食压力也很高，2013 年过量生长后的大量沉水植物群落的形成也可以显著减轻大型浮游动物被捕食的压力，进而促进它们的生长。

在 2013 年，具有三种不同生活方式的浮游动物比 2012 年变化显著。具体来说，常见种的生物量和限制种显著增加，但是常见种的密度和远离种的变化并不显著。2013 年限制种的显著增加很可能是由各种因素共同引起的。首先，2013 年相对简单构型的苦草的消失与复杂构型的狐尾藻和大茨藻的剧烈增加可以提供更复杂的、不同大小和形状的栖息地，因此更多限制种可以在此生长和繁殖。然后，复杂构型的沉水植物通过提供不同的微生境，支持各种附着藻类，进而可以支持以它们为食的各种固着生物，而达到促进其生长的目的。最后，密集的沉水植物群落的复杂结构也可以为大型限制种提供避难作用，并通过增加捕食者搜索和追踪时间降低其捕食效率。

总之，2013 年沉水植物的过度生长可以通过增加大型浮游动物的密度和生物量的方式，来增强其对浮游植物的捕食控制，进而降低浮游植物密度，改善水生生态系统。然而，密集的沉水植物也给湖泊管理者带来了很大的麻烦，严重妨碍了管理船舶的正常航行，破坏了湖泊景观功能。虽然 2014 年进行的沉水植物收割解决了水生态系统保护与湖泊管理或景观功能之间冲突的问题，却直接造成了沉水植物群落的衰退。作为环境变化的快速响应者，浮游动物群落表现出巨大的变化，2014 年大多数浮游动物参数值与 2013 年甚至 2012 年相比，都显著降低。

第 8 章 结语与展望

　　中国科学院水生生物研究所牵头组织的国家水专项杭州西湖科研团队针对影响西湖水体富营养和水生态退化的关键问题和技术瓶颈，历经"十一五""十二五""十三五"，开展协同攻关，发挥团队优势，长期扎根在西湖工作站和示范工程现场，十数年如一日，为揭示影响西湖水生态退化问题，克服一个又一个困难，取得了生态基底改良、沉水植物恢复等技术方面的层层突破，研发出系列关键技术。科研团队研发出基于胁迫响应的沉水植物种群筛选与扩繁、人工干预-系统自调控植被管护、香灰土底质环境改善等系列技术，研发藻类异常增殖生态调控技术、大面积沉水植被的稳定和科学管理技术，并成功进行工程示范，达到生态和景观的双重效果。

　　针对杭州西湖西部水域沉水植物匮乏、生态系统结构不合理、湖泊自净能力差等现状，通过水体生境条件诊断，对恢复水生植物进行优选、定植、扩繁、水生植被群落结构优化、生态系统调控与管理及水生植物稳定化技术与管理等攻关和工程示范，从而集成了湖西区域水生植物群落优化、生态系统调控与管理技术，构建了与景观相协调的以沉水植物为主的水生植物群落，提高水体自净能力和湖泊景观功能。"十一五"期间建成湖西水域水生植物群落优化和北里湖生态修复示范工程，在西湖湖西的茅家埠、乌龟潭、浴鹄湾共约 70 万 m^2 示范区内成功恢复了以沉水植物为主，浮叶、挺水植物为辅的复合群落，且能自我繁殖、扩展，四季自然更替，氮磷浓度较同期下降 10%～15%，多样性指数提高 67%。对北里湖附近流域污染物来源与湖泊进出通量的调查，通过流域污染源的调查，厘清其来源、数量和分布，通过对底泥类型、释放方式、环境影响条件的研究，给出进出西湖的营养盐通量、滞留率和沉积物释放贡献。针对北里湖高含水率、高有机质的香灰土存在不利于水生植物恢复等环境条件，科研团队进行了小试和中试研究开发底质改造的方法，以及水生高等植物适生性和修复等综合方法，相关方法和技术成熟后应用于北里湖底质环境改善工程，同时实施大规模的沉水植物修复示范工程，工程取得了良好的效果，各项指标达到原有设计要求。示范工程的成功实施为我国其他类似水体的修复提供有力的技术支撑。

　　"十二五"期间在重点研究区西湖范围内，研发藻类异常增殖生态调控技术、大面积沉水植物的稳定和科学管理技术，并进行工程示范，达到生态和景观的双重效果，主要包括：针对湖西和小南湖水域具体情况解析特殊生境沉水植物存活生长的限制因素，提出改良措施，进而开展工程示范。在"十一五"示范工程成果的基础上开展沉水植物生境需求阈值研究，解析影响稳态繁衍的关键限制因子；研发基于分子标记的沉水植物扩繁的追踪和溯源技术解析湖区植物群落分布的扩展过程。从水质、人为干扰、种内和种间关系的改变、动物牧食、植物繁殖体的扩散等方面研发沉水植物群落演替干预技术。同时研发水生植物修复时期的沉水植物管护技术。研究确定了西湖着生藻类优势种和关键影响因子，明确了在同一体系中沉水植物生物量与着生藻类生物量呈明显负相关，提出了着生藻类生态控制技术。西湖鱼类是影响沉水植物恢复的主要环境因子之一，确定了西湖主要的鱼类种类及其对沉水植物的摄食特征，在此基础上提出了沉水植物耐牧食群落构建技术。筛选出多种适应西湖不同水域群落结构优化的沉水植物，根据不同沉水植物生态位确定了植物斑块镶嵌布局；针对西湖特殊生境底质，研制出生态基底改良材料。建设了西湖沉水植物恢复与群落优化调控示范工程，示范工程实施后，在一个多平方公里湖区重建了稳定的沉水植物复合群落，湖西示范区形成了沉水植物群落结构优化、生物多样性高的良性水生态系统格局，形成了壮观的水下森林景观，抑制了着生藻类异常增殖，水质明显改善，透明度显著提高。

2016 年 9 月，G20 第十一次峰会在美丽的杭州西子湖畔召开，峰会许多重要活动在西湖水域和周边进行，清澈盈满的西湖水和优美的水景观给中外来宾留下了深刻印象，得到了中外领导人和宾客的赞扬。研究成果从技术研发到应用转化，重建了稳定的沉水植物复合群落，水体透明度、浮游植物和浮游动物多样性明显提高，生态效应显著。研发成果和工程效果得到了国内外专家、当地民众和国内外广大游客的高度评价，为杭州西湖成功入选《世界遗产名录》和 G20 杭州峰会水环境保障和西湖水体景观美化做出了贡献。

研究工作得到国家"十一五""十二五"水专项（2009ZX07106-002，2009～2011年；2012ZX07101-007-005，2012～2015 年）、国家自然科学重点基金项目（31830013）、国家重点研发课题（2016YFC0500400）、中科院科技服务网络计划（STS 计划）及地方项目等支持。围绕杭州西湖水生态修复持续开展 15 年的系统研究，共培养博士后和研究生 46 名，相关研究成果 150 余篇发表在 *Water Research*、*Chemical Engineering Journal*、《环境科学》等国内外生态环境领域学术期刊，授权专利 20 余项，获得省部级奖励 3 项。

　　目前虽然西湖水体透明度明显提高，水环境显著改善，景观效果明显，然而湖泊的污染治理和生态修复是一个缓慢长期的过程，如日本的琵琶湖生态恢复治理耗时数十年。目前的西湖正处于向草型清水态转换的关键时期，尚有很多科学问题有待研究和解决，如脆弱的生态系统对突发水质和水量突然变化、大量的游船扰动的响应和反馈，流场的优化，沉水植物的进一步恢复、扩繁和优化，鱼类牧食的影响，生态系统的稳定，景观进一步美化等。下一步还需要开展外源入湖污染负荷削减、水文过程与内源负荷削减、着生藻稳态调控、沉水植物健康稳定生态系统构建、水生态系统服务功能提升等相关研究。如果治理和修复措施能根据其内在的规律循序渐进，当前好转的形势可以进一步维持和提升，使整个西湖生态环境达到良性循环和整体改善。相信在西湖科研团队、有关政府管理部门和民众的共同努力下，西湖在不久的将来定会实现水清岸绿、鱼翔浅底、水草丰茂、健康美丽。

参 考 文 献

包先明, 陈开宁, 范成新, 2006. 沉水植物生长对沉积物间隙水中的氮磷分布及界面释放的影响. 湖泊科学, 18(5): 515-522.

鲍士旦, 2000. 土壤农化分析. 3 版. 北京: 中国农业出版社.

边归国, 2012. 浮水植物化感作用抑制藻类的机理与应用. 水生生物学报, 36(5): 978-982.

蔡树伯, 赵辉, 陈建立, 2015. 北大港水库沉水植物过度生长控制技术研究. 现代农业科技, 9: 219-220.

陈红, 阳旭, 赵丽芹, 等, 2016. 不同矿石对反渗透淡化水的调质效果研究. 浙江大学学报(理学版), 43(2): 231-236, 252.

陈洪达, 1984. 杭州西湖水生植被恢复的途径与水质净化问题. 水生生物学报(2): 237-244.

陈开宁, 陈小峰, 陈伟民, 等, 2006a. 不同基质对四种沉水植物生长的影响. 应用生态学报(8): 1511-1516.

陈开宁, 兰策介, 史龙新, 等, 2006b. 苦草繁殖生态学研究. 植物生态学报, 30(3): 487-495.

陈可可, 赵莎, 2017. 麦饭石在土壤改良中的应用效果研究. 广州化工, 45(17): 60-62.

陈琳荔, 邹华, 2015. 改性麦饭石对水中氮磷的去除. 食品与生物技术学报, 34(3): 283-290.

陈平, 2019. 城市内河底泥修复技术的探讨. 环境与发展, 31(1): 16-17, 20.

陈秋阳, 2017. 汉江上游金水河小流域河流沉积物反硝化细菌群落研究. 武汉: 中国科学院武汉植物园.

陈孝花, 潘连德, 张饮江, 2011. 水中丝状藻类有害藻华的形成与对策. 南方水产科学, 7(2): 77-82.

陈振昆, 丁光, 罗富成, 1998. 两种规格草鱼对32种牧草嗜好性的初步研究. 云南农业大学学报(自然科学), 13(4): 411-414.

成思梦, 2019. 基于在线监测的湖泊水质预测及评价研究. 武汉: 武汉理工大学.

从善畅, 汪家权, 董玉红, 等, 2014. 刚毛藻对重金属 Pb^{2+} 的耐受性及吸附性研究. 安徽农业科学, 42(2): 552-554.

刁正俗, 1990a. 中国水生杂草. 重庆: 重庆出版社.

刁正俗, 1990b. 菱在个体发育中的形态变化. 渝州大学学报(自然科学版), 3: 1-11.

丁轶睿, 李定龙, 张毅敏, 等, 2017. 滆湖底泥细菌群落结构及多样性. 环境科学学报, 37(5): 1649-1656.

丁永伟, 王宝贞, 王琳, 等, 2009. 人工湿地和稳定塘在污水深度处理和综合利用中的应用. 水工业市场(6): 48-51, 58.

段德龙, 于金金, 杨静, 等, 2011. 伊乐藻与狐尾藻、苦草和金鱼藻的竞争研究. 河南农业科学, 40(8): 149-152, 155.

范成新, 刘敏, 王圣瑞, 等, 2021. 近20年来我国沉积物环境与污染控制研究进展与展望. 地球科学进展, 36(14): 346-374.

冯长根, 李鑫, 曾庆轩, 等, 2005. 强碱阴离子交换纤维对活性染料的吸附性能研究. 材料功能材料, 36(10): 1568-1571.

冯光化, 2001. 中国麦饭石资源与开发研究. 矿物岩石地球化学通报, 20(2): 131-135.

符鸿, 2015. 大型溞对西湖孳生丝状藻的摄食作用研究. 武汉: 中国科学院水生生物研究所.

干方群, 杭小帅, 马毅杰, 等, 2013. 天然及改性膨润土在磷污染水体净化中的应用. 中国矿业, 22(10): 76-79.

高健, 2006. 沉水植物繁殖生理与组培快繁技术研究. 武汉: 华中师范大学.

高健, 罗青, 李刚, 等, 2005. 溶氧、温度、氮和磷对菹草(*Potamogeton crispus* L.)冬芽萌发及生长的影响. 武汉大学学报(理学版), 51(4): 511-516.

高云霓, 刘碧云, 王静, 等, 2011. 苦草(*Vallisneria spiralis*)释放的酚酸类物质对铜绿微囊藻(*Microcystis aeruginosa*)的化感作用. 湖泊科学, 23(5): 761-766.

葛绪广, 2009. 沉水植物对沉积物磷迁移转化的影响. 南京: 南京师范大学.

耿楠, 王沛芳, 王超, 等, 2015. 水动力条件下苦草对水环境中重金属的富集//吴有生, 唐洪武, 王超. 第二十七届全国水动力学研讨会文集(下册). 北京: 海洋出版社: 1238-1245.

顾林娣, 陈坚, 陈卫华, 等, 1994. 苦草种植水对藻类生长的影响. 上海师范大学学报(自然科学版), 23(1): 62-68.

郭新宇, 2012. 基于环境地理信息平台的预警系统的构建. 中国环境管理(4): 29-34.

韩翠敏, 胡庚, 武涛, 等, 2014. 不同水体条件和基质类型对苦草(*Vallisneria spiralis* L.)种子萌发的影响. 生态学杂志, 33(6): 1515-1519.

韩帆, 2019. 硅酸盐矿物对沉水植物生理生态的影响研究. 武汉: 武汉理工大学.

韩帆, 张义, TRINH X T, 等, 2019. Sr-TiO$_2$/多孔陶瓷滤球复合光催化剂对难降解有机物腐殖酸的去除性能. 化工新型材料, 47(3): 259-263.

韩莉, 2017. 杭州西湖龙泓涧流域非点源污染源解析及控制措施研究. 上海: 华东师范大学.

韩燕青, 刘鑫, 胡维平, 等, 2017. CO$_2$浓度升高对苦草(*Vallisneria natans*)叶绿素荧光特性的影响. 植物研究(1): 47-53.

郝贝贝, 吴昊平, 史俏, 等, 2013. 云南高原10个湖泊沉水植物的碳、氮、磷化学计量学特征. 湖泊科学, 25(4): 539-544.

胡廷尖, 李训朗, 王雨辰, 等, 2011. 草食性鱼种抑制凤眼莲生长的试验. 热带农业科学, 9(31):

56-60.

胡小贞, 金相灿, 梁丽丽, 2008. 不同改良条件下硫酸铝对滇池污染底泥磷的钝化效果. 环境科学学报, 28(1): 44-49.

黄发明, 2012. 钱塘江微污染寡碳引水脱氮示范工程试验研究. 武汉: 武汉理工大学.

黄廷林, 周瑞媛, 夏超, 等, 2014. 氧化还原电位及微生物对水库底泥释磷的影响. 环境化学, 33(6): 930-936.

黄祚建, 张瑞昊, 王军, 等, 2021. 猪场污水异养硝化-好氧反硝化菌筛选及性能研究. 畜牧与兽医, 53(3): 46-51.

蒋小欣, 阮晓红, 邢雅囡, 等, 2007. 城市重污染河道上覆水氮营养盐浓度及 DO 水平对底质氮释放的影响. 环境科学, 28(1): 87-91.

金相灿, 姜霞, 姚扬, 等, 2004. 溶解氧对水质变化和沉积物吸磷过程的影响. 环境科学研究, 17(S1): 34-39.

孔繁翔, 桑伟莲, 蒋新, 2000. 铝对植物毒害及植物抗铝作用机理. 生态学报, 20(5): 855-862.

孔令为, 2013. 多塘/人工湿地耦合工艺处理杭州西湖寡碳高氮微污染水体的研究. 武汉: 中国科学院水生生物研究所.

孔令为, 贺锋, 夏世斌, 等, 2014. 钱塘江引水降氮示范工程的构建和运行研究. 环境污染与防治, 36(11): 60-66.

寇丹丹, 张义, 黄发明, 等, 2012. 水体沉积物磷控制技术. 环境科学与技术(10): 81-85.

兰波, 2011. 洱海周丛藻类生态学研究. 武汉: 华中师范大学.

雷婷文, 魏小飞, 戴耀良, 等, 2015. 6 种常见沉水植物对水体的净化作用研究. 安徽农业科学, 43(36): 160-161, 196.

黎慧娟, 倪乐意, 曹特, 等, 2008. 弱光照和富营养对苦草生长的影响. 水生生物学报, 32(2): 225-230.

李传红, 谢贻发, 刘正文, 2007. 鱼类对浅水湖泊生态系统及其富营养化的影响. 安徽农业科学, 36(9): 3679-3681.

李东, 2000. 池塘种苦草养蟹. 渔业致富指南(6): 25.

李共国, 吴芝瑛, 虞左明, 2006. 引水和疏浚工程支配下杭州西湖浮游动物的群落变化. 生态学报, 26(10): 3508-3515.

李海洋, 2018. 浅析软件工程数据挖掘研究进展. 数码世界(10): 66.

李红仙, 2006. 西湖流场和浓度场对引水工程响应的数值模拟研究. 杭州: 浙江大学.

李宽意, 刘正文, 胡耀辉, 等, 2006. 椭圆萝卜螺（Radix swinhoei H. Adams）对三种沉水植物的牧食选择. 生态学报, 26(10): 3221-3224.

李垒, 廖日红, 牛影, 等, 2010. 不同特性底质对沉水植物恢复生长的影响. 生态环境学报, 19(11): 2680-2685.

李文朝, 尹澄清, 陈开宁, 等, 1999. 关于湖泊沉积物磷释放及其测定方法的邹议. 湖泊科学, 11(4): 296-302.

李泽, 2012. 若干环境因子对四种沉水植物恢复影响研究. 武汉: 武汉理工大学.

李泽, 高小辉, 贺锋, 等, 2012. 苦草和黑藻对模拟西湖水体中 COD_{Mn} 及 TN 和 NO_3-N 的去除力分析. 植物资源与环境学报, 21(4): 29-34.

李振国, 王国祥, 张佳, 等, 2014. 苦草(*Vallisneria natans*)根系对沉积物中各形态磷的影响. 环境科学, 35(4): 1304-1310.

李震宇, 朱荫湄, 王进, 1998. 杭州西湖沉积物的若干物理和化学性状. 湖泊科学, 10(1): 79-84.

连光华, 张圣照, 1996. 伊乐藻等水生高等植物的快速营养繁殖技术和栽培方法. 湖泊科学, 8(增刊): 11-16.

蔺庆伟, 2015. 杭州西湖西进水域沉水植物斑块镶嵌格局优化及稳定化研究. 新乡: 河南师范大学.

蔺庆伟, 2018. 杭州西湖铝盐空间分布及沉水植物对其响应研究. 北京: 中国科学院大学.

梁启斌, 刘云根, 王伟, 等, 2011. 改性膨润土对校园生活污水中磷的去除研究. 环境科学导刊, 30(1): 63-65.

刘兵钦, 王万贤, 宋春雷, 2004. 菹草对湖泊沉积物磷状态的影响. 武汉植物学研究, 22(5): 394-399.

刘建康, 谢平, 1999. 揭开武汉东湖蓝藻水华消失之谜. 长江流域资源与环境, 8(3): 312-319.

刘凯辉, 张松贺, 吕小央, 2015. 南京花神湖 3 种沉水植物表面附着微生物群落特征. 湖泊科学, 27(1): 103-112.

刘瑶, 江辉, 方玉杰, 等, 2015. 基于 SWAT 模型的昌江流域土地利用变化对水环境的影响研究. 长江流域资源与环境, 24(6): 937-942.

刘永, 郭怀成, 周丰, 2006. 湖泊水位变动对水生植被的影响机理及其调控方法. 生态学报, 26(9): 3117-3126.

刘玉超, 于谨磊, 陈亮, 等, 2008. 浅水富营养化湖泊生态修复过程中大型沉水植物群落结构变化以及对水质影响. 生态科学, 27(5): 376-379.

刘子森, 2019. 一种改性硅酸盐矿物和沉水植物联合控制湖泊沉积物磷. 武汉: 中国科学院水生生物研究所.

刘子森, 张义, 贺锋, 等, 2018a. 改性膨润土对杭州西湖沉积物各形态磷的吸附性能. 环境科学学报, 38(6): 2445-2453.

刘子森, 张义, 王川, 等, 2018b. 改性膨润土和沉水植物联合作用处理沉积物磷. 中国环境科学, 38(2): 665-674.

刘子森, 张义, 张垚磊, 等, 2017. 多孔陶瓷滤球对杭州西湖沉积物 5 种形态磷的吸附性能. 环境工程学报, 11(1): 151-158.

柳栋升, 王海燕, 杨慧芬, 等, 2012. PCR-DGGE 研究亚硝化-电化学生物反硝化全自养脱氮工艺细菌多样性. 环境工程学报, 6(9): 3349-3355.

卢少勇, 金相灿, 郭建宁, 等, 2007. 沉积物-水系统中氮磷变化与上覆水对藻类生长的影响. 环境科学, 28(10): 2169-2173.

卢少勇, 许梦爽, 金相灿, 等, 2012. 长寿湖表层沉积物氮磷和有机质污染特征及评价. 环境科学, 33(2): 393-398.

陆子川, 2001. 湖泊底泥挖掘可能导致水体氮磷平衡破坏的研究. 中国环境监测(2): 40-42.

罗雯, 张倩颖, 廖作敏, 等, 2017. 基于高通量测序技术的不同性状窖泥微生物组成研究. 食品与发酵工业, 43(9): 9-14.

骆凤, 张义, 韩帆, 等, 2020. 硅酸盐矿物麦饭石对沉水植物苦草(Vallisneria spiralis)生长的促进效应. 湖泊科学, 32(4): 999-1007.

马文华, 2014. 螺类对着生藻类的摄食生态研究. 上海: 上海海洋大学.

苗滕, 高健, 陈炳辉, 等, 2013. 惠州西湖生态修复对浮游甲壳动物群落结构的影响. 生态科学, 32(3): 324-330.

闵奋力, 2018. 杭州西湖沉水植物恢复的群落动态变化及关键影响因子研究. 武汉: 中国科学院水生生物研究所.

倪乐意, 2001. 富营养水体中肥沃底质对沉水植物生长的胁迫. 水生生物学报(4): 399-405.

念宇, 韩耀宗, 杨再福, 2009. 不同基质上着生生物群落生态学特性比较研究. 环境科技(5): 14-17.

裴国凤, 刘梅芳, 2009. 武汉东湖底栖藻类在不同基质上生长的比较. 湖泊科学, 21(3): 357-362.

裴国凤, 刘国祥, 胡征宇, 2007. 东湖沿岸带底栖藻类群落的时空变化. 水生生物学报, 31(6): 836-842.

彭近新, 陈慧君, 1988. 水质富营养化与防治. 北京: 中国环境科学出版社.

钱玮, 朱艳霞, 邱业先, 2017a. 环境因子对太湖底泥细菌群落结构的影响. 苏州科技大学学报(自然科学版), 34(3): 50-54.

钱玮, 朱艳霞, 邱业先. 2017b. 太湖底泥中聚磷菌多样性的垂直分布. 江苏农业科学, 45(3): 221-224.

屈建航, 李宝珍, 袁红莉, 2007. 沉积物中微生物资源的研究方法及其进展. 生态学报, 27(6): 2636-2641.

任丽娟, 何聃, 邢鹏, 等, 2013. 湖泊水体细菌多样性及其生态功能研究进展. 生物多样性, 21(4): 421-432.

任向科, 2009. 人工基质附着藻类群落结构变化及其对水质的影响. 广州: 暨南大学.

单玉书, 沈爱春, 刘畅, 等, 2018. 太湖底泥清淤疏浚问题探讨. 中国水利, 1(23): 11-13.

邵留, 2003. 几种生态因子对黑藻断枝生殖的影响. 水利渔业, 23(6): 16-18.

邵留, 沈盎绿, 罗亚平, 2003. 几种生态因子对黑藻断枝生殖的影响. 水生态学杂志, 23(6): 16-18.

施沁璇, 叶雪平, 孙博怿, 等, 2018. 沉水植物对养殖池塘底泥中重金属的生物有效性. 上海海洋大学学报(5): 651-661.

史春龙, 2003. 富营养化湖泊底泥中反硝化微生物及其反硝化作用的研究. 南京: 南京农业大学.

宋明生, 2016. 基于数值模拟的流域水环境综合信息管理理论与方法研究. 武汉: 武汉大学.

宋玉芝, 秦伯强, 高光, 2009. 附着生物对富营养化水体氮磷的去除效果. 长江流域资源与环境, 18(2): 180-184.

宋振扬, 2018. 天然及改性吸附剂对废水中磷的吸附研究. 石家庄: 河北科技大学.

苏豪杰, 吴耀, 夏午来, 等, 2017. 长江中下游湖泊群落水平下沉水植物碳、氮、磷化学计量特征及其影响因素. 湖泊科学, 29(2): 430-438.

苏胜齐, 沈盎绿, 姚维志, 2002. 菹草着生藻类的群落结构与数量特征初步研究. 西南农业大学学报, 24(3): 255-258.

苏文华, 张光飞, 张云孙, 等, 2004. 5 种沉水植物的光合特征. 水生生物学报(4): 391-395.

孙海国, 张福锁, 杨军芳, 2001. 不同供磷水平小麦苗期根系特征与其相对产量的关系. 华北农学报(3): 98-104.

孙红巍, 2017. 流域水质在线监测与预警技术的研究. 哈尔滨: 哈尔滨工业大学.

孙健, 2018. 草鱼摄食对生态修复中沉水植物恢复的影响及机理研究. 武汉: 中国科学院水生生物研究所.

孙健, 贺锋, 吴振斌, 等, 2019. 影响草鱼摄食水生植物因素的研究进展. 水产学杂志, 32(3): 53-57.

孙健, 贺锋, 张义, 等, 2015. 草鱼对不同种类沉水植物的摄食研究. 水生生物学报, 39(5): 998-1002.

孙健, 贺锋, 张义, 等, 2021. 杭州西湖子湖湖区沉水植物群落恢复区鱼类调查与分析. 水产学杂志, 34(3): 72-77.

田蕾, 2010. 镁渣、赤泥陶瓷滤球资源化利用去除废水中 As 试验研究. 武汉: 武汉理工大学.

汪小雄, 2011. 化学方法在除藻方面的应用. 广东化工, 38(4): 24-26.

王斌, 2009. 南阳麦饭石性能及改性研究. 郑州: 郑州大学.

王超, 邹丽敏, 王沛芳, 等, 2008. 典型城市浅水湖泊沉积物中磷与铁的形态分布及相关关系. 环境科学, 29(12): 3400-3404.

王川, 2017. 杭州西湖沉水植被恢复过程中沉积物微生物生态学研究. 武汉: 中国科学院水生生物研究所.

王传海, 李宽意, 文明章, 等, 2007. 苦草对水中环境因子影响的日变化特征. 农业环境科学学报, 26(2): 798-800.

王洪兴, 程红, 孙霞, 等, 2011. 湖库大型水生植物过度生长的控制对策. 农业环境与发展, 28(2): 69-71.

王建, 2018. 紫外线联合麦饭石中药药浴治疗银屑病的临床观察. 中国医疗器械信息, 24(2): 121-122.

王晋, 林超, 张毅敏, 等, 2015. 水体浊度对沉水植物菹草生长的影响. 生态与农村环境学报, 31(3): 353-358.

王珺, 顾宇飞, 朱增银, 等, 2005. 不同营养状态下金鱼藻的生理响应. 应用生态学报, 16(2): 337-340.

王立志, 王国祥, 俞振飞, 等, 2010. 苦草光合作用日变化对水体环境因子及磷质量浓度的影响. 生态环境学报, 19(11): 2669-2674.

王圣瑞, 2013. 湖泊沉积物-水界面过程: 氮磷生物地球化学. 北京: 科学出版社.

王圣瑞, 赵海超, 杨苏文, 等, 2010. 不同类型沉积物磷形态转化及其对狐尾藻生长的影响. 环境科学, 31(11): 2666-2672.

王诗博, 郑丙辉, 瞿广飞, 等, 2017. 改性麦饭石吸附水中氨氮性能及机理研究. 化工新型材料, 45(9): 166-168.

王帅, 2017. 静动态水环境下不同种植方式对苦草生长的影响. 武汉: 武汉理工大学.

王挺, 王三反, 2018. 混凝剂对去除不同水质污水中磷的效果分析. 工业安全与环保, 11: 7-9.

王晓平, 王玉兵, 杨桂军, 等, 2016. 不同鱼类对沉水植物生长的影响. 湖泊科学, 28(6): 1354-1360.

王翔, 朱召军, 尹敏敏, 等, 2020. 组合人工湿地用于城市污水处理厂尾水深度处理. 中国给水排水, 36(6): 97-101.

王艳云, 2015. 杭州西湖表层沉积物中有机碳特征及相关微生物研究. 武汉: 中国科学院水生生物研究所.

王永平, 王小冬, 秦伯强, 等, 2009. 苦草光合作用日变化对水质的影响. 环境科学研究, 22(10): 1141-1144.

王喆, 2019. 软件工程技术发展分析与探究. 数码世界(11): 57.

魏崇德, 1988. 杭州西湖治理后的浮游动物现状. 海洋湖沼通报(1): 74-78.

魏华, 2013. 水文对水生植物生长繁殖及其光合作用的影响. 武汉: 中国科学院水生生物研究所.

吴娟, 成水平, 吴振斌, 2009. 底泥厌氧环境和光照对菹草萌发和幼苗生理的影响. 长江流域资源与环境, 18(5): 482-488.

吴莉英, 唐前瑞, 尹恒, 等, 2007. 水生植物在园林景观中的应用. 现代园艺(7): 21-23.

吴强亮, 谢从新, 赵峰, 等, 2014. 沉水植物苦草(Vallisneria natans)对沉积物中磷赋存形态的影响. 湖泊科学, 26(2): 228-234.

吴树彪, 张东晓, 柳清青, 等, 2010. 潮汐流人工湿地床处理生活污水的优化研究. 中国农业大学学报, 15(2): 106-113.

吴振斌, 2011. 水生植物与水体生态修复. 北京: 科学出版社.

吴振斌, 蔺庆伟, 刘碧云, 等, 2016. 沉水植物斑块镶嵌控制着生丝状藻过度增殖的生态方法: CN105830711A. 2016-08-10.

吴振斌, 邱东茹, 贺锋, 等, 2001. 水生植物对富营养水体水质净化作用研究. 武汉植物学研究, 19(4): 299-303.

吴振斌, 邱东茹, 贺锋, 等, 2003. 沉水植物重建对富营养水体氮磷营养水平的影响. 应用生态学报, 14(8): 1351-1353.

吴振斌, 易科浪, 刘碧云, 等, 2015. 一种清除漂浮刚毛藻的方法: CN105016524A. 2015-11-04.

吴振斌, 易科浪, 刘碧云, 等, 2017. 一种快速清除漂浮绿藻水绵的方法: CN104926000B. 2015-09-23.

吴芝瑛, 吴洁, 虞左明, 2005. 杭州西湖水生高等植物的恢复与水生生态修复. 环境污染与防治, 27(1): 38-46.

肖祥希, 刘星辉, 杨宗武, 等, 2006. 铝胁迫对龙眼幼苗蛋白质和核酸含量的影响. 林业科学, 42(10): 24-30.

肖月娥, 2006. 主要环境因子对太湖三种大型沉水植物光合作用的影响. 南京: 南京农业大学.

谢佩君, 李铭红, 晏丽蓉, 等, 2016. 三种沉水植物对 Cu、Pb 复合污染底泥的修复效果. 农业环境科学学报, 35(4): 757-763.

谢云成, 李强, 王国祥, 2012. 长期弱光对苦草幼苗生长发育的影响. 生态学杂志, 31(8): 1954-1960.

熊秉红, 李伟, 2000. 我国苦草属(*Vallisneria* L.)植物的生态学研究. 武汉植物学研究, 18(6): 500-508.

徐丹亭, 2013. 杭州西湖入湖溪流水质变化及原位监测研究. 杭州: 浙江大学.

徐恩兵, 余平, 朱志强, 2016. 吲哚乙酸和矮壮素对苦草种子萌发和矮化特征的影响. 安徽农业科学, 44(36): 41-43, 51.

徐洁, 王红, 李思言, 等, 2019. 湖泊沉积物中微生物与生物地球化学循环. 环境科技, 32(1): 74-78.

许佳, 张明珊, 2015. 基于物联网的水环境在线监测系统的研发. 中国新通信, 17(10): 120.

许宽, 刘波, 王国祥, 等, 2013. 苦草(*Vallisneria spiralis*)对城市缓流河道黑臭底泥理化性质的影响. 环境科学, 34(7): 2642-2648.

许经伟, 李伟, 刘贵华, 等, 2007. 两种沉水植物黑藻和伊乐藻的种间竞争. 植物生态学报, 31(1): 83-92.

薛维纳, 彭岩波, 宋祥甫, 等, 2012. 弱光胁迫对黑藻生理生化特性的影响. 安徽农业科学, 40(7): 4169-4172.

鄢文皓, 2020. 不同环境条件下沉水植物恢复综合边界条件研究. 武汉: 中国地质大学(武汉).

闫晖敏, 漆志飞, 林超, 等, 2015. 不同基底对沉水植物的生长影响研究. 安徽农业科学, 43(29):

283-285.

杨婧, 2011. 浅水河湖沉水植物的恢复技术研究. 现代农业科技, 16: 252-258.

杨清心, 李文朝, 1996. 高密度网围养鱼对水生植被的影响及生态对策探讨. 应用生态学报, 7(1): 83-88.

杨卫东, 颜培炎, 唐永杰, 等, 2014. 草鱼对沉水植物过度生长的控制技术综述. 天津农业科学, 20(9): 92-95.

杨永清, 于丹, 耿显华, 等, 2004. 梁子湖苦草繁殖体的分布及其萌发初步研究. 水生生物学报, 28(4): 396-401.

姚远, 贺锋, 胡胜华, 等, 2016. 沉水植物化感作用对西湖湿地浮游植物群落的影响. 生态学报, 36(4): 971-978.

叶斌, 吴蕾, 李春华, 等, 2015. 苦草不同生命阶段对水体、底泥中氮迁移转化的影响. 环境工程技术学报, 5(6): 485-491.

叶春, 邹国燕, 付子轼, 等, 2007. 总氮浓度对 3 种沉水植物生长的影响. 环境科学学报(5): 739-746.

易科浪, 2014. 杭州西湖着生藻类时空分布规律及控制技术研究. 武汉: 中国科学院水生生物研究所.

易科浪, 2016. 杭州西湖着生藻类时空分布规律及控制技术研究. 北京: 中国科学院大学.

易科浪, 代志刚, 刘碧云, 等, 2016. 空间层次及人工基质对着生藻类建群特性的影响. 生态学报, 36(15): 4864-4872.

由文辉, 1999. 螺类与着生藻类的相互作用及其对沉水植物的影响. 生态学杂志, 18(3): 54-58.

余光伟, 余绵梓, 种云霄, 等, 2015. 投加硝酸钙对城市黑臭河道底泥氮迁移转化的影响. 环境工程学报, 9(8): 3625-3632.

袁龙义, 2007. 环境因子对沉水植物生活史对策的影响研究. 武汉: 中国科学院武汉植物园.

袁龙义, 江林枝, 2008. 不同盐度对苦草、刺苦草和水车前种子萌发的影响研究. 安徽农学通报, 14(17): 77-79.

曾磊, 2017. 杭州西湖沉水植物生态修复过程中浮游生物与水质的响应机制. 武汉: 中国科学院水生生物研究所.

翟水晶, 胡维平, 邓建才, 等, 2008. 不同水深和底质对太湖马来眼子菜(Potamogeton malaianus)生长的影响. 生态学报, 28(7): 3035-3041.

张嘉琦, 方祥光, 高晓月, 等, 2013. 沉水植物过度生长的生物控制技术研究进展. 农业资源与环境学报(3): 66-68.

张晶, 2014. 沉水植物附着藻类对不同营养盐浓度的响应. 保定: 河北大学.

张晶, 刘存歧, 2015. 金鱼藻附生生物初级生产力的研究. 环境科学与技术, 38(9): 24-29.

张丽萍, 袁文权, 张锡辉, 2003. 底泥污染物释放动力学研究. 环境污染治理技术与设备, 4(2):

22-26.

张林, 吴彦, 吴宁, 等, 2010. 林线附近主要植被类型下土壤非生长季磷素形态. 生态学报, 30(13): 3457-3464.

张璐, 2019. 刚毛藻对沉水植物、蓝藻生长及沉积物营养迁移影响研究. 武汉: 武汉理工大学.

张秋节, 2009. 浮游藻类和附着藻类生长特性的对比研究. 成都: 西南交通大学.

张群, 宋晴, 朱义, 等, 2015. 7 种沉水植物人工条件下的越冬能力研究. 上海交通大学学报(农业科学版), 33(2): 85-89.

张亚朋, 章婷曦, 王国祥, 2015. 苦草(Vallisneria natans)对沉积物微生物群落结构的影响. 湖泊科学, 27(3): 445-450.

张义, 2013. 纳米复合光催化剂和沉水植物联合作用处理沉积物磷. 武汉: 中国科学院水生生物研究所.

张饮江, 易冕, 王聪, 等, 2012. 3 种沉水植物对水体重金属镉去除效果的实验研究. 上海海洋大学学报, 21(5): 784-793.

张雨, 晏再生, 吴慧芳, 等, 2018. 沉水植物苦草(Vallisneria natans)对多环芳烃污染沉积物的修复作用. 湖泊科学, 30(4): 1012-1018.

张玥, 2015. 西湖引水工程絮凝剂残留铝盐对沉水植物的影响研究. 武汉: 中国科学院水生生物研究所.

张云, 蔡彬彬, 2017. 生态湿地在污水处理厂尾水深度处理中的应用. 人民长江, 48(10): 30-43.

张召基, 夏世斌, 陈尧, 等, 2007. 新型填料生物膜法处理城市污水的试验研究. 武汉理工大学学报, 29(7): 73-76.

张振华, 2012. 麦饭石作为土壤调理剂在不同作物上的应用效果研究. 杨凌: 西北农林科技大学.

赵海超, 赵海香, 王圣瑞, 等, 2008. 沉水植物对沉积物及土壤垂向各形态无机磷的影响. 生态环境, 17(1): 74-80.

赵强, 2006. 受污染水体沉水植物轮叶黑藻恢复的若干生理生态学问题研究. 武汉: 中国科学院水生生物研究所.

赵思颖, 倪才英, 符文昌, 等, 2016. 鄱阳湖流域底泥微生物对环境变量的响应. 江西师范大学学报(自然科学版), 40(2): 194-199.

赵素婷, 厉恩华, 杨娇, 等, 2014. 光照对海菜花(Ottelia acuminata)种子萌发、幼苗生长及生理的影响. 湖泊科学, 26(1): 107-112.

赵文, 2005. 水生生物学. 北京: 中国农业出版社.

赵文博, 刘晓伟, 汪光, 2018. 珠江广州段沉积物微生物对环境差异响应分析. 环境科学与技术, 41(S1): 31-36.

支霞辉, 黄霞, 李朋, 等, 2009. 厌氧-好氧-缺氧短程硝化同步反硝化除磷工艺研究. 环境科学学报, 29(9): 1806-1812.

周恒杰, 2014. 不同环境因子下菹草石芽的浮力变化及其体现的繁殖策略. 南京: 南京大学.

周红梅, 孙蓟锋, 段成鼎, 等, 2013. 5 种土壤调理剂对大蒜田土壤理化性质和大蒜产量的影响. 中国土壤与肥料(3): 26-30.

周金波, 金树权, 包薇红, 等, 2018. 不同浓度氨氮对 4 种沉水植物的生长影响比较研究. 农业资源与环境学报, 35(1): 74-81.

周小宁, 王圣瑞, 金相灿, 2006. 沉水植物黑藻对沉积物有机, 无机磷形态及潜在可交换性磷的影响. 环境科学, 27(12): 2421-2425.

周易勇, 付永清, 1999. 水体磷酸酶: 来源、特征及其生态学意义. 湖泊科学, 11(3): 274-278.

朱丹婷, 2011. 光照强度、温度和总氮浓度对三种沉水植物生长的影响. 金华: 浙江师范大学.

朱丹婷, 李铭红, 乔宁宁, 2010. 正交试验法分析环境因子对苦草生长的影响. 生态学报, 30(23): 6451-6459.

朱广伟, 李静, 朱梦圆, 等, 2017. 锁磷剂对杭州西湖底泥磷释放的控制效果. 环境科学, 38(4): 1451-1459.

朱海虹, 1995. 鄱阳湖湿地的结构、功能及其保护//陈宜瑜. 中国湿地研究. 长春: 吉林科学技术出版社: 182-190.

朱丽娜, 刘祥臣, 姜婷婷, 2013. 大庆油田回注水中悬浮物组成和成因研究. 化学工程师, 210(3): 36-38.

朱协军, 韩璐, 方根生, 2017. 苦草(*Vallisneria natans*)无性系结构与生长特征对种群密度的响应. 基因组学与应用生物学, 36(7): 3003-3007.

左进城, 苗凤萍, 王爱云, 等, 2009. 收割对穗花狐尾藻生长的影响. 生态学杂志, 28(4): 643-647.

左进城, 赵晓雨, 康铭杨, 等, 2014. 底质掩埋对苦草种子成苗和幼苗存活的影响. 广东农业科学, 41(22): 39-43.

ABDELMAGID H M, TABATABAI M A, 1987. Nitrate reductase activity of soils. Soil Biology and Biochemistry, 19(4): 421-427.

ACHA D, INIGUEZ V, ROULET M, et al., 2005. Sulfate-reducing bacteria in floating macrophyte rhizospheres from an Amazonian floodplain lake in Bolivia and their association with Hg methylation. Applied and Environmental Microbiology, 71(11): 7531-7535.

ACOSTA L W, SABBATINI M R, FERNÁNDEZ O A, et al., 1999. Propagule bank and plant emergence of macrophytes in artificial channels of a temperate irrigation area in Argentina //Biology, Ecology and Management of Aquatic Plants. Dordrecht: Springer: 1-5.

AHMED I M, DAI H, ZHENG W, et al., 2013. Genotypic differences in physiological characteristics in the tolerance to drought and salinity combined stress between Tibetan wild and cultivated barley.

Plant Physiology and Biochemistry, 63: 49-60.

ALTENA C V, BAKKER E S, KUIPER J J, et al., 2016. The impact of bird herbivory on macrophytes and the resilience of the clear-water state in shallow lakes: A model study. Hydrobiologia, 777(1): 197-207.

ANDERSON D M, CEMBELLA A D, HALLEGRAEFF G M, 2012. Progress in understanding harmful algal blooms: Paradigm shifts and new technologies for research, monitoring, and management. Annual Review of Marine Science, 4: 143-176.

ANDERSON M R, KALFF J, 1988. Submerged aquatic macrophyte biomass in relation to sediment characteristics in ten temperate lakes. Freshwater Biology, 19(1): 115-121.

ANDRUS J M, WINTER D, SCANLAN M, et al., 2013. Seasonal synchronicity of algal assemblages in three Midwestern agricultural streams having varying concentrations of atrazine, nutrients, and sediment. Science Total Environment, 458-460: 125-139.

ANTUNES C, CORREIA O, DA SILVA J M, et al., 2012. Factors involved in spatiotemporal dynamics of submerged macrophytes in a Portuguese coastal lagoon under Mediterranean climate. Estuarine, Coastal and Shelf Science, 110: 93-100.

ARMELLINA A A D, BEZIC C R, GAJARDO O A, et al., 1999. Submerged macrophyte control with herbivorous fish in irrigation channels of semiarid Argentina. Hydrobiologia, 415: 265-269.

ASAEDA T, RAJAPAKSE L, SANDERSON B, 2007. Morphological and reproductive acclimations to growth of two charophyte species in shallow and deep water. Aquatic Botany, 86: 393-401.

ASAEDA T, RASHID M H, 2017. Effects of turbulence motion on the growth and physiology of aquatic plants. Limnologica, 62: 181-187.

ASAEDA T, SULTANA M, MANATUNGE J, et al., 2004. The effect of epiphytic algae on the growth andproduction of *Potamogeton perfoliatus* L. in two light conditions. Environmental Andexperimental Botany(52): 225-238.

AZZONI R, GIORDANI G, VIAROLI P, 2005. Iron-sulphur-phosphorus interactions: Implications for sediment buffering capacity in a Mediterranean eutrophic lagoon (Sacca di Goro, Italy). Hydrobiologia, 550(1): 131-148.

BAI G L, ZHANG Y, YAN P, et al., 2020. Spatial and seasonal variation of water parameters, sediment properties, and submerged macrophytes after ecological restoration in a long-term (6 year) study in Hangzhou West Lake in China: Submerged macrophyte distribution influenced by environmental variables. Water Research, 186: 116379.

BAKKER E S, SARNEEL J M, GULATI R D, et al., 2013. Restoring macrophyte diversity in shallow temperate lakes: Biotic versus abiotic constraints. Hydrobiologia, 710: 23-27.

BAKKER E S, VAN DONK E, DECLERCK S A J, et al., 2010. Effect of macrophyte community composition and nutrient enrichment on plant biomass and algal blooms. Basic and Applied Ecology, 11(5): 432-439.

BALATA D, BERTOCCI I, PIAZZI L, et al., 2008. Comparison between epiphyte assemblages of leaves and rhizomes of the seagrass Posidonia oceanica subjected to different levels of anthropogenic eutrophication. Estuarine, Coastal and Shelf Science, 79: 533-540.

BARKER T, HATTON K, O'CONNOR M, et al., 2008. Effects of nitrate load on submerged plant biomass and species richness: Results of a mesocosm experiment. Fundamental and Applied Limnology/Archiv für Hydrobiologie, 173(2): 89-100.

BARKO J W, 1983. The growth of *Myriophyllum spicatum* L. in relation to selected characteristics of sediment and solution. Aquatic Botany, 15(1): 91-103.

BARKO J W, GUNNISON D, CARPENTER S R, 1991. Sediment interactions with submersed macrophyte growth and community dynamics. Aquatic Botany, 41(1-3): 41-65.

BARKO J W, SMART R M, 1986. Sediment-related mechanisms of growth limitation in submersed macrophytes. Ecology, 67: 1328-1340.

BARRAT-SEGRETAIN M H, BORNETTE G, 2000. Regeneration and colonization abilities of aquatic plant fragments: Effect of disturbance seasonality. Hydrobiologia, 421(1): 31-39.

BARRAT-SEGRETAIN M H, BORNETTE G, HERING VILAS BÔAS A, 1998. Comparative abilities of vegetative regeneration among aquatic plants growing in disturbed habitats. Aquatic Botany, 60(3): 201-211.

BARRAT-SEGRETAIN M H, HENRY C P, BORNETTE G, 1999. Regeneration and colonization of aquatic plant fragments in relation to the disturbance frequency of their habitats. Archiv Fur Hydrobiology, 145: 111-127.

BASKIN C C, BASKIN J M, 1998. Seeds: Ecology, biogeography, and evolution of dormancy and germination. San Diego: Academic Press.

BASU A, BASU U, TAYLOR G J, 1994. Induction of microsomal membrane proteins in roots of an aluminum-resistant cultivar of *Triticum aestivum* L.under conditions of aluminum stress. Plant Physiology, 104(3): 1007-1013.

BATISH D R, KAUR S, SINGH H P, et al., 2009. Role of root-mediated interactions in phytotoxic interference of Ageratum conyzoides with rice (*Oryza sativa*). Flora-Morphology, Distribution, Functional Ecology of Plants, 204(5): 388-395.

BEDFORD A P, 2005. Decomposition of *Phragmites australis* litter in seasonally flooded and exposed areas of a managed reedbed. Wetlands, 25(3): 713-720.

BÉCARES E, GOMÁ J, FERNÁNDEZ-ALÁEZ M, et al., 2008. Effects of nutrients and fish on periphyton and plant biomass across a European latitudinal gradient. Aquatic Ecology, 42(4):

561-574.

BEKLIOĞLU M, BUCAK T, COPPENS J, et al., 2017. Restoration of eutrophic lakes with fluctuating water levels: A 20-year monitoring study of two inter-connected lakes. Water, 9(2): 127.

BEMAN J M, CHOW C E, KING A L, et al., 2011. Global declines in oceanic nitrification rates as a consequence of ocean acidification. Proceedings of the National Academy of Sciences, 108(1): 208-213.

BENNETT E M, CARPENTER S R, CARACO N F, 2001. Human impact on erodable phosphorus and eutrophication: A global perspective. Bioscience, 51(3): 227-234.

BESAURY L, OUDDANE B, PAVISSICH J P, et al., 2012. Impact of copper on the abundance and diversity of sulfate-reducing prokaryotes in two chilean marine sediments. Marine Pollution Bulletin, 64(10): 2135-2145.

BEUTEL M W, LEONARD T M, DENT S R, et al., 2008. Effects of aerobic and anaerobic conditions on P, N, Fe, Mn, and Hg accumulation in waters overlaying profundal sediments of an oligo-mesotrophic lake. Water Research, 42(8-9): 1953-1962.

BIGGS B J F, 1996. Patterns in benthic algae of streams. Algal Ecology, 31-56.

BIGGS B J F, 2000. Eutrophication of streams and rivers: Dissolved nutrient-chlorophyll relationship for benthic algae. Journal of the North American Benthological Society, 19(1): 17-31.

BLUMENBERG M, HOPPERT M, KRUEGER M, et al., 2012. Novel findings on hopanoid occurrences among sulfate reducing bacteria: Is there a direct link to nitrogen fixation? Organic Geochemistry, 49:1-5.

BOEDELTJE G, SMOLDERS A J P, ROELOFS J G M, et al., 2001. Constructed shallow zones along navigation canals: Vegetation establishment and change in relation to environmental characteristics. Aquatic Conservation: Marine and Freshwater Ecosystems, 11(6): 453-471.

BOLDUC P, BERTOLO A, PINEL A B, 2016. Does submerged aquatic vegetation shape zooplankton community structure and functional diversity: A test with a shallow fluvial lake system. Hydrobiologia, 12: 1-15.

BORNETTE G, PUIJALON S, 2011. Response of aquatic plants to abiotic factors: A review. Aquatic Sciences, 73(1): 1-14.

BOWES G, 1985. Pathways of CO_2 fixation by aquatic organisms. Inorganic Carbon Uptake by Aquatic Photosynthetic Organisms: 187-210.

BRITTO D T, SIDDIQI M Y, GLASS A D M, et al., 2001. Futile transmembrane NH_4^+ cycling: A cellular hypothesis to explain ammonium toxicity in plants. Proceedings of the National Academy of Sciences, 98(7): 4255-4258.

BRODRICK S, CULLEN P, MAHER W, 1987. Determination of exchangeable inorganic nitrogen species in wetlands soils. Bulletin of Environmental Contamination and Toxicology, 38(3): 377-380.

BRÖNMARK C, HANSSON L A, 2000. Chemical communication in aquatic systems: An introduction. Oikos, 88(1): 103-109.

BROOKS C, GRIMM A, SHUCHMAN R, et al., 2015. A satellite-based multi-temporal assessment of the extent of nuisance Cladophora and related submerged aquatic vegetation for the Laurentian Great Lakes. Remote Sensing of Environment, 157: 58-71.

BURKHOLDER J M, MASON K M, GLASGOW H B, 1992. Water column nitrate enrichment promotes decline of eelgrass *Zostera marina*: Evidence from seasonal mesocosm experiments. Marine Ecology Progress Series(81): 163-178.

BURKHOLDER J M, WETZEL R G, 1989. Microbial colonization on natural and artificial macrophytes in a phosphorus-limited, hardwater lake. Journal of Phycology, 25: 55-65.

BURNS C W, FORSYTH D J, HANEY J F, et al., 1989. Coexistence and exclusion of zooplankton by *Anabaena rninutissima* var. attenuata in Lake Rotongaio. Archiv fuer Hydrobiologie. Ergebnisse der Limnologie, 32: 63-82.

CAPERS R S, 2003. Macrophyte colonization in a freshwater tidal wetland (Lyme, CT, USA). Aquatic Botany, 77(4): 325-338.

CATARINO L F, FERREIRA M T, MOREIRA I S, 1997. Preferences of grass carp for macrophytes in Iberian drainage channels. Journal of Aquatic Plant Management, 36: 79-83.

CATTANEO A, AMIREAULT M C, 1992. How artifical are artificial substrata for periphyton? Journal of the North American Benthological Society, 11(2): 244-256.

CEDERGREEN N, MADSEN T V, 2003. Nitrate reductase activity in roots and shoots of aquatic macrophytes. Aquatic Botany, 76(3): 203-212.

CHAMBERS P A, PREPAS E E, BOTHWELL M L, et al., 1989. Roots versus shoots in nutrient uptake by aquatic macrophytes in flowing waters. Canadian Journal of Fisheries and Aquatic Sciences, 46: 435-439.

CHANG M Y, JUANG R S, 2004. Adsorption of tannin acid, humic acid, and dyes from water using the composite of chitosan and activated clay. Journal of Colloid Interface Science, 278: 18-25.

CHEN B, HUANG J, WANG J, et al., 2008. Ultrasound effects on the antioxidative defense systems of Porphyridium cruentum. Colloids and Surfaces B: Biointerfaces, 61(1): 88-92.

CHEN C, YIN D, YU B, et al., 2007. Effect of epiphytic algae on photosynthetic function of *Potamogeton crispus*. Journal of Freshwater Ecology(22): 411-420.

CHEN S, JIN W, LIU A, et al., 2013. Arbuscular mycorrhizal fungi (AMF) increase growth andsecondary metabolism in cucumber subjected to low temperature stress. Scientia Horticulturae,

160: 222-229.

CHEN S Y, 1991. Injury of membrane lipid peroxidation to plant cell. Plant Physiology Communications, 27(2): 84-90.

CHEN Y, LI F, TIAN L, et al., 2017. The phenylalanine ammonia lyase gene LJPAL1 is involved in plant defense responses to pathogens and plays diverse roles in *Lotus japonicus*-rhizobium symbioses. Molecular Plant-Microbe Interactions, 30(9): 739-753.

CHIMNEY M J, PIETRO K C, 2006. Decomposition of macrophyte litter in a subtropical constructed wetland in south Florida (USA). Ecological Engineering, 4: 302-321.

CHINOUNE K, BENTALEB K, BOUBERKA Z, et al., 2016. Adsorption of reactive dyes from aqueous solution by dirty bentonite. Applied Clay Science, 123: 64-75.

CHRISTENSEN K K, ANDERSEN F Ø, 1996. Influence of Littorella uniflora on phosphorus retention in sediment supplied with artificial porewater. Aquatic Botany, 55(3): 183-197.

CHUAI X, DING W, CHEN X, et al., 2011. Phosphorus release from cyanobacterial blooms in Meiliang Bay of Lake Taihu, China. Ecological Engineering, 37(6): 842-849.

CHUTIA P, KATO S, KOJIMA T, et al., 2009. Adsorption of As(V) on surfactant-modified natural zeolites. Journal of Hazardous Materials, 162(1): 204-211.

CIFUENTES A, ANTON J, DE WIT R, et al., 2003. Diversity of Bacteria and Archaea in sulphate-reducing enrichment cultures inoculated from serial dilution of Zostera noltii rhizosphere samples. Environmental Microbiology, 5(9): 754-764.

CLAUWAERT P, RABAEY K, AELTERMAN P, et al., 2007. Biological denitrification in microbial fuel cells. Environmental Science& Technology, 41(9): 3354-3360.

COMBROUX I C S, BORNETTE G, AMOROS C, 2002. Plant regenerative strategies after a major disturbance: The case of a riverine wetland restoration. Wetlands, 22(2): 234-246.

CUI E, WU Y, ZUO Y, et al., 2016. Effect of different biochars on antibiotic resistance genes and bacterial community during chicken manure composting. Bioresource Technology, 203: 11-17.

CYPIONKA H, 2000. Oxygen respiration by desulfovibrio species. Annual Review of Microbiology, 54(1): 827-848.

DA SILVA FONSECA J, DE BARROS MARANGONI L F, MARQUES J A, et al., 2017. Effects of increasing temperature alone and combined with copper exposure on biochemical and physiological parameters in the zooxanthellate scleractinian coral *Mussismilia harttii*. Aquatic Toxicology, 190: 121-132.

DA SILVA DKA, FREITAS N D, DE SOUZA R G, et al., 2012. Soil microbial biomass and activity under natural and regenerated forests and conventional sugarcane plantations in Brazil. Geoderma, 189: 257-261.

DAI Y, WU J, MA X, et al., 2017. Increasing phytoplankton-available phosphorus and inhibition of macrophyte on phytoplankton bloom. Science of the Total Environment, 579: 871-880.

DALU T, WASSERMAN R J, MAGORO M L, et al., 2019. River nutrient water and sediment measurements inform on nutrient retention, with implications for eutrophication. Science of the Total Environment, 684: 296-302.

DANIELSDOTTIR M G, BRETT M T, ARHONDITSIS G B, 2007. Phytoplankton food quality control of planktonic food web processes. Hydrobiologia, 589: 29-41.

DAY K J, JOHN E A, HUTCHINGS M J, 2003. The effects of spatially heterogeneous nutrient supply on yield, intensity of competition and root placement patterns in *Briza media* and *Festuca ovina*. Functional Ecology, 17(4): 454-463.

DE ALMEIDA S Z, DE OLIVEIRA FERNANDES V, 2012. Periphytic algal biomass in two distinct regions of a tropical coastal lake/Biomassa de algas perifíticas em duas regiões distintas de uma lagoa costeira tropical. Acta Limnologica Brasiliensia, 24(3): 244-254.

DELHAIZE E, RYAN P R, RANDALL P R, 1993. Aluminum tolerance in wheat (*Triticum aestivum* L.) Aluminum-stimulated excretion of malic acid from roots apices. Plant Physiology, 103: 695-702.

DENNY P, 1980. Solute movement in submerged angiosperms. Biological Reviews, 55(1): 65-92.

DENT C L, CUMMING G S, CARPENTER S R, 2002. Multiple states in river and lake ecosystems Philosophical transactions of the royal society of London series B. Biological Sciences(357): 635-645.

DEXTER A R, 2004. Soil physical quality: Part I. Theory, effects of soil texture, density, and organic matter, and effects on root growth. Geoderma, 120(34): 201-214.

DI LUCA G A, MAINE M A, MUFARREGE M M, et al., 2015. Influence of Typha domingensis in the removal of high P concentrations from water. Chemosphere, 138: 405-411.

DIBBLE E D, KOVALENKO K, 2009. Ecological impact of grass carp: A review of the available data. Journal of Aquatic Plant Management(47): 1-15.

DIXIT S S, SMOL J P, KINGSTON J C, et al., 1992. Diatoms: Powerful indicators of environmental change. Environmental Science Technology, 26: 22-33.

DODDS W K, 1992. A modified fiber-optic microprobe to measure spherically integrated photosynthetic photon flux density: Charaterrization of periphyton photosynthesis-irradiance patterns. Limnology and Oceanography, 37(4): 871-878.

DODDS W K, 2006. Eutrophication and trophic state in rivers and streams. Limnology and Oceanography, 51(1part2): 671-680.

DONG B L, QIN B Q, GAO G, et al., 2014. Submerged macrophyte communities and the controlling factors in large, shallow Lake Taihu (China): Sediment distribution and water depth. Journal of Great Lakes Research, 40(3): 646-655.

DONK E V, OTTE A, 1996. Effects of grazing by fish and waterfowl on the biomass and species composition of submerged macrophytes. Hydrobiologia, 340: 285-290.

DOS SANTOS T R, FERRAGUT C, DE MATTOS BICUDO C E, 2013. Does macrophyte architecture influence periphyton? Relationships among *Utricularia foliosa*, periphyton assemblage structure and its nutrient (C, N, P) status. Hydrobiologia, 714(1): 71-83.

DRISCOLL C T, LEE A, MONTESDEOCA M, et al., 2014. Mobilization and toxicity potential of aluminum from alum floc deposits in Kensico Reservoir, New York. Journal of the American Water Resources Association, 50(1): 143-152.

DUAN B, DONG T, ZHANG X, et al., 2014. Ecophysiological responses of two dominant subalpine tree species *Betula albo-sinensis* and *Abies faxoniana* to intra-and interspecific competition under elevated temperature. Forest Ecology and Management, 323: 20-27.

EBINA J, TSUTSUI T, SHIRAI T, 1983. Simutaneous determination of total nitrogen and total phosphorus in water using peroxodisulfate oxidation. Water Research, 17(12): 1721-1726.

ELGER A, LEMOINE D, 2005. Determinants of macrophyte palatability to the pond snail *Lymnaea stagnalis*. Freshwater Biology(50): 86-95.

EL-KORASHY S A, ELWAKEEL K Z, ABD EL-HAFEIZ A, 2016. Fabrication of bentonite/thiourea formaldehyde composite material for Pb(II), Mn(VII) and Cr(VI) sorption: A combined basic study and industrial application. Journal of Cleaner Production, 137: 40-50.

ELLEN V D, ADRIE O, 1996. Effects of grazing by fish and waterfowl on the biomass and species composition of submerged macrophytes. Hydrobiologia, 120(1-3): 285-290.

FAOSTAT, 2014. Fertilizers Consumption 2002-2012 (online query). Food and Agricultural Organization of the United Nations.

FAN B M, JIAN J H, HONG Y L, et al., 2015. Remedial effects of *Potamogeton crispus* L. on PAH-contaminated sediments. Environmental Science and Pollution Research, 22(10): 7547-7556.

FAN J L, ZHANG J, NGO H H, et al., 2016. Improving low-temperature performance of surface flow constructed wetlands using *Potamogeton crispus* L. plant. Bioresource Technology, 218: 1257-1260.

FARZANA M H, MEENAKSHI S, 2015. Photocatalytic aptitude of titanium dioxide impregnated chitosan beads for the reduction of Cr(VI). International Journal of Biological Macromolecules, 72: 1265-1271.

FERNANDEZ M L, GRANADOS-CHINCHILLA F, RODRIGUEZ C, 2015. A single exposure of sediment sulphate-reducing bacteria to oxytetracycline concentrations relevant to aquaculture enduringly disturbed their activity, abundance and community structure. Journal of Applied Microbiology, 119(2): 354-364.

FESTER T, GIEBLER J, WICK L Y, et al., 2014. Plant-microbe interactions as drivers of ecosystem functions relevant for the biodegradation of organic contaminants. Current Opinion in Biotechnology, 27(6): 168-175.

FOREHEAD H I, KENDRICK G A, THOMPSON P A, 2012. Effects of shelter and enrichment on the ecology and nutrient cycling of microbial communities of subtidal carbonate sediments. FEMS Microbiology Ecology, 80(1): 64-76.

GAFNY S, GASITH A, 1999. Spatially and temporally sporadic appearance of macrophytes in the littoral zone of Lake Kinneret, Israel: Taking advantage of a window of opportunity. Aquatic Botany, 62(4): 249-267.

GAO J Q, XIONG Z T, ZHANG J D, et al., 2009a. Phosphorus removal from water of eutrophic Lake Donghu by five submerged macrophytes. Desalination, 242: 193-204.

GAO L, ZHANG L, HOU J, et al., 2013. Decomposition of macroalgal blooms influences phosphorus release from the sediments and implications for coastal restoration in Swan Lake, Shandong, China. Ecological Engineering, 60: 19-28.

GAO X L, SONG J M, 2008. Dissolved oxygen and O_2 flux across the water air interface of the changjiang estuary in May 2003. Journal of Marine Systems, 74(1/2): 343-350.

GAO Y X, ZHU G W, QIN B Q, et al., 2009b. Effect of ecological engineering on the nutrient content of surface sediments in Lake Taihu, China. Ecological Engineering, 35(11): 1624-1630.

GARCIA-ROBLEDO E, CORZO A, DE LOMAS J G, et al., 2008. Biogeochemical effects of macroalgal decomposition on intertidal microbenthos: A microcosm experiment. Marine Ecology Progress Series, 356: 139-151.

GENSEMER R W, 1989. Influence of aluminum and pH on the physiological ecology and cellular morphology of the acidophilic diatom *Asterionella ralfsii* var. *Americana*. Ann Arbor: University of Michigan.

GÉRARD J, BRION N, TRIEST L, 2014. Effect of water column phosphorus reduction on competitive outcome and traits of *Ludwigia grandiflora* and *L. peploides*, invasive species in Europe. Aquatic Invasions, 9(2): 157-166.

GILLAN D C, PEDE A, SABBE K, et al., 2012. Effect of bacterial mineralization of phytoplankton-derived phytodetritus on the release of arsenic, cobalt and manganese from muddy sediments in the Southern North Sea: A microcosm study. Science of the Total Environment, 419: 98-108.

GLIWICZ W R, LAMPERT W, 1990. Food thresholds in *Daphnia* species in the absence and presence of blue-green filaments. Ecology, 71: 691-702.

GOGOI S, NATH S K, BORDOLOI S, et al., 2015. Fluoride removal from groundwater by limestone treatment in presence of phosphoric acid. Journal of Environment Management, 152: 132-139.

GOMEZ S R, JOHANSEN J R, LOWE R L, 2003. Epilithic aerial algae of Great Smoky Mountains national park. Biologia, 58(4): 603-615.

GONZALEZ-MENDOZA D, GIL F E, RODRIGUEZ J F, et al., 2011. Photosynthetic responses of a salt secretor mangrove, *Avicennia germinans*, exposed to salinity stress. Aquatic Ecosystem Health & Management, 14(3): 285-290.

GONZALEZ-SAGRARIO M A, JEPPESEN E, GOMA J, et al., 2005. Does high nitrogen loading prevent clear-water conditions in shallow lakes at moderately high phosphorus concentrations? Freshwater Biology(50): 27-41.

GOPAL B, GOEL U, 1993. Competition and allelopathy in aquatic plant communities. Botanical Review(59): 155-210.

GOPALAKANNAN V, PERIYASAMY S, VISWANATHAN N, 2016. Synthesis of assorted metal ions anchored alginate bentonite biocomposites for Cr(VI) sorption. Carbohydrate Polymers, 151: 1100-1109.

GRAS A F, KOCH M S, MADDEN C J, 2003. Phosphorus uptake kinetics of a dominant tropical seagrass *Thalassia testudinum*. Aquatic Botany, 76(4): 299-315.

GROSS E M, 2003. Allelopathy of aquatic autotrophs. Critical Reviews in Plant Sciences, 22: 313-339.

GUNDERSON L H, 2000. Ecological resilience-in theory and application. Annual Review of Ecology and Systematics, 31: 425-439.

GUO T R, YAO P C, ZHANG Z D, et al., 2012. Involvement of antioxidative defense system in rice seedlings exposed to aluminum toxicity and phosphorus deficiency. Rice Science(19): 207-212.

HAN C, REN J H, TANG H, et al., 2016. Quantitative imaging of radial oxygen loss from *Vallisneria spiralis* roots with a fluorescent planar optode. Science of the Total Environment, 569-570: 1232-1240.

HAN H J, LU X X, BURGER D F, et al., 2014. Nitrogen dynamics at the sediment-water interface in a tropical reservoir. Ecological Engineering, 73: 146-153.

HAN L, TIMOTHY O R, HUANG M S, 2017. Design and assessment of stream-wetland systems for nutrient removal in an urban watershed of China. Water Air and Soil Pollution, 139: 1-15.

HAN Y Q, WANG L G, YOU W H, et al., 2018. Flooding interacting with clonal fragmentation affects the survival and growth of a key floodplain submerged macrophyte. Hydrobiologia, 806(1): 67-75.

HANDLEY R J, DAVY A J, 2002. Seedling root establishment may limit *Najas marina* L. to sediments of low cohesive strength. Aquatic Botany, 73(2): 129-136.

HANLON S G, HOYER M V, CICHRA C, et al., 2000. Evaluation of macrophyte control in 38 Florida lakes using triploid grass carp. Journal of Aquatic Plant Management, 38: 48-54.

HANSSON L A, 1992. Factors regulating periphytic algal biomass. Limnology and Oceanography, 37(2): 322-328.

HARTONO A, FUNAKAWA S, KOSAKI T, 2006. Transformation of added phosphorus to acid upland soils with different soil properties in Indonesia. Soil Science and Plant Nutrition, 52(6): 734-744.

HAUER T, MÜHLSTEINOVÁ R, BOHUNICKÁ M, et al., 2015. Diversity of cyanobacteria on rock surfaces. Biodiversity and Conservation, 24(4): 759-779.

HAUG A R, CALDWELL C R, 1985. Aluminum toxicity in plants: The role of the root plasma membrane and calmodulin. Frontiers of Membrane Research in Agriculture: 359-381.

HAVENS K E, SHARFSTEIN B, BRADY M A, et al., 2004. Recovery of submerged plants from high water stress in a large subtropical lake in Florida, USA. Aquatic Botany, 78(1): 67-82.

HE H, LIU X, LIU X, et al., 2014. Effects of cyanobacterial blooms on submerged macrophytes alleviated by the native Chinese bivalve *Hyriopsis cumingii*: A mesocosm experiment study. Ecological Engineering(71): 363-367.

HE H, ZHEN Y, MI T, et al., 2015. Community composition and distribution of sulfate- and sulfite-reducing prokaryotes in sediments from the Changjiang estuary and adjacent East China Sea. Estuarine Coastal and Shelf Science, 165: 75-85.

HE Z, KAN J J, WANG Y B, et al., 2009. Electricity production coupled to ammonium in a microbial fuel cell. Environmental Science &Technology, 43(9): 3391-3397.

HEAL O W, 1997. Plant litter quality and decomposition: An historical overview//CADISCH G, GILLER K E. Driven by nature: Plant litter quality and decomposition. Wallingford: CAB International: 3-30.

HECKY R E, HESSLEIN R H, 1995. Contributions of benthic algae to lake food webs as revealed by stable isotope analysis. Journal of the North American Benthological Society, 14(4): 631-653.

HELDER M, STRIK D P B T B, HAMELERS H V M, et al., 2012. New plant-growth medium for increased power output of the plant-microbial fuel cell. Bioresource Technology, 104: 417-423.

HEMMINGA M A, 1998. The root/rhizome system of seagrasses: An asset and a burden. Journal of Sea Research, 39(3-4): 183-196.

HESSLEIN R H, HALLARD K A, RAMLAL P, 1993. Replacement of sulfur, carbon, and nitrogen in tissue of growing broad whitefish (*Coregonus nasus*) in response to a change in diet traced by ^{34}S,

^{13}C and ^{15}N. Canadian Journal of Fisheries Aquatic Sciences, 50: 2071-2076.

HIGGINS S N, HECKY R E, GUILDFORD S J, 2008. The collapse of benthic macroalgal blooms in response to self-shading. Freshwater Biology, 53(12): 2557-2572.

HILT S, GROSS E M, 2008. Can allelopathically active submerged macrophytes stabilize clear-water states in shallow lakes? Basic and Applied Ecology (9): 422-432.

HILT S, GROSS E M, HUPFER M, et al., 2006. Restoration of submerged vegetation in shallow eutrophic lakes: A guideline and state of the art in Germany. Limnologica, 36(3): 155-171.

HOAGLAND K D, ROEMER S C, ROSOWSKI J R, 1982. Colonization and community structure of two periphyton assemblages, with emphasis on the diatoms (Bacillariophyceae). American Journal of Botany, 69(2): 188-213.

HOLMER M, STORKHOLM P, 2001. Sulphate reduction and sulphur cycling in lake sediments: A review. Freshwater Biology, 46(4): 431-451.

HOLMES D E, BOND D R, O'NEIL R A, et al., 2004. Microbial communities associated with electrodes harvesting electricity from a variety of aquatic sediments. Microbial Ecology, 48(2): 178-190.

HONG S W, KIM H S, CHUNG T H, 2010. Alteration of sediment organic matter in sediment microbial fuel cells. Environmental Pollution, 158(1): 185-191.

HONG Y L, FAN B M, YIN D T, et al., 2014. Effect of plant density on phytoremediation of polycyclic aromatic hydrocarbons contaminated sediments with *Vallisneria spiralis*. Ecological Engineering(73): 380-385.

HOORENS B, AERTS R, STROETENGA M, 2003. Does initial litter chemistry explain litter mixture effects on decomposition? Oecologia, 137(4): 578-586.

HOOTSMANS M J M, VERMAAT J E, VAN VIERSSEN W, 1987. Seed bank development, germination and early seedling survival of two seagrass species from the netherlands: *Zostera marina* L. and *Zostera noltii* Hornem. Aquatic Botany, 28(3-4): 275-285.

HOU E, WEN D, LI J, et al., 2012a. Soil acidity and exchangeable cations in remnant natural and plantation forests in the urbanised Pearl River Delta, China. Soil Research, 50(3): 207-215.

HOU L J, LIU M, CARINI S A, et al., 2012b. Transformation and fate of nitrate near the sediment-water interface of Copano Bay. Continental Shelf Research, 35(1): 86-94.

HU P, WANG J, HUANG R, 2016. Simultaneous removal of Cr(VI) and Amido black 10B (AB10B) from aqueous solutions using quaternized chitosan coated bentonite. International Journal of Biological Macromolecules, 92: 694-701.

HU W P, ZHAI S J, ZHU Z C, et al., 2008. Impacts of the Yangtze River water transfer on the restoration of Lake Taihu. Ecological Engineering, 34: 30-49.

HUANG D L, HU C J, ZENG G M, et al., 2017. Combination of Fenton processes and biotreatment for wastewater treatment and soil remediation. Science of the Total Environment, 574: 1599-1610.

HUANG H, LIU X, QU C, et al., 2008. Influences of calcium deficiency and cerium on the conversion efficiency of light energy of spinach. Biometals, 21(5): 553-561.

HUANG L D, FU L L, JIN C W, et al., 2011. Effect of temperature on phosphorus sorption to sediments from shallow eutrophic lakes. Ecological Engineering, 37: 1515-1522.

HUMAN L R D, SNOW G C, ADAMS J B, et al., 2015. The role of submerged macrophytes and macroalgae in nutrient cycling: A budget approach. Estuarine, Coastal and Shelf Science, 154: 169-178.

HUPFER M, GACHTER R, GIOVANOLI R, 1995. Transformation of phosphorus species in settling seston and during early sediment diagenesis. Aquatic Sciences, 57(4): 305-324.

IBELINGS B W, PORTIELJE R, LAMMENS E H R R, et al., 2007. Resilience of alternative stable states during the recovery of shallow lakes from eutrophication: Lake Veluwe as a case study. Ecosystems, 10(1): 4-16.

IRFANULLAH H M, MOSS B, 2004. Factors influencing the return of submerged plants to a clear-water, shallow temperate lake. Aquatic Botany, 80(3): 177-191.

IRFANULLAH H M, MOSS B, 2005. Allelopathy of filamentous green algae. Hydrobiologia, 543(1): 169-179.

ISHIDA N, MITAMURA O, NAKAYAMA M, 2006. Seasonal variation in biomass and photosynthetic activity of epilithic algae on a rock at the upper littoral area in the north basin of Lake Biwa, Japan. Limnology, 7(3): 175-183.

ISTVÁNOVICS V, HONTI M, KOVÁCS Á, et al., 2008. Distribution of submerged macrophytes along environmental gradients in large, shallow Lake Balaton(Hungary). Aquatic Botany, 88(4): 317-330.

JAMES C, FISHER J, RUSSELL V, et al., 2005. Nitrate availability and hydrophyte species richness in shallow lakes. Freshwater Biology(50): 1049-1063.

JANSSON M, PERSSON L, DE ROOS A M, et al., 2007. Terrestrial carbon and intraspecific size-variation shape lake ecosystems. Trends in Ecology and Evolution, 22: 316-322.

JEPPESEN, LAURIDSEN T L, KAIRESALO T, et al., 1997. Impact of submerged macrophytes on fish-zooplankton relationships in lakes. Ecological Studies, 131: 91-115.

JEPPESEN E, SØNDERGAARD M, JENSEN J P, et al., 2005. The response of north temperate shallow lakes to reduced nutrient loading with special emphasis on Danish lakes. Verhandlungen der Internationale Vereinigung für Theoretische und Angewandte Limnologie, 29: 115-122.

JIAN Y, LI B, WANG J, et al., 2003. Control of turion germination in Potamogeton crispus. Aquatic

Botany, 75(1): 59-69.

JIANG J, ZHOU C, AN S, et al., 2008. Sediment type, population density and their combined effect greatly charge the short time growth of two common submerged macrophytes. Ecological Engineering, 34(2): 79-90.

JIN X C, WANG S R, PANG Y, et al., 2005. The adsorption of phosphate on different trophic lake sediments. Colloids and Surfaces A: Physicochemical and Engineering Aspects, 254(1-3): 241-248.

JIN X C, WANG S R, PANG Y, et al., 2006. Phosphorus fractions and the effect of pH on the phosphorus release of the sediments from different trophic areas in Taihu Lake, China. Environmental Pollution, 139:34-39.

JIRI K, JAKUB B, JOSEF H, et al., 2005. Aluminum control of phosphorus sorption by lake sediments. Environment Science Technology(39): 8784-8789.

JONES C G, LALVTON J H, SHACHAK M, 1994. Organisms as ecosystem engineers. Oikos Journal(69): 373-386.

KAAKOUSH N O, 2015. Insights into the Role of Erysipelotrichaceae in the Human Host. Frontiers in Cellular and Infection Microbiology, 5(84): 1-4.

KADLEC R H, KNIGHT R L, 1996. Treatment Wetland. Boca Raton: Lewis Publisher.

KARJALAINCN H, STEFANSDOTTIR G, TUOMINEN L, et al., 2001. Do submersed plants enhane microbial activity in sedimeni. Aquatic Botang, 69: 1-13.

KHATOON H, YUSOFF F M D, BANERJEE S, et al., 2007. Use of periphytic cyanobacterium and mixed diatoms coated substrate for improving water quality, survival and growth of *Penaeus monodon* Fabricius postlarvae. Aquaculture, 271(1-4): 196-205.

KHOSHMANESH A, HART B T, DUNCAN A, et al., 2002. Luxury uptake of phosphorus by sediment bacteria. Water Research, 36(3): 774-778.

KIM J R, ZUO Y, REGAN J M, et al., 2008. Analysis of ammonia loss mechanisms in microbial fuel cells treating animal wastewater. Biotechnology and Bioengineering, 99(5): 1120-1127.

KIMBER A, KORSCHGEN C E, VAN DER VALK A G, 1995. The distribution of *Vallisneria americana* seeds and seedling light requirements in the upper Mississippi River. Canadian Journal of Botany, 73: 1966-1973.

KINDAICHI T, YURI S, OZAKI N, et al., 2012. Ecophysiological role and function of uncultured Chloroflexi in an anammox reactor. Water Science and Technology, 66(12): 2556-2561.

KING L, JONES R I, BARKER P, 2002. Seasonal variation in the epilithic algal communities from four lakes of different trophic state. Archiv für Hydrobiologie, 154(2): 177-198.

KIRK J P, SOCHA R C, 2003. Longevity and persistence of triploid grass carp stocked into the

Santee Cooper Reservoirs of South Carolina. Journal of Aquatic Plant Management, 41: 90-92.

KIRK J T O, 1994. Light and photosynthesis in aquatic ecosystems, Third edition. Cambridge, UK: Cambridge University Press.

KONG M, LIU F F, TAO Y, et al., 2020. First attempt for in situ capping with lanthanum modified bentonite (LMB) on the immobilization and transformation of organic phosphorus at the sediment-water interface. Science of The Total Environment, 741: 140342.

KORNER S, DUGDALE T, 2003. Is roach herbivory preventing re-colonization of submerged macrophytes in a shallow lake? Hydrobiologia, 506(1): 497-501.

KÕRS A, VILBASTE S, KÄIRO K, et al., 2012. Temporal changes in the composition of macrophyte communities and environmental factors governing the distribution of aquatic plants in an unregulated lowland river (Emajõgi, Estonia). Boreal Environment Research, 17(6): 460-472.

KRAUSE G H, WEIS E, 1991. Chlorophyll fluorescence and photosynthesis: The basics. Annual Review of Plant Biology, 42(1): 313-349.

KRISTENSEN E, 1994. Decomposition of macroalgae, vascular plants and sediment detritus in seawater: Use of stepwise thermogravimetry. Biogeochemistry, 26(1): 1-24.

KRUPSKA J, PEŁECHATY M, PUKACZ A, et al., 2012. Effects of grass carp introduction on macrophyte communities in a shallow lake. Oceanological and Hydrobiological Studies(41): 35-40.

KUFEL L, KUFEL I, 2002. Chara beds acting as nutrient sinks in shallow lakes: A review. Aquatic Botany, 72(3-4): 249-260.

KUMAR M, KUMARI P, REDDY C R K, et al., 2014. Salinity and desiccation induced oxidative stress acclimation in seaweeds//Advances in Botanical Research. Academic Press, 71: 91-123.

KUNTZ K, HEIDBÜCHEL P, HUSSNER A, 2014. Effects of water nutrients on regeneration capacity of submerged aquatic plant fragments. Annales de Limnologie-International Journal of Limnology, 50: 155-162.

LACERDA J R M, SILVA T F, VOLLÚ R E, et al., 2016. Generally recognized as safe (GRAS) Lactococcus lactis strains associated with Lippia sidoides Cham. are able to solubilize/mineralize phosphate. SpringerPlus, 5(1): 1-7.

LACOUL P, FREEDMAN B, 2006. Relationships between aquatic plants and environmental factors along a steep Himalayan altitudinal gradient. Aquatic Botany, 84(1): 3-16.

LAN Y, CUI B, YOU Z, et al., 2012. Litter decomposition of six macrophytes in a eutrophic shallow lake (Baiyangdian Lake, China). CLEAN-Soil, Air, Water, 40(10): 1159-1166.

LANDERS D H, 1982. Effect of naturally senescing aquatic macrophytes on nutrient chemistry and chlorophyll a of surrounding waters. Limnol Oceanogr, 27: 428-439.

LARSON C A, PASSY S I, 2012. Taxonomic and functional composition of the algal benthos exhibits similar successional trends in response to nutrient supply and current velocity. FEMS Microbiology Ecology, 80(2): 352-362.

LAU S S S, LANE S N, 2002. Nutrient and grazing factors in relation to phytoplankton level in a eutrophic shallow lake: The effect of low macrophyte abundance. Water Research, 36: 3593-3601.

LAURIDSEN T L, LODGE D M, 1996. Avoidance by *Daphnia magna* of fish and macrophytes: Chemical cues and predator-mediated use of macrophyte habitat. Limnology and Oceanography, 41: 794-798.

LE MOAL M, GASCUEL-ODOUX C, MÉNESGUEN A, et al., 2019. Eutrophication: A new wine in an old bottle? Science of the Total Environment, 651: 1-11.

LEE S H, KONDAVEETI S, MIN B, et al., 2013. Enrichment of Clostridia during the operation of an external-powered bio-electrochemical denitrification system. Process Biochemistry, 48(2): 306-311.

LEI Z X, XU D L, GU J G, et al., 2008. Distribution characteristics of aquatic macrophytes and their effects on the nutrients of water and sediment in Taihu Lake. Journal of Agro-Environment Science, 27: 698-704.

LEMLEY D A, SNOW G C, HUMAN L R D, 2014. The decomposition of estuarine macrophytes under different temperature regimes. Water SA, 40(1): 117-124.

LENTINI C J, WANKEL S D, HANSEL C M, 2012. Enriched iron (III)-reducing bacterial communities are shaped by carbon substrate and iron oxide mineralogy. Frontiers in Microbiology, 3: 1-19.

LENZI M, GENNARO P, MERCATALI I, et al., 2013. Physico-chemical and nutrient variable stratifications in the water column and in macroalgal thalli as a result of high biomass mats in a non-tidal shallow-water lagoon. Marine Pollution Bulletin, 75(1-2): 98-104.

LI K Y, LIU Z W, GU B H, 2010. Compensatory growth of a submerged macrophyte (*Vallisneria spiralis*) in response to partial leaf removal: Effects of sediment nutrient levels. Aquatic Ecology, 44(4): 701-707.

LI W, FENG X H, YAN Y P, et al., 2013. Solid-State NMR spectroscopic study of phosphate sorption mechanisms on aluminum (hydr)oxides. Environmental Science & Technology, 47(15): 1-8.

LI X F, MA J F, MATSUMOTO H, 2000. Pattern of Al-induced secretion of organic acids differ between rye and wheat. Plant Physiology, 123: 1537-1543.

LI Y Z, LIU C J, LUAN Z K, et al., 2006. Phosphate removal from aqueous solutions using raw and activated red mud and fly ash. Journal of Hazardous Materials, 137(1): 374-383.

LI Y, CUI Y, 2000. Germination experiment on seeds and stem tubers of *Vallisneria natans* in Lake

Donghu of Wuhan. Acta Hydrobiologica Sinica, 24(3): 298-300.

LI Y, WANG Y, TANG C, et al., 2014. Measurements of erosion rate of undisturbed sediment under different hydrodynamic conditions in Lake Taihu, China. Polish Journal of Environmental Studies, 23(4): 1235-1244.

LIANG S H, LIU J K, LEE K H, et al., 2011. Use of specific gene analysis to assess the effectiveness of surfactant-enhanced trichloroethylene cometabolism. Journal of Hazardous Materials, 198: 323-330.

LIAO B, YAN X, ZHANG J, et al., 2019. Microbial community composition in alpine lake sediments from the Hengduan Mountains. Microbiol Open, 8: 832.

LIAO C Z, LUO Y Q, FANG C M, et al., 2012. The effects of plantation practice on soil properties based on the comparison between natural and planted forests: A meta-analysis. Global Ecology and Biogeography, 21(3): 318-327.

LIGABA A, SHEN H, SHIBATA K, et al., 2004. The role of phosphorus in aluminum-induced citrate and malate exudation from rape (Brassica napus). Physiology Plant(120): 575-584.

LIN Q W, PENG X, LIU B Y, et al., 2019. Aluminum distribution heterogeneity and relationship with nitrogen, phosphorus and humic acid content in the eutrophic lake sediment. Environmental Pollution, 253: 516-524.

LIN X, HOU L, MIN L, et al., 2016. Gross nitrogen mineralization in surface sediments of the Yangtze Estuary. Plos One, 11(3): e0151930.

LINDSAY W L, WALTHALL P M, 1989. The solubility of aluminum in soils//SPOSITO G. The Environmental Chemistry of Aluminum: 221-239.

LIU D, ZHANG S, TANG Y J, et al., 2018. Parameter estimates of sediment nitrogen mineralization kinetics in the water level fluctuation zone of a Three Gorges Reservoir tributary. Journal of Agro-Environment Science, 37: 766-773.

LIU G H, LI E H, YUAN L Y, et al., 2008a. Occurrence of aquatic macrophytes in a eutrophic subtropical lake in relation to toxic wastewater and fish overstocking. Journal of Freshwater Ecology, 23: 13-19.

LIU W Z, YAO L, WANG Z X, et al., 2015. Human land uses enhance sediment denitrification and N_2O production in Yangtze lakes primarily by influencing lake water quality. Biogeosciences, 12(20): 6059-6070.

LIU X, LU X, CHEN Y, 2011. The effects of temperature and nutrient ratios on Microcystis blooms in Lake Taihu, China: An 11 year investigation. Harmful Algae, 10(3): 337-343.

LIU X N, TAO Y, ZHOU K Y, et al., 2017. Effect of water quality improvement on the remediation of river sediment due to the addition of calcium nitrate. Science of the Total Environment, 575:

887-894.

LIU Y C, YU J L, LIANG C, et al., 2008b. Changes of submerged macrohhyte community structure and water quality in the process of ecosystem restoration of a shallow eutrophic lake. Ecological Science, 27(5): 376-379.

LIU Y Q, YAO T D, ZHU L P, et al., 2009. Bacterial diversity of freshwater alpine lake Puma Yumco on the Tibetan Plateau. Geomicrobiology Journal, 26: 131-145.

LIU Y, LIN C X, WU Y G, 2007. Characterization of red mud derived from a combined bayer process and bauxite calcination method. Journal of Hazardous Materials, 146(1-2): 255-261.

LIU Z S, ZHANG Y, HAN F, et al., 2018. Investigation on the adsorption of phosphorus in all fractions from sediment by modified maifanite. Scientific Reports, 8(1): 1-13.

LIU Z S, ZHANG Y, YAN P, et al., 2020. Synergistic control of internal phosphorus loading from eutrophic lake sediment using MMF coupled with submerged macrophytes. Science of the Total Environment, 731: 138697.

LIU Z, ZHOU L, LIU D, et al., 2015. Inhibitory mechanisms of Acacia mearnsii extracts on the growth of Microcystis aeruginosa. Water Science and Technology, 71(6): 856-861.

LOEB S L, REUTER J E, GOLDMAN C R, 1983. Littoral zone production of oligotrophic lakes// WETZEL R G. Periphyton of freshwater ecosystems. The Hague: Dr W. Junk Publishers: 161-167.

LOKKER C, LOVETT-DOUST L, LOVETT-DOUST J, 1997. Seed output and the seed bank in *Vallisneria americana* (Hydrocharitaceae). American Journal of Batany, 84: 1420-1428.

LOMBARDO P, MJELDE M, 2014. Quantifying interspecific spatial overlap in aquatic macrophyte communities. Hydrobiologia(737): 25-43.

LONGHI D, BARTOLI M, VIAROLI P, 2008. Decomposition of four macrophytes in wetland sediments: Organic matter and nutrient decay and associated benthic processes. Aquatic Botany, 89(3): 303-310.

LÓPE-PIÑEIRO A, NAVARRO A G, 1997. Phosphate sorption in vertisols of southwestern Spain. Soil Science, 162: 69-77.

LOVLEY D R, HOLMES D E, NEVIN K P, 2004. Dissimilatory Fe(III) and Mn(IV) reduction. Advances in Microbial Physiology, 49: 219-286.

LÜ C, HE J, ZUO L, et al., 2016. Processes and their explanatory factors governing distribution of organic phosphorus pools in lake sediments. Chemosphere, 145: 125-134.

LU J, WANG Z X, XING W, et al., 2013. Effects of substrate and shading on the growth of two submerged macrophytes. Hydrobiologia(700): 157-167.

LU Z, REN T, PAN Y, et al., 2016. Differences on photosynthetic limitations between leaf margins and leaf centers under potassium deficiency for *Brassica napus* L. Scientific Reports, 6: 21725.

MADSEN J D, CHAMBERS P A, JAMES W F, et al., 2001. The interaction between water movement, sediment dynamics and submersed macrophyte. Hydrobiologia, 444: 71-84

MADSEN T V, CEDERGREEN N, 2002. Sources of nutrients to rooted submerged macrophytes growing in a nutrient-rich stream. Freshwater Biology, 47(2): 283-291.

MADSEN T V, SØNDERGAARD M, 1983. The effects of current velocity on the photosynthesis of *Callitriche stagnalis* Scop. Aquatic Botany, 15: 187-193.

MAGALHAES J V, LIU J, GUIMARAES C T, et al., 2007. Agene in the multidrug and toxic compound extrusion (MATE) family confers aluminum tolerance in sorghum. Nature Genetics, 39: 1156-1161.

MARIETOU A, 2016. Nitrate reduction in sulfate-reducing bacteria. FEMS Microbiology Letters, 363(15): 155.

MARKOU G, NERANTZIS E, 2013. Microalgae for high-value compounds and biofuels production: A review with focus on cultivation under stress conditions. Biotechnology Advances, 31(8): 1532-1542.

MARTIN G D, COETZEE J A, 2014. Competition between two aquatic macrophytes, *Lagarosiphon major* (Ridley) Moss (Hydrocharitaceae) and *Myriophyllum spicatum* Linnaeus (Haloragaceae) as influenced by substrate sediment and nutrients. Aquatic Botany (114): 1-11.

MARTIN T L, KAUSHIK N K, TREVORS J T, et al., 1999. Review: Denitrification in temperate climate riparian zones. Water, Air & Soil Pollution, 111(1-4): 171-186.

MARTÍNEZ B, PATO L S, RICO J M, 2012. Nutrient uptake and growth responses of three intertidal macroalgae with perennial, opportunistic and summer-annual strategies. Aquatic Botany, 96(1): 14-22.

MARTINEZ-JAUREGUI M, DIAZ M, SOLINO M, 2016. Plantation or natural recovery? Relative contribution of planted and natural pine forests to the maintenance of regional bird diversity along ecological gradients in Southern Europe. Forest Ecology and Management, 376: 183-192.

MARTINS G, PEIXOTO L, TEODORESCU S, et al., 2014. Impact of an external electron acceptor on phosphorus mobility between water and sediments. Bioresource Technology, 151: 419-423.

MAUCHAMP A, CHAUVELON P, GRILLAS P, 2002. Restoration of floodplain wetlands: Opening polders along a coastal river in mediterranean france, vistre marshes. Ecological Engineering, 18(5): 619-632.

MCELARNEY Y R, RASMUSSEN P, FOY R H, et al., 2010. Response of aquatic macrophytes in Northern Irish softwater lakes to forestry management; eutrophication and dissolved organic carbon. Aquatic Botany, 93(4): 227-236.

MCGLATHERY K J, 2001. Macroalgal blooms contribute to the decline of seagrass in nutrient-enriched coastal waters. Journal of Phycology, 37(4): 453-456.

MCKINSTRY M C, ANDERSON S H, 2003. Improving aquatic plant growth using propagules and topsoil in created bentonite wetlands of Wyoming. Ecological Engineering, 21(23): 175-189.

MEERHOFF M, MAZZEO N, MOSS B, et al., 2013. The structuring role of free-floating versus submerged plants in a subtropical shallow lake. Aquatic Ecology, 37: 377-391.

MEIJER M L, 2000. Biomanipulation in the Netherlands: 15 years of experience. Wageningen, the Netherlands: Wageningen Agricultural University.

MENENDEZ M, SANCHEZ A, 1998. Seasonal variations in P-I responses of *Chara hispida* L. and *Potamogeton pectinatus* L. from stream Mediterranean ponds. Aquatic Botany, 61(1): 1-15.

MESCHIATTI A J, ARCIFA M S, FENERICH V N, 2000. Fish communities associated with macrophytes in Brazilian floodplain lakes. Environmental Biology of Fishes, 58: 133-143.

MEZENNER N Y, BENSMAILI A, 2009. Kinetics and thermodynamic study of phosphate adsorption on iron hydroxide-eggshell waste. Chemical Engineering Journal, 147(2-3): 87-96.

MIDDLETON C M, FROST P C, 2014. Stoichiometric and growth responses of a freshwater filamentous green alga to varying nutrient supplies: slow and steady wins the race. Freshwater Biology, 59(11): 2225-2234.

MIN B, KIM J, REGAN J M, et al., 2005. Electricity generation from swine wastewater using microbial fuel cells. Water Research, 39(20): 4961-4968.

MISHRA S, SRIVASTAVA S, TRIPATHI R D, et al., 2006. Lead detoxification by coontail (*Ceratophyllum demersum* L.) involves induction of phytochelatins and antioxidant system in response to its accumulation. Chemosphere, 65(6): 1027-1039.

MOSS B, JEPPESEN E, SØNDERGAARD M, et al., 2013. Nitrogen, macrophytes, shallow lakes and nutrient limitation: Resolution of a current controversy? Hydrobiologia, 710(1): 3-21.

MUYZER G, STAMS A J M, 2008. The ecology and biotechnology of sulphate-reducing bacteria. Nature Reviews Microbiology, 6(6): 441-454.

NAGARKAR S, WILLIAMS G A, 1999. Spatial and temporal variation of cyanobacteria-dominated epilithic communities on a tropical shore in Hong Kong. Phycologia, 5(38): 385-393.

NEWTON R J, JONES S E, EILER A, et al., 2011. A guide to the natural history of freshwater lake bacteria. Microbiology and Molecular Biology Reviews, 75(1): 14-49.

NI Y M, SUN A M, WU X L, et al., 2011. Aromatization of methanol over La/Zn/HZSM-5 catalysts. Chinese Journal of Chemical Engineering, 19(3): 439-445.

NI Z K, WANG S R, 2015. Historical accumulation and environmental risk of nitrogen and phosphorus in sediments of Erhai Lake, Southwest China. Ecological Engineering, 79: 42-53.

NIE M, WANG M, LI B, 2009. Effects of salt marsh invasion by Spartina alterniflora on sulfate-reducing bacteria in the Yangtze River estuary, China. Ecological Engineering, 35(12): 1804-1808.

NOWAK H, HARVEY T H P, LIU H P, et al., 2017. Filamentous eukaryotic algae with a possible cladophoralean affinity from the Middle Ordovician Winneshiek Lagerstätte in Iowa, USA. Geobios, 50(4): 303-309.

OLSEN S, CHAN F, LI W, et al., 2015. Strong impact of nitrogen loading on submerged macrophytes and algae: A long‐term mesocosm experiment in a shallow Chinese lake. Freshwater Biology, 60(8): 1525-1536.

ORTH R J, CARRUTHERS T J B, DENNISON W C, et al., 2006. A global crisis for seagrass ecosystems. AIBS Bulletin(56): 987-996.

OYARZÚN C E, HUBER A, 2003. Nitrogen export from forested and agricultural watersheds of southern Chile. Gayana Botánica, 60: 63-68.

OZIMEK T, PIECZYŃSKA E, HANKIEWICZ A, 1991. Effects of filamentous algae on submerged macrophyte growth: A laboratory experiment. Aquatic Botany, 41(4): 309-315.

ÖZKAN K, JEPPESEN E, JOHANSSON L S, et al., 2010. The response of periphyton and submerged macrophytes to nitrogen and phosphorus loading in shallow warm lakes: A mesocosm experiment. Freshwater Biology, 55(2): 463-475.

ÖZKUNDAKCI D, HAMITON D P, GIBBS M M, 2011. Hypolimnetic phosphorus and nitrogen dynamics in a small, eutrophic lake with a seasonally anoxic hypolimnion. Hydrobiologia, 661(1): 5-20.

PAGIORO T A, THOMAZ S M, 1999. Decomposition of Eichhornia azurea from limnologically different environments of the Upper Paraná River floodplain. Hydrobiologia, 411: 45-51.

PAN X L, ZHANG D Y, LI L, 2011. Responses of photosystem II of white elm to UV-B radiation monitored by OJIP fluorescence transients. Russian Journal of Plant Physiology, 58(5): 864-870.

PANT H K, REDDY K R, DIERBERG F E, 2002. Bioavailaility of organic phosphorus in a submerged-aquatic vegetation-dominated treatment wetland. Journal of Environmental Quality, 31(5): 1748-1756.

PASSY S I, 2007. Diatom ecological guilds display distinct and predictable behavior along nutrient and disturbance gradients in running waters. Aquatic Botany, 86(2): 171-178.

PAUL M J, PELLNY T K, 2003. Carbon metabolite feedback regulation of leaf photosynthesis and development. Journal of Experimental Botany, 54(382): 539-547.

PAWLAK-SPRADA S, ARASIMOWICZ-JELONEK M, PODGÓRSKA M, et al., 2001. Activation of phenylpropanoid pathway in legume plants exposed to heavy metals. Part I. Effects of cadmium and lead on phenylalanine ammonia-lyase gene expression, enzyme activity and lignin content.

Acta Biochimica Polonica, 58(2): 211-216.

PEDERSEN T C M, BAATTRUP-PEDERSEN A, MADSEN T V, 2006. Effects of stream restoration and management on plant communities in lowland streams. Freshwater Biology, 51(1): 161-179.

PELLER J R, BYAPPANAHALLI M N, SHIVELY D, et al., 2014. Notable decomposition products of senescing Lake Michigan Cladophora glomerata. Journal of Great Lakes Research, 40(3): 800-806.

PETERSON B J, FRANKOVICH T A, ZIEMAN J C, 2007. Response of seagrass epiphyte loading to field manipulations of fertilization, gastropod grazing and leaf turnover rates. Journal of Experimental Marine Biology and Ecology, 349(1): 61-72.

PETTERSSON K, BOSTROM B, JACOBSEN O S, 1988. Phosphorus in sediments speciation and analysis. Hydrobiologia, 170(1): 91-101.

PHILLIPS G L, EMINSON D, MOSS B, 1978. A mechanism to account for macrophyte decline in progressively eutrophicated freshwaters. Aquatic Botany(4):103-126.

PIETRO K C, CHIMNEY M J, STEINMAN A D, 2006. Phosphorus removal by the Ceratophyllum/periphyton complex in a south Florida (USA) freshwater marsh. Ecological Engineering, 27(4): 290-300.

PINDARDI M, BARTOLI M, LONGHI D, et al., 2009. Benthic metabolism and denitrification in a river reach: A comparison between vegetated and bare sediments. Journal of Limnology, 68(1): 133-145.

PÍPALOVÁ I, 2002. Initial impact of low stocking density of grass carp on aquatic macrophytes. Aquatic Botany, 73(1): 9-18.

PIZARRO H, ALLENDE L, BONAVENTURA S M, 2004. Littoral epilithon of lentic water bodies at Hope Bay, Antarctic Peninsula: Biomass variables in relation to environmental conditions. Hydrobiologia, 529(1-3): 237-250.

PLUGGE C M, ZHANG W, SCHOLTEN J C M, et al., 2011. Metabolic flexibility of sulfate-reducing bacteria. Frontiers in Microbiology, 2(1): 81.

POMATI F, MATTHEWS B, SEEHAUSEN O, et al., 2017. Eutrophication and climate warming alter spatial (depth) co-occurrence patterns of lake phytoplankton assemblages. Hydrobiologia, 787(1): 375-385.

POMATI F, SHURIN J B, ANDERSEN K H, et al., 2019. Interacting temperature, nutrients and zooplankton grazing control phytoplankton size-abundance relationships in eight Swiss lakes. Frontiers in Microbiology, 10: 3155.

PRICE J S, ROCHEFORT L, CAMPEAU S, 2002. Use of shallow basins to restore cutover peatlands:

Hydrology. Restoration Ecology, 10(2): 259-266.

PROVENZANO M R, D'ORAZIO V, JERZYKIEWICZ M, et al., 2004. Fluorescence behavior of Zn and Ni complexes of humic acid from different sources. Chemosphere, 55: 885-892.

QURESHI M A, AHMAD Z A, AKHTAR N, et al., 2012. Role of phosphate solubilizing bacteria (PSB) in enhancing P availability and promoting cotton growth. Journal of Animal and Plant Sciences, 22(1): 204-210.

RACCHETTI E, BARTOLI M, RIBAUDO C, et al., 2010. Short term changes in pore water chemistry in river sediments during the early colonization by *Vallisneria spiralis*. Hydrobiologia, 652(1): 127-137.

RAEDER U, RUZICKA J, GOOS C, 2010. Characterization of the light attenuation by periphyton in lakes of different trophic state. Limnologica-Ecology and Management of Inland Waters, 40(1): 40-46.

RATTRAY M R, HOWARD-WILLIAMS C, BROWN J M A, 1991. Sediment and water as sources of nitrogen and phosphorus for submerged rooted aquatic macrophytes. Aquatic Botany, 40: 225-237.

REJMÁNKOVÁ E, HOUDKOVÁ K, 2006. Wetland plant decomposition under different nutrient conditions: what is more important, litter quality or site quality? Biogeochemistry, 80(3): 245-262.

REPKA S, 1998. Effects of food type on the life history of *Daphnia* clones from lakes differing in trophic state. II. Daphnia cucullata feeding on mixed diets. Freshwater Biology, 38: 685-692.

REVSBECH N P, NIELSEN L P, CHRISTENSEN P B, et al., 1988. Combined oxygen and nitrous oxide microsensor for denitrification studies. Applied and Environmental Microbiology, 54(9): 2245-2249.

REYNOLDS H L, PACKER A, BEVER J D, et al., 2003. Grassroots ecology: Plant-microbe-soil interaction as drivers of plant community structure and dynamics. Ecology, 84(9): 2281-2291.

REZVANI M, ZAEFARIAN F, AMINI V, 2014. Effects of chemical treatments and environmental factors on seed dormancy and germination of shepherd's purse (*Capsella bursa-pastoris* (L.) Medic.). Acta Botanica Brasilica, 28(4): 495-501.

ROBERTS E, KROKER J, KÖRNER S, et al., 2003. The role of periphyton during the re-colonization of a shallow lake with submerged macrophytes. Hydrobiologia, 506(1-3): 525-530.

RODRIGO M A, ROJO C, ALONSO-GUILLÉN J L, et al., 2013. Restoration of two small Mediterranean lagoons: The dynamics of submerged macrophytes and factors that affect the success of revegetation. Ecological Engineering, 54(54): 1-15.

ROMO S, MIRACLE M R, VILLENA M J, et al., 2004. Mesocosm experiments on nutrient and fish effects on shallow lake food webs in a Mediterranean climate. Freshwater Biology, 49: 1593-1607.

ROMO S, VILLENA MMA, 2007. Epiphyton, phytoplankton and macrophyte ecology in A shallow lake under in situ experimental conditions. Fundamental and Applied Limnology(170): 197-209.

ROUF A J M A, PHANG S M, AMBAK M A, 2010. Depth distribution and ecological preferences of periphytic algae in Kenyir Lake, the largest tropical reservoir of Malaysia. Chinese Journal of Oceanology and Limnology, 28(4): 856-867.

RUBAN V, LÓPEZ-SÁNCHEZ J F, PARDO P, et al., 2001. Harmonized protocol and certified reference material for the determination of extractable contents of phosphorus in freshwater sediments-a synthesis of recent works. Fresenius Journal of Analytical Chemistry, 370(2): 224-228.

RUBAN V, BRIGAULT S, DEMARE D, et al., 1999. An investigation of the origin and mobility of phosphorus infreshwater sediment from Bort-Les-Orgues Reservoir, France. Journal of Environmental Monitoring, 1(4): 403-407.

SAGER L, 2009. Measuring the trophic status of ponds: Relationships between summer rate of periphytic net primary productivity and water physico-chemistry. Water Research, 43: 1667-1679.

SAND-JENSEN K, 1998. Influence of submerged macrophytes on sediment composition and near-bed flow in lowland streams. Freshwater Biology, 39(4): 663-679.

SAND-JENSEN K, BORUM K, BINZER T, 2005. Oxygen stress and reduced growth of Lobelia dortmanna in sandy lakesediments subject to organic enrichment. Freshwater Biology, 50(6): 1034-1048.

SAND-JENSEN K, PEDERSEN N L, THORSGAARD I, et al., 2008. 100 years of vegetation decline and recovery in Lake Fure, Denmark. Journal of Ecology(96): 260-271.

SAND-JENSEN K, RIIS T, VESTERGAARD O, et al., 2000. Macrophyte decline in Danish lakes and streams over the last 100 years. Journal of Ecology, 88: 1030-1040.

SAND-JENSEN K, SØNDERGAARD M, 1981. Phytoplankton and epiphyte development and their shading effect on submerged macrophytes in lakes of different nutrient status. Internationale Revue der Gesamten Hydrobiologie und Hydrographie (66): 529-552.

SARNELLE O, 2007. Initial conditions mediate the interaction between *Daphnia* and bloom-forming cyanobacteria. Limnology and Oceanography, 52: 2120-2127.

SAYER C D, BURGESS A, KARI K, et al., 2010a. Long-term dynamics of submerged macrophytes and algae in a small and shallow, eutrophic lake: Implications for the stability of macrophyte-dominance. Freshwater Biology(55): 565-583.

SAYER C D, DAVIDSON T A, JONES J I, 2010b. Seasonal dynamics of macrophytes and phytoplankton in shallow lakes: A eutrophication-driven pathway from plants to plankton? Freshwater Biology, 55(3): 500-513.

SCHEFFER M, 1997. Ecology of shallow lakes. Des Moines: Springer Science & Business Media.

SCHEFFER M, CARPENTER S, FOLEY J A, et al., 2001. Catastrophic shifts in ecosystems. Nature, 413(6856): 591.

SCHINDLER D W, 1974. Eutrophication and recovery in experimental lakes: Implications for lake management. Science(184): 897-899.

SCHINDLER D W, MILLS K H, MALLEY D F, et al., 1985. Long-term ecosystem stress: The effects of years of experimental acidification on a small lake. Science (New York), 228: 1395-1401.

SCHUBERT C J, DURISCH-KAISER E, WEHRLI B, et al., 2006. Anaeroic ammonium oxidation in a tropical freshwater system (Lake Tanganyika). Environmental Microbiology, 8(10): 1863-1875.

SCHUTTEN J, DAINTY J, DAVY A J, 2005. Root anchorage and its significance for submerged plants in shallow lakes. Journal of Ecology, 93(3): 556-571.

SEDDON S, CONNOLLY R S, EDYVANE K S, 2000. Large-scale seagrass die back in northern Spencer Gulf, South Australia. Aquat Bot, 66: 297-310.

SEHULZ M, KOZERSKI H P, PLUNTKE T, et al., 2003. The influence of maero phytes on sedimentation and nutrient retention in the Lower River Spree (Germany). Water Research, 37: 569-578.

SHARMA G, PANDEY R R, SINGH M S, 2011. Microfungi associated with surface soil and decaying leaf litter of *Quercus serrata* in a subtropical natural oak forest and managed plantation in Northeastern. African Journal of Microbiology Research, 5(5): 777-787.

SHEARER J F, GRODOWITZ M J, MCFARLAND D G, 2007. Nutritional quality of *Hydrilla verticillata* (L.f.) Royle and its effects on a fungal pathogen *Mycoleptodiscus terrestris* (Gerd.) Ostazeski. Biological Control, 41(2): 175-183.

SIMEK K, NEDOMA J, ZNACHOR P, et al., 2014. A finely tuned symphony of factors modulates the microbial food web of a freshwater reservoir in spring. Limnology and Oceanography, 59(5): 1477-1492.

SIRIVEDHIN T, GRAY K A, 2006. Factors affecting denitrification rates in experimental wetlands: Field and laboratory studies. Ecological Engineering, 26(2): 167-181.

SMITH D H, MADSEN J D, DICKSON K L, et al., 2002. Nutrient effects on autofragmentation of *Myriophyllum spicatum*. Aquatic Botany, 74(1): 1-17.

SMITS A J M, LAAN P, THIER R H, et al., 1990. Root aerenchyma, oxygen leakage patterns and alcoholic fermentation ability of the roots of some nymphaeid and isoetid macrophytes in relation to the sediment type of their habitat. Aquatic Botany, 38: 3-17.

SMOLDERS E, BAETENTS E, VERBEECK M, et al., 2017. Internal loading and redox cycling of sediment iron explain reactive phosphorus concentrations in lowland rivers. Environmental

Science & Technology, 51(5): 2584-2592.

SOANA E, BARTOLI M, 2014. Seasonal regulation of nitrification in a rooted macrophyte (*Vallisneria spiralis* L.) meadow under eutrophic conditions. Aquatic Ecology, 48: 11-21.

SOANA E, NALDI M, BONAGLIA S, et al., 2015. Benthic nitrogen metabolism in a macrophyte meadow (*Vallisneria spiralis* L.) under increasing sedimentary organic matter loads. Biogeochemistry, 124(1): 387-404.

SONG K, HARPER W F, HORI T, et al., 2015a. Impact of carbon sources on nitrous oxide emission and microbial community structure in an anoxic/oxic activated sludge system. Clean Technologies and Environmental Policy, 17(8): 2375-2385.

SONG M, LI M, LIU J, 2017a. Uptake characteristics and kinetics of inorganic and organic phosphorus by *Ceratophyllum demersum*. Water, Air & Soil Pollution, 228(11): 407.

SONG N, JIANG H L, CAI H Y, et al., 2015b. Beyond enhancement of macrophyte litter decomposition in sediments from a terrestrialized shallow lake through bioanode employment. Chemical Engineering Journal, 279: 433-441.

SONG Y, CHEN D, LU K, et al., 2015c. Enhanced tomato disease resistance primed by arbuscular mycorrhizal fungus. Frontiers in Plant Science, 6: 786.

SONG Y, WANG J, GAO Y, 2017b. Effects of epiphytic algae on biomass and physiology of *Myriophyllumspicatum* L. with the increase of nitrogen and phosphorus availability in the water body. Environmental Science and Pollution Research, 24(10): 9548-9555.

SONG Y Z, KONG F F, XUE Y, et al., 2015c. Responses of chlorophyll and MDA of *Vallisneria natans* to nitrogen and phosphorus availability and periphytic algae. Journal of Freshwater Ecology, 30(1): 85-97.

SPENCE D H N, 1967. Factors controlling the distribution of freshwater macrophytes with particular reference to the Loehs of Seotland. Journal of Ecology, 55: 147-169.

STERNER R W, HESSEN D O, 1994. Algal nutrient limitation and the nutrition of aquatic herbivores. Annual Review of Ecology and Systematics, 25: 1-29.

STEVENSON R J, PETERSON C G, KIRSCHTEL D B, et al., 1991. Density-dependent growth, ecological strategies, and effects of nutrients and shading on benthic diatom succession in streams. Journal of Phycology, 27(1): 59-69.

STICH D S, DICENZO V, FRIMPONG E A, et al., 2013. Growth and population size of grass carp incrementally stocked for Hydrilla control. North American Journal of Fisheries Management, 33: 14-25.

STRASSER R J, TSIMILLI-MICHAEL M, QIANG S, et al., 2010. Simultaneous in vivo recording of prompt and delayed fluorescence and 820-nm reflection changes during drying and after rehydration of the resurrection plant *Haberlea rhodopensis*. Biochimica et Biophysica Acta (BBA)-Bioenergetics, 1797(6-7): 1313-1326.

STRAZISAR T, KOCH M S, MADDEN C J, et al., 2013. Salinity effects on *Ruppia maritima* L. seed germination and seedling survival at the Everglades-Florida Bay ecotone. Journal of Experimental Marine Biology and Ecology, 445: 129-139.

SU H J, WU Y, XIA W L, et al., 2019. Stoichiometric mechanisms of regime shifts in freshwater ecosystem. Water Research, 149: 302-310.

SUGIYAMA S, HAMA T, 2013. Effects of water temperature on phosphate adsorption onto sediments in an agricultural drainage canal in a paddy-field district. Ecological Engineering, 61: 94-99.

SUN S J, HUANG S L, SUN X M, et al., 2009. Phosphorus fractions and its release in the sediments of Haihe River, China. Journal of Environmental Sciences, 21(3): 291-295.

SUTCLIFFE B, HOSE G C, HARFORD A J, et al., 2019. Microbial communities are sensitive indicators for freshwater sediment coppercontamination. Environmental Pollution, 247: 1028-1038.

SUTTON D L, VANDIVER V V, 1986. Grass carp: A fish for biological management of *Hydrilla* and other aquatic weeds in Florida. The Institute of Food and Agricultural Sciences, 867: 1-6.

SWARCEWICZ B, SAWIKOWSKA A, MARCZAK Ł, et al., 2017. Effect of drought stress on metabolite contents in barley recombinant inbred line population revealed by untargeted GC-MS profiling. Acta Physiologiae Plantarum, 39(8): 158.

TAMER B, ŞENER A, AHMET E E, 2015. Effects of humic acid on root development and nutrient uptake of *Vicia faba* L. (broad bean) seedlings grown under aluminum toxicity. Communications in Soil Science and Plant Analysis, 46: 277-292.

TANG Y, HARPENSLAGER S F, VAN KEMPEN M M L, et al., 2017. Aquatic macrophytes can be used for wastewater polishing but not for purification in constructed wetlands. Biogeosciences, 14(4): 755-766.

TANNER C C, WELLS R S, MITCHELL C P, 1990. Re-establishment of native macrophytes in Lake Parkinson following weed control by grass carp. New Zealand Journal of Marine and Freshwater Research, 24: 181-186.

TERASHIMA M, YAMA A, SATO M, et al., 2016. Culture-Dependent and -Independent Identification of Polyphosphate-Accumulating Dechloromonas spp. Predominating in a Full-Scale Oxidation Ditch Wastewater Treatment Plant. Microbes and Environment Health, 31(4): 449-455.

THAMDRUP B, DALSGAARD T, 2000. The fate of ammonium in anoxic manganese oxide rich marine sediment. Geochimica et Cosmochimica Acta, 64(24): 4157-4164.

THOMS C, GLEIXNER G, 2013. Seasonal differences in tree species' influence on soil microbial communities. Soil Biology and Biochemistry, 66: 239-248.

THOUVENOT L, PUECH C, MARTINEZ L, et al., 2013. Strategies of the invasive macrophyte *Ludwigia grandiflora* in its introduced range: Competition, facilitation or coexistence with native and exotic species?Aquatic Botany(107): 8-16.

TIAN J, LU J, ZHANG Y, et al., 2014. Microbial community structures and dynamics in the O_3/BAC drinking water treatment process. International Journal of Environmental Research and Public Health, 11(6): 6281-6290.

TILMAN D, 1977. Resource competition between plankton algae: An experimental and theoretical approach. Ecology, 58(2): 338-348.

TITUS J E, HOOVER D T, 1993. Reproduction in two submersed macrophytes declines progressively at low pH. Freshwater Biology, 30(1): 63-72.

TREBITZ A S, NESTLERODE J A, HERLIHY A T, et al., 2019. USA-scale patterns in wetland water quality as determined from the 2011 National Wetland Condition Assessment. Environmental Monitoring and Assessment, 191: 266.

TSAI W T, SU T Y, HSU H C, et al., 2007. Preparation of mesoporous solids by acid treatment of a porphyritic andesite (wheat-rice-stone). Microporous Mesoporous Mater, 102: 196-203.

TUYA F, ESPINO F, TERRADOS J, 2013. Preservation of seagrass clonal integration buffers against burial stress. Journal of Experimental Marine Biology and Ecology (439): 42-46.

VADEBONCOEUR Y, DEVLIN S P, MCINTYRE P B, et al., 2014. Is there light after depth: Distribution of periphyton chlorophyll and productivity in lake littoral zones. Freshwater Science, 33(2): 524-536.

VAN D, CUPPENS M, LAMERS L, et al., 2006. Detoxifying toxicants: Interactions between sulfide and irontoxicity in freshwater wetlands. Environmental Toxicology and Chemistry, 25(6): 1592-1597.

VAN DER LEE A S, JOHNSON T B, KOOPS M A, 2017. Bioenergetics modelling of grass carp: Estimated individual consumption and population impacts in Great Lakes wetlands. Journal of Great Lakes Research, 43: 308-318.

VAN DONK E, VAN DE BUND W J, 2002. Impact of submerged macrophytes including charophytes on phyto- and zooplankton communities: Allelopathy versus other mechanisms. Aquatic Botany, 72(3-4): 261-274.

VAN GEEST G J, COOPS H, ROIJACKERS R M M, et al., 2005. Succession of aquatic vegetation driven by reduced water-level fluctuations in floodplain lakes. Journal of Applied Ecology(42): 251-260.

VAN Z, CAZEMIER M, VAN G, et al., 2014. Relationship between redox potential and the emergence of three submerged macrophytes. Aquatic Botany, 113: 56-62.

VANESSA V B, JULIANA D S S, DAYANY A D O, et al., 2020. Influence of submerged macrophytes on phosphorus in a eutrophic reservoir in a semiarid region. Journal of Limnology, 79(2): DOI:10.4081/jlimnol.2020.1931

VARON-LOPEZ M, FRANCO DIAS A C, FASANELLA C C, et al., 2014. Sulphur-oxidizing and sulphate-reducing communities in Brazilian mangrove sediments. Environmental Microbiology, 16(3): 845-855.

VERHOUGSTRAETE M P, BYAPPANAHALLI M N, ROSE J B, et al., 2010. Cladophora in the Great Lakes: Impacts on beach water quality and human health. Water Science and Technology, 62(1): 68-76.

VERMAAT J E, 1994. Lake Veluwe, a macrophyte - dominated system under eutrophication stress. Dordrecht: Kluwer Academic Publishers: 213-249.

VERONNEAU H, GREER A F, DAIGLE S, et al., 1997. Use of mixtures of allelochemicals to compare bioassays using red maple, pin cherry, and american elm. Journal of Chemical Ecology, 23: 1101-1117.

VILJEVAC M, DUGALIĆ K, MIHALJEVIĆ I, et al., 2013. Chlorophyll content, photosynthetic efficiency and genetic markers in two sour cherry (*Prunus cerasus* L.) genotypes under drought stress. Acta Botanica Croatica, 72(2): 221-235.

VILLAR C A, DE CABO L, VAITHIYANATHAN P, et al., 2001. Litter decomposition of emergent macrophytes in a floodplain marsh of the Lower Paraná River. Aquatic Botany, 70(2): 105-116.

VLADAR P, RUSZNYAK A, MARIALIGETI K, et al., 2008. Diversity of sulfate-reducing bacteria inhabiting the rhizosphere of Phragmites australis in lake velencei (Hungary) revealed by a combined cultivation-based and molecular approach. Microbial Ecology, 56(1): 64-75.

VYMAZAL J, KRÖPFELOVÁ L, 2011. A three-stage experimental constructed wetland for treatment of domestic sewage: First 2 years of operation. Ecological Engineering, 37(1): 90-98.

WANG B, SHEN Q, 2012. Effects of ammonium on the root architecture and nitrate uptake kinetics of two typical lettuce genotypes grown in hydroponic systems. Journal of Plant Nutrition, 35(10): 1497-1508.

WANG C, LIU Z S, ZHANG Y, et al., 2018. Synergistic removal effect of P in sediment of all fractions by combining the modified bentonite granules and submerged macrophyte. Science of the Total Environment, 626: 458-467.

WANG C, ZHANG S, WANG P, et al., 2008. Metabolic adaptations to ammonia-induced oxidative stress in leaves of the submerged macrophyte *Vallisneria natans* (Lour.) Hara. Aquatic

Toxicology(87): 88-98.

WANG D, CHEN N, YU Y, et al., 2016a. Investigation on the adsorption of phosphorus by Fe-loaded ceramic adsorbent. Journal of Colloid and Interface Science, 464: 277-284.

WANG H, HOLDEN J, SPERA K, et al., 2013a. Phosphorus fluxes at the sediment-water interface in subtropical wetlands subjected to experimental warming: A microcosm study. Chemosphere, 90(6): 1794-1804.

WANG H A, WANG H B, LIANG X, et al., 2014a. Total phosphorus thresholds for regime shifts are nearly equal in subtropical and temperate shallow lakes with moderate depths and areas. Freshwater Biology(59): 1659-1671.

WANG H M, DONG Q, ZHOU J P, et al., 2013b. Zinc phosphate dissolution by bacteria isolated from an oligotrophic karst cave in central China. Frontiers of Earth Science, 7(3): 375-383.

WANG M, HAO T, DENG X, et al., 2017a. Effects of sediment-borne nutrient and litter quality on macrophyte decomposition and nutrient release. Hydrobiologia, 787(1): 205-215.

WANG M Y, LIANG X B, YUAN X Y, et al., 2008. Analyses of the vertical and temporal distribution of sulfate-reducing bacteria in Lake Aha (China). Environmental Geology, 54(1): 1-6.

WANG P F, YAO Y, WANG C, et al., 2017b. Impact of macrozoobenthic bioturbation and wind fluctuation interactions on net methylmercury in freshwater lakes. Water Research, 124: 320-330.

WANG S R, JIN X C, ZHAO H C, et al., 2006. Phosphorus fractions and its release in the sediments from the shallow lakes in the middle and lower reaches of Yangtze River area in China. Colloids and Surfaces A: Physicochemical and Engineering Aspects, 273(1): 109-116.

WANG W J, CHALK P M, CHEN D, et al., 2001. Nitrogen mineralisation, immobilisation and loss, and their role in determining differences in net nitrogen production during waterlogged and aerobic incubation of soils. Soil Biology & Biochemistry, 33(10): 1305-1315.

WANG Y W, XU C, LV C F, et al., 2016b. Chlorophyll a fluorescence analysis of high-yield rice (Oryza sativa L.) LYPJ during leaf senescence. Photosynthetica, 54(3): 422-429.

WANG Z Y, LIU P, LI J S, et al., 2010. Effect of Al stress on growth and chlorophyll fluorescence parameters, metabolizing enzymes of oil rape. Journal of Zhejiang Normal University (Natural Science)(33): 452-458.

WANG Z, YANG Y Y, SUN W M, et al., 2014b. Nonylphenol biodegradation in river sediment and associated shifts in community structures of bacteria and ammonia-oxidizing microorganisms. Ecotoxicology and Environmental Safety, 106: 1-5.

WATANABE Y, TAIT K, GREGORY S, et al., 2015. Response of the ammonia oxidation activity of microorganisms in surface sediment to a controlled sub-seabed release of CO_2. International Journal of Greenhouse Gas Control, 38: 162-170.

WEI X, GUO L B, HAO P W, et al., 2017. Effect of submerged macrophytes on metal and metalloid concentrations in sediments and water of the Yunnan Plateau lakes in China. Journal of Soils and Sediments, 17(10): 2566-2575.

WELLS R D S, BANNON H J, HICKS B J, 2003. Control of macrophytes by grass carp (*Ctenopharyngodon idella*) in a Waikato drain, New Zealand. New Zealand Journal of Marine and Freshwater Research, 37(1): 85-93.

WETZEL R G, 1983. Structure and productivity of aquatic ecosystems. Limnology. 2td ed. New York: Saunders College Publishing.

WETZEL R G, 2001. Limnology: Lake and river ecosystems. San Diego: Academic Press.

WIGAND C, STEVENSON C J, CORNWELL J C, 1997. Effects of different submerged macrophytes on sediment biogeochemistry. Aquatic Botany, 56: 233-244.

WIGAND C, WEHR J, LIMBURG K, et al., 2000. Effect of *Vallisneria Americana* (L.) on community structure and ecosystem function in lake mesocosms. Hydrobiologia, 418(1): 137-146.

WINGLER A, 2017. Transitioning to the next phase: The role of sugar signaling throughout the plant life cycle. Plant Physiology, 176(2): 1075-1084.

WITHERS P J A, JARVIE H P, 2008. Delivery and cycling of phosphorus in rivers: A review. Science of the Total Environment, 400(1-3): 379-395.

WOLFER S R, STRAILE D, 2004. Density control in *Potamogeton perfoliatus* L. and *Potamogeton pectinatus* L. Limnologica (34): 98-104.

WRIGHT R A, REEVES C, 2004. Using grass carp to control weeds in alabama ponds. Alabama Cooperative Extension System, 7: 1-4.

XIE D, YU D, YOU W H, et al., 2013. Algae mediate submerged macrophyte response to nutrient and dissolved inorganic carbon loading: A mesocosm study on different species. Chemosphere, 93(7): 1301-1308.

XIE Y H, AN S Q, YAO X, 2005. Short-time response in root morphology of *Vallisneria natans* to sediment type and water-column nutrient. Aquatic Botany, 81(1): 85-96.

XIE Y H, QIN H Y, YU D, 2004. Nutrient limitation to the decomposition of water hyacinth (*Eichhornia crassipes*). Hydrobiologia, 1: 105-112.

XING W, WU H P, HAO B B, et al., 2013. Stoichiometric characteristics and responses of submerged macrophytes to eutrophication in lakes along the middle and lower reaches of the Yangtze River. Ecological Engineering, 54: 16-21.

XU H, ZHANG D W, XU Z Z, et al., 2017. Study on the effects of organic matter characteristics on the residual aluminum and flocs in coagulation processes. Journal of Environmental Sciences, 63(1): 307-317.

XU J, CAO T, ZHANG M, et al., 2011. Isotopic turnover of a submersed macrophyte following transplant: The roles of growth and metabolism in eutrophic conditions. Rapid Communications in Mass Spectrometry, 25: 3267-3273.

XU S, YANG S Q, YANG Y J, et al., 2017. Influence of linoleic acid on growth, oxidative stress and photosynthesis of the cyanobacterium *Cylindrospermopsis raciborskii*. New Zealand Journal of Marine and Freshwater Research, 51(2): 223-236.

XUE Q C, ZHI S L, TAI C A, et al., 2016. Comparative elimination of dimethyl disulfide by maifanite and ceramic-packed biotrickling filters and their response to microbial community. Bioresource Technology(202): 76-83.

YAN L G, XU Y Y, YU H Q, et al., 2010. Adsorption of phosphate from aqueous solution by hydroxy-aluminum, hydroxy-iron and hydroxy-iron-aluminum pillared bentonites. Journal of Hazardous Materials, 179(1-3): 244-250.

YAN Z S, GUO H Y, SONG T S, et al., 2011. Tolerance and remedial function of rooted submersedmacrophyte *Vallisneria spiralis* to phenanthrene in freshwater sediments. Ecological Engineering, 37(2): 123-127.

YANG K, ZHU J J, ZHANG M, et al., 2010. Soil microbial biomass carbon and nitrogen in forest ecosystems of Northeast China: A comparison between natural secondary forest and larch plantation. Journal of Plant Ecology, 3(3): 175-182.

YANG Q Z, ZHAO H Z, ZHAO N N, et al., 2016. Enhanced phosphorus flux from overlying water to sediment in a bioelectrochemical system. Bioresource Technology, 216: 182-187.

YANG Y F, YI Y J, WANG W, et al., 2019. Generalized additive models for biomass simulation of submerged macrophytes in a shallow lake. Science of the Total Environment, 711: 135108.

YANG Z Z, WEI J Y, LIU H T, et al., 2011. Preparation and antibacterial ability of silver-loaded maifanite. Advanced Materials Research, 197-198: 947-952.

YASIR M, HU T, ABDUL H S, 2021. Hydrological regime of Lhasa River as subjected to hydraulic interventions-A SWAT model manifestation. Remote Sensing, 13(7): 1382.

YE C, YU H C, KONG H N, et al., 2009. Community collocation of four submerged macrophytes on two kinds of sediments in Lake Taihu, China. Ecological Engineering, 35(11): 1656-1663.

YE Z, ZENG J, Li X, et al., 2017. Physiological characterizations of three barley genotypes in response to low potassium stress. Acta Physiologiae Plantarum, 39(10): 232.

YEHOSHUA Y, DUBINSKY Z, GASITH A, et al., 2008. The epilithic algal assemblages of Lake Kinneret, Israel. Israel Journal of Plant Sciences, 56(1-2): 83-90.

YIN H B, HAN M X, TANG W Y, 2016. Phosphorus sorption and supply from eutrophic lake sediment amended with thermally-treated calcium-rich attapulgite and a safety evaluation.

Chemical Engineering Journal, 285: 671-678.

YIN H B, REN C, LI W, 2018. Introducing hydrate aluminum into porous thermally-treated calcium-rich attapulgite to enhance its phosphorus sorption capacity for sediment internal loading management. Chemical Engineering Journal, 348: 704-712.

YIN L, WANG S, LIU P, et al., 2014. Silicon-mediated changes in polyamine and 1-aminocyclopropane-1-carboxylic acid are involved in silicon-induced drought resistance in *Sorghum bicolor* L. Plant Physiology and Biochemistry, 80: 268-277.

YU J, LIU Z, HE H, et al., 2016. Submerged macr ophytes facilitate dominance of omnivorous fish in a subtropical shallow lake: Implications for lake restoration. Hydrobiologia, 775(1): 97-107.

YU Q, WANG H Z, LI Y, et al., 2015. Effects of high nitrogen concentrations on the growth of submersed macrophytes at moderate phosphorus concentrations. Water Research, 83: 385-395.

YUAN D Y, MENG X H, DUAN C Q, et al., 2018. Effects of water exchange rate on morphological and physiological characteristics of two submerged macrophytes from Erhai Lake. Ecology and Evolution, 8(24): 12750-12760.

YUAN Y, LIU J J, MA B, et al., 2016. Improving municipal wastewater nitrogen and phosphorous removal by feeding sludge fermentation products to sequencing batch reactor (SBR). Bioresource Technology, 222: 326-334.

ZELEKE J, LU S L, WANG J G, et al., 2013. Methyl coenzyme M reductase A (*mcrA*) Gene-based investigation of methanogens in the mudflat sediments of Yangtze River Estuary, China. Microbial Ecology, 66(2): 257-267.

ZENG L, HE F, DAI Z G, et al., 2017. Effect of submerged macrophyte restoration on improving aquatic ecosystem in a subtropical, shallow lake. Ecological Engineering(106): 578-587.

ZHAI J, ZOU J S, HE Q, et al., 2012. Variation of dissolved oxygen and redox potential and their correlation with microbial population along a novel horizontal subsurface flow wetland. Environmental Technology, 33(17): 1999-2006.

ZHAO G Q, SHENG Y Q, LI C Y, et al., 2020. Restraint of enzymolysis and photolysis of organic phosphorus and pyrophosphate using synthetic zeolite with humic acid and lanthanum. Chemical Engineering Journal, 386: 123791.

ZHANG B, FANG F, GUO J S, et al., 2012. Phosphorus fractions and phosphate sorption-release characteristics relevant to the soil composition of water-level-fluctuating zone of Three Gorges Reservoir. Ecological Engineering, 40: 153-159.

ZHANG L J, YE C, LI C H, et al., 2013a. The effect of submerged macrophytes decomposition on water quality. Research of Environmental Sciences, 26(2): 145-151.

ZHANG L, WANG S, JIAO L, et al., 2013b. Physiological response of a submerged plant

(*Myriophyllum spicatum*) to different NH₄Cl concentrations in sediments. Ecological Engineering, 58(complete): 91-98.

ZHANG M, YANG Q, ZHANG J H, et al., 2016a. Enhancement of denitrifying phosphorus removal and microbial community of long-term operation in an anaerobic anoxic oxic-biological contact oxidation system. Journal of Bioscience Bioengineering, 122(4): 456-466.

ZHANG T, BAN X, WANG X L, et al., 2016b. Spatial relationships between submerged aquatic vegetation and water quality in HongHu Lake, China. Fresenius Environmental Bulletin, 25: 896-909.

ZHANG W, ZHANG L, 2016. Vertical and temporal distributions of sulfate-reducing bacteria in sediments of Lake Erhai, Yunnan Province, China. Earth and Environment, 44(2): 177-184.

ZHANG X, HU H Y, WARMING T P, et al., 2011. Life history response of *Daphnia* magna to a mixotrophic golden alga, *Poterioochromonas* sp., at different for food levels. Bulletin of Environmental Contamination and Toxicology, 87: 117-123.

ZHANG X, MEI X, 2013. Periphyton response to nitrogen and phosphorus enrichment in a eutrophic shallow aquatic ecosystem. Chinese Journal of Oceanology and Limnology, 31: 59-64.

ZHANG Y, HE F, LIU Z S, et al., 2016c. Release characteristics of sediment phosphorus in all fractions of West Lake, Hang Zhou, China. Ecological Engineering, 95: 645-651.

ZHANG Y, HE F, XIA S B, et al., 2014. Adsorption of sediment phosphorus by porous ceramic filter media coated with nano-titanium dioxide film. Ecological Engineering, 64: 186-192.

ZHANG Y, HE F, XIA S B, et al., 2015. Studies on the treatment efficiency of sediment phosphorus with a combined technology of PCFM and submerged macrophytes. Environmental Pollution, 206: 705-711.

ZHANG Y, LIU X, QIN B, et al., 2016. Aquatic vegetation in response to increased eutrophication and degraded light climate in Eastern Lake Taihu: Implications for lake ecological restoration. Scientific Reports(6): 23867.

ZHANG Y, SCHERER H, 2002. Mechanisms of fixation and release of ammonium in paddy soils after flooding. IV. Significance of oxygen secretion from rice roots on the availability of non-exchangeable ammonium: A model experiment. Biology and Fertility of Soils, 35(3): 184-188.

ZHANG Y, WANG C, HE F, et al., 2016. In-situ adsorption-biological combined technology treating sediment phosphorus in all fractions. Scientific Reports, 6: 29725.

ZHANG Y F, ANGELIDAKI I, 2012. Bioelectrode-based approach for enhancing nitrate and nitrite removal and electricity generation from eutrophic lakes. Water Research, 46(19): 6445-6453.

ZHANG Z Q, SHU W S, LAN C Y, et al., 2001. Soil seed bank as an input of seed source in revegetation of lead/zinc mine tailings. Restoration Ecology, 9(4): 378-385

ZHOU X H, WANG M Y, WEN C Z, et al., 2019. Nitrogen release and its influence on anammox bacteria during the decay of *Potamogeton crispus* with different values of initial debris biomass. Science of the Total Environment, 650: 604-615.

ZHOU X Q, LI Z F, ZHAO R X, et al., 2016. Experimental comparisons of three submerged plants for reclaimed water purification through nutrient removal. Desalination and Water Treatment, 57: 12037-12046.

ZHOU Y W, ZHOU X H, HAN R M, et al., 2017. Reproduction capacity of *Potamogeton crispus* fragments and its role in water purification and algae inhibition in eutrophic lakes. Science of the Total Environment, 580: 1421-1428.

ZHOU Y Y, LI J Q, FU Y Q, 2000. Effects of submerged macrophytes on kinetics of alkaline phosphatase in Lake Donghu—I. Unfiltered water and sediments. Water Research, 34(15): 3737-3742.

ZHU M, ZHU G, ZHAO L, et al., 2013. Influence of algal bloom degradation on nutrient release at the sediment–water interface in Lake Taihu, China. Environmental Science and Pollution Research, 20(3): 1803-1811.

ZIMMER M, DANKO J P, PENNINGS S C, et al., 2001. Hepatopancreatic endosymbionts in coastal isopods (Crustacea: Isopoda), and their contribution to digestion. Marine Biology, 138(5): 955-963.

ZUIDAM J P V, PEETERS E T H M, 2012. Cutting affects growth of *Potamogeton lucens* L. and *Potamogeton compressus* L. Aquatic Botany, 100(1): 51-55.

后　记

　　自 2008 年以来，针对杭州西湖水环境水生态问题，我们先后承担了国家水专项课题，中国科学院重点部署项目、STS 项目，国家自然科学基金重点项目和当地政府科研及工程项目十余项。中国科学院水生生物研究所为牵头单位，主要参加单位有中国科学院南京地理与湖泊研究所、上海交通大学、杭州市西湖水域管理处、杭州市生态环境科学研究院、浙江省水利河口研究院、浙江工业大学、武汉理工大学、河南师范大学、湖北师范大学、鲁东大学、中国科学院生态环境研究中心等。杭州市西湖水域管理处还是地方政府的代表，也是课题示范及配套工程的业主和组织管理机构。感谢参加单位和相关团队努力工作、相互支持和联合攻关。我作为主要项目的负责人，特别感谢合作单位和团队对我们工作的大力支持。共同奋斗使我们结下深厚的友情，值得珍惜。

　　西湖科研团队发挥专业优势和敬业精神，解决了影响西湖水体富营养化和水生态退化的关键问题和技术瓶颈，研发了内源污染控制、"香灰土"底质改良、着生藻异常增殖控制、沉水植物逆境恢复和稳态调控等系列关键技术，在西湖全部 6.5 km² 水面恢复了沉水植物 1.86 km²，形成了"水下森林"独特景观，四季变换，沉水植物群落连续十余年自然更替，取得显著社会、经济和生态环境效益。西湖科研和工程成果受到当地政府、民众、游客以及国家水专项管理办公室的认可，被评为水专项湖泊类标志性成果，为杭州西湖成功列入《世界遗产名录》、G20 杭州峰会水环境保障和西湖水体景观美化做出了贡献。2014 年，第六届海峡两岸人工湿地研讨会暨高层论坛在杭州召开，众多两岸专家参观了西湖沉水植物恢复示范区并给予高度评价。

　　西湖工作有很多有利条件，也有很多困难，其中一个是水生所为主的外地科研人员到杭州工作需要出差。在当地政府大力支持下，依托杭州西湖引水前处理的玉皇山水厂的一栋仓库，西湖科研团队在此建立工作站，安营扎寨，工作期间，我们的工作生活与西湖融为一体。我作为西湖科研团队负责人，很荣幸有一大批乐于奉献的同事、学生和合作者。西湖工作持续十六年，三个五年计划工作大致由贺锋、刘碧云、张义分别作为现场具体负责人，为我承担了大量具体繁重的科研、技术、工程、各方协调组织以及成员生活安排等工作，事无巨细，任劳任怨，劳苦功高。长期在工作站驻点的负责人还有孔令为、胡胜华、曾磊、代志刚、闵奋力、蔺庆伟、王来、鄢文皓、严攀、白国梁、丁子卯等，他们不仅要完成自己的研究任务，更重要的是负责日常维护实验工程和管理工作站生活和运转，还要与各方人等打交道，真是难为这些年轻人了。

约两百名科研人员参加西湖科研工作。我们学科组几乎全力以赴，包括水生所职工、学生和我作为兼职教授在武汉理工大学及中国地质大学（武汉）十多年历届招收的学生，据水生所净化组出差报销的不完全统计，共有158人去杭州西湖出差采样蹲点共计约19 000天，其中，五十天以上有55人，一百天以上35人，五百天以上11人，一千三百天以上3人。60余人次的硕士、博士学位论文和博士后出站报告是以西湖为研究对象撰写的，许多人的研究生生活除了上课，大部分科研时间都在杭州工作站度过，他们十分珍贵的研究生岁月大都奉献给了西湖。

万事开头难，把一栋空仓库改造成工作站很不容易，由于课题科研经费有限，得精打细算，时值酷暑，贺锋带领一帮年轻人在实验场地、工地和市场等多地奔忙，干活汗流浃背，工作场地没有空调，衣服一会就汗湿透了，有时干脆赤膊上阵，日以继夜，非常辛苦。当年还没有微信，有一天非常热，气温超过40℃，我与贺锋他们有较多短信交流，有一两个小时没有反应，我忍不住问"还是活的吗"，不久接到他们回复，我终于放心了，紧张甚至惊心动魄的时刻太多了。主要由于西湖艰苦条件下的出色工作，贺锋被调去做科研管理工作了。

经过几年艰苦努力，各项工作已全面展开，取得了初步成绩，困难不断出现需要克服，工程需要及时指导，不时会有各路检查评审参观等需要应对。刘碧云全身心投入西湖工作，不仅表现了女士的细致和周到，更多展现的是女性的耐心和坚韧，当时她儿子正在读高中准备高考，她却常年累月待在杭州，只能有空时通过电话关心指导儿子的学习。

张义刚到西湖采样还是硕士生，属于建站时赤膊干活的年轻人中的一员，第二阶段作为副手协助负责，第三阶段转正为负责人至今。除了早期一段时间，他几乎参加了西湖工作的全过程，他也一步步从硕士生、博士生、博士后、副研究员到青年研究员。他的经历在西湖工作参加者中很有代表性。

一般人认为，杭州极尽盛世繁华，到西湖旅游几天是美好享受，但是如果连续几十天、几百天甚至更久，可能就是另外一种感受了。杭州景点人满为患，我们西湖工作站所在的玉皇山水厂却非常偏僻，关键是紧挨着玉皇山公墓，这里白天也没有几个人，晚上更是太过安静。平时工作站人多，但每逢节假日或特殊时期人比较少，晚上寂静的氛围偶尔可能会让人感到害怕，尤其对女同事而言。工作站所处的环境，蚊子也特别多、特别大、特别毒，在中试基地上做实验一会后就会被咬得满腿红包，奇痒难忍。可能有人发现这里还住着一群读书人，也发生过偷窃等事件。但这些只是野外工作中的小不愉快，花絮谈资而已。

总体来说，我们的新生活充满阳光，新家还是挺不错的，工作站分为上下两层，一楼是会议室兼学习室、实验室、厨房等；二楼一共十几个简易"标准间"，我是负责人享受点特权主要是照顾我年纪大住的是"大床房"。工作站的生活别有生机，因工作需要配有专车和专职司机，专职厨师做的小有名气的西湖拌面等食物经常使驻点人员体重不减反增。有空时我们会去隔壁部队与兵哥哥打篮球，几年下来，少有的几次比赛打赢了都使我们特别高兴，均有详细的文字照片记录留存自赏。西湖自古就是个浪漫的地方，多位年轻人在西湖工作过程中找到了满意的意中人，还有几对双方都是我们团队的成员，算是情定西湖。也许这项工作很伟大，很启发人的悟性，也许这里太枯燥、太孤独，没有尘世的喧嚣，在西湖工作站待久了的很多人都会写诗，当然大多只是顺口溜之类，应该有几百首了，有专人整理，待这本书出版之后会尽快编辑出版自看。一位从未写过诗的常驻西湖的博士后多少天论文一直写不出来，只憋出打油诗如下：

　　"西湖采样——水
　　中秋断桥人成群，众人皆论水清浑。
　　不知秀水缘何处，只为趁兴乘舟行。
　　水科师生采样勤，铁杵成真得水心。
　　水浑亦是水有情，水若无怨水常清。"
　　净化人生，西湖自有诗意。

　　我们以发表的一百多篇论文为基础，撰写了本书，作为学术性的成果展示。篇幅所限，为了突出重点，本书没有直接涉及西湖调水和降氮等其他工作，主要聚焦沉水植物恢复机理和沉水植被重建及环境和景观效果的相关研究成果，主要是水生所我们学科组工作的内容。其他部分成果容后择机编写出版。

　　特别感谢前任水生所所长赵进东院士，西湖课题是他为负责人的水专项共性项目中的一个课题，西湖工作是在他的直接领导指导下进行的，西湖课题立项、实施、总结各主要环节和取得的每一项成绩都凝聚了他付出的巨大心力。感谢水生所多届领导和有关团队还有许多同事的热情关心和大力支持！在西湖工作进行过程中，承蒙张全兴、侯立安、张偲、匡廷云院士等著名专家莅临指导，特别感谢！

　　"十五"期间，我作为863项目（时称水专项）首个试点城市武汉水专项主要课题的负责人，得到专家组成员杨志峰院士的指导。"十二五"期间，西湖工作得到水专项技术总师吴丰昌院士的支持指导。承蒙杨院士和吴院士为本书作序，衷心感谢！

　　十九年来，先后有张垚磊、丁子卯、邹羿菱云、张玥、张丹、谭谈、许鹏、方庆军、骆凤、朱吉颖、李贝宁、鲁讷、郭瑶、王柔、王帅、杨晓龙、韩帆、王龙、黄素珍、李前正、刘盼盼、王会会、寇丹丹、王晓莹、曾官利等为西湖科研、工程、管理和书稿撰写等方面做了不少工作，奉献了大量时间和精力。由于名额所限，像更多没有提及名字的参加者一样，他们未能出现在作者名单中，但他们的付出和贡献是西湖工作成绩和本书不可或缺的重要组成部分。

本书撰写修改花费了数年时间，我们学科组职工、博士后、部分学生以及曾在西湖工作过的若干主要成员参加了本书的撰写，各章节由张义、刘碧云、周巧红等分别负责起草，张义协助统稿，刘子森等协助有关事务。

由于作者水平所限，加上工作时间跨度较大，错误和不足在所难免，敬请读者指正。

借此机会，感谢十六年来参加西湖工作的同事、学生的辛勤努力和无私奉献！感谢所有有关专家、领导、合作者、朋友的指导、支持、关心和鼓励！

吴振斌

2023 年 11 月 11 日

西湖科研团队论文目录

期 刊 论 文

[1] 胡胜华, 贺锋, 孔令为, 张聪, 李泽, 徐洪, 周巧红, 吴振斌. 杭州西湖湖湾生物硅沉积测定与营养演化的过程. 生态环境学报, 2011, 20(12): 1892-1897.

[2] 左进城, 梁威, 徐栋, 贺锋, 周巧红, 吴振斌. 几种收割策略下轮叶黑藻 (*Hydrilla verticillata*) 的生长恢复研究. 农业环境科学学报, 2011, 30(7): 1391-1397.

[3] 葛芳杰, 刘碧云, 鲁志营, 高云霓, 吴振斌. 不同氮、磷浓度对穗花狐尾藻生长及酚类物质含量的影响. 环境科学学报, 2012, 32(2): 472-479.

[4] 葛芳杰, 刘碧云, 鲁志营, 高云霓, 吴振斌. 穗花狐尾藻生长及酚类物质含量对光照强度的响应研究. 环境科学与技术, 2012, 35(3): 30-34.

[5] Cai L L, Zhou Q H, He F, Kong L W, Hu S H, Wu Z B. Investigation of microbial community structure with culture-dependent and independent PCR-DGGE methods in western West Lake of HangZhou, China. Fresenius Environmental Bulletin, 2012, 21(6): 1357-1364.

[6] 寇丹丹, 张义, 黄发明, 夏世斌, 吴振斌. 水体沉积物磷控制技术. 环境科学与技术, 2012, 35(10): 81-85.

[7] 梁雪, 贺锋, 徐洪, 肖蕾, 黄福青, 徐栋, 吴振斌. 三种湿地植物抗寒性的初步研究. 农业环境科学学报, 2012, 31(12): 2466-2472.

[8] 张聪, 贺锋, 高小辉, 孔令为, 胡胜华, 夏世斌, 吴振斌. 3 种种植方式下沉水植物恢复效果研究. 植物研究, 2012, 32(5): 603-608.

[9] 李泽, 高小辉, 贺锋, 胡胜华, 夏世斌, 吴振斌. 苦草和黑藻对模拟西湖水体中 COD_{Cr}、TN 和 NO_3-N 的去除力分析. 植物资源与环境学报, 2012, 21(4): 29-34.

[10] 夏世斌, 潘蓉, 张宁, 黄发明, 代西, 吴振斌. 直接产电型垂直流人工湿地微污染水源水处理试验研究. 武汉理工大学学报, 2012, 34(2): 105-109.

[11] 孔令为, 贺锋, 徐栋, 张义, 黄发明, 吴振斌. 低温等离子体技术在水处理改性填料制备中的应用. 水处理技术, 2012, 38(增刊): 1-6.

[12] 徐洪, 赵鹏大, 武俊梅, 李新宁, 吴振斌. 杭州西湖生态系统服务价值评估. 水科学进展, 2013, 24(3): 436-441.

[13] Xu H, Wu J M, Zhao P D, Wu Z B. Case studies on sustainability assessment of urban wetland resources. Fresenius Environmental Bulletin, 2013, 22(12): 3458-3464.

[14] 何洁, 张昇, 滕家泉, 夏世斌. 水生植物在微生物燃料电池中的应用研究进展. 环境科学与技术, 2013, 36(2): 100-103.

[15] 鲁志营, 高云霓, 刘碧云, 孙雪梅, 张甬元, 吴振斌. 水生植物化感抑藻作用机制研究进展. 环境科学与技术, 2013, 36(7): 64-69, 75.

[16] 孔令为, 贺锋, 夏世斌, 徐栋, 张义, 吴振斌. DMBR-IVCW 耦合工艺处理生活污水的研究. 水处理技术, 2013, 39(8): 57-62, 66.

[17] 孔令为, 贺锋, 夏世斌, 徐栋, 唐光涛, 吴振斌. 不同 C/N 下 BBFR-IVCW 耦合工艺对微污染水体脱氮效果. 环境工程学报, 2013, 7(8): 2818-2824.

[18] Wei H, Cheng S P, Tang H B, He F, Liang W, Wu Z B. The Strategies of morphology, reproduction and carbohydrate metabolism of *Hydrilla verticillate*(Linn.f.) royle in fluctuating waters. Fresenius Environmental Bulletin, 2013, 22(9): 2590-2596.

[19] Kong L W, He F, Xia S B, Xu D, Zhang Y, Xiao E R, Wu Z B. A combination process of DMBR-IVCW for domestic sewage treatment. Fresenius Environmental Bulletin, 2013, 22(3): 665-674.

[20] Zhang Y, Xia S B, Kou D D, Xu D, Kong L W, He F, Wu Z B. Phosphorus removal from domestic sewage by adsorption combined photocatalytic reduction with red mud. Desalination and Water Treatment, 2013, 51: 7130-7136.

[21] 李安定, 张义, 周北海, 吴振斌. 富营养化湖泊沉积物磷原位控制技术. 水生生物学报, 2014, 38(2): 370-374.

[22] 左进城, 贺锋, 马剑敏, 周巧红, 曾磊, 孔令为, 胡胜华, 吴振斌. 中等强度收割对菹草和伊乐藻种间竞争的影响. 生态学杂志, 2014, 33(9): 2414-2419.

[23] 许鹏, 许丹, 张义, 夏世斌, 吴振斌. 植物型微生物燃料电池研究进展. 工业安全与环保, 2014, 40(9): 33-35.

[24] 许鹏, 孔令为, 张义, 贺锋, 夏世斌, 徐栋, 吴振斌. 纳米二氧化钛负载改性天然高分子材料的研究. 环境污染与防治, 2014, 36(10): 47-58.

[25] 马琳, 贺锋. 我国农村生活污水组合处理技术研究进展. 水处理技术, 2014, 40(10): 1-5.

[26] 张丽萍, 周巧红, 赵文玉, 吴振斌. 多溴联苯醚降解技术的研究进展. 环境科学与技术, 2014, 37(10): 144-148.

[27] 孔令为, 贺锋, 夏世斌, 徐栋, 裘知, 吴振斌. 钱塘江引水降氮示范工程的构建和运行研究. 环境污染与防治, 2014, 36(11): 60-66.

[28] 孔令为, 贺锋, 徐栋, 张义, 吴振斌. BBFR-IVCW 工艺对微污染水体的脱氮效果. 环境科学研究, 2014, 27(7): 711-718.

[29] 陶敏, 贺锋, 王敏, 吴振斌. 人工湿地强化脱氮研究进展. 工业水处理, 2014, 34(3): 6-10.

[30] 孔令为, 汪璐, 贺锋, 裘知, 徐栋, 吴振斌. 水处理填料用丝瓜络的界面偶合改性研究. 水

处理技术, 2014, 40(5): 73-78.

[31] Lu Z Y, Liu B Y, He Y, Chen Z L, Zhou Q H, Wu Z B. Effects of daily exposure of Cyanobacterium and Chlorophyte to low-doses of Pyrogallol. Allelopathy Journal, 2014, 34(2): 195-206.

[32] Gao Y N, Zhang L P, Liu B Y, Zhang Y Y, Wu Z B. Research on allelochemicals with material properties exuded by submerged freshwater macrophyte *Elodea nuttallii*. Advanced Materials Research, 2014, 1023: 71-74.

[33] Dai Y R, Chang J J, Zhang L P, Wu Z B, Liang W. Effects of submerged macrophytes *Ceratophyllum demersum* L. on sediment microbial commuinty. Fresenius Environmental Bulletin, 2014, 23(10): 2474-2480.

[34] Dai Y R, Tang H B, Chang J J, Wu Z B, Liang W. What's better, *Ceratophyllum demersum* L. or *Myriophyllum verticillatum* L. individual or combined?. Ecological Engineering, 2014, 70: 397-401.

[35] Guo W J, Li Z, Cheng S P, Liang W, Wu Z B. Enzyme activities in pilot-scale constructed wetlands for treating urban runoff in China: Temporal and spatial variations. Desalination and Water Treatment, 2015, 56(11): 3113-3121.

[36] Zhang Y, He F, Xia S B, Kong L W, Xu D, Wu Z B. Adsorption of sediment phosphorus by porous ceramic filter media coated with nano-titanium dioxide film. Ecological Engineering, 2014, 64: 186-192.

[37] 徐思, 肖信彤, 张义, 夏世斌, 吴振斌. 生物基活性炭纤维活化机理及应用研究. 化工新型材料, 2014, 42(8): 213-215.

[38] 张丹, 王川, 王艳云, 周巧红, 吴振斌. 杭州西湖底泥反硝化作用初探. 水生态学杂志, 2015, 36(3): 18-24.

[39] 孙健, 贺锋, 张义, 刘碧云, 周巧红, 吴振斌. 草鱼对不同种类沉水植物的摄食研究. 水生生物学报, 2015, 39(5): 997-1002.

[40] 王艳云, 王川, 徐思, 张丹, 曾磊, 贺锋, 周巧红, 吴振斌. 杭州西湖表层沉积物中水溶性有机碳含量的时空分布特征. 水生态学杂志, 2015, 36(4): 57-62.

[41] 张丽萍, 王川, 周巧红, 吴振斌. 固相萃取-气相色谱质谱法测定水样中的毒死蜱及其代谢产物. 环境污染与防治, 2015, 37(9): 80-83.

[42] 张丽萍, 王川, 周巧红, 王亚芬, 吴振斌. 气相色谱-质谱法测定土壤中的磷脂脂肪酸. 理化检验-化学分册, 2015, 51(10): 1353-1357.

[43] 武俊梅, 徐栋, 张丽萍, 贺锋, 吴振斌. 人工湿地基质再生技术的研究进展. 环境工程学报, 2015, 9(11): 5133-5141.

[44] 张垚磊, 张义, 夏世斌, 贺锋, 吴振斌. 典型城市浅水湖泊沉积物磷原位物理化学控制技术.

工业安全与环保, 2015, 41(7): 77-79.

[45] 徐思, 张丹, 王艳云, 周巧红, 王亚芬, 刘碧云, 贺锋, 吴振斌. 沉水植物恢复对湖泊沉积物产甲烷菌的影响研究. 水生生物学报, 2015, 39(6): 1198-1206.

[46] 何小芳, 吴法清, 周巧红, 刘碧云, 张丽萍, 吴振斌. 武汉沉湖湿地水鸟群落特征及其与富营养化关系研究. 长江流域资源与环境, 2015, 24(9): 1499-1506.

[47] 高云霓, 葛芳杰, 刘碧云, 鲁志营, 何燕, 张甬元, 吴振斌. 不同暴露方式下水生植物化感物质抑藻效应的比较研究. 生态环境学报, 2015, 24(4): 554-560.

[48] 蔺庆伟, 杨佩昀, 高伟, 王洁玉, 马剑敏, 刘碧云, 贺锋, 吴振斌. 菹草石芽萌发影响因子及其阶段性生物学积温研究. 河南师范大学学报(自然科学版), 2015, 43(2): 107-112.

[49] Gao Y N, Liu B Y, Ge F J, He Y, Lu Z Y, Zhou Q H, Wu Z B. Joint effects of allelochemical nonanoic acid, N-phenyl-1-naphtylamine and caffeic acid on the growth of *Microcystis aeruginosa*. Allelopathy Journal, 2015, 35(2): 249-257.

[50] Wu J M, Xu D, He F, He J, Wu Z B. Comprehensive evaluation of substrates in vertical-flow constructed wetlands for domestic wastewater treatment. Water Practice & Technology, 2015, 10(3): 625-632.

[51] Zhang Y, He F, Xia S B, Zhou Q H, Wu Z B. Studies on the treatment efficiency of sediment phosphorus with a combined technology of PCFM and submerged macrophytes. Environment Pollution, 2015, 206: 705-711.

[52] Ma L, He F, Sun J, Huang T, Xu D, Zhang Y, Wu Z B. Effects of flow speed and circulation interval on water qualityand zooplankton in a pond-ditch circulation system. Environmental Science and Pollution Research, 2015, 22: 10166-10178.

[53] Ma L, He F, Sun J, Wang L, Xu D, Wu Z B. Remediation effect of pond-ditch circulation on rural wastewater in southern China. Ecological Engineering, 2015, 77: 363-372.

[54] 左进城, 马剑敏, 曾磊, 胡胜华, 刘碧云, 贺锋, 周巧红, 吴振斌. 杭州西湖湖西水域沉水植物群落恢复初期的季节动态//. 2015年中国环境科学学会学术年会论文集: 1971-1977.

[55] Zhang Y, He F, Liu Z S, Liu B Y, Zhou Q H, Wu Z B. Release characteristics of sediment phosphorus in all fractions of West Lake, Hang Zhou, China. Ecological Engineering, 2016, 95(Complete): 645-651.

[56] 张玥, 徐栋, 刘碧云, 曾磊, 代志刚, 龚成, 贺锋, 吴振斌. 西湖引水工程絮凝剂余铝对菹草生长及水质的影响. 水生生物学报, 2016, 40(2): 321-326.

[57] 姚远, 贺锋, 胡胜华, 孔令为, 刘碧云, 曾磊, 张丽萍, 吴振斌. 沉水植物化感作用对西湖湿地浮游植物群落的影响. 生态学报, 2016, 36(4): 83-90.

[58] 闵奋力, 左进城, 刘碧云, 代志刚, 曾磊, 贺锋, 吴振斌. 穗状狐尾藻与不同生长期苦草种间竞争研究. 植物科学学报, 2016, 34(1): 47-55.

[59] 张玥, 徐栋, 刘碧云, 曾磊, 代志刚, 杜明普, 陈迪松, 吴振斌. 铝盐絮凝剂对沉水植物五刺金鱼藻生长的影响. 环境科学与技术, 2016, 39(4): 5-10.

[60] Zhang Y, Wang C, He F, Liu B Y, Xu D, Xia S B, Zhou Q H, Wu Z B. In-situ adsorption-biological combined technology treating sediment phosphorus in all fractions. Scientific Reports, 2016, 6: 29725.

[61] 易科浪, 代志刚, 刘碧云, 蔺庆伟, 曾磊, 徐栋, 贺锋, 吴振斌. 空间层次及人工基质对着生藻类建群特性的影响. 生态学报, 2016, 36(15): 4864-4872.

[62] Wang C, Liu S Y, Tahmina E J, Liu B Y, He F, Zhou Q H, Wu Z B. Short term succession of artificially restored submerged macrophytes and their impact on the sediment microbial community. Ecological Engineering, 2017, 103: 50-58.

[63] 张义, 刘子森, 张垚磊, 贺锋, 刘碧云, 曾磊, 吴振斌. 多孔陶瓷滤球与沉水植物联合作用处理杭州西湖沉积物中的磷. 环境工程学报, 2017, 11(7): 4085-4090.

[64] 张玥, 徐栋, 张义, 刘碧云, 肖恩荣, 周巧红, 贺锋, 吴振斌. 引水工程絮凝剂余铝对杭州西湖水体、底泥铝盐分布的影响. 湖泊科学, 2017, 29(4): 796-803.

[65] 代志刚, 蔺庆伟, 易科浪, 曾磊, 胡胜华, 刘碧云, 贺锋, 吴振斌. 杭州西湖浮游植物群落对沉水植物恢复的响应. 水生态学杂志, 2017, 38(5): 35-45.

[66] Liu Z S, Zhang Y, Liu B Y, Zeng L, Xu D, He F, Kong L W, Zhou Q H, Wu Z B. Adsorption performance of modified bentonite granular (MBG) on sediment phosphorus in all fractions in the West Lake, Hangzhou, China. Ecological Engineering, 2017, 106: 124-131.

[67] 王帅, 张义, 曾磊, 刘碧云, 吴振斌, 贺锋. 动静态水环境下不同种植方式对苦草生长的影响. 植物科学学报, 2017, 35(5): 691-698.

[68] 张义, 刘子森, 张垚磊, 代志刚, 贺锋, 吴振斌. 环境因子对杭州西湖沉积物各形态磷释放的影响. 水生生物学报, 2017, 41(6): 1354-1361.

[69] Lin Q W, He F, Ma J M, Zhang Y, Liu B Y, Min F L, Dai Z G, Zhou Q H, Wu Z B. Impacts of residual aluminum from aluminate flocculant on the morphological and physiological characteristics of Vallisneria natans and Hydrilla verticillata. Ecotoxicology and Environmental Safety, 2017, 145: 266-273.

[70] Lin Q W, Liu B Y, Min F L, Zhang Y, Ma J M, He F, Zeng L, Dai Z G, Wu Z B. Effects of aluminate flocculant on turion germination and seedling growth of Potamogeton crispus. Aquatic Toxicology (Amsterdam, Netherlands), 2017, 193: 236-244.

[71] Min F L, Zuo J C, Zhang Y. The biomass and physiological responses of Vallisneria natans (Lour.) hara to epiphytic algae and different nitrate-N concentrations in the water column. Water, 2017, 9(11): 1-16.

[72] Fu H, Xu J, Xiao E R, He F, Xu P, Zhou Q H, Wu Z B. Application of dual stable isotopes in

investigating the utilization of two wild dominant filamentous algae as food sources for *Daphnia magna*. Journal of Freshwater Ecology, 2017, 32(1): 339-351.

[73] Zeng L, Liu B Y, Dai Z G, Zhou Q H, Kong L W, Zhang Y, He F, Wu Z B. Analyzing the effects of four submerged macrophytes with two contrasting architectures on zooplankton: A mesocosm experiment. Journal of Limnology, 2017, 76(3): 581-590.

[74] 刘子森, 张义, 刘碧云, 贺峰, 吴振斌. 改性膨润土的制备及其对沉积物磷的吸附性能研究. 化工新型材料, 2017, 4: 219-221, 224.

[75] Xu P, Xiao E R, Xu D, Zhou Y, He F, Liu B Y, Zeng L, Wu Z B. Internal nitrogen removal from sediments by the hybrid system of microbial fuel cells and submerged aquatic plants. Plos One, 2017, 12(2): e0172757.

[76] Sun J, Ma L, Wang L, Hu Y, Zhang Y, Wu Z B, He F. Assessing the effects of grass carp excretion and herbivory of submerged macrophytes on water quality and zooplankton communities. Polish Journal of Environmental Studies, 2017, 26(4): 1681-1691.

[77] Zeng L, He F, Dai Z G, Xu D, Liu B Y, Zhou Q H, Wu Z B. Effect of submerged macrophyte restoration on improving aquatic ecosystem in a subtropical, shallow lake. Ecological Engineering, 2017, 106: 578-587.

[78] Zeng L, He F, Zhang Y, Liu B Y, Dai Z G, Zhou Q H, Wu Z B. How submerged macrophyte restoration promotes a shift of phytoplankton community in a shallow subtropical lake. Polish Journal of Environmental Studies, 2017, 26(3): 1-9.

[79] Wang C, Liu S Y, Zhang Y, Liu B Y, Zeng L, He F, Zhou Q H, Wu Z B. Effects of planted versus naturally growing *Vallisneria natans* on the sediment microbial community in West Lake, China. Microbial Ecology, 2017, 74: 278-288.

[80] 刘子森, 张义, 张垚磊, 贺峰, 刘碧云, 曾磊, 吴振斌. 多孔陶瓷滤球对杭州西湖沉积物 5 种形态磷的吸附性能. 环境工程学报, 2017, 11(1): 151-158.

[81] Kong L W, He F, Xia S B, Xu D, Zhang Y, Wang L, Zhou Q H, Wu Z B. Research on the application of the modified aquatic mat pond and integrated vertical-flow constructed wetland coupling process based on luffa sponges for micro-polluted water treatment. Desalination and Water Treatment, 2017, 76: 155-165.

[82] 张璐, 刘碧云, 葛芳杰, 刘琪, 易科浪, 吴振斌. 丝状绿藻生长的环境影响因子及控制技术研究进展. 生态学杂志, 2017, 36(7): 2029-2035.

[83] Sun J, Wang L, Ma L, Min F L, Huang T, Zhang Y, Wu Z B, He F. Factors affecting palatability of four submerged macrophytes for grass carp Ctenopharyngodon idella. Environmental Science and Pollution, 2017, 24(36): 28046-28054.

[84] Wang L, He F, Sun J, Hu Y, Huang T, Zhang Y, Wu Z B. Effects of three biological control

approaches and their combination on the restoration of eutrophicated waterbodies. Limnology, 2017, 18: 301-313.

[85] Xu P, Xiao E R, Xu D, Li J, Zhang Y, Dai Z G, Zhou Q H, Wu Z B. Enhanced phosphorus reduction in simulated eutrophic water: A comparative study of submerged macrophytes, sediment microbial fuel cells, and their combination. Environmental technology, 2018, 39(9): 1-14.

[86] Sun J, Wang L, Ma L, Huang T, Zheng W P, Min F L, Zhang Y, Wu Z B, He F. Determinants of submerged macrophytes palatability to grass carp *Ctenopharyngodon idellus*. Ecological Indicators, 2018, 85: 657-663.

[87] Wang C, Liu Z S, Zhang Y, Liu B Y, Zhou Q H, Zeng L, He F, Wu Z B. Synergistic removal effect of P in sediment of all fractions by combining the modified bentonite granules and submerged macrophyte. Science of the Total Environment, 2018, 626: 458-467.

[88] Wang C, Liu S Y, Zhang Y, Liu B Y, He F, Xu D, Zhou Q H, Wu Z B. Bacterial communities and their predicted functions explain the sediment nitrogen changes along with submerged macrophyte restoration. Microbial Ecology, 2018, 76(3): 626-636.

[89] 刘子森, 张义, 王川, 蔺庆伟, 闵奋力, 周巧红, 刘碧云, 贺锋, 吴振斌. 改性膨润土和沉水植物联合作用处理沉积物磷. 中国环境科学, 2018, 38(2): 665-674.

[90] Zeng L, He F, Zhang Y, Liu B Y, Dai Z G, Zhou Q H, Wu Z B. Size-dependent responses of zooplankton to submerged macrophyte restoration in a subtropical shallow lake. Journal of Oceanology and Limnology, 2018, 36: 376-384.

[91] 胡胜华, 蔺庆伟, 代志刚, 闵奋力, 曾磊, 张义, 刘碧云, 贺锋, 吴振斌. 西湖沉水植物恢复过程中物种多样性的变化. 生态环境学报, 2018, 27(8): 1440-1445.

[92] Liu Z S, Zhang Y, Han F, Yan P, Liu B, Zhou Q H, Min F L, He F, Wu Z B. Investigation on the adsorption of phosphorus in all fractions from sediment by modified maifanite. Scientific Reports, 2018, 8: 15619.

[93] 刘子森, 张义, 贺锋, 刘碧云, 周巧红, 蔺庆伟, 曾磊, 吴振斌. 改性膨润土对杭州西湖沉积物各形态磷的吸附性能. 环境科学学报, 2018, 38(6): 2445-2453.

[94] 韩帆, 张义, 刘子森, 贺锋, 吴振斌. 麦饭石在环保领域的应用研究进展. 化工新型材料, 2018, 46(5): 35-37.

[95] Zhang L, Xu P, Liu B Y, Zhang Y, Zhou Q H, Wu Z B. Effects of the decomposing liquid of *Cladophora oligoclona* on *Hydrilla verticillata* turion germination and seedling growth. Ecotoxicology and Environmental Safety, 2018, 157: 81-88.

[96] Wei H, He F, Xu D, Zhou Q H, Xiao E R, Zhang L P, Wu Z B. A comparison of the growth and photosynthetic response of *Vallisneria natans* (Lour.) Hara to a long-term water depth gradient

under flowing and static water. Journal of Freshwater Ecology, 2018, 33: 1, 223-237.

[97] 杨晓龙, 张义, 刘子森, 夏世斌, 贺锋, 吴振斌. 纳米光催化剂处理难降解性有机物的研究进展. 化工新型材料, 2018, 551(8): 38-41.

[98] Liu P P, Wang L, Xia X, Zeng L, Zhou Q H, Liu B Y, He F, Wu Z B. Microzooplankton grazing and phytoplankton growth in a Chinese lake. Polish Journal of Environmental Studies, 2019, 28(1): 225-235.

[99] Min F L, Zuo J C, Lin Q W, Zhang Y, Liu B Y, Sun J, He F, Wu Z B. Impacts of Animal Herbivory and Water Depth on Seed Germination and Seedling Survival of *Vallisneria natans* (Lour.) Hara and *Hydrilla verticillata* (L. f.) Royle. Polish Journal of Environmental Studies. 2019, 28(1): 275-281.

[100] Xu P, Xiao E R, Zeng L, He F, Wu Z B. Enhanced degradation of pyrene and phenanthrene in sediments through synergistic interactions between microbial fuel cells and submerged macrophyte *Vallisneria spiralis*. Journal of Soils and Sediments, 2019, 19: 2634-2649.

[101] Xu P, Xiao E R, Wu J M, He F, Zhang Y, Wu Z B. Enhanced nitrate reduction in water by a combined bio-electrochemical system of microbial fuel cells and submerged aquatic plant *Ceratophyllum demersum*. Journal of Environmental Sciences. 2019, 78: 338-351.

[102] Zhang L, Liu B Y, Ge F J, Liu Q, Zhang Y Y, Zhou Q H, Xu D, Wu Z B. Interspecific competition for nutrients between submerged macrophytes (*Vallisneria natans, Ceratophyllum demersum*) and filamentous green algae (*Cladophora oligoclona*) in a co-culture system. Polish Journal of Environmental Studies, 2019, 28(3): 1483-1494.

[103] 严攀, 徐栋, 刘子森, 韩帆, 贺锋, 刘碧云, 张义, 吴振斌. 杭州西湖沉积物磷分析及释放风险. 环境化学, 2019, 38(7): 1479-1487.

[104] Lin Q W, Peng X, Liu B Y, Min F L, Zhang Y, Zhou Q H, Ma J M, Wu Z B. Aluminum distribution heterogeneity and relationship with nitrogen, phosphorus and humic acid content in the eutrophic lake sediment. Environmental Pollution, 2019, 253: 516-524.

[105] 韩帆, 刘子森, 严攀, 贺锋, 孙健, 张义, 吴振斌. 硅酸盐矿物麦饭石对沉水植物生理生态的影响. 水生生物学报, 2019, 43(6): 1353-1361.

[106] Han F, Zhang Y, Liu Z S, Wang C, Luo J, Liu B Y, Qiu D R, He F, Wu Z B. Effects of maifanite on growth, physiological and phytochemical process of submerged macrophytes *Vallisneria spiralis*. Ecotoxicology and Environmental Safety, 2019: 109941.

[107] Lin Q W, Fan M J, Jin P, Riaz L, Wu Z B, He F, Liu B Y, Ma J M. Sediment type and the clonal size greatly affect the asexual reproduction, productivity, and nutrient absorption of *Vallisneria natans*. Restoration Ecology, 2020, 28(2): 408-417.

[108] 韩帆, 张义, Trinh X T, 刘子森, 徐栋, 贺锋, 吴振斌. Sr-TiO₂/多孔陶瓷滤球复合光催化剂

对难降解有机物腐殖酸的去除性能. 化工新型材料, 2019, 47(3): 259-263.

[109] 孙健, 贺峰, 吴振斌, 曾磊, 贺珊珊, 蔡世颜. 影响草鱼摄食水生植物因素的研究进展. 水产学杂志, 2019, 32(3): 53-57.

[110] Xu P, Xiao E R, He F, Xu D, Zhang Y, Wang Y F, Wu Z B. High performance of integrated vertical-flow constructed wetland for polishing low C/N ratio river based on a pilot-scale study in Hangzhou, China. Environmental Science and Pollution Research, 2019, 26: 22431-22449.

[111] Liu Z S, Zhang Y, Kong L W, Liu L, Luo J, Liu B Y, Zhou Q H, He F, Xu D, Wu Z B. Preparation and preferential photocatalytic degradation of acephate by using the composite photocatalyst Sr/TiO$_2$-PCFM. Chemical Engineering Journal, 2019, 374: 852-862.

[112] Zhang L, Huang S Z, Peng X, Liu B Y, Zhang Y, Zhou Q H, Wu Z B. The response of regeneration ability of *Myriophyllum spicatum* apical fragments to decaying *Cladophora oligoclona*. Water, 2019, 11(5): 1014.

[113] 曾磊, 刘海燕, 贺珊珊, 孙健, 蔡世颜, 李露. 饮用水卤代烃污染及其防治去除研究进展. 净水技术, 2019, 38(3): 21-25, 31.

[114] 严攀, 徐栋, 刘子森, 韩帆, 贺峰, 刘碧云, 张义, 吴振斌. 杭州西湖沉积物磷分析及释放风险. 环境化学, 2019, 38(7): 1479-1487.

[115] 韩帆, 张义, Trinh X T, 刘子森, 徐栋, 贺锋, 吴振斌. Sr-TiO$_2$/多孔陶瓷滤球复合光催化剂对难降解有机物腐殖酸的去除性能. 化工新型材料, 2019, 47(3): 259-263.

[116] 韩帆, 刘子森, 严攀, 贺锋, 孙健, 张义, 吴振斌. 硅酸盐矿物麦饭石对沉水植物生理生态的影响. 水生生物学报, 2019, 6: 1353-1361.

[117] 刘云利, 张义, 刘子森, 韩帆, 严攀, 贺锋, 吴振斌. 植物生长调节剂的研究及应用进展. 水生生物学报, 2019, 45(3): 9.

[118] 王晓莹, 张明珍, 严攀, 陈迪松, 王亚芬, 周巧红, 吴振斌, 徐栋. 美人蕉(*Canna indica*)内生细菌促生能力及其强化水体的净化作用. 湖泊科学, 2019, 31(6): 1582-1591.

[119] 蔺庆伟, 马剑敏, 彭雪, 孙健, 刘碧云, 吴振斌. 环境中铝来源、铝毒机制及影响因子研究进展. 生态环境学报, 2019, 28(9): 1915-1926.

[120] 骆凤, 张义, 刘云利, 刘子森, 孙健, 严攀, 吴振斌. 黏土矿物蛭石在环保领域的研究与应用. 化工新型材料, 2020, 48(12): 39-42.

[121] 骆凤, 张义, 韩帆, 刘云利, 刘子森, 严攀, 邹羿凌云, 吴振斌. 硅酸盐矿物麦饭石对沉水植物苦草生长的促进效应研究. 湖泊科学, 2020, 32(4): 999-1007.

[122] 彭雪, 张璐, 黄素珍, 蔺庆伟, 刘碧云, 张义, 吴振斌. 基于回声探测监测沉水植物盖度的插值方法研究: 以杭州西湖沉水植物盖度监测为例. 湖泊科学, 2020, 32(2): 472-482.

[123] 骆凤, 张义, 韩帆, 刘云利, 王坚, 孙坚, 刘子森, 邹羿菱云, 吴振斌. 硅酸盐矿物麦饭石对沉水植物苦草(*Vallisneria spiralis*)生长的促进效应. 湖泊科学, 2020, 32(4): 999-1007.

[124] 鄢文皓, 王会会, 李前正, 王川, 周巧红, 吴振斌. 影响沉水植物恢复的环境阈值研究进展. 生态科学, 2020, 39(5): 240-247.

[125] Han F, Zhang Y, Liu Z S, Wang C, Luo J, Liu B Y, Qiu D R, He F, Wu Z B. Effects of maifanite on growth, physiological and phytochemical process of submerged macrophytes Vallisneria spiralis. Ecotoxicology and Environmental Safety, 2020, 189: 109941.

[126] Liu Z S, Zhang Y, Yan P, Luo J, Kong L W, Chang J J, Liu B Y, Xu D, He F, Wu Z B. Synergistic control of internal phosphorus loading using MMF coupled with submerged macrophytes in eutrophic shallow lakes. Science of The Total Environment. 2020, 731: 138697.

[127] Lin Q W, Fan M J, Peng X, Ma J M, Zhang Y, Yu F, Wu Z B, Liu B Y. Response of *Vallisneria natans* to aluminum phytotoxicity and their synergistic effect on nitrogen, phosphorus change in sediments. Journal of Hazardous Materials, 2020, 400: 123167.

[128] Yang H, Huang S Y, Zhang Y, Zhou B X, Ahmed S M, Liu H M, Liu Y W, He Y, Xia S B. Remediation effect of Cr(VI)-contaminated soil by secondary pyrolysis oil-based drilling cuttings ash. Chemical Engineering Journal, 2020, 398: 125473.

[129] Liu Y L, Han F, Bai G L, Kong L W, Liu Z S, Wang C, Liu B Y, He F, Wu Z B, Zhang Y. The promotion effects of silicate mineral maifanite on the growth of submerged macrophytes *Hydrilla verticillate*. Environmental Pollution, 2020, 267: 115380.

[130] Bai G L, Zhang Y, Yan P, Yan W H, Kong L W, Wang L, Wang C, Liu Z S, Liu B Y, Ma J M, Zuo J C, Li J, Bao J, Xia S B, Zhou Q H, Xu D, He F, Wu Z B. Spatial and seasonal variation of water parameters, sediment properties, and submerged macrophytes after ecological restoration in a long-term (6 year) study in Hangzhou West Lake in China: Submerged macrophyte distribution influenced by environmental variables. Water Research, 2020: 116379.

[131] Liu Z S, Zhang Y, Yan P, Luo J, Kong L W, Chang J J, Liu B Y, Xu D, He F, Wu Z B. Synergistic control of internal phosphorus loading from eutrophic lake sediment using MMF coupled with submerged macrophytes. Science of the Total Environment, 2020, 731: 138697.

[132] Peng X, Yi K L, Lin Q W, Zhang L, Zhang Y, Liu B Y, Wu Z B. Annual changes in periphyton communities and their diatom indicator species, in the littoral zone of a subtropical urban lake restored by submerged plants. Ecological Engineering, 2020, 155: 105958.

[133] Bai G L, Zhang Y, Yan P, Yan W H, Kong L W, Wang L, Wang C, Liu Z S, Liu B Y, Ma J M, Zuo J C, Li J, Bao J, Xia S B, Zhou Q H, Xu D, He F, Wu Z B. Spatial and seasonal variation of water parameters, sediment properties, and submerged macrophytes after ecological restoration in a long-term (6 year) study in Hangzhou west lake in China: Submerged macrophyte distribution influenced by environmental variables. Water research, 2020, 186: 116379(1-15).

[134] Liu Y L, Han F, Bai G L, Kong L W, Liu Z S, Wang C, Liu B Y, He F, Wu Z B, Zhang Y. The promotion effects of silicate mineral maifanite on the growth of submerged macrophytes Hydrilla verticillata. Environmental Pollution, 2020, 267: 115380(1-9).

[135] Liuyang X Y, Yang H, Huang S Y, Zhang Y, Xia S B. Resource utilization of secondary pyrolysis oil-based drilling cuttings ash for removing Cr(VI) contaminants: Adsorption properties, kinetics and mechanism. Journal of Environmental Chemical Engineering, 2020, 8: 104474.

[136] Yang H, Zhang Y, Xia S B. Study on the co-effect of maifanite-based photocatalyst and humic acid in the photodegradation of organic pollutant. Environmental Science and Pollution Research, 2021, 28(13): 15731-15742.

[137] Zhou M J, Wang R, Cheng S P, Xu Y F, Luo S, Zhang Y, Kong L W. Bibliometrics and visualization analysis regarding research on the development of microplastics. Environmental Science and Pollution Research, 2021, 28(8): 8953-8967.

[138] Yang H, Luo B H, Lei S H, Wang Y Y, Sun J F, Zhou Z J, Zhang Y, Xia S B. Enhanced humic acid degradation by Fe_3O_4/ultrasound-activated peroxymonosulfate: Synergy index, non-radical effect and mechanism. Separation and Purification Technology, 2021, 264: 118466.

[139] Liu Y L, Zou Y Y, Kong L W, Bai G L, Luo F, Liu Z S, Wang C, Ding Z M, He F, Wu Z B, Zhang Y. Effects of bentonite on the growth process of submerged macrophtes and sediment microenvironment. Journal of Environmental Management, 2021, 287: 112308.

[140] Zhao Y Q, Yang H, Sun J F, Zhang Y, Xia S B. Enhance adsorption of rhodamine B on modified oil based drill cuttings ash: Characterization, adsorption kinetic and adsorption isotherm. ACS Omega, 2021, 6(26): 17086-17094.

[141] Xia Z B, Yang H, Sun J F, Zhou Z J, Wang J, Zhang Y. Co-pyrolysis of wastepolyvinyl chloride and oil-based drilling cuttings: Pyrolysis processand product characteristics analysis. Journal of cleaner production, 2021, 318: 128521.

[142] Zhao Y Q, Yang H, Sun J F, Zhang Y, Xia S B. Activation of peroxymonosulfate using secondary pyrolysis oil-based drilling cuttings ash for pollutant removal. ACS Omega, 2021, 6(25): 16446-16454.

[143] Xie P, Wu H Y, Yang H, Zhang Y, Xia S B. Utilization of cr-contaminated oil-based drilling-cuttings ash in preparation of bauxite-based proppants. Environmental Engineering Science, 2022, 39(1): 73-80.

[144] Yang H, Sun J F, Zhang Y, Xue Q, Xia S B. Preparation of hydrophobic carbon aerogel using cellulose extracted from luffa sponge for adsorption of diesel oil. Ceramics International, 2021, 47(23): 33827-33834.

[145] Bai G L, Luo F, Zou Y L Y, Liu Y L, Wang R, Yang H, Liu Z S, Chang J J, Wu Z B, Zhang Y. Effects of vermiculite on the growth process of submerged macrophyte *Vallisneria spiralis* and sediment microecological environment. Journal of Environmental Sciences, 2022, 118: 130-139.

[146] 王会会, 李前正, 李亚华, 王川, 周巧红, 吴振斌. 根际促生菌对沉水植物的促生效应及其与沉积物氮磷赋存形态的关系. 水生生物学报, 2021, 45(1): 1-9.

[147] 蔺庆伟, 靳同霞, 马剑敏, 张义, 刘碧云, 贺锋, 吴振斌. 底质类型与正反扦插对轮叶黑藻生长生理的影响. 水生态学杂志, 2021, 42: 91-100.

[148] Liu Y L, Zou Y L Y, Kong L W, Bai G L, Luo F, Liu Z S, Wang C, Ding Z M, He F, Wu Z B, Zhang Y. Effects of bentonite on the growth process of submerged macrophytes and sediment microenvironment. Journal of Environmental Management, 2021, 287: 112308.

[149] 孙健, 贺锋, 张义, 吴振斌. 杭州西湖子湖湖区沉水植物群落恢复区鱼类调查与分析. 水产学杂志, 2021, 34(3): 72-77.

[150] Liu Z S, Bai G L, Liu Y L, Zou Y L Y, Ding Z M, Wang R, Chen D S, Kong L W, Wang C, Liu L, Liu B Y, Zhou Q H, He F, Wu Z B, Zhang Y. Long-term study of ecological restoration in a typical shallow urban lake. Science of the Total Environment, 846: 157505.

[151] Liu Y L, Bai G L, Zou Y L Y, Ding Z M, Tang Y D, Wang R, Liu Z S, Zhou Q H, Wu Z B, Zhang Y. Combined remediation mechanism of bentonite and submerged plants on lake sediments by DGT technique. Chemosphere, 2022, 298: 134236.

[152] Bai G L, Luo F, Zou Y L Y, Liu Y L, Wang R, Yang H, Liu Z S, Chang J J, Wu Z B, Zhang Y. Effects of vermiculite on the growth process of submerged macrophyte *Vallisneria spiralis* and sediment microecological environment. Journal of Environmental Sciences, 2022, 118: 130-139.

[153] Bai G L, Xu D, Zou Y L Y, Liu Y L, Liu Z S, Luo F, Wang C, Zhang C, Liu B Y, Zhou Q H, He F, Wu Z B, Zhang Y. Impact of submerged vegetation, water flow field and season changes on sediment phosphorus distribution in a typical subtropical shallow urban lake: Water nutrients state determines its retention and release mechanism. Journal of Environmental Chemical Engineering, 2022, 10(3): 107982.

学 位 论 文

硕士论文

[1] 张聪. 杭州西湖湖西区沉水植物群落结构优化研究. 武汉: 武汉理工大学, 2012.

[2] 黄发明. 钱塘江微污染寡碳引水脱氮示范工程试验研究. 武汉: 武汉理工大学, 2012.

[3] 李泽. 若干环境因子对四种沉水植物恢复影响研究. 武汉: 武汉理工大学, 2012.

[4] 孙雪梅. 化感物质焦性没食子酸对铜绿微囊藻的氧化胁迫效应研究. 武汉: 中国科学院水生生物研究所, 2013.

[5] 寇丹丹. 环保陶瓷滤球与沉水植物联合处理沉积物磷的试验研究. 武汉: 武汉理工大学, 2013.

[6] 张雪琪. 一株施氏假单胞菌的固定化及其与沉水植物联合脱氮研究. 武汉: 武汉理工大学, 2014.

[7] 何洁. 人工湿地基质无烟煤除磷吸附机理研究. 武汉: 武汉理工大学, 2014.

[8] 余晓兰. 调控优化复合垂直流人工湿地厌氧空间脱氮性能研究. 武汉: 武汉理工大学, 2014.

[9] 姚远. 杭州西湖湖西沉水植物恢复对浮游植物群落结构影响研究. 武汉: 中国科学院水生生物研究所, 2015.

[10] 王艳云. 杭州西湖表层沉积物中有机碳特征及相关微生物研究. 武汉: 中国科学院水生生物研究所, 2015.

[11] 符鸿. 大型溞对西湖孳生丝状藻的摄食作用研究. 武汉: 中国科学院水生生物研究所, 2015.

[12] 张玥. 西湖引水工程絮凝剂残留铝盐对沉水植物的影响研究. 武汉: 中国科学院水生生物研究所, 2015.

[13] 张丹. 杭州西湖沉积物反硝化作用研究以及好氧反硝化细菌筛选. 武汉: 中国科学院水生生物研究所, 2015.

[14] 易科浪. 杭州西湖着生藻类时空分布规律及控制技术研究. 武汉: 中国科学院水生生物研究所, 2016.

[15] 徐思. 杭州西湖沉积物中产甲烷菌群落结构和多样性研究. 武汉: 武汉理工大学, 2015.

[16] 余云祥. 生物质高吸水性树脂制备工艺及性能研究. 武汉: 武汉理工大学, 2015.

[17] 谭谈. 不同流速下沉水植物对于底泥再悬浮的影响研究. 武汉: 武汉理工大学, 2015.

[18] 张垚磊. 多孔陶瓷滤球和沉水植物联合作用处理富营养化湖泊沉积物磷. 武汉: 武汉理工大学, 2015.

[19] 王键. 人工湿地基质吸附磷物理再生研究. 武汉: 武汉理工大学, 2014.

[20] 程龙. 化感物质活性鉴定及其诱导铜绿微囊藻程序性死亡研究. 武汉: 中国科学院水生生物研究所, 2016.

[21] 刘子森. 改性膨润土处理富营养化浅水湖泊沉积物磷. 武汉: 武汉理工大学, 2015.

[22] 刘琪. CWM1 模型在某岛礁湿地的生态修复中的应用研究. 武汉: 武汉理工大学, 2015.

[23] 杨晓龙. Sr/TiO$_2$-PCFM 复合光催化剂处理难降解有机物乙酰甲胺磷. 武汉: 武汉理工大学, 2016.

[24] 王帅. 动静态水环境下不同种植方式对苦草生长的影响. 武汉: 武汉理工大学, 2017.

[25] 程翔. 植物碳源用于人工湿地处理污水厂尾水的脱氮研究. 武汉: 武汉理工大学, 2018.

[26] 胡宇航. 垂直流人工湿地在不同进水条件下对污染物的净化效果研究. 武汉: 武汉理工大学, 2018.

[27] 韩帆. 硅酸盐矿物对沉水植物生理生态的影响研究. 武汉: 武汉理工大学, 2019.

[28] 严攀. 引水工程余铝对杭州西湖沉积物磷形态及释放的影响研究. 武汉: 中国科学院水生生物研究所, 2020.

[29] 鄢文浩. 不同环境条件下沉水植物恢复综合边界. 武汉: 中国地质大学(武汉), 2020.

[30] 王川. 人工湿地生物系统对有机磷农药毒死蜱胁迫的响应研究. 武汉: 中国科学院水生生物研究所, 2012.

[31] 许鹏. 复合垂直流人工湿地示范工程研究. 武汉: 武汉理工大学, 2014.

[32] 鲁汭. CW-MFC 型生物传感器的设计与应用. 武汉: 中国科学院水生生物研究所, 2020.

[33] 骆凤. 蛭石对沉水植物生理生态及底质微环境的影响效应. 武汉: 武汉理工大学, 2021.

[34] 邹羿菱云. 可选择性除磷的改性蛭石制备及吸附性能评价. 武汉: 中国科学院水生生物研究所, 2022.

[35] 丁子卯. 改性麦饭石选择性吸附除磷性能研究. 武汉: 武汉理工大学, 2022.

[36] 王柔. 凹凸棒石对沉水植物生理生态和基底微环境的影响效应研究. 武汉: 中国科学院水生生物研究所, 2023.

[37] 方庆军. 杭州西湖沉积物内源氮磷营养盐释放通量研究. 武汉: 武汉理工大学, 2023.

博士论文

[38] 张义. 纳米复合光催化剂和沉水植物联合作用处理沉积物磷. 武汉: 中国科学院水生生物研究所, 2013.

[39] 魏华. 水文对水生植物生长繁殖及其光合作用的影响. 武汉: 中国科学院水生生物研究所, 2013.

[40] 孔令为. 多塘/人工湿地耦合工艺处理杭州西湖寡碳高氮微污染水体的研究. 武汉: 中国科学院水生生物研究所, 2013.

[41] 鲁志营. 多酚化感物质诱导铜绿微囊藻氧损伤和程序性死亡研究. 武汉: 中国科学院水生生物研究所, 2014.

[42] 许鹏. 沉水植物-SMFC 系统对内源氮磷的控制研究. 武汉: 中国科学院水生生物研究所,

2017.

[43] 许丹. 一体式生物电化学-人工湿地强化脱氮研究. 武汉: 武汉理工大学, 2017.

[44] 曾磊. 杭州西湖沉水植物生态修复过程中浮游生物与水质的响应机制. 武汉: 中国科学院水生生物研究所, 2017.

[45] 王川. 杭州西湖沉水植被恢复过程中沉积物微生物生态学研究. 武汉: 中国科学院水生生物研究所, 2017.

[46] 王龙. 生物联合调控修复农村富营养化水体研究. 武汉: 中国科学院水生生物研究所, 2017.

[47] 闵奋力. 杭州西湖沉水植物恢复的群落动态变化及关键影响因子研究. 武汉: 中国科学院水生生物研究所, 2018.

[48] 孙健. 草鱼摄食对生态修复中沉水植物恢复的影响及机理研究. 武汉: 中国科学院水生生物研究所, 2018.

[49] 蔺庆伟. 杭州西湖铝盐空间分布及沉水植物对其响应研究. 武汉: 中国科学院水生生物研究所, 2018.

[50] Trinh Xuan Tung(郑椿松). Research on the effects of strontium doped porous ceramic filter media coated with nano-titanium dioxide film on humic acid for reducing clogging problem in constructed wetlands(利用锶掺杂改性二氧化钛/多孔陶瓷滤球去除腐植酸来减少人工湿地堵塞问题的影响研究). 武汉: 武汉理工大学, 2018.

[51] 刘子森. 一种改性硅酸盐矿物和沉水植物联合控制湖泊沉积物磷. 武汉: 中国科学院水生生物研究所, 2019.

[52] 张璐. 刚毛藻对沉水植物、蓝藻生长及沉积物营养迁移影响研究. 武汉: 武汉理工大学, 2019.

[53] 白国梁. 浅水湖泊底质改良协同沉水植物修复及其微生态效应研究. 武汉: 中国地质大学(武汉), 2022.

[54] 刘伟. 基于微电流诱导的冬季人工湿地微生物活性研究. 武汉: 中国科学院水生生物研究所, 2022.

[55] 褚一凡. 基于黄铁矿强化的垂直流人工湿地混合营养反硝化脱氮研究. 武汉: 中国科学院水生生物研究所, 2022.

[56] 彭雪. 杭州西湖引水铝盐对苦草生理生态影响及叶生物膜的响应. 武汉: 中国科学院水生生物研究所, 2022.

博士后出站报告

[57] 张义. 吸附-生物修复联合技术控制富营养化湖泊沉积物磷. 武汉: 中国科学院水生生物研究所, 2015.

[58] 王来. 杭州西湖水生态修复工程中菌根真菌多样性及其生态功能. 武汉: 中国科学院水生生物研究所, 2019.

[59] 王川. 根际微生态过程对草甸型沉水植物生态恢复的作用过程研究. 武汉: 中国科学院水生生物研究所, 2020.

[60] 刘子森. 硅酸盐矿物改良湖泊底质及对沉水植物生长效应研究. 武汉: 中国科学院水生生物研究所, 2022.

附　图

一、项目实施若干时间节点

国家"十一五"水专项西湖课题
启动协调会（2008 年 10 月）

国家"十一五"水专项西湖
课题启动会（2009 年 3 月）

杭州市人民政府主持
西湖项目协调会（2010 年 3 月）

国家"十一五"水专项西湖课题
示范工程实施方案论证会（2010 年 4 月）

建站
（2010 年 7 月）

挂牌
（2010 年 8 月）

张全兴院士等考察西湖水生态
修复工程（2012 年 10 月）

国家"十一五"水专项西湖课题示范工程
第三方评估及子课题验收会（2012 年 10 月）

侯立安院士考察西湖水生态修复示范区
（2014 年 10 月）

第六届海峡两岸人工湿地研讨会专家
参观西湖生态修复工程（2014 年 10 月）

第一届中国-加拿大水环境研讨会代表
参观西湖生态修复工程（2015 年 5 月）

国家"十二五"水专项西湖子课题示范
工程第三方评估（2016 年 10 月）

国家"十二五"水专项西湖子课题示范
工程第三方评估（2016 年 10 月）

杭州西湖水环境生态治理研讨会
（2018 年 10 月）

水生所胡炜副所长调研西湖工作
（2019 年 7 月）

水生所党委书记解绶启
调研西湖工作（2021 年 3 月）

二、西湖采样

2009 年 9 月

2010 年 8 月

2011 年 3 月

2012 年 6 月

2013 年 8 月

2014 年 5 月

2015 年 8 月

2016 年 9 月

2017 年 8 月

2018 年 6 月

2019 年 11 月

2020 年 12 月

2021 年 9 月

2022 年 6 月

三、工作站（月/周）例会

2012 年 5 月

2012 年 6 月

2013 年 8 月

2014 年 7 月

2014 年 11 月

2015 年 7 月

2016 年 4 月　　　　　　　　　　　2017 年 7 月

四、花絮

冬天里的一把火　　　　　　　　　采样印迹
（2010 年 12 月）　　　　　　　　（2014 年 9 月）

生日快乐　　　　　　　　　　　　采样野餐
（2016 年 3 月）　　　　　　　　（2017 年 7 月）

西湖成就博士学位
（2018 年 6 月）

西湖见证友情 第三方评估
现场调研（2016 年 10 月）

雨西湖 工程考察途中雨歇
（2014 年 3 月）

雪西湖 采样途中
（2016 年 12 月）

工作之余
（2015 年 6 月）

"西湖人"
（2017 年 7 月）

五、西湖生态恢复效果

茅家埠

（2012 年 9 月）

茅家埠

（2016 年 11 月）

茅家埠

（2018 年 7 月）

小南湖

（2016 年 9 月）

沉水植物人工收捞

（2016 年 9 月）

沉水植物机械收割

（2016 年 9 月）

北里湖

（2016 年 9 月）

乌龟潭

（2012 年 4 月）

浴鹄湾

（2012 年 9 月）

西里湖

（2015 年 10 月）